中文版

值套装
资源下载+附赠图集

快速实例上手
AutoCAD园林景观教程

天地书院　编著

精通 软件操作
高手 活学活用
全能 职场选手

CAD

专门为零基础渴望自学成才在职场出人头地的你设计的书

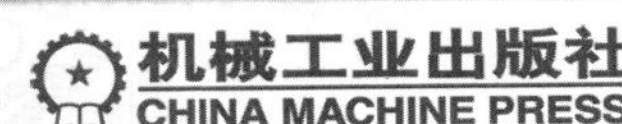

本书分为4个部分，共11章。第1部分(第1~2章)，主要讲解了园林景观设计基础与CAD制图规范；第2部分(第3章)，讲解了如何使用AutoCAD建立一个万能的园林景观施工样板文件和相关的配景图例符号；第3部分(第4~10章)，根据园林景观施工图的特点，首先讲解了景观亭、水景、种植设施、道路铺装、园林小品和园林路桥等施工详图的绘制，再针对办公楼绿化景观施工来进行绘制；第4部分(第11章)，精挑一套完整的园林景观施工图集，包括总图和分部施工详图，让读者临摹研习。

本书具有结构清晰、语言精练、最新规范、针对性强、适用面广等特点。本书适用于大学本科、专科、高职高专、中等职业学校的教师和学生，也可作为园林景观设计相关行业的培训教材。

图书在版编目(CIP)数据

快速实例上手:AutoCAD园林景观教程/天地书院编著.—北京:机械工业出版社，2015.3
ISBN 978-7-111-49503-1

Ⅰ.①快… Ⅱ.①天… Ⅲ.①景观设计-园林设计-AutoCAD软件 Ⅳ.①TU986.2-39

中国版本图书馆CIP数据核字(2015)第041777号

机械工业出版社(北京市百万庄大街22号 邮政编码100037)
策划编辑:刘志刚 责任编辑:刘志刚
封面设计:张 静 责任印制:李 洋
责任校对:刘时光
三河市宏达印刷有限公司印刷
2016年1月第1版第1次印刷
184mm×260mm·21印张·474千字
标准书号:ISBN 978-7-111-49503-1
定价: 49.80元

凡购本书,如有缺页、倒页、脱页,由本社发行部调换

电话服务
服务咨询热线:(010)88361066
读者购书热线:(010)68326294
(010)88379203

网络服务
机工官网:www.cmpbook.com
机工官博:weibo.com/cmp1952
教育服务网:www.cmpedu.com
金书网:www.golden-book.com

前　言

CAD 即计算机辅助设计与制图，是指运用计算机系统辅助一项设计的建立、修改、分析或优化的过程。随着 CAD 技术的不断发展，其覆盖的工作领域也在不断地扩大，如工程设计 CAD 项目的管理、初步设计、分析计算、绘制工程、统计优化等。CAD 技术的应用正在有力而迅速地改变着传统的工程设计方法和生产管理模式。

在当前众多的计算机辅助设计（CAD）软件中，美国 Autodesk 公司开发的 AutoCAD 以其强大、完善的功能和方便、快捷的操作在计算机辅助设计领域里得到了极为广泛的应用。我国建筑和园林景观业 90% 的绘图人员都在使用 AutoCAD，而其数据格式（. DWG）已成为行业的事实标准。因此，对于一个将要从事园林景观设计的人来说，熟练掌握 AutoCAD 的软件操作技巧及施工图的绘制方法是其必修的基本功和必备的基本技能之一。

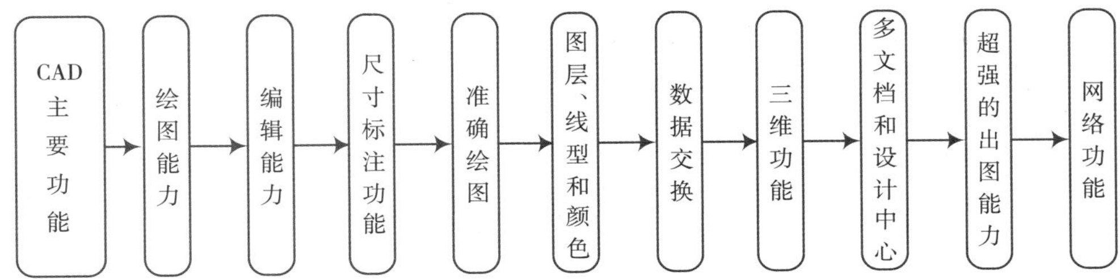

本书共分为 4 个部分（11 章），包括园林景观设计的基础、CAD 制图规范和景观配景园例、CAD 园林景观绘图方法、商业街园林景观施工图集等。

第 1 章，讲解了园林景观设计基础知识。主要内容包括园林景观设计概况，园林的设计和布局的原则，园林设计的程序，园林设计图的绘制方法等。

第 2 章，讲解了园林景观 CAD 制图规范。主要内容包括图样内容要求，图纸幅面与标题栏，比例的规划，线型与线宽，尺寸标注，标高和坡度的表示方法，索引和详细符号，引出线和定位轴线，常用景观和建筑图例等。

第 3 章，详细讲解了园林景观样板文件的创建及常用图例的绘制。包括样板文件的创建，图层的规划设置，文字和标注样式的设置，常用工程图符号的绘制，常用植物平面图例的绘制，常用植物立面图例的绘制等。

第 4 章，讲解了景观亭的绘制。包括四角亭、双亭和组合亭的绘制方法，每种类型亭的绘制包括平面图、屋顶俯视图、屋顶仰视图、主要立面图、剖面图和详图，以及其主要的尺寸和文字标注等。

第 5 章，讲解了水景图的绘制。包括喷泉和跌水池的绘制方法，每种水景图的绘制包括平面图、主要立面图、剖面图和详图，以及其主要的尺寸和文字标注等。

第 6 章，讲解了园林设施的绘制。包括花池、树池和花架的绘制方法，每种园林设施图的绘制中，包括平面图、主要立面图、剖面图和详图，以及其主要的尺寸和文字标注等。

第 7 章，主要讲解了道路铺装图的绘制。包括花岗岩步道、广场、车行道路、停车场、入户处、人行道、汀步等铺装图的绘制方法，每种铺装图的绘制包括平面图、主要立面图、剖面图和详图，以及其主要的尺寸和文字标注等。

第 8 章，主要讲解了园林小品的绘制。包括栏杆、围墙、树池座椅、园凳、雕塑、风车等的绘制方法，每种小品图的绘制包括平面图、主要立面图、剖面图和详图，以及其主要的尺寸和文字标注等。

第 9 章，主要讲解了园桥的绘制。包括钢架桥、木桥、拱桥、廊桥等的绘制方法，每种园桥的绘制包括平面图、主要立面图、剖面图和详图，以及其主要的尺寸和文字标注等。

第 10 章，主要讲解了办公楼绿化景观施工图的绘制。包括样板文件的调用与修改，办公楼外围道路的绘制，原有办公楼的绘制，餐厅的绘制，办公楼内部区域的划分，地形的绘制，园林景观的绘制，园林铺装的绘制，园林植物的绘制，景观图文字的标注，图框的布置等。

第 11 章，精挑一套完整的园林景观施工图集，其总图部分包括园林景观总平面图、地面铺装图、绿化布置图、给水排水平面图、灯具布置图、配电箱系统图、照明平面图等，其分部施工图包括喷泉、涌泉、水井、地面、道路绿化、浮雕、围墙等施工详图，以及商业街绿化组合分析图。

本书由天地书院主持编写，参与编写的人员有姜先菊、牛姜、李贤成、李科、杨吉明、李盛云、马燕琼、雷芳、刘霜霞、张菊莹、王函瑜、刘本琼、张武贵、罗振镰、张琴、李镇均等，他们对本书的编写做了大量的工作。

本书尽管从策划、资料收集、编写、审核到出版等相关环节上都不遗余力地精心设计、用心操作，但限于编者知识水平和仓促的编写时间，书中难免有疏漏与不足之处，敬请专家和读者批评指正。

2015 年 1 月

编者

目　录

第 1 章　园林设计基础快速上手

随着经济的发展，城市化水平的提高，园林绿化日益受到人们重视，环境植物保护的任务也越来越艰巨，维护生态平衡、增强生物间的协调共存是植树造林、园林绿化的根本宗旨。

在本章中，主要讲解了园林景观设计的基本知识，包括园林景观设计概况、设计原则、布局原则、园林设计的程序内容等；还讲解了园林总设计图的概述、绘制要求以及阅读方法等，从而让读者更加牢固地掌握园林景观设计的一些相关知识。

1.1　园林景观设计概况

景观园林设计是根据生态学与美学的原理，对局地的景观结构和形态进行具体配置与布局的过程，它包括对视觉景观的塑造。景观园林设计又叫做景观建筑学，在建筑设计或规划设计的过程中，通过对周围环境要素（包括自然要素和人工要素）的整体考虑和设计，让建筑与自然环境产生遥呼相应的关系，达到整体、和谐的效果，提高其艺术价值。景观园林设计的最终目的是要创造出景色如画、环境舒适、健康文明的游憩境域。

1. 从人们的精神生活需求上来说，景观园林是一种反映社会意识形态的空间艺术，它在人们的日常生活中扮演着满足人们精神需求的角色。

2. 从人们的物质生活需求上来说，景观园林也是一种社会的、反应现实生活实景的福利事业，对满足人们休息、娱乐等物质生活需求具有重要意义。

中国、古西亚、古希腊是世界园林三大发源地，中国——世界园林之母，其古典园林的分类如下：

1）按照园林基址的选择和开发方式的不同可分为人工山水园和天然山水园两大类型。图 1-1 所示为“阳朔”文化古迹山水园美景。

图 1-1　阳朔古迹山水园

2）按照园林的隶属关系不同可分为皇家园林、私家园林、寺观园林三大类型。皇家园林属于皇帝个人和皇室所私有，古籍称之为苑、苑囿、宫苑、御园等。图 1-2 所示为中国古代皇家园林——颐和园美景。

图 1-2　皇家园林——颐和园

1.1.1　园林设计的意义

在进行园林设计的时候，应贯彻生态理念，以生态学理念为指导，要善于利用园林生态中植物、病虫害、环境等之间的相互关系。再配合传统的园林设计思想，同时我们也要根据植物的原有特性，遵循植保原则，因地制宜，适地适树，科学合理地配置园林植物，要尽力将各种园林植物有机地组合在一起，构建成稳定、有序、安全的生态系统，从而达到一个和谐的发展。

1.1.2　当前我国园林设计状况

1. 传统园林

传统园林的设计完全按照中国人对自然的一贯态度，即保护而不破坏的原则，在相对自然的地理位置上，以情感的和主观想象或者叫做写意的艺术方式，以风景名胜、官员官邸、有文物保护价值和纪念意义的寺庙、历史遗迹等为服务对象的景观理论与实践。它在形式上有别于西方的“landscape”（指从事景观美化或园艺工作），而更接近于“scenery”（更强调自然景观）。它的建造指导思想是“虽由人造，宛自天开”。中国传统园林一般分为北方的皇家园林和南方的官僚文人、富商大贾们的私家园林两类。地形地貌、水文地质、乡土植物等自然资源构成的乡土景观类型以及乡土材料的精雕细作、园林景观的意境表现，是中国传统园林的主要特色之一，如图 1-3 所示。

图 1-3　传统园林——苏州园林（灰白色建筑）

2. 现代园林

现代园林指后来由西方传入的，有别于中国原有的传统造园形式，主要采用与现代建筑相匹配的对称和几何形状等方式，以注重理性和科学分析为特征，以现代城市广场、道路、公园和居民住宅小区等现代建筑为服务对象，讲究人工改造的造园理论和实践。园林中的意境可以借助于山水、建筑、植物、山石、道路等来体现，其中园林植物是意境创作的主要素材，园林植物产生的意境有其独特的优势，它可以不受各种设计风格的影响。这不仅因为园林植物有自然优美的姿态、丰富的色彩、沁人的芳香、美丽的芳名，而且它还是具有生命的活机体，是人们感情的寄托。居住区园林的名贵树木的栽植，不仅为了绿化环境，还要具有欣赏画意，如图 1-4 所示。

图 1-4　现代园林案例

随着现代化城市的快速发展，中国景观园林设计越来越重视城市建设和环境的协调发展。中国的现代园林，其立足点已经不再局限于简单的花草树木，不再只满足于创造美的感受。创造和谐、合理的现代城市人的生活环境和良好的生态环境，逐渐成为发展中国现代园林的宗旨和目标。

1.1.3　我国园林发展方向

1. 形成现代化城市园林设计理念

随着城市现代化建设的不断加快，景观园林设计也逐渐有了新的要求：以生态学和环境学为依据，不断形成现代化城市的园林设计理念，树立“多样性的自然生态环境”的基本理念；建设生态园林，不断加深对生态园林概念的理解；让景观园林的设计满足人与自然和谐相处的乐趣；从景观园林的造诣出发，提高人类的自然意识，提高他们对保护环境的重要认识。

2. 提倡建设园林城市

随着城市现代化建设步伐的加快，人们在城市建设中也逐渐意识到环境的恶化、生态的失调，同时也逐渐认识到与自然和谐相处的重要性。近年来，不少城市都提出“城市与自然并存”的观点，打响了城市自然化的口号。但是还是有一些城市，过分强调城市的现代化和气派，忽视景观园林造诣的价值。事实上，建设园林城市已经逐渐成为中国城市建设在近一阶段的目标和要求。因此，应大力提倡建设园林城市，强调从各区域城市的实际情况出发，进行科学合理的分析和探究，找到适合该城市的景观园林设计思路。

1.2　园林设计的原则

“适用、经济、美观”是园林设计必须遵循的原则。

1. 适用

所谓适用，一是要因地制宜，具有一定的科学性；二是园林的功能要适合于服务对象。

适用的观点带有一定的永恒性和长久性。

1）要符合绿地的性质和功能要求：园林植物造景，首先要从园林绿地的性质和主要功能出发。不同的园林绿地具备不同的功能。举例说明如下：

- 街道绿地：主要功能是遮阴、吸尘、隔音、美化等，因此要选择易活，对土、肥、水要求不高，耐修剪、树冠高大挺拔，生长迅速，抗性强的树种作为行道树，同时也要考虑组织交通市容美观的问题。图 1-5 所示为车行道景观图片。
- 医院庭园：应注意周围环境的卫生防护和噪声隔离，在周围可种植密林。而在病房、诊治处附近的庭院可多种植花木供人们休息观赏。
- 烈士陵园：要注意纪念意境的创造，如图 1-6 所示。

图 1-5　车行道景观

图 1-6　烈士陵园

2）要满足植物的生态要求。要使植物能正常生长，一方面是因地制宜，适地适树，使种植植物的生态习性和栽植地点的生态条件基本上能够得到统一；另一方面是为植物正常生长创造适合的生态条件。

适地适树：各种园林植物在生长发育过程中，对光照、温度、水分和空气等环境因素都有不同的要求，因此应满足植物的生态要求，使其正常生长。即根据立地条件选择合适的植物，或者通过引种驯化或改变立地生长条件，使植物成活和正常生长。

3）有合理的种植密度和搭配。在平面设计上要合理配置种植密度，使植物有足够的营养空间和生长空间，从而形成较稳定的群体结构，一般应根据成年树木的冠幅来确定种植点的距离。为了在短期内达到配置效果，也可适当加大密度，过几年后再逐渐去掉一部分植物。

2. 经济

正确地选址，因地制宜，巧于因借。经济问题的实质，就是如何做到事半功倍，尽量在投资少的情况下多办事，办好事。当然，园林建筑要根据园林性质确定必要的投资。

3. 美观

在适用、经济的前提下，尽可能地做到美观，满足园林布局、造景的艺术要求。在某些特定条件下，美观要提到最重要的位置上。实质上，美、美感本身就是适用，也就是它的观赏价值，园林中的孤置假山、雕塑作品等起到装饰、美化环境的作用，创造出感人的精神文明的氛围，这就是一种独特的使用价值、美的价值。

在园林设计过程中，适用、经济、美观三者之间不是孤立的，而是紧密联系不可分割的整体。单纯地追求适用、经济，不考虑园林艺术的美感，就会降低园林的艺术水准，失去吸引力，不受广大群众的喜欢；如果单纯地追求美观，不全面考虑到适用和经济问题，也不会成功。美观必须与适用、经济协调起来，统一考虑，最终才能创造出理想的园林设计艺术作品。

1.3　园林布局的原则

园林是不同的景观组合而成的，这些景观不是以独立的形式出现的，是由设计者将其按照一定的艺术规则有机地组织起来，并创造一个和谐完美的整体，这个过程可称为园林布局。

人们在游览园林时，需要欣赏各种风景，并从中得到美的享受。这些景物有自然的，如山、水、动植物；也有人工的，如亭、廊、榭等各种园林建筑。如何把这些自然的景物与人工景观有机地结合起来，创造出一个既完整又开放的优秀园林景观，这是设计者在设计中必须解决的问题。好的园林布局应遵循一定的原则。

1. 园林布局的综合性与统一性

1）园林的形式是由园林的内容决定的，园林的功能是为人们创造一个优美的休息娱乐场所，同时在改善生态环境上起重要的作用。经济、艺术和功能这三方面的条件必须综合考虑，只有把园林的环境保护、文化娱乐等功能与园林的经济要求及艺术要求作为一个整体加以综合解决，才能实现创造者的最终目标。

2）园林构成要素的布局具有统一性。园林构图的素材主要包括地形、地貌、水体和动、植物等自然景观及其建筑、构筑物和广场等人文景观。

地形、地貌经过利用和改造可以丰富园林的景观，而建筑道路是实现园林功能的重要组成部分，植物将生命赋予自然，将绿色赋予大地，没有植物就不能成为园林，没有丰富变化的地形、地貌和水体就无法满足园林的艺术要求。好的园林布局是将这三者统一起来，既有分工又要结合。

3）起开结合，多样统一。对于园林中多样变化的景物，必须有一定的格局，否则会杂乱无章，既要使景物多样化，有曲折变化，又要使这些曲折变化有条有理，使多样的景物各有风趣，能互相联系起来，形成统一和谐的整体。

2. 因地制宜，巧于因借

园林布局除了从内容出发外，还要结合并充分利用当地自然条件，因地制宜。

1）地形、地貌和水体。结合原来的地形地貌布置山体水体，可以事半功倍。工程建筑方面也要就地取材，同时考虑经济技术条件。

2）植物及气候特点。选择植物要适地适种，多用乡土树种，考虑植物的适应性和生物学特性，最大限度地利用原有树木和植被。

3. 主题鲜明，主景突出

在整个园林布局中要做到主景突出，其他景观（配景）必须服从于主景的安排，同时又要对主景起到“烘云托月”的作用。配景的存在能够“相得益彰”时，才能对构图有积极意义，如北京颐和园的佛香阁景区、苏州河景区、龙王庙景区等，是以佛香阁景区为主体，其他景区为次要景区，在佛香阁景区中，以佛香阁建筑为主景，其他建筑为配景。

4. 园林布局在时间与空间上的规定性

园林在空间与时间上具有规定性。园林必须规定一定的面积指标才能发挥其作用。同时园林存在于一定的地域范围内，与周边环境有着某些联系，这些环境将对园林的功能产生重要的影响。

园林布局在时间上的规定性，一是指园林的功能在不同时间内是有变化的，如园林植物在夏季以为游人提供庇荫场所为主，在冬季则需要有充足的阳光照入园内。园林布局还必须考虑一年四季植物的季相变化，春季以绿草鲜花为主，夏季以绿树浓荫为主，秋季则以丰富的叶色和累累的硕果为主，冬季则应考虑人们对阳光的需求；另一方面是指植物随时间的推移而生长变化，直至衰老死亡，在形态和色彩上也在发生变化，因此，必须了解植物的生长特性。

1.4 园林设计的程序

园林规划设计可分为这几个阶段：资料收集、环境调查阶段；总体设计方案阶段；局部详细设计阶段。

1.4.1 资料收集、环境调查阶段

对规划范围内的现状地形、水体、建筑物、构筑物、植物、地上或地下管线和工程设施，必须进行调查，做出评价，提出处理意见。在保留的地下管线和工程设施附近进行各种工程或种植设计时，应提出对原有物的保护措施和施工要求。

规划者要把握当地现状并预测未来的发展，就必须对建设单位、社会环境进行调查，掌握当地社会历史人文资料、用地现状、自然条件和规划方向。

1. 掌握自然条件、环境状况及历史

1）甲方对设计任务的要求及历史状况。

2）城市绿地总体规划与园林的关系，以及对园林设计上的要求，城市绿地总体规划图，比例尺为1∶5000～1∶10000。

3）园林周围的环境关系，环境的特点，未来发展情况。如周围有无名胜古迹、人文资源等。

4）园林周围城市景观。建筑形式、体量、色彩等与周围市政的交通联系，人流集散方向，周围居民的类型与社会结构，如属于厂矿区、文教区或商业区等情况。

5）该地段的能源情况。电源、水源以及排污、排水，周围是否有污染源，如有毒有害的厂矿企业、传染病医院等情况。

6）规划用地的水文、地质、地形、气象等方面的资料。了解地下水位，年与月降雨量。年最高最低温度及其分布时间，年最高最低湿度及其分布时间。季风风向、最大风力、风速以及冰冻线深度等。重要或大型园林建筑规划位置尤其需要地质勘察资料。

7）植物状况。了解和掌握地区内原有的植物种类、生态、群落组成，还有树木的年龄、观赏特点等。

8）建园所需主要材料的来源与施工情况，如苗木、山石、建材等情况。

9）甲方要求的园林设计标准及投资额度。

2. 图样资料

除了上述要求具备城市总体规划图以外，还要求甲方提供以下图样资料：

1）地形图。根据面积大小，提供1∶2000，1∶1000，1∶500园址范围内总平面地形图。图

样应明确显示以下内容：设计范围（红线范围、坐标数字）；园址范围内的地形、标高及现状物（现有建筑物、构筑物、山体、水系、植物、道路、水井，还有水系的进、出口位置、电源等）的位置，现状物中要求保留利用、改造和拆迁等情况要分别注明；四周环境情况，与市政交通联系的主要道路名称、宽度、标高以及走向和道路、排水方向，周围机关、单位、居住区的名称、范围以及今后发展状况。

2）局部放大图。1∶200 图样主要为局部详细设计图。该图样要满足建筑单位设计及其周围山体、水系、植被、园林小品及园路的详细布局。

3）要保留使用的主要建筑物的平、立面图。平面图要注明室内、外标高；立面图要标明建筑物的尺寸、颜色等内容。

4）现状树木分布位置图（1∶200 或 1∶500）。主要标明要保留树木的位置，并注明品种、胸径、生长状况和观赏价值等。有较高观赏价值的树木最好附有彩色照片。

5）地下管线图（1∶500 或 1∶200）。一般要求与施工图比例相同。图内应包括要保留的上水、雨水、污水、化粪池、电信、电力、暖气沟、煤气、热力等管线位置及井位等。除平面图外，还要有剖面图，并需要注明管径的大小，管底或管顶标高、压力、坡度等。

3. 现场踏查

无论面积大小，设计项目的难易，设计者都必须认真到现场进行踏查。一方面，核对、补充所收集的图样资料，如现状的建筑、树木等情况，水文、地质、地形等自然条件；另一方面，设计者到现场，可以根据周围环境条件，进入艺术构思阶段。“佳者收之，俗者屏之”。现场踏查的同时，拍摄一定的环境现状照片，以供进行总体设计时参考。

4. 编制总体设计任务书

设计者将所收集到的资料，经过分析、研究，定出总体设计原则和目标，编制出园林设计的要求和说明，主要包括以下内容：

1）该园林在城市绿地系统中的关系。

2）该园林所处地段的特征及四周环境。

3）该园林的面积和游人容量。

4）该园林总体设计的艺术特色和风格要求。

5）该园林地形设计，包括山体水系等要求。

6）该园林的分期建设实施的程序。

7）该园林建设的投资匡算。

1.4.2　总体设计方案阶段

明确公园在城市绿地系统中的关系，确定园林总体设计的原则与目标后，应着手进行以下设计工作。

1. 主要设计图样内容

1）位置图。它属于示意性图样，要表现该区域在城市中的位置、轮廓、交通和四周街坊环境关系，利用园外借景，处理好障景，如图 1-7 所示。

2）现状图。根据已掌握的全部资料，经分析、整理、归纳后，分成若干空间，对现状作综合评述。可用圆形圈或抽象图形将其概括地表示出来。如经过对四周道路的分析，根据主、次城市干道的情况，确定出入口的大体位置和范围。同时，在现状图上，可分析园林设计中有利和不利因素，以便为功能分区提供参考依据。

3）功能分区图。根据总体设计的原则、现状图分析，根据不同年龄段游人的活动规划，不同兴趣爱好游人的需要，确定不同的分区，划分出不同的空间，使不同空间和区域满足不同的功能要求，并使功能与形式尽可能统一。另外，分区图可以反映不同空间、分区之间的关系。该图属于示意说明性质，可以用抽象图形或圆圈等图案予以表示，如图1-8所示。

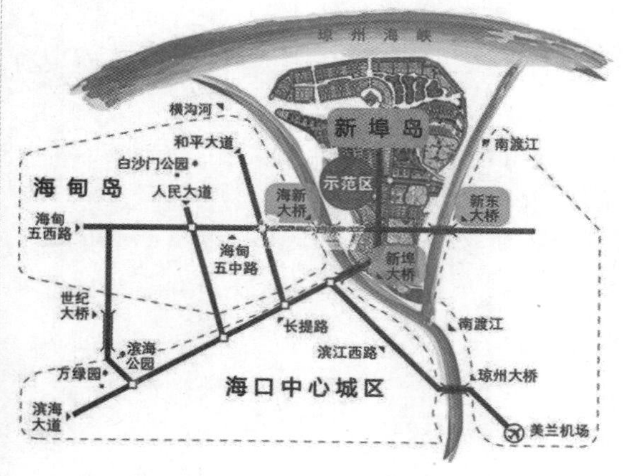

图1-7　位置图

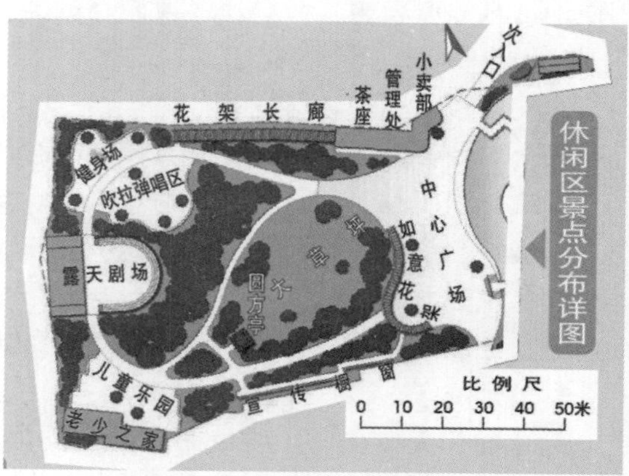

图1-8　功能分区图

4）总体设计方案图（总平面图）。根据总体设计原则、目标，总体设计方案图应包括以下内容：第一，该园林与周围环境的关系，该园林主要、次要、专用出入口与市政关系，即周围街道的名称、宽度；周围主要单位名称，或居民区等；该园林与周围园界是围墙或透空栏杆要明确表示。第二，该园林主要、次要、专用出入口的位置、面积，规划形式，主要出入口的内、外广场，停车场、大门等布局。第三，该园林的地形总体规划，道路系统规划。第四，全园建筑物、构筑物等布局情况，建筑平面图要能反映总体设计意图。第五，全园植物设计图，图上反映密林、疏林、树丛、草坪、花坛、专类花园、盆景园等植物景观。此外，总体设计图应准确标明指北针、比例尺、图例等内容。总体设计图，面积在$100hm^2$以上的，比例尺多采用1:2000～1:5000；面积在10～$50hm^2$左右的，比例尺用1:1000；面积在$8hm^2$以下的，比例尺可用1:500。图1-9所示为小游园设计总平面图。

5）地形设计图。地形是全园的骨架，要求能反映出公园的地形结构。以自然山水园而论，要求表达山体、水系的内在有机联系。根据分区需要进行空间组织；根据造景需要，确定山地的形体、制高点、山峰、山脉、山脊走向、丘陵起伏、缓坡、微地形以及坞、岗、岘、岬、岫等陆地造型。同时，地形还要表示出湖、池、潭、港、湾、涧、溪、滩、沟、渚以及堤、岛等水体造型，并要标明湖面的最高水位、常水位和最低水位线。此外，图上标明入水口、排水口的位置（总排水方向、水源及雨水聚散地）等。还要确定主要园林建筑所在地的地坪标高、桥面标高、广场高程以及道路变坡点标高。必须标明公园周围市政设施、马路、人行道以及与公园邻近单位的地坪标高，以便确定公园与四周环境之间的排水关系。图1-10所示小游园设计地形图。

6）道路总体设计图。首先，在图上确定公园的主要出入口、次要出入口与专用出入口，主要广场的位置及主要环路的位置以及消防通道。同时确定主干道、次干道等的位置以及各

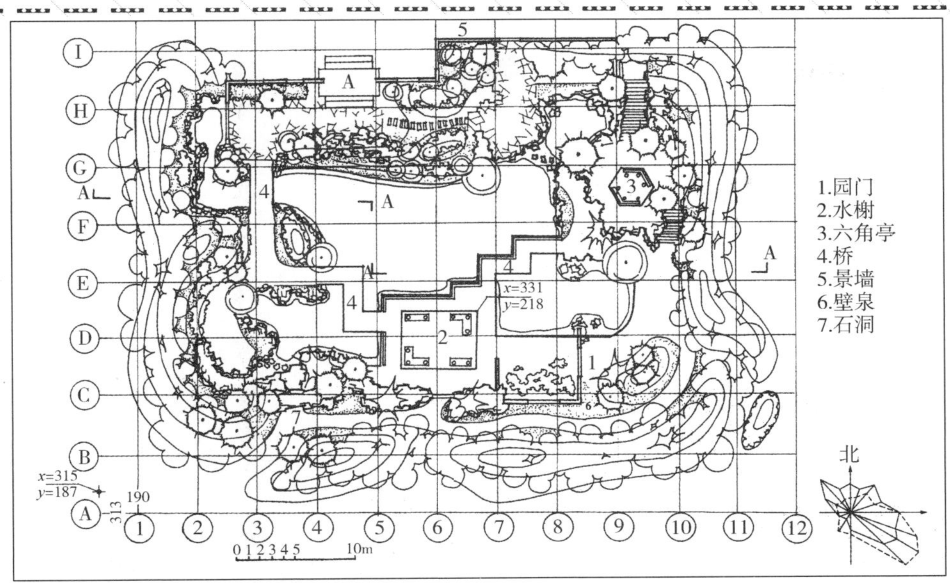

图 1-9　总平面图

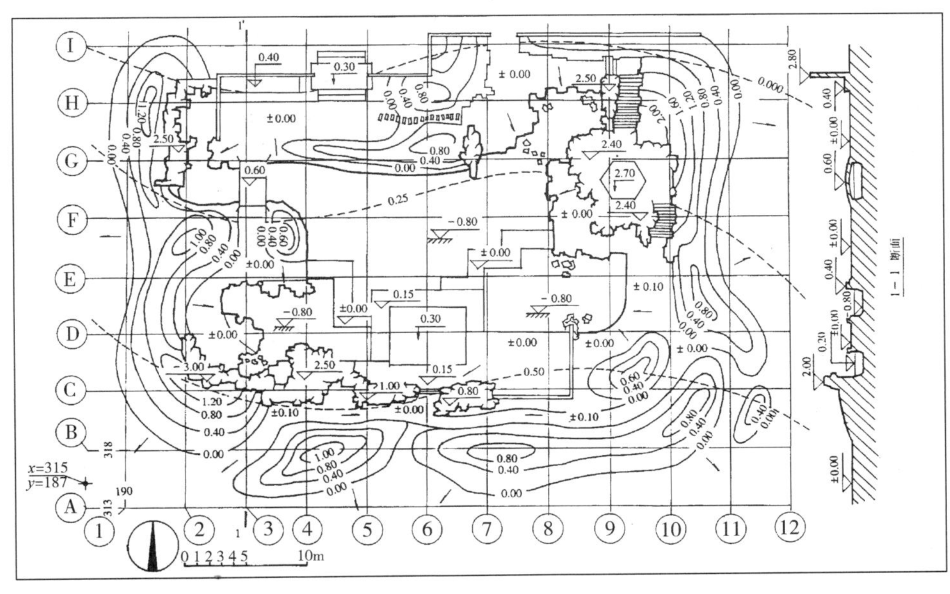

图 1-10　地形设计图

种路面的宽度、排水纵坡，并初步确定主要道路的路面材料和铺装形式等。图样上用虚线画出等高线，再用不同的粗线、细线表示不同级别的道路及广场，并将主要道路的控制标高注明。

7）种植设计图。根据总体设计图的布局、设计原则以及苗木的情况，确定全园的种植设计总构思。种植总体设计内容主要包括不同种植类型的安排，如密林、草坪、疏林、树群、树丛、孤立树、花坛、花境、园界树、园路树、湖岸树、园林种植小品等内容。还有以植物造景为主的专类园，如月季园、牡丹园、香花园、观叶观花园中园、盆景园、观赏或生产温室、爬蔓植物观赏园、水景园和公园内的花圃、小型苗圃等。同时，确定全园的基调树种、骨干造景树种，包括常绿、落叶的乔木、灌木、地被等植物。图 1-11 所示为小游园种植设计图。

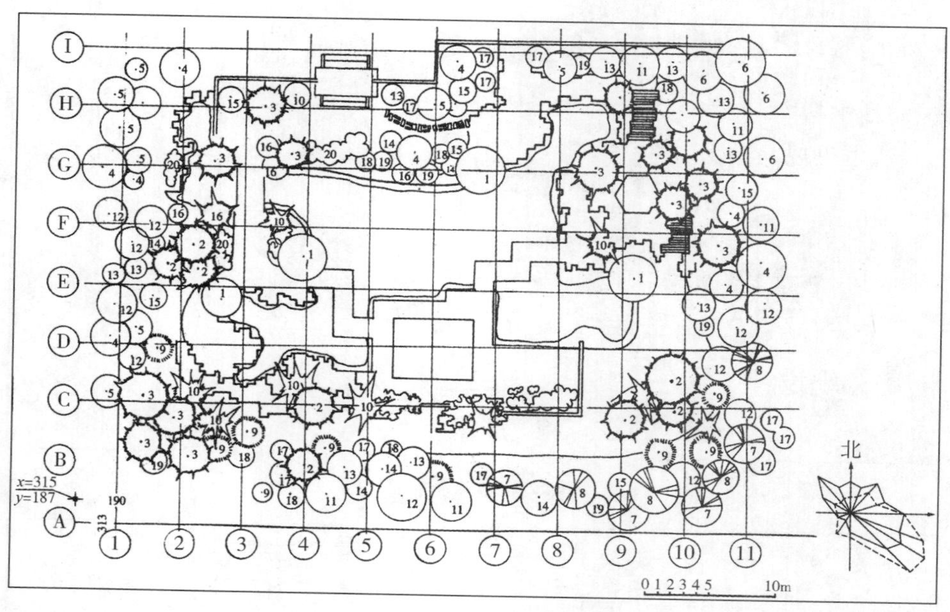

图 1-11 种植设计图

8）管线总体设计图。根据总体规划要求，解决全园的上水水源的引进方式，水的总用量（消防、生活、喷灌、浇灌、卫生等）及管网的大致分布、管径大小、水压高低，以及雨水、污水的水量，排放方式，管网大体分布，管径大小及水的去处等。北方冬天需要供暖，则需要考虑供暖方式、负荷多少，锅炉房的位置等。

9）电气规划图。为解决总用电量、用电利用系数、分区供电设施、配电方式、电缆的敷设以及各区各点的照明方式及广播、通讯等的位置。

10）园林建筑布局图。要求在平面上，反映全园总体设计中建筑在全园的布局，主要、次要、专用出入口的售票房、管理处、造景等各类园林建筑的平面造型。除平面布局外，还应画出主要建筑物的平、立面图。

11）鸟瞰图。设计者为更直观地表达园林设计的意图，表现园林设计中各景点、景物以及景区的景观形象，会通过钢笔画、铅笔画、钢笔淡彩、水彩画、中国画或其他绘画形式表现鸟瞰图，也可采用计算机三维设计软件制作。图 1-12 所示为小游园鸟瞰图。

图 1-12 鸟瞰图

2. 总体设计说明书

总体设计方案除了图样外，还

要求一份文字说明，全面地介绍设计者的构思、设计要点等内容，具体包括以下几个方面：

1）位置、现状、面积。

2）工程性质、设计原则。

3）功能分区。

4）设计主要内容（山体地形、空间围合、水系网络、出入口、道路系统、建筑布局、种植规划、园林小品等）。

5）管线、电讯规划说明。

6）管理机构。

3. 工程投资总匡算

在规划方案阶段，可按面积、设计内容和工程复杂程度，并结合常规经验匡算。也可按工程项目、工程量，分项估算再汇总。

1.4.3　局部详细设计阶段

在总体设计方案确定以后，接着就要进行局部详细设计工作，主要包括以下内容：

1. 平面图

首先，根据公园或工程的不同分区，划分若干局部，每个局部根据总体设计的要求，进行局部详细局部详细设计。详细设计平面图要求表明建筑的平面图、标高及其与周围环境的关系，道路的宽度、形式、标高；主要广场、地坪的形式、标高；花坛、水池面积的大小和标高；驳岸的形式、宽度、标高。同时平面上标明雕塑、园林小品的造型。一般比例尺为1:500。

2. 纵、横断面图

为更好地表达设计意图，在布局最重要的部分或局部地形的变化部分，画出断面图。一般比例尺为1:200～1:500。

3. 局部种植设计图

在总体设计方案确定后，着手进行局部景区、景点的详细设计的同时，要进行种植设计工作。一般在比例尺为1:500的图样，能准确地反映乔木的种植点、栽植数量和树种，主要包括密林、疏林、树丛、园路树、湖岸树的位置。其他种植类型，如花坛、花镜、水生植物、灌木丛、草坪等的种植设计图的比例可选用1:300或1:200。

1.5　园林设计图的绘制

园林设计图是在掌握园林艺术理论、设计原理、有关工程技术及制图基本知识的基础上所绘制的专业图样，它表达了园林设计人员的思想和要求，是生产施工与管理的技术文件。绘制与识读园林设计图是园林设计与施工人员必须具有的基本技能。

1.5.1　园林设计总平面图

园林设计总平面图是表现工程总体布局的图样。是规划范围内的各种造园要素（如地形、山石、水体、建筑、植物及园路等）布局位置的水平投影图，它是反映园林工程总体设计意图的主要图样，也是绘制其他图样及造园施工的依据。

它既有艺术构思的表现性，又有较强的科学性和施工指导性。为增加说明性，必要时还可绘出总立面图或剖面图和全园（或景区局部）的鸟瞰图等。图1-13、图1-14所示为小游园的立面图和剖面图。

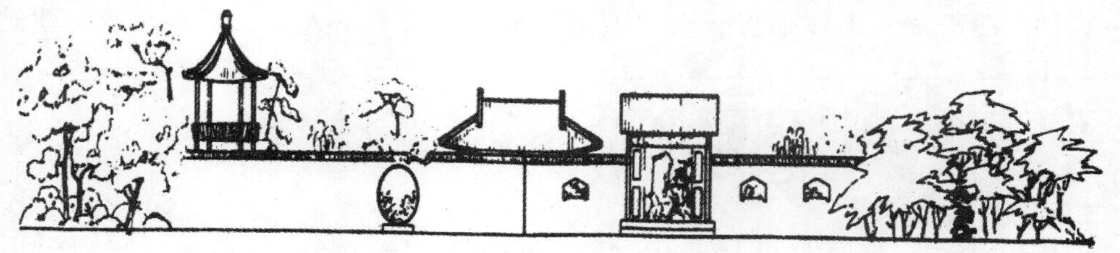

图1-13　小游园北立面图

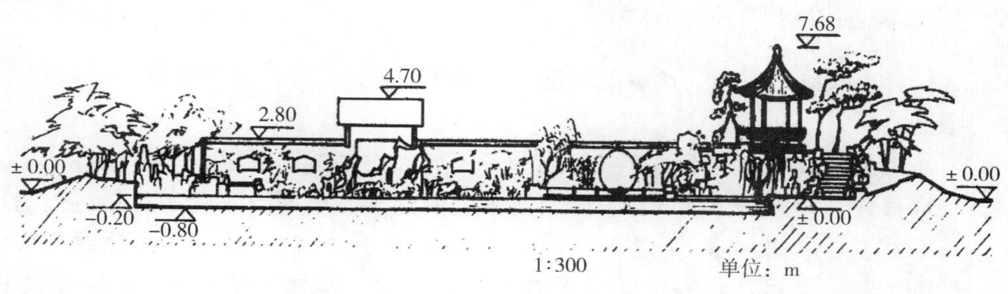

图1-14　小游园剖面图

1.5.2　总平面图的绘制要求

1. 园林要素表示法

1）地形。在总平面图中要表明设计地形和原有地形的状态（用等高线表示）。设计地形等高线用细实线绘制，原地形等高线用细虚线绘制，设计平面图中等高线可以不标注高程。

2）园林建筑。要表示建筑物的形状、位置、朝向以及附属设施等。在大比例尺图样中，对有门窗的建筑，可采用通过窗台部位的水平剖面图来表示，对没有门窗的建筑，可采用通过支撑柱部位的水平剖面图来表示。用粗实线画出断面轮廓，用中实线画出其他可见轮廓，用粗实线画出外轮廓，用细实线画出屋面，花坛、花架等建筑小品用细实线画出投影轮廓。

在小比例图样中（1∶1000以上），只需用粗实线画出水平投影外轮廓线，建筑小品可不画。

3）水体。水体一般用两条线表示，外面的一条表示水体边界线（即驳岸线），用特粗实线绘制；里面的一条表示水面，用细实线绘制。

4）山石。山石均采用其水平投影轮廓线概括表示，以粗实线绘出边缘轮廓，以细实线概括绘出皴纹。

5）园路。用细实线画出路缘，铺装路面可按设计图案简略示出。

6）植物。一般采用图例作概括地表示，所绘图例应区分出针叶树、阔叶树、常绿树、落叶树、乔木、灌木、绿篱、花卉、草坪、水生植物等，常绿植物在图例中应画出间距相等的细斜线。绘制植物平面图图例时，要注意曲线过渡自然，图形应形象、概括。树冠的投影，要按成龄以后的树冠大小画，表1-1所示为树冠直径表。

表1-1　树冠直径表　(单位：m)

树种	孤立树	高大乔木	中小乔木	常绿大乔木	锥形幼树	花灌木	绿篱
冠径	10~15	5~10	3~7	4~8	2~3	1~3	宽0.5~1.5

2. 编制图例说明

《风景园林图例图示标准》(CJJ67—95)中图例是常用图例，如果再使用其他图例，可依据编制图例的原则和规律进行派生，同时在图样中适当位置画出并注明各图例含义。为了使图面清晰，便于阅读，对图中的建筑应予以编号，然后再注明相应的名称。

3. 标注定位尺寸或坐标网

1）定位方式。一般分为规则式和自然式两种，规则式是指根据原有景物定位，标注新设计的主要景物与原有景物之间的相对距离。自然式是指采用直角坐标网定位。

2）直角坐标网。一般分为建筑坐标网和测量坐标网，建筑坐标网是以工程范围内的某一点为“零”点，再按一定距离画出网络，水平方向为B轴，垂直方向为A轴，便可确定网格坐标。测量坐标网是根据造园所在地的测量基准点的坐标，确定网格的坐标，水平方向为y轴，垂直方向为x轴。

4. 绘制比例、风向玫瑰图或指北针

为便于阅读，总平面图中宜采用线段比例尺，线段比例尺可绘制为不同形式，如图1-15所示。

指北针与风向玫瑰图如图1-16所示，其顶部应注明“北”或“N”，以表示建筑物的朝向；指北针或风向玫瑰图应绘制在总图和园林±0.00标高的平面图上。其所指的方向应一致，其他图不用再画。

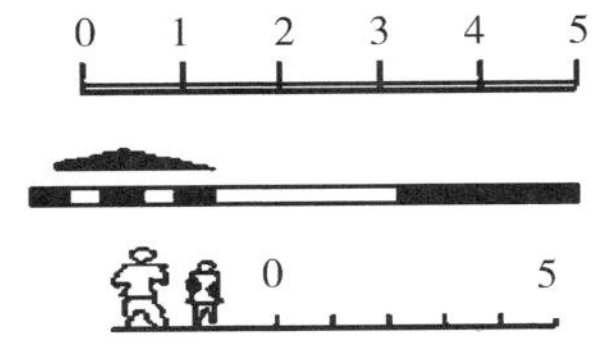

图1-15　线段比例尺

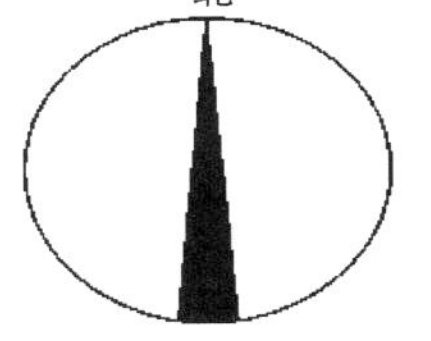

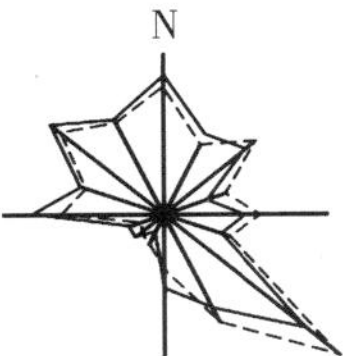

图1-16　指北针与风向玫瑰图

要点：风向玫瑰图

风向玫瑰图用来表示该地区常年的风向频率和房屋的朝向，是根据当地多年平均统计的各个方向吹风次数的百分数，按一定比例绘制的。

风的吹向是指从外吹向中心。实线范围表示全年风向频率，虚线范围表示夏季风向频率。

5. 书写设计说明

为了更清楚地表达设计意图，必要时总平面图上可书写说明性文字，如图例说明、公园的方位、朝向、占地范围、地形、地貌、周围环境及建筑物室内外绝对标高等。

1.5.3 园林设计平面图的阅读

1. 看图名、比例、设计说明及风向玫瑰图或指北针

了解设计意图和工程性质，设计范围和朝向等。图 1-9 所示是一个东西长 50m 左右，南北宽 35m 左右的某处小游园，主入口位于北侧。

2. 看等高线和水位线

了解游园的地形和布局情况，从图 1-9 所示可见，该园水池设在游园中部，东、南、西侧地势较高，形成外高内低的封闭空间。

3. 看图例和文字说明

明确新建景物的平面位置，了解总体布局情况。由图 1-9 所示可见，该园布局以水池为中心，主要建筑为南部的水榭（2）和东北部的六角亭（3），水池东侧设拱桥一座，水榭由曲桥（4）相连，北部和水榭东侧设有景墙和园门，六角亭建于石山之上，西南角布置石山、壁泉和石洞各一处，水池东北和西南角布置汀步两处，桥头、驳岸处散点山石，入口处园路以冰纹路为主，点以步石，六角亭南、北侧设台阶和山石蹬道，南部布置小径通向园外。植物配置，外围以阔叶树群为主，内部点缀孤植树和灌木。

4. 看坐标或尺寸标注

根据坐标或尺寸查找施工放线的依据。

第2章　园林景观CAD制图规范细则

本章讲解了园林图样内容的要求、图样规范以及常用的图例；其中包括图样排列顺序、内容要求、图样要求、图样幅面与标题栏、比例规划、线型和宽度、文字注释、尺寸标注、标高、坡度、索引符号和详图符号、引出线、定位轴线及轴号、剖切符号等内容。

2.1　图样内容要求

园林设计一般分为方案设计、初步设计和施工图设计三个阶段。每个阶段均包括设计说明、设计图样、经济指标。

设计文件包括：封面；扉页（施工图阶段可不要）；设计文件目录；设计说明书；设计图样（包括效果图）；投资估算书（概算书）。

2.1.1　图样排列顺序

设计师为了更好地向甲方表达其设计意图，给施工者提供较完整的施工依据，减少施工中的变更、拆改项目，提高有效工作时间，需要做到图样齐全，排列有序（按以下顺序排列）。

1）封面（按设计院统一制作的模板打印）。

2）目录（按设计院统一制作的模板打印）。

3）工程概况。

4）设计说明。

5）装饰工程项目表（按设计院统一制作的模板打印）。

6）施工图样（总平面图、顶棚平面图、平面图、立面图、大样详图等）。

2.1.2　园林总图

工程施工图（简称施工图），是指扩大初步设计图经汇报、修改、最终确定后进入的图样设计阶段。为方便在施工过程中翻阅图样，工程施工图分两部分，总图部分及分部施工图部分。

总图部分（图样编号：Z-xx，如 Z-09）表达的内容较多，视图样内容采用 A1 或 A0 图幅，同套图样图幅统一，其图样如表 2-1 所示。

表 2-1　园林总图名称及内容

序号	图样名称	图样内容
1	封面	工程名称、工程地点、工程编号、设计阶段、设计时间、设计公司名称
2	图样目录	本套施工图的总图样纲目
3	设计说明	工程概况、设计要求、设计构思、设计内容简介、设计特色、各类材料统计表、苗木统计表

（续）

序号	图样名称	图样内容
4	总平面图	详细标注方案的道路、建筑、水体、花坛、小品、雕塑、设备、植物等在平面中的位置及与其他部分的关系。标注主要经济技术指标，地区风向玫瑰图
5	种植总平面图	在总平面图中详细标注各类植物的种植点、品种名、规格、数量，植物配植的简要说明，苗木统计表
6	雕塑—小品总平面布置图	在总平面图中（隐藏种植设计）详细标出雕塑、景观小品的平面位置及其中心点与总平面控制轴线的位置关系，雕塑—小品分类统计表
7	铺装物料总平面图	在总平面图中（隐藏种植设计）用图例详细标注各区域内硬质铺装材料材质及其规格，材料设计选用说明、铺装材料图例、铺装材料用量统计表（按面积计）
8	总平面放线图	详细标注总平面图中（隐藏种植设计）各类建筑、构筑物、广场、道路、平台、水体、主题雕塑等的主要定位控制点及相应尺寸标注
9	总平面分区图	在总平面图中（隐藏种植设计）根据图样内容的需要用特粗虚线将平面分成相对独立的若干区域，并对各区域进行编号
10	分区平面图	按总平面分区图将各区域平面放大表示，并补充平面细部
11	分区平面放线图	详细标注各分区平面的控制线及建筑、构筑物、道路、广场、平台、台阶、斜坡、雕塑—小品基座、水体的控制尺寸
12	铺装分区平面图	详细绘制各分区平面图内的硬质铺装花纹，详细标注各铺装花纹的材料材质及规格
13	铺装分区平面放线图	在铺装分区平面图的基础上（隐藏材料材质及材料规格的标注）标注铺装花纹的控制尺寸
14	竖向设计总平面图	在总平面图中（隐藏种植设计）详细标注各主要高程控制点的标高，各区域内的排水坡向及坡度大小、区域内高程控制点的标高及雨水收集口位置，建筑—构筑物的散水标高、室内地坪标高或顶标高，绘制微地形等高线、最高点标高、台阶各坡道的方向。（标高用绝对座标系统标注或相对座标系统标注，在相对座标系统中标出零点标高的绝对座标值。）

注：分区平面图仅在总平面图不能详细表达图样细部内容时才设置。

2.1.3　园林分部施工图

分部施工图包括建筑—构筑物施工图、铺装施工图、雕塑—小品施工图、地形—假山施工图、种植施工图、灌溉系统施工图、水景施工图、电气施工图。为方便在施工过程中翻阅图样，本部分图样均选用 A3 图幅。其分部施工图样内容如表 2-2 所示。

表 2-2　园林分部施工图名称及内容

序号	图样名称	图样内容
一、建筑—构筑物施工图（图样编号：J-xx）		
1	建筑—构筑物平面图	详细绘制建筑—构筑物的底层平面图（含指北针）及各楼层平面图。标出墙体、柱子、门窗、楼梯、栏杆、装饰物等的平面位置及详细尺寸
2	建筑—构筑物立面图	详细绘制建筑—构筑物的主要立面图或立面展开图，如门窗、栏杆、装饰物的立面形式、位置，标注洞口、地面标高及相应的尺寸
3	建筑—构筑物剖面图	详细绘制建筑—构筑物的重要剖面图，详细表达其内部构造、工程做法等内容，标注洞口、地面标高及相应的尺寸标注
4	建筑—构筑物施工详图	详尽表达平、立、剖面图中索引的各部分详图的内容、建筑物的楼梯详图，室内铺装做法详图等
5	建筑—构筑物基础平面图	建筑—构筑物的基础形式和平面布置
6	建筑—构筑物基础详图	基础的平、立、剖面图，配筋，钢筋表
7	建筑—构筑物结构平面图	各层平面墙、梁、柱、板位置，尺寸，楼板、梯板配筋及钢筋表
8	建筑—构筑物结构详图	梁、柱剖面，配筋，钢筋表
9	建筑给排水图	标明室内的给水管接入位置、给水管线布置、洁具位置、地漏位置、排水管线布置、排水管与外网的连接
10	建筑照明电路图	标明室内电路布线、控制柜、开关、插座、电阻的位置及材料型号等，还需材料用量统计表
二、铺装施工图（图样编：P-xx）		
1	铺装分区平面图	详细绘制各分区平面内的硬质铺装花纹，详细标注各铺装花纹的材料材质及规格，重点位置平面索引
2	局部铺装平面图	铺装分区平面图中索引的重点平面铺装图，详细标注铺装放样尺寸、材料材质规格等
3	铺装大样图	详细绘制铺装花纹的大样图，标注详细尺寸及所用材料的材质、规格
4	铺装详图	室外各类铺装材料的详细剖面工程做法图、台阶做法详图、坡道做法详图等
三、雕塑—小品施工图（图样编号：X-xx）		
1	雕塑详图	雕塑主要立面表现图、雕塑局部大样图、雕塑放样图、雕塑设计说明及材料说明
2	雕塑基座施工图	雕塑基座平面图（基座平面形式、详细尺寸），雕塑基座立面图（基座立面形式、装饰花纹、材料标注、详细尺寸），雕塑基座剖面图（基座剖面详细做法、详细尺寸），基座设计说明
3	小品平面图	景观小品的平面形式、详细尺寸、材料标注
4	小品立面图	景观小品的主要立面、立面材料、详细尺寸
5	小品剖面图	景观小品的剖面详细做法图
6	景观小品做法详图	局部索引详图、基座做法详图

（续）

序号	图样名称	图样内容
四、地形—假山施工图（图样编号：D-xx）		
1	地形平面放线图	在各分区平面图中用网格法给地形放线
2	假山平面放线图	在各分区平面图中用网格法给假山放线
3	假山立面放样图	用网格法为假山立面放样
4	假山做法详图	假山基座平、立、剖面图，山石堆砌做法详图，塑石做法详图
五、种植施工图（图样编号：L-xx）		
1	分区种植平面图	按区域详细标注各类植物的种植点、品种名、规格、数量，植物配植的简要说明，区域苗木统计表
2	种植放线图	用网格法对各分区内植物的种植点进行定位，对形态复杂区域可放大后再用网格法作详细定位
六、灌溉系统施工图（图样编号：S-xx）		
1	灌溉系统平面图	分区域绘制灌溉系统平面图，详细标明管道走向、管径、喷头位置及型号、快速取水器位置、逆止阀位置、泄水阀位置、检查井位置等，材料图例，材料用量统计表
2	灌溉系统放线图	用网格法对各分区内的灌溉设备进行定位
七、水景施工图		
1	水体平面图	按比例绘制水体的平面形态、标注详细尺寸，旱地喷泉要绘出地面铺装图案及排水箅子的位置、形状，标注材料材质及材料规格
2	水体剖面图	详细表达剖面上的工程构造、作法及高程变化，标注尺寸、常水位、池底标高、池顶标高
3	喷泉设备平面图	在水体平面图中详细绘出喷泉设备位置、标注设备型号、详细标注设备布置尺寸，设备图例、材料用量统计表
4	喷泉给水排水平面图	在喷泉设备平面中布置喷泉给水排水管网，标注管线走向、管径、材料用量统计表，指北针
5	水型详图	绘制主要水景水型的平、立面图，标注水型类型，水型的宽度、长度、高度及颜色。用文字说明水型设计的意境及水型的变化特征
6	给水排水设计总平面图	在总平面图中（隐藏种植设计）详细标出给水系统与外网给水系统的接入位置、水表位置、检查井位置、闸门井位置，标出排水系统的雨水口位置、排水管网及管径，给水排水图例，给水系统材料表、排水系统材料表
八、电气施工图（图样编号：D-xx）		
1	电气设计说明及设备表	详细的电气设计说明，详细的设备表，标明设备型号、数量、用途
2	电气系统图	详细的配电柜电路系统图（室外照明系统、水下照明系统、水景动力系统、室内照明系统、室内动力系统、其他用电系统、备用电路系统），电路系统设计说明，标明各条回路所使用的电缆型号、控制器型号、安装方法、配电柜尺寸
3	电气平面图	在总平面图基础上标明各种照明用、景观用灯具的平面位置及型号、数量，线路布置，线路编号、配电柜位置，图例符号

（续）

序号	图样名称	图样内容
4	动力系统平面图	在总平面图基础上标明各种动力系统中的泵、大功率用电设备的名称、型号、数量、平面位置线路布置，线路编号、配电柜位置，图例符号
5	水景电力系统平面图	在水体平面中标明水下灯、水泵等的位置及型号，标明电路管线的走向及套管、电缆的型号，材料用量统计表

2.2 园林 CAD 制图规范

一套标准园林设计图样，它包括的内容有：图样幅面与标题栏、比例、线型和线宽、文字注释、尺寸标注、标高、坡度以及相应的符号等，下面将对这些内容进行一一讲解。

2.2.1 图样幅面与标题栏

图样幅面是指图样本身的规格尺寸，也就是我们常说的图幅，为了合理使用并便于图样管理，园林景观设计制图的图样幅面规格尺寸延用建筑制图的国家标准，如表 2-3 的规定及图 2-1 所示的格式。

表 2-3 图样幅面及图框尺寸 （单位：mm）

<table>
<tr><th>幅面代号</th><th>A0</th><th>A1</th><th>A2</th><th>A3</th><th>A4</th></tr>
<tr><td>B×L</td><td>841×1189</td><td>594×841</td><td>420×594</td><td>297×420</td><td>210×297</td></tr>
<tr><td>a（装订边宽）</td><td colspan="5">25</td></tr>
<tr><td>c（其余边宽）</td><td colspan="3">10</td><td colspan="2">5</td></tr>
<tr><td>e（不留装订边宽）</td><td colspan="2">20</td><td colspan="3">10</td></tr>
</table>

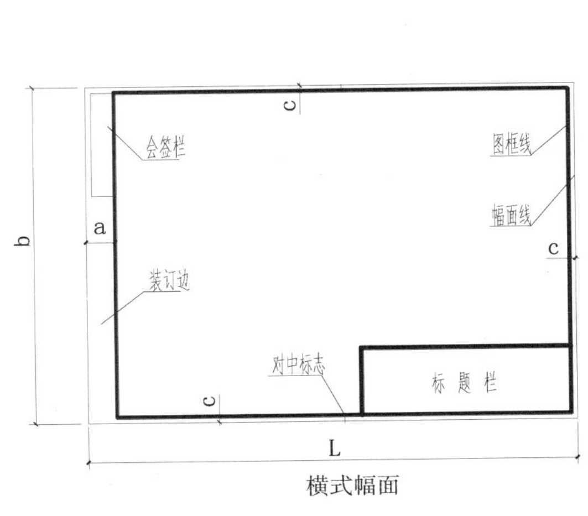

横式幅面

竖式幅面

图 2-1 幅面形式

要点：图幅的选择以及加长图幅

特殊情况：可适当加长图幅，加长图幅为标准图框根据图样内容需要在长向（L边）加长L/4的整数倍(1/4)，如图2-2所示。A4图幅一般无加长图幅。除总图部分采用A0～A2图幅（视图样内容需要，同套图样统一）外，其他详图图样采用A3图幅。根据图样量可分册装订。

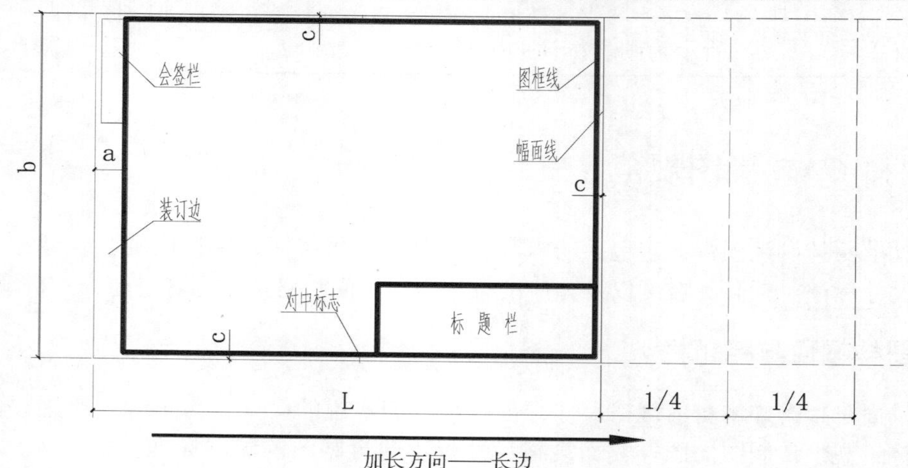

图2-2　加长图幅

标题栏是用来说明图样内容的专栏，标题栏分大小两种。

1）大标题栏：一般用于A0、A1、A2图样，其轮廓尺寸如图2-3所示。

180（总宽），60（总高）

设计单位名称			工作内容	姓名	签字月日
工程总称					
项目					
图纸名称	设计号				
	图别				
	图号				
	日期				
54	27	27	24	24	24

图2-3　图样标题栏（大）

2）小标题栏：一般用于A2、A3、A4图样，其轮廓尺寸如图2-4所示。

180（总宽），33（总高）

图纸名称		设计单位名称			
工程总称		设计		图别	
项目		绘图		图号	
		校对		比例	
		审核		日期	
29	55	24	24	24	24

图2-4　图样标题栏（小）

2.2.2　比例规划

比例就是图上线段长度与相应实际线段长度之比。比例 = 图上线段的长度/实际线段的长度。比例的注法如下：

1）每个图形的比例标在图名右侧，上道线为粗实线，下道线为细实线，比例的字号比图名小 1 或 2 号，图 2-5 所示为图名标注的两种形式。

2）标在图名的底线下方，如图 2-6 所示。

平面图 1:100

平面图 1:100

图 2-5　总平面图图名标注

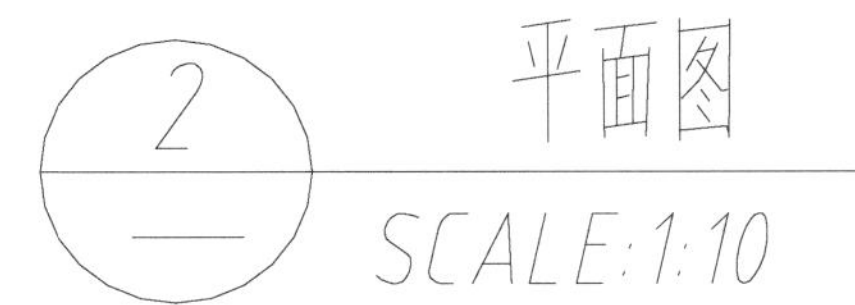

图 2-6　详图图名标注

要点：图名与比例字高规范

在标注图名及比例时，其文字高度是有规定的。若使用 A0、A1、A2 图样出图时，其图名的字高为 7mm，比例及英文图名字高为 4mm；若使用 A3、A4 图样出图时，其图名字高为 5mm，比例及英文图名字高为 3mm。

在园林设计各类图形绘制中，可参照表 2-4 所示的常用比例与可用比例来出图。

表 2-4　室内装潢图出图的比例

图样内容	常用比例	可用比例
总平面图	1:200　1:500　1:1000	1:300　1:2000
放线图、竖向图	1:200　1:500　1:1000	1:300
植物种植图	1:50　1:100　1:200　1:500	1:300
道路铺装及部分详图索引平面图	1:100　1:200	1:500
建筑、构筑物、山石、园林小品等平、立、剖面图	1:50　1:100　1:200	1:30
园林设备、电气平面图	1:500　1:1000	1:300
道路绿化断面图及标准段立面图	1:50　1:100	1:200
详图	1:5　1:10　1:20	1:30

2.2.3　线型、宽度

工程图上常用的基本线型有实线、虚线、点画线、折断线、波浪线等。不同的线型在园林景观中使用情况也不相同，表 2-5 所示为线型、线宽及用途。

表 2-5　线型、线宽及用途

名称		线条形式	线宽	用途
实线	粗		b	①主要可见轮廓线；②平、剖面图中主要构（配）件断面的轮廓线；③建筑立面图外轮廓线；④详图中主要部分的断面轮廓线；⑤总平面图中新建建筑物的可见轮廓线
	中		0.5b	①建筑平、立、剖视图中一般构（配）件的轮廓线；②平、剖面图中次要断面轮廓线；③总平面图中新建道路、桥梁、围墙及其他设施的可见轮廓线和区域分界线；④尺寸起止符号
	细		0.25b	①总平面图中新建人行道、排水沟、草地、花坛等可见轮廓线，原有建筑物、铁路、道路、桥梁、围墙等可见轮廓线；②图例线、索引符号、尺寸线、尺寸界线、引出线、标高符号、较小图形的中心线
虚线	粗		b	①新建筑物的不可见轮廓线；②结构图上不可见钢筋及螺栓线
	中		0.5b	①一般不可见轮廓线；②建筑构造及建筑构（配）件不可见轮廓线；③总平面图计划扩建的建筑物、铁路、道路、桥梁、围墙及其他设备的轮廓线；④平面图中吊车轮廓线
	细		0.25b	①总平面图中原有建筑物和道路、桥梁、围墙等设施的不可见轮廓线；②结构详图中不可见钢筋混凝土构件轮廓线；③图例线
点划线	粗		b	①吊车轨道线；②结构图中的支撑线
	中		0.5b	土方填挖区的零点线
	细		0.25b	分水线、中心线、对称线、定位轴线
双点划线	粗		b	预应力钢筋线
	中		0.5b	
	细		0.25b	假想轮廓线、成型前原始轮廓线等
折断线	细		0.25b	不需要画全的断开界线
波浪线	细		0.35b	不需要画全的断开界线

要点：线宽（b）的系数

粗线的宽度代号为b，粗线与中粗线之比为1:0.5（如粗线为0.5mm，那么中粗线则为0.25mm，即粗线的一半），同样粗线与细线之比为1:0.25（1/4），粗线线宽从下列宽度系数中选取：2.0mm、1.4mm、1.0mm、0.7mm、0.5mm、0.35mm。同一幅图中，采用相同比例绘制的各图，应用相同的线宽。当绘制比较简单或是比较小的图，可以只用两种线宽，即粗线和细线。用AutoCAD进行作图时，通常把不同的线型、不同粗细的线单独放置在一个层上，方便打印时统一设置图线的线宽。

2.2.4 文字注释

图样上需书写的文字、数字、符号等，均应笔画清晰，字体端正，排列整体。规定如下：

1）图样中总说明文字，字高6mm，宽0.8mm，用仿宋体。

2）图名字体为仿宋，字体高5～7mm，宽0.9mm；比例字高3～5mm。

3）文字标注用仿宋体，字高3.5mm，宽0.7mm，不放在引线的横线上方。

4）数字标注用Tssdeng.shx或仿宋字体；高度由标注比例控制。

5）图形下图名字高5.5mm，图内文字注释字高3.5mm。

6）图框内图样名称字高5mm，项目名称、工程名称等字高4mm，设计人、校对人等文字字高3.5mm。

要点：CAD中文字的高度

上面所说的宽度为打印到图样上的高度，在使用CAD绘图时，文字高度＝打印在图样上的宽度×绘图比例；如总平面图的比例为1∶100，那么CAD绘图时图名的文字高度＝7mm（打印高度）×100（比例）＝700mm，以此类推，比例字高为500mm；文字标注高度则为350mm。

2.2.5 尺寸标注

图样上的尺寸根据规定，由尺寸界线、尺寸线、尺寸起止符号（在AutoCAD中被称作“箭头”）和尺寸数字组成，如图2-7所示。

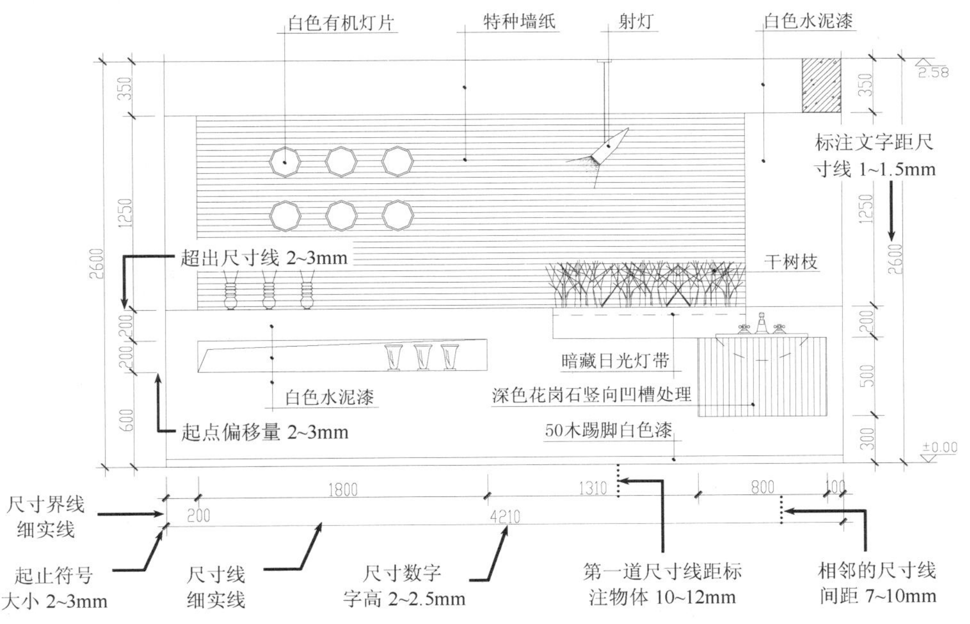

图2-7　尺寸标注的组成

标准规定，尺寸界线用细实线绘制，一般应与被标注的长度垂直，其一端应离开图样轮廓线2～3mm（起点偏移量），另一端宜超出尺寸线2～3mm。

尺寸线也用细实线绘制，并与被标注长度平行，图样本身的图线不能作为尺寸线；一般不得与其他图线重合或在其延长线上。

尺寸起止符号一般用中粗斜短线绘制，其倾斜方向与尺寸界线成顺时针 45°，长度宜为 2～3mm，半径、直线、角度与弧长的尺寸起止符号宜用箭头表示。

尺寸数字一般应依据其方向注写在靠近尺寸线的上方中部，尺寸数字的书写角度与尺寸线一致。图形对象的真实大小以图面标注的尺寸数据为准，与图形的大小及准确度无关。图样上的尺寸单位，除标高及总平面以 m 为单位外，其他必须以 mm 为单位。

尺寸宜标注在图样轮廓以外，不宜与图线、文字以及符号等相交。图线不得穿过尺寸数字，不可避免时，应将尺寸数字处的图线断开。图样轮廓线以外的尺寸界线，距图样最外轮廓之间的距离，不宜小于 10mm。平行排列的尺寸线的间距，宜为 7～10mm，并应保持一致。互相平行的尺寸线，较小的尺寸应距离轮廓线较近，较大的尺寸，距离轮廓线较远。尺寸标注的数字应距尺寸线 1～1.5mm，其字高为 2.5mm（在 A0、A1、A2 图样中）或 2mm（在 A3、A4 图样中）。

2.2.6 标高表示方法

标高是用以标注建筑物某一点高度位置的，根据标注高度的零点位置不同，标高分为绝对标高和相对标高。我国规定将青岛的黄海平均海平面定为绝对标高的零点，其他各地标高都以此为基准。为了施工时看图方便，建筑或室内施工图一般都使用相对标高来标注建筑物某一点的高度。相对标高是指以该建筑物的首层室内地面为零点而标注的标高。

1）标高符号应以直角等腰三角形表示，三角形高为 3mm，尖端所指被标注高度，个体建筑物图样上的标高符号以细实线绘制，通常用如图 2-8a 所示的形式；如标注位置不够，可按如图 2-8b 所示形式绘制。图中“L”是注写标高数字的长度。

2）总平面图上的标高符号应涂黑表示，如图 2-9 所示。

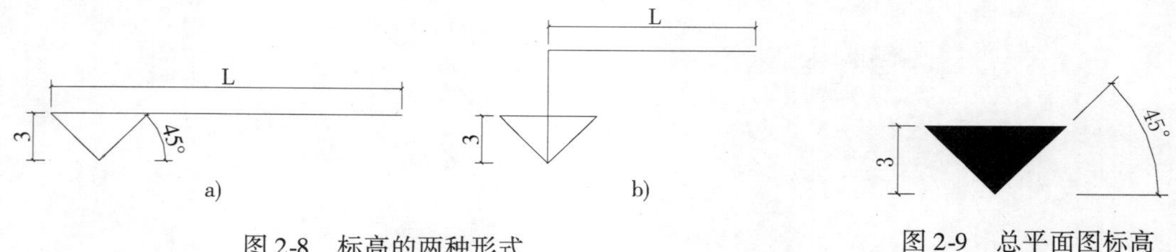

图 2-8　标高的两种形式

图 2-9　总平面图标高

3）标高数字应以“m”为单位，注定到小数点后三位；在总平面图中，可注写到小数点后两位，零点标高应注写成 ±0.000，正数标高不注“+”，负数标高应注“-”。标高符号的尖端应指至被注的高度处，尖端可向上，也可向下，尖端下的短横线为需注高度的界线，短横线与三角同宽，如图 2-10 所示。

4）在图样的同一位置需表示几个不同标高时，标高数字可按图 2-11 所示的形式注写。

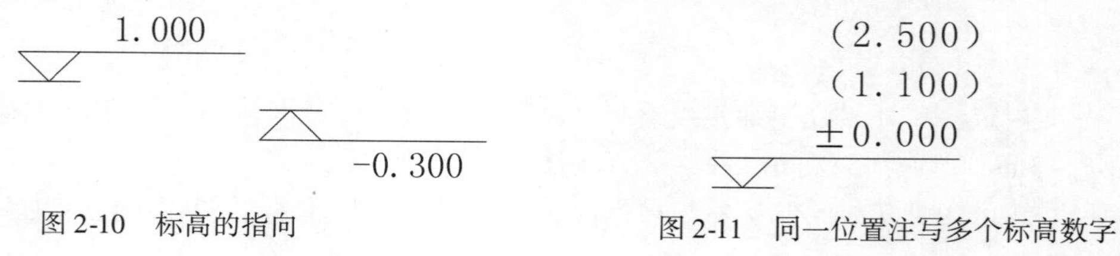

图 2-10　标高的指向

图 2-11　同一位置注写多个标高数字

2.2.7　坡度表示方法

1）标注坡度时，应加注坡度符号“◢——”，该符号为单面箭头，箭头应指向下坡方向，坡度也可用直角三角形形式标注，如图 2-12 所示。

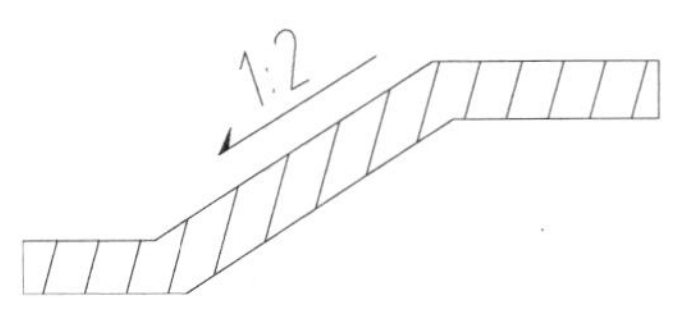

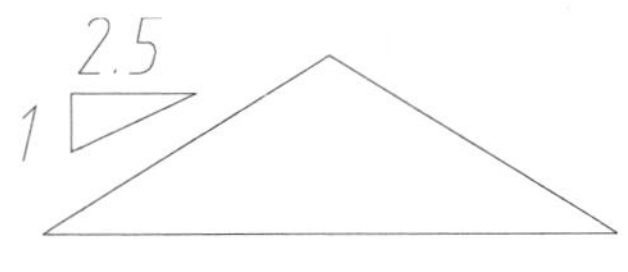

图 2-12　坡度标注方法

2）坡度平缓时，坡度可用百分数表示，箭头表示下坡方向，如图 2-13 所示。

3）坡度 = 两点间的高度差（通常为 1）/两点间的水平距离，如图 2-14 所示。

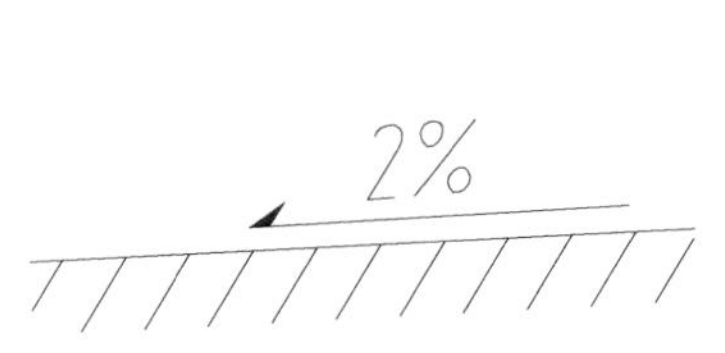

图 2-13　平缓坡度标注

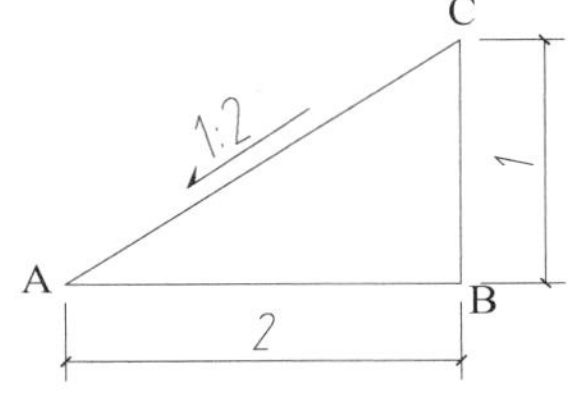

图 2-14　坡度计算图例

2.2.8　索引符号和详图符号

1. 索引符号

索引符号是用来索引详图的，索引符号的圆及直径线均应以细实线绘制，圆的直径应为 10mm，索引符号的引出线应指在要索引的位置上。圆内编号的含义为：上行为详图编号，下行为详图所在图样的图号，索引符号应按下列规定编写：

1）索引出的详图，如与被索引的图样在同一张图样内，应在索引符号的上半圆中用阿拉伯数字注明该详图的编号，并在下半圆中画一短水平细实线，如图 2-15a 所示。

2）索引出的详图，如与被索引的图样不在同一张图样内，应在索引符号的下半圆中用阿拉伯数字注明该详图所在的图样，如图 2-15b 所示。

3）索引出的详图，如采用标准图，应在索引符号水平直径的延长线上加注该标准图册的编号，如图 2-15c 所示。

4）引出的是剖面详图时，用粗实线段表示剖切位置，引出线所在的一侧应为剖视方向。图 2-16 所示为剖切索引符号内容。

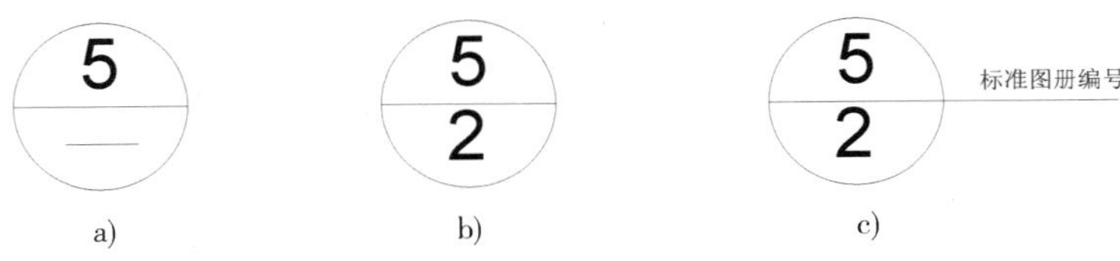

图 2-15　索引符号规范

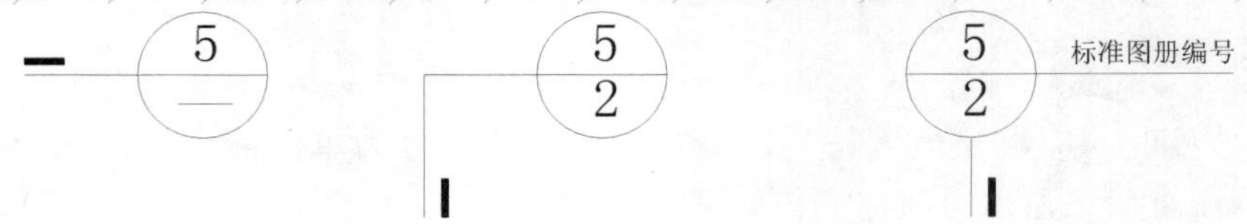

图 2-16 剖切索引符号

2. 详图符号

索引出的详图应画出详图符号来表示详图的位置和编号，详图符号以粗实线绘制，直径为 14mm 的圆，当详图与被索引的图样不在同一张图样内时，可用细实线在详图符号内画一水平直线径线，圆内编号的含义为：上行为详图编号，下行为被索引图样的图号。图 2-17 所示为详图的两种表达形式。

图 2-17 详图符号的形式

图 2-18 所示为本页索引符号和本页详图符号在绘图中的应用实例。

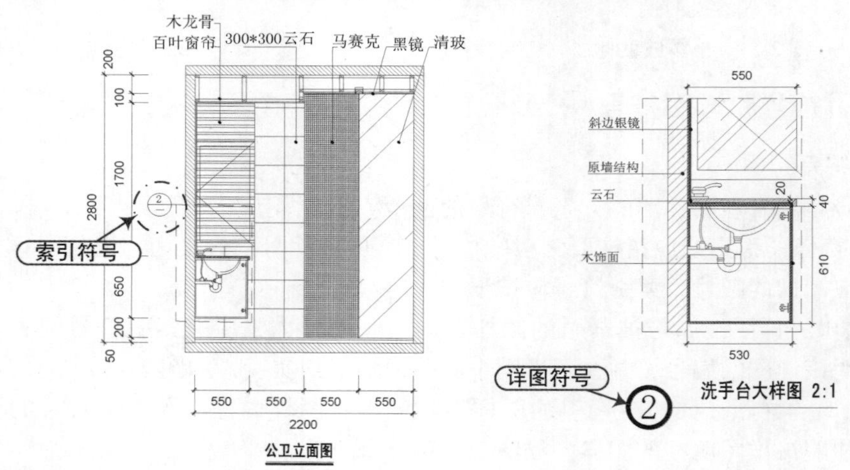

图 2-18 索引与详图符号的应用

2. 2. 9 立面索引符号

立面索引符号（内视符号）是用于在平面中对各段立面做出的索引符号，建立平面图与立面图之间的联系。它是由投视方向、立面编号和图样号组成的，图 2-19 所示为立面索引符号在不同图幅间的画法。

1）三角的指向为立面图视角方向，三角方向随立面视角方向而变，但圆中水平直线、数字及字母，不能改变方向。上下圆中表述内容不能颠倒，如图 2-20 所示。

2）立面编号宜采用按顺时针顺序连续排列，且可以数个立面索引符号组合成一体，如图 2-21 所示。

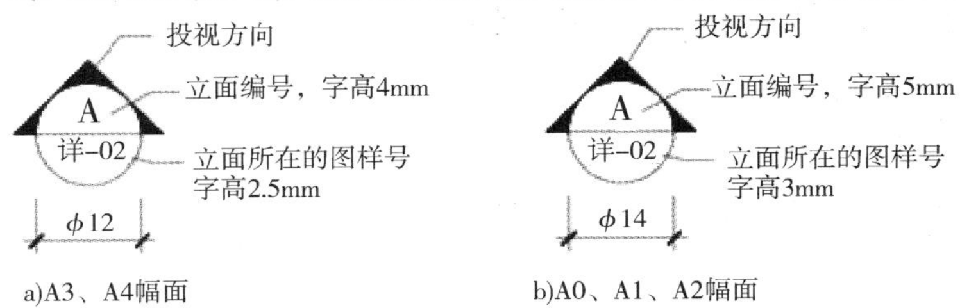

图 2-19　立面索引符号的画法

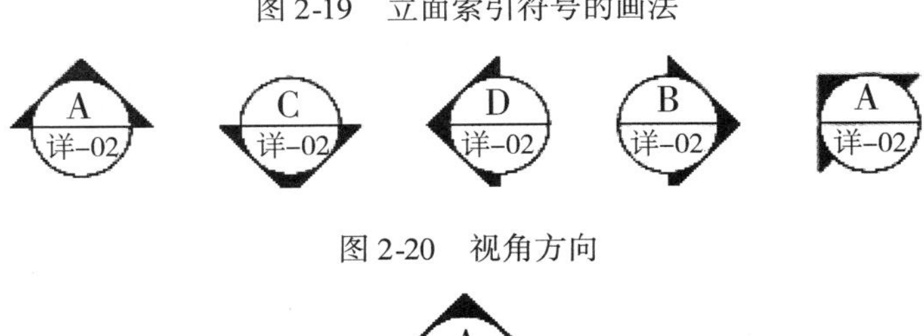

图 2-20　视角方向

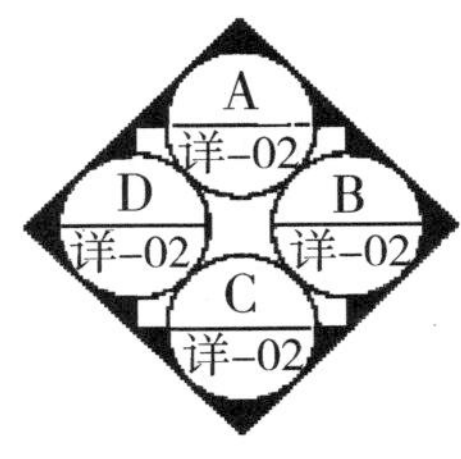

图 2-21　编排顺序

2.2.10　引出线

1）为了保证图样的清晰、有条理，对各类索引符号、文字说明采用引出线来连接。

2）引出线为细实线，可采用水平引出，垂直引出，30°、45°、60°斜线引出，或经上述角度再折为水平的折线。文字说明宜注写在横线的上方，也可注写在横线的端部，索引详图的引出线，应对准索引符号的圆心，如图 2-22 所示

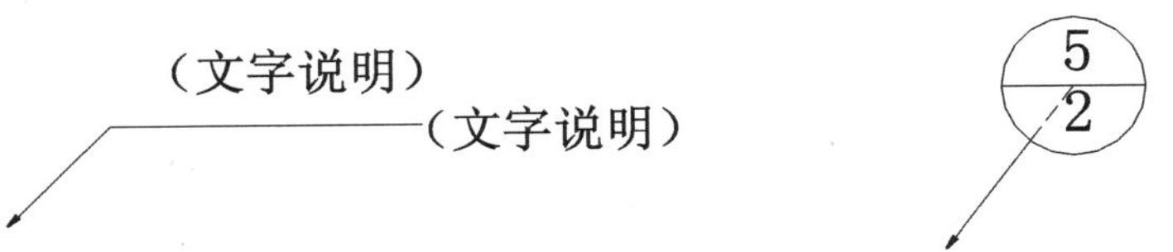

图 2-22　引线标注

3）引出线同时索引几个相同部分时，各引出线应互相保持平行，也可画成集中于一点的放射线，如图 2-23 所示。

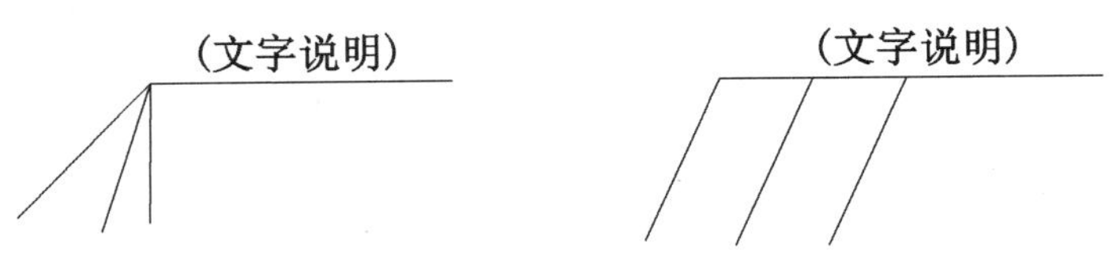

图 2-23　引出多个形式

4）多层构造的引出线必须通过各层，并保持垂直方向，文字说明的次序应与构造层次一致，如图 2-24 所示。

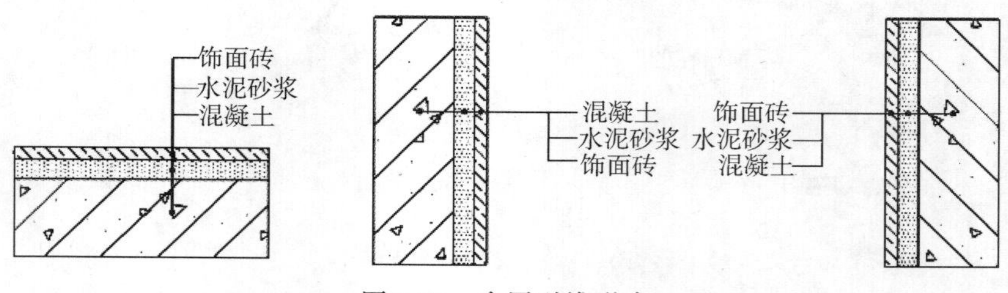

图 2-24　多层引线形式

2.2.11　定位轴线及轴号

定位轴线是确定建筑物的主要结构或构件的位置及其尺寸的线，用细单点画线表示，在定位轴线上需要标注出轴线编号，即轴号。

1）轴线符号是施工定位、防线的重要依据，由定位轴线与轴线圈组成。

2）轴号圈直径为 8mm，字体"宋体"、字高 3.5mm。图 2-25 所示为在不同标准图幅中的尺寸。

3）平面图定位轴线的编号在水平方向采用数字，由左向右注写，在垂直方向采用英文字母，由下向上注写，如图 2-26 所示。

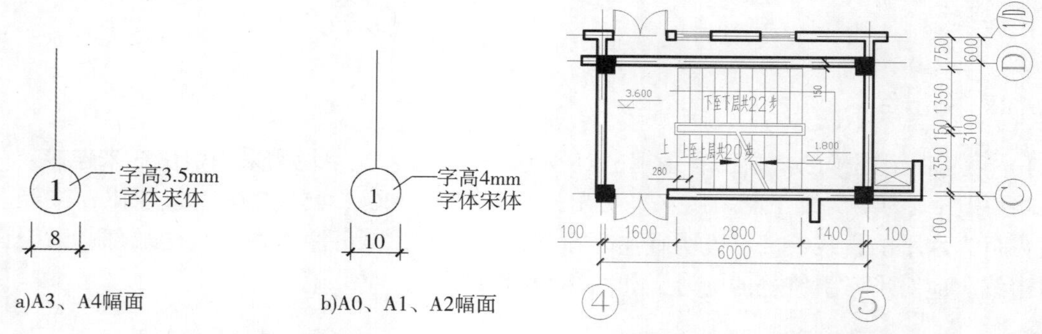

图 2-25　轴号的画法

图 2-26　轴号编排方式

要点：轴号字母的采用

在标注轴号时，垂直方向标注的英文字母不得采用 I，O，Z，因为它们易与数字 1，0，2 混淆。

4）附加轴线的编号，应以分数表示。两根轴线间的附加轴线，应以分母表示轴线的编号，分子表示附加轴线的编号。1 号轴线或 A 号轴线之前附加轴线，应以 01、0A 分别表示分母，如图 2-27 所示。

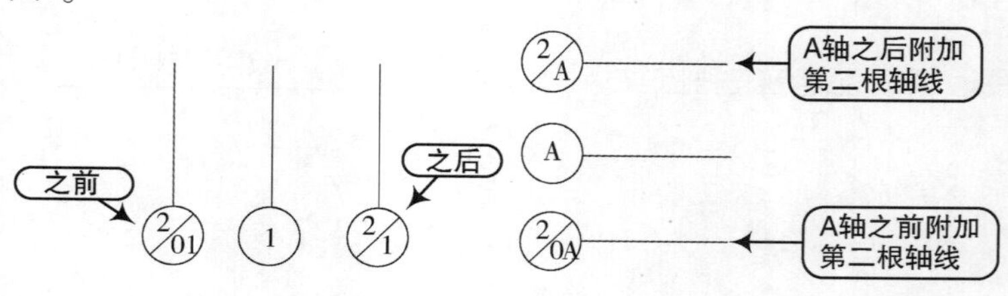

图 2-27　附加轴号

5）一个详图适用于几根定位轴线时的轴线编号方式如图2-28所示。

图2-28　一个详图适用于几根轴线时的编号

2.2.12　剖切符号

“剖切符号”工程术语，是在剖面图中用以表示剖切面、剖切位置的图线。剖切位置线与剖视方向线共同构成了剖切符号。

1）剖切方向线用粗实线表示，长度为6～10mm，在剖切面的起、止和转折位置处表示剖切位置。

2）投射方向线。

剖面图一般用粗实线表示，长度为4～6mm。于剖切位置线两端的外侧并与之垂直，即长边的方向表示切的方向，短边的方向表示看的方向，如图2-29a所示，1-1剖切符号表示由下往上看，2-2剖切符号表示从左向右看。

断面图中无投射方向线，如图2-29b所示。

3）编号：阿拉伯数字（机械制图用大写拉丁字母），从左至右、从上至下连续编排。剖面图：注写在投射方向线的端部；断面图：注写在剖切位置线的端部，表示该断面投射方向那一侧。

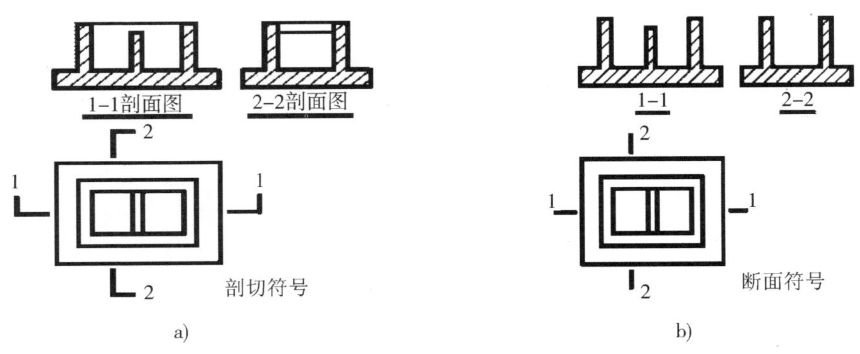

图2-29　剖切符号与断面符号

要点：剖面图、断面图名称与剖切符号

名称与其相应的剖切符号编号一致，并在图名下画相应长度粗实线（在机械制图中“×”为大写的拉丁字母，通常注写在图样的上方，不画粗实线）。习惯上，剖面图的图名写“×－×剖面图”，断面图的图名只写“×－×”编号，不写“断面图”三个字，如上图所示。

2.3 园林景观设计常用材料图例

施工图样为了表达出设计师的意图，除了使用各种不同的线型、符号和文字说明外，还常采用各种不同的图例来表示。表 2-6 所示为园林景观总平面图中的常用图例，表 2-7 所示为园林景观中建筑材料的常用图例。

表 2-6 总平面图中的常用图例

名称	图例	说明
新建的建筑物	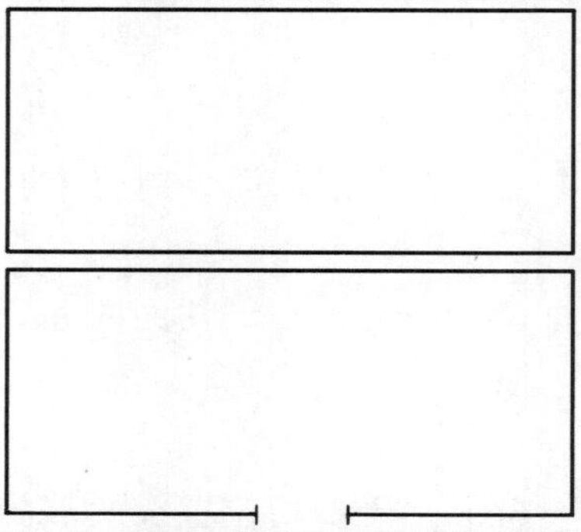	①上图为不画出入口图例，下图为画出入口图例； ②需要时，可在图形内右上角以点数或数字（高层宜用数字）表示层数； ③用粗实线表示
原有的建筑物	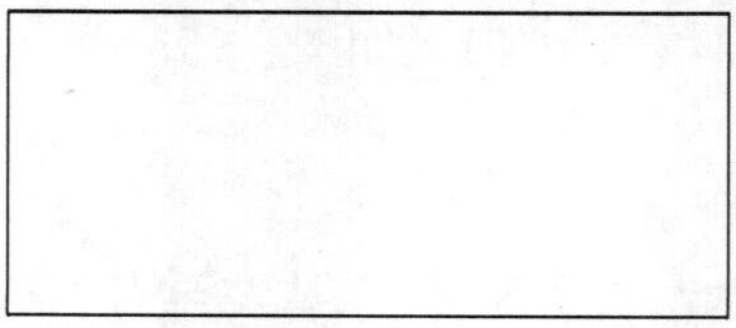	①应注明拟利用者； ②用细实线表示
计划扩建的预留地或建筑物		用中虚线表示
拆除的建筑物		用细实线表示
新建的地下建筑物或构筑物	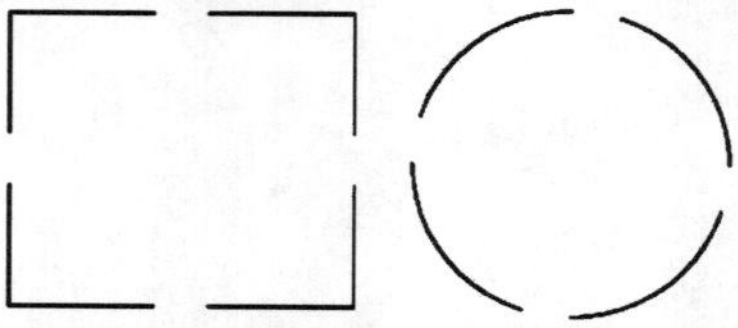	用粗虚线表示
敞棚	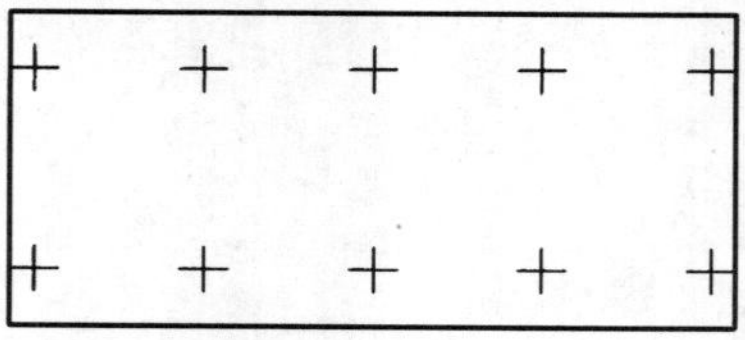	

（续）

名　称	图　例	说　明
围墙及大门	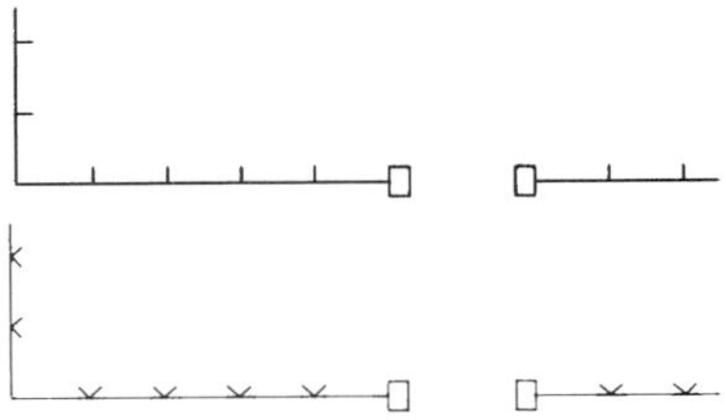	①上图为砖石、混凝土或金属材料的围墙； ②下图为镀锌铁丝网、篱笆等围墙； ③如仅表示围墙时，不画大门
坐标	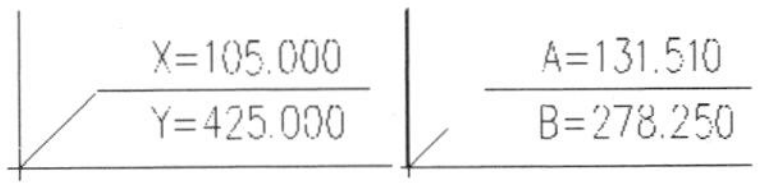 X=105.000 Y=425.000　A=131.510 B=278.250	上图表示测量坐标，下图表示施工坐标
填挖边坡	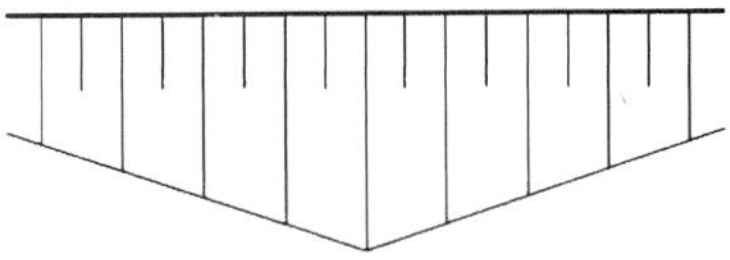	边坡较长时，可一端或两端局部表示
护坡	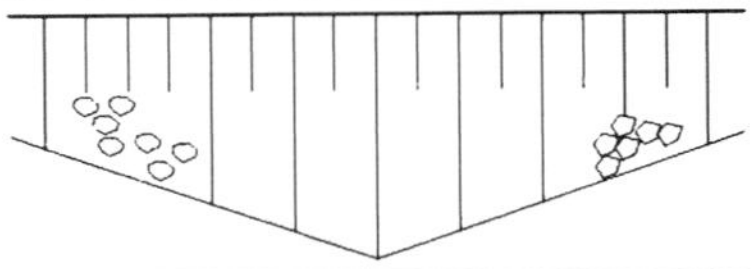	
室内标高	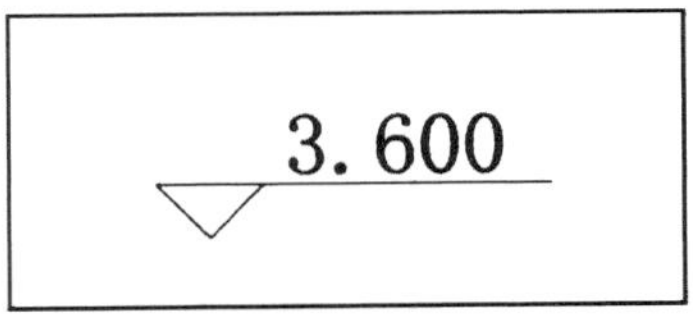 3.600	
室外标高	 143.000	
新建的道路	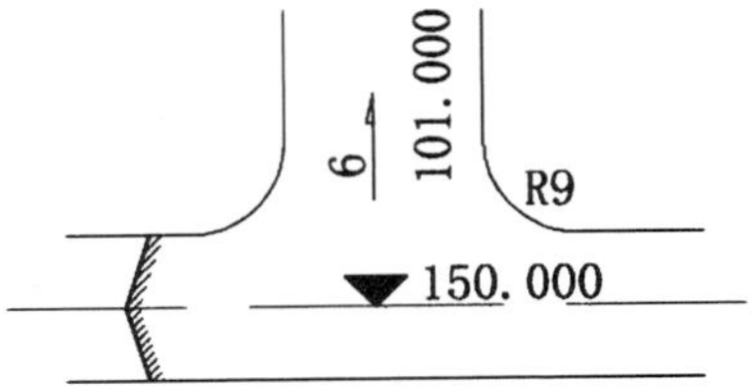 101.000　6　R9　150.000	①“R9”表示道路转弯半径为9m，“150.000”为路面中心的标高，“6”表示6%，为纵向坡度，“101.000”表示变坡点间距离； ②图中斜线为道路断面示意，根据实际需要绘制
原有的道路	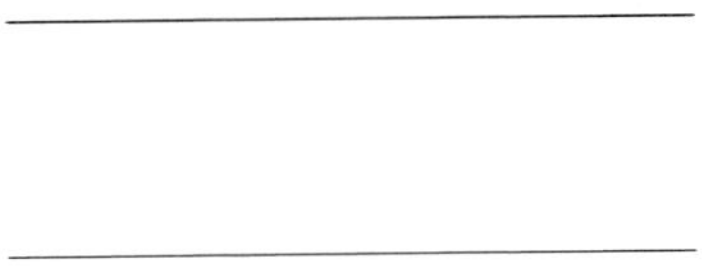	
计划扩建的道路	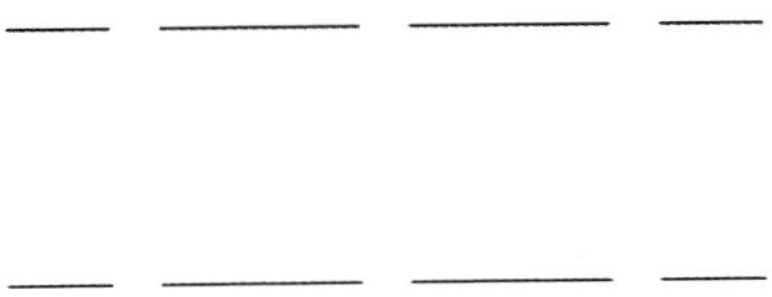	

（续）

名称	图例	说明
人行道	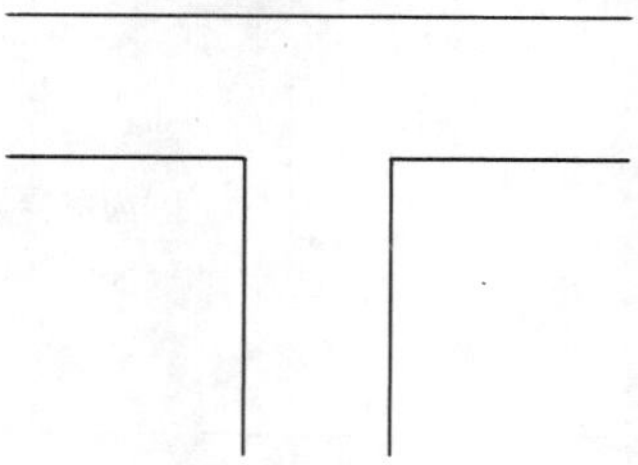	
桥梁（公路桥）	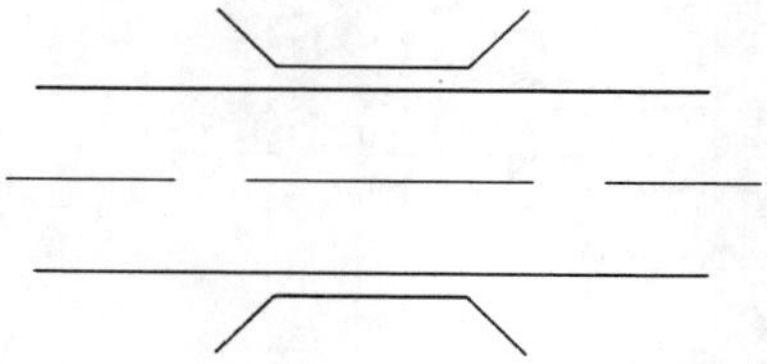	用于旱桥时应注明
雨水井与消火栓井	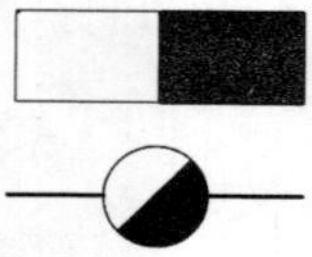	上图表示雨水井，下图表示消火栓井
针叶乔木		
阔叶乔木	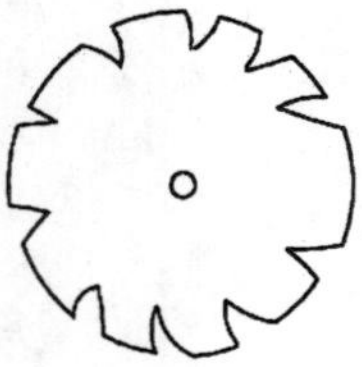	
针叶灌木		

（续）

名　称	图　例	说　明
阔叶灌木	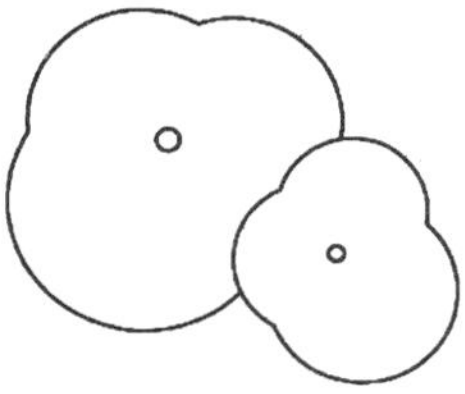	
修剪的树篱	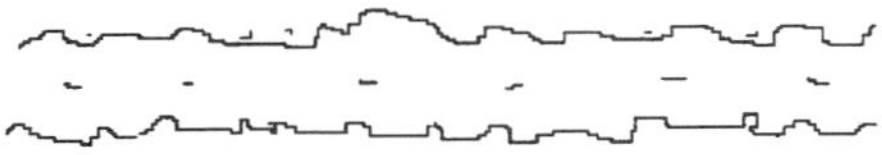	
草地	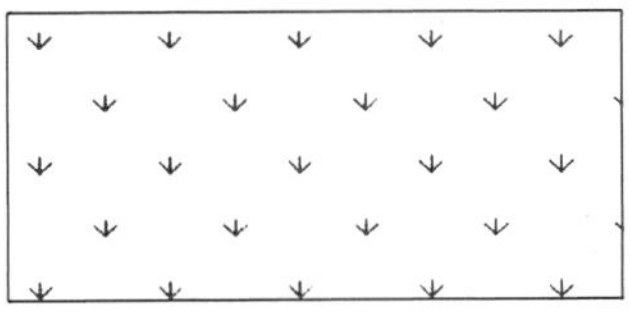	
花坛	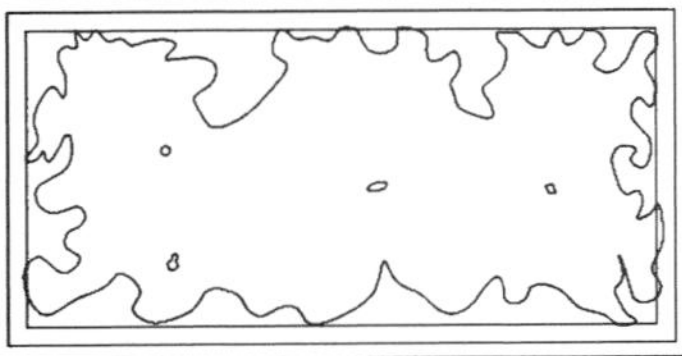	

表 2-7　常用建筑材料图例

材料名称	图例	说明
自然土壤		包括各种自然土壤
夯实土壤		
砂	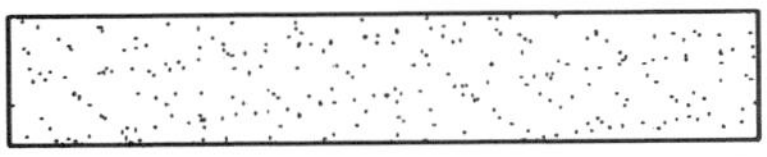	
灰土	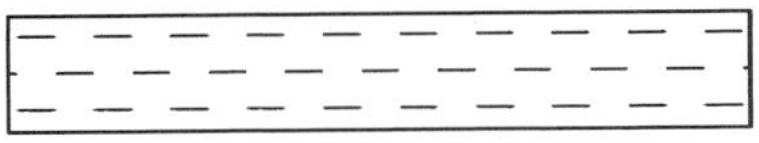	
砂砾石、碎砖三合土	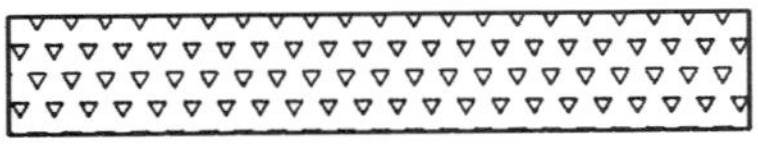	
天然石材	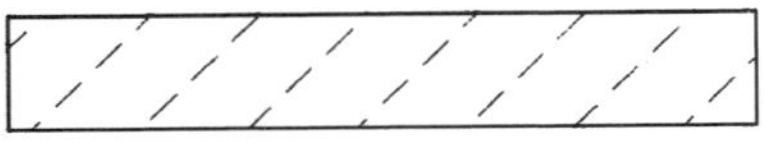	包括岩层、砌体、铺地、贴面等材料
毛石	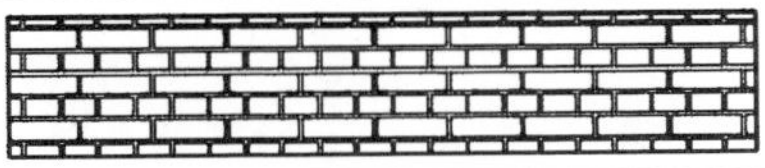	
普通砖	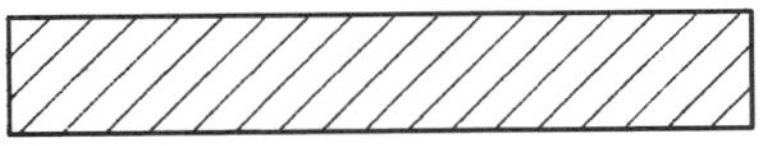	①包括砌体、砌块； ②断面较窄，不易画出图例线时，可涂红

（续）

材料名称	图例	说明
混凝土	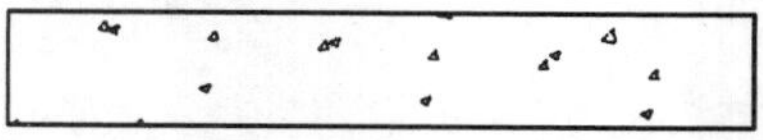	①本图例仅适用于能承重的混凝土及钢筋混凝土； ②包括各种强度等级、骨料、添加剂的混凝土； ③在剖面图上画出钢筋时，不画图例线； ④断面较窄，不易画出图例线时，可涂黑
钢筋混凝土	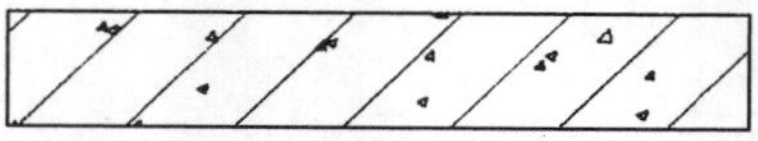	
多孔材料	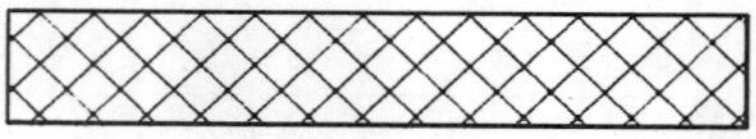	包括水泥珍珠岩、沥青珍珠岩、泡沫混凝土、非承重加气混凝土、泡沫塑料、软木等
木材	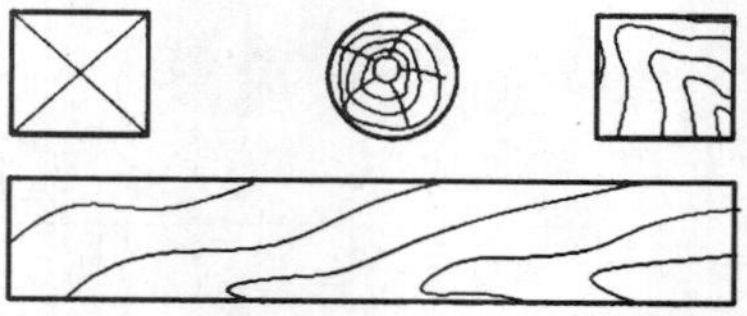	①上图为横断面，左上图为垫木、木砖、木龙骨； ②下图为纵断面
金属	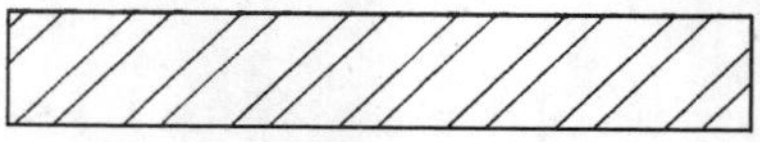	①包括各种金属； ②图形小时，可涂黑

第 3 章　园林景观配景图例的绘制

本章以“园林样板 . dwt”文件为实例，讲解了园林样板文件的创建方法。包括新建文件、设置图形界限和单位、设置图层、文字样式、尺寸标注样式等；并在该样板文件中创建剖切符号、索引符号、详图符号、内视符号、标高符号、指北针符号以及轴号。然后讲解常用植物平面图及立面图的绘制方法。

3.1　园林景观样板文件的创建

为了满足不同行业的需要，用户最好制作自己的样板文件，这样可避免重复劳动，提高绘图效率，同时，保证了各种图形文件使用标准的一致性。

样板文件的内容通常包括图形界限、图形单位、图层、线型、线宽、文字样式、标注样式、表格样式和布局等设置以及绘制图框及标题栏。下面以建立一个“园林样板 . dwt”文件为例来进行讲解。

3.1.1　新建样板文件

图形样板文件的扩展名为 . dwt，用户可以通过以下方式创建自己的样板文件。

1）正常启动 AutoCAD 2015 软件，系统自动创建一个空白文件。

2）在“快速访问”工具栏中，单击“保存”按钮，则弹出“图形另存为”对话框，根据如下步骤将文件保存为“案例\ 03 \ 室内装潢样板 . dwt”文件，如图 3-1 所示。

3）随后弹出一个“样板选项”对话框，用户可以在“说明”文本框中对该样板文件进行说明，并设置“测量单位”，即“公制”或“英制”的选择，然后单击“确定”按钮，如图 3-2 所示。

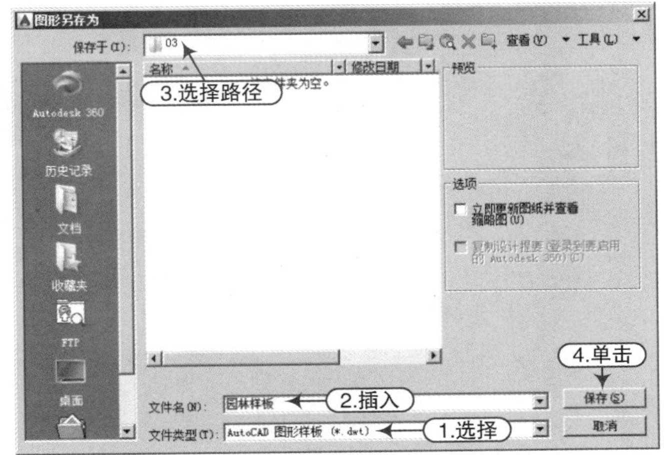

图 3-1　保存文件

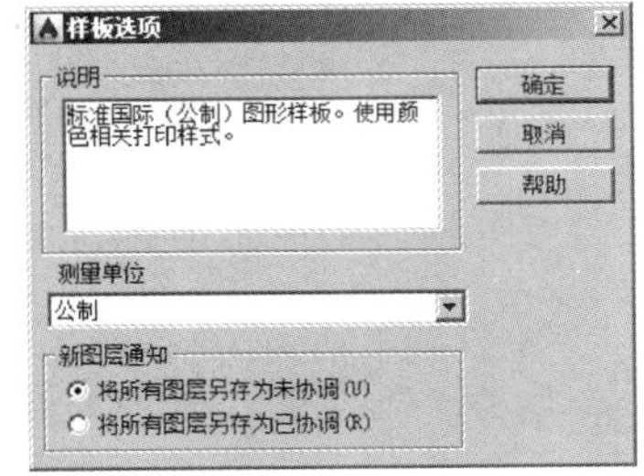

图 3-2　“样板”选项

3.1.2 设置图形界限和单位

通过图形界限，可以设置样板文件的可用幅面大小，本样板文件是以A3幅面来创建的；而通过图形单位的设置，可以确定当前绘制图形以及插入图形时所使用的单位，如“公制”或“英制”。

1）执行“格式 | 单位”菜单命令，打开“图形单位”对话框，将长度单位类型设定为“小数”，精度为“0.000”，角度单位类型设定为“十进制”，精度精确到“0.00”，然后在“插入时的缩放单位”栏，选择“毫米”，如图3-3所示。

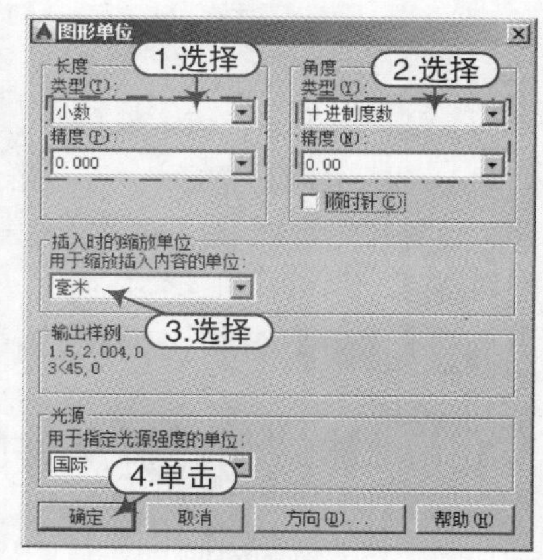

图3-3 图形单位设置

2）执行“格式 | 图形界限”菜单命令，依照提示，设定图形界限的左下角为（0，0），右上角为（42000，29700）。

```
命令:'_limits                                          \\图形界限命令
重新设置模型空间界限:
指定左下角点或[开(ON)/关(OFF)]<0.000,0.000>:           \\空格键确认原点为左下角点
指定右上角点<420.00,297.00>:                           \\空格键确认或者输入该值
```

要点：命令行中的尖括号

在命令行中，尖括号“< >”内的内容为上一个该命令输入的内容或者是默认的内容。若该值就是想要输入的值，可直接按“Enter”键或者“空格键”来确认该值。

在CAD中除“多行文字”和“单行文字”以外，“Enter”键和“空格键”的功能是相同的；在输入文字的时候，按“空格键”表示输入一个空白的字符，“Enter”键才是确定命令键。

3）执行“缩放”命令（ZOOM），依照提示，选择“全部（A）”项，使设置的图形界限区域全部显示在图形窗口内。

```
命令:ZOOM                                              \\输入Z以激活“视图缩放”命令
指定窗口的角点,输入比例因子(nX或nXP),或者
[全部(A)/中心(C)/动态(D)/范围(E)/上一个(P)/比例(S)/窗口(W)/对象(O)]<实时>:a
                                                       \\选择“全部”
正在重生成模型。                                       \\系统自动生成设置的界限
```

要点：设置的图形界限位置

设置好了图形界限，默认情况下是看不到该区域的，可执行“草图设置”命令（SE），在打开的“草图设置”对话框中来进行相应的设置，以“栅格”的形式来显示该图形界限区域，如图3-4所示。

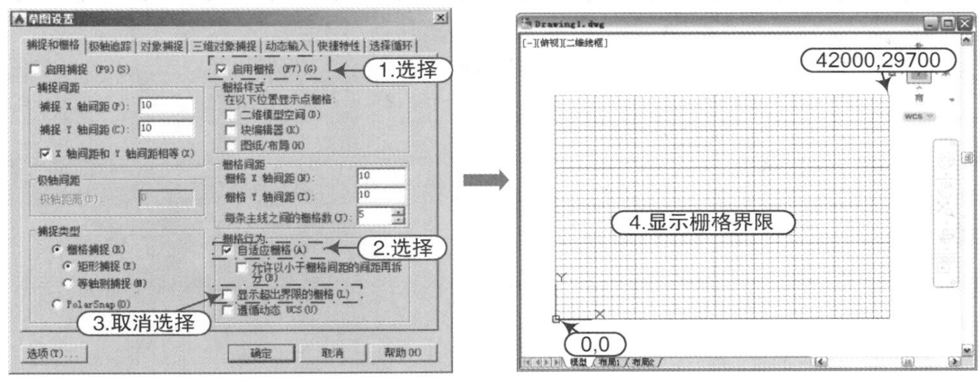

图 3-4 图形界限的位置

3.1.3 规划并设置图层

园林施工图中图层的规范可以参照表 3-1 所示来进行设置。

表 3-1 图层设置

名称	颜色	线型	线宽	描述内容
0	白	Continuous	——默认	默认图层
Defpoints	白	Continuous	——默认	系统图层，不能被删除
变更范围线	洋红	Continuous	0. 30	变更标记范围线
标高标注	250	Continuous	——默认	标注地坪、建筑物高度
标记线	绿	Continuous	——默认	图中需要标记的位置
尺寸标注	绿	Continuous	——默认	标注图形的尺寸
道路线	33	Continuous	0. 30	铺装外轮廓线、立道牙内边线、平道牙外边线、消防车道、排水明沟
道路中心线	红	DOTE	——默认	平面图中道路中心线
等高线	8	Continuous	——默认	同套图样中等高距应保持一致
地坪线	白	Continuous	0. 70	天际线、挑出线、地平线
地下车库轮廓线	洋红	Continuous	0. 35	地下车库轮廓线（总图与详图部分均出现）
建筑线	11	Continuous	——默认	包括原有需要保留的建筑框架线及内部功能文字说明
金属构件	黄	Continuous	——默认	栏杆、龙骨、金属构件等
绿化配景线	82	Continuous	——默认	立、剖面图中的绿化配景线
木质轮廓线	30	Continuous	——默认	平面图中木平台的外轮廓线和立、剖面图中木结构的轮廓线
内轮廓线	黄	Continuous	——默认	立道牙与草坪的交接线，平道牙内边线，小品内轮廓线（如花池、树池内轮廓线）
剖面次要结构线	黄	Continuous	——默认	剖面图中其他主要线
剖面图结构线	洋红	Continuous	0. 30	剖面图中主要剖切轮廓线（如钢筋混凝土、混凝土、砖砌体）
铺装分隔线	35	Continuous	——默认	次要轮廓线，铺装分隔线、收边及波打线等

（续）

名称	颜色	线型	线宽	描述内容
其他配景线	253	Continuous	——默认	背景线（没剖到但可见的线），详图水电设施类用此图层
人物配景线	8	Continuous	——默认	立、剖面图中人物配景线
设计范围线	13	ACAD_ ISO06W100	0.40	设计范围线（总图与详图部分均出现）
水体轮廓线	蓝	Continuous	0.35	平面图中的水体轮廓线（水池的内轮廓线）
索引线	蓝	DASHDOT2	——默认	总平面图中的分区索引线
填充线	8	Continuous	——默认	平面和剖面图中的填充图案线
网格线	252	Continuous	——默认	小网格，网格要有交点
网格轴线	绿	CENTER	——默认	大网格
文字标注	白	Continuous	——默认	景点名称用黑体字，只在总图部分的总平面图及索引总平面图（如果有分区还包括分区索引平面图）中出现
详图水位线	151	Continuous	——默认	立、剖面图中水位线
小品轮廓线	青	Continuous	——默认	平面图中景墙、树池、座椅、亭廊、水池、景石等小品外轮廓线，立面图中的天际线
用地红线	10	PHANTOM	0.80	用地红线（双点划线，只在总图部分出现）
轴线	红	CENTER	——默认	平、立、剖面图中的建构筑物的轴线、对称线（所有轴线用点划线）
坐标标注	绿	Continuous	——默认	标注某点坐标值

1）执行“图层”命令（LA），将打开“图层特性管理器”面板，单击“新建图层”按钮，将自动创建“图层1”图层，并呈在位状态，此时用户将“图层1”更名为“轴线”，再单击“颜色”对应的按钮，在弹出“选择颜色”对话框中设置颜色为“红色”即可，如图3-5所示。

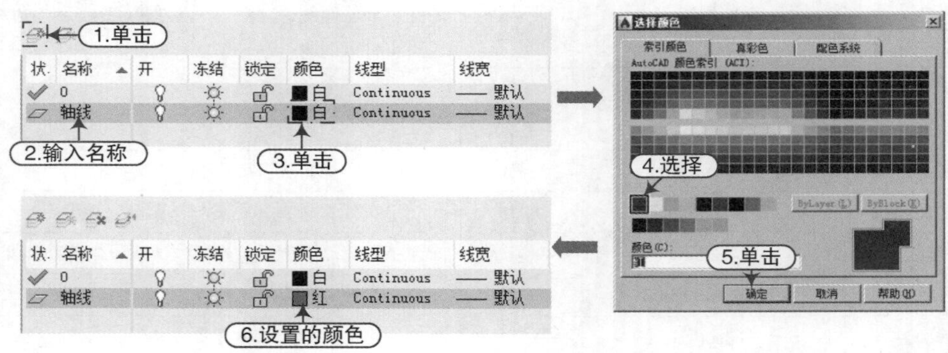

图3-5　规划图层

2）根据同样的方法，单击“线型”对应的按钮，在弹出的“选择线型”对话框，加载并选择“CENTER”线型，如图3-6所示，最终完成“轴线”图层的设置。

图3-6　设置线型

要点：线型的加载

在设置图层线型时，在打开的“选择线型”对话框中，其默认下只有一个名为“Continuous”的线型，此时可以单击“加载”按钮，在弹出的“加载或重载线型”对话框中，选择“CENTER”线型进行加载，如图 3-7 所示。这样就可以指定特殊的线型给图层或者对象了。

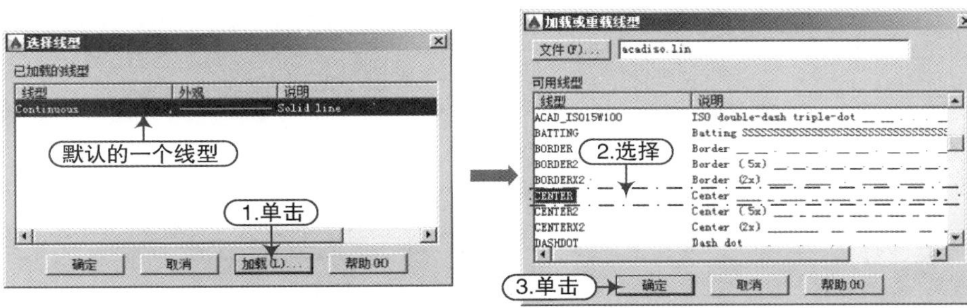

图 3-7　加载线型

3）根据前面新建“轴线”图层的方法，按照表 3-1 所示的内容建立其他图层，效果如图 3-8 所示。

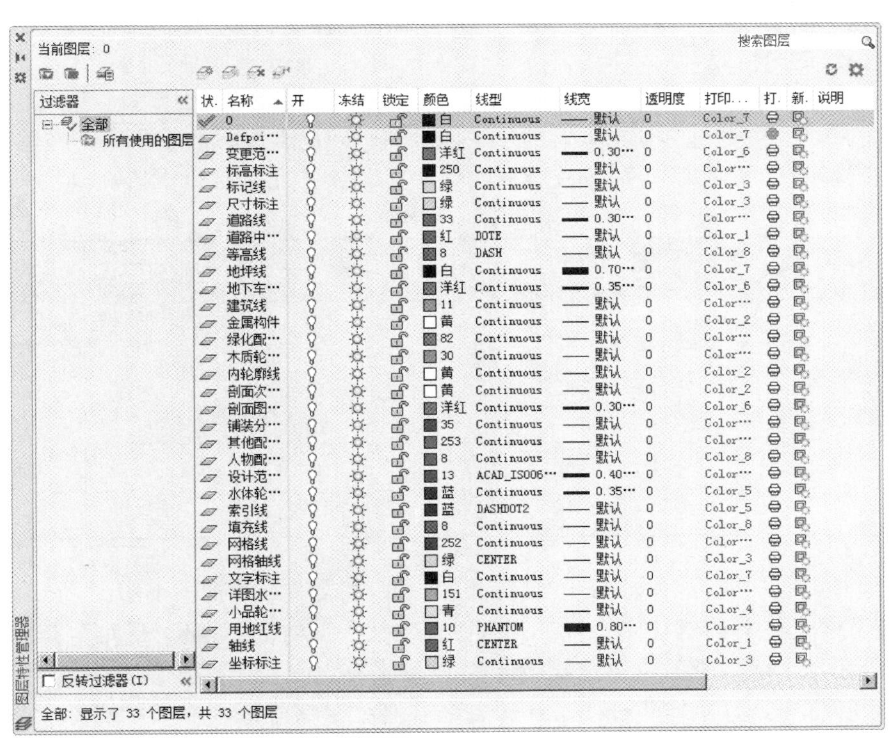

图 3-8　创建的全部图层

要点：图层线宽的设置

对于某些图层需要设置线宽的，可以单击该图层“线宽”对应的按钮，在弹出的“线宽”对话框中，选择相应的宽度即可，如图 3-9 所示。

4）执行“格式|线型”菜单命令，打开“线型管理器”对话框，单击“显示细节”按钮，此时该按钮会变成“隐藏细节”，在“全局比例因子”栏输入“100”，然后单击“确定”按钮，图3-10所示是以1:100的比例来显示线型。

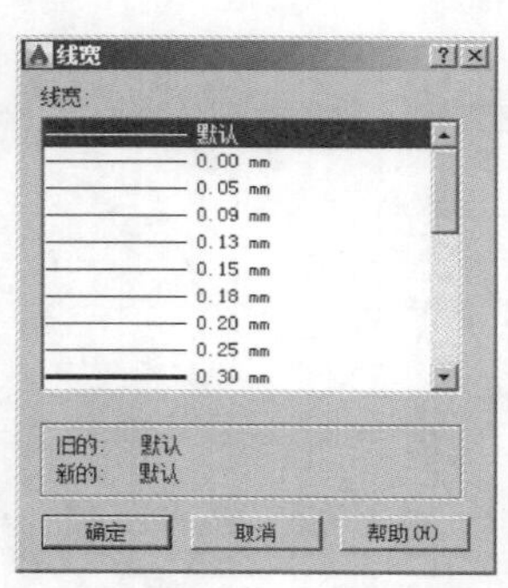

图3-9　选择线宽

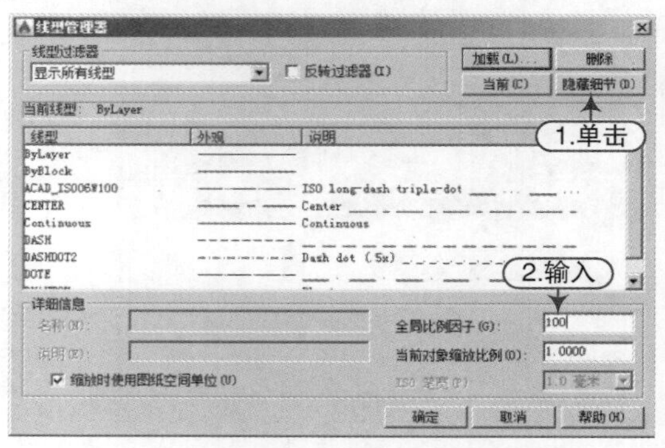

图3-10　设置线型比例

3.1.4　设置文字样式

在园林施工图中，所涉及的文字对象有尺寸文字、标高文字、图内说明、剖切号、轴标号、图名等，绘制时可以针对不同的对象选择不同的文字来进行标注，增强工程图的阅读。

用户可以根据不同的要求来设置不同的文字样式，即设置不同的字体、字高、倾斜、宽度等。文字样式中的高度为打印到图纸上的文字高度与打印比例倒数的乘积。在这里以1:100的比例来创建园林的文字样式，其文字样式可以参照表3-2所示来进行设置。

表3-2　文字样式

文字样式名	打印到图纸上的文字高度	图形文字高度（文字样式高度）	宽度因子	字体/大字体
图内文字	3.5	350	0.7	tssdeng. shx/gbcbig. shx
尺寸文字	3.5	350		
图纸说明	5	500		
轴号文字	5	500	1	complex. shx
图名	7	700	0.9	黑体

1）执行“文字样式”命令（ST），打开“文字样式”对话框，单击“新建”按钮，打开“新建文字样式”对话框，样式名定义为“图内文字”，然后单击“确定”按钮。

2）然后在“字体”下拉框中选择字体“tssdeng. shx”，勾选“使用大字体”选项，并在“大字体”下拉框中选择字体“gbcbig. shx”，在“高度”文本框中输入“350”，“宽度因子”文本框中输入“0.7”，单击“应用”按钮，完成该文字样式的设置，如图3-11所示。

3）重复前面的步骤，建立表3-2所示的其他各种文字样式，如图3-12所示。

要点：尺寸文字的高度

其中“尺寸文字”文字样式的高度必须设置为“0”，因为它的文字高度是受“标注样式”的比例来控制的。

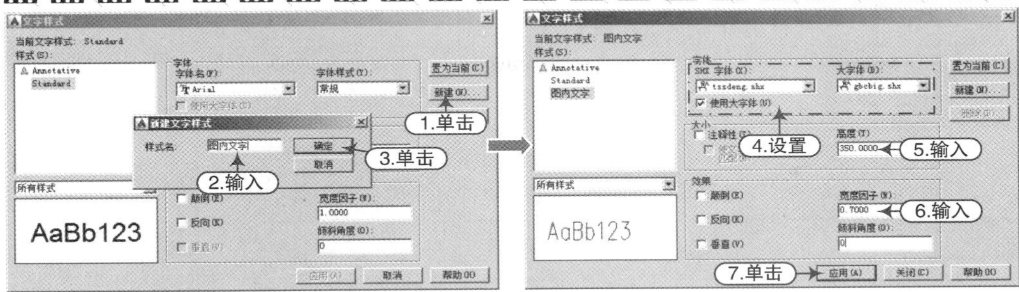

图 3-11　设置“图内文字”文字样式

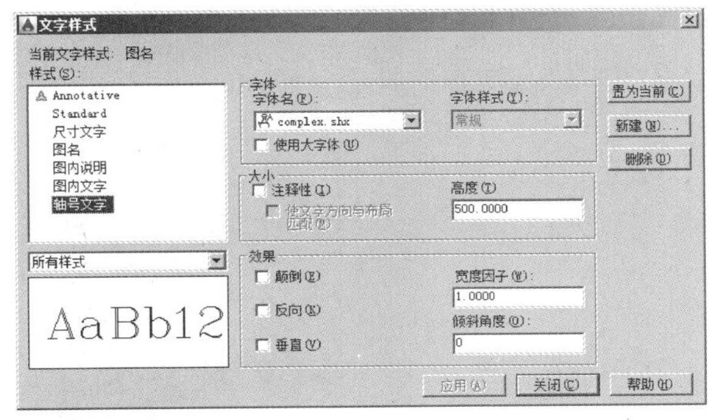

图 3-12　设置其他文字样式

3.1.5　设置尺寸标注样式

根据图样规范要求：其延伸线的起点偏移量为 2 ~ 3mm，超出尺寸线 2 ~ 3mm，尺寸起止符号用“建筑标注”，其长度为 2 ~ 3mm，平行排列的尺寸线的间距，宜为 7 ~ 10mm，尺寸标注的数字应距尺寸线 1 ~ 1.5mm，文字样式选择“尺寸文字”样式，文字大小为“3.5”，其全局比例为“100”。下面根据该尺寸标注规范来创建 1∶100 的尺寸标注。

1）执行“标注样式”命令（DST），打开“标注样式管理器”对话框，单击“新建”按钮，打开“创建新标注样式”对话框，新建样式名定义为“园林-100”，并单击“继续”按钮。

2）进入到“新建标注样式：园林-100”对话框，然后分别在各选项卡中设置相应的参数，如图 3-13 所示。

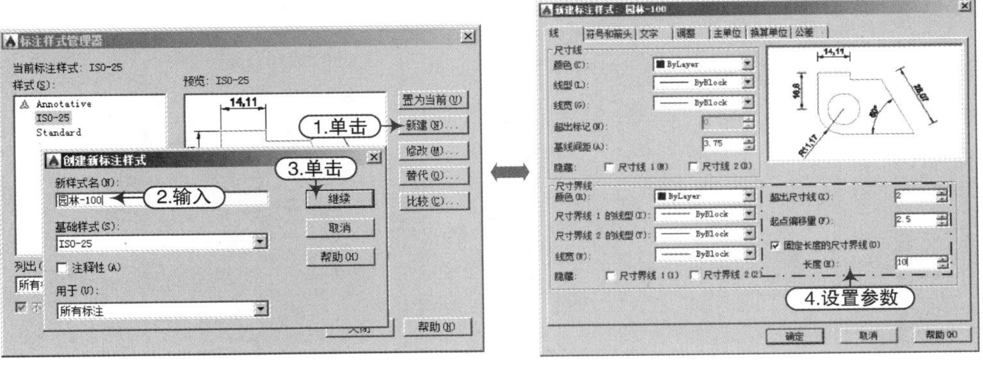

图 3-13　设置标注样式

要点：标注样式命名原则

对标注样式进行命名时，最好能直接反映出一些特性，如“园林-100”表示室内平面图的全局比例为“100”。

3）用户可以按照表3-3所示内容对每个选项卡进行参数设置。

表3-3　“园林-100”标注样式的参数设置

“线”选项卡	“符号和箭头”选项卡	“文字”选项卡	“调整”选项卡

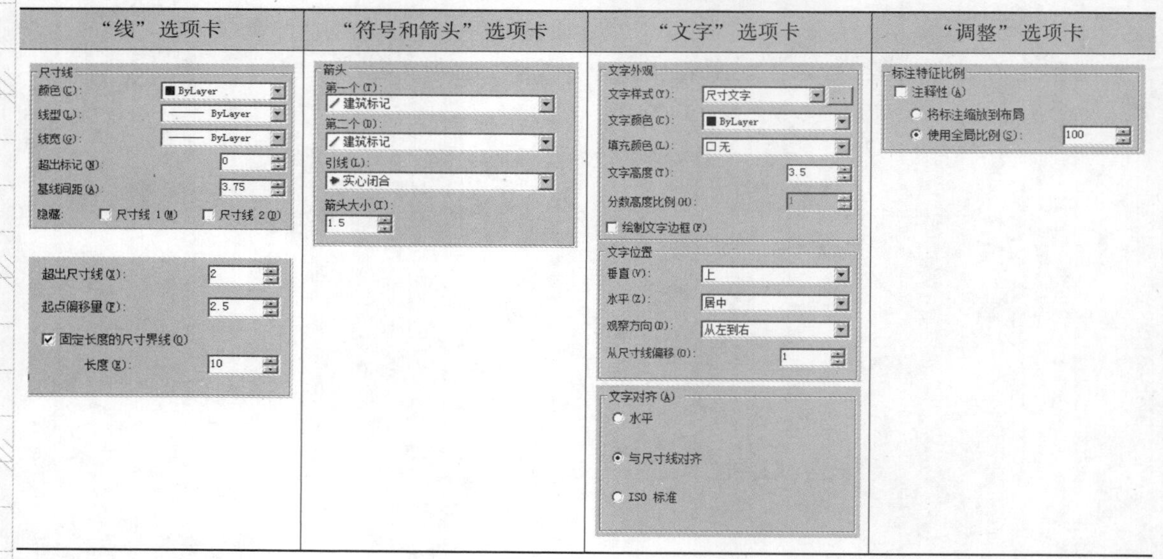

要点：全局比例设置

在设置全局比例时，用户可根据图形的实际大小设定其具体值。全局比例“100”，即是以1:100的比例显示尺寸标注。如在绘制总平面图时，将标注的全局比例设置成为1000，这样就符合总平面图1:1000的比例了。

4）同样，再建立一个适于半径和直径标注的样式，其名称为“室内-100-半径”，并选择“基础样式”为“室内-100”，进入到“新建标注样式”对话框，其他参数不需要修改，只需将箭头样式修改为“实心闭合”即可，如图3-14所示。

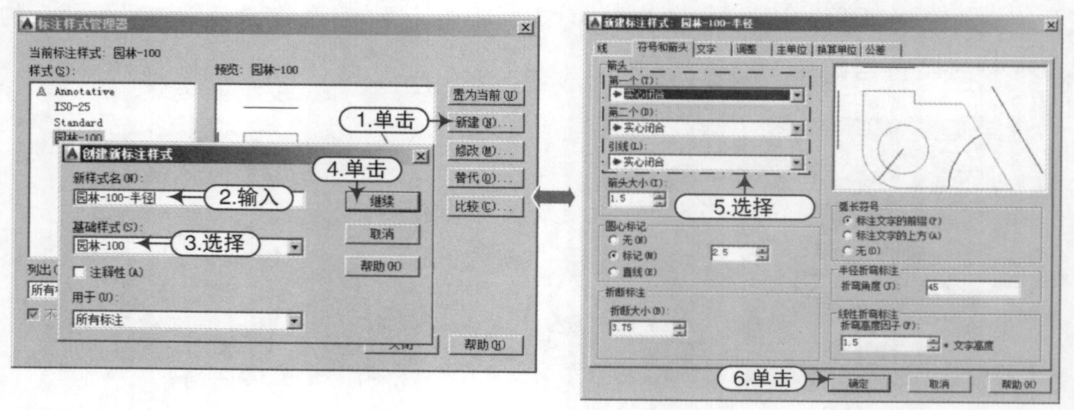

图3-14　建立标注样式

要点：半径、直径标注规范

《房屋建筑制图统一标准》（GB/T 50001—2010）中对特殊部位的尺寸标注做了详细的规定，分述如下。

半径的尺寸线应一端从圆心开始，另一端画箭头（实心闭合）指向圆弧。半径数字应加注半径符号“R”，如图3-15所示。

较小圆弧半径，可按图3-16所示的形式标注。较大圆弧的半径，可按图3-17所示的形式标注。

标注圆的直径尺寸时，直径数字前应加直径符号“ϕ”。在圆内标注的尺寸线应通过圆心，两端画箭头指至圆弧，如图3-18所示。较小圆的直径尺寸，可标注在圆外，如图3-19所示。

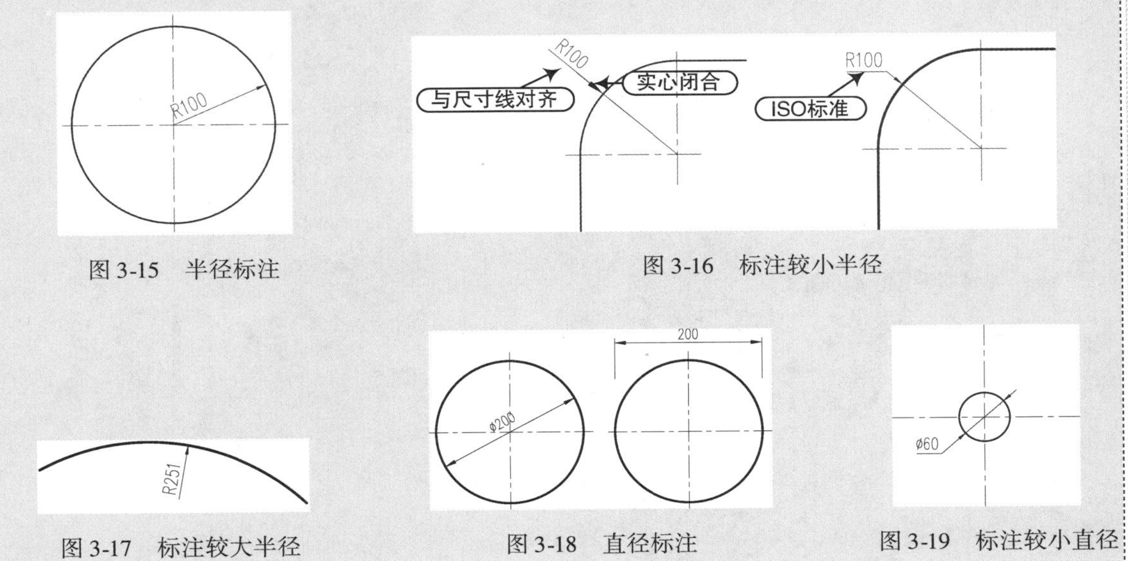

图3-15　半径标注

图3-16　标注较小半径

图3-17　标注较大半径

图3-18　直径标注

图3-19　标注较小直径

3.2　常用工程符号的绘制

园林景观设计施工图中，除了设置相应的绘图环境外，还需要绘制一些常用的工程符号，接下来继续在“园林样板.dwt”文件中创建一些常用的工程符号。

3.2.1　剖切符号的绘制

剖面图的剖切位置需查看平面图中的剖切符号。剖面图的剖切符号宜标注在±0.000标高的平面图上，其作图规范可查看第2章相应内容。下面通过实例来讲解其绘制方法。

1）接着前面实例，执行“图层管理”命令（LA），在弹出的“图层特性管理器”面板中，新建“符号”图层，设置颜色为“洋红”，并设置为当前图层，如图3-20所示。

图3-20　新建图层

2）执行“多段线”命令（PL），在图形区任意单击一点作为起点，再根据命令提示，选择“宽度（W）”选项，设置起点和端点宽度均为1，然后向上绘制长为10mm的线；再转向右绘制长为6mm的线，然后按“空格键”结束多段线的绘制，图形效果如图3-21所示。

3）执行“镜像”命令（MI），将绘制的多段线向下水平镜像一份，如图3-22所示。

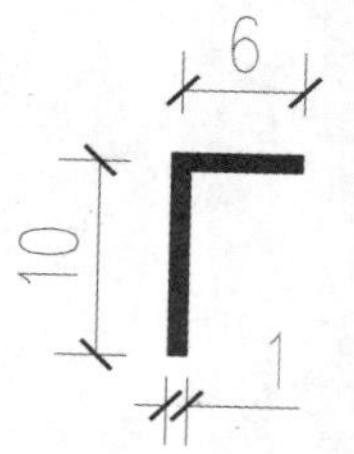

图3-21　绘制多段线

图3-22　镜像多段线

4）在“插入”标签下的“块”面板中，单击“定义属性”按钮，则弹出“属性定义”对话框，按照图3-23所示的提示来设置属性值，然后在图形相应位置单击插入一个属性值。

5）执行“复制”命令（CO），将属性值向下复制一份，如图3-24所示。

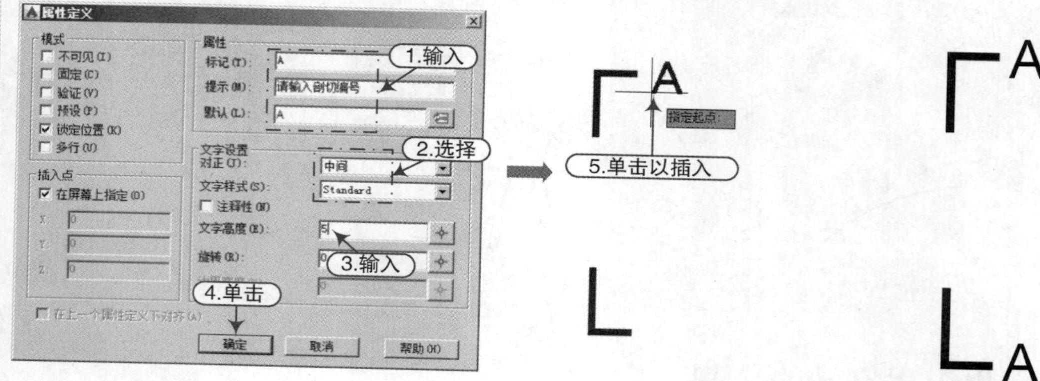

图3-23　定义属性

图3-24　复制文字

6）执行“创建块”命令（B），则弹出“块定义”对话框，按照图3-25所示的步骤将绘制的剖切符号保存为“样板文件”的内部图块。

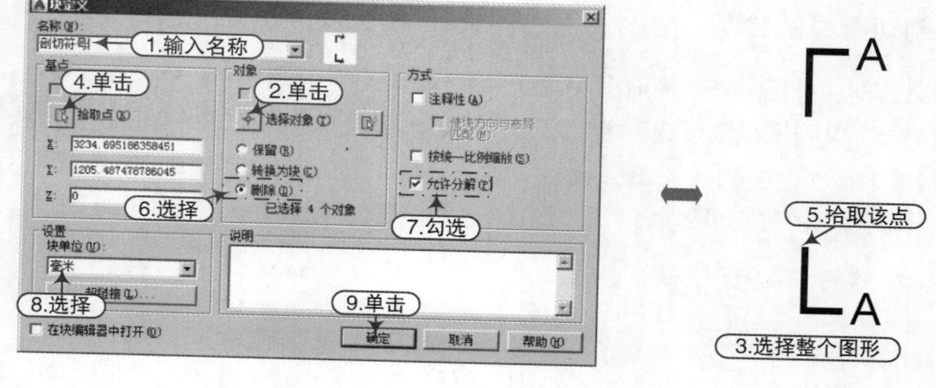

图3-25　保存内部图块

要点：内部图块和属性图块

在 AutoCAD 中绘制图形时，常常要绘制一些重复出现的图形，将这些图像创建成块保存起来，在需要时用插入块的方法实现图形的绘制，即将“绘图”变成了“拼图”，避免了大量的重复性工作，提高了绘图效率。

块是由一个或多个对象组成的对象组合，常用于绘制复杂、重复的图形。一旦一组对象组合成块，就可以根据作图需要将这组对象插入到图中任意指定位置，而且还可以按不同的比例和旋转角度插入。

1）内部图块是指使用 BLOCK 命令创建的块只能由所在的图形使用，而不能由其他图形使用。保存块时指定的基点为下次插入时的基点。

2）在 AutoCAD 中，块的属性是将数据附着到块上的标签或标记，属性中可能包括零件编号、价格、注释和物主的名称等。当用户插入带属性的图块，可对其图块的属性进行修改。以前面创建的“剖切符号”为例，插入时会弹出“编辑属性”对话框，可以以默认值或者输入新值插入，如图 3-26 所示。若要对插入后的属性值进行修改，可直接双击该属性图块，弹出“增强属性编辑器”对话框，运用此对话框来修改所插入图块的属性，如图 3-27 所示。

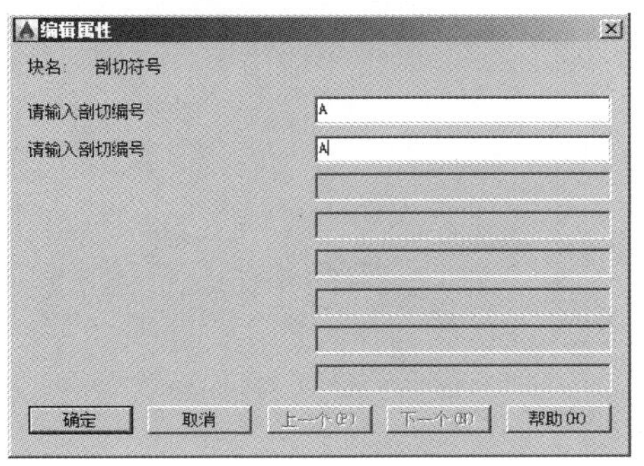

图 3-26　“编辑属性”对话框

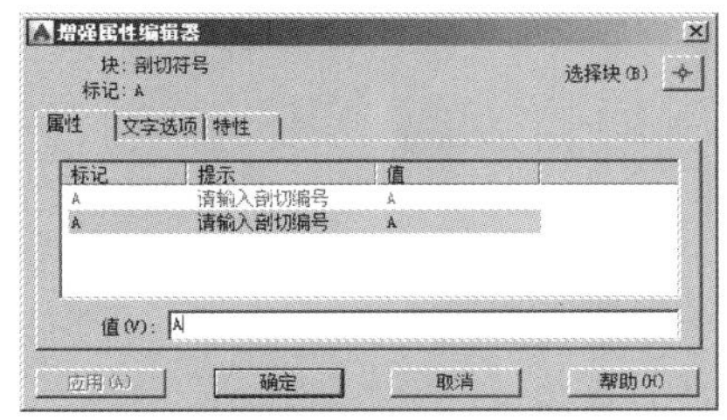

图 3-27　“增强属性编辑器”对话框

3.2.2　剖切索引符号的绘制

剖切位置线、剖视方向线和索引符号，共同构成了剖切索引符号，下面通过实例来讲解其绘制方法。

1）接上例，执行“圆”命令（C），在空白位置指定一点作为圆心，然后根据命令提示选择“直径（D）”选项，再输入直径值“10”，以绘制一个直径为 10mm 的圆，如图 3-28 所示。

2）执行“直线”命令（L），过“象限点”绘制水平线，如图 3-29 所示。

3）再执行“多段线”命令（PL），选择“宽度（W）”选项，设置全局宽度为“0.5”，在水平线上侧绘制一条长为 5mm 的水平多段线，如图 3-30 所示。

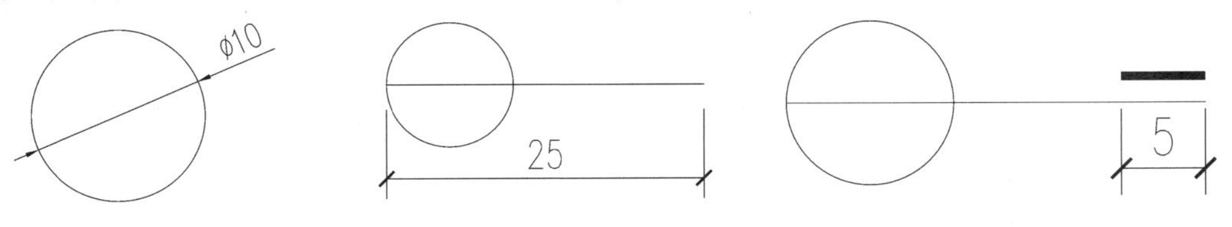

图 3-28　绘制圆　　图 3-29　绘制直线　　图 3-30　绘制多段线

4）执行“绘图 | 块 | 定义属性”菜单命令，打开“属性定义”对话框，按照图 3-31 所示来设置属性值。

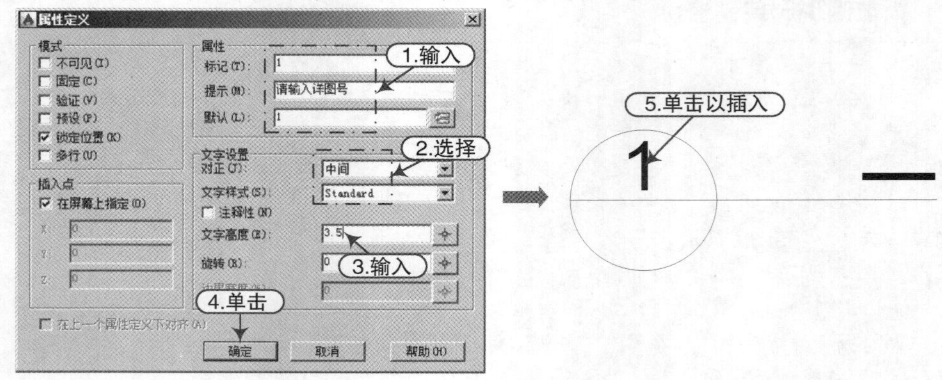

图 3-31　创建属性

5）执行“复制”命令（CO），将上步创建属性对象复制到下半圆内；然后双击下半圆的属性对象，在弹出的“编辑属性定义”对话框中，重新设置标记、提示等内容，如图 3-32 所示。

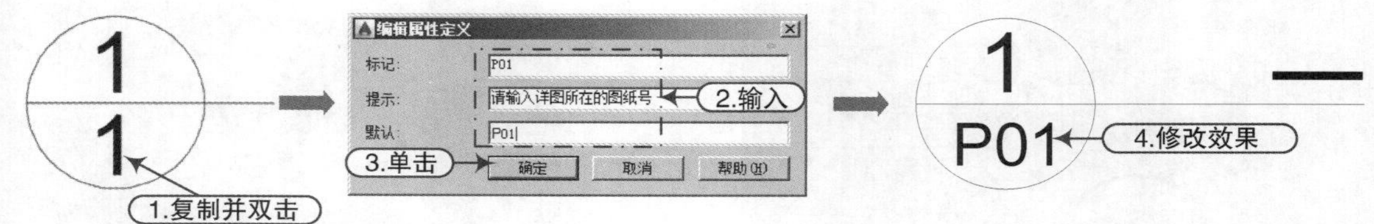

图 3-32　编辑属性

要点：图样号“P01”详解

“P01”代表第一页，其中 P 为“页”字的英文首写字母，代表了页数。在此步中省略了一步：修改属性后，下半圆的三个字“P01”超出了圆，此时可选择该文字再按“Ctrl + 1”组合键打开特性面板，在“高度”栏输入新高度为 2.5 即可。

在索引符号圈内，上下圆的属性所代表的不同，上半圆的属性（1）代表着详图号，下半圆的属性（P01）代表着该详图所在的图纸编号（1 号详图在第一页）。

6）执行“创建块”命令（B），根据前面创建图块的方法，将绘制好的“剖切索引符号”保存为内部图块，如图 3-33 所示。

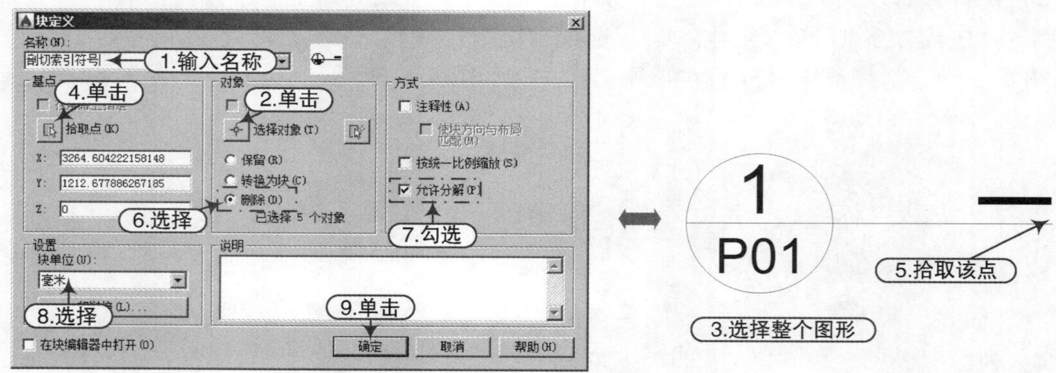

图 3-33　保存内部图块

要点：关于剖切符号方向问题

如图3-34所示，1、2图中圈里面的横线代表在本页，也有使用数字的，数字代表在多少页上。如$\frac{A}{2}$，代表A图在第2页，A代表A图，方向就看短线在长线的什么方向就好；1图的方向就是从左向右看；2图是从下向上看。如3、4图的这种符号，看他的开口方向就行了，3图是从左向右看；4图是从下向上看。

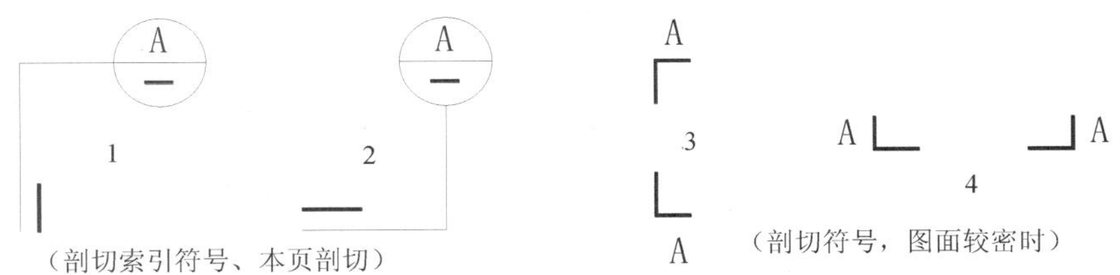

图3-34　剖切符号

3.2.3　详图符号的绘制

索引出的详图应画出详图符号来表示详图的位置和编号，详图符号以粗实线绘制，直径为14mm的圆，其作图规范可查看第2章相应内容。下面通过实例来绘制详图符号的两种形式，如图3-35所示。其绘制方法：

图3-35　详图符号的两种形式

1）接上例，执行“圆”命令（C），绘制直径为14mm的圆。选择绘制的圆对象，然后在“特性”面板中单击“线宽下拉列表”，设置线宽为“0.50mm”；然后在“状态栏”中单击“线宽”按钮，以显示线宽效果，如图3-36所示。

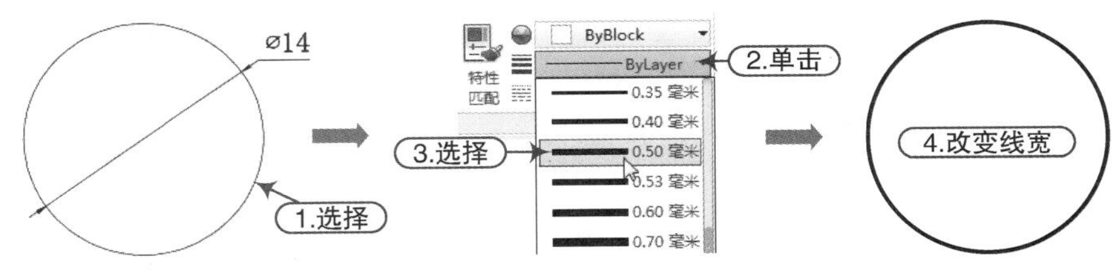

图3-36　改变线宽

2）在“插入”标签下的“块”面板中，单击“定义属性”按钮，则弹出“属性定义”对话框，按照图3-37所示的提示来设置属性值，然后在图形相应位置单击以插入一个属性值。

3）执行“创建块”命令（B），将图形保存为“样板文件”的内部图块，其名称为“本张详图符号”，如图3-38所示。

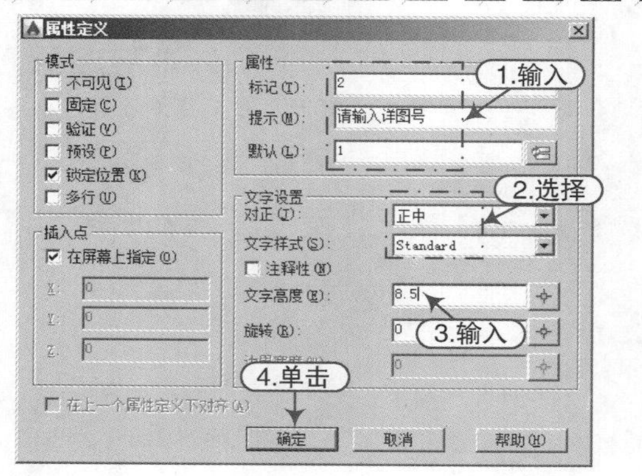

图 3-37　定义属性

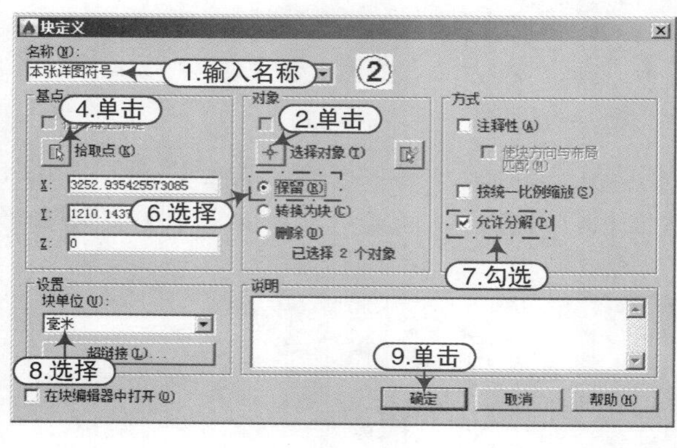

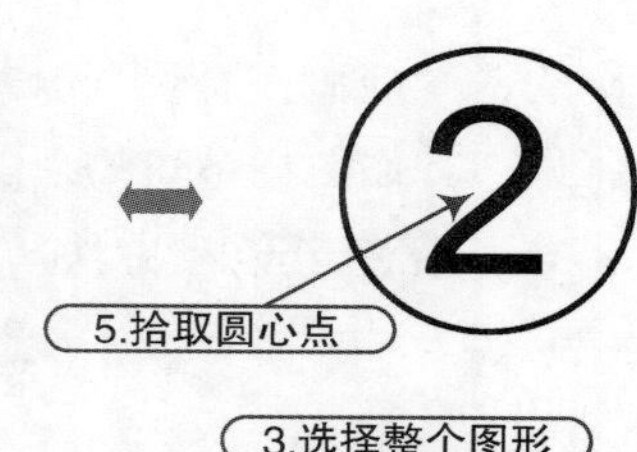

图 3-38　创建块

要点：保留、转换为块、删除的区别

在“块定义”对话框中，“对象”栏有三个选项：保留、转换为块、删除。它们的含义如下：

1）“保留（R）”：创建块以后，将选定的源对象保留在图形中作为区别对象。

2）“转换为块（C）”：创建块以后，将选定的源对象转换成图形中的块实例。

3）“删除（D）”：创建块以后，从图形中删除选定的源对象。

4）选择保留图形的文字“2”，再按“Ctrl + 1”组合键打开特性面板，修改文字高度为“5”，然后将文字移动到上半圆位置，如图 3-39 所示。

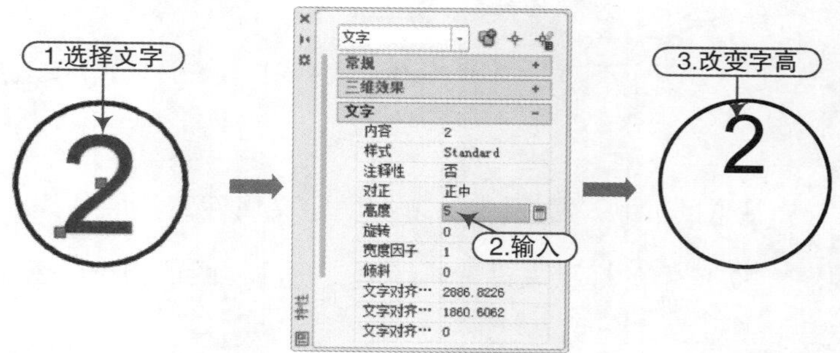

图 3-39　通过“特性”面板修改文字高度

5）执行“直线”命令（L），绘制上一步骤圆的水平直径线；再执行“复制”命令（CO），将上步修改的文字复制到下半圆，并双击文字，在弹出的“编辑属性定义”对话框中修改相应的标记与提示内容，如图3-40所示。

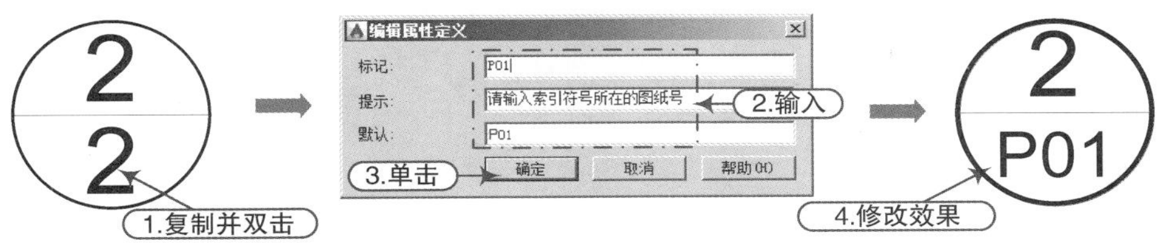

图3-40　修改属性

6）执行“创建块”命令（B），将绘制的“索引详图符号”保存为内部图块，如图3-41所示。

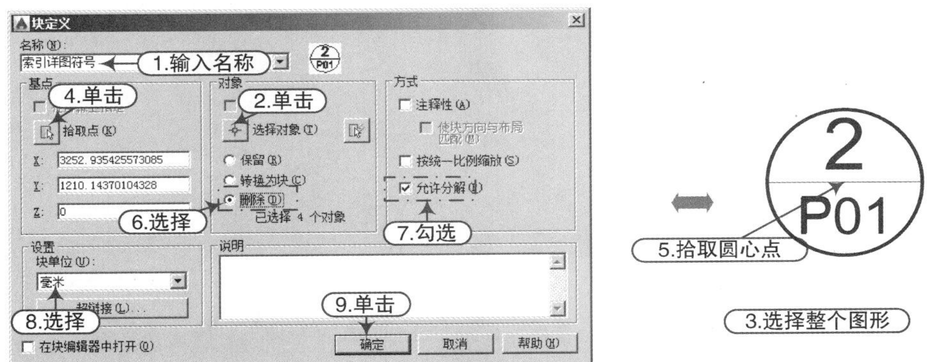

图3-41　保存内部图块

要点：两种属性值的修改

“索引详图符号”是由两种属性组成的，当插入该符号或者双击修改该属性值时，都会提示输入两种不同的属性值，如图3-42所示。

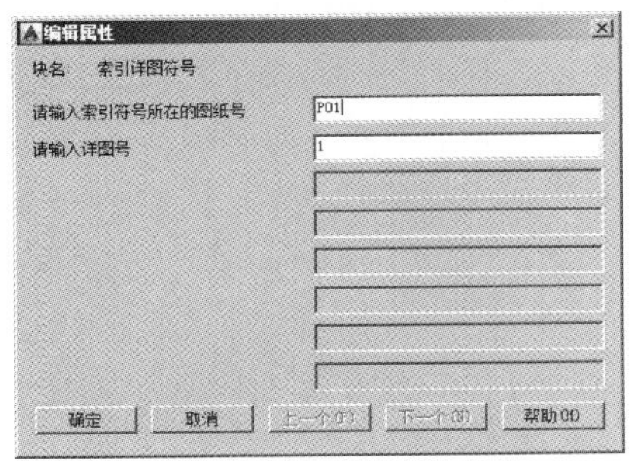

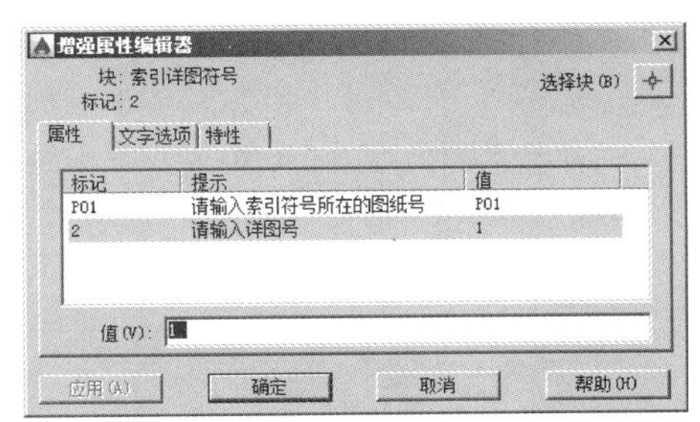

图3-42　两种属性值的修改方式

3.2.4　内视符号的绘制

内视符号也称为立面索引符号，是用于在平面中对各种剖、立面作出的索引符号，建立平面图与立面图之间的联系。它是由投视方向、立面编号和图样号组成的，其作图规范可查看第2章相应内容。下面通过实例来讲解其绘制方法：

1）接上例，执行“圆”命令（C），绘制一个直径为12mm的圆，如图3-43所示。

2）执行“直线”命令（L），过圆心各向两边绘制两条长为9mm的水平线，如图3-44所示。

3）执行“构造线”命令（XL），根据如下命令提示，选择“角度（A）”项，输入角度为“45”，然后单击线段的端点为通过点，绘制一条构造线，如图3-45所示。

```
命令:XLINE                                                    \\构造线命令
指定点或[水平(H)/垂直(V)/角度(A)/二等分(B)/偏移(O)]:a          \\选择“角度”选项
输入构造线的角度(0)或[参照(R)]:45                              \\输入角度45
指定通过点:                                                    \\单击左线段左端点
指定通过点:                                                    \\空格键结束
```

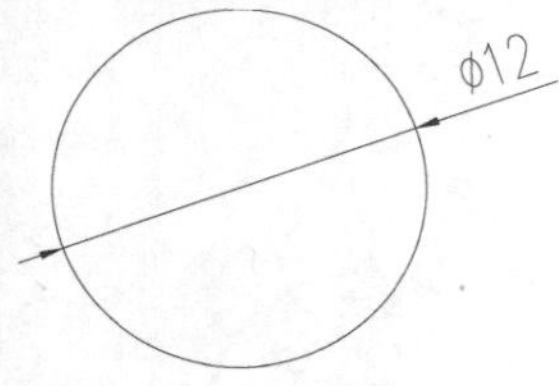

图3-43　绘制圆

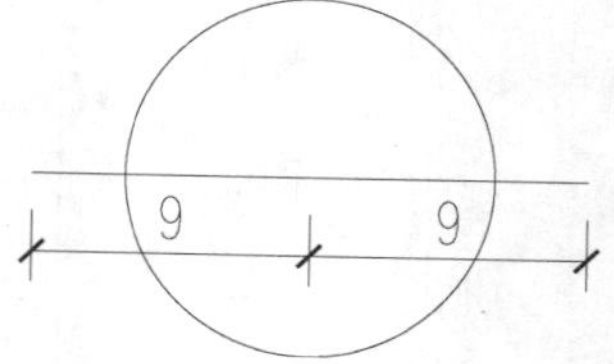

图3-44　绘制线段

图3-45　绘制构造线

要点：构造线特性

在AutoCAD中，“构造线”命令主要用于绘制辅助线，在建筑绘图中常用做图形绘制过程中的中轴线，没有起点和终点，两端可以无限延伸。根据其命令提示，选择不同的选项，可以以多种方式来绘制构造线，如图3-46所示。其使用功能非常强大，用户可多作了解。

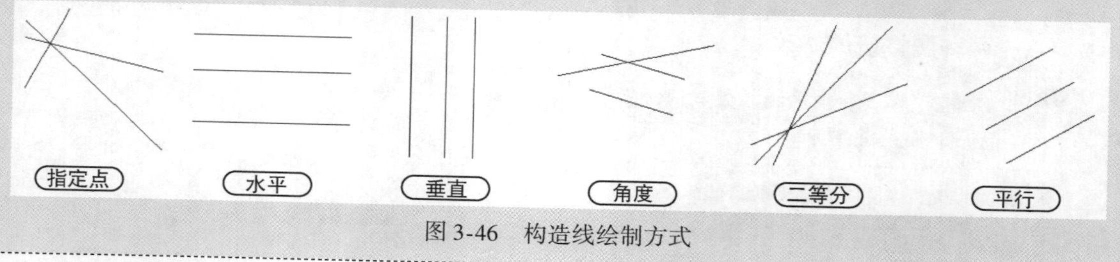

图3-46　构造线绘制方式

4）执行“镜像”命令（MI），将构造线以圆上、下象限点进行镜像，如图3-47所示。

5）执行“修剪”命令（TR），修剪相交以外的多余构造线边和中间多余线条，如图3-48所示。

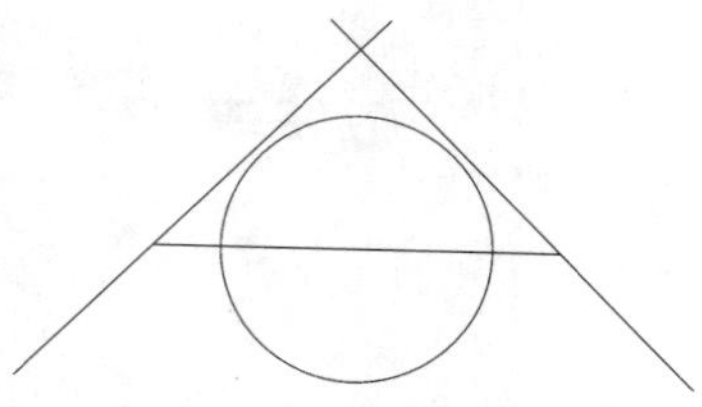

图3-47　镜像构造线

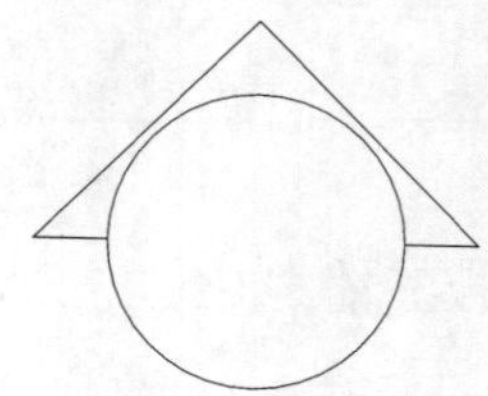

图3-48　修剪效果

6）执行“图案填充”命令（H），此时在上方的“功能区”位置将自动弹出“图案填充创建”选项卡，在“图案”面板中选择图案为“SOLTD”，然后在三角形内单击，填充效果如图 3-49 所示。

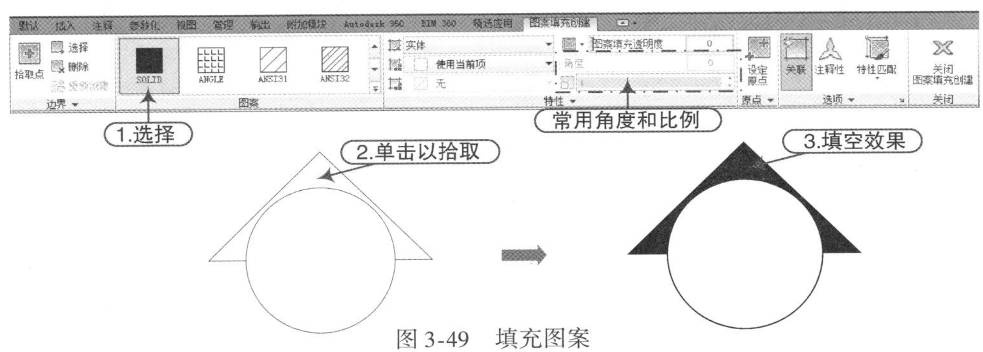

图 3-49　填充图案

7）选择“绘图｜块｜定义属性”菜单命令，打开“属性定义”对话框，按照图 3-50 所示创建属性值。

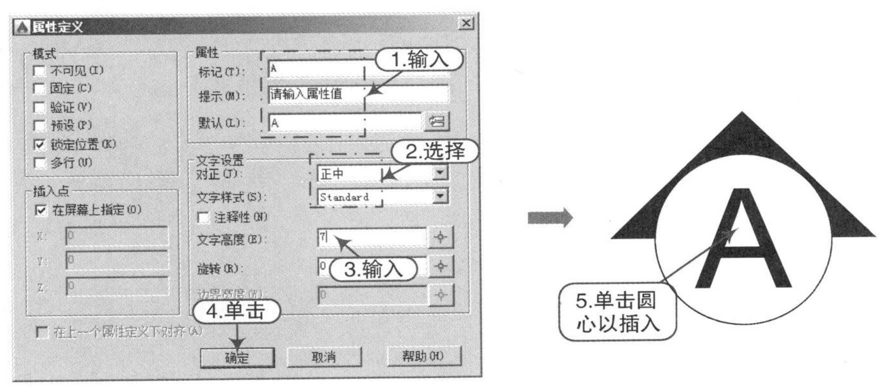

图 3-50　定义属性值

8）执行“创建块”命令（B），将绘制的图形保存为内部图块，其图名为“单向内视符号”，保存基点为圆心，如图 3-51 所示。

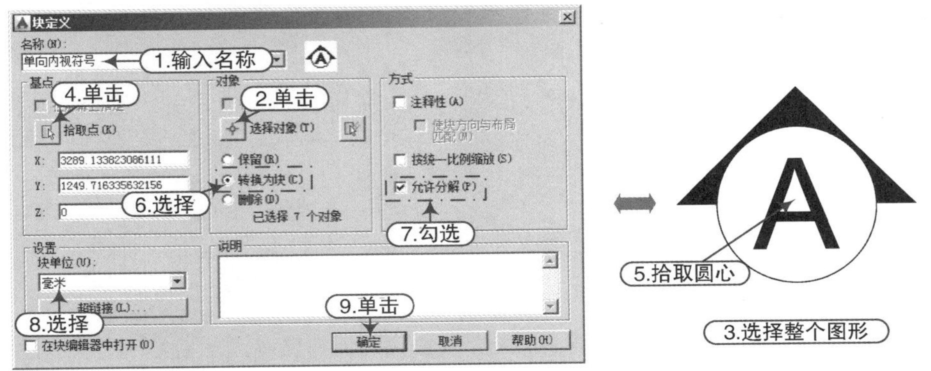

图 3-51　保存块

9）执行“复制”命令（CO），将保留的单向内视符号复制 3 份；然后执行“旋转”命令（RO），将复制的 3 个图形分别以圆心旋转 90°、－90°和 180°，如图 3-52 所示。

图 3-52　复制和旋转图形

10）执行“移动”命令（M），将几个内视符号按照图 3-53 所示以顶点进行组合。

11）分别双击每个内视符号，将弹出“增强属性编辑器”对话框，切换至“文字选项”对话框，将“旋转”角度修改为“0”，调整文字的方向，如图 3-54 所示。

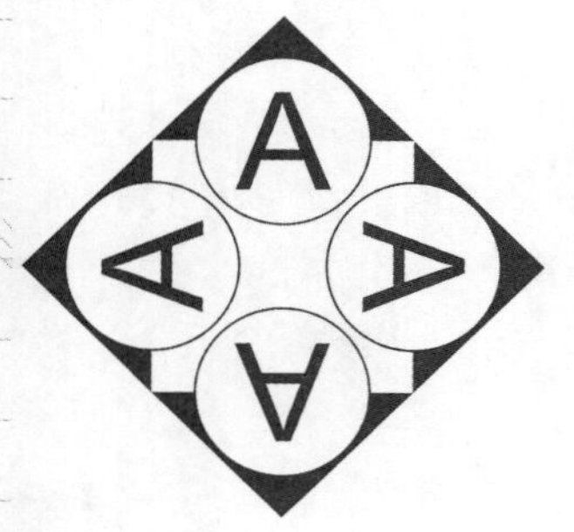

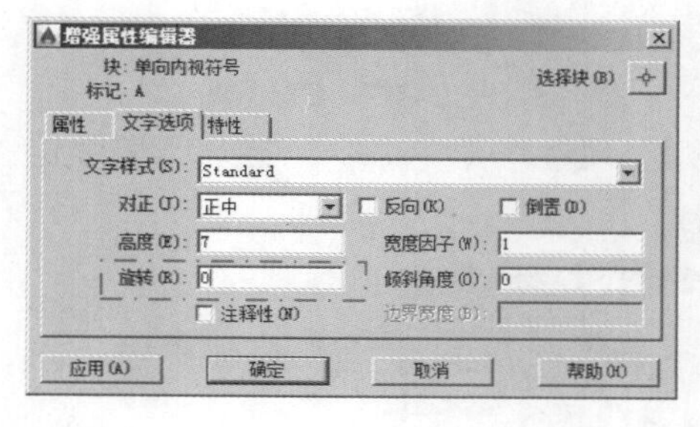

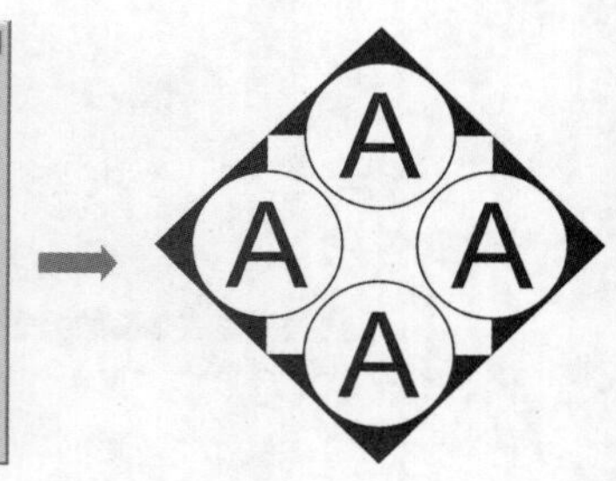

图 3-53　组合图形

图 3-54　修改属性值角度

12）执行“创建块”命令（B），按照前面保存内部图块的方法，将上步绘制的图形保存为“四向内视符号”图块，其基点为最上方三角形的角点。

3.2.5　标高符号的绘制

标高符号是用来标注建筑物某一点的高度位置的，其作图规范可查看第 2 章相应内容。下面通过实例来讲解其绘制方法：

1）接上例，执行“直线”命令（L），绘制一条长为 6mm 的水平线段，如图 3-55 所示。

2）执行“构造线”命令（XL），根据提示选择“角度（A）”项，分别设置“角度”为“45”和“-45”，并单击水平线中点为通过点，如图 3-56 所示绘制构造线。

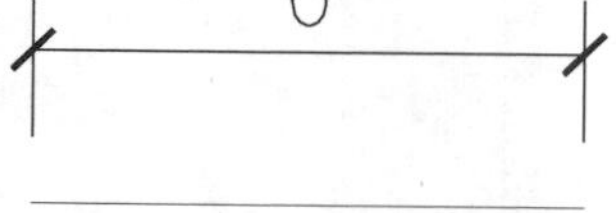

图 3-55　绘制直线

图 3-56　绘制构造线

3）执行“修剪”命令（TR），修剪多余线条，如图 3-57 所示。

4）执行“直线”命令（L），在水平线右侧绘制长为 15mm 的水平线段，如图 3-58 所示。

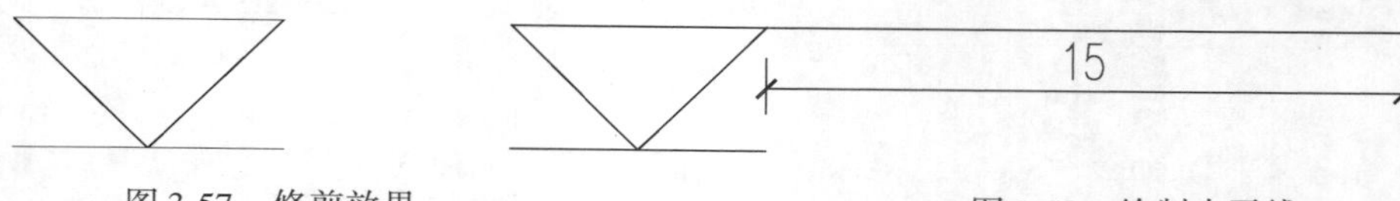

图 3-57　修剪效果

图 3-58　绘制水平线

5）选择“绘图 | 块 | 定义属性”菜单命令，打开“属性定义”对话框，按照图 3-59 所示创建属性值。

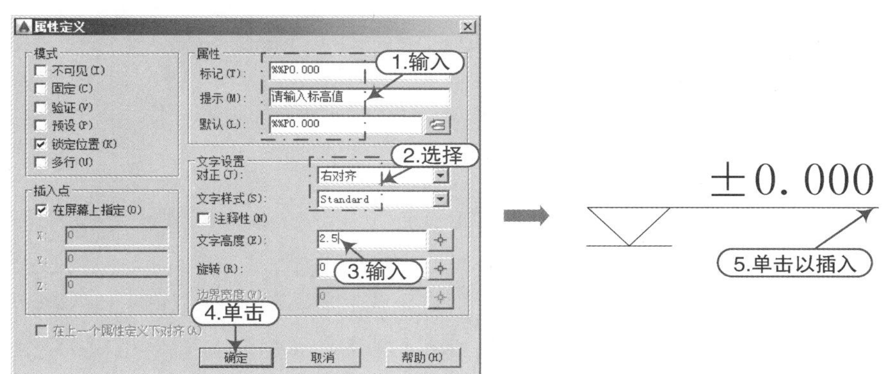

图 3-59　创建属性

6）执行“创建块”命令（B），将绘制的“标高符号”保存为内部图块，基点为三角形直角顶点。

3.2.6　指北针符号的绘制

在总平面图或其他 ±0.000 平面图上应画出指北针，所指方向应与总平面图中的指北针方向一致。接下来讲解其绘制方法。

1）接上例，执行“圆”命令（C），绘制直径为 24mm 的圆，如图 3-60 所示。

2）执行“多段线”命令（PL），捕捉圆下侧象限点为起点，再根据命令提示选择“宽度（W）”选项，设置起点宽度为“3”，终点宽度为“0”，捕捉圆上侧象限点为终点，绘制一个箭头，如图 3-61 所示。

3）执行“单行文字”命令（DT），根据如下命令提示，设置字高为“5”，在箭头上方注写“N”，如图 3-62 所示。

```
命令:TEXT                                              \\单行文字命令
当前文字样式:“Standard”  文字高度:2.5000  注释性:否  对正:左
指定文字的起点或[对正(J)/样式(S)]:                       \\单击圆下象限点
指定高度<2.5000>:5                                     \\输入字高为5
指定文字的旋转角度<0>:                                  \\空格键默认该值
                                                       \\输入文字“N”
```

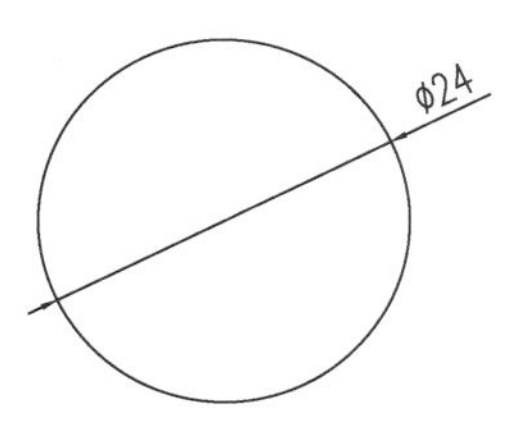

图 3-60　绘制圆

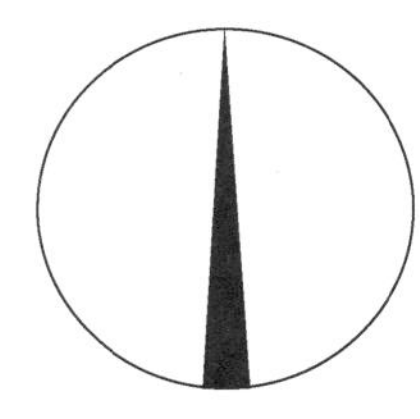

图 3-61　绘制多段线

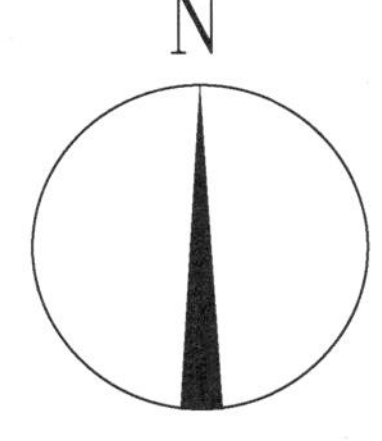

图 3-62　注写文字

4）执行“创建块”命令（B），将绘制好的图形保存为内部图块，名称为“指北针”，基点为圆心。

要点：指针规范内容

根据图样规范要求，指北针用细实线绘制，圆的直径为24mm，指针尾宽为3mm，在指针尖端处标注“N”字，字高为5mm。

3.2.7 轴号的绘制

轴号是由细实线圆和轴线编号组成，圆的直径为8mm，其作图规范可查看第2章相应内容。下面通过实例来创建一个比例为100的轴号，讲解其绘制方法：

1）接上例，执行“圆”命令（C），绘制直径为800mm的圆，如图3-63所示。

2）选择“绘图｜块｜定义属性”菜单命令，打开“属性定义”对话框，按照图3-64所示创建属性值。

3）执行“创建块”命令（B），将绘制的图形保存为样板文件的内部图块，名称为“轴号”，保存基点为圆心。

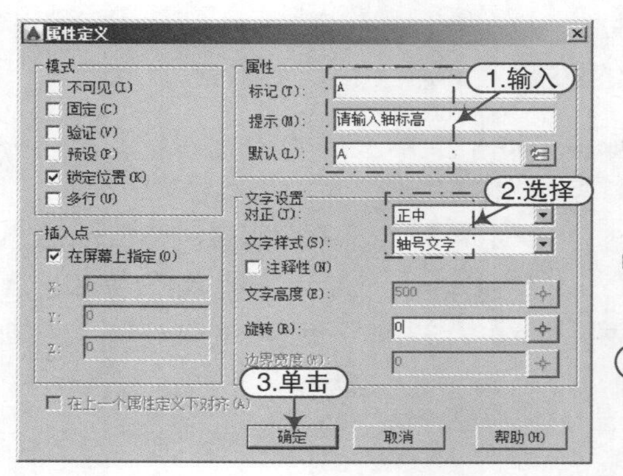

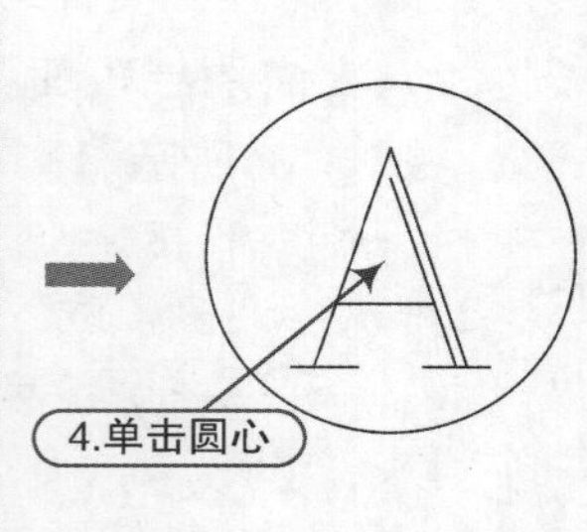

图3-63 绘制圆

图3-64 创建属性

要点：步骤提示

由于在前面创建文字样式时是以100的比例来设置的，“轴号”文字的文字字高为500mm，这里选择该样式时，其文字高度已经确定，是不可以更改的，因此绘制圆时不能按1:1的比例了，而是1:100。

4）在“快速访问”工具栏单击“保存”按钮，将设置好的“样板文件”进行保存。

3.3 常用植物平面图例的绘制

施工图为了表达出设计师的意图，除了使用各种不同的线型、符号和文字说明外，还常采用各种不同的图例来表示。下面来学习一些常用的植物图例的绘制方法。

3.3.1 棕榈平面图例的绘制

棕榈科又称槟榔科，目前已知有202属，大约2，800余种。该科植物的特点是单干直立，不分枝，叶大，集中在树干顶部，多为掌状分裂或羽状复叶的大叶，一般为乔木，也有少数是灌木或藤本植物，花小，通常为淡黄绿色。是单子叶植物中唯一具有乔木习性，有宽阔的叶片和发达的维管束的植物类群。在我国主要分布在南方各省，大约有 22 属 60 余种。图 3-65 所示为棕榈类植物的摄影图片。

图 3-65　棕榈类植物的摄影图片

1）正常启动 AutoCAD 2015 应用程序，单击“打开”按钮，将前面创建的“案例\03\园林样板.dwt”文件打开，再单击“另存为”按钮，将该样板文件另存为“案例\03\美丽针葵.dwg”文件。

2）在“图层”面板中的“图层控制”下拉列表，选择“植物配景线”图层为当前图层，如图3-66所示。

3）执行“圆”命令（C），绘制半径为 1300mm 的圆；再执行“圆弧”命令（A），以圆心为起点向圆上绘制一段三点圆弧，如图 3-67 所示。

```
命令:ARC
指定圆弧的起点或[圆心(C)]:
指定圆弧的第二个点或[圆心(C)/端点(E)]:
指定圆弧的端点:
```

4）执行“直线”命令（L），在圆弧上绘制多条斜线段，以表示枝叶，如图 3-68 所示。

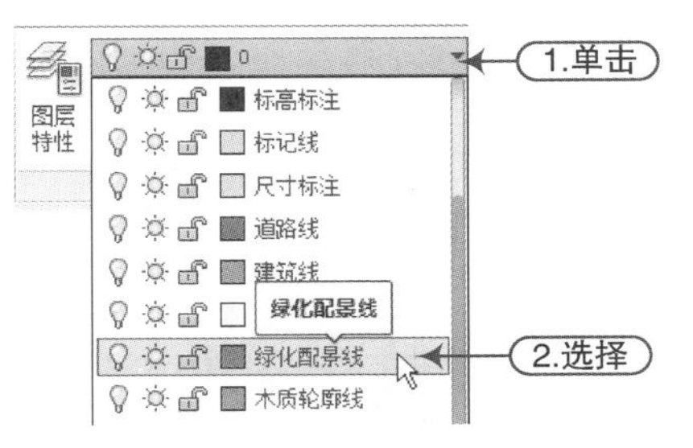

图 3-66　选择当前图层

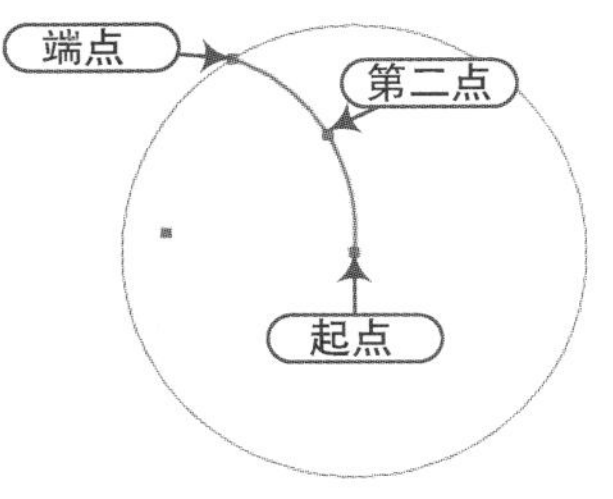

图 3-67　绘制圆和圆弧

图 3-68　绘制斜线

5）执行“阵列”命令（AR），选择圆内的所有图形，根据提示选择“极轴”阵列，然后指定圆心为阵列中心，此时在功能区会自动弹出“阵列创建”选项卡，在项目数处输入“6”，如图 3-69 所示。

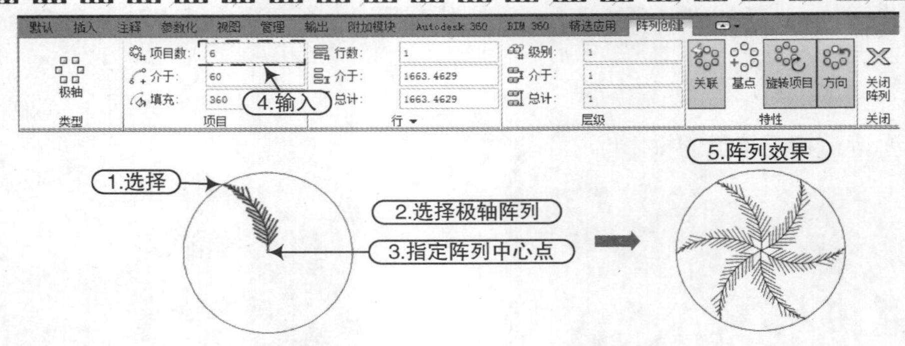

图 3-69　极轴阵列

若是使用命令行执行，其提示如下：

```
命令:ARRAY                                                    \\阵列命令
选择对象:指定对角点:找到 30 个                                  \\选择圆内线段和圆弧
选择对象:输入阵列类型[矩形(R)/路径(PA)/极轴(PO)]<矩形>:PO        \\选择"极轴"选项
类型 = 极轴  关联 = 是
指定阵列的中心点或[基点(B)/旋转轴(A)]:                          \\单击圆心为中心点
选择夹点以编辑阵列或[关联(AS)/基点(B)/项目(I)/项目间角度(A)/填充角度(F)/行(ROW)/层
(L)/旋转项目(ROT)/退出(X)]<退出>:i                              \\选择"项目"选项
输入阵列中的项目数或[表达式(E)]<6>:                             \\空格键默认数目为 6
选择夹点以编辑阵列或[关联(AS)/基点(B)/项目(I)/项目间角度(A)/填充角度(F)/行(ROW)/层
(L)/旋转项目(ROT)/退出(X)]<退出>:                               \\空格键退出
```

6）执行“删除”命令（E），将外圆删除，如图 3-70 所示。

7）至此，该图形已经绘制完成了，按“Ctrl + S”组合键进行保存。

图 3-70　美丽针葵效果

3.3.2　乔木平面图例的绘制

乔木是指树身高大的树木，由根部发生独立的主干，树干和树冠有明显区分。它们有一个直立主干，且高达 6m 以上。树体高大，具有明显的高大主干。可依其高度不同分为伟乔（31m 以上）、大乔（21 ~ 30m）、中乔（11 ~ 20m）、小乔（6 ~ 10m）等四级。图 3-71 所示为乔木的摄影图片。

1）正常启动 AutoCAD 2015 应用程序，单击“打开”按钮，将前面创建的“案例\03\园林样板 . dwt”文件打开；再单击“另存为”按钮，将该样板文件另存为“案例\03\宫粉紫荆 . dwg”文件。

图 3-71　乔木的摄影图片

2）在“图层”面板中的“图层控制”下拉列表，选择“植物配景线”图层为当前图层。

3）执行“圆”命令（C），绘制半径分别为 85mm 和 1000mm 的同心圆，如图 3-72 所示。

4）执行“直线”命令（L），绘制大圆的垂直直径线，再执行“旋转”命令（RO），将垂直线旋转复制，角度为“50”，如图 3-73 所示。

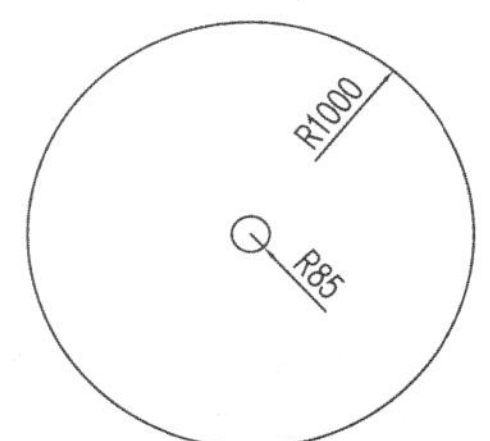

图 3-72　绘制圆

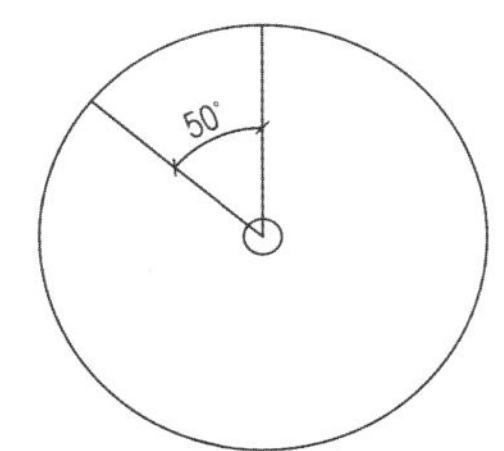

图 3-73　绘制线段

5）执行“圆”命令（C），选择“切点、切点、半径（T）”选项，此时提示“指定第一个切点”，将鼠标指针移到其中一条线段处，捕捉到“递延切点”时单击，同样来到另一线段处捕捉切点并单击，再根据提示输入半径为“440”，以绘制一个相切圆，如图 3-74 所示。

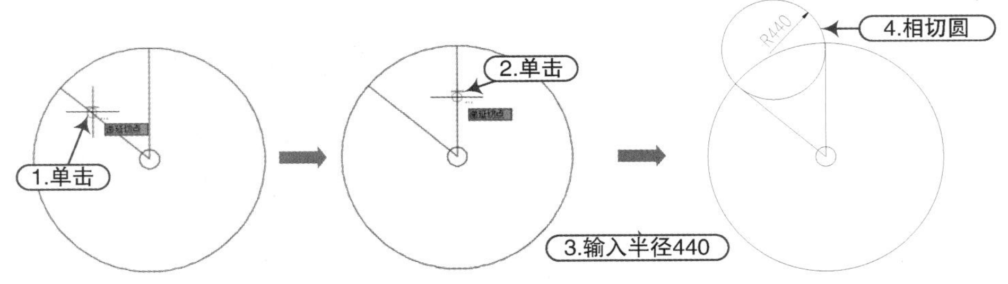

图 3-74　绘制相切圆

6）执行“修剪”命令（TR）和“删除”命令（E），如图 3-75 所示。

7）执行“圆弧”命令（A），在修剪后的圆内以三点方式绘制多条圆弧，如图 3-76 所示。

要点：步骤提示

> 当绘制的圆弧形状不符合要求时，可选择该圆弧，通过单击并拖动其夹点来调整其形状，直至满意为止。

8）执行“阵列”命令（AR），将所有的圆弧对象选中，以圆心为阵列中心，进行项目数为 7 的极轴阵列；然后执行“删除”命令（E），将外圆删除，如图 3-77 所示。

9）至此，该图形已经绘制完成了，按“Ctrl + S”组合键进行保存。

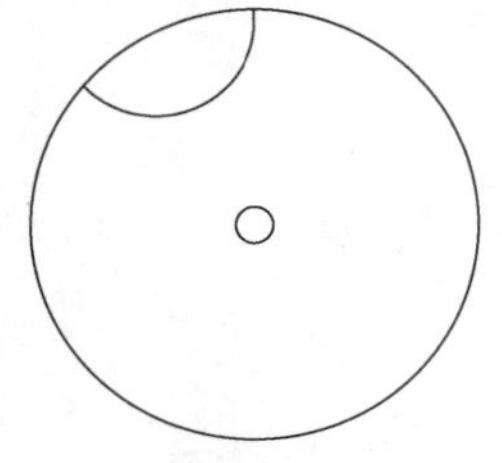
图 3-75　修剪删除效果

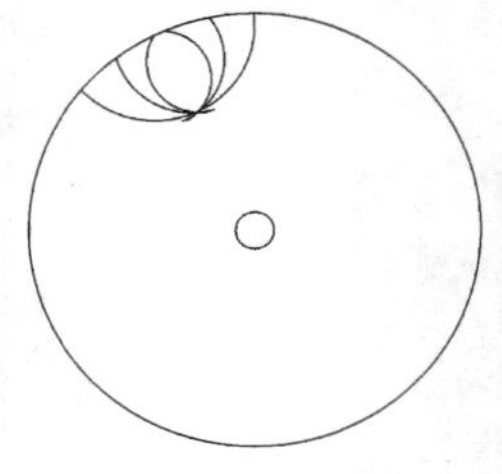
图 3-76　绘制多条圆弧

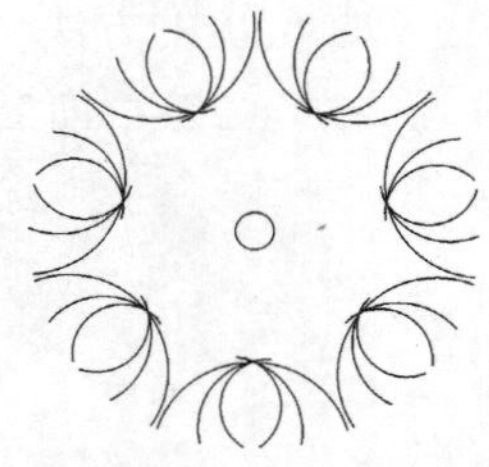
图 3-77　宫粉紫荆效果

3.3.3　灌木平面图例的绘制

灌木是指那些没有明显的主干、呈丛生状态、比较矮小的树木，一般可分为观花、观果、观枝干等几类。多年生，一般为阔叶植物，也有一些针叶植物是灌木，如刺柏。如果越冬时地面部分枯死，但根部仍然存活，第二年继续萌生新枝，则称为“半灌木”，如一些蒿类植物。常见灌木有玫瑰、杜鹃、牡丹、小檗、黄杨、沙地柏、铺地柏、连翘、迎春、月季、荆、茉莉、沙柳等。我国主要的灌木分布地区是浙江、江苏、安徽、河南等地。图 3-78 所示为灌木的摄影图片。

图 3-78　灌木的摄影图片

1）正常启动 AutoCAD 2015 应用程序，单击“打开”按钮，将前面创建的“案例\03\园林样板.dwt”文件打开；再单击“另存为”按钮，将该样板文件另存为“案例\03\朱樱花.dwg”文件。

2）在“图层”面板中的“图层控制”下拉列表，选择“植物配景线”图层为当前图层。

3）执行“圆”命令（C），绘制半径为 1200mm 的圆；再执行“直线”命令（L），过圆直径绘制垂直线，如图 3-79 所示。

4）执行“旋转”命令（RO），选择垂直线段为对象，通过如下命令提示，将线段旋转复制出夹角为 22°的副本，如图 3-80 所示。

```
命令:ROTATE                                              \\旋转命令
UCS 当前的正角方向:  ANGDIR = 逆时针   ANGBASE = 0        \\当前模式
选择对象:找到 1 个                                        \\选择垂直线段
选择对象:                                                 \\空格键完成选择
指定基点:                                                 \\指定圆心为基点
指定旋转角度,或[复制(C)/参照(R)] <0>:c                   \\选择“复制(C)”项
旋转一组选定对象。
指定旋转角度,或[复制(C)/参照(R)] <0>: -22                \\输入角度为 -22
```

5）根据上步的方法，继续执行“旋转”命令（RO），再依次将线段进行旋转复制，其角度值均为“－22”，如图 3-81 所示。

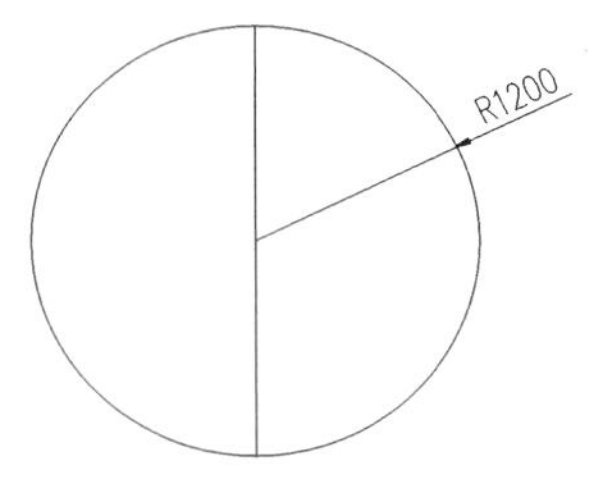

图 3-79　绘制圆

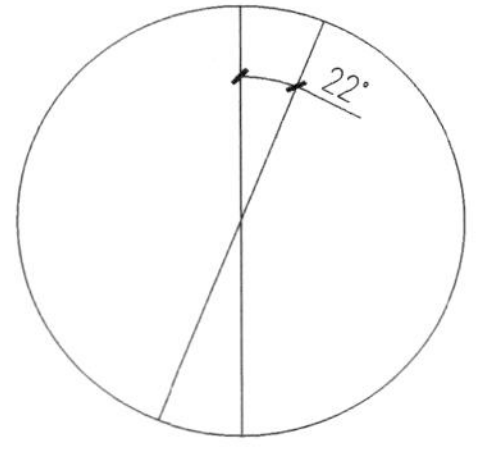

图 3-80　旋转复制

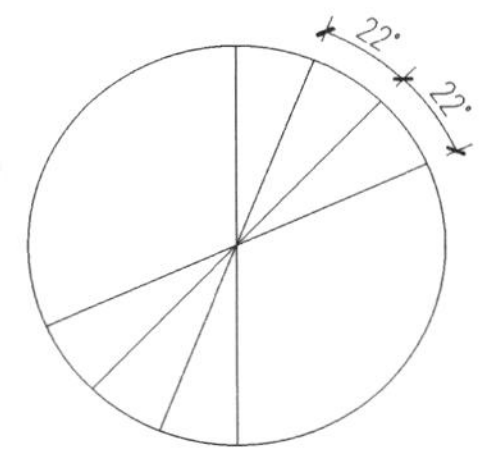

图 3-81　绘制多条效果

要点：旋转的正角方向

在 CAD 中，默认的旋转正角方向为逆时针，若是向顺时针旋转，需要输入“负数”值。

6）执行“圆角”命令（F），根据如下提示设置圆角半径为 200mm，模式为“不修剪”，在圆和线段之间创建圆弧，如图 3-82 所示。

```
命令:FILLET                                                          \\圆角命令
当前设置:模式 = 不修剪,半径 =0.0000                                    \\当前模式
选择第一个对象或[放弃(U)/多段线(P)/半径(R)/修剪(T)/多个(M)]:r          \\选择“半径”选项
指定圆角半径 <0.0000 >:200                                            \\输入半径值
选择第一个对象或[放弃(U)/多段线(P)/半径(R)/修剪(T)/多个(M)]:t          \\选择“修剪”选项
输入修剪模式选项[修剪(T)/不修剪(N)]:N                                  \\选择“不修剪”
选择第一个对象或[放弃(U)/多段线(P)/半径(R)/修剪(T)/多个(M)]:           \\选择圆
选择第一个对象或[放弃(U)/多段线(P)/半径(R)/修剪(T)/多个(M)]:           \\选择垂直线段
```

7）按“空格键”重复“圆角”命令，系统自动继承上一参数设置，继续选择圆和线段进行圆角，如图 3-83 所示。

8）执行“修剪”命令（TR），修剪多余的线条，形成图 3-84 所示效果。

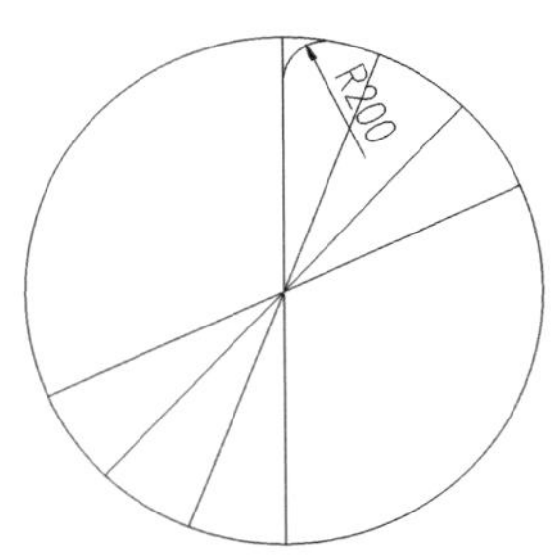

图 3-82　不修剪圆角

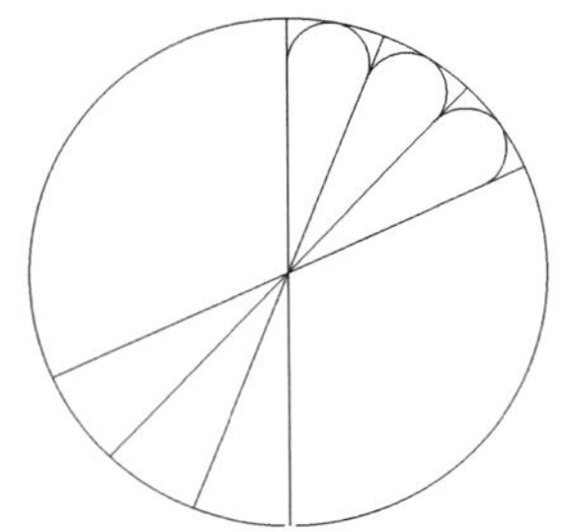
图 3-83　继续圆角

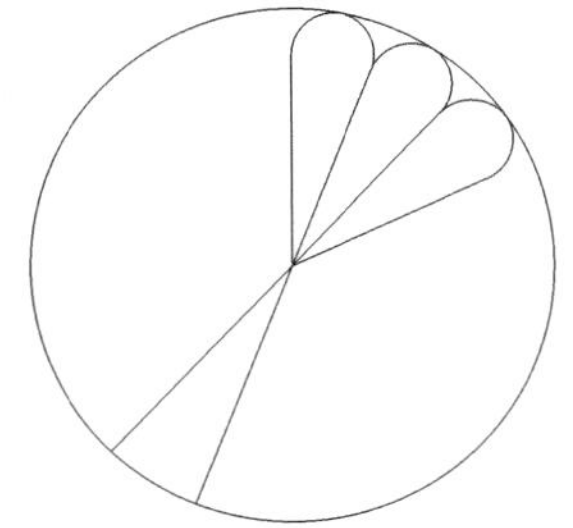
图 3-84　修剪效果

9）执行“阵列”命令（AR），选择圆内所有图形，再选择“极轴”阵列，并指定圆心为阵列中心，进行项目数为“3”的极轴阵列，如图 3-85 所示。

10）执行“删除”命令（E），将外圆删除，完成最终效果如图 3-86 所示。

11）至此，该图形已经绘制完成了，按“Ctrl + S”组合键进行保存。

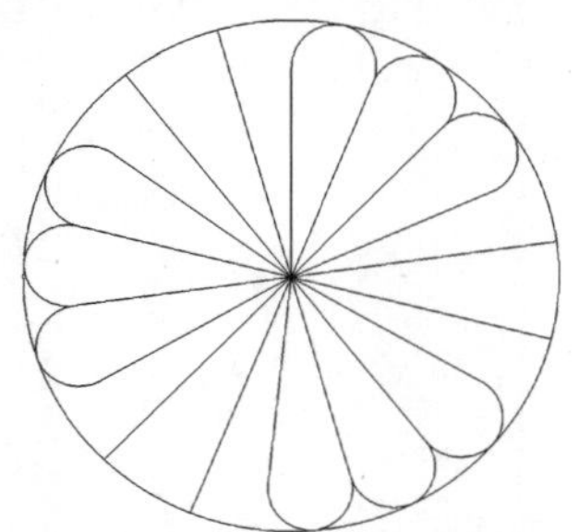

图 3-85　环形阵列

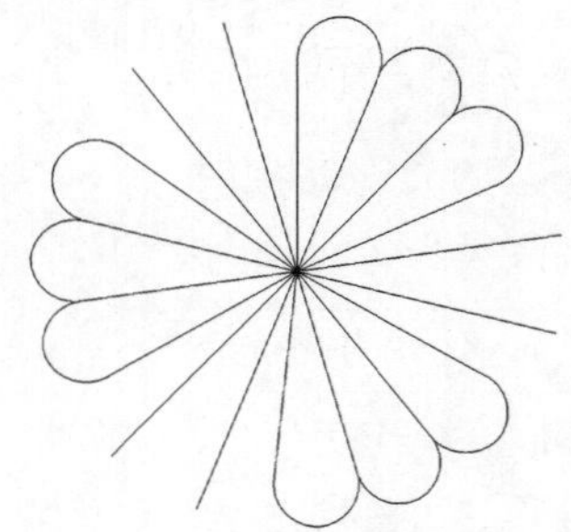

图 3-86　朱樱花最终效果

3.3.4　花草平面图例的绘制

前面绘制了棕榈、乔木和灌木类植物图例，下面来绘制花草类植物的图例。

1）正常启动 AutoCAD 2015 应用程序，单击“打开”按钮，将前面创建的“案例\03\园林样板.dwt”文件打开，再单击“另存为”按钮，将该样板文件另存为“案例\03\西府海棠.dwg”文件。

2）在“图层”面板中的“图层控制”下拉列表，选择“植物配景线”图层为当前图层。

3）执行“圆”命令（C），绘制半径为 35mm 和 500mm 的同心圆，如图 3-87 所示。

4）执行“多段线”命令（PL），在圆上向内绘制图 3-88 所示的多段线。

5）执行“阵列”命令（AR），将多段线图形以圆心进行项目数为“6”的极轴阵列，如图 3-89 所示。

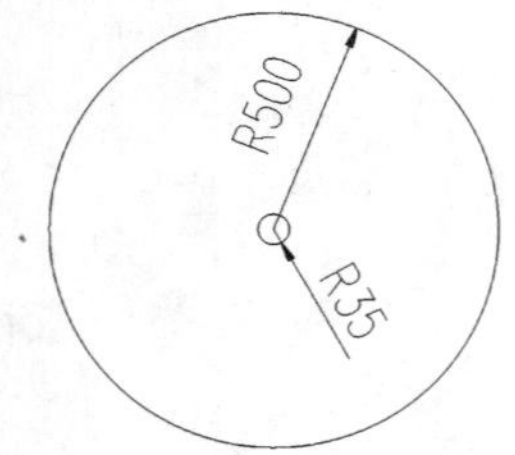

图 3-87　绘制同心圆

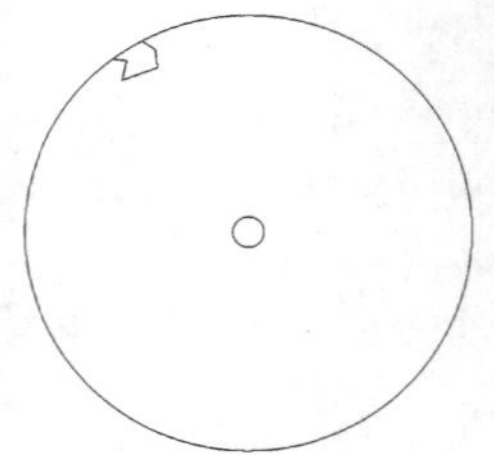

图 3-88　绘制多段线

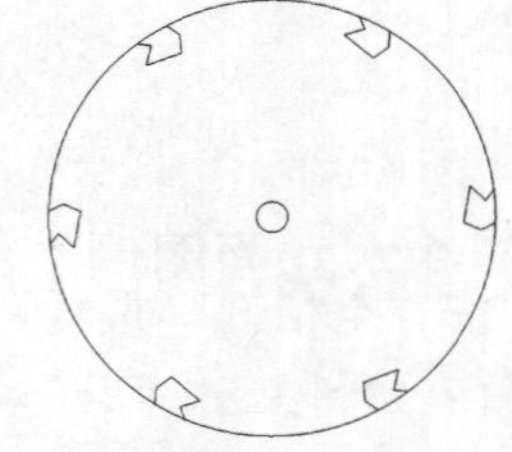

图 3-89　阵列多段线

6）执行“修剪”命令（TR），修剪掉多段线之间的圆弧，如图 3-90 所示。

7）执行“直线”命令（L）、“偏移”命令（O）和“修剪”命令（TR），在多段线内部绘制斜线，并以 10mm 的距离均匀地偏移，然后进行修剪延伸操作，如图 3-91 所示。

8）执行“复制”命令（CO），将小圆水平向右复制出 20 的距离；然后执行“圆弧”命令（A），由圆下交点向大圆绘制一段圆弧，如图 3-92 所示。

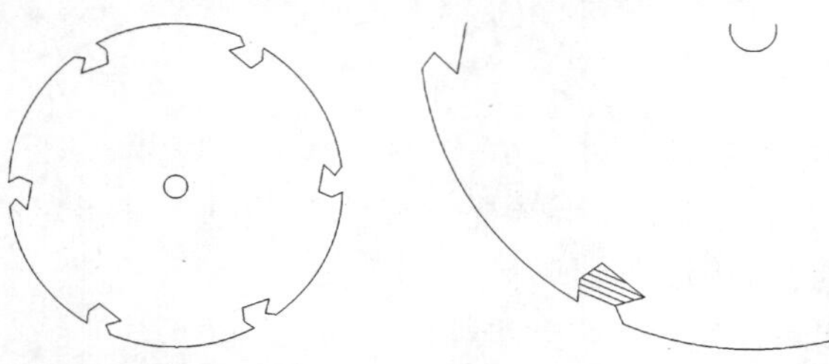

图 3-90　修剪图形

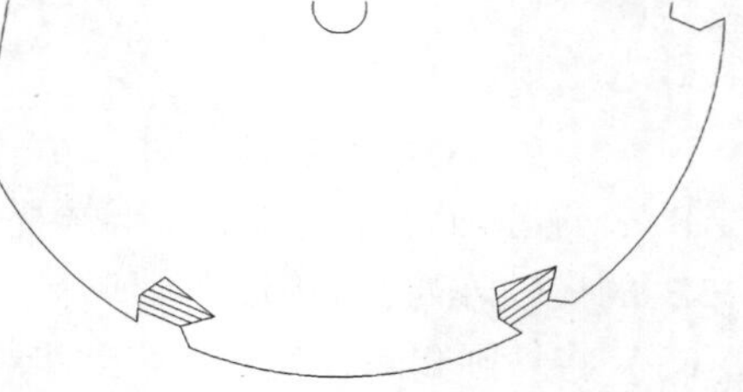

图 3-91　绘制直线

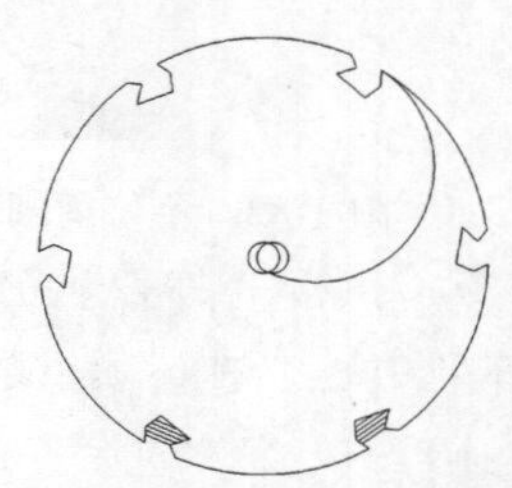

图 3-92　西府海棠效果

9）至此，该图形已经绘制完成了，按“Ctrl + S”组合键进行保存。

3.3.5　其他植物平面图例

通过前面实例的讲解，我们掌握了一些常用的植物平面图的绘制方法，下面列出一些其他平面植物图例以供参考，如图 3-93 所示。该文件的路径为“案例\ 03\ 植物平面图例 . dwg”。

序号	图例	树种	序号	图例	树种	序号	图例	树种	序号	图例	树种	序号	图例	树种
1		樱花	11		紫荆	21		平枝荀子	31		绣线菊	41		牡丹　芍药 石竹　雏菊 二月兰 万寿菊 美人蕉 半支莲 小龙柏 大花金鸡菊 金娃娃萱草 金焰绣线菊 红花酢浆草 紫叶小檗 金叶女贞
2		紫叶李	12		白丁香	22		珍珠梅	32		胡枝子	42		
3		红叶桃	13		紫丁香	23		红瑞木	33		紫叶矮樱	43		
4		垂枝桃	14		黄刺梅	24		锦带花	34		月季	44		
5		梅花	15		棣棠	25		猬实	35		紫藤	45		
6		碧桃	16		石榴	26		天目琼花	36		金银花	46		
7		西府海棠	17		太平花	27		金银木	37		早熟禾 白三叶 矮麦冬 扶芳藤	47		
8		垂丝海棠	18		紫薇	28		腊梅	38			48		
9		贴梗海棠	19		木槿	29		连翘	39			49		
10		榆叶梅	20		枸杞	30		迎春	40					

图 3-93　植物图例

3.4　常用立面图例的绘制

接下来讲解一些常用植物立面图的绘制方法及技巧。

3.4.1　乔木立面图例的绘制

石榴（学名：Punica granatum L.），落叶乔木或灌木；单叶，通常对生或簇生，无托叶。浆果球形，顶端有宿存花萼裂片，果皮厚；种子多数，浆果近球形，果熟期为 9 – 10 月。外种皮肉质半透明，多汁；内种皮革质。性味甘、酸涩、温，具有杀虫、收敛、涩肠、止痢等功效。石榴果实营养丰富，维生素 C 含量比苹果、梨要高出一两倍。图 3-94 所示为石榴的摄影图片。

图 3-94　石榴的摄影图片

本实例主要讲解石榴立面图的绘制方法，操作步骤如下：

1）正常启动 AutoCAD 2015 应用程序，单击“打开”按钮，将前面创建的“案例\ 03\ 园林样板 . dwt”文件打开；再单击“另存为”按钮，将该样板文件另存为“案例\ 03\ 石榴立面图.dwg”文件。

2）在“图层”面板中的“图层控制”下拉列表，选择“植物配景线”图层为当前图层。

3）执行“矩形”命令（REC），绘制边长均为1450mm的矩形，如图3-95所示。

4）执行“多段线”命令（PL），在该矩形内部绘制出图3-96所示的多段线。

5）执行“删除”命令（E），将矩形删除，再执行“多段线”命令（PL），设置起点宽度为“80”，终点宽度为“0”，分别由树根向上绘制出箭头以表示树枝效果，如图3-97所示。

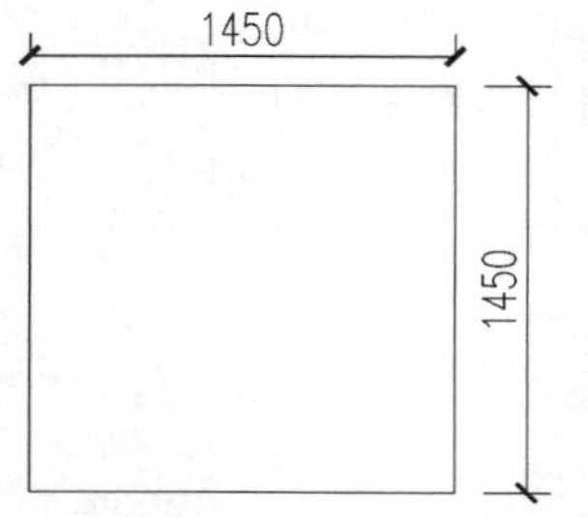

图3-95　绘制矩形

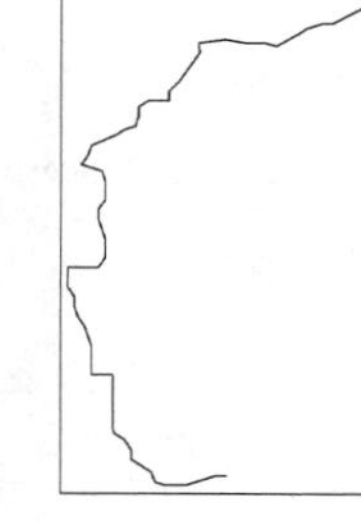

图3-96　绘制多段线

图3-97　绘制树枝

6）按“空格键”重复“多段线”命令，设置全局宽度为80，在下方绘制一条垂直的多段线以表示树干，如图3-98所示。

7）在“特性”面板中，单击“颜色”下拉列表，选择“红色”为当前颜色，如图3-99所示。

8）执行“圆环”命令（DO），根据如下命令提示，设置圆环内径为“0”，外径为“20”，然后在多段线内部多次单击以绘制出实心圆环，如图3-100所示形成果实效果。

```
命令:DONUT                                  \\圆环命令
指定圆环的内径<0.0000>:                      \\空格键确认圆环内径为0
指定圆环的外径<10.0000>:20                   \\输入外径20
指定圆环的中心点或<退出>:                    \\单击以指定一个圆环
指定圆环的中心点或<退出>:                    \\多次单击以确定多个圆环
```

图3-98　绘制树干

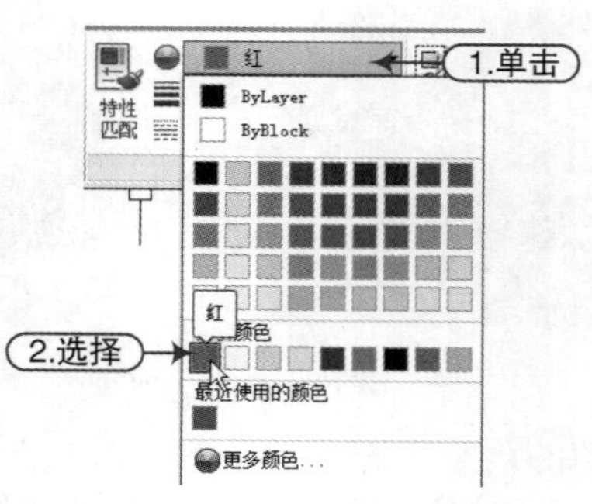

图3-99　选择颜色

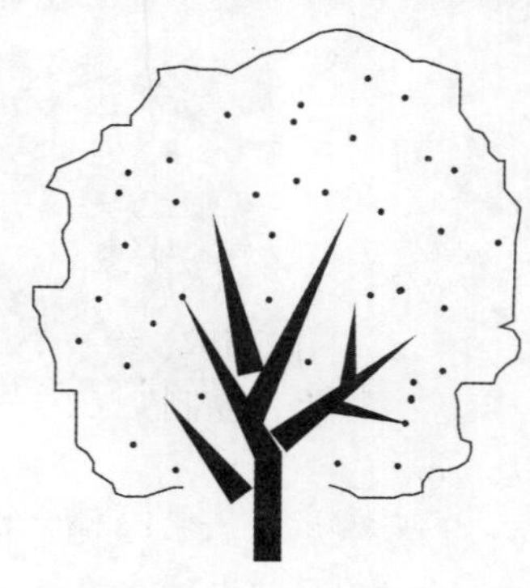

图3-100　绘制果实

9）至此，该图形已经绘制完成了，按“Ctrl+S”组合键进行保存。

要点：圆环的绘制

> 圆环是填充环或实体填充圆，即带有宽度的实际闭合多段线。
>
> 要创建圆环，请指定它的内外直径和圆心。通过指定不同的中心点，可以继续创建具有相同直径的多个副本。要创建实体填充圆，请将内径值指定为“0”，如图3-101所示为设置不同内外径绘制的圆环。

内径为0；外径为10　　内径为8；外径为10　　内径为10；外径为10

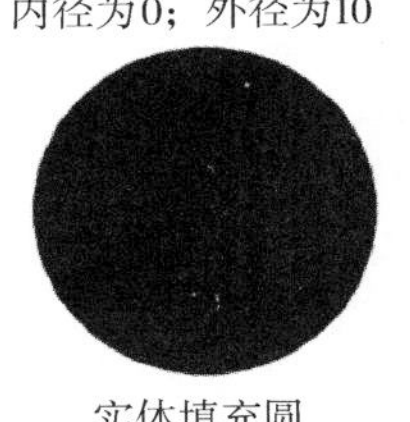

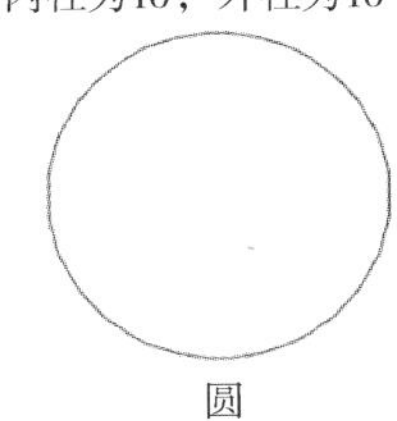

实体填充圆　　填充环　　圆

图3-101　圆环的三种绘制方式

3.4.2　棕榈立面图例的绘制

“美丽针葵”常绿灌木观叶植物，茎短粗，通常单生，亦有丛生，株高1~3米。叶羽片状，初生时直立，稍长后稍弯曲下垂，叶柄基部两侧有长刺，且有三角形突起，这是其特征之一；小叶披针形，长约20~30cm、宽约1cm，较软柔，并垂成弧形。下面主要讲解“美丽针葵”的绘制方法。

1）正常启动AutoCAD 2015应用程序，单击“打开”按钮，将前面创建的“案例\03\园林样板.dwt”文件打开；再单击“另存为”按钮，将该样板文件另存为“案例\03\美丽针葵立面图.dwg”文件。

2）在“图层”面板中的“图层控制”下拉列表，选择“植物配景线”图层为当前图层。

3）执行“多段线”命令（PL），在图3-102所示的范围内绘制多段线以表示枝干。

4）执行“复制”命令（CO），将上步绘制的图形向上复制出两份，如图3-103所示。

5）执行“旋转”命令（RO），将图形旋转出一定的角度，如图3-104所示。

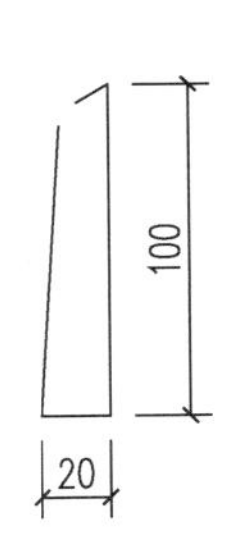

图3-102　绘制多段线

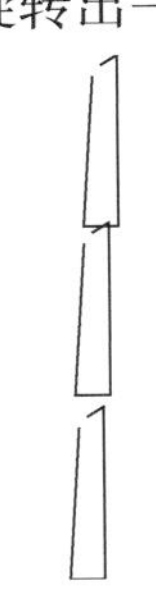

图3-103　复制图形

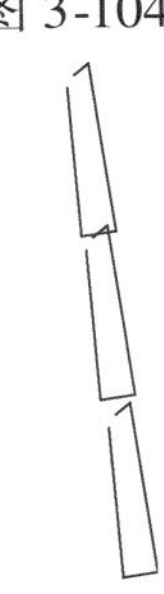

图3-104　旋转图形

6）执行“复制”命令（CO）、“旋转”命令（RO）和“缩放”命令（SC），绘制出丛枝，如图3-105所示。

7）再执行“多段线”命令（PL），绘制出枝叶，如图3-106所示。

8）执行“移动”命令（M）和“复制”命令（CO），将枝叶多次复制到丛枝的上方，完成图3-107所示的效果。

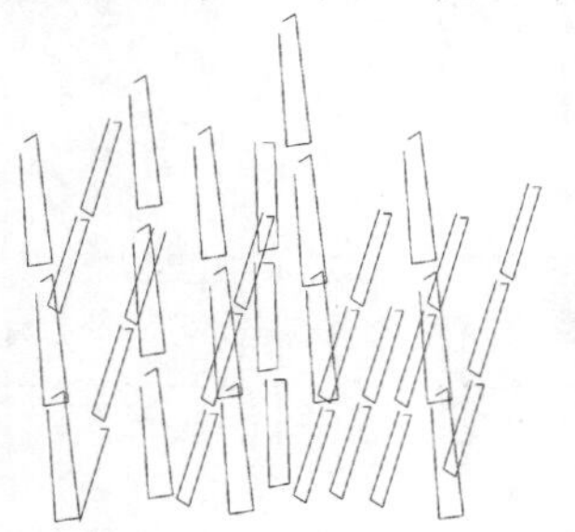

图 3-105　绘制丛枝

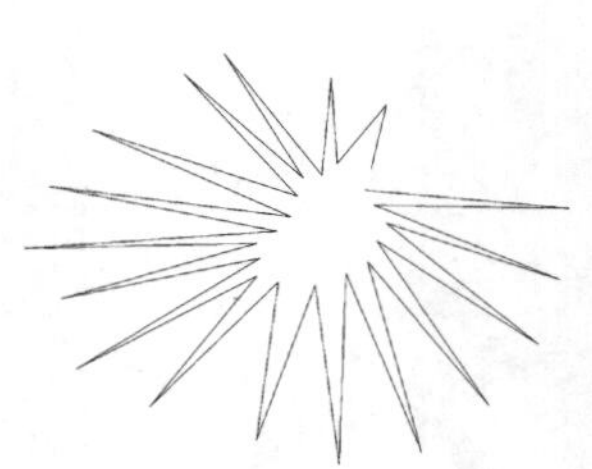
图 3-106　绘制枝叶

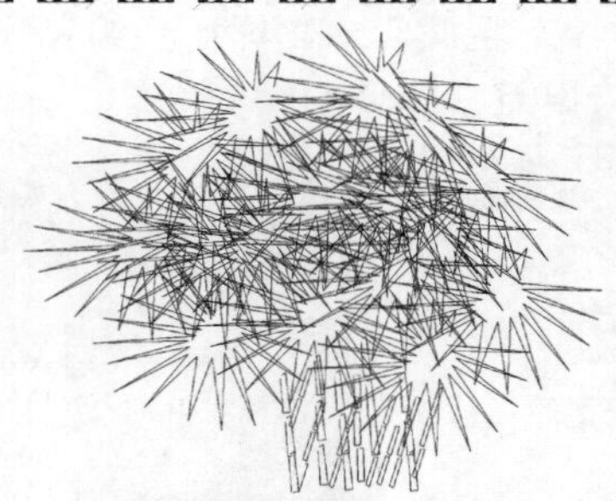
图 3-107　美丽针葵效果

9）至此，该图形已经绘制完成了，按“Ctrl + S”组合键进行保存。

3.4.3　灌木立面图例的绘制

梅花，简称梅，分为春梅、干枝梅、酸梅、乌梅，蔷薇科、杏属小乔木，稀灌木，树皮为浅灰色或绿色，平滑；小枝绿色，光滑无毛。叶片卵形或椭圆形，梅原产我国南方，已有三千多年的栽培历史，无论作观赏或果树均有许多品种。下面主要讲解梅花立面图的绘制方法。

1）正常启动 AutoCAD 2015 应用程序，单击“打开”按钮，将前面创建的“案例\03\园林样板.dwt”文件打开；再单击“另存为”按钮，将该样板文件另存为“案例\03\梅花立面图.dwg”文件。

2）在“图层”面板中的“图层控制”下拉列表，选择“植物配景线”图层为当前图层。

3）执行“多段线”命令（PL），在图形区域绘制出图 3-108 所示的不规则多段线以表示树枝。

4）在“特性”面板中，单击“颜色”下拉列表，选择“洋红”色为当前颜色。

5）执行“圆环”命令（DO），设置圆环内径和外径均为“50”，然后在树枝位置多次单击以绘制圆，如图 3-109 所示。

6）按“空格键”重复“圆环”命令，设置圆环内径和外径均为“40”，在相应位置再绘制出一些小圆，如图 3-110 所示。

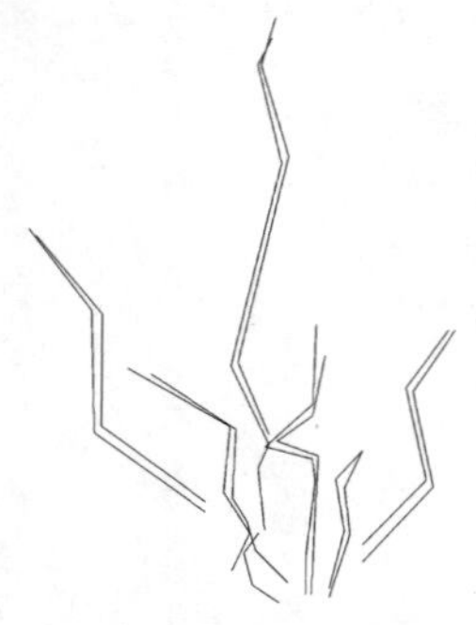
图 3-108　绘制多段线

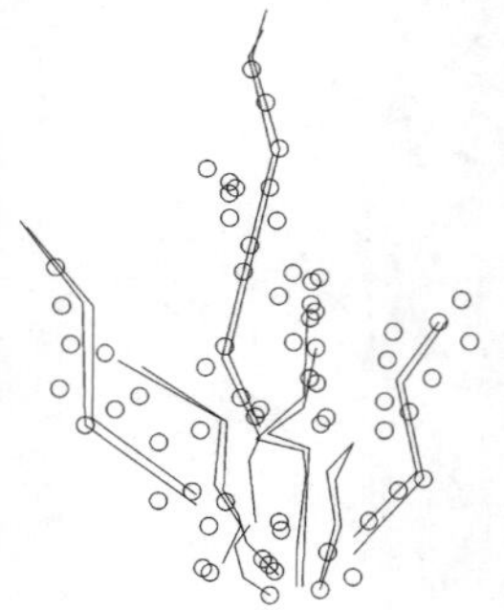
图 3-109　绘制 50 圆

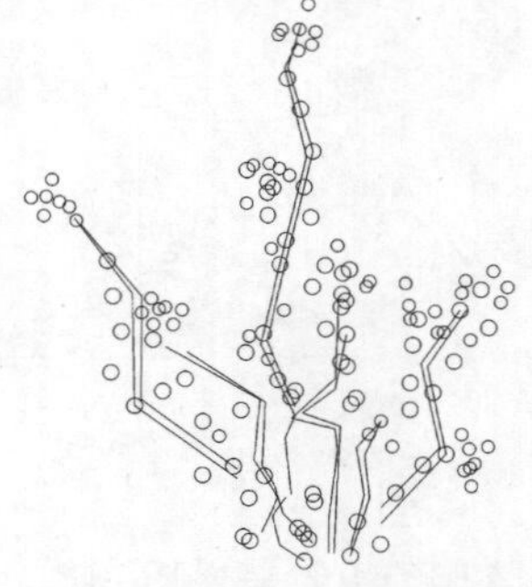
图 3-110　绘制 40 圆

7）至此，该图形已经绘制完成了，按“Ctrl + S”组合键进行保存。

3.4.4　花草立面图例的绘制

荷花又名莲花、水芙蓉等，属睡莲目，是多年生水生草本花卉。地下茎长而肥厚，有长节，叶盾圆形。花期为6—9月，单生于花梗顶端，花瓣多数，嵌生在花托穴内，有红、粉红、白、紫等色，或有彩纹、镶边。坚果椭圆形，种子卵形。图3-111所示为荷花的摄影图片。

图3-111　荷花的摄影图片

下面主要讲解荷花丛立面图的绘制方法，操作步骤如下：

1）正常启动AutoCAD 2015应用程序，单击“打开”按钮，将前面创建的“案例\03\园林样板.dwt”文件打开；再单击“另存为”按钮，将该样板文件另存为“案例\03\荷花立面图.dwg”文件。

2）在“图层”面板中的“图层控制”下拉列表，选择“植物配景线”图层为当前图层。

3）执行“样条曲线”命令（SPL），根据图3-112所示样条曲线的各个顶点，在高500mm、长1100mm的范围之间，依次单击相应顶点来绘制出“荷叶”图形。

4）执行“多段线”命令（PL）和“偏移”命令（O），在荷叶下方绘制宽为“40”的多段线，以表示“根茎”，如图3-113所示。

5）在“特性”面板中，单击“颜色”下拉列表，选择“洋红”色为当前颜色。

6）执行“样条曲线”命令（SPL），在图3-114所示范围内绘制“花瓣”。

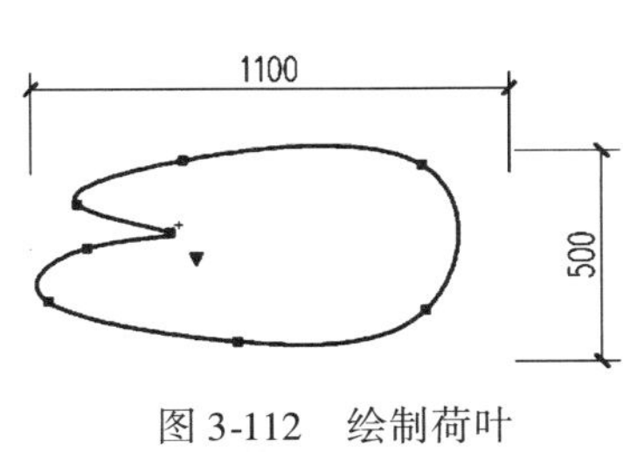

图3-112　绘制荷叶

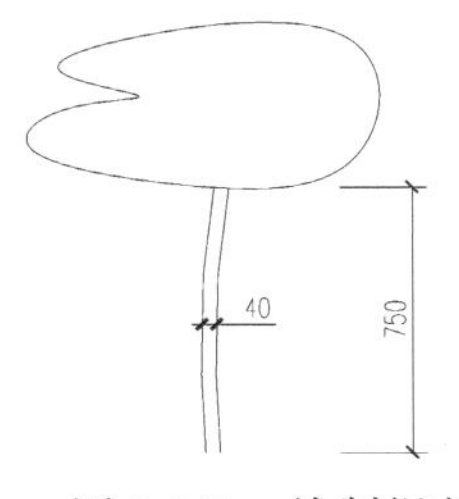

图3-113　绘制根茎

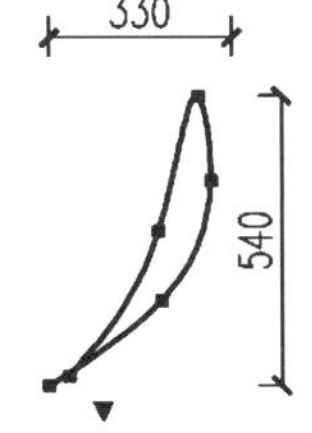

图3-114　绘制花瓣

要点：样条曲线的调整

在绘制好样条曲线后，若发现绘制的形状不符合要求，可选择该样条曲线，通过单击其夹点来调节其形状，直至满意为止。

7）根据上步绘制花瓣的方法，在图3-115所示范围内绘制出整朵“荷花”。

8）执行“复制”命令（CO），将前面荷叶的“根茎”复制到“荷花”下方，并进行相应的调整，如图3-116所示。

9）同样执行“样条曲线”命令（SPL），绘制图3-117所示的“花苞”图形。

10）执行“复制”命令（CO），将前面图形的“根茎”复制到“花苞”图形下方，如图3-118所示。

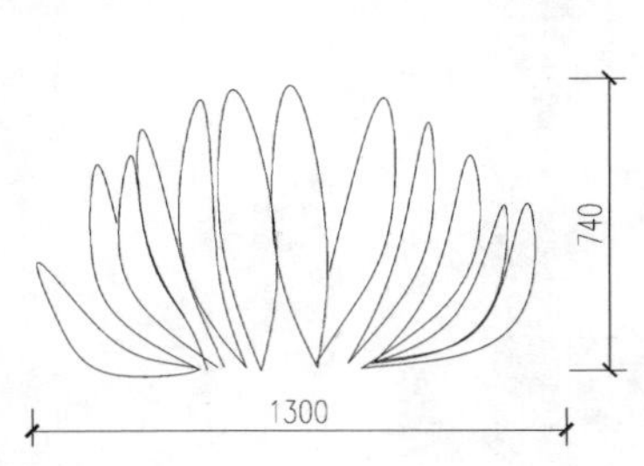

图 3-115　绘制荷花

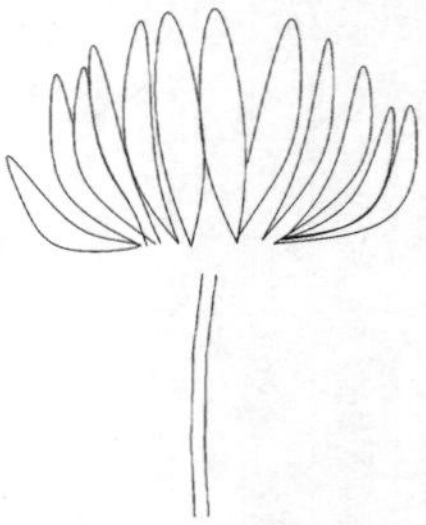

图 3-116　复制根茎

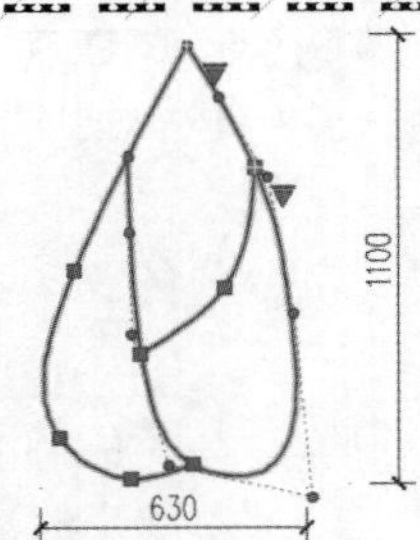

图 3-117　绘制花苞

11）执行“矩形”命令（REC），绘制 9360mm × 2360mm 的矩形以确定植物的范围，如图 3-119 所示。

图 3-118　复制根茎

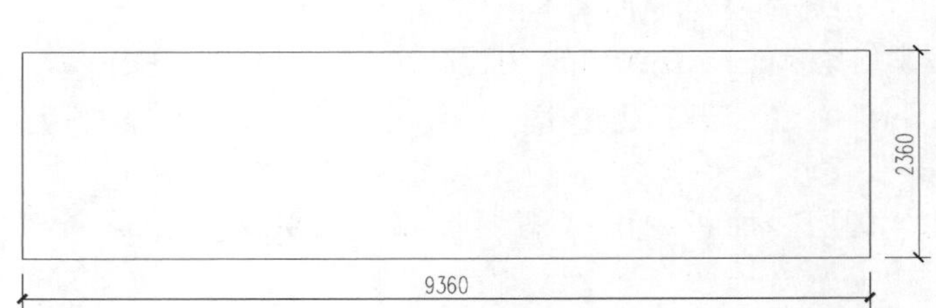

图 3-119　绘制矩形

12）通过执行“复制”命令（CO）、“镜像”命令（MI）、“缩放”命令（SC）和“移动”命令（M），将前面绘制好的“荷叶”和“荷花”图形布置到矩形内，并通过相应的修剪和延伸操作，如图 3-120 所示。

图 3-120　复制移动图形

13）执行“修剪”命令（TR），根据前后关系，修剪掉被摭挡部分的图形，如图 3-121 所示。

图 3-121　修剪效果

14）执行“镜像”命令（MI），将矩形左侧部分的图形进行左右镜像，如图 3-122 所示。

15）执行“移动”命令（M），将“花苞”图形移动到中间；然后执行“删除”命令

图 3-122　镜像图形

（E），将外矩形删除，如图 3-123 所示。

图 3-123　完成最终效果

16）至此，该图形已经绘制完成了，按“Ctrl + S”组合键进行保存。

3.4.5　其他植物立面图例

通过前面实例的讲解，我们掌握了一些常用的植物立面图的绘制方法，下面列出一些其他的立面植物图例以供参考，如图 3-124 所示。该文件的路径为“案例\03\植物立面图例.dwg”。

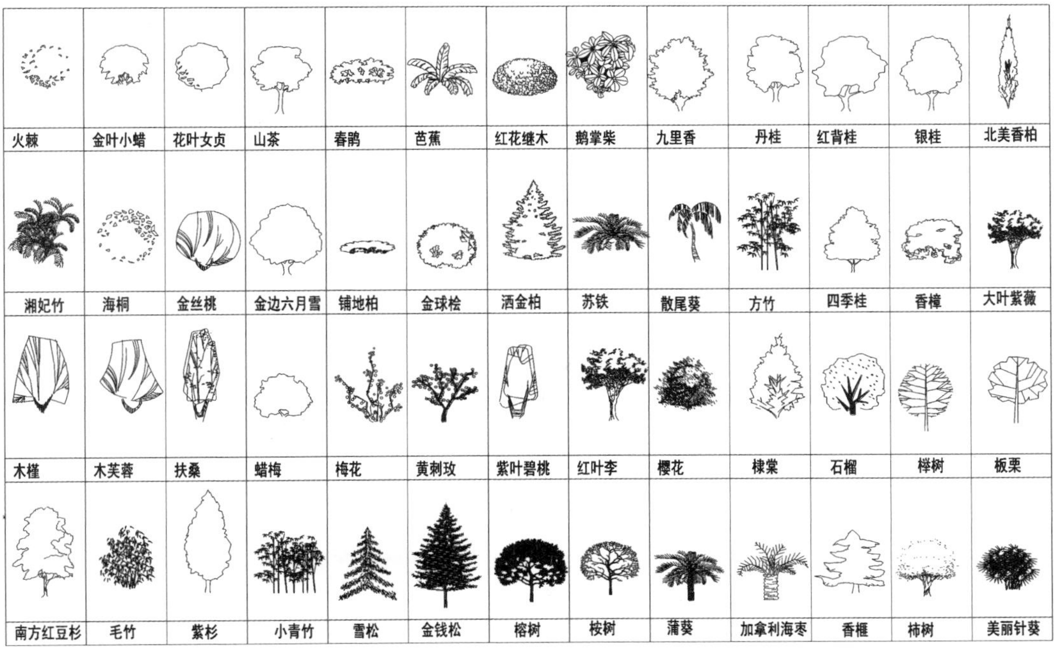

火棘	金叶小蜡	花叶女贞	山茶	春鹃	芭蕉	红花继木	鹅掌柴	九里香	丹桂	红背桂	银桂	北美香柏
湘妃竹	海桐	金丝桃	金边六月雪	铺地柏	金球桧	洒金柏	苏铁	散尾葵	方竹	四季桂	香樟	大叶紫薇
木槿	木芙蓉	扶桑	蜡梅	梅花	黄刺玫	紫叶碧桃	红叶李	樱花	棣棠	石榴	榉树	板栗
南方红豆杉	毛竹	紫杉	小青竹	雪松	金钱松	榕树	桉树	蒲葵	加拿利海枣	香榧	柿树	美丽针葵

图 3-124　植物立面图例效果

第 4 章　景观亭的绘制

亭，是一种中国传统建筑，多建于路旁，供行人休息、乘凉或观景用。亭一般为开敞性结构，没有围墙，顶部可分为六角、八角、圆形等多种形状。图 4-1 所示为各种类型的亭的摄影图片。

图 4-1　亭的摄影图片

本章主要讲解了四角亭、双亭及组合亭施工图的绘制，其中包括平面图、屋顶俯视图、立面图、剖面图、节点大样图等，通过对本章的学习可使读者掌握景观亭施工图的绘制方法。

4.1　四角亭的绘制

接下来分别绘制了四角亭的平面图、屋顶俯视图、屋顶仰视图及正立面图，通过多个实例的讲解，使读者掌握四角亭施工图的绘制过程及学习技巧，绘制的四角亭图形最终效果如图 4-2 所示。

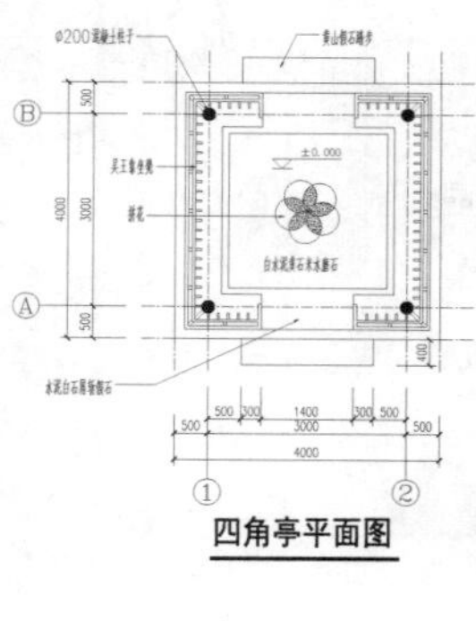

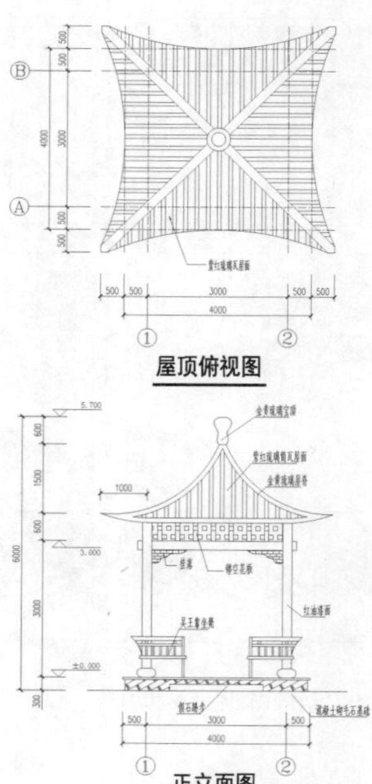

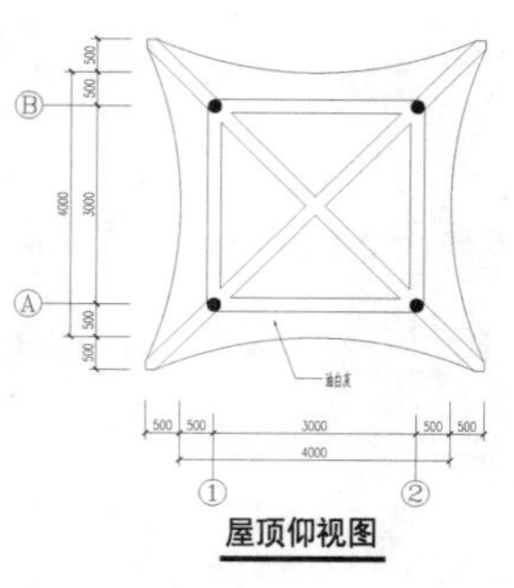

图 4-2　四角亭图形效果

4.1.1　四角亭平面图的绘制

1）正常启动 AutoCAD 2015 应用程序，单击“打开”按钮，将前面创建的“案例\04\园林样板.dwt”文件打开；再单击“另存为”按钮，将该样板文件另存为“案例\04\四角亭.dwg”文件。

2）在“图层”面板中的“图层控制”下拉列表，选择“轴线”图层为当前图层。

3）执行“构造线”命令（XL），根据命令提示选择“水平（H）”选项，在图形区域单击以绘制一条水平构造线；再执行“偏移”命令（O），将水平构造线向上依次偏移 500、3000 和 500，如图 4-3 所示。

4）重复执行构造线命令，根据提示选择“垂直（V）”选项，绘制一条垂直构造线；同样执行“偏移”命令（O），将垂直构造线向右依次偏移 500、3000 和 500，如图 4-4 所示。

图 4-3　绘制水平轴线

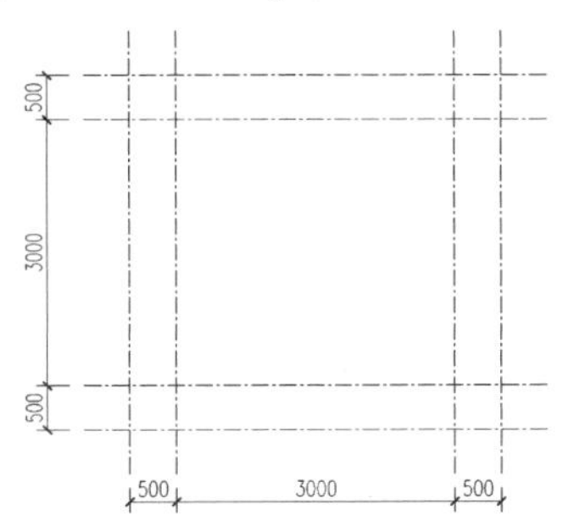

图 4-4　绘制垂直轴线

5）选择“小品轮廓线”图层为当前图层。执行“圆”命令（C），绘制半径为 100mm 的圆；再执行“图案填充”命令（H），选择图案为“SOLID”，对圆进行填充，如图 4-5 所示形成圆柱效果。

6）执行“移动”命令（M）和“复制”命令（CO），将圆柱分别放置到相应轴线的交点，如图 4-6 所示。

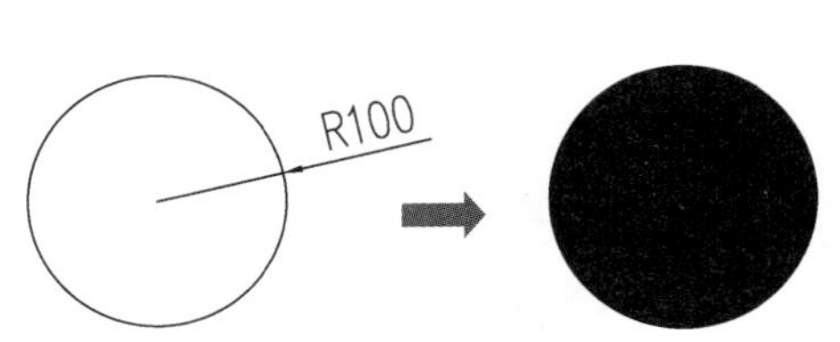

图 4-5　绘制柱子

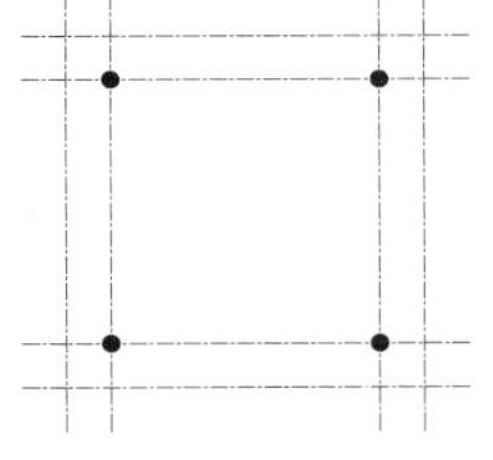

图 4-6　复制柱子

7）执行“矩形”命令（REC），捕捉轴线对角交点绘制一个矩形；再执行“偏移”命令（O），将矩形向内依次偏移 150、550、100，如图 4-7 所示。

8）执行“偏移”命令（O），将柱子处的垂直轴线各向内偏移 800，且将偏移的转换为“小品轮廓线”图层，如图 4-8 所示。

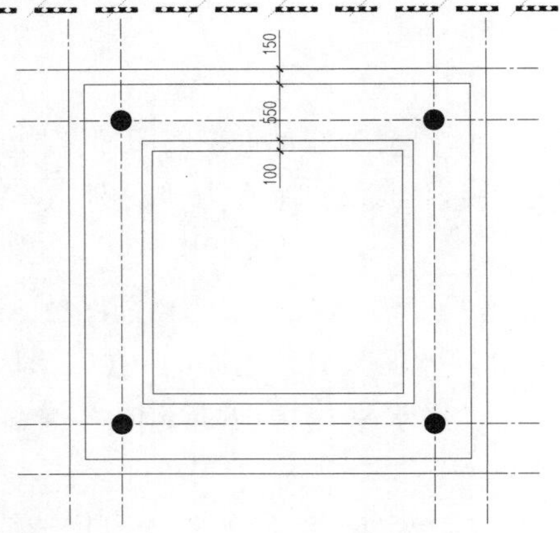

图 4-7　绘制矩形并偏移

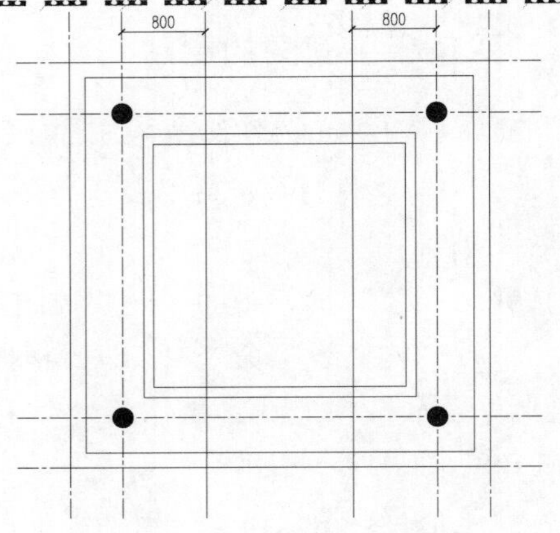

图 4-8　偏移轴线

9）执行“修剪”命令（TR），将多余的线条修剪掉，如图 4-9 所示。

10）在“图层控制”下拉列表，单击“轴线”图层前的亮色💡图标，使其变成暗色，以将“轴线”图层隐藏，关闭图层显示效果如图 4-10 所示。

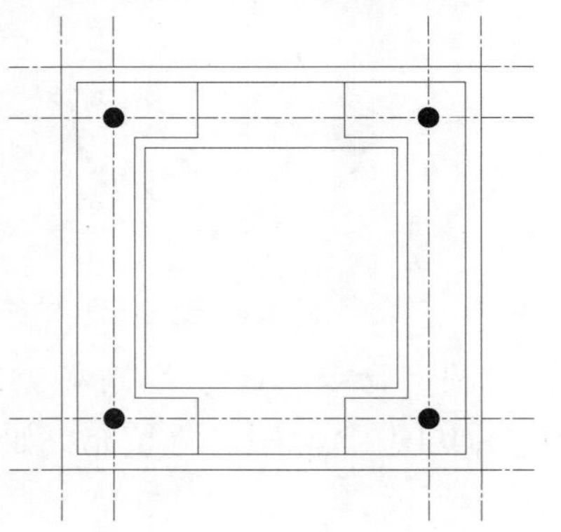

图 4-9　修剪效果

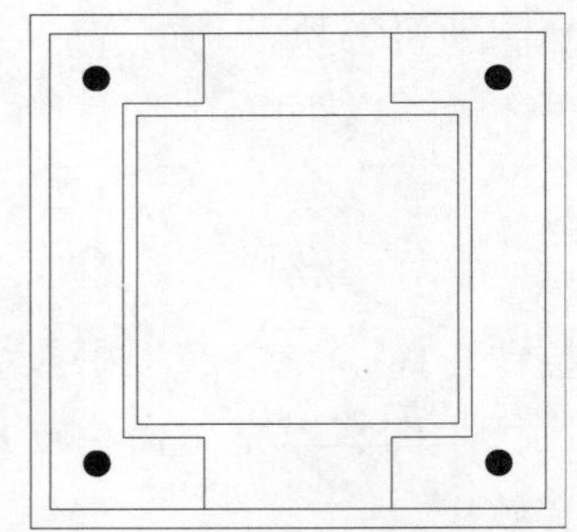

图 4-10　关闭图层效果

11）通过执行“直线”命令（L）、“偏移”命令（O）和“修剪”命令（TR），绘制出图 4-11 所示的靠背轮廓。

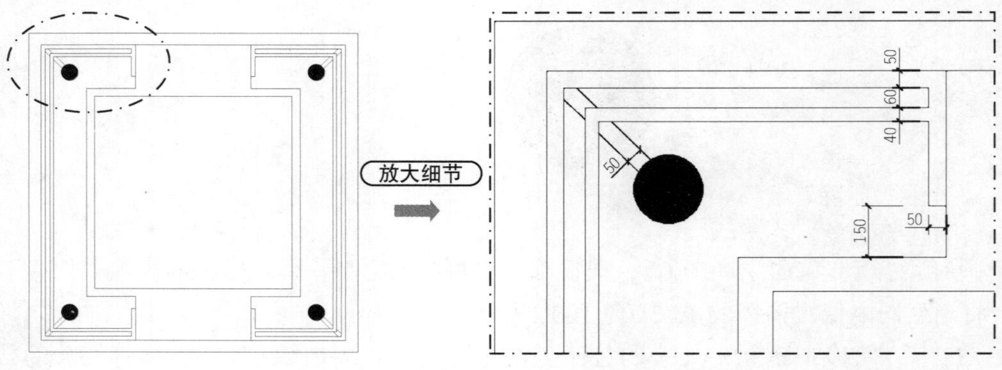

图 4-11　绘制靠背轮廓

12）执行“偏移”命令（O）和“修剪”命令（TR），绘制靠背支撑条，如图4-12所示。

13）执行“矩形”命令（REC），绘制边长为100mm×29mm的矩形；然后通过“复制”“旋转”“移动”等命令，将矩形以间距为120mm的距离从靠背中间向两边进行复制，如图4-13所示。

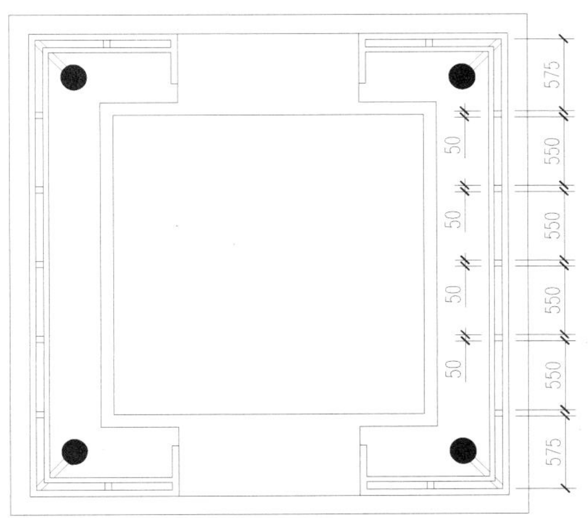

图4-12　绘制靠背支撑条

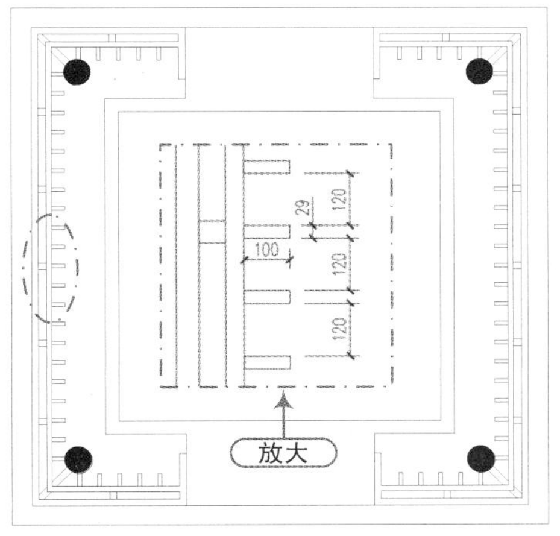

图4-13　绘制内部支撑条

14）绘制地拼，执行“直线”命令（L），过中间矩形绘制对角线；然后执行“偏移”命令（O），将对角线向右上偏移500，如图4-14所示。

15）执行“圆”命令（C），根据提示选择“两点（2P）”选项，再依次捕捉两条斜线的中点绘制一个圆，如图4-15所示。

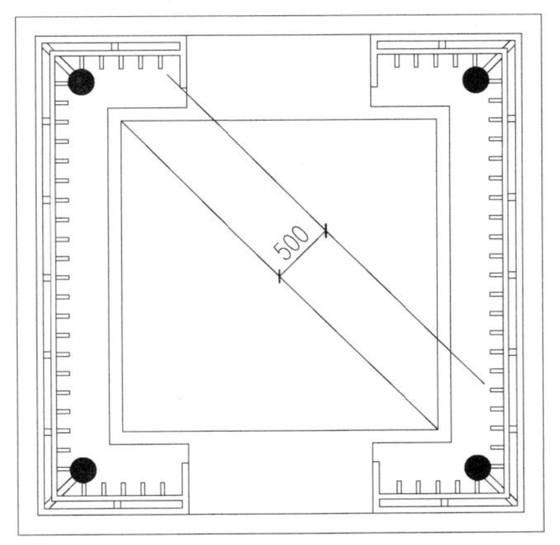

图4-14　绘制偏移线段

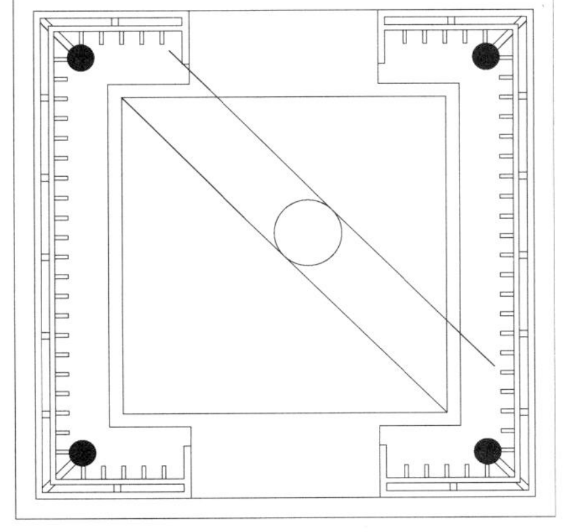

图4-15　绘制圆

16）执行“删除”命令（E），将右上偏移的对角线删除掉；执行“阵列”命令（AR），选择绘制的圆为对象，指定中心对角线中点为阵列中心点，进行项目数为“5”的极轴阵列，如图4-16所示。

17）执行“删除”命令（E），将对角线也删除掉；再执行“图案填充”命令（H），设置图案为“AR-CONC”、比例为“0.3”，对相交圆相应部分进行填充，如图4-17所示。

18）执行“矩形”命令（REC），在图形上、下方中间位置绘制边长为2000mm×400mm

的台阶，如图 4-18 所示。

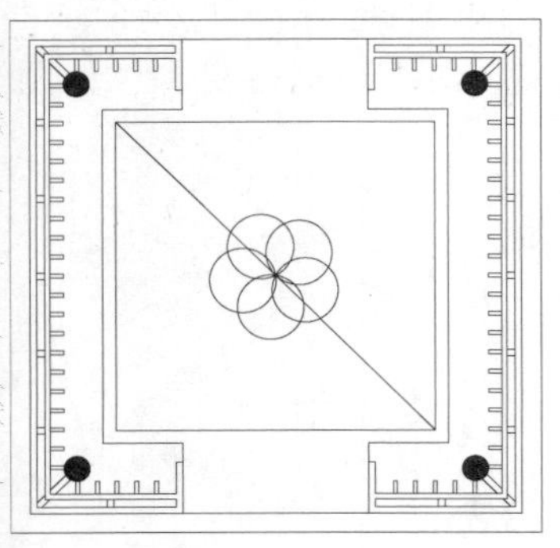

图 4-16　阵列圆

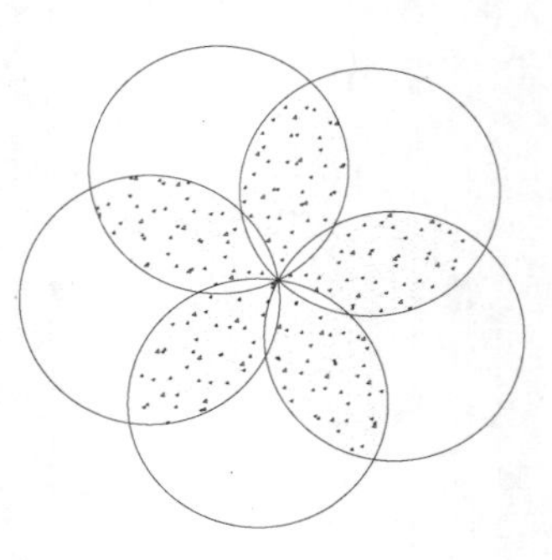

图 4-17　填充效果

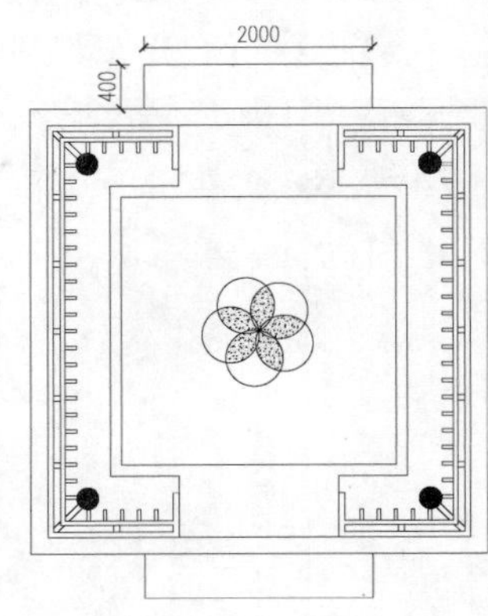

图 4-18　绘制踏步

19）在“图层控制”下拉列表中，把隐藏的“轴线”图层显示出来。将“尺寸标注”图层置为当前图层。

20）执行“标注样式”命令（D），弹出“标注样式管理器”对话框，将“园林标注-100”标注样式置为当前标注样式，然后再单击“修改”按钮，在弹出的“修改标注样式”对话框中，修改标注比例因子为“50”，如图 4-19 所示。

21）执行“线性标注”命令（DLI）和“连续标注”命令（DCO），对图形进行尺寸的标注，如图 4-20 所示。

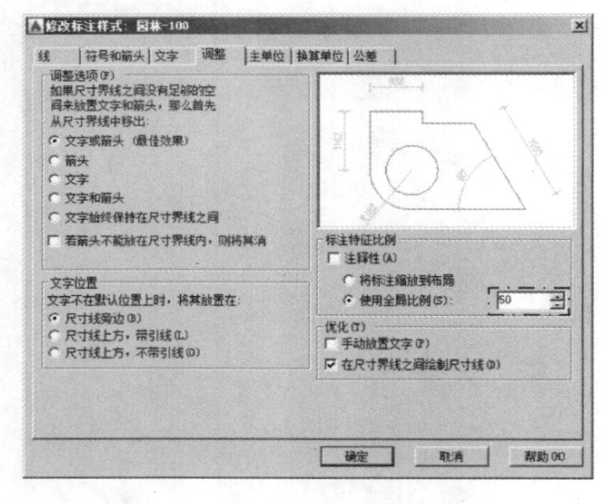

图 4-19　调整标注比例

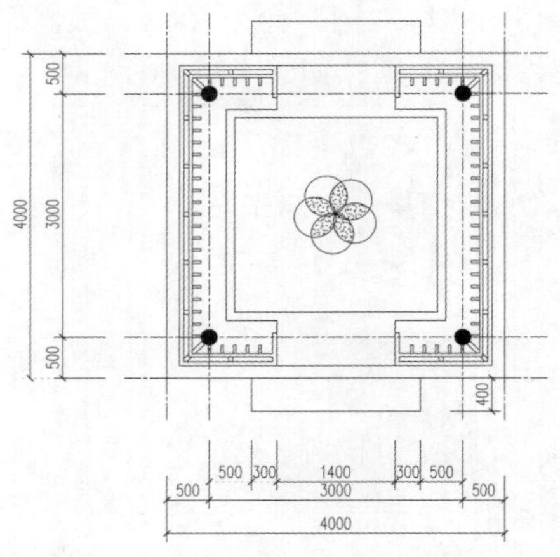

图 4-20　标注图形效果

22）执行“插入块”命令（I），弹出“插入”对话框，在名称栏下拉列表选择“轴号”选项，在比例栏输入比例为“0.5”，然后单击“确定”按钮，来到图形区域，在水平向相应轴线延长线上单击以插入轴号图块，如图 4-21 所示。

要点：步骤讲解

在第 3 章绘制“轴号”图块时是以 1:100 的比例创建的，由于图形范围原因，因此要将图块缩小 0.5 倍（比例为 1:50）来插入。

在此步骤插入“轴号”图块后，会弹出“编辑属性”对话框，用户可根据需要在该对话框中输入新值，若以默认值进行插入，直接按“确定”按钮。具体操作方法可参照第 3 章的讲解。

23）根据同样的方法，执行“插入块”命令（I），将轴号插入到相应的轴线延长线上，并调整轴号的编号，最后用直线将轴号和尺寸线连接起来，如图4-22所示。

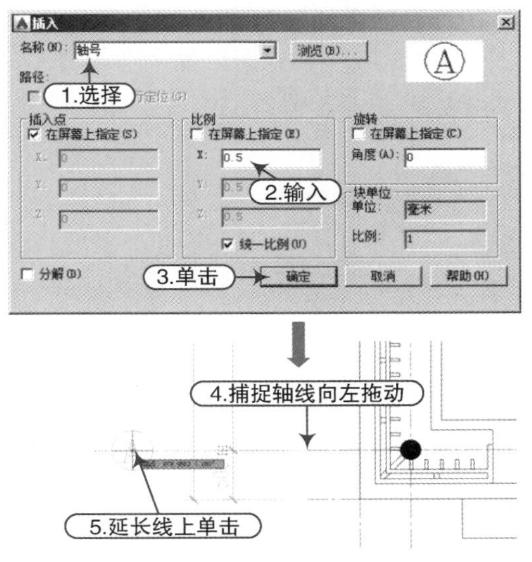

图4-21　插入图块

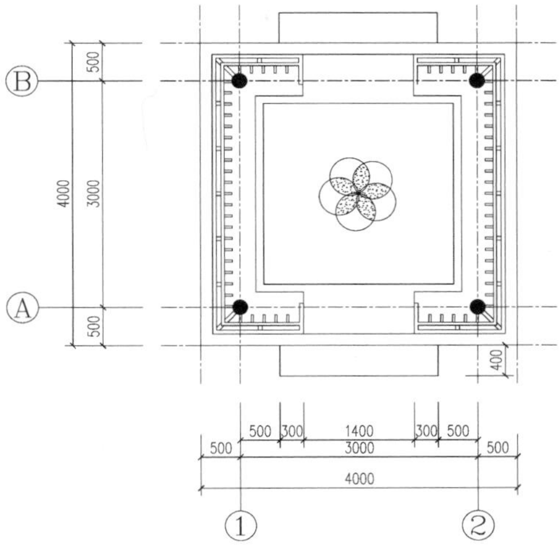

图4-22　轴号标注效果

要点：步骤讲解

此步骤还可以通过“复制”命令（CO），将插入的轴号分别以圆心为基点复制到其他相应轴线的延长线上；然后双击图块，在弹出的“增强属性编辑器”对话框中设置新值。

24）选择“文字标注”图层为当前图层，执行“引线注释”命令（LE），根据命令提示指定依次指定点，然后按“Enter”键，则功能区上方将自动跳转出“文字编辑器”选项卡，在“文字样式”下拉列表，选择“图内文字”样式，设置文字高度为“250”，然后输入相应注释内容，如图4-23所示。

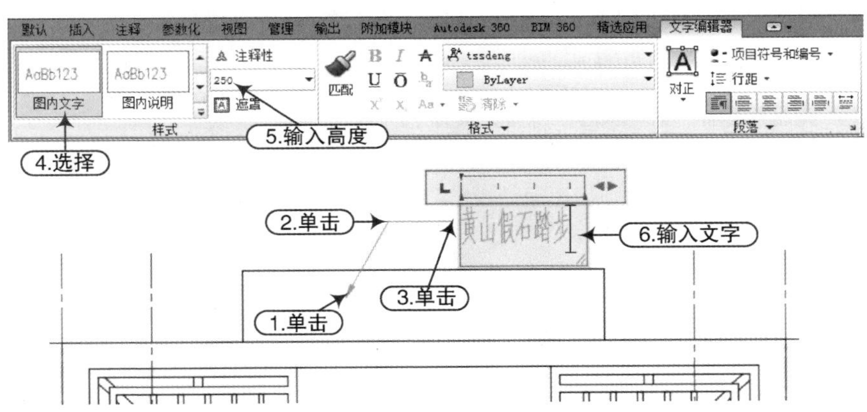

图4-23　引线注释操作步骤

25）根据同样的方法，执行“引线注释”命令（LE），对其他相应位置进行文字的注释。

26）执行“插入块”命令（I），在“插入”对话框中，选择保存的内部图块“标高符号”，设置插入比例为“50”，将该符号插入到图形相应的位置，如图 4-24 所示。

27）执行“多行文字”命令（MT），在图形下方通过单击两对角点以拖动出一个文本框，在“文字编辑器”选项卡的“样式”面板中，选择“图名”样式，设置字高为“350”，输入图名“四角亭平面图”；然后执行“多段线”命令（PL），在图名下方绘制适当长度和宽度的多段线，如图 4-25 所示。

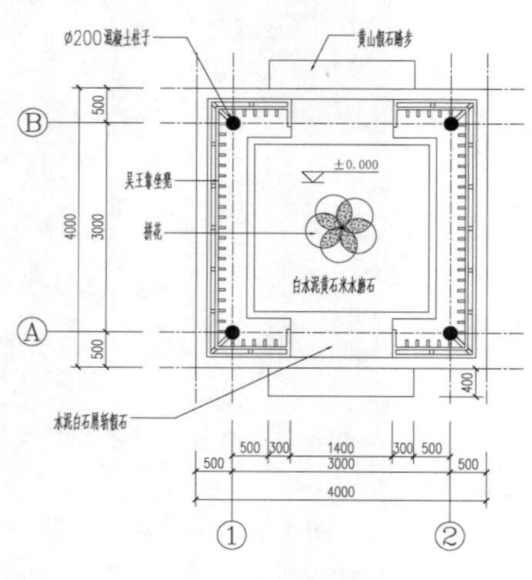

图 4-24　文字标高标注

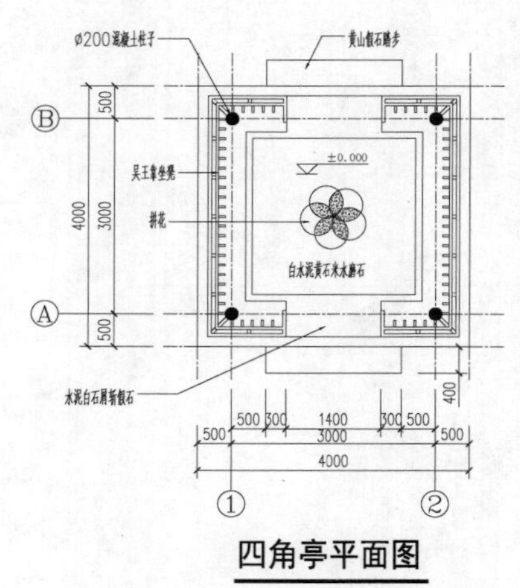

图 4-25　图名标注

4.1.2　四角亭屋顶俯视图的绘制

1）执行“复制”命令（CO），将前面“四角亭平面图”中的轴线、标注、轴号及图形等复制一份，然后双击图名修改成为“屋顶俯视图”，如图 4-26 所示。

2）在“图层”面板中的“图层控制”下拉列表，选择“小品轮廓线”图层为当前图层。

3）执行“矩形”命令（REC），捕捉轴线交点绘制一个矩形；然后执行“偏移”命令（O），将矩形向外偏移 500，如图 4-27 所示。

4）执行“直线”命令（L），绘制矩形的对角线；再执行“偏移”命令（O），将对角线各向两边偏移 100，如图 4-28 所示。

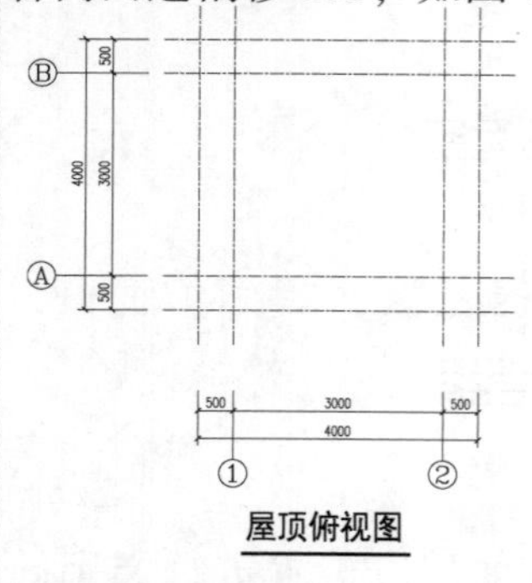

图 4-26　复制修剪图形

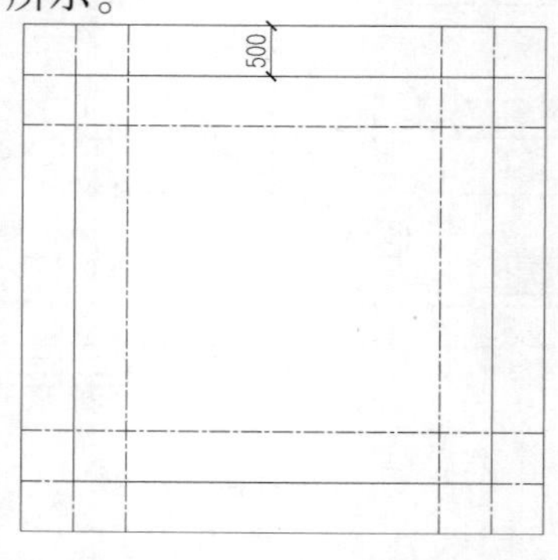

图 4-27　绘制矩形

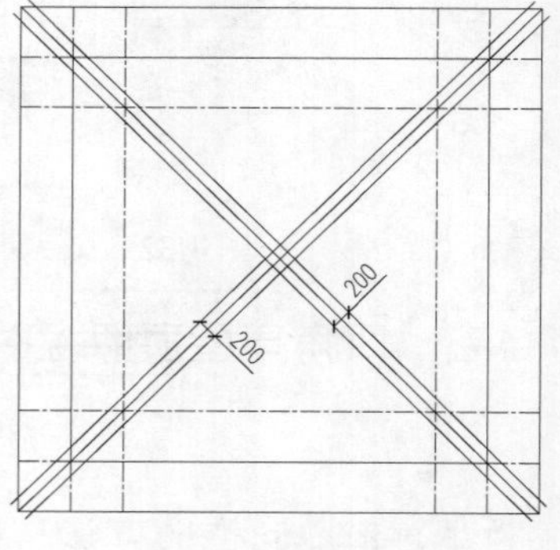

图 4-28　绘制线段

5）执行“圆”命令（C），以中间对角线交点为圆心，绘制半径为 150mm 和 250mm 的同心圆，如图 4-29 所示。

6）执行“修剪”命令（TR）和“删除”命令（E），修剪删除多余的线条，如图 4-30 所示。

7）执行“圆弧”命令（A），捕捉相应的两个端点和矩形的中点，绘制圆弧，如图 4-31 所示。

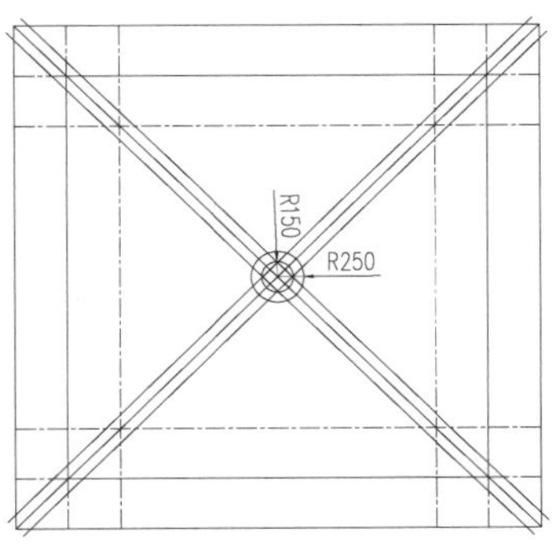

图 4-29　绘制圆

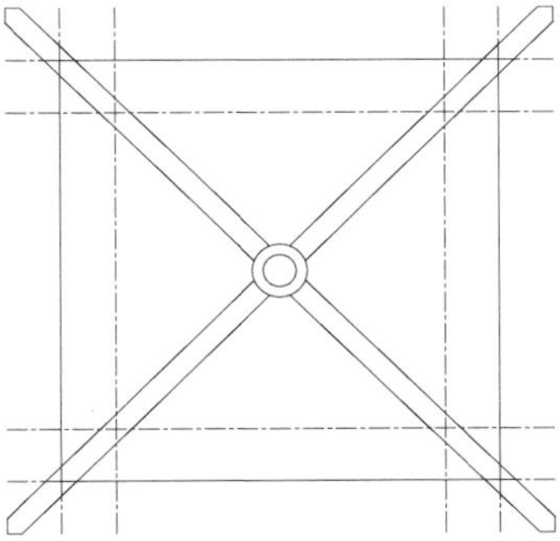

图 4-30　修剪效果

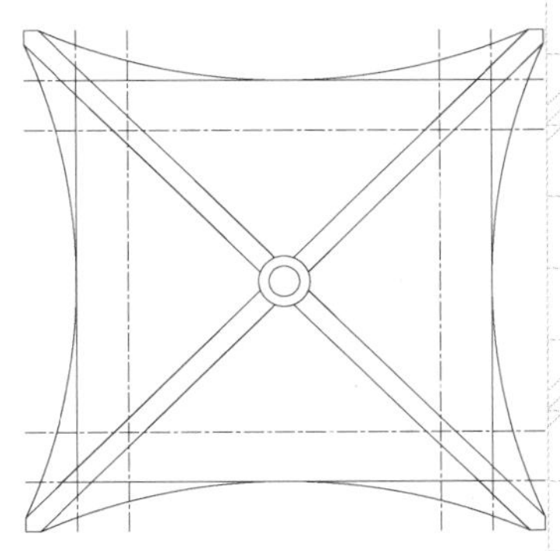

图 4-31　绘制圆弧

8）执行“删除”命令（E），将中间的矩形删除；然后将“轴线”图层关闭，将“填充线”图层置为当前图层。

9）执行“图案填充”命令（H），设置图案为“ANSI32”、比例为“25”、角度为“45”，对上、下对角填充垂直图案，再设置角度为“135”，对左右对角填充水平图案，如图 4-32 所示。

10）在图层列表将隐藏的“轴线”图层开启显示，通过“线性标注”命令（DLI），对图形的尺寸进行补充；再执行“引线注释”命令（LE），在相应位置进行文字注释，且转换相对应的图层，如图 4-33 所示。

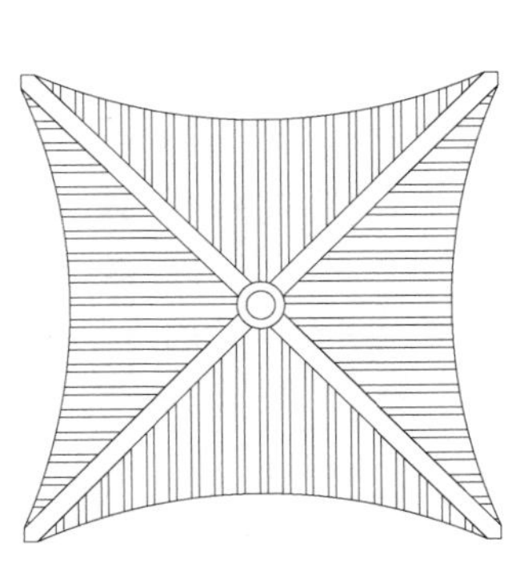

图 4-32　删除矩形隐藏轴线

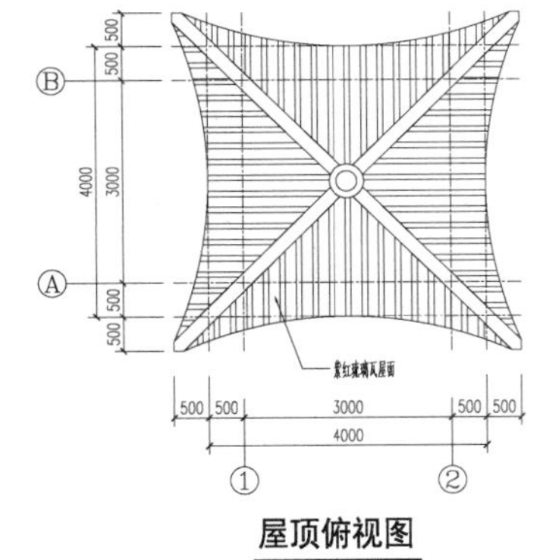

图 4-33　完善图形效果

4.1.3　四角亭屋顶仰视图的绘制

1）执行“复制”命令（CO），将“屋顶俯视图”复制一份；然后将文字注释、内部圆、图案填充和相应轴线删除，并修改图名为“屋顶仰视图”，如图 4-34 所示。

2）执行“倒角”命令（CHA），设置倒角距离均为“0”，对中间的对角线延伸至相交，如图 4-35 所示。

3）执行“复制”命令（CO），将平面图中的柱子复制过来，如图 4-36 所示。

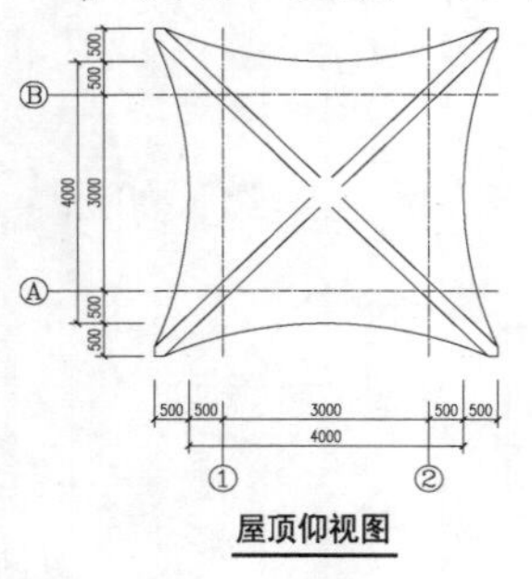

图 4-34　复制修剪图形

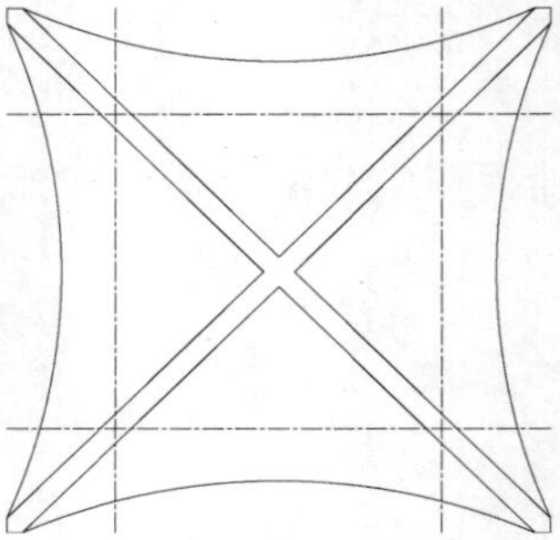

图 4-35　修剪线条

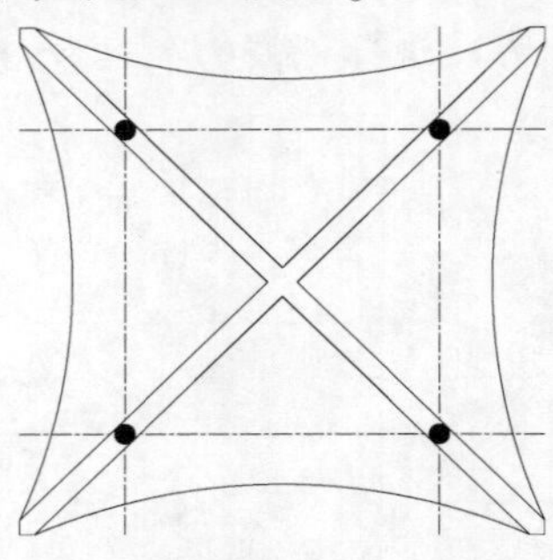

图 4-36　复制柱子

4）切换至“小品轮廓线”图层，执行“矩形”命令（REC），以轴线对角点绘制一个矩形；再执行“偏移”命令（O），将矩形向内和向外各偏移 100，如图 4-37 所示。

5）执行“修剪”命令（TR）和“删除”命令（E），修剪删除多余的线条，如图 4-38 所示。

6）执行“引线注释”命令（LE），在相应位置进行文字注释，且转换为“文字标注”图层，如图 4-39 所示。

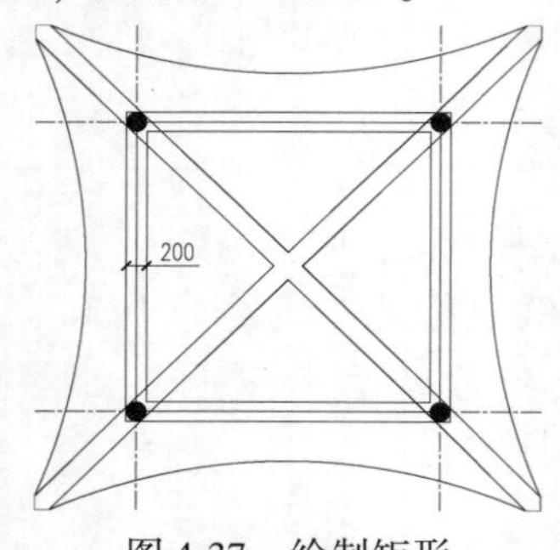

图 4-37　绘制矩形

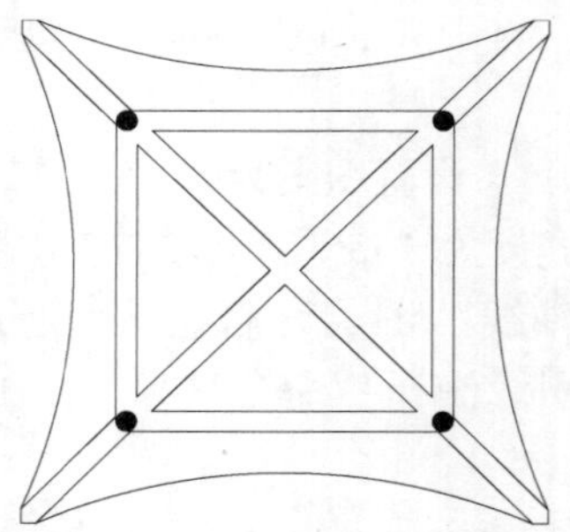

图 4-38　修剪图形

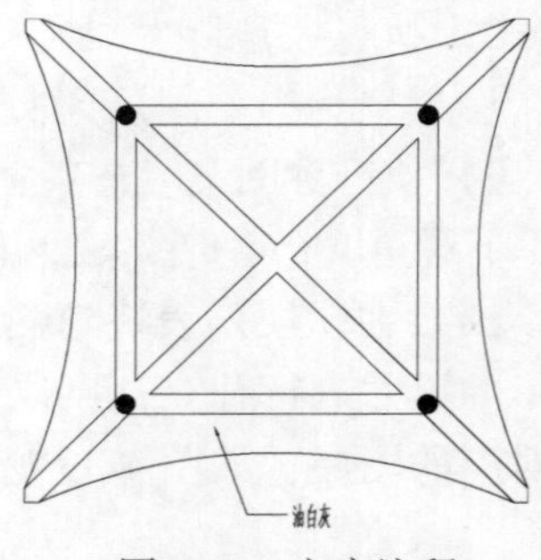

图 4-39　文字注释

4.1.4　四角亭正立面图的绘制

1）执行“复制”命令（CO），将 1、2 轴号及相应方向的尺寸标注复制一份，作为正立面图绘图的基础，如图 4-40 所示。

2）执行“直线”命令（L），过标注的原点向上绘制投影线；再执行“偏移”命令（O），将与轴号相对的线段各向两边偏移 100，如图 4-41 所示。

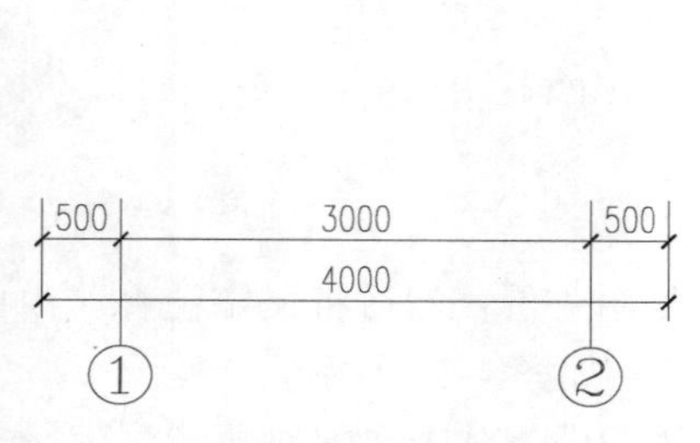

图 4-40　复制图形

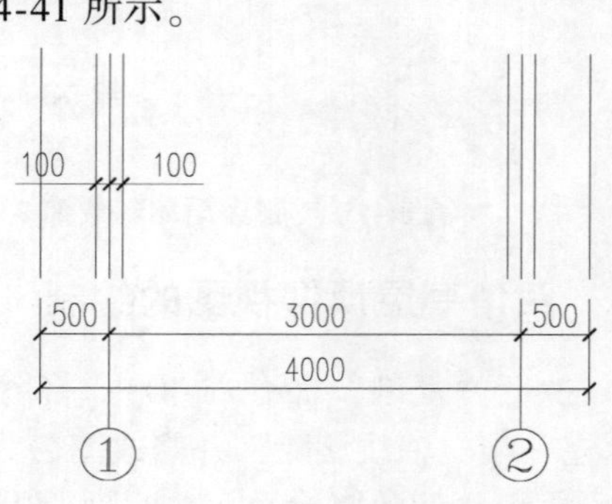

图 4-41　绘制投影线

3）执行“直线”命令（L），在投影线上绘制一水平的线段；再执行“偏移”命令（O），将水平线向上依次偏移300和3400，如图4-42所示。

4）执行“修剪”命令（TR），修剪掉多余的线条，如图4-43所示。

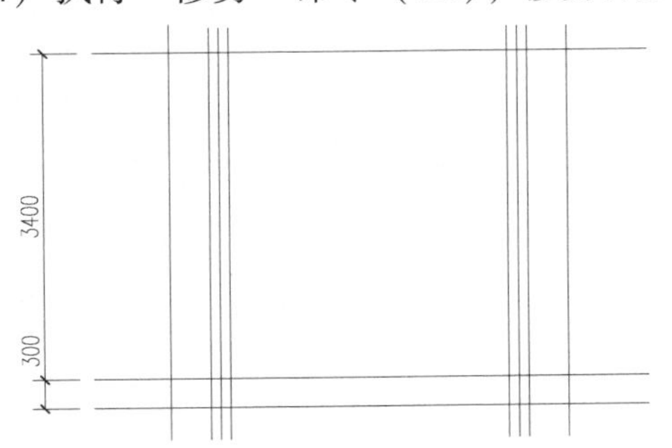

图4-42 绘制线段　　图4-43 修剪效果

5）执行“偏移”命令（O），将地台相应线段各向内偏移50，如图4-44所示。

图4-44 偏移线段

6）执行“修剪”命令（TR），修剪出台面效果；再执行“矩形”命令（REC），在中间位置绘制边长为2000mm×150mm的矩形作为踏步，如图4-45所示。

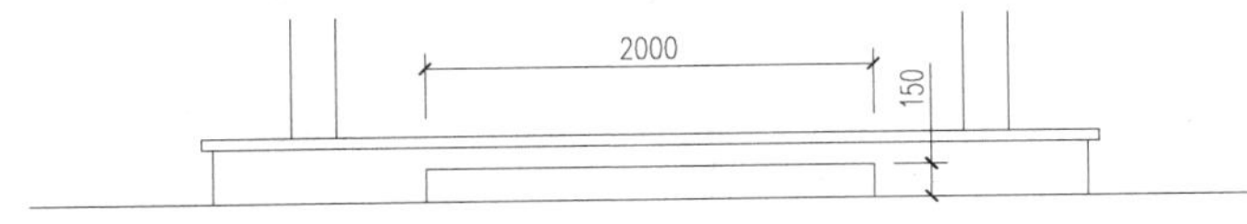

图4-45 绘制踏步

7）执行“直线”命令（L），过地台中点向上绘制中线；再执行“偏移”命令（O），将中线向两边各偏移1700，再将上水平线向下偏移400和200，如图4-46所示。

8）执行“修剪”命令（TR），修剪出横梁效果，如图4-47所示。

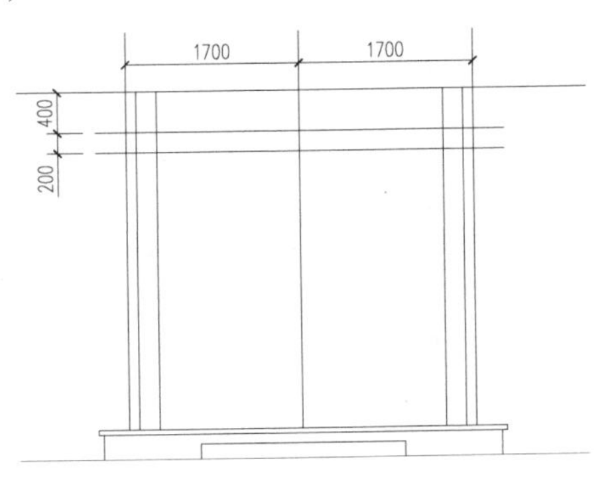

图4-46 绘制线段

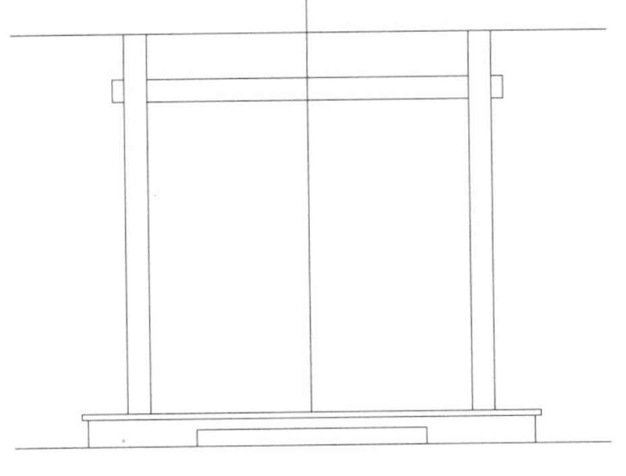

图4-47 修剪效果

9）执行“偏移”命令（O），将最上侧水平线向上依次偏移200和1707，将垂直中线各向两边偏移2500；然后执行“修剪”命令（TR），修剪多余的线条，如图4-48所示。

10）执行“圆弧”命令（A），根据命令提示，由起点、端点、半径来绘制一个圆弧，如图4-49所示。

命令：ARC	\\圆弧命令
指定圆弧的起点或[圆心(C)]：	\\单击起点
指定圆弧的第二个点或[圆心(C)/端点(E)]：e	\\选择“端点”项
指定圆弧的端点：	\\单击端点
指定圆弧的中心点(按住 Ctrl 键以切换方向)或[角度(A)/方向(D)/半径(R)]：r	\\选择“半径”项
指定圆弧的半径(按住 Ctrl 键以切换方向)：3092	\\输入半径值

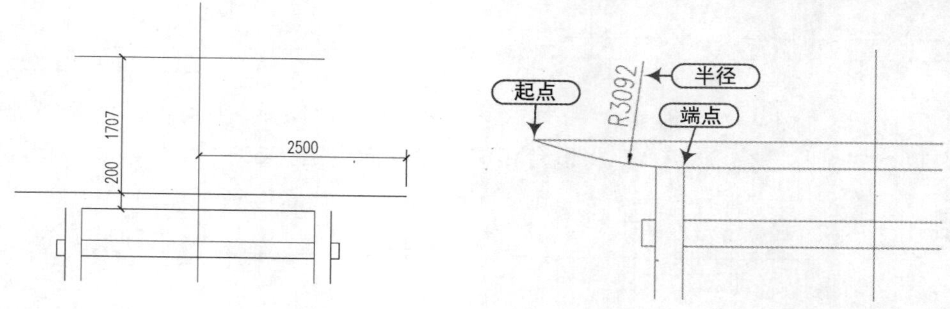

图4-48　偏移修剪线段

图4-49　绘制圆弧

11）执行“镜像”命令（MI），将绘制的圆弧左右进行镜像，然后删除多余的线段，如图4-50所示。

12）执行“圆弧”命令（A），通过起点、端点、半径绘制半径为2462mm的圆弧；并进行左右镜像操作，如图4-51所示。

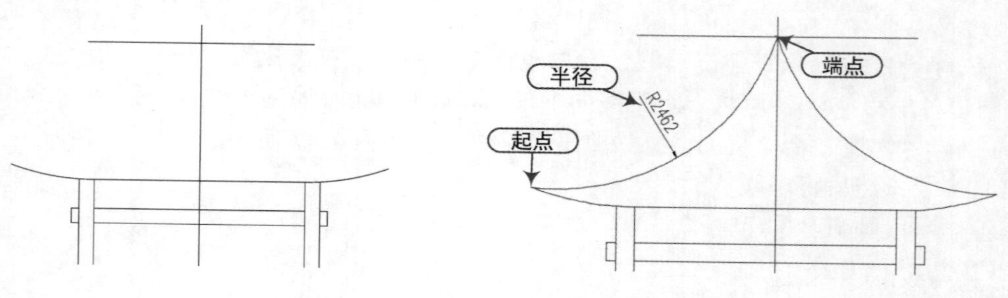

图4-50　镜像圆弧

图4-51　绘制圆弧

13）执行“删除”命令（E），将十字线删除；再执行“偏移”命令（O）和“修剪”命令（TR），将屋顶轮廓向内偏移100，形成图4-52所示的效果。

14）执行“偏移”命令（O）和“修剪”命令（TR），将线段按照图4-53所示的尺寸进行偏移和修剪操作。

15）执行“样条曲线”命令（SPL），在最上侧线条两边绘制图4-54所示的样条曲线，形成宝顶效果。

16）按“空格键”重复命令，在横梁处绘制出图4-55所示的样条曲线。

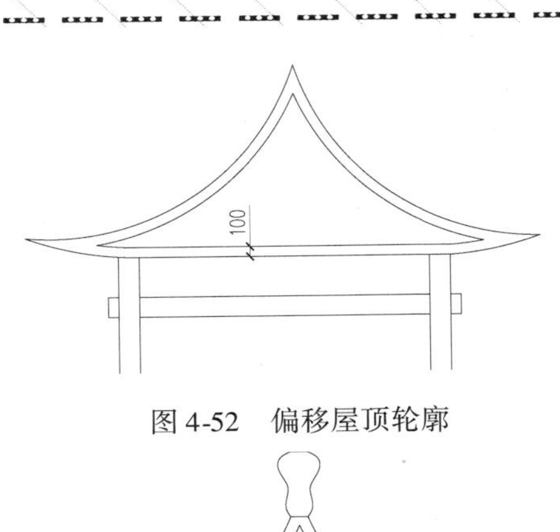

图 4-52　偏移屋顶轮廓

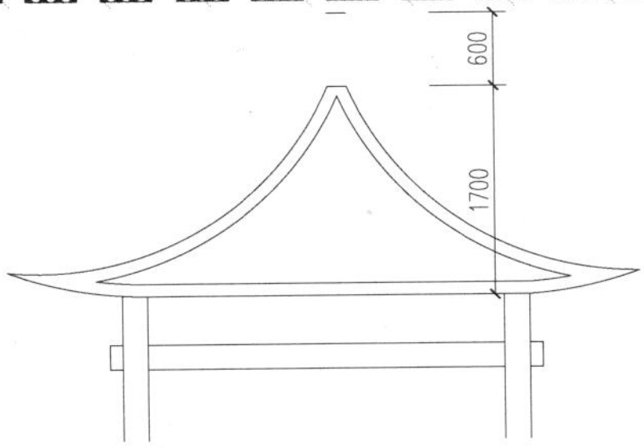

图 4-53　偏移修剪线段

图 4-54　绘制宝顶

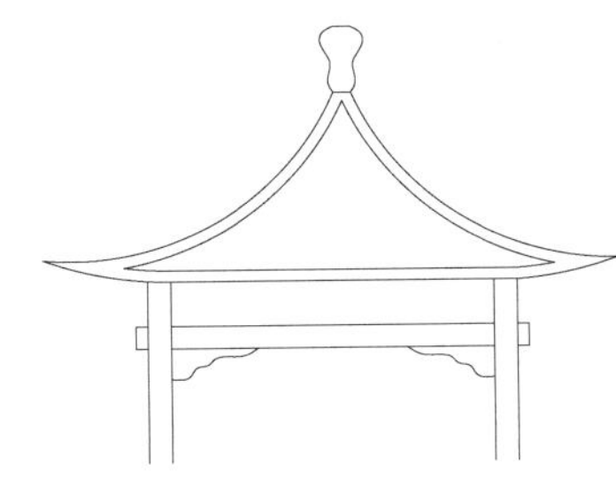

图 4-55　绘制造型

17）执行“矩形”命令（REC），根据提示选择“圆角（F）”选项，设置圆角半径为100mm，绘制一个边长为400mm×200mm的圆角矩形；然后通过“移动”“复制”和“修剪”等命令，将圆角矩形分别放置到柱子的下方，如图4-56所示。

图 4-56　绘制圆角柱底

18）执行“直线”命令（L）、“偏移”命令（O）和“圆弧”命令（A），过地台中点绘制垂直中线；然后将中线、地台线和柱子线按照图4-57所示的尺寸进行偏移，最后捕捉偏移交点绘制一段圆弧，并将圆弧向右上偏移10。

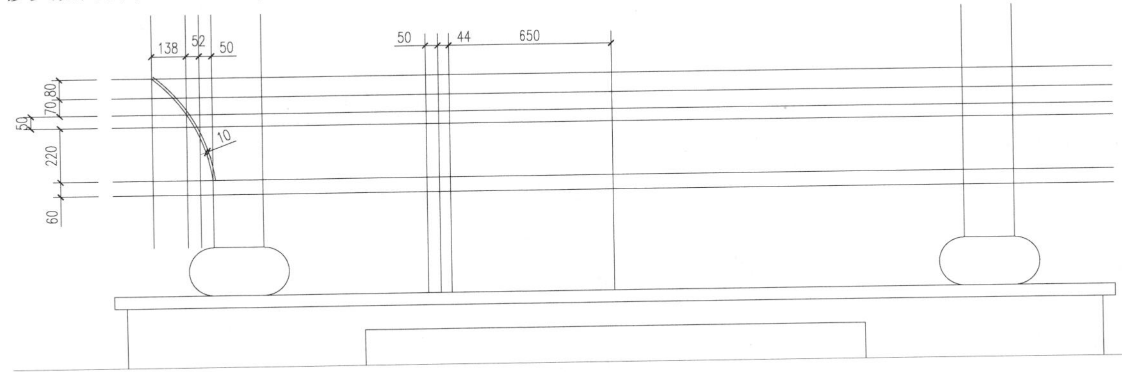

图 4-57　绘制线段和圆弧

19）执行“修剪”命令（TR）和“删除”命令（E），修剪删除多余的线条，如图4-58所示。

20）执行“直线”命令（L）和“偏移”命令（O），在靠背空缺位置绘制宽度为50mm和30mm的木方，如图4-59所示。

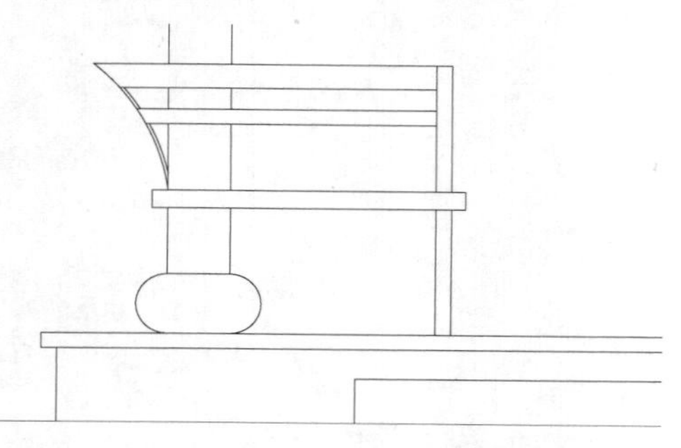

图4-58 修剪成靠背

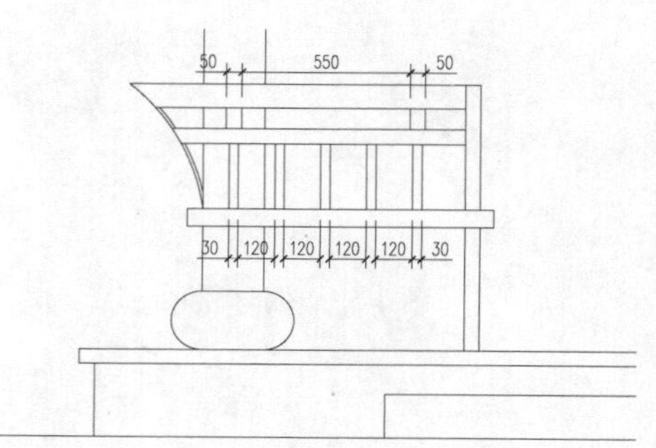

图4-59 绘制木方

21）执行“镜像”命令（MI），将绘制的靠背进行左右镜像；然后修剪掉柱子内部多余的线条，如图4-60所示。

22）切换至“填充线”图层，执行“图案填充”命令（H），设置图案为“ANSI32”、比例为“25”、角度为“45”，对屋顶填充屋瓦效果，如图4-61所示。

23）重复填充命令，设置图案为“BOX”、比例为“15”，在横梁上方填充镂空花板效果，如图4-62所示。

图4-60 镜像靠背

图4-61 填充屋瓦

图4-62 填充镂空花板

24）重复填充命令，设置图案为“BRICK”、比例为“10”，在横梁下方填充出挂落效果，如图4-63所示。

25）最后设置图案为“BRSTONE”、比例为“15”、角度为“30”，对地台进行填充，如图4-64所示。

26）切换至“尺寸标注”图层，在图形的左侧进行相应的尺寸标注；再执行“插入块”命令（I），将“标高符号”内部图块按照1:50的比例插入到图形中，通过“复制”“旋转”“移动”等命令分别放置到其他位置，并修改不同的标高值，如图4-65所示。

27）切换至“文字标注”图层，执行“引线注释”命令（LE），在相应位置进行文字的注释；然后将前面图形的图名复制过来，修改图名为“正立面图”，完成效果如图4-66所示。

28）至此，该四角亭图形已经绘制完成，按“Ctrl＋S”组合键进行保存。

图 4-63　填充造型边

图 4-64　填充地台

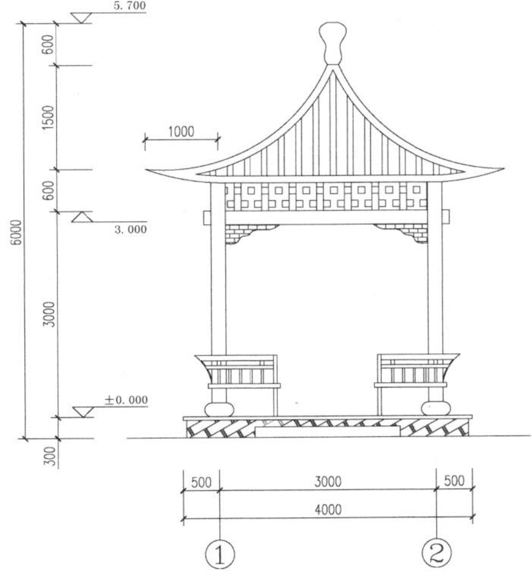

图 4-65　尺寸、标高标注

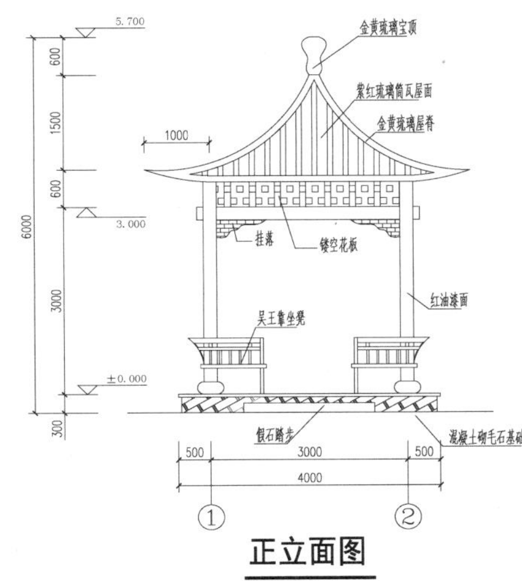

图 4-66　文字标注

4.2　双亭的绘制

接下来讲解双亭施工图的绘制方法，其在广场上的总立面图的效果如图 4-67 所示。下面通过多个实例来分别讲解双亭平面图、剖面图及立面图的绘制方法与技巧，绘制的双亭图形效果如图 4-68 所示。

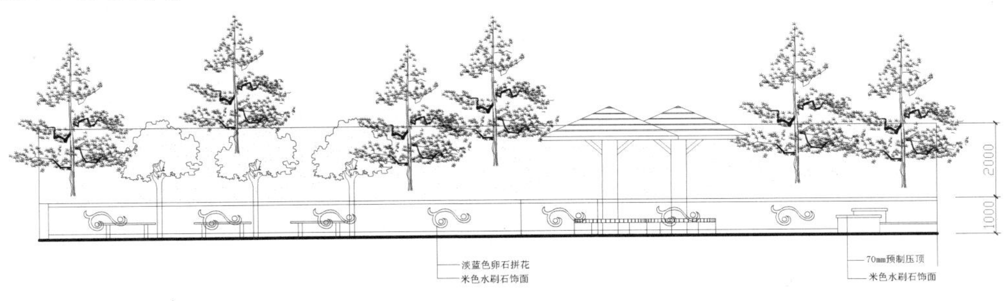

图 4-67　双亭在广场总立面图中效果

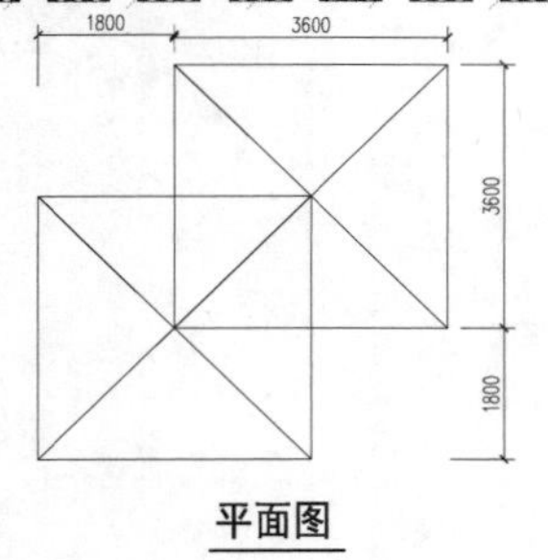

平面图

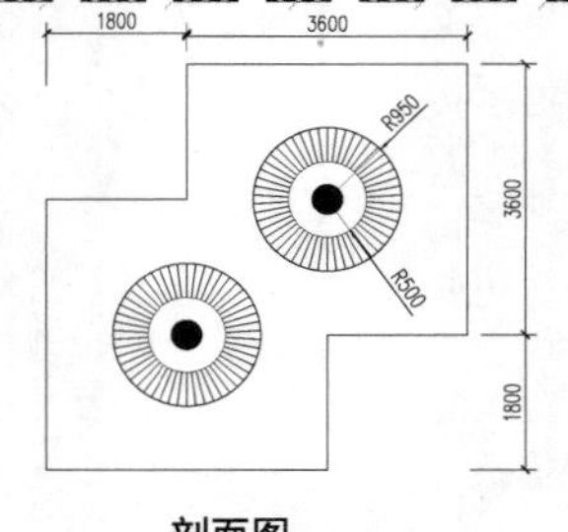

剖面图

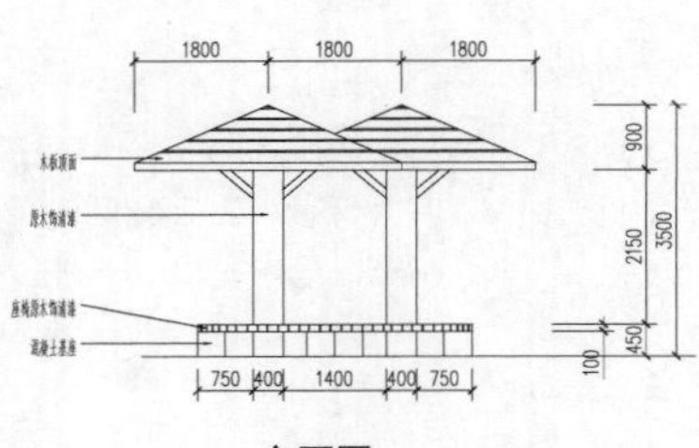

立面图

图 4-68　双亭最终图形效果

4.2.1　双亭平面图的绘制

1）正常启动 AutoCAD 2015 应用程序，单击“打开”按钮，将前面创建的“案例\04\园林样板.dwt”文件打开；再单击“另存为”按钮，将该样板文件另存为“案例\04\双亭.dwg”文件。

2）在“图层控制”下拉列表，选择“小品轮廓线”图层为当前图层。

3）执行“矩形”命令（REC），绘制边长均为 3600mm 的矩形；再执行“直线”命令（L），绘制连接矩形的对角线，如图 4-69 所示。

4）执行“复制”命令（CO），将绘制的图形进行复制，如图 4-70 所示。

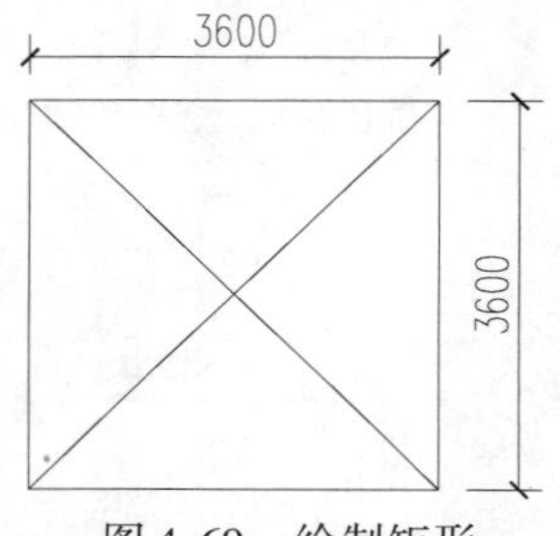

图 4-69　绘制矩形

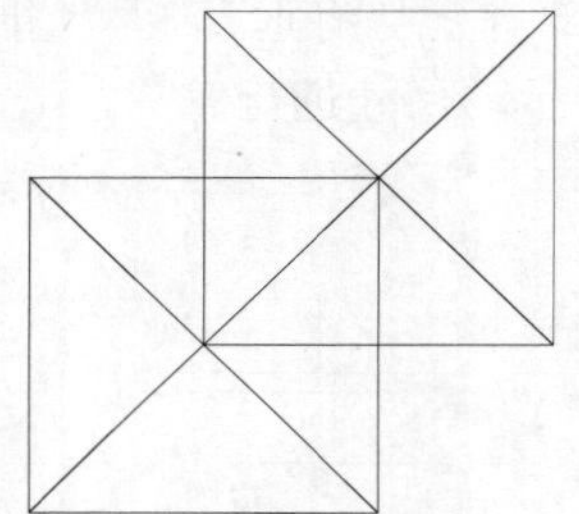

图 4-70　复制图形

4.2.2　双亭剖面图的绘制

1）执行“复制”命令（CO），将前面平面图复制一份；然后执行“修剪”命令（TR），修剪掉内部的矩形边，如图 4-71 所示。

2）执行“圆”命令（C），分别捕捉交叉点绘制半径为 200mm、500mm 和 950mm 的同心圆，如图 4-72 所示。

3）执行“删除”命令（E），将交叉线删除；再执行“图案填充”命令（H），设置图案为“SOLID”，对内环进行填充，且将填充的图案转换为“填充线”图层，如图 4-73 所示。

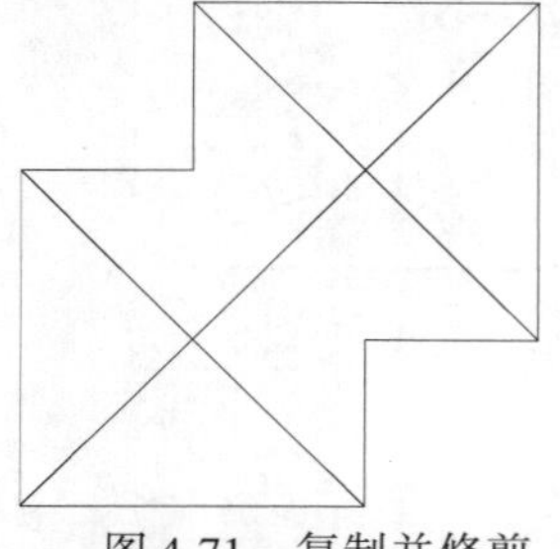

图 4-71　复制并修剪

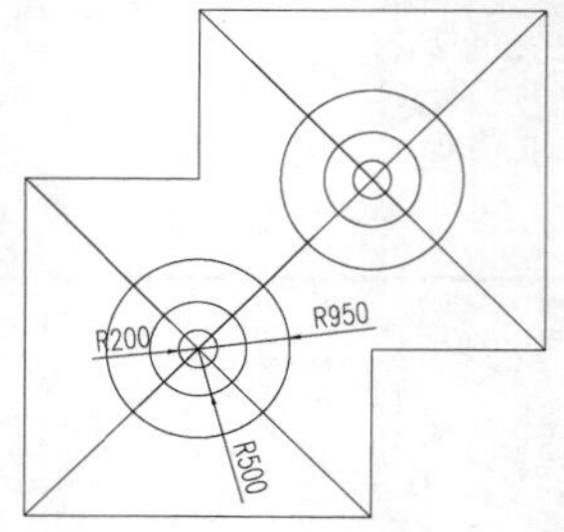

图 4-72　绘制圆

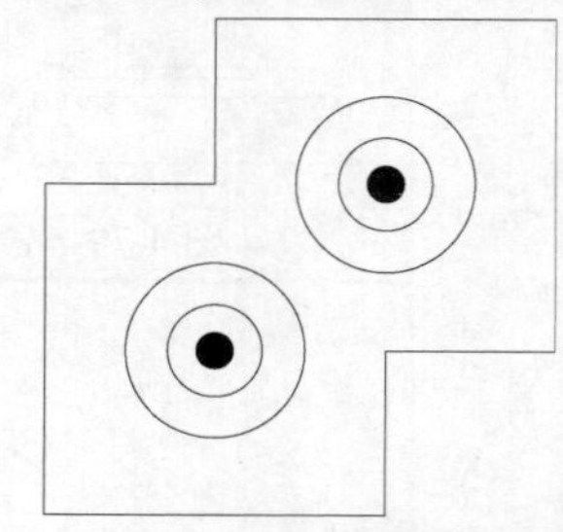

图 4-73　填充圆

4）执行“直线”命令（L）和“偏移”命令（O），在其中一个外环内绘制间距为10mm的两条线，如图4-74所示。

5）执行“阵列”命令（AR），选择上步绘制的两条线段，以同心圆心进行极轴阵列，其阵列项目数为“50”，如图4-75所示。

6）执行“复制”命令（CO），把阵列后的图形复制到另一个圆环处，如图4-76所示。

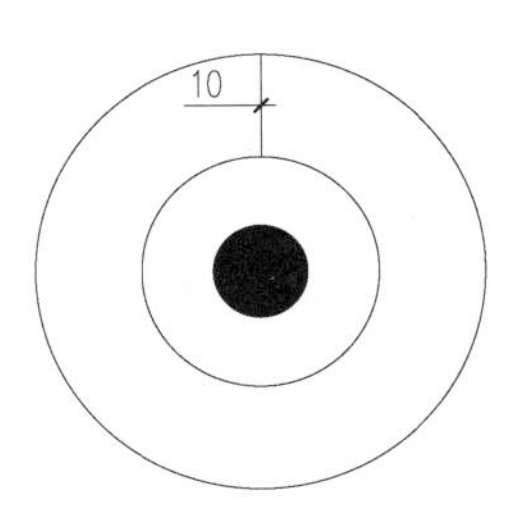

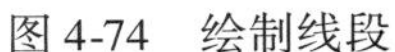

图4-74　绘制线段

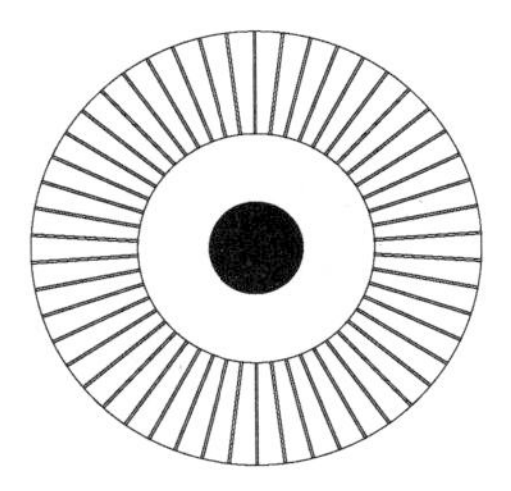

图4-75　阵列图形

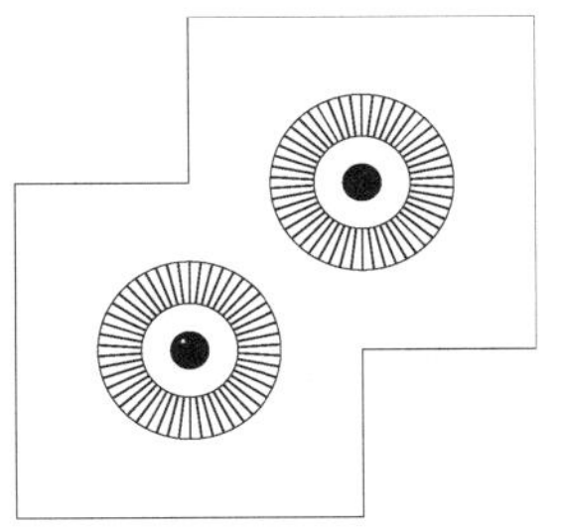

图4-76　复制图形

4.2.3　双亭立面图的绘制

1）执行“直线”命令（L），绘制互相垂直的水平和垂直线段，使垂直线段的下端与水平线中点对齐，且将垂直线段转换成“DASH”虚线线型；再执行“偏移”命令（O），按照图4-77所示的尺寸进行偏移。

2）执行“修剪”命令（TR），修剪出坐凳效果，如图4-78所示。

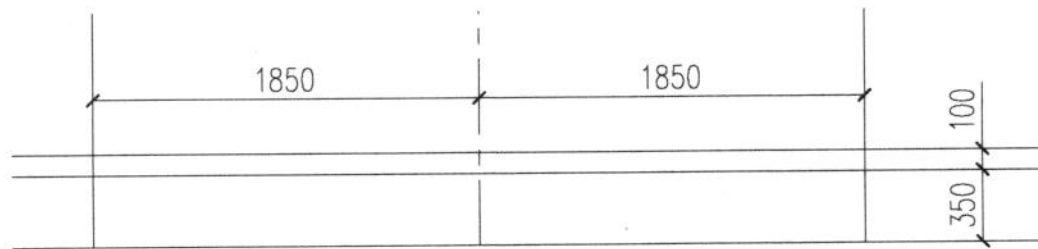

图4-77　绘制线段

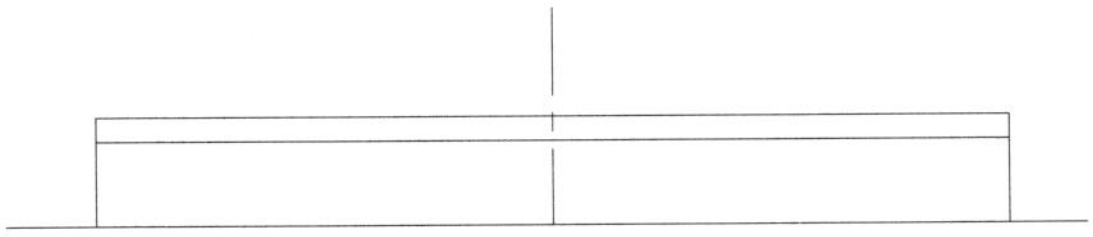

图4-78　修剪效果

3）执行“偏移”命令（O），再将相应的线段按照图4-79所示的尺寸进行偏移。

4）执行“修剪”命令（TR），修剪掉多余线条，如图4-80所示。

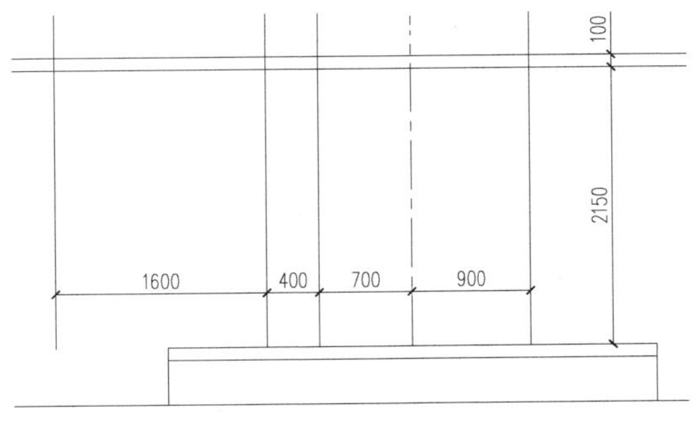

图4-79　偏移线段

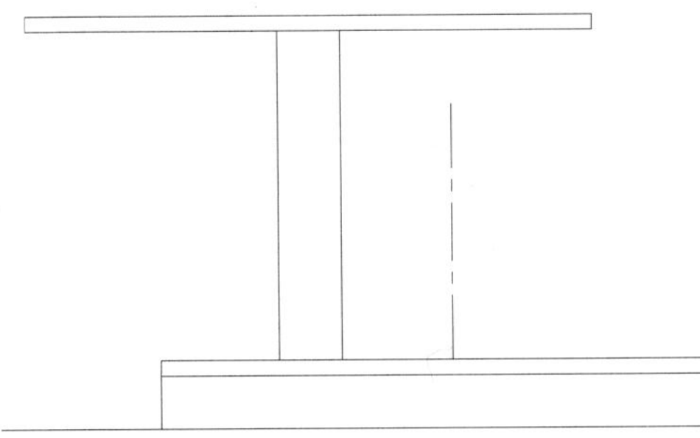

图4-80　修剪效果

5）执行“偏移”命令（O）和“直线”命令（L），在图形的上方绘制出图4-81所示的屋顶。

6）执行“删除”命令（E），将上水平线删除；再执行“偏移”命令（O）和“直线”命令（L），在中间绘制出图4-82所示的斜线。

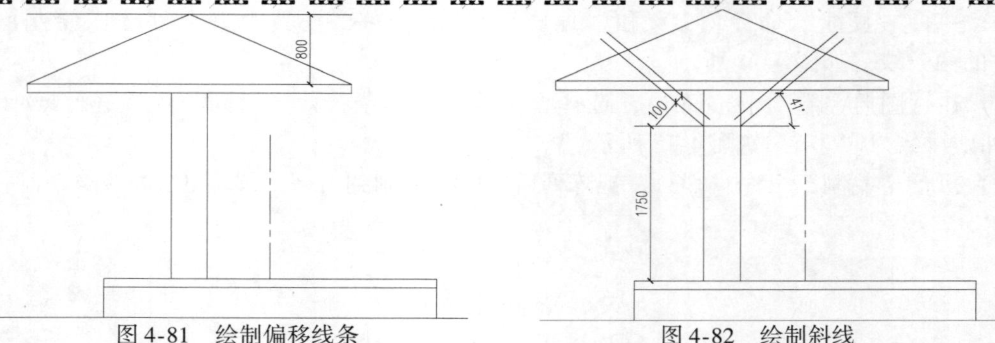

图 4-81　绘制偏移线条　　　　图 4-82　绘制斜线

7）执行“修剪”命令（TR），修剪多余的线条，如图 4-83 所示。

8）执行“偏移”命令（O）和“修剪”命令（TR），绘制出木板屋顶，如图 4-84 所示。

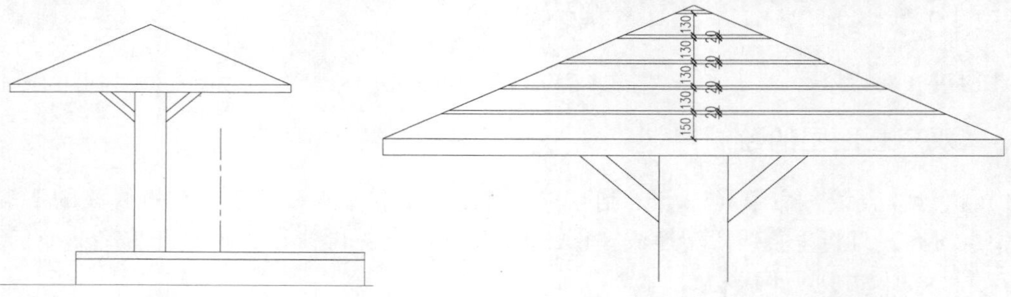

图 4-83　修剪图形　　　　图 4-84　绘制木板

9）执行“镜像”命令（MI），将绘制好的一个亭子以中线进行左右镜像，如图 4-85 所示。

10）执行“修剪”命令（TR），修剪掉重合部分，如图 4-86 所示。

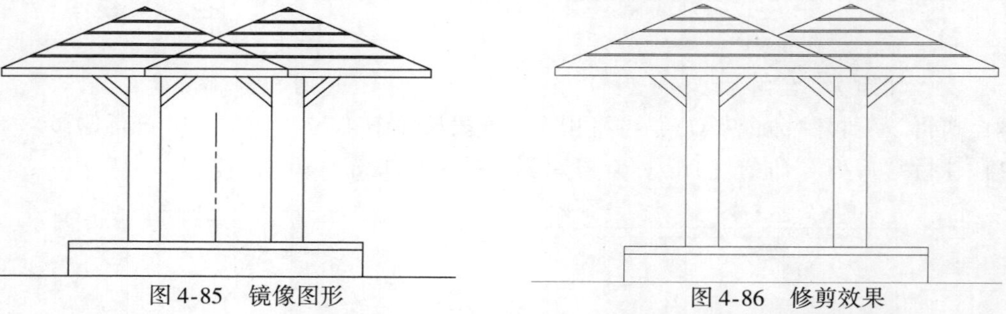

图 4-85　镜像图形　　　　图 4-86　修剪效果

11）执行“直线”命令（L）和“复制”命令（CO），在坐凳周围绘制一些线条，如图 4-87 所示。

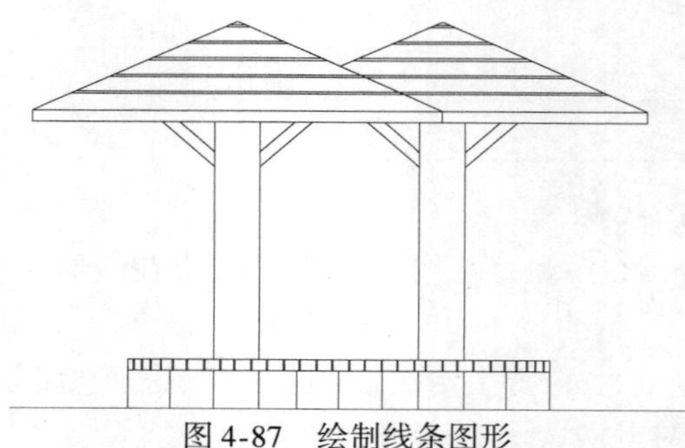

图 4-87　绘制线条图形

4.2.4　双亭图形的标注

1）在“图层控制”下拉列表，选择“尺寸标注”图层为当前图层；执行“标注样式”命令（D），弹出“标注样式管理器”对话框，选择“园林标注-100”标注样式为当前标注样式，并修改标注比例为“70”，如图 4-88 所示。

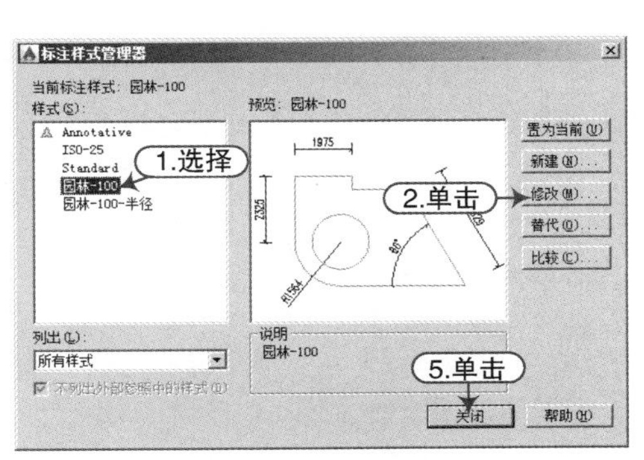

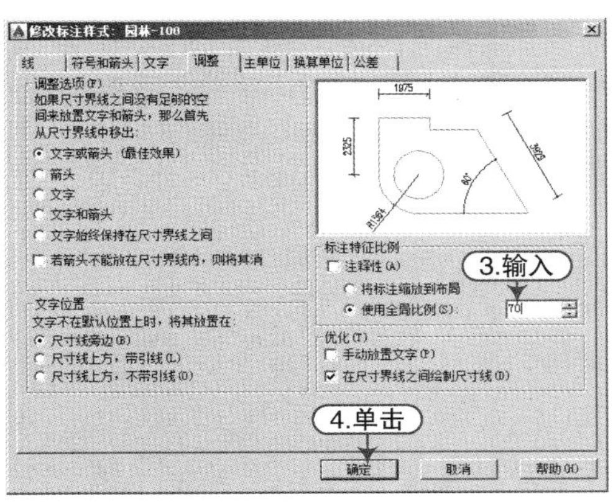

图 4-88　修改标注比例

2）执行“线性标注”命令（DLI）、“连续标注”命令（DCO）和“半径标注”命令（DRA），对图形进行相应的尺寸标注，如图 4-89 所示。

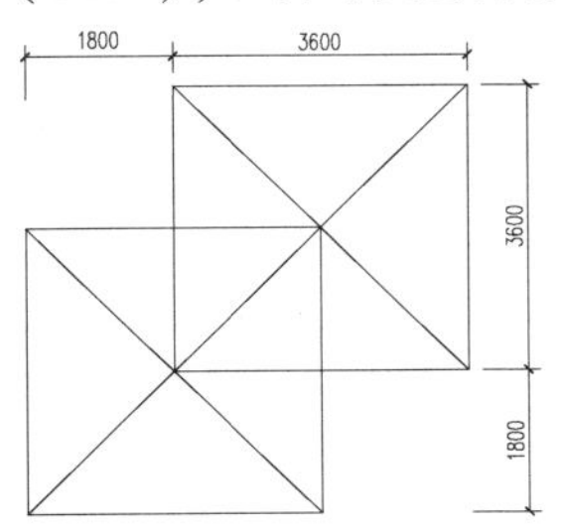

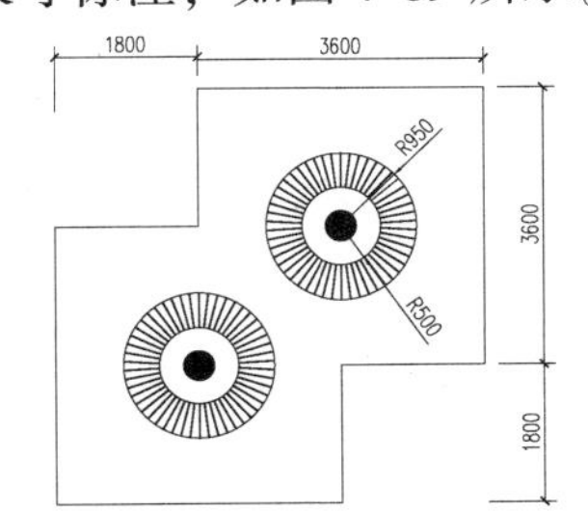

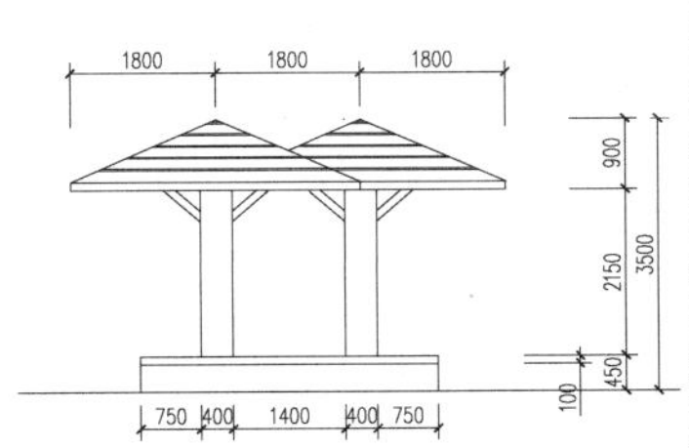

图 4-89　尺寸标注效果

3）选择“文字标注”图层为当前图层，执行“引线注释”命令（LE），设置文字样式为“图内文字”，设置字高为“250”，对立面图相应位置进行材料的注释，如图 4-90 所示。

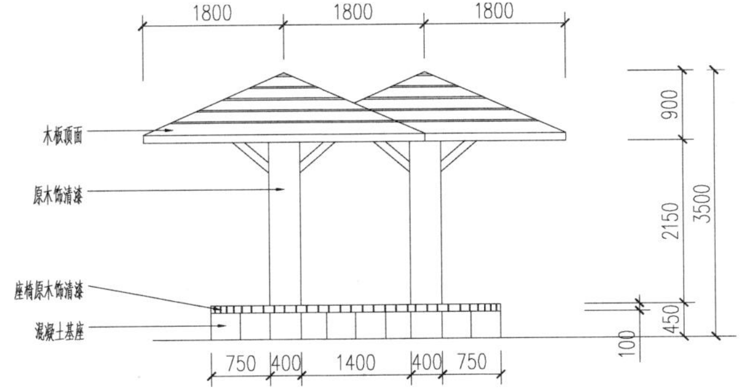

图 4-90　材料注释

4）执行“多行文字”命令（MT），选择“图名”文字样式，设置字高为“300”，在各图形下方注写图名内容；然后执行“多段线”命令（PL），在图名下方绘制适当宽度和长度的多段线，完成最终效果如图 4-67 所示。

4.3 组合亭的绘制

接下来分别绘制了组合亭的底层平面图、屋顶平面图、立面图、1-1 剖面图、2-2 剖面图、1 号详图等，通过多个实例的讲解，使读者掌握组合亭施工图的绘制过程及学习技巧，其绘制的组合亭图形最终效果如图 4-91 所示。

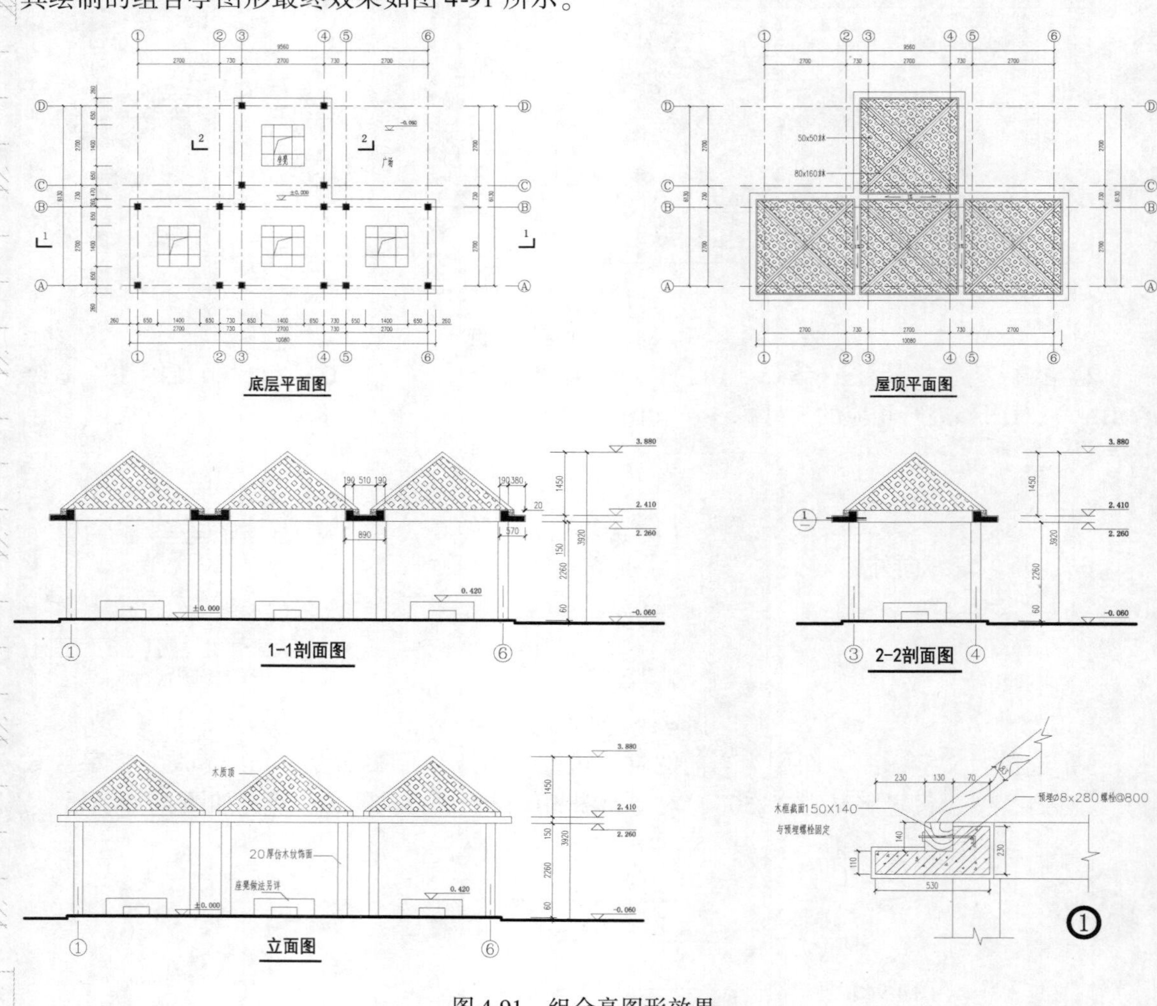

图 4-91 组合亭图形效果

4.3.1 底层平面图的绘制

1）正常启动 AutoCAD 2015 应用程序，单击“打开”按钮，将前面创建的“案例\04\园林样板 . dwt”文件打开；再单击“另存为”按钮，将该样板文件另存为“案例\04\组合亭 . dwg”文件。

2）在“图层”面板中的“图层控制”下拉列表，选择“轴线”图层为当前图层。

3）执行“构造线”命令（XL），首先绘制水平和垂直的构造线；然后执行“偏移”命令（O），将构造线按照图4-92所示的尺寸进行偏移。

4）在“图层”面板中的“图层控制”下拉列表，选择“小品轮廓线”图层为当前图层。

5）执行“矩形”命令（REC）和“偏移”命令（O），绘制边长均为220mm的矩形，然后将其向内偏移20；再执行“图案填充”命令（H），设置图案为“SOLID”，对内矩形进行填充，如图4-93所示形成柱子效果。

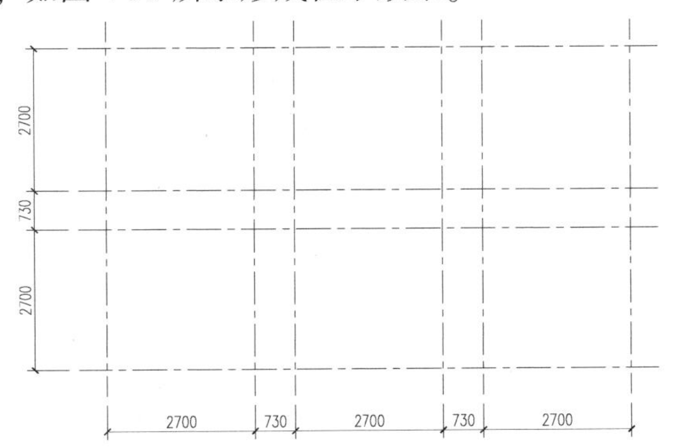

图4-92 绘制轴线

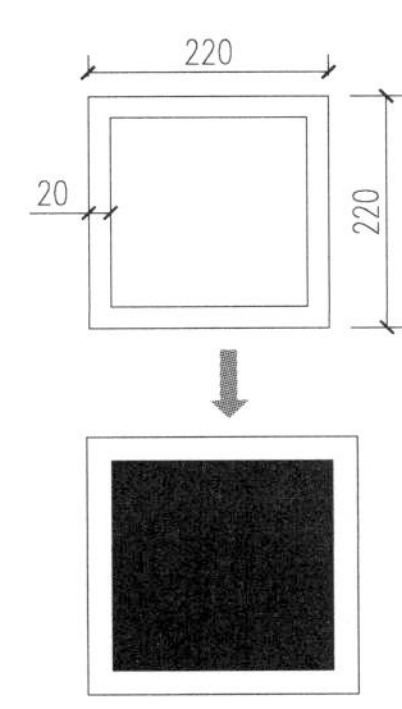

图4-93 绘制柱子

6）执行“复制”命令（CO），将柱子以中心点分别复制到相应轴线的交点，如图4-94所示。

7）执行“多段线”命令（PL），捕捉柱子轮廓绘制一条多段线；然后执行“偏移”命令（O），将多段线向外偏移150，如图4-95所示。

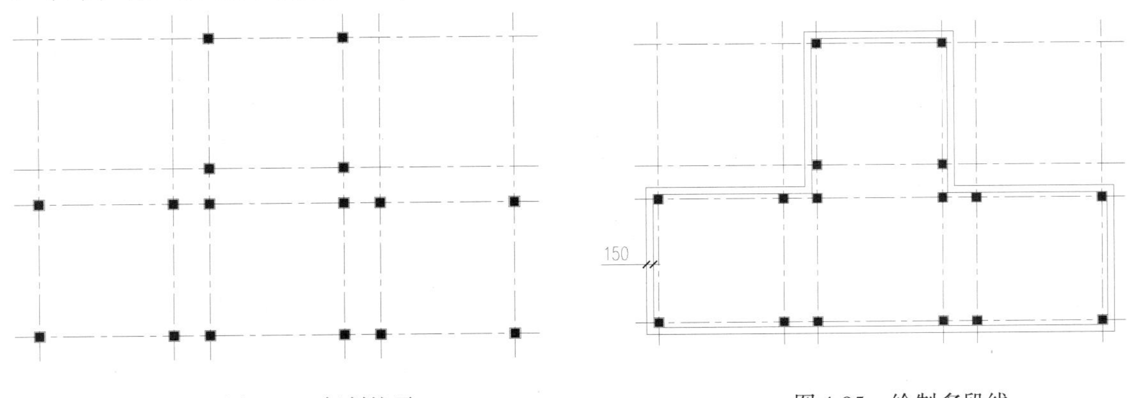

图4-94 复制柱子

图4-95 绘制多段线

8）执行“偏移”命令（O）和“修剪”命令（TR），在其中一个正方形轴线之间绘制图4-96所示的正方形。

9）执行“偏移”命令（O），将正方形四条边各向内偏移400；再执行“直线”命令（L），在中间绘制斜线以表示镂空效果，如图4-97所示形成中间的坐凳效果。

10）执行“复制”命令（CO），将绘制的坐凳图形分别复制到相应的位置，如图4-98所示。

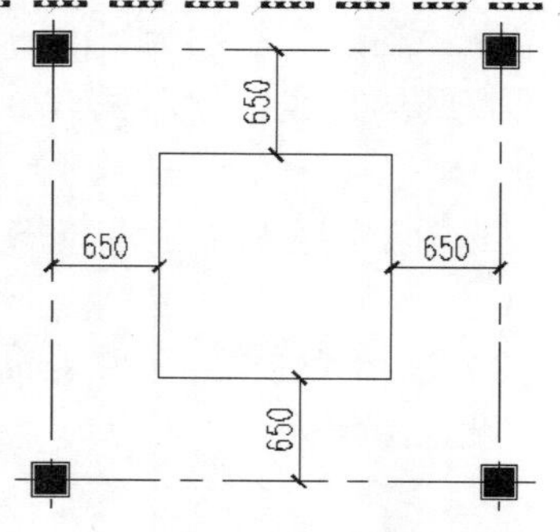

图 4-96　绘制坐凳轮廓

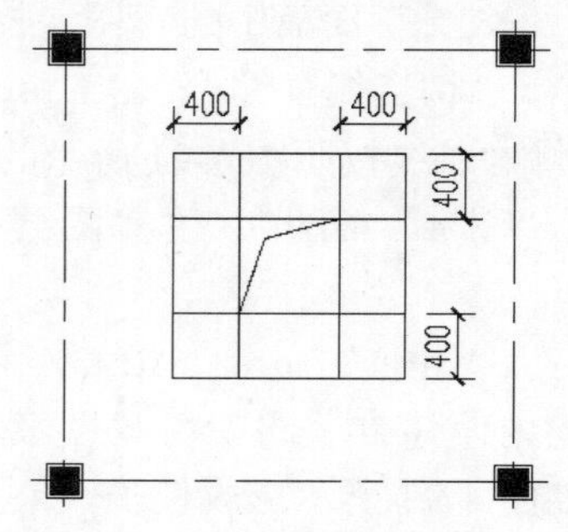

图 4-97　完成坐凳效果

11）执行“插入块”命令（I），将“标高符号”内部图块按照 1∶50 的比例插入到图形中，然后通过“移动”和“复制”等命令，复制多个符号并修改相应标高值，如图 4-99 所示。

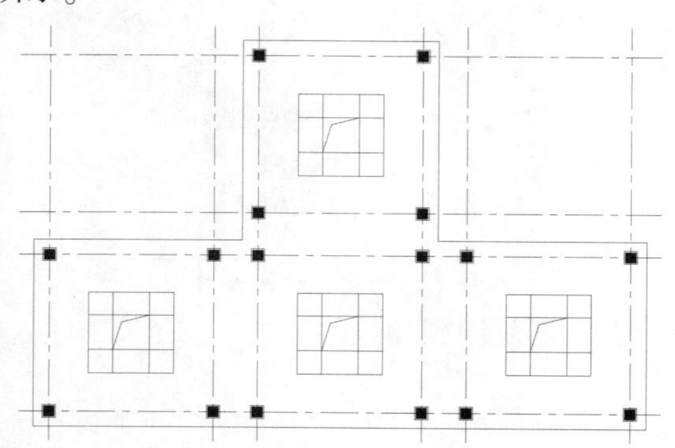

图 4-98　复制坐凳

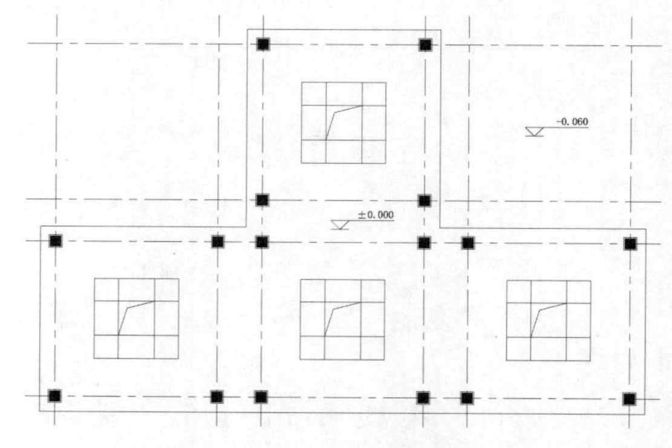

图 4-99　插入标高符号

12）选择“尺寸标注”图层为当前图层，执行“标注样式”命令（D），选择“园林－100”标注样式为当前，且调整标注比例为“50”，如图 4-100 所示。

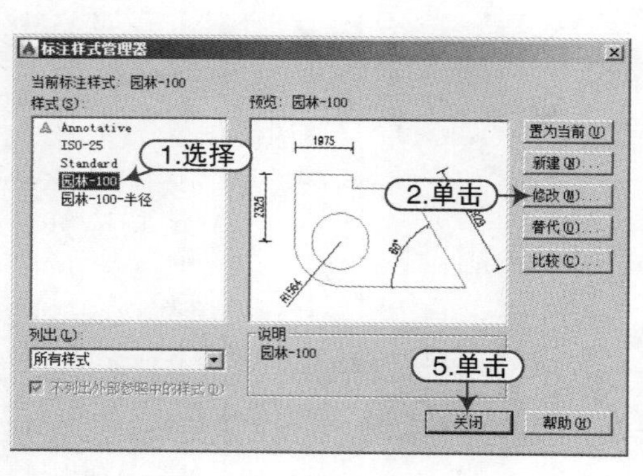

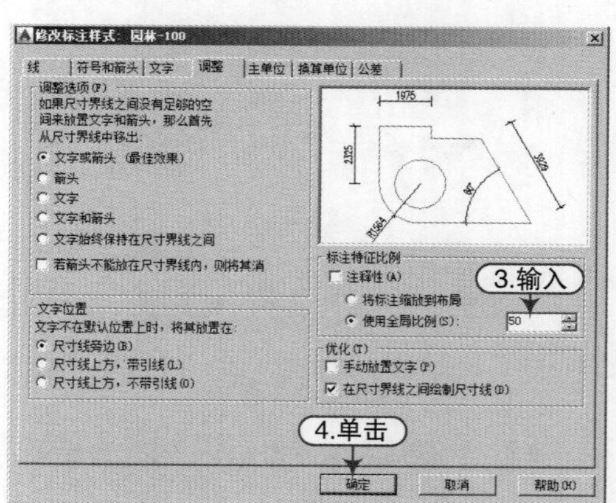

图 4-100　修改标注比例

13）执行“线性标注”命令（DLI）和“连续标注”命令（DCO），对图形进行相应的尺寸标注；再执行“插入块”命令（I），将“轴号”内部图块以 1∶2 的比例插入到图形轴线延长线上，并通过“复制”“直线”等命令，完成轴号标注效果，如图 4-101 所示。

14）执行“插入块”命令（I），在“插入”对话框中，选择内部图块“剖切符号”，设置插入比例为“50”，并勾选“分解”选项，然后插入到图形中；再通过“复制”“旋转”等命令，完成图 4-102 所示位置的两个剖切符号。

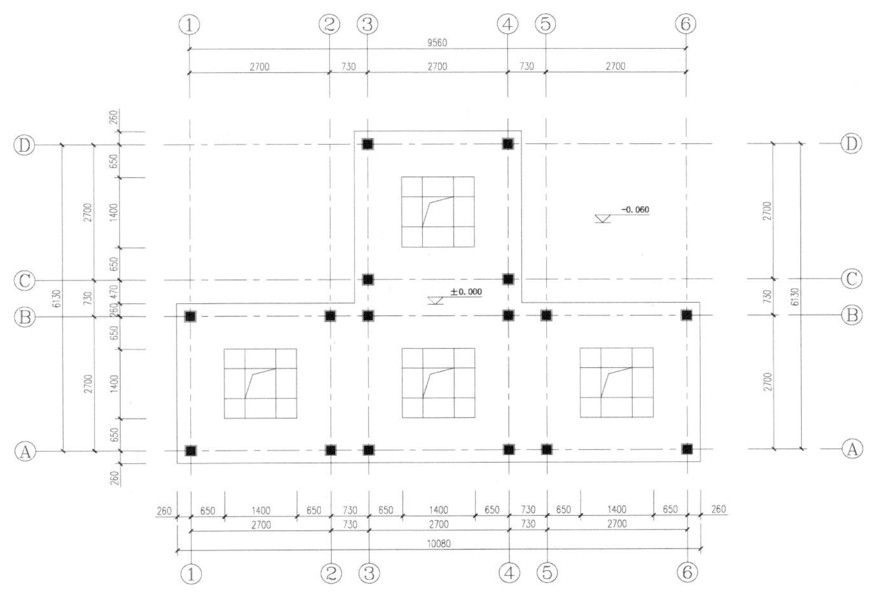

图 4-101　尺寸及轴号标注

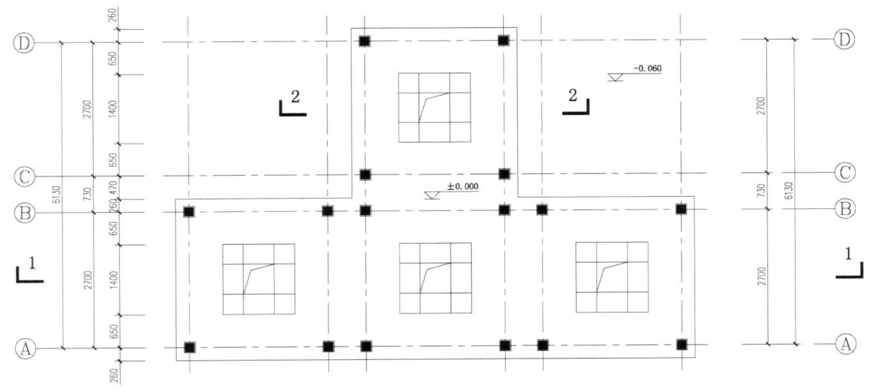

图 4-102　剖切符号

要点：图块插入的比例

由于第 3 章绘制的内部图块，除“轴号”以外，都是以 1:1 的比例来绘制的，当在绘制施工图时若要使用到某个图块，则需要按图形的比例大小来插入该图块，此图形是以 1:50 的比例绘制的，因此插入“剖切符号”等符号时输入插入的比例为“50”。也可先将图块按 1:1 的比例先插入到图形中，再通过“缩放”命令（SC），来调整其大小。

15）选择“文字标注”图层为当前图层，执行“多行文字”命令（MT），选择“图内文字”样式，在图内注写区域名称；然后选择“图名”文字样式，设置字高为50，在图形下方注写图名；然后执行“多段线”命令（PL），在图名下方绘制适当长度和宽度的水平多段线，如图4-103所示。

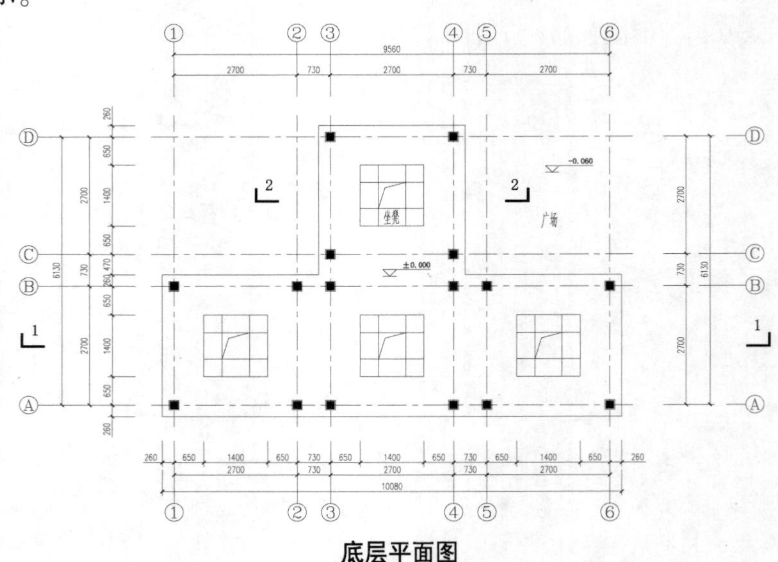

图4-103　文字标注

4.3.2　屋顶平面图的绘制

1）执行“复制”命令（CO），将底层平面图复制一份；然后根据需要，执行“删除”命令（E），将内部不需要的图形删除，只保留轴线、轴号及相应尺寸标注，修改图名为“屋顶平面图”，如图4-104所示。

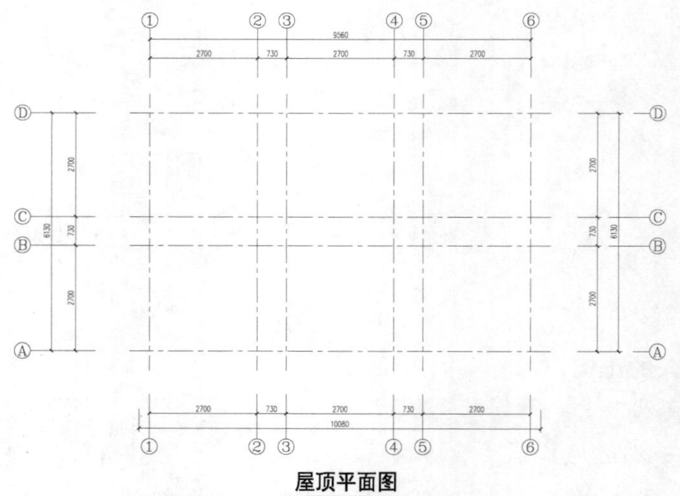

图4-104　复制并修改图形

2）在“图层”面板中的“图层控制”下拉列表，选择“小品轮廓线”图层为当前图层。

3）执行“矩形”命令（REC），捕捉左下轴线对角交点绘制一个正方形；再执行“偏移”命令（O），将正方形向外依次偏移235和43，如图4-105所示。

4）执行“删除”命令（E），将与轴线重合的正方形删除；再执行“直线”命令（L），过内正方形绘制对角线；然后执行“偏移”命令（O），将对角线各向两边偏移80，且修剪掉多余的边，如图4-106所示。

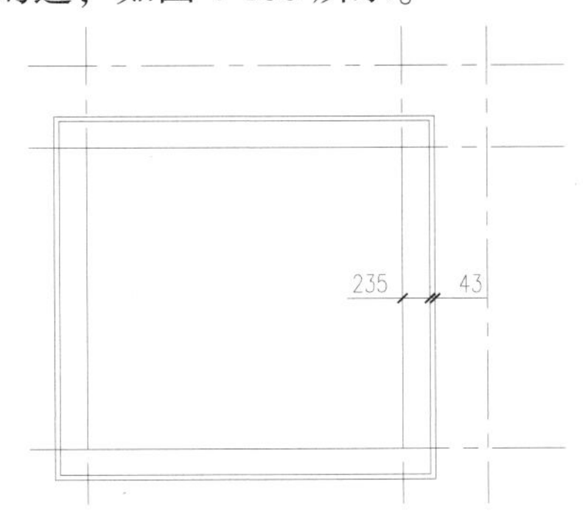

图4-105　绘制正方形

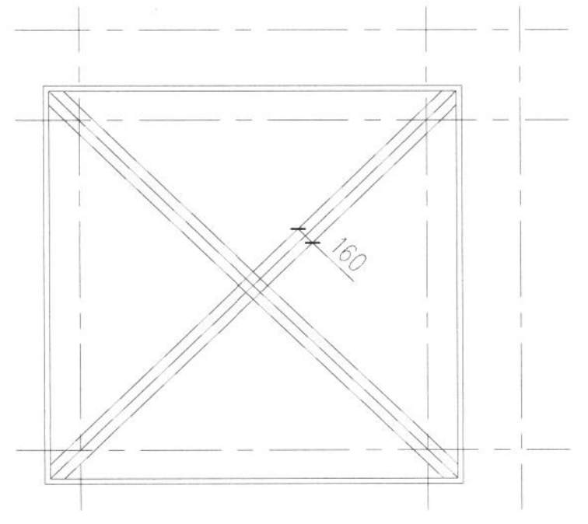

图4-106　绘制线段

5）执行“图案填充”命令（H），设置图案为“BOX”、比例为“15”、角度为“45”，对内三角进行填充，且将填充的图案转换为“填充线”图层，如图4-107所示。

要点：步骤提示

> 在填充图案时，由于轴线与填充的三角区域相交，使填充起来比较困难，可先将“轴线”图层关闭，等填充完成后，再将“轴线”图层显示。

6）执行“复制”命令（CO），将绘制的屋顶面复制到其他相应的位置，如图4-108所示。

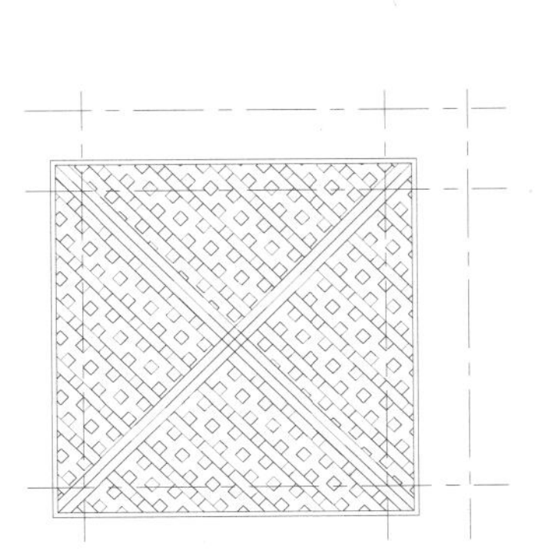

图4-107　图案填充

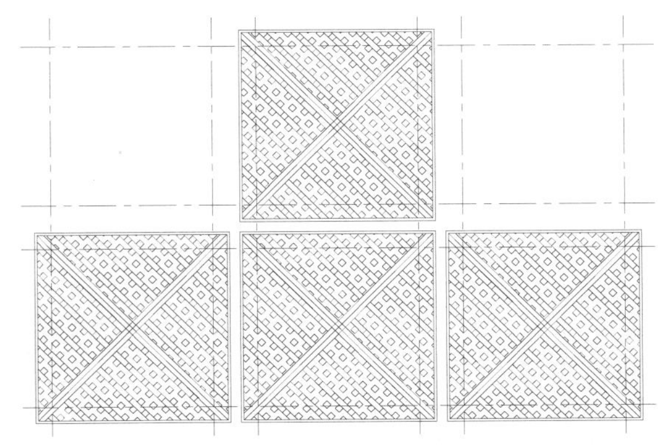

图4-108　复制屋顶

7）执行“多段线”命令（PL）、“偏移”命令（O）和“删除”命令（E），围绕图形外轮廓绘制多段线；然后将其向外偏移208，并删除原多段线，如图4-109所示。

8）执行“多段线”命令（PL），绘制箭头以表示坡度指引符号；然后通过“镜像”“旋转”“复制”等命令在相应位置绘制出坡度指引；执行“多行文字”命令（MT），选择“图内文字”样式，设置字高为“150”，在坡度指引号中间注写坡度“1%”，如图4-110所示。

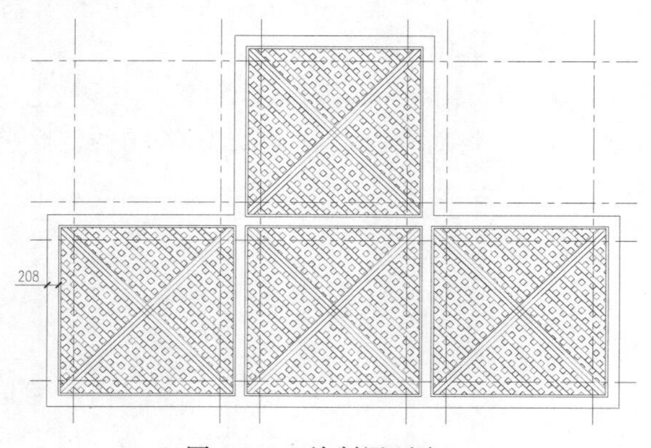

图 4-109　绘制屋顶边

图 4-110　绘制坡度符号

要点：单行文字与多行文字的区别

标注好单行文字后，只能对文字内容进行修改，而不能修改其“文字样式”“字高”“字体”等格式

而标注的多行文字，不仅可以修改文字内容，还能对“文字样式”“字高”“字体”“宽度”等格式进行修改，因此在这里使用多行文字来输入更为方便。

9）选择“文字标注”图层为当前图层，执行“引线注释”命令（LE），在相应位置进行文字注释，如图 4-111 所示。

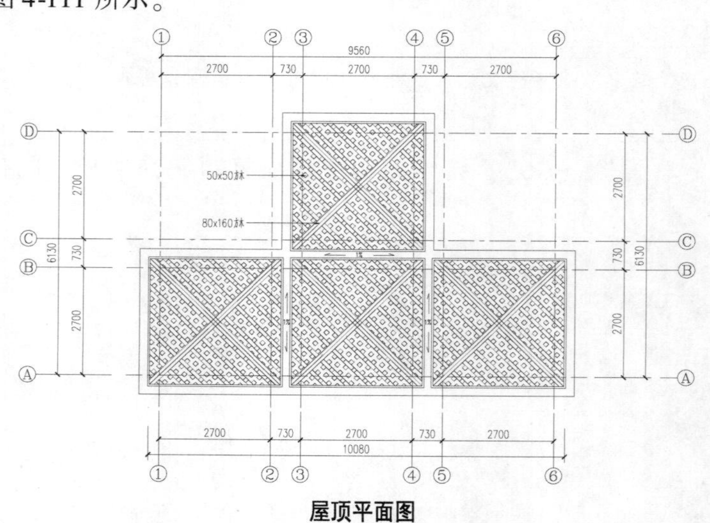

图 4-111　屋顶平面图效果

4.3.3　立面图的绘制

1）在“图层控制”下拉列表，将“尺寸标注”和“文字标注”图层隐藏；将“小品轮廓线”图层设置为当前图层。

2）执行“直线”命令（L），由底平面图下方的柱子和边缘轮廓端点向下绘制垂直投影线，如图 4-112 所示。

3）再执行“直线”命令（L）和“偏移”命令（O），在投影线上绘制一条水平线，且按照图 4-113 所示的尺寸进行偏移。

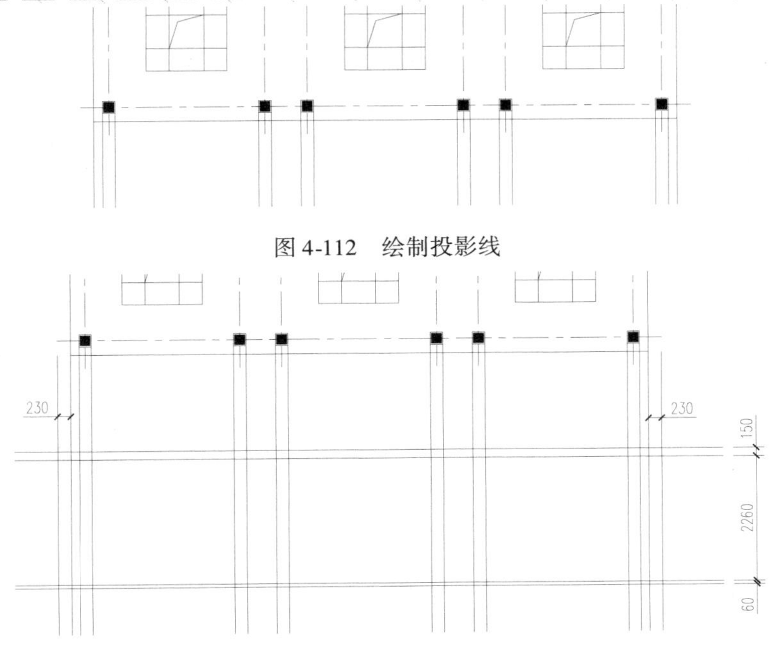

图 4-112 绘制投影线

图 4-113 绘制偏移线段

4）执行“修剪”命令（TR），修剪掉多余的线条，然后将最下面的线条转换为“地坪线”图层，如图 4-114 所示。

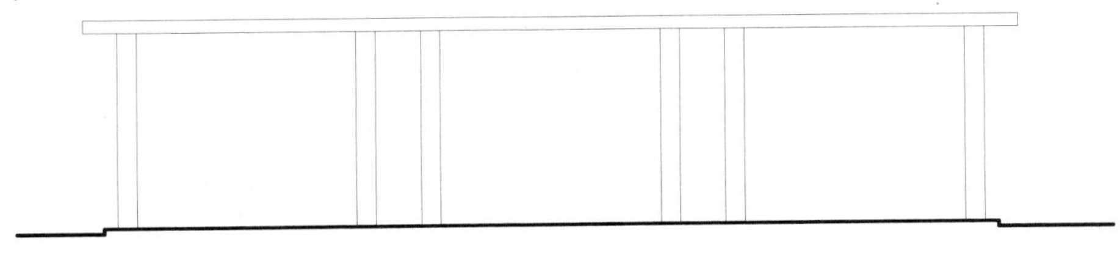

图 4-114 修剪效果

要点：线宽的显示

由于“地坪线”图层设置了粗线线宽，为了显示线宽效果，可在状态栏下单击按钮 ，以启用“线宽”功能。

5）执行“偏移”命令（O）和“修剪”命令（TR），在中间绘制一个坐凳；然后执行“复制”命令（CO），将坐凳复制到其他的亭子里，如图 4-115 所示。

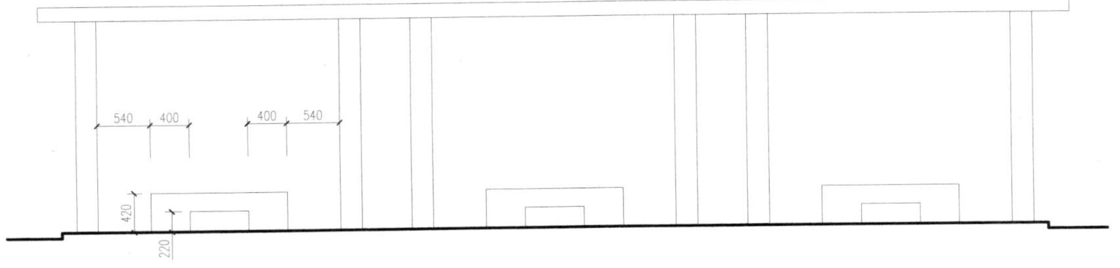

图 4-115 绘制坐凳

6）执行“直线”命令（L）和“偏移”命令（O），在图形上方绘制图4-116所示的线段。

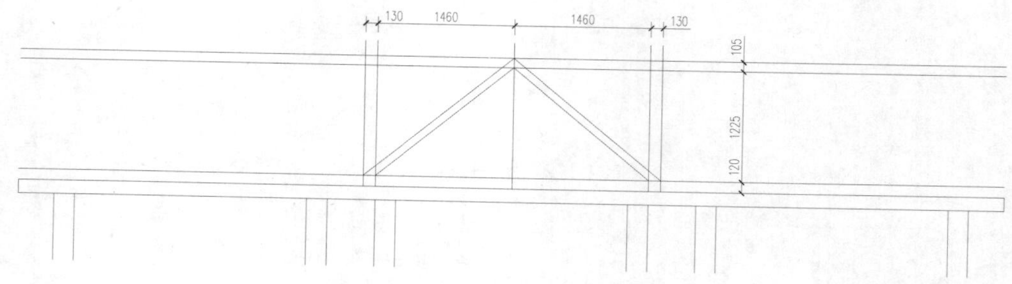

图4-116 绘制线段

7）执行“修剪”命令（TR）和“删除”命令（E），修剪删除多余的线条；然后执行“图案填充”命令（H），系统自动继承前面“屋顶平面图”设置的图案与参数，对内三角形进行填充，且转换填充的图案为“填充线”图层，如图4-117所示。

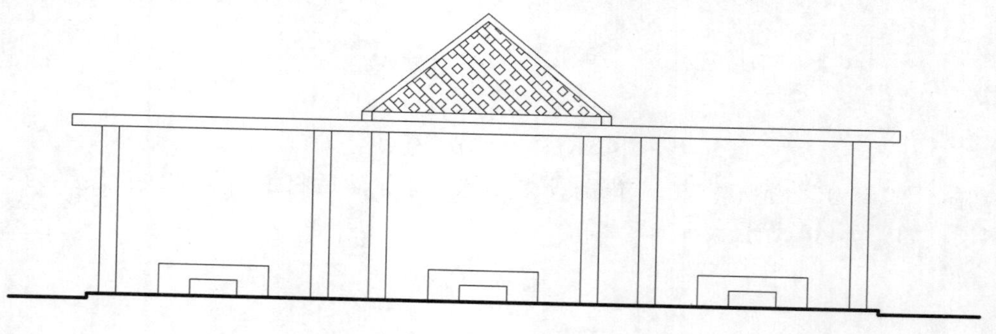

图4-117 绘制的屋顶

8）执行“复制”命令（CO），将中间的屋顶各向两边复制3430mm，形成尺寸为250mm的间距，如图4-118所示。

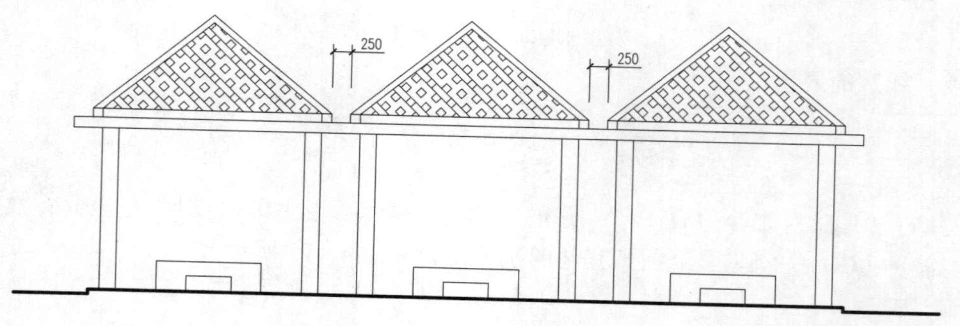

图4-118 复制屋顶

9）在“图层控制”下拉列表，将隐藏的“尺寸标注”和“文字标注”图层显示出来，然后选择“尺寸标注”图层为当前图层。

10）执行“线性标注”命令（DLI）和“连续标注”命令（DCO），在右侧标注出高度方向的尺寸；再执行“复制”命令（CO），将前面图形的标高符号复制过来并修改相应的标高值，如图4-119所示。

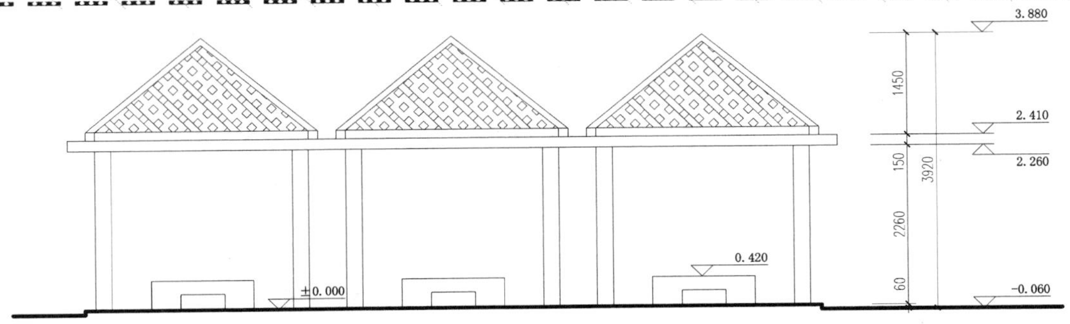

图 4-119　尺寸、标高标注

11）执行“复制”命令（CO），将轴号 1 和轴号 6 复制到立面图的相应柱子下方，如图 4-120 所示。

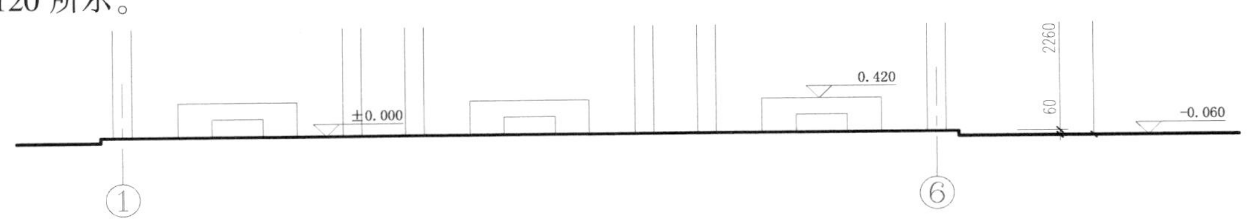

图 4-120　轴号标注

12）选择“文字标注”图层为当前图层，执行“引线注释”命令（LE），选择“图内文字”样式，在相应位置进行文字的注释；再执行“多行文字”命令（MT），选择“图名”样式，设置字高为“300”，在下方标注图名，且绘制一条水平多段线，如图 4-121 所示。

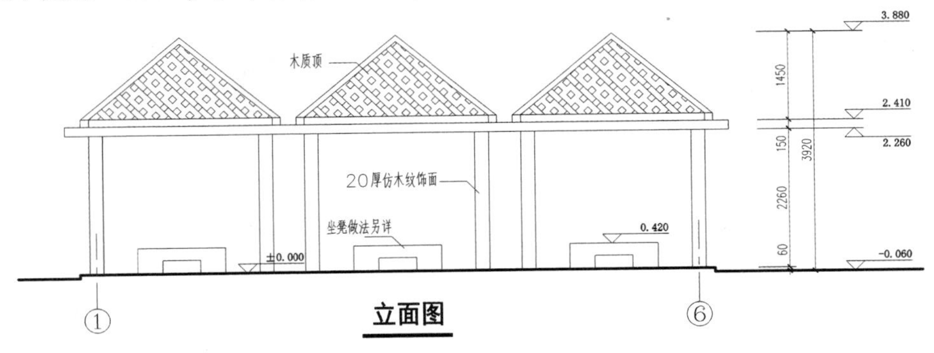

图 4-121　文字注释效果

4.3.4　1-1 剖面图的绘制

1）执行“复制”命令（CO），将前面的立面图复制一份，然后将里面的文字注释对象删除，并修改图名为“1-1 剖面图”，如图 4-122 所示。

2）执行“偏移”命令（O）和“修剪”命令（TR），分别在左、右横梁处，将外轮廓线分别向内进行偏移，且修剪出图 4-123 所示的剖面轮廓。

3）执行“样条曲线”命令（SPL），在相应格子内绘制样条曲线以表示木纹；然后执行“图案填充”命令（H），对转折位置填充“SOLID”图案，如图 4-124 所示。

4）根据同样的方法，执行“直线”“偏移”“修剪”“样条曲线”等命令，在两亭之间

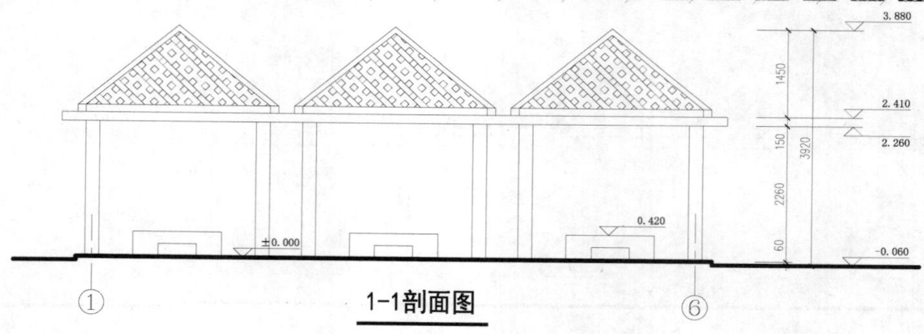

图 4-122　复制修剪图形

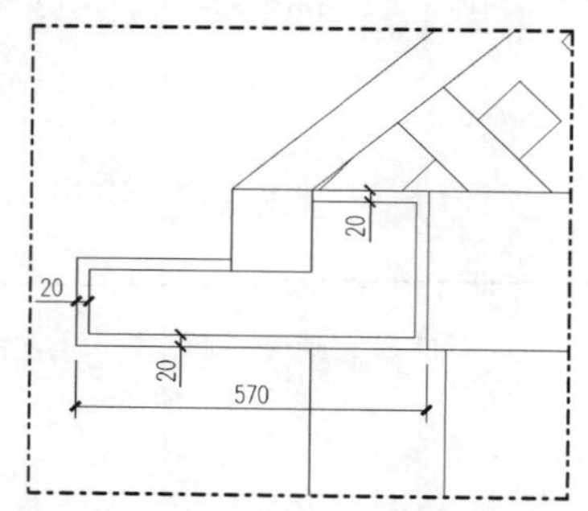

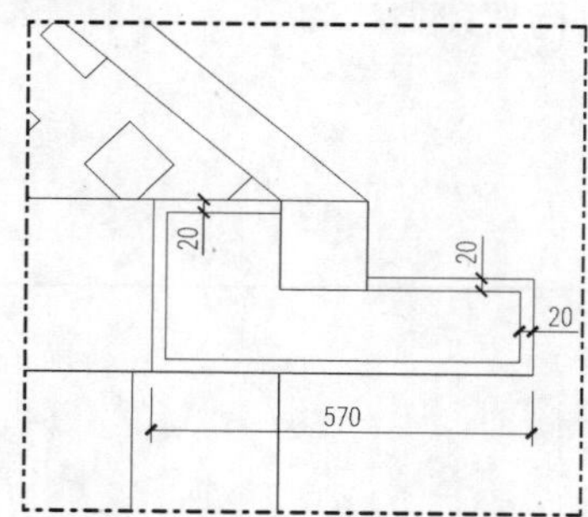

图 4-123　绘制屋顶外侧剖面轮廓

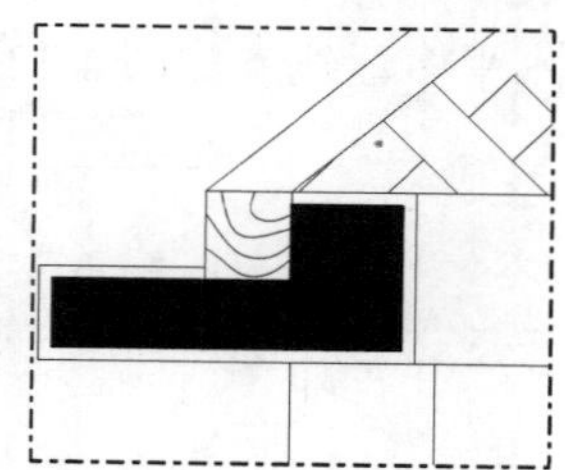

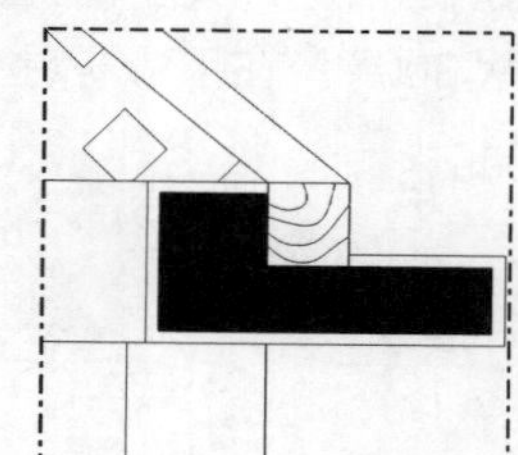

图 4-124　填充图案

横梁处绘制图 4-125 所示的截面。

5）同样执行“图案填充”命令（H），对凹面填充“SOLID”的图例，如图 4-126 所示。

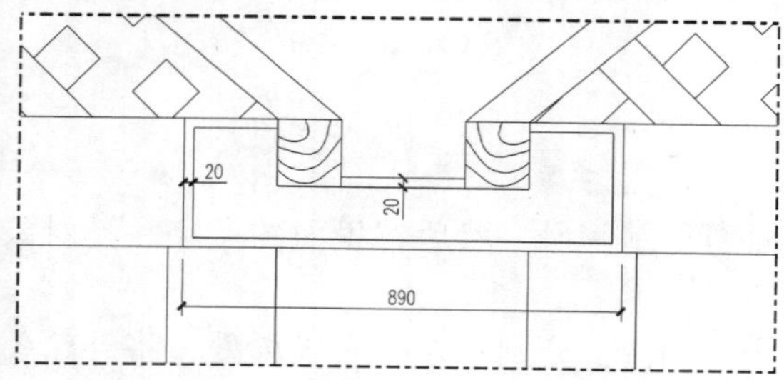

图 4-125　绘制两屋顶中间剖切面

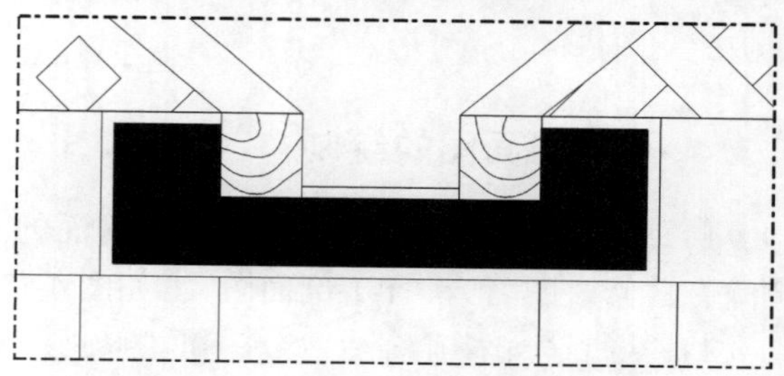

图 4-126　填充图案

6）总体效果如图 4-127 所示。

7）选择“尺寸标注”图层为当前图层，执行“线性标注”命令（DLI），对相应位置进

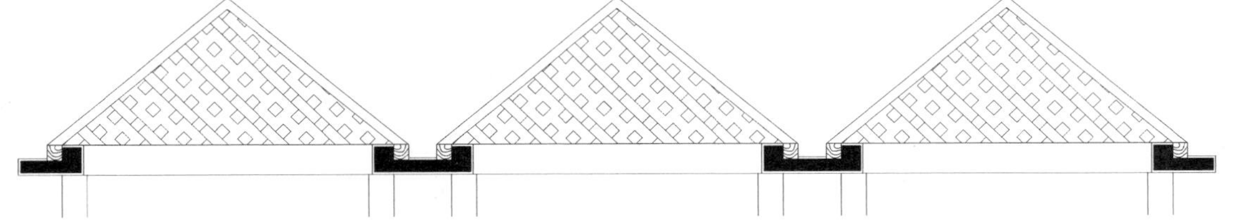

图 4-127　完成的剖面效果

行尺寸的补充，完成的效果如图 4-128 所示。

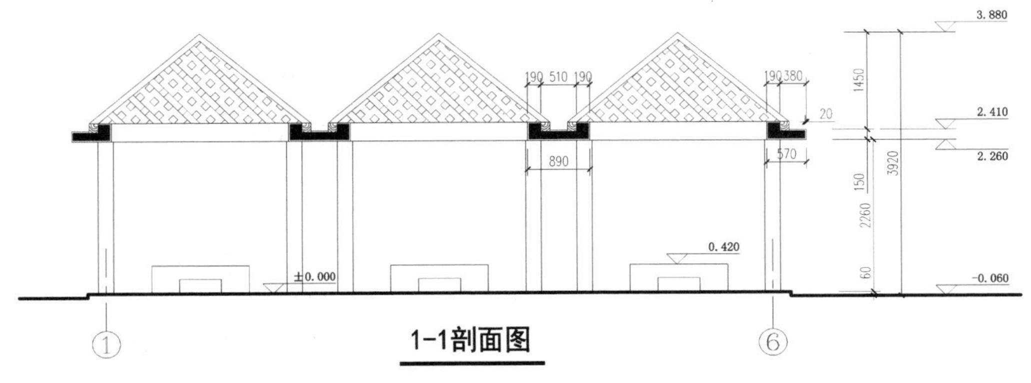

图 4-128　尺寸标注

4.3.5　2-2 剖面图的绘制

1）执行“复制”命令（CO），将上一实例绘制的“1-1 剖面图”图形复制一份；通过“修剪”“删除”“移动”“拉伸”等命令，将左侧的两个亭子删除，保留右侧亭子，且修改轴号为 3、4，并修改图名为“2-2 剖面图”，如图 4-129 所示。

2）执行“镜像”命令（MI），将右侧剖切轮廓向左侧进行镜像，完成效果如图 4-130 所示。

3）执行“插入块”命令（I），将内部图块“剖切索引符号”以 1∶50 的比例插入到图形中；并通过“分解”“移动”“复制”等命令，完成图 4-131 所示的本页剖切符号。

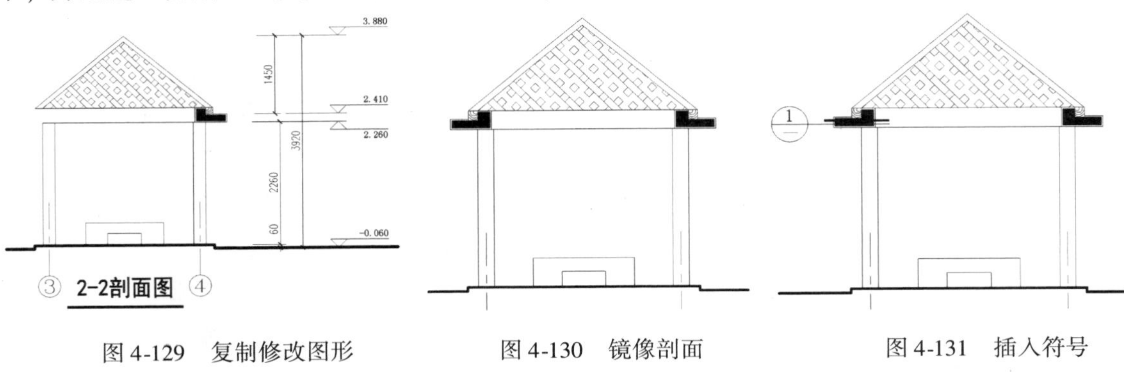

图 4-129　复制修改图形　　图 4-130　镜像剖面　　图 4-131　插入符号

4.3.6　1号详图的绘制

1）执行“复制”命令（CO），将“2-2剖面图”中被索引剖切的位置复制一份；然后执行“多段线”命令（PL），在相应位置绘制折断线，如图4-132所示。

2）执行“修剪”命令（TR），修剪掉折断线以外的部分，如图4-133所示。

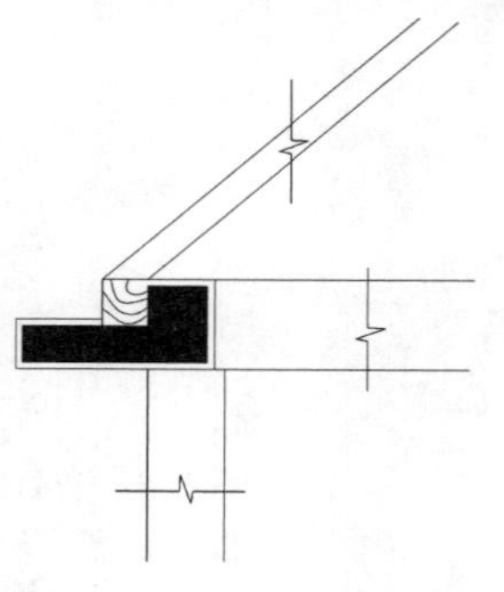

图4-132　复制图形、绘制折断线

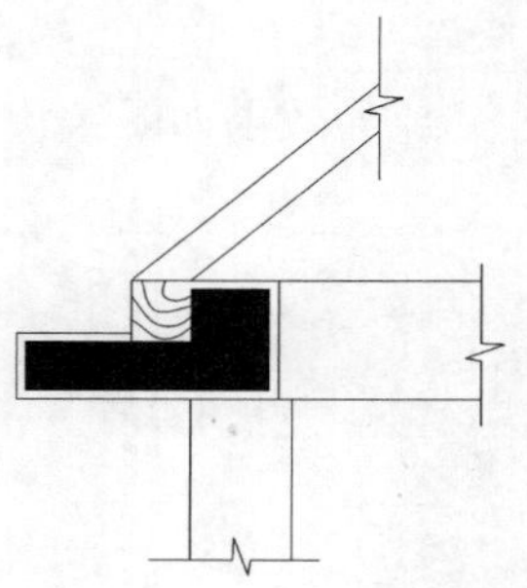

图4-133　修剪效果

3）执行“删除”命令（E），将填充的图案删除，如图4-134所示。

4）执行“图案填充”命令（H），设置图案为“ANSI31”、比例为“10”和图案为“AR-CONC”、比例为“0.5”，对转折位置进行填充；然后执行“样条曲线”命令（SPL），在斜木方上绘制出木纹，如图4-135所示。

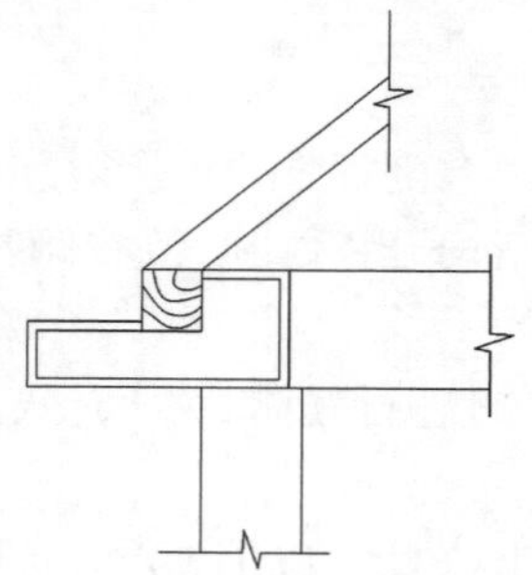

图4-134　删除图案

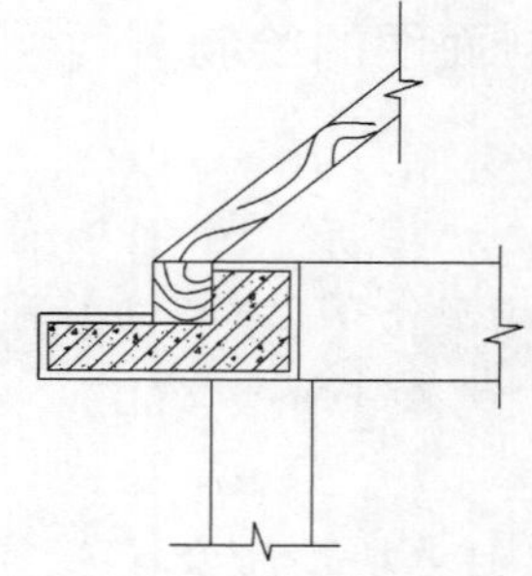

图4-135　填充新图案

5）通过执行“直线”命令（L）、“偏移”命令（O）和“修剪”命令（TR），绘制图4-136所示的图形表示“预埋螺栓”。

6）执行“移动”命令（M），将螺栓移动到剖面图的相应位置，如图4-137所示。

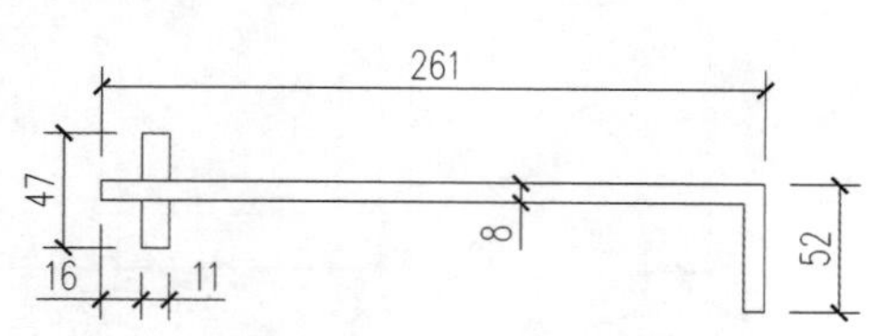

图4-136　绘制螺栓

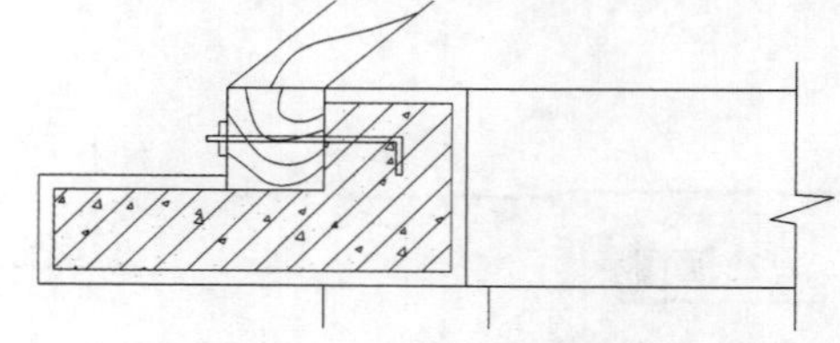

图4-137　移动螺栓

7）为了使图形更容易观看，执行“缩放”命令（SC），将图形放大5倍。

8）切换至“尺寸标注”图层，执行“线性标注”命令（DLI）和“对齐标注”命令

（DAL），对相应位置进行尺寸的标注，如图 4-138 所示。

9）执行“编辑标注”命令（ED），依次选择标注出的尺寸数字，在弹出的“文本框”中修改数字（数值缩小 5 倍），如图 4-139 所示。

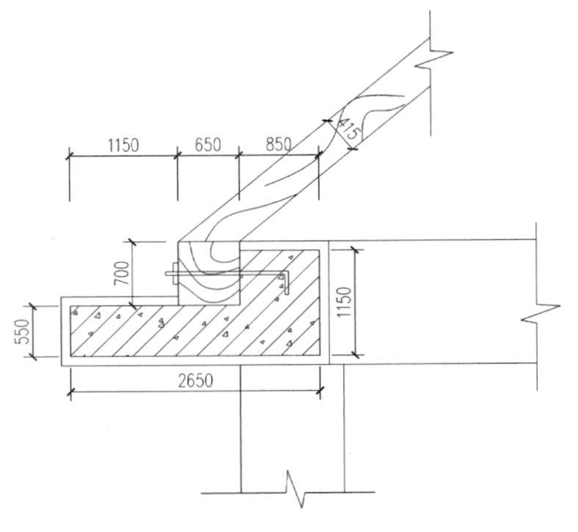

图 4-138　标注放大的尺寸

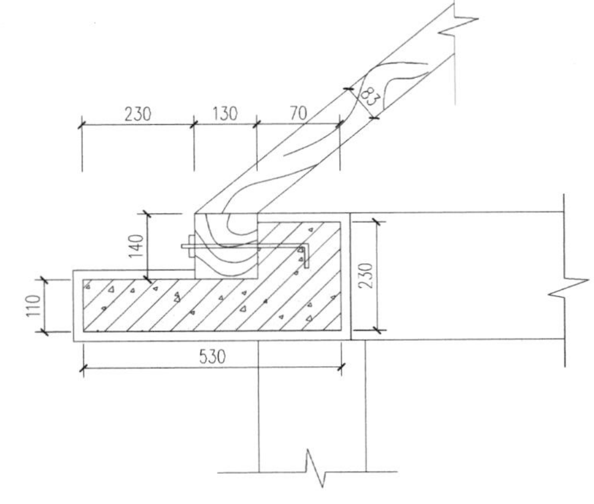

图 4-139　修改回原尺寸

要点：大样图尺寸的标注

大样图放大的目的在于能使观图者清楚地看到内部的细节与做法，作为施工的依据，大样图的尺寸非常重要，它放大的是某个图形的某个区域，因此它的尺寸应遵循原始未放大位置的尺寸。

此步骤大样图被放大了 5 倍，则标注出的尺寸也被放大了，因此需要将尺寸数字进行编辑，缩小 5 倍。

10）切换至“文字标注”图层，执行“引线注释”命令（LE），对相应位置进行文字的注释。

11）执行“插入块”命令（I），将内部图块“本张详图符号”按照 1∶50 的比例插入到图形的右下方，如图 4-140 所示。

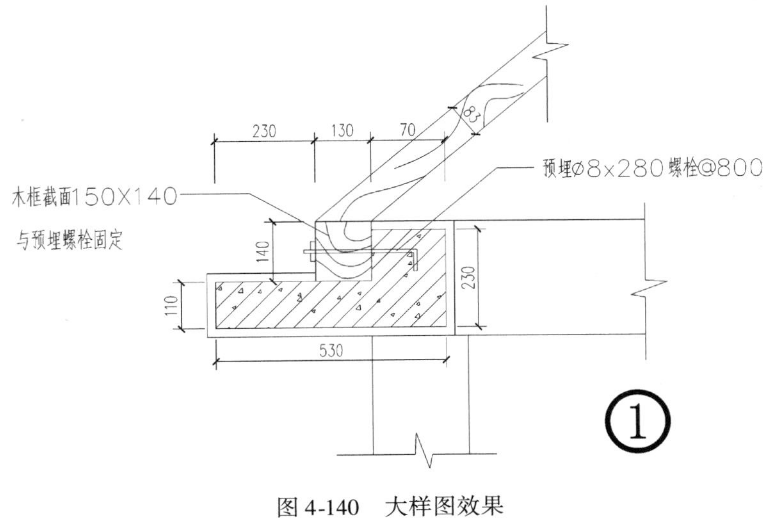

图 4-140　大样图效果

第 5 章　水景的绘制

水景，作为园林中一道别样的风景点缀，以它特有的气息与神韵感染着每一个人，它是园林景观和给水排水的有机结合。随着房地产等相关行业的发展，人们对居住环境有了更高的要求，水景逐渐成为居住区园林环境设计的一大亮点，水景的应用技术也得到很快发展，许多技术已大量应用于实践中。图 5-1 所示为各种类型园林水景的摄影图片。

图 5-1　园林水景的摄影图片

本章主要讲解了喷泉及跌水池水景施工图的绘制，其中包括平面图、立面图、剖面图、节点大样图等，通过对本章的学习可使读者掌握水景施工图的绘制方法。

5.1　喷泉的绘制

接下来分别绘制了喷泉的平面图、立面图、A-A 剖面图和 B-B 剖面图，通过多个实例的讲解，使读者掌握喷泉施工图的绘制过程及学习技巧，绘制的喷泉图形最终效果如图 5-2 所示。

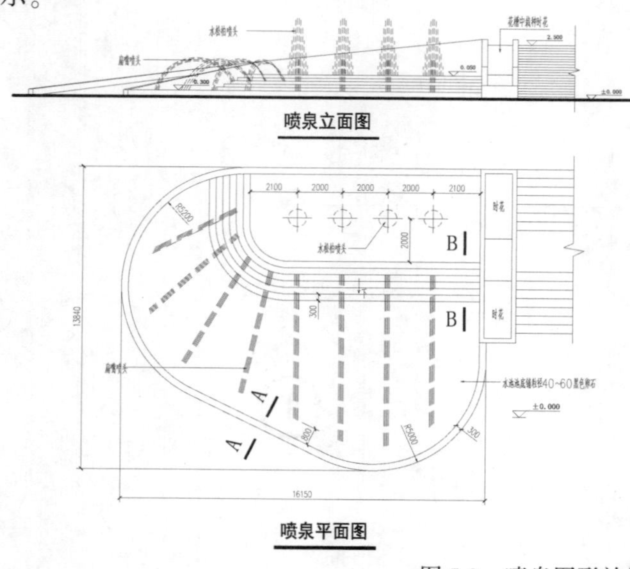

图 5-2　喷泉图形效果

5.1.1　喷泉平面图的绘制

1）正常启动 AutoCAD 2015 应用程序，单击“打开”按钮，将前面创建的“案例\04\园林样板.dwt”文件打开；再单击“另存为”按钮，将该样板文件另存为“案例\05\喷泉.dwg”文件。

2）在“图层控制”下拉列表，选择“小品轮廓线”图层为当前图层。

3）执行“矩形”命令（REC），绘制边长为 16150mm × 13840mm 的矩形，如图 5-3 所示。

4）执行“圆”命令（C），根据命令提示选择“切点、切点、半径”选项，绘制相切圆，如图 5-4 所示。

5）执行“直线”命令（L），绘制圆的切线，如图 5-5 所示。

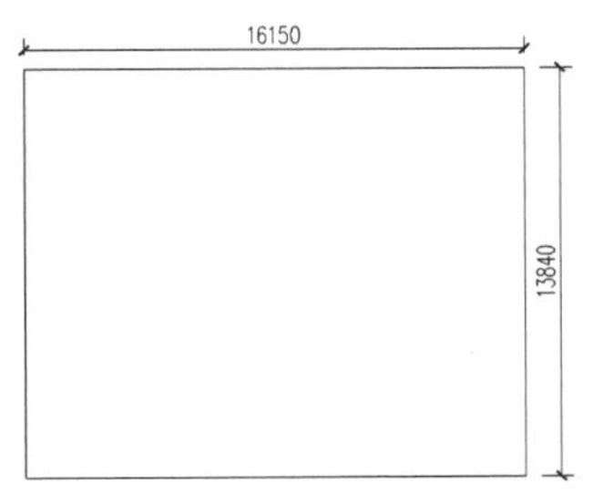

图 5-3　绘制矩形

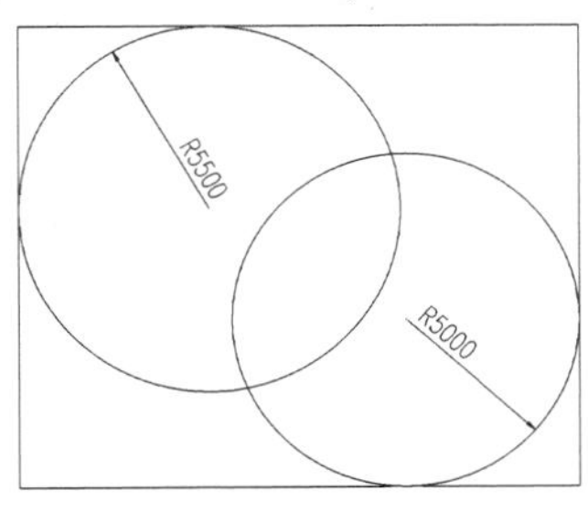

图 5-4　绘制相切圆

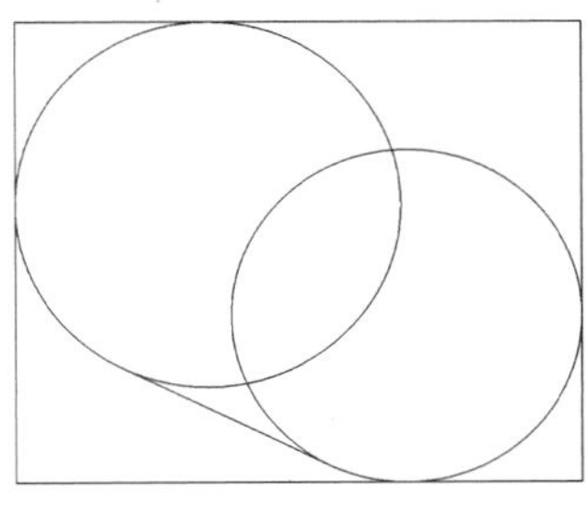

图 5-5　绘制切线

6）执行“修剪”命令（TR），修剪多余的线条及圆弧；然后执行“偏移”命令（O），将修剪完成的轮廓向内偏移 300，如图 5-6 所示。

7）执行“偏移”命令（O）和“修剪”命令（TR），在右侧绘制出边长为 1600mm × 7953mm 的花池外轮廓，如图 5-7 所示。

8）执行“偏移”命令（O）和“直线”命令（L），绘制花池内部轮廓，如图 5-8 所示。

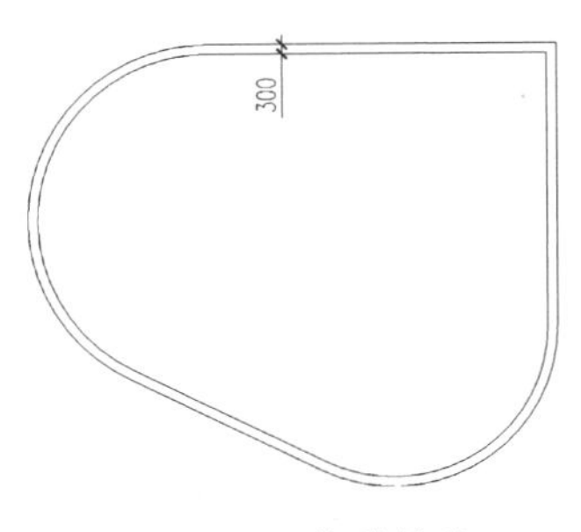

图 5-6　修剪偏移

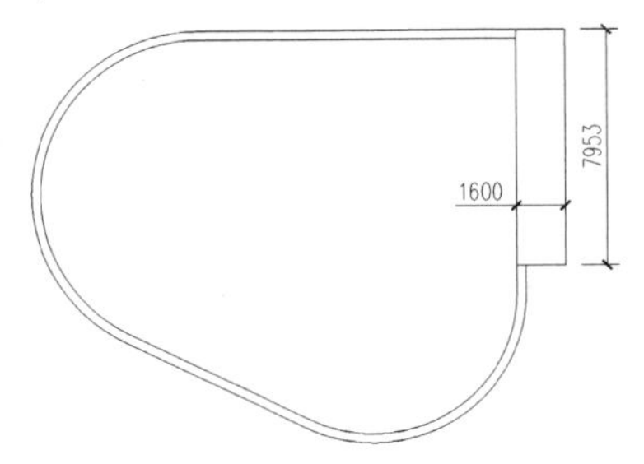

图 5-7　绘制花池

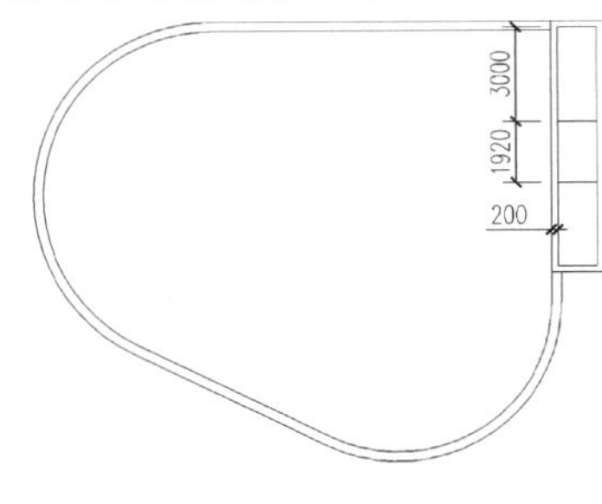

图 5-8　偏移线段

9）执行“直线”命令（L）和“偏移”命令（O），在右侧绘制出图 5-9 所示的图形。

10）执行“偏移”命令（O）、“修剪”命令（TR）和“圆角”命令（F），在水池内绘制图 5-10 所示的台阶轮廓。

11）执行“偏移”命令（O），将上步绘制的台阶轮廓向下偏移 6 次，偏移距离均为 300mm，如图 5-11 所示。

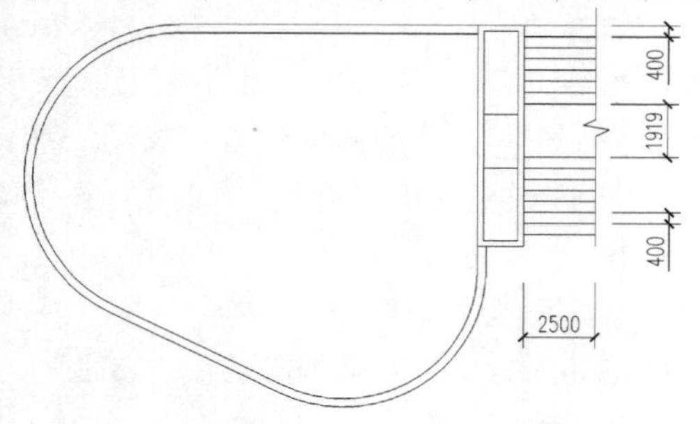

图 5-9　绘制线段

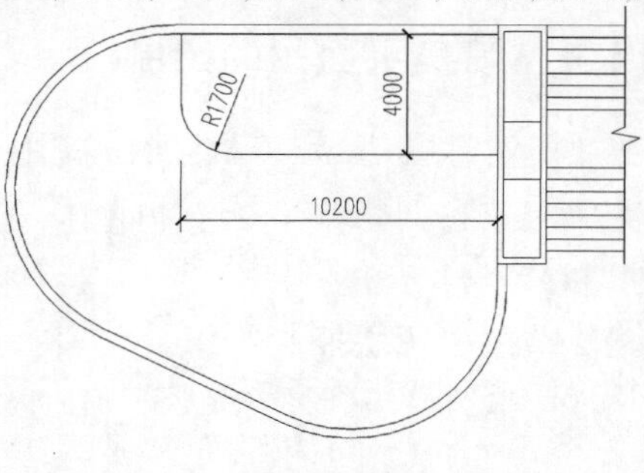

图 5-10　绘制水池内轮廓

12）执行“圆”命令（C）和“直线”命令（L），绘制半径为 400mm 的圆和过圆十字线，且将圆转换线型为“DASH”，形成“喷泉喷头”；再执行“移动”命令（M）和“复制”命令（CO），将喷头分别放置到图 5-12 所示的相应位置。

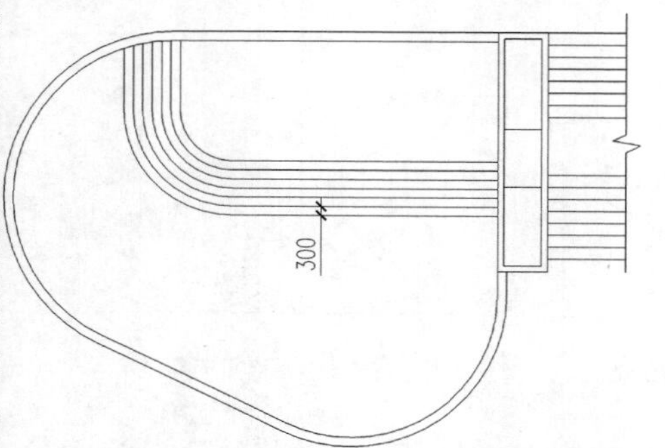

图 5-11　偏移台阶

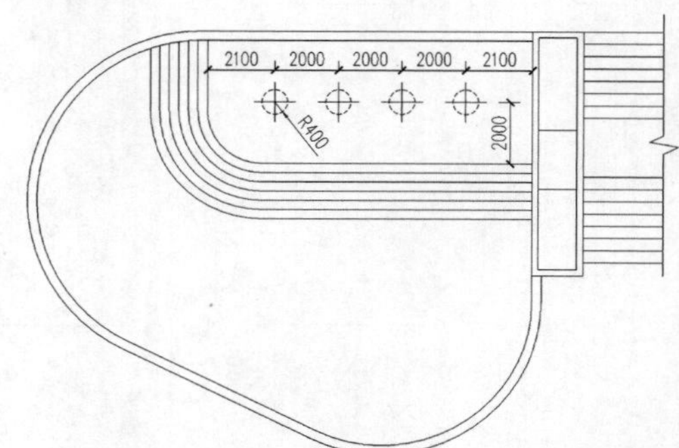

图 5-12　绘制喷头

13）选择“水体轮廓线”图层为当前图层，然后在“特性”面板中，设置当前的线型为“DASH”，线宽为“默认”。

14）执行“直线”命令（L）和“复制”命令（CO），如图 5-13 所示绘制出喷水效果。

15）执行“偏移”命令（O），将水池内轮廓向内偏移 800；然后以偏移的线条为参照修剪掉多余的喷水，如图 5-14 所示。

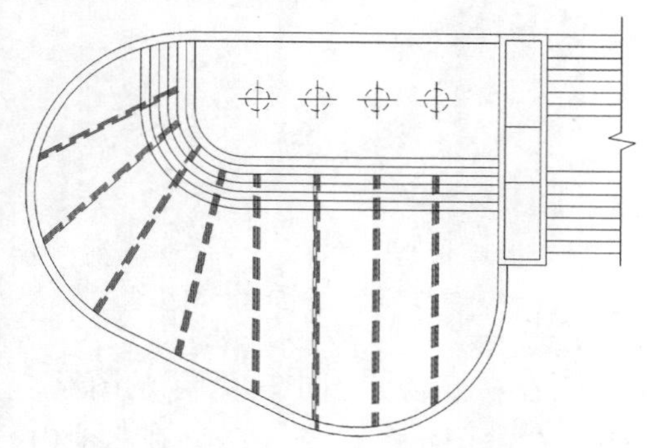

图 5-13　绘制喷水

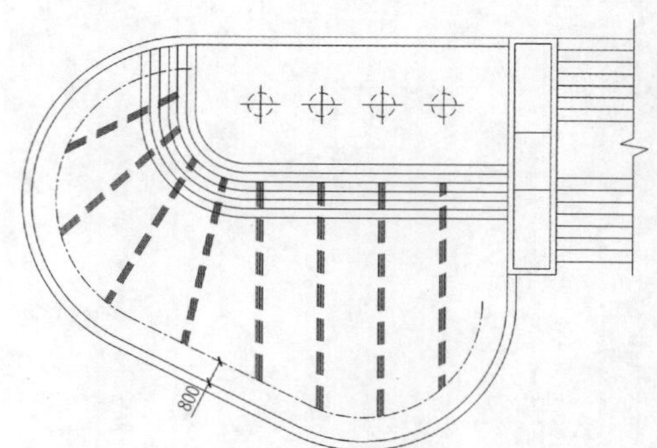

图 5-14　修剪图形

16）执行“删除”命令（E），将上步偏移的线条删除；然后将“标记线”图层设置为当前图层。

17）执行“多段线”命令（PL），设置全局宽度为“100”，在相应位置绘制出断面线；再执行“多行文字”命令（MT），选择字体为“宋体”，设置字高为“700”，在断面线旁边注写相应文字，以形成剖切符号，如图5-15所示。

18）在“图层”下拉列表中，选择“尺寸标注”图层为当前图层。在“标注样式”下拉列表选择“园林-100”样式为当前标注样式。

19）执行“线性标注”命令（DLI）、“连续标注”命令（DCO）、“半径标注”命令（DRA）和“对齐标注”命令（DAL），对图形进行相应位置的尺寸标注；然后执行“插入块”命令（I），将内部图块“标高符号”以1∶100的比例插入到图形中，如图5-16所示。

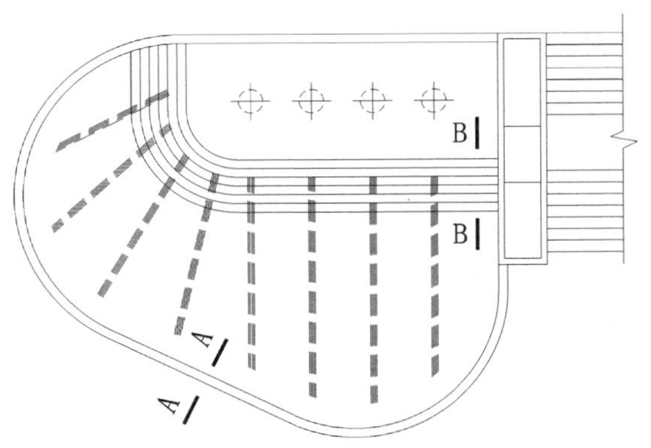

图5-15　绘制剖切符号

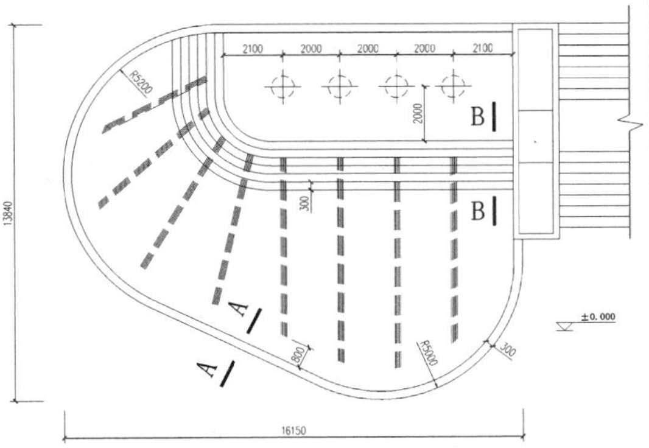

图5-16　尺寸标注

20）选择“文字标注”图层为当前图层，执行“引线注释”命令（LE）和“多行文字”命令（MT），选择“图内文字”样式，设置字高为“500”，在相应位置进行文字注释；再选择“图名”样式，设置字高为“600”，在图形下方标注出图名，然后执行“多段线”命令（PL），在图名下方绘制相应的多段线，如图5-17所示。

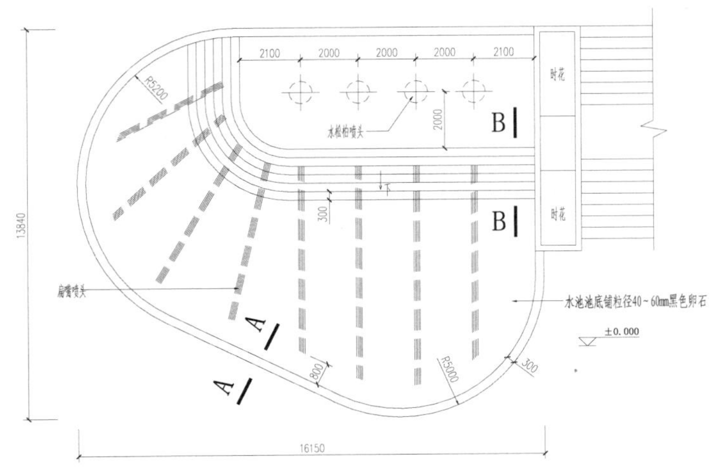

喷泉平面图

图5-17　文字标注

5.1.2 喷泉立面图的绘制

1）在“图层控制”下拉列表，选择“小品轮廓线”图层为当前图层。

2）执行“直线”命令（L）和“偏移”命令（O），由平面图上方相应端点向上绘制垂直的投影线；然后在投影线上绘制一水平线，并按照图5-18所示的尺寸进行偏移。

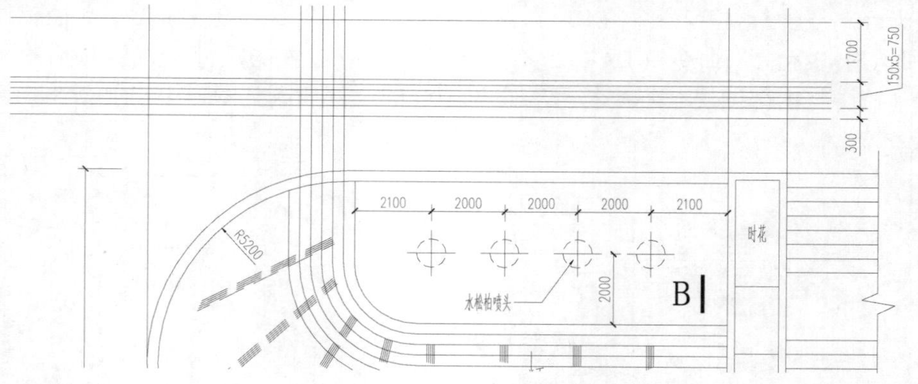

图5-18 绘制延伸投影线

3）执行“修剪”命令（TR），修剪多余线条，然后将最下侧水平线转换为“地坪线”图层，如图5-19所示。

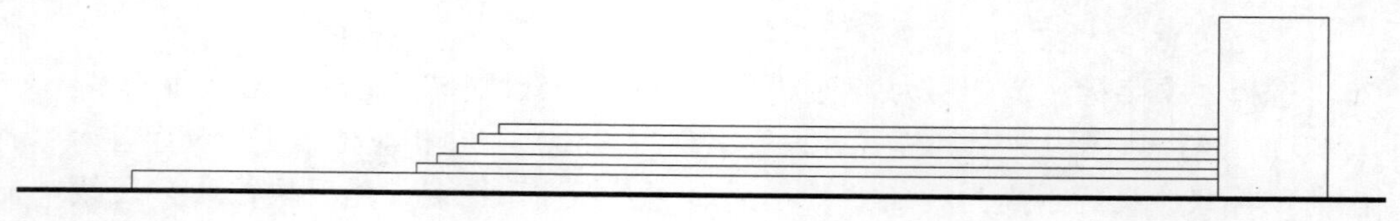

图5-19 修剪效果

4）执行“偏移”命令（O）和“修剪”命令（TR），绘制出花池的立面造型，如图5-20所示。

5）执行“直线”命令（L）和“偏移”命令（O），在右侧绘制出图5-21所示的图形效果。

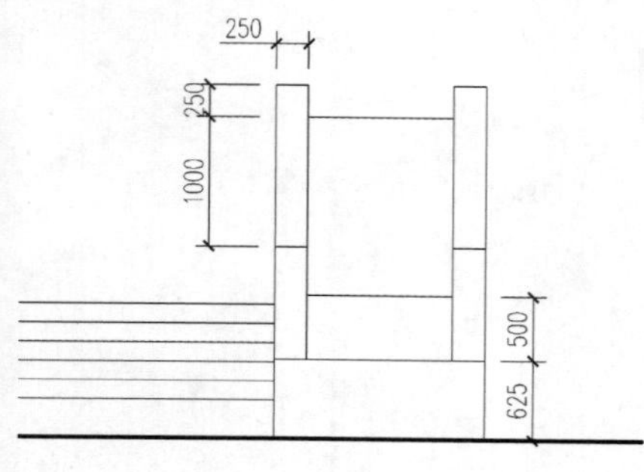

图5-20 绘制花池

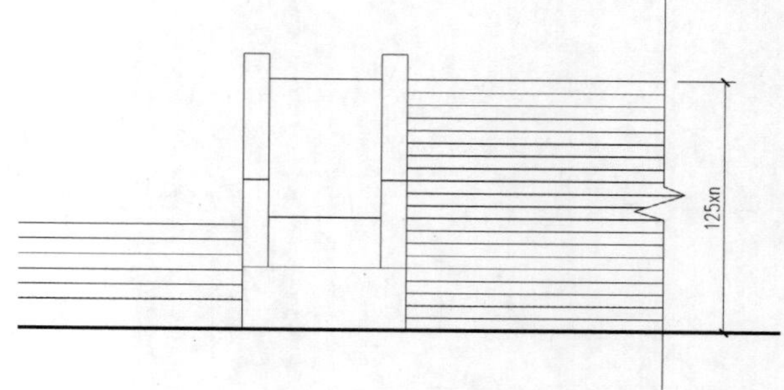

图5-21 绘制线条

6）执行“偏移”命令（O），按照图5-22所示偏移辅助线，然后执行“直线”命令（L），绘制对角连线。

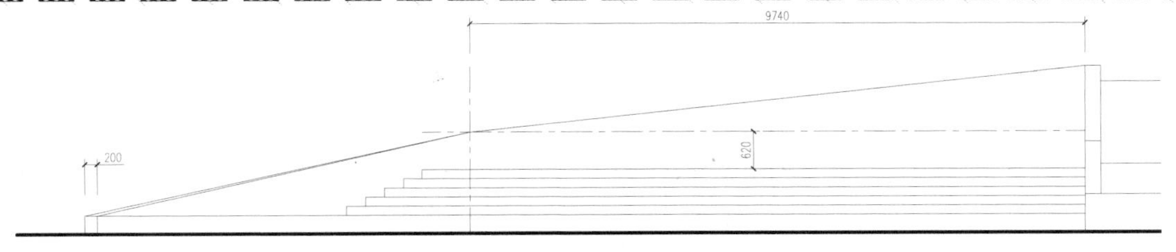

图 5-22　绘制线条

7）执行“删除”命令（E），将辅助线删除；再执行“复制”命令（CO），将两条线段向左复制出 4200mm 的距离，然后绘制相应的连线及带角度斜线，如图 5-23 所示。

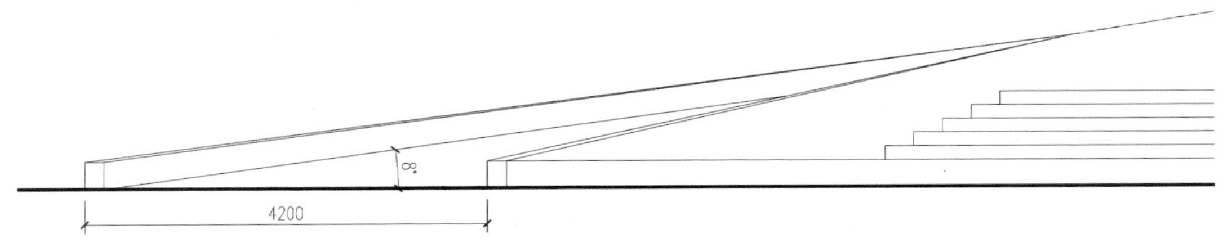

图 5-23　绘制斜线

8）选择“水体轮廓线”图层为当前图层，然后在“特性”面板中，设置当前的线型为“DASH”，线宽为“默认”。

9）执行“直线”命令（L），如图 5-24 所示绘制多条不同高度的垂直的线段形成“水松柏喷泉”；然后执行“复制”命令（CO），将喷泉进行相应的复制。

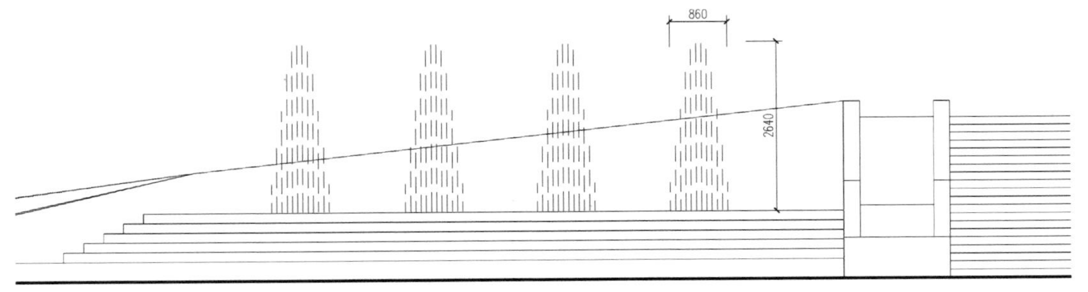

图 5-24　绘制松柏喷泉水

10）执行“样条曲线”命令（SPL）和“直线”命令（L），绘制外围的“扁嘴喷泉”，如图 5-25 所示。

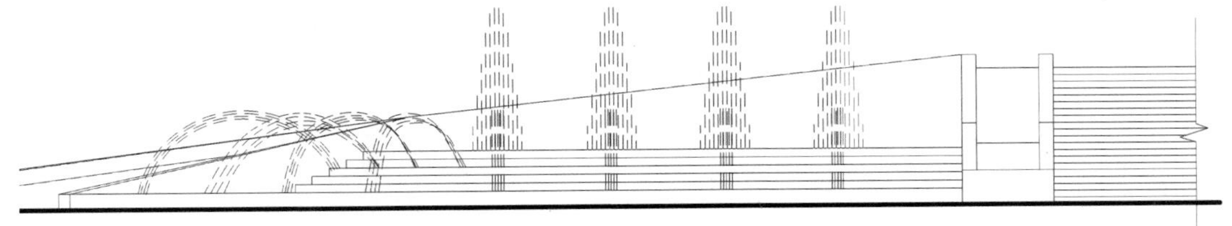

图 5-25　绘制扁嘴喷泉

11）执行“复制”命令（CO），将平面图中的标高符号复制到相应位置，且修改为不同的标高值，如图 5-26 所示。

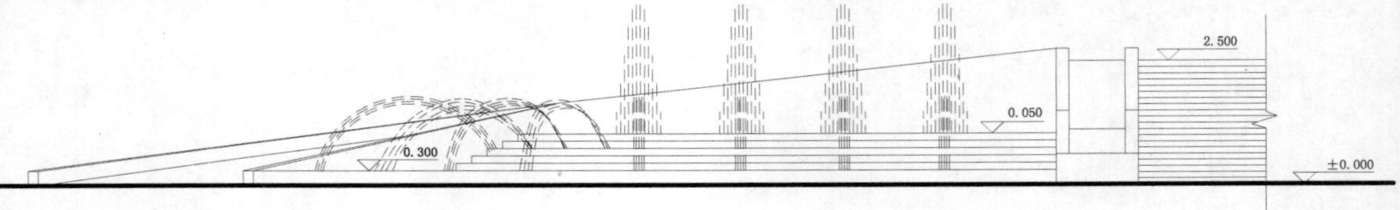

图 5-26 标高标注

12）切换为“文字标注”图层，根据前面平面图标注的文字参数，对相应位置进行文字的标注，然后将平面图的图名复制过来，并对文字进行相应的修改，如图 5-27 所示。

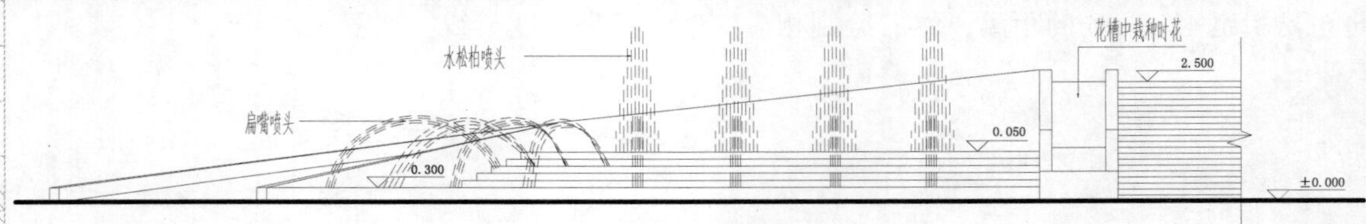

喷泉立面图

图 5-27 文字标注

5.1.3 B-B 剖面图的绘制

1）在“图层控制”下拉列表，选择“剖面结构线”图层为当前图层。

2）执行“矩形”命令（REC），绘制 300mm × 150mm 的矩形作为踏步；执行“复制”命令（CO），将矩形向右下复制 6 份，如图 5-28 所示。

3）分别选择下侧的 6 个矩形，单击左垂直边中间点，均向左拉长 20mm，如图 5-29 所示。

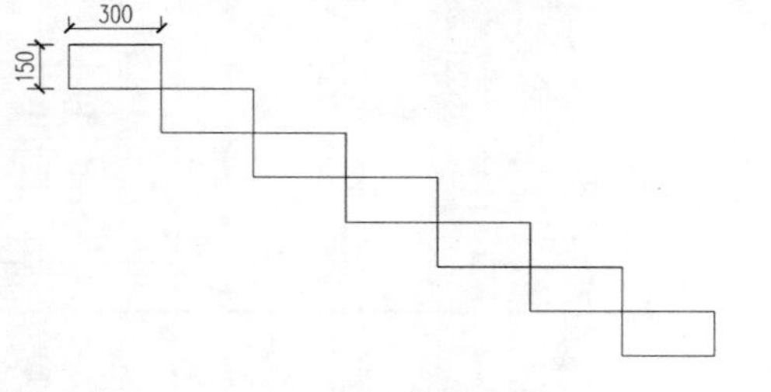

图 5-28 绘制踏步

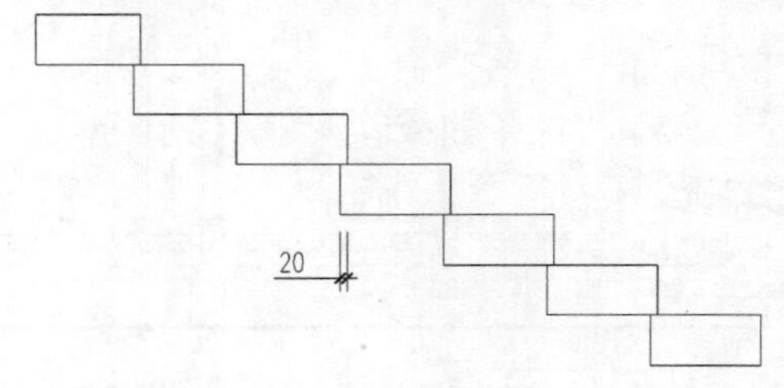

图 5-29 拉长图形

4）通过执行“直线”命令（L）、“偏移”命令（O）和“修剪”命令（TR），在台阶下方绘制出图 5-30 所示的图形。

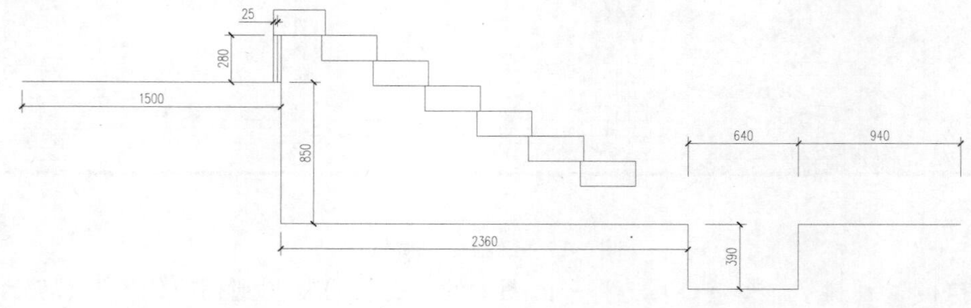

图 5-30 绘制线段

5）执行“偏移”命令（O），将上步绘制的线段向下偏移200；然后执行“直线”命令（L），在两边绘制折断线，如图5-31所示。

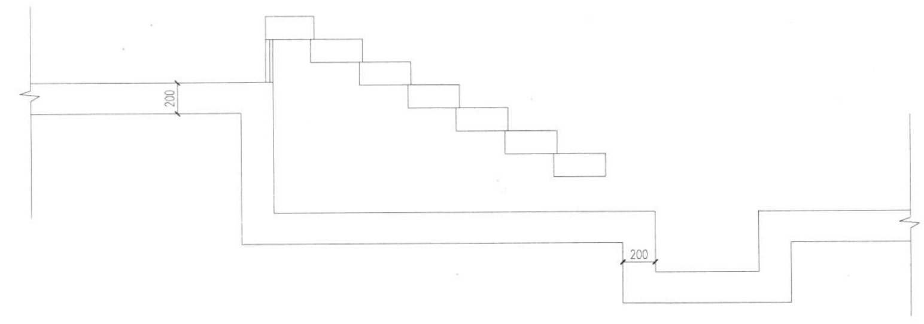

图5-31　偏移并绘制折断线

6）执行“偏移”命令（O）和“修剪”命令（TR），分别将上步偏移轮廓线的各水平线向下依次偏移100、200、80，形成的基础层效果如图5-32所示。

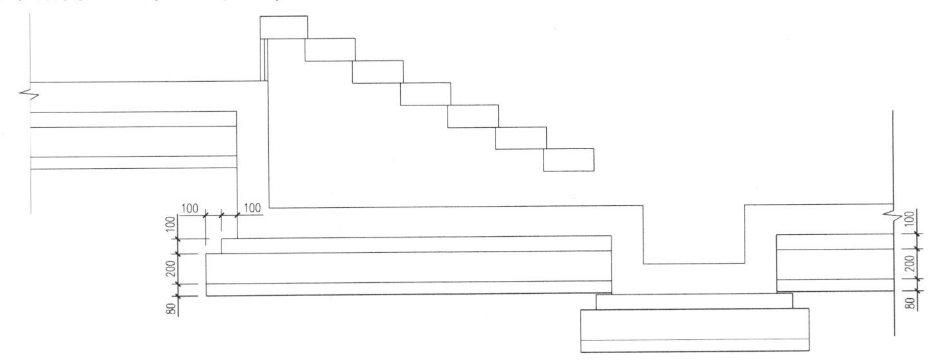

图5-32　绘制基础层

7）执行“偏移”命令（O）和“修剪”命令（TR），在右侧绘制图5-33所示的轮廓线。

8）执行“样条曲线”命令（SPL）和“复制”命令（CO），在池底绘制一些石子；然后在上侧绘制多条水平线，以形成水面线，且转换其图层为“水体轮廓线”图层，设置其宽度为“默认”，线型为“DASH”，如图5-34所示。

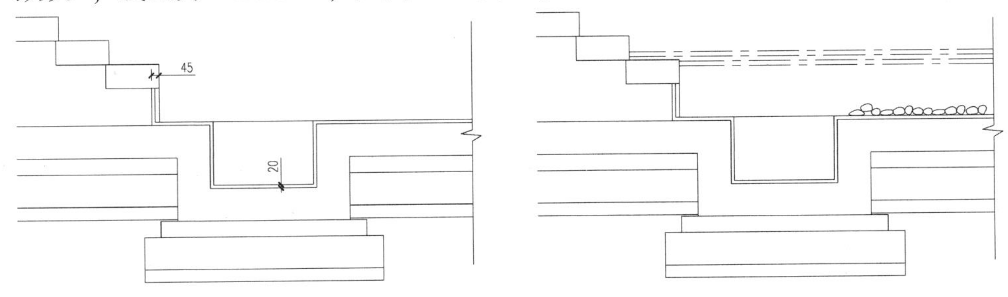

图5-33　绘制水池　　　　图5-34　绘制石子和水面线

9）在左上侧凹陷处，通过“偏移”“复制”和“直线”等命令，绘制出池底石子与水面线效果，如图5-35所示。

10）切换至“填充线”图层，执行“图案填充”命令（H），如图5-36所示分别设置不同的图案、比例与角度，对图形相应的位置进行图案填充操作；然后执行“删除”命令（E），将最下侧图案的边删除。

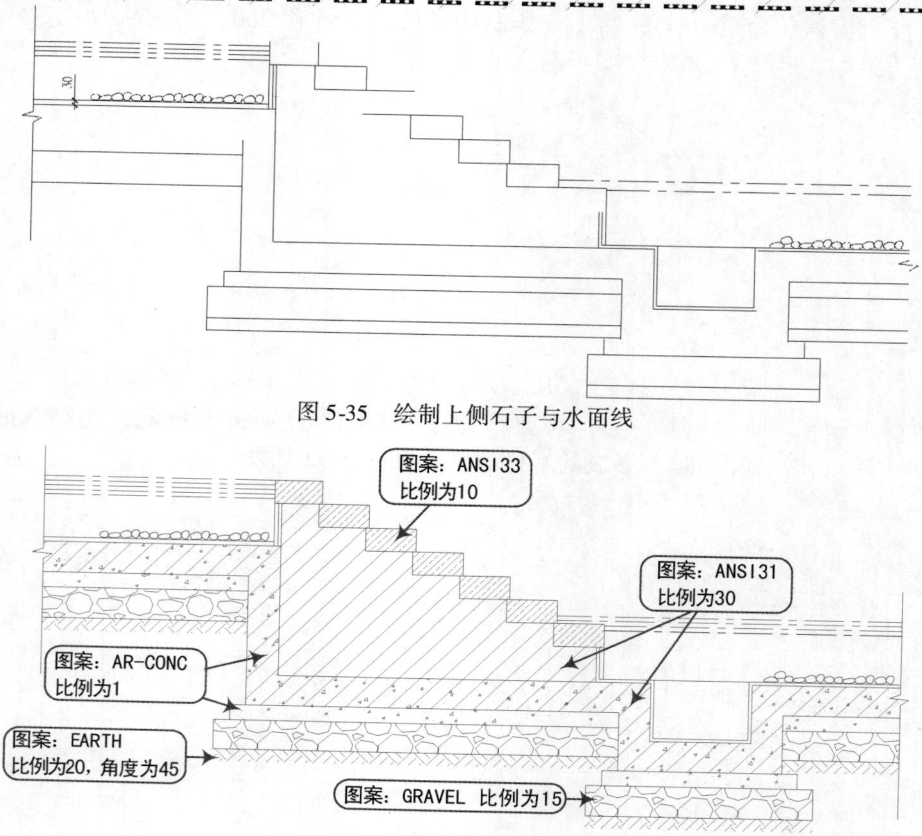

图 5-35 绘制上侧石子与水面线

图 5-36 图案填充

11）绘制“扁嘴喷头”，通过执行“矩形”命令（REC）、“移动”命令（M）和“直线”命令（L），绘制出图 5-37 所示的图形。

12）执行“矩形”命令（REC）、“分解”命令（X）、“偏移”命令（O）和“修剪”命令（TR），绘制出图 5-38 所示的图形。

13）执行“旋转”命令（RO），将上步绘制的图形旋转 -60°；再执行“移动”命令（M），将刚才绘制的两个图形进行组合，如图 5-39 所示。

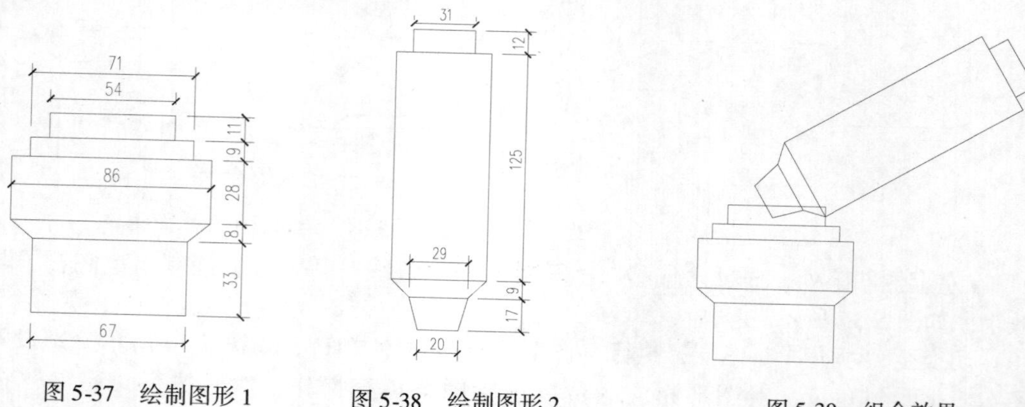

图 5-37 绘制图形 1　　图 5-38 绘制图形 2　　图 5-39 组合效果

14）执行“修剪”命令（TR）和“直线”命令（L），完成效果如图5-40所示。

15）执行“直线”命令（L）、“偏移”命令（O）和“圆角”命令（F），在图形下侧绘制宽度为28mm的管道，如图5-41所示。

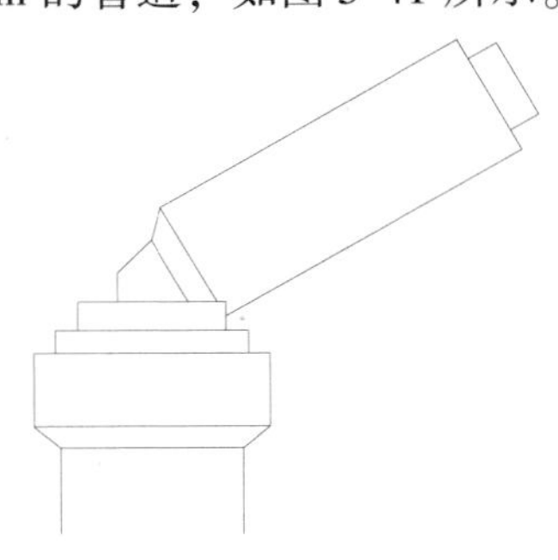

图5-40　修剪效果

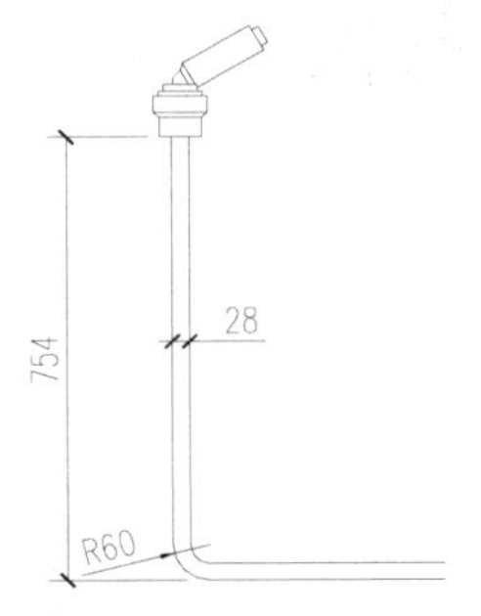

图5-41　绘制管道

16）执行“移动”命令（M），将绘制好“扁嘴喷头”立面图形移到到剖面图的相应位置；然后通过“直线”命令（L）和“修剪”命令（TR），修剪掉喷头内的图形，再将管道水平向拉长，如图5-42所示。

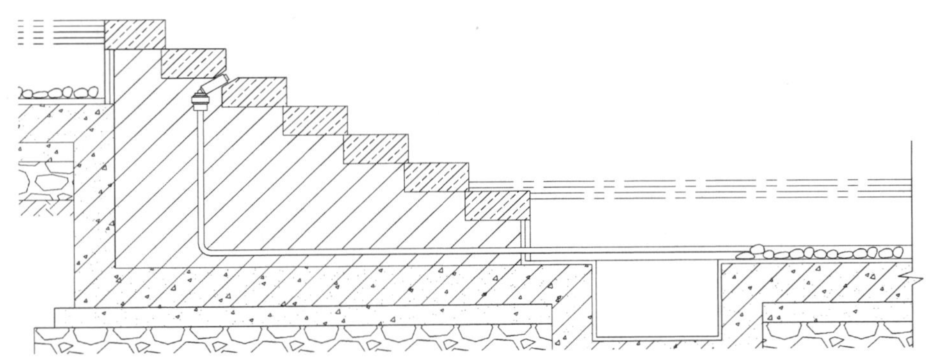

图5-42　移动喷头

17）切换至“水体轮廓线”图层，执行“圆弧”命令（A），由喷头嘴向外绘制多条弧线表示喷水效果，且转换弧线的线型为“DASH”，线宽为“默认”，如图5-43所示。

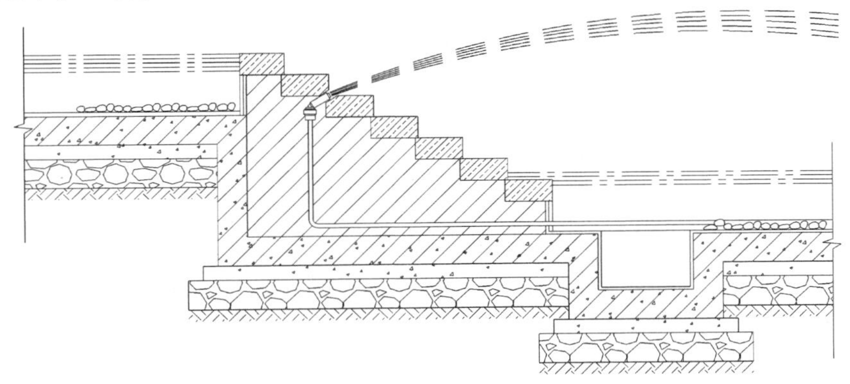

图5-43　绘制喷水

18）执行“缩放”命令（SC），将上步绘制好的剖面图放大2.5倍。

19）切换至“尺寸标注”图层，如图 5-44 所示创建一个“园林－100”的“替代”样式，并设置标注比例为“60”。

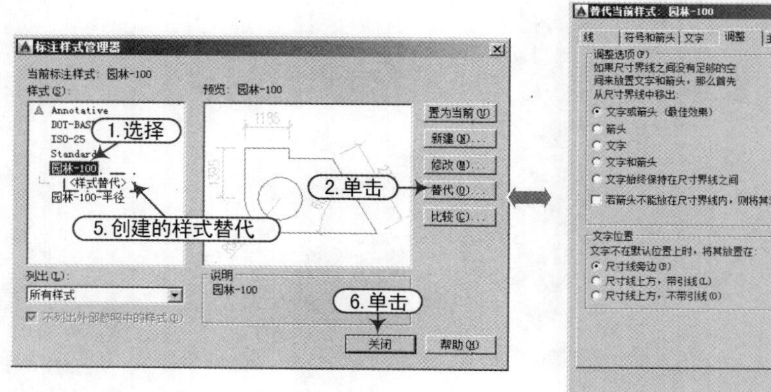

图 5-44　设置“替代”样式

要点：步骤讲解

在一个 CAD 文件中，绘制的两个图形范围差距较大，则需要使用不同的标注比例去标注两个图形，可创建一个该样式的“替代”样式，并设置与原样式不一样的标注比例来进行标注。

如前面的平面图是使用的“园林-100”样式（1:100），由于剖面图较小，在这里创建一个替代样式，设置的比例为 1:60，这样就可以使用这个“替代”样式来标注剖面图形了。

20）执行“线性标注”命令（DLI）和“连续标注”命令（DCO），对放大的图形进行尺寸的标注；然后执行“编辑标注”（ED）命令，将各标注出的数字都除以 2.5，以改回原尺寸，如图 5-45 所示。

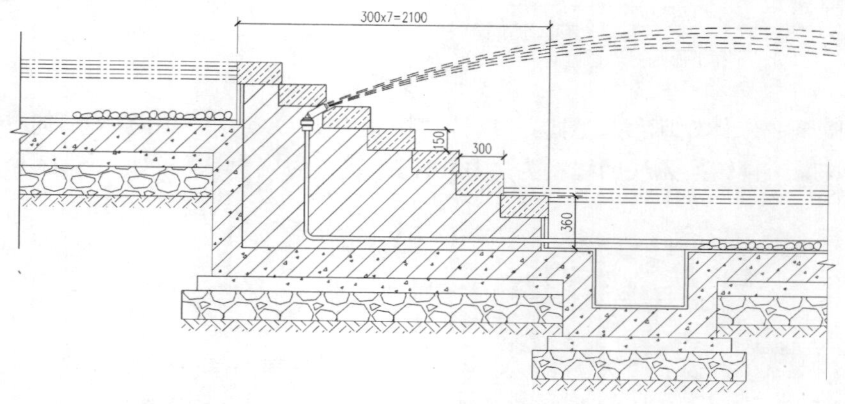

图 5-45　尺寸标注

21）执行“复制”命令（CO），将前面的“标高符号”复制过来，并修改不同的标高值；再执行“引线注释”命令（LE），对相应位置进行文字的注释，然后将前面图名复制过来，并作相应的修改，如图 5-46 所示。

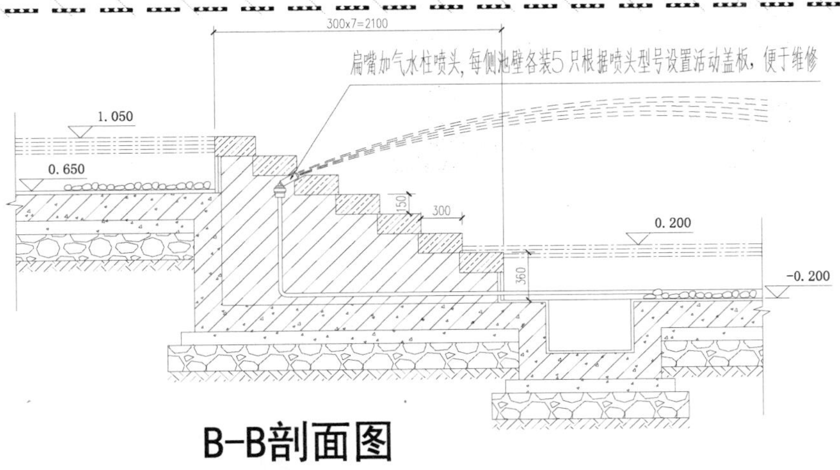

图 5-46　剖面图效果

5.1.4　A-A 剖面图的绘制

1）在“图层控制”下拉列表，选择“剖面结构线”图层为当前图层。

2）执行“直线”命令（L），根据图 5-47 所示的尺寸绘制出图形。

3）执行“倒角”命令（CHA），选择“距离（D）”选项，设置第一个和第二个倒角距离均为 15mm，对右上直角进行倒角处理，如图 5-48 所示。

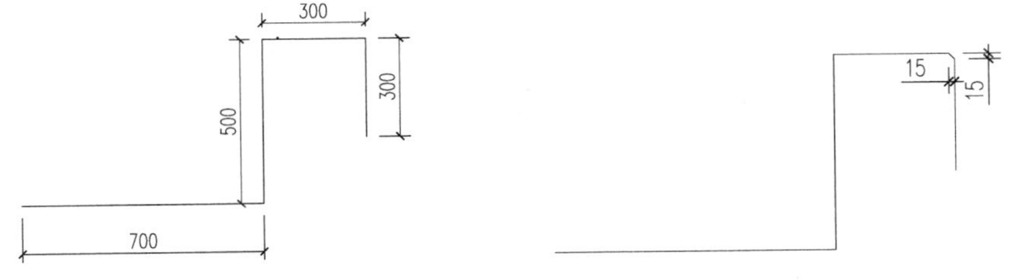

图 5-47　绘制线段　　　图 5-48　倒角操作

4）执行“偏移”命令（O），将相应线段按照图 5-49 所示的尺寸进行偏移。

5）执行“修剪”命令（TR），修剪出凹槽效果如图 5-50 所示。

6）执行“偏移”命令（O），再将相应线段按照图 5-51 所示的尺寸进行偏移。

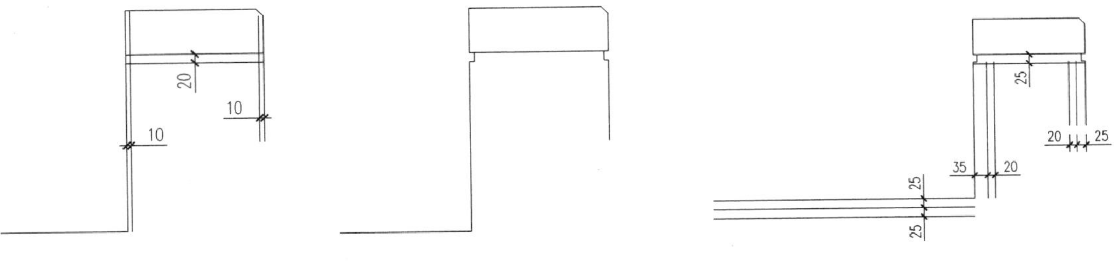

图 5-49　偏移　　　图 5-50　修剪　　　图 5-51　偏移

7）执行“修剪”命令（TR）和“延伸”命令（EX），完成图5-52所示的图形效果。

要点：修剪和延伸命令的互换

在“修剪”和“延伸”命令执行的过程中，按住“Shift”键，可在这两种命令之间进行互换。

8）执行“直线”命令（L）和“偏移”命令（O），在右侧绘制出多条水平线，如图5-53所示。

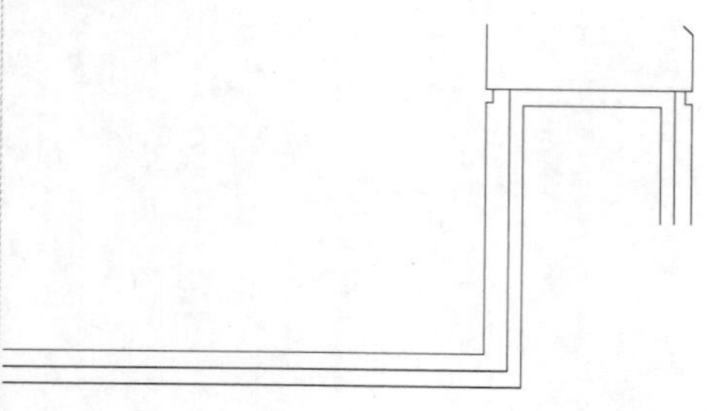

图5-52　修剪和延伸

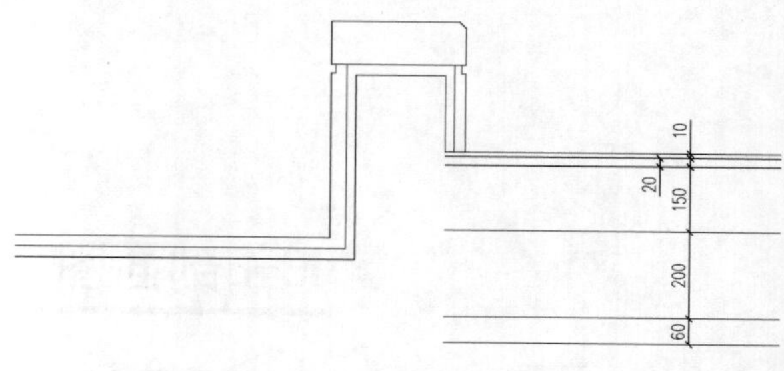

图5-53　偏移线段

9）执行“偏移”命令（O）和“延伸”命令（EX），完成图5-54所示的效果。

10）执行“偏移”命令（O）和“修剪”命令（TR），在下侧绘制出图5-55所示的基层结构。

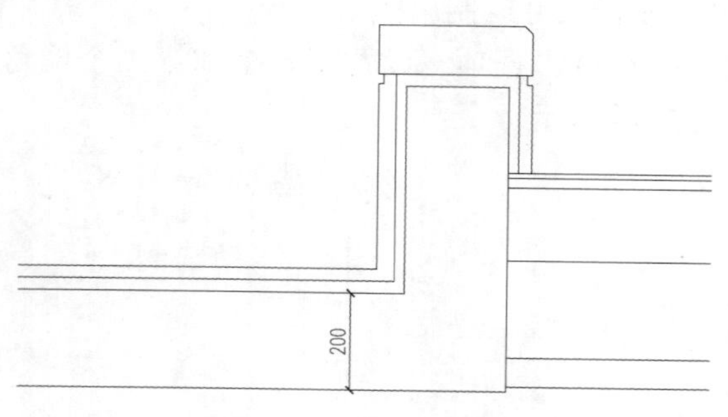

图5-54　偏移和延伸

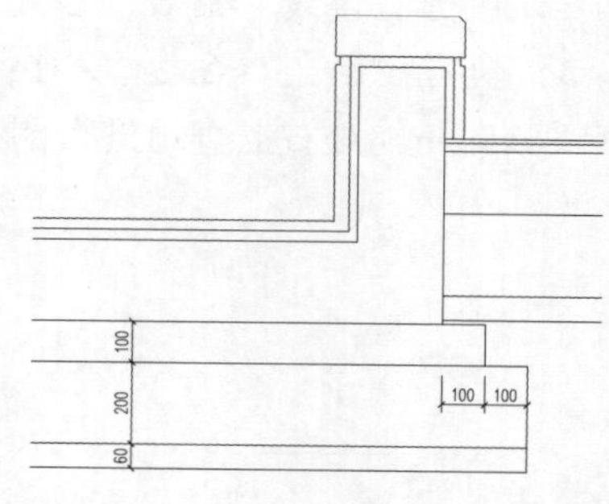

图5-55　绘制基层

11）执行“多段线”命令（PL），在两侧绘制折断线，然后捕捉台阶的端点向左绘制水平轮廓线，如图5-56所示。

12）执行“直线”命令（L），绘制多条水平线表示“水面线”，且设置其图层为“水体轮廓线”，线型和线宽同前一实例，如图5-57所示。

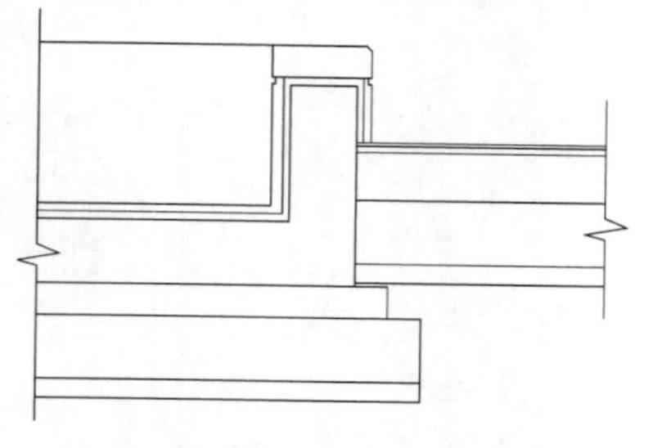

图5-56　绘制折断线轮廓

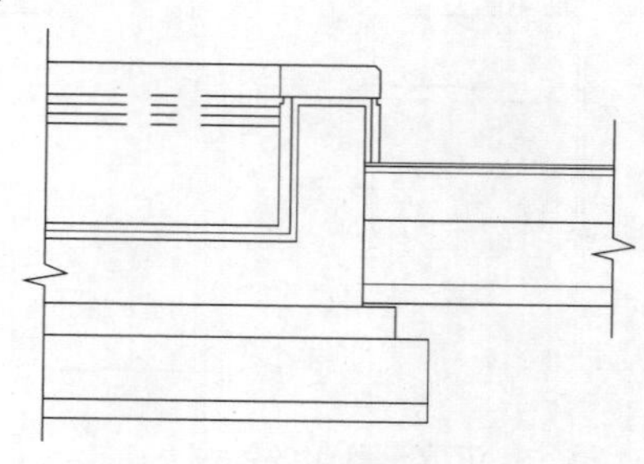

图5-57　绘制水面线

13）切换至“填充线”图层，设置同前面“B-B 剖面图”相应的图案、角度与比例，对相应位置进行填充，然后将最底层的边删除，如图 5-58 所示。

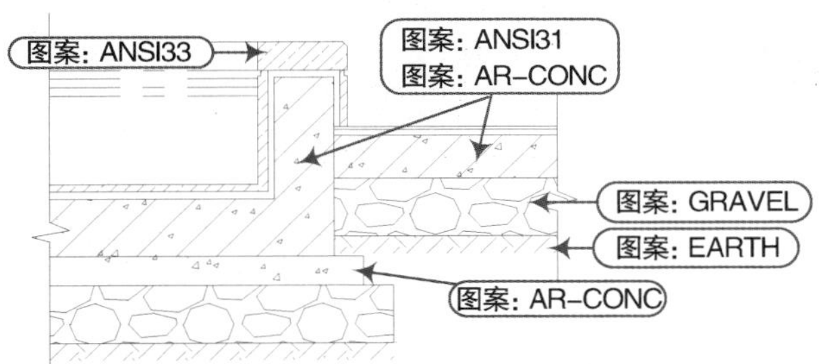

图 5-58 图案填充

14）执行“缩放”命令（SC），将图形放大 4 倍；然后选择“尺寸标注”图层为当前图层。

15）执行“线性标注”命令（DLI）和执行“连续标注”命令（DCO），对图形进行尺寸的标注；然后执行“编辑标注”（ED）命令，对标注出的各数字都除以 4，以改回原尺寸，如图 5-59 所示。

16）执行“复制”命令（CO），将前面标高符号复制过来，进行标高标注；再执行“引线注释”命令（LE），在图形相应位置进行文字注释，然后将图名复制过来并进行修改，如图 5-60 所示。

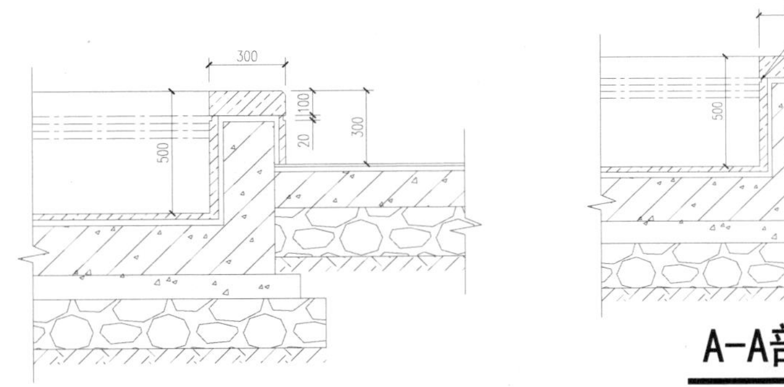

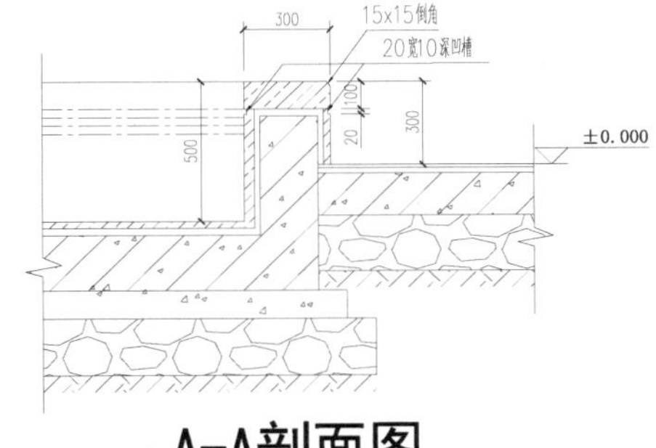

图 5-59 尺寸标注　　　　图 5-60 剖面图效果

17）至此，该图形已经绘制完成，按“Ctrl + S”组合键进行保存。

5.2 跌水池的绘制

接下来分别绘制了跌水池的平面图、正立面图、侧立面图、花池剖面图、跌水池剖面图、玻璃水槽详图等，通过多个实例的讲解，使读者掌握跌水池施工图的绘制过程及学习技巧，绘制跌水池的图形最终效果如图 5-61 所示。

5.2.1 跌水池平面图的绘制

1）正常启动 AutoCAD 2015 应用程序，单击“打开”按钮，将前面创建的“案例\ 04\ 园

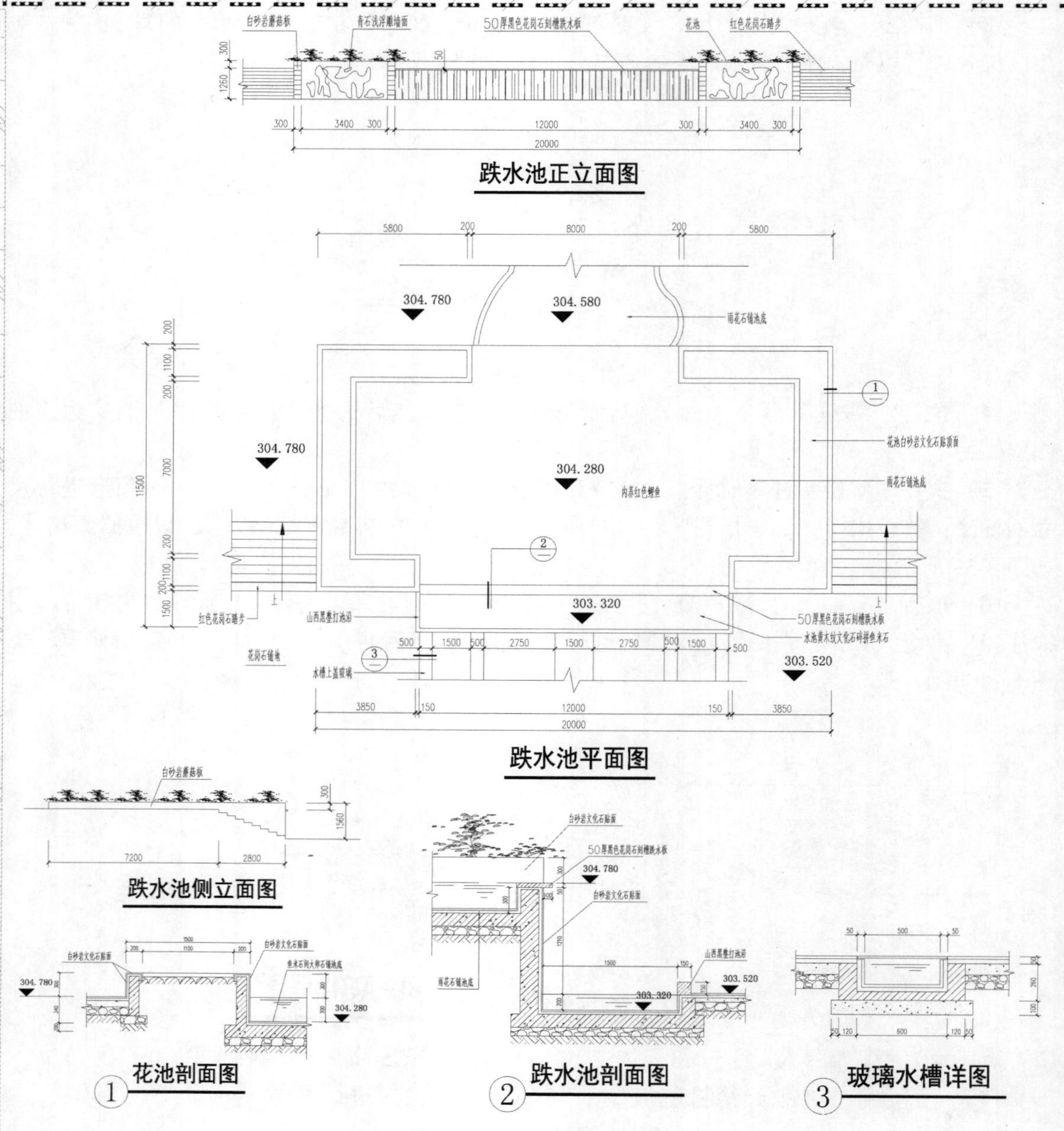

图 5-61　跌水池图形效果

林样板 . dwt” 文件打开；再单击 “另存为” 按钮，将该样板文件另存为 “案例 \ 04 \ 跌水池 . dwg” 文件。

2）在 “图层控制” 下拉列表，选择 “小品轮廓线” 图层为当前图层。

3）执行 “矩形” 命令（REC），绘制边长为 20000mm × 10000mm 的矩形；然后执行 “分解” 命令（X）、“偏移” 命令（O）和 “修剪” 命令（TR），在内部绘制图 5-62 所示的轮廓。

4）执行 “偏移” 命令（O），将相应轮廓各向内偏移 200，并修改出图 5-63 所示的效果。

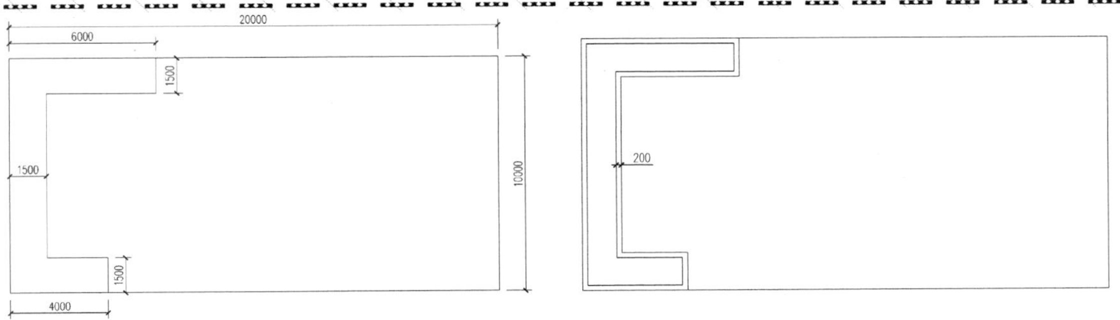

图 5-62　绘制矩形和线段　　　　图 5-63　绘制出花槽

5）执行“镜像”命令（MI），将上步绘制的内部轮廓向右进行镜像，形成两侧的花池效果；再执行“多段线”命令（PL）和“偏移”命令（O），在下侧绘制出图 5-64 所示的跌水池轮廓。

6）执行“偏移”命令（O），将矩形下水平边向上偏移 300，向下偏移 100，然后修剪掉相应的线条，如图 5-65 所示。

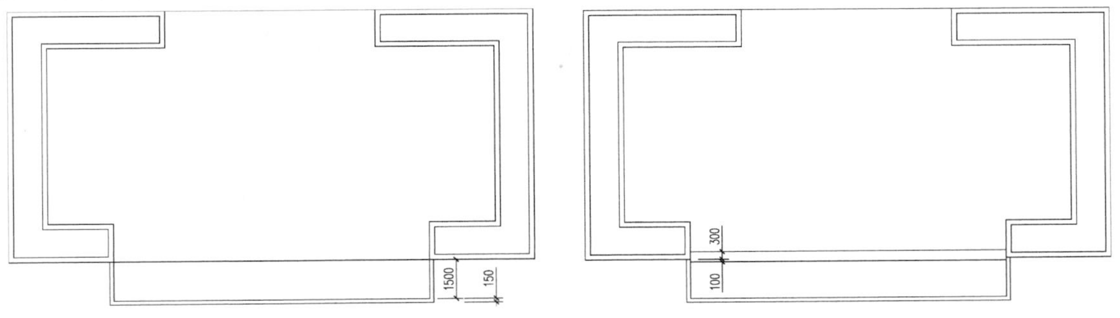

图 5-64　镜像花槽并绘制跌水池　　　　图 5-65　绘制线段

7）执行“直线”命令（L）、“偏移”命令（O）和“修剪”命令（TR），在下侧绘制出玻璃水槽的轮廓和折断线，如图 5-66 所示。

8）执行“样条曲线”命令（SPL）和“多段线”命令（PL），在图形上方绘制水池轮廓和折断线，如图 5-67 所示。

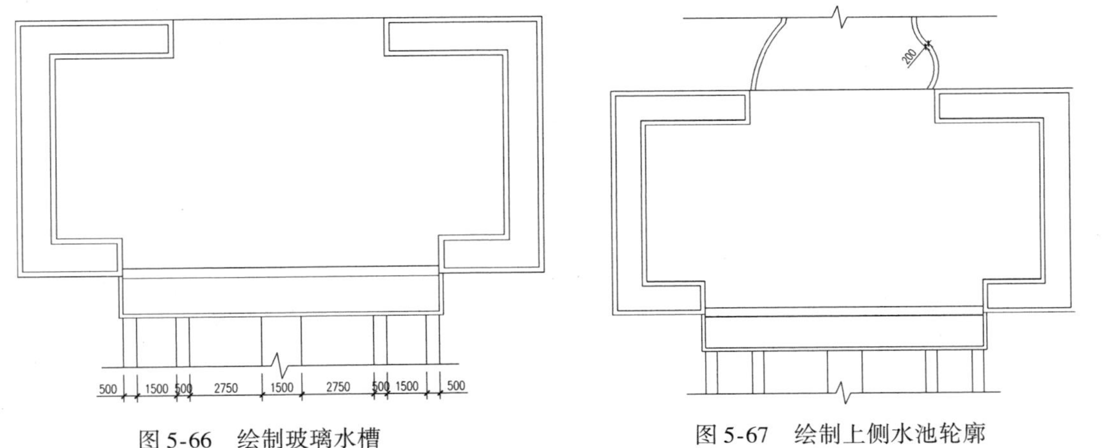

图 5-66　绘制玻璃水槽　　　　图 5-67　绘制上侧水池轮廓

9）执行“直线”命令（L）和“偏移”命令（O），在矩形左下侧位置绘制宽度为350mm的台阶和折断线；然后执行“镜像”命令（MI），将台阶进行左右镜像，如图5-68所示。

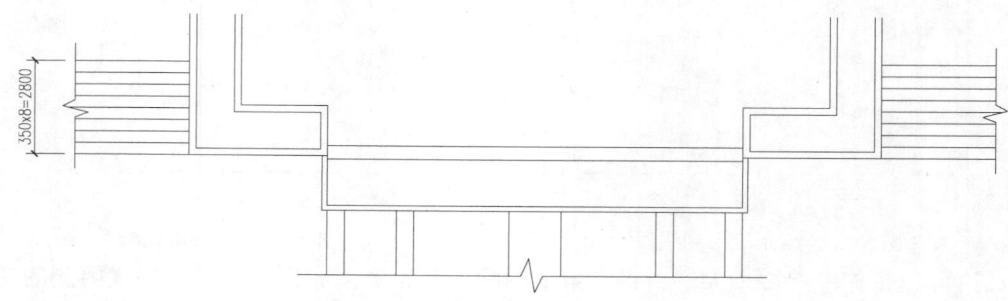

图5-68　绘制台阶

10）将“标记线”图层设置为当前图层，执行“插入块”命令（I），将内部图块“标高符号”以1∶150的比例插入到图形中，然后通过“分解”命令（X）、“删除”命令（E）和“图案填充”命令（H），完成“绝对标高”符号的绘制，如图5-69所示。

图5-69　绘制绝对标高符号

11）执行“写块”命令（W），弹出“写块”对话框，将绘制的“绝对标高”符号保存为“案例\05”外部图块，以便绘制其他图形时使用，如图5-70所示。

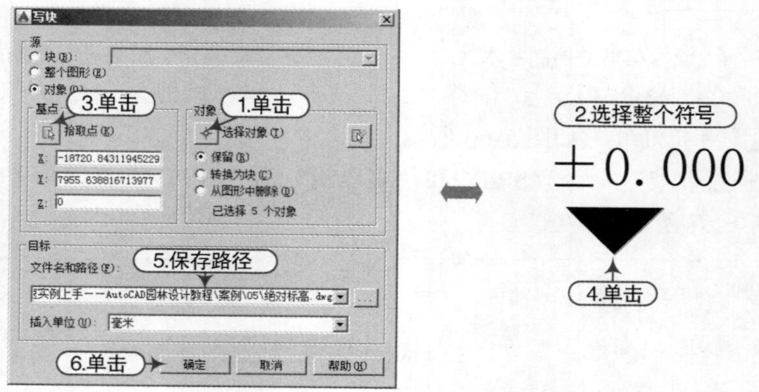

图5-70　保存外部图块

12）执行“复制”命令（CO），将“绝对标高”符号复制到图形相应位置，并双击修改相应的属性值，如图5-71所示。

13）再执行“插入块”命令（I），将内部图块“剖切索引”符号按照1∶100的比例插入到图形中，并通过“分解”“复制”“镜像”“移动”等命令，完成相应位置的剖切符号标注，如图5-72所示。

14）在“图层控制”下拉列表，选择“尺寸标注”图层为当前图层；在“标注样式”

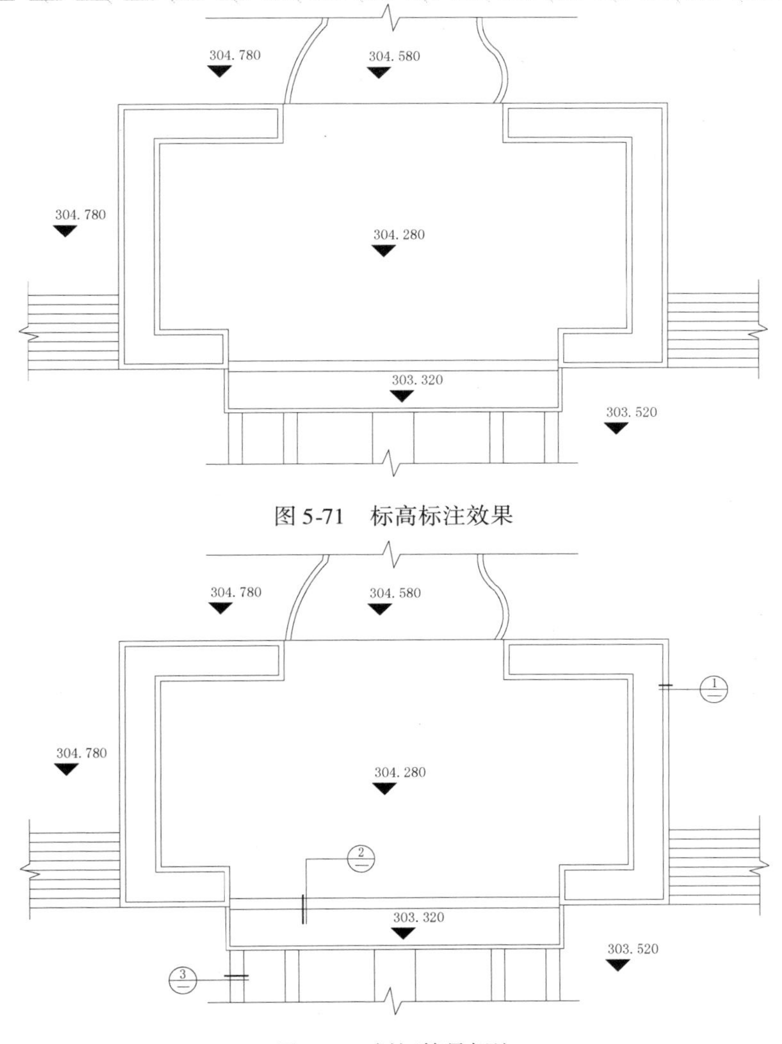

图 5-71　标高标注效果

图 5-72　剖切符号标注

列表，选择“园林-100”标注样式为当前标注样式。

15）执行“线性标注”命令（DLI）和“连续标注”命令（DCO），对图形进行相应的尺寸标注。

16）再选择“文字标注”图层为当前图层；执行“多行文字”命令（MT）和“引线注释”命令（LE），选择“图内文字”样式，设置字高为“500”，对相应文字进行文字注释；再选择“图名”样式，在图形下侧标注出图名，然后在图名下方绘制适当长度和宽度的水平多段线，如图 5-73 所示。

5.2.2　跌水池正立面图的绘制

1）在“图层控制”下拉列表，选择“小品轮廓线”图层为当前图层。

2）执行“矩形”命令（REC），绘制边长为 20000mm×1560mm 的矩形；然后执行“分解”命令（X）、“偏移”命令（O）和“修剪”命令（TR），将相应边进行偏移，且修剪出

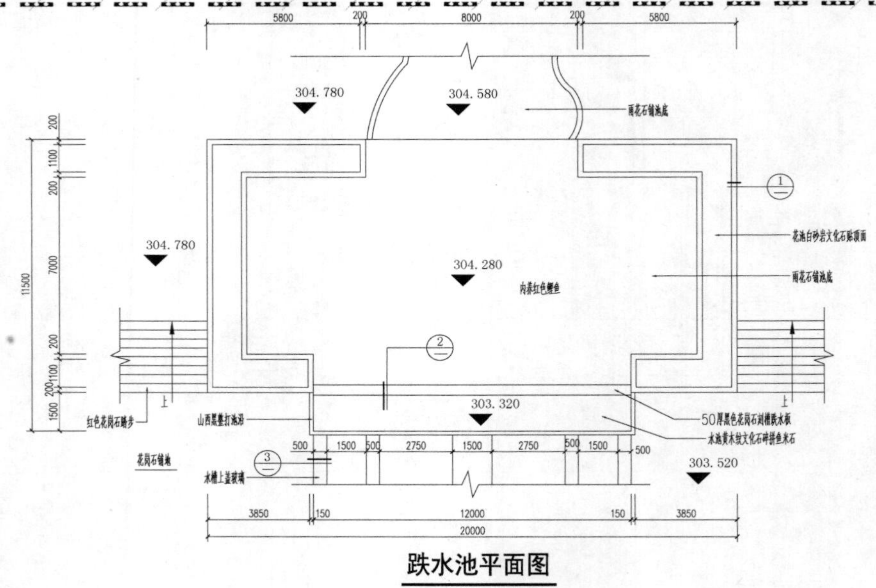

图 5-73　文字、尺寸标注

图 5-74 所示的效果。

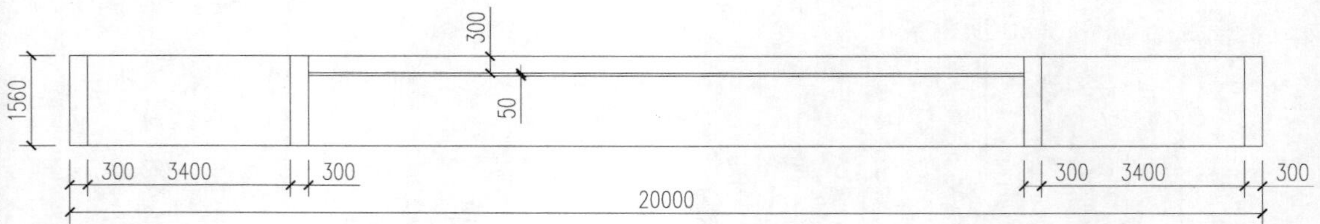

图 5-74　绘制矩形和相应线段

3）执行“图案填充”命令（H），设置图案为“AR-RROOF”，比例为“15”，角度为“90”，对中间位置填充出跌水“水帘池”效果，如图 5-75 所示。

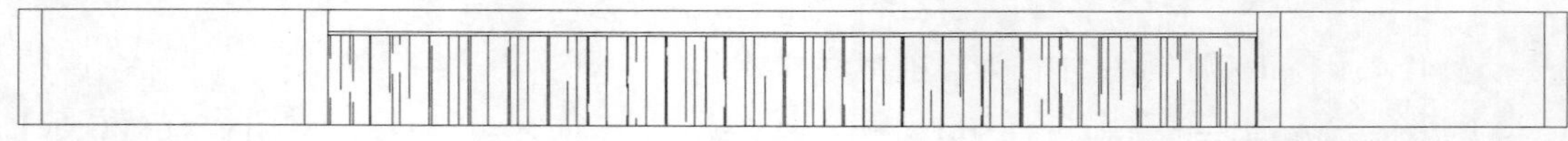

图 5-75　填充水帘池

4）执行“偏移”命令（O）和“修剪”命令（TR），在宽度为 300mm 的两线之间绘制等分线，如图 5-76 所示。

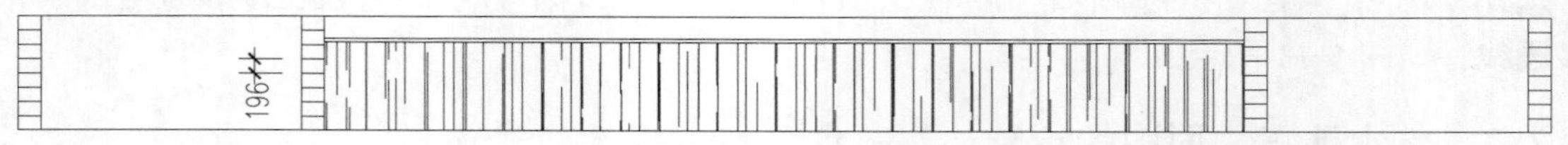

图 5-76　绘制装饰线条

5）执行“样条曲线”命令（SPL）和“镜像”命令（MI），在相应位置绘制出图 5-77 所示的浮雕图案。

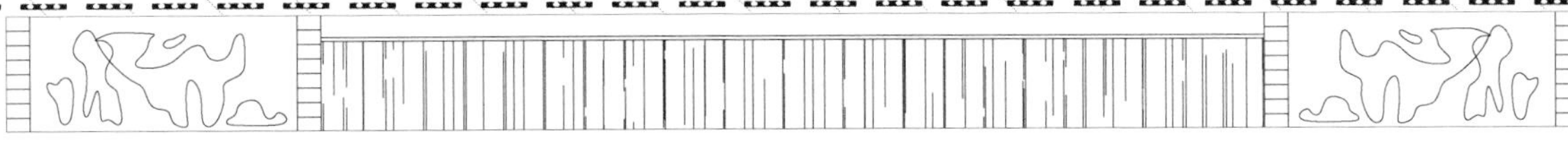

图 5-77　绘制浮雕图案

6）执行“直线”命令（L）和“偏移”命令（O），在两侧绘制 9 步台阶，每个台阶高度为 140mm；然后绘制两侧的折断线，如图 5-78 所示。

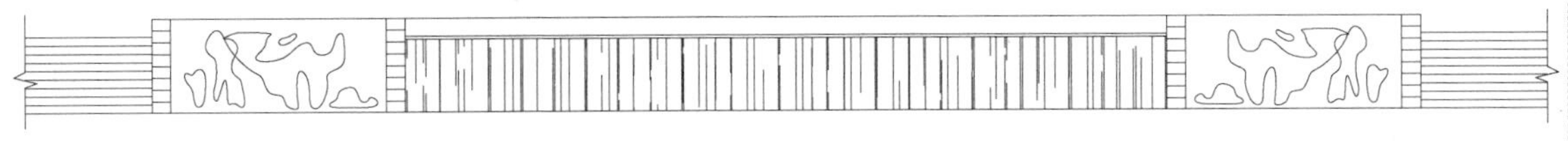

图 5-78　绘制台阶踏步

7）切换至“绿化配景线”图层，执行“插入块”命令（I），将“案例 \ 05 \ 立面花草 . dwg”文件插入到图形中，然后通过复制命令，布置出花草效果，如图 5-79 所示。

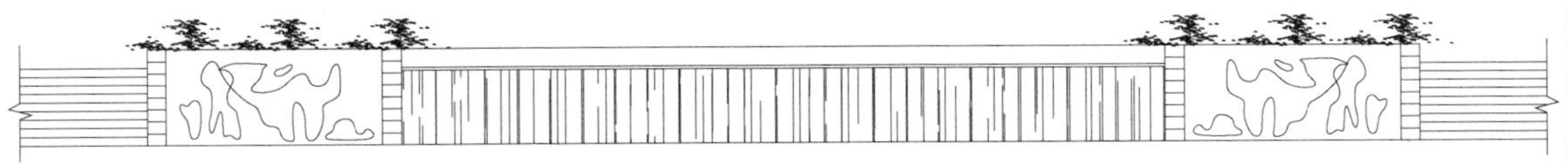

图 5-79　布置植物

8）根据前面标注平面图的方法，分别对立面图进行文字、尺寸、图名的标注，且转换相应的图层，如图 5-80 所示。

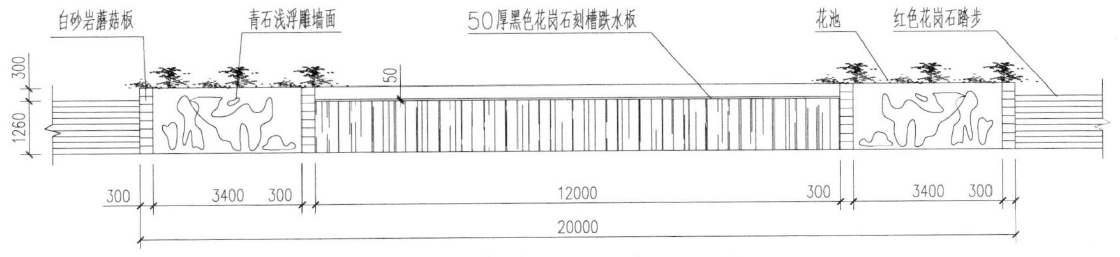

图 5-80　正立面图效果

5. 2. 3　跌水池侧立面图的绘制

1）在“图层控制”下拉列表，选择“小品轮廓线”图层为当前图层。

2）执行“直线”命令（L），绘制出宽度为 350mm，高度为 140mm 的 9 个踏步，如图 5-81 所示。

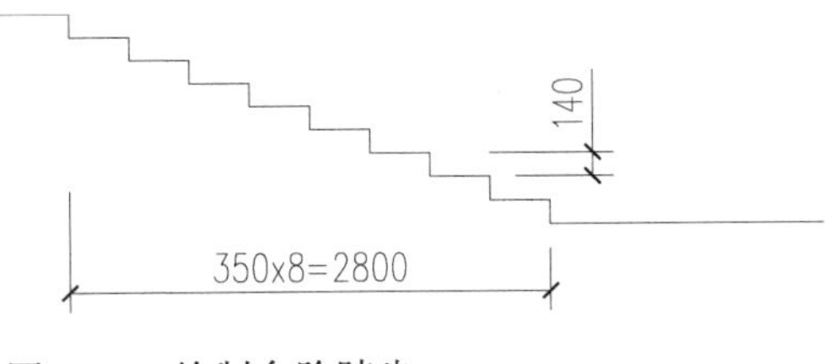

图 5-81　绘制台阶踏步

3）继续绘制出水池的侧面轮廓，如图5-82所示。

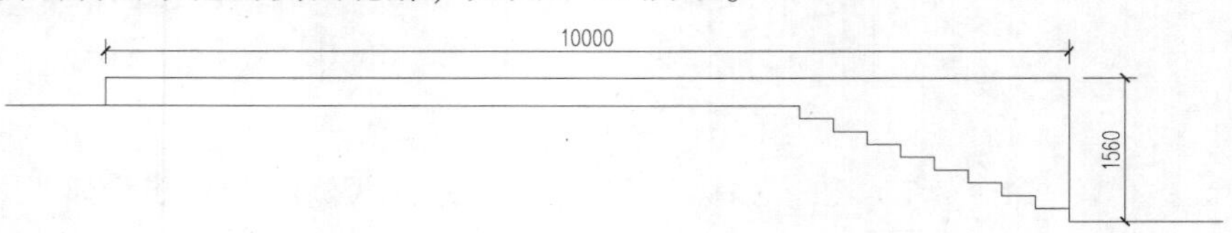

图5-82　绘制水池侧面

4）执行“矩形”命令（REC），在相应位置绘制边长为100mm×50mm的矩形作为“跌水板”侧面轮廓，如图5-83所示。

图5-83　绘制跌水板

5）执行“复制”命令（CO），将正立面图中的植物复制到侧立面图上，如图5-84所示。

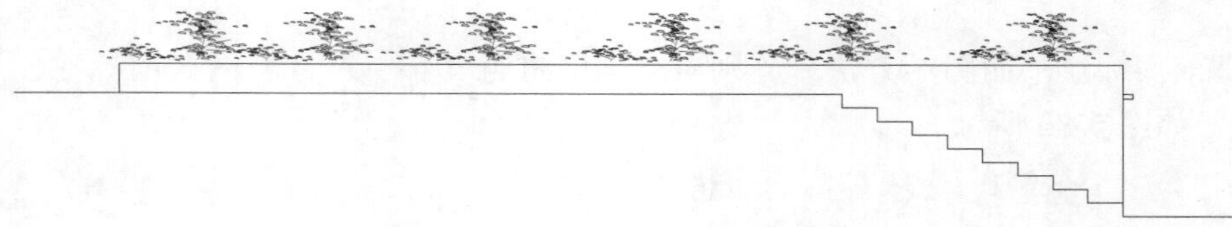

图5-84　复制植物

6）根据前面平、立面图标注的方法，对侧立面图进行文字、尺寸及图名标注，如图5-85所示。

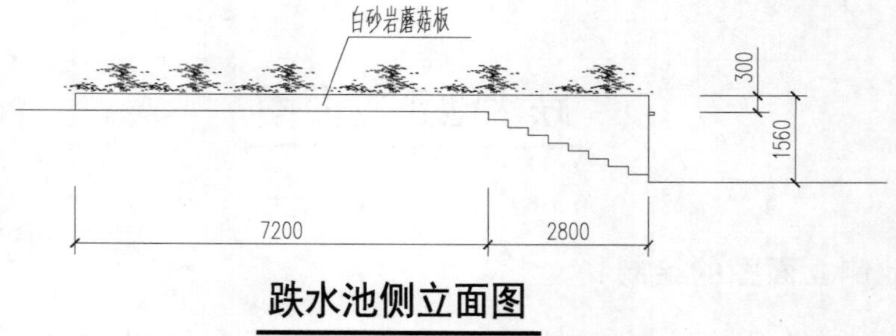

跌水池侧立面图

图5-85　侧立面图效果

5.2.4　花池剖面图的绘制

1）在“图层控制”下拉列表，选择“剖面结构线”图层为当前图层。

2）执行“矩形”命令（REC），绘制边长为200mm×540mm的矩形；再执行“分解”命令（X）、“偏移”命令（O）和“修剪”命令（TR），绘制成图5-86所示的效果。

3）执行“偏移”命令（O）和“修剪”命令（TR），修剪出图5-87所示的轮廓。

4）执行“直线”命令（L）和“偏移”命令（O），在相应位置绘制水平线；然后将水平线按照图 5-88 所示的尺寸进行偏移。

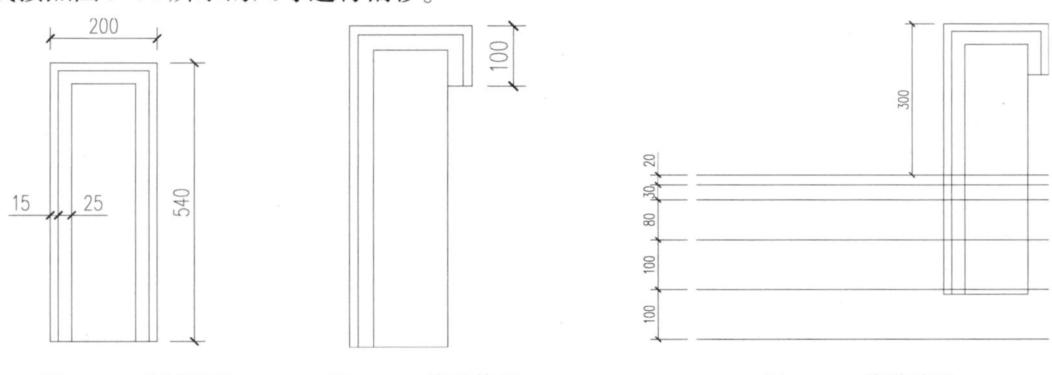

图 5-86　绘制图形　　图 5-87　偏移修剪　　图 5-88　偏移线段

5）执行“修剪”命令（TR），修剪掉多余的线条，如图 5-89 所示。

6）执行“矩形”命令（REC）和“直线”命令（L），在下方绘制出基层，如图 5-90 所示。

图 5-89　修剪效果　　图 5-90　绘制下侧基层

7）执行“直线”命令（L），在中间绘制长为 1100mm 的水平线；然后执行“镜像”命令（MI），将左侧相应图线以绘制的水平线中点镜像到右侧，如图 5-91 所示。

8）执行“移动”命令（M），将右侧图形下方的三条水平线向下移动 300mm，然后执行“延伸”命令（EX），将对应的垂直线向下延伸，总高度为 600mm，如图 5-92 所示。

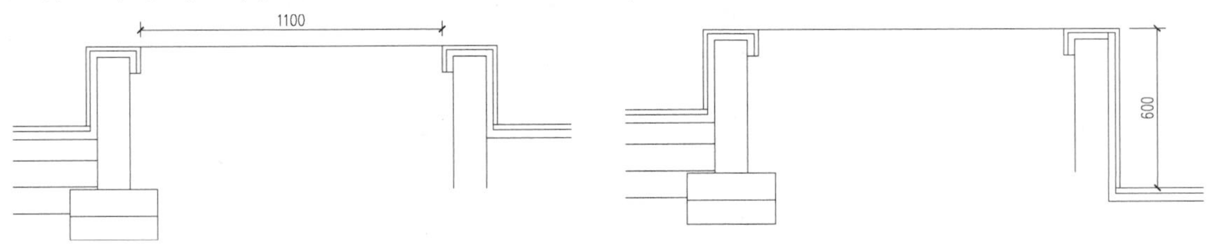

图 5-91　镜像图形　　图 5-92　增长图形

9）执行“偏移”命令（O）和“修剪”命令（TR），在右侧绘制出基层，如图 5-93 所示。

10）执行“直线”命令（L），在右侧凹处绘制不等长的水平线以表示水体轮廓，然后在图形左、右侧绘制折断线，如图 5-94 所示。

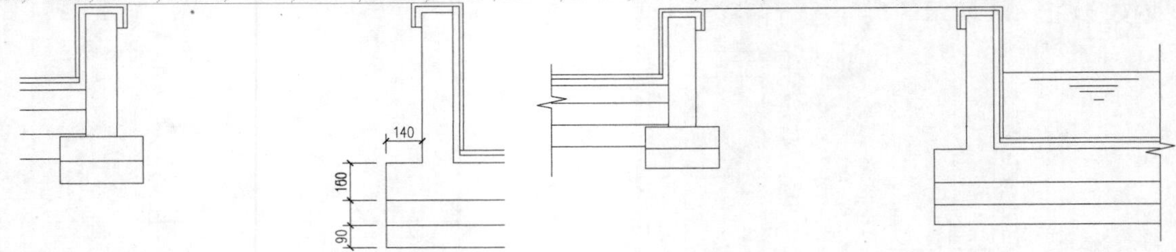

图 5-93　绘制右侧基层轮廓　　　　图 5-94　绘制水位线及折断线

11）执行“偏移”命令（O），将中间水平线分别向下偏移 50 和 90，如图 5-95 所示。

12）执行“多段线”命令（PL）、“镜像”命令（MI）和“修剪”命令（TR），设置全局宽度为“0”，在高度为 90mm 的位置绘制出多条多段线，如图 5-96 所示。

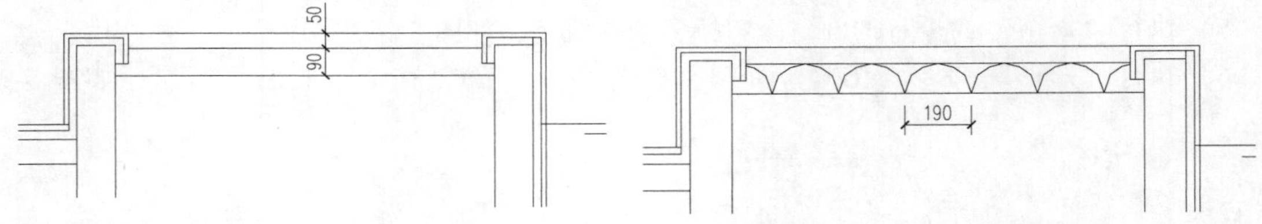

图 5-95　偏移线段　　　　图 5-96　绘制多段线轮廓

13）切换至“填充线”图层，执行“图案填充”命令（H），设置图案为“SOLID”，对多段线内部进行填充；再设置图案为“ANSI31”、比例为“15”，在多段线下侧进行填充，然后将下侧水平线删除，形成“自然土壤”图例效果，如图 5-97 所示。

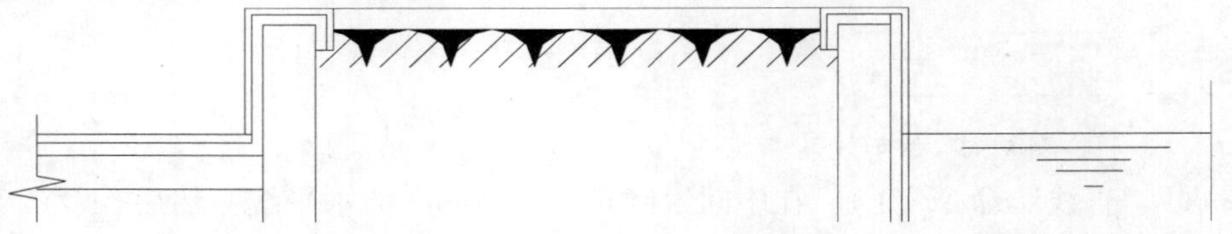

图 5-97　填充“自然土壤”图例

14）再执行“图案填充”命令（H），对各基层进行填充，如图 5-98 所示。

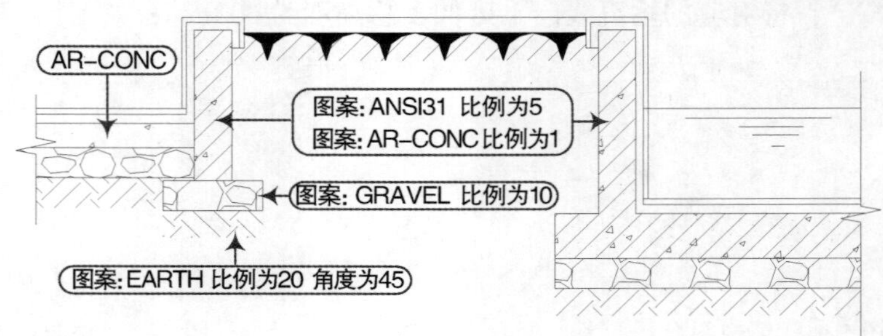

图 5-98　填充其他位置

15）执行“缩放”命令（SC），将上步绘制好的剖面图形放大 3.5 倍。

16）切换至“尺寸标注”图层，如图 5-99 所示创建一个“园林-100”的“样式替代”，并设置标注比例为“60”。

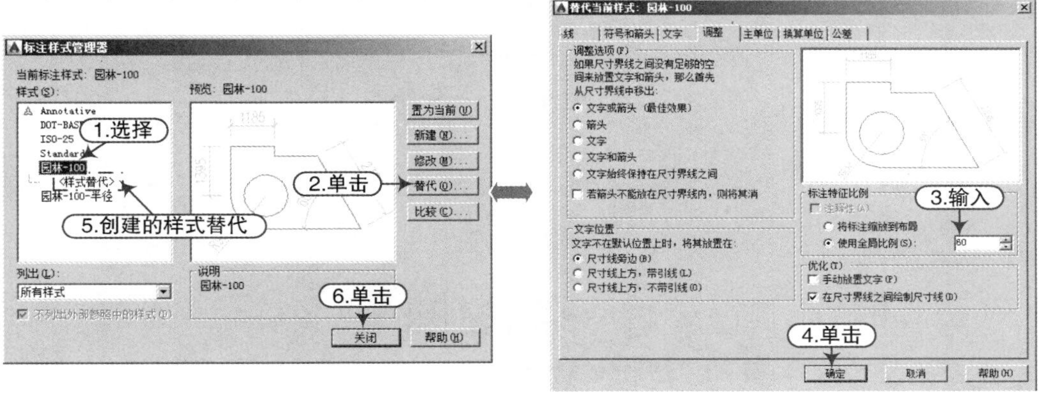

图 5-99　设置“替代”样式

17）执行“线性标注”命令（DLI）和“连续标注”命令（DCO），对放大图形进行相应的尺寸标注；再执行“编辑标注”（ED）命令，将标注好的数字都除以 3.5，以改回原尺寸，如图 5-100 所示。

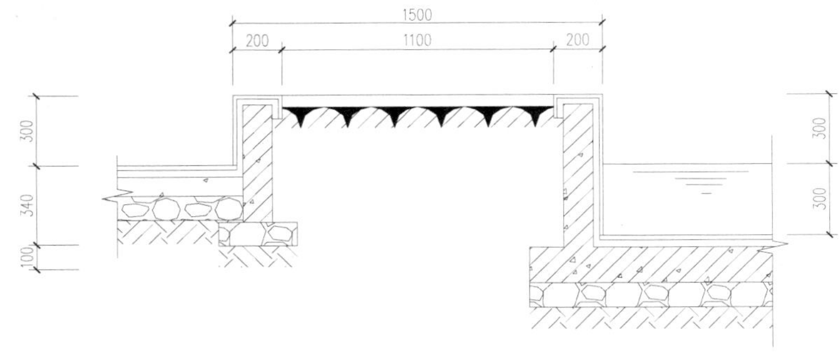

图 5-100　标注尺寸

18）执行“引线注释”命令（LE），选择“图内文字”样式，设置文字高度为“400”，对图形进行文字注释；然后执行“复制”命令（CO），将前面的“绝对标高”符号复制过来，并通过“移动”“缩放”等命令进行标高标注，如图 5-101 所示。

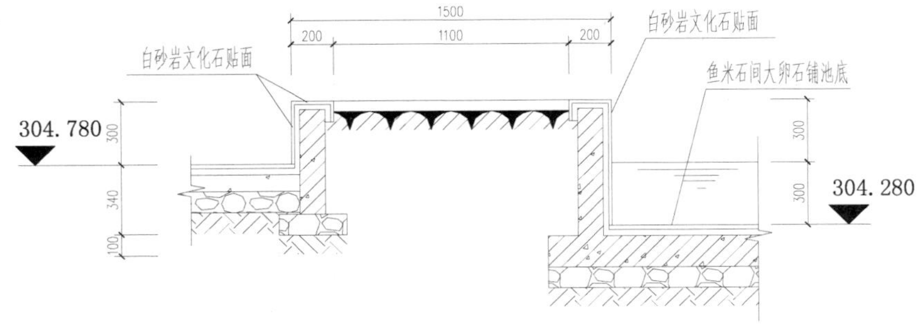

图 5-101　文字注释

19）执行“插入块”命令（I），将内部图块“本张详图符号”按照 1∶100 的比例插入到图形的下方；再执行“复制”命令（CO），将前面图形的图名复制过来，并进行修改，如图 5-102 所示。

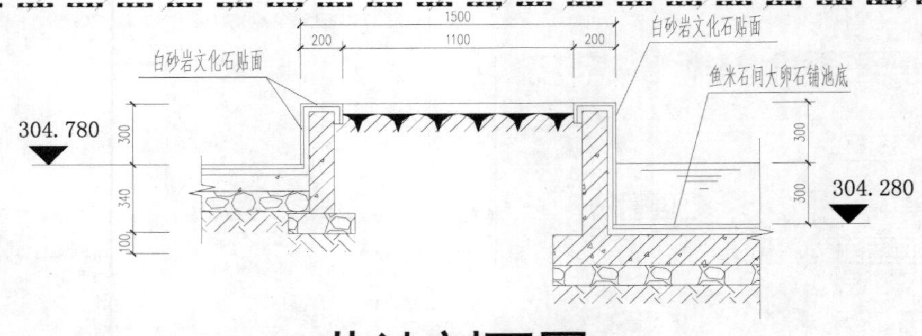

① 花池剖面图

图 5-102　图名标注

5.2.5　跌水池剖面图的绘制

1）在“图层控制”下拉列表，选择“剖面结构线”图层为当前图层。

2）执行“直线”命令（L），根据图 5-103 所示的尺寸绘制相应的线段。

3）执行“偏移”命令（O）和“修剪”命令（TR），绘制出钢筋混凝土层，如图 5-104 所示。

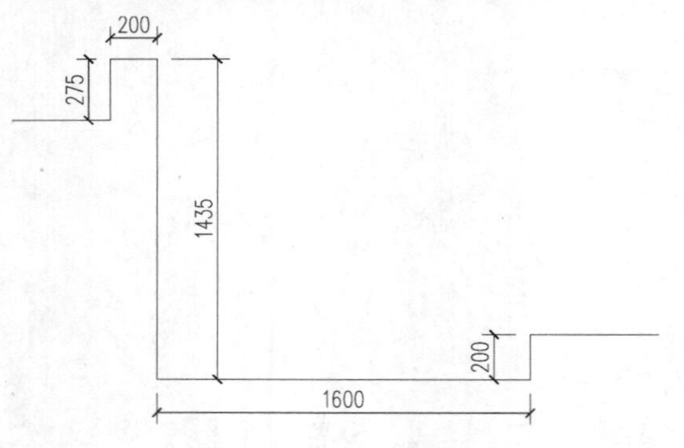

图 5-103　绘制线段

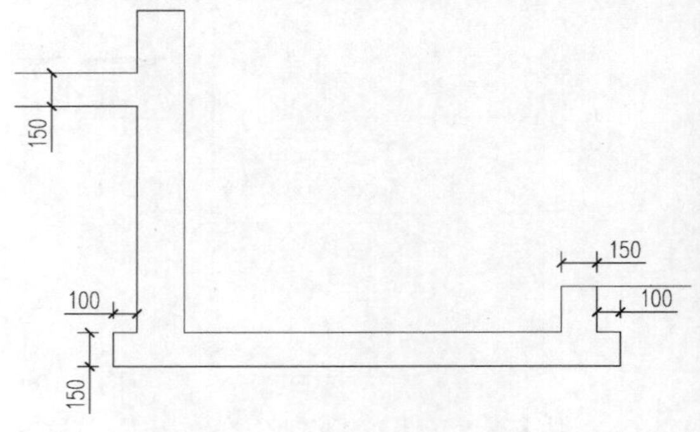

图 5-104　偏移修剪

4）执行“偏移”命令（O），在图形下侧绘制出基层，如图 5-105 所示。

5）执行“偏移”命令（O）和“修剪”命令（TR），在图形上侧和内侧绘制出面层结构，如图 5-106 所示。

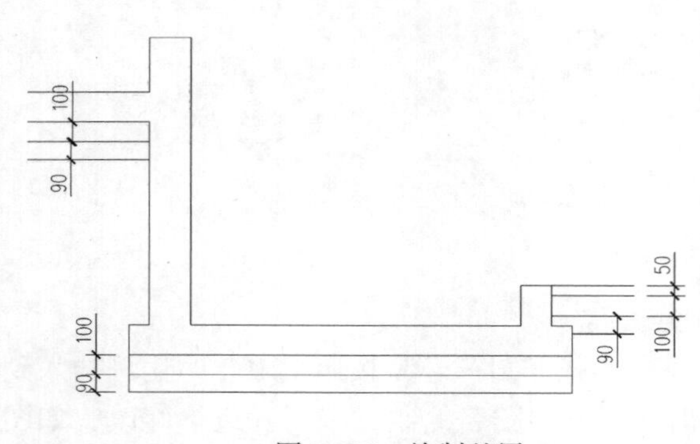

图 5-105　绘制基层

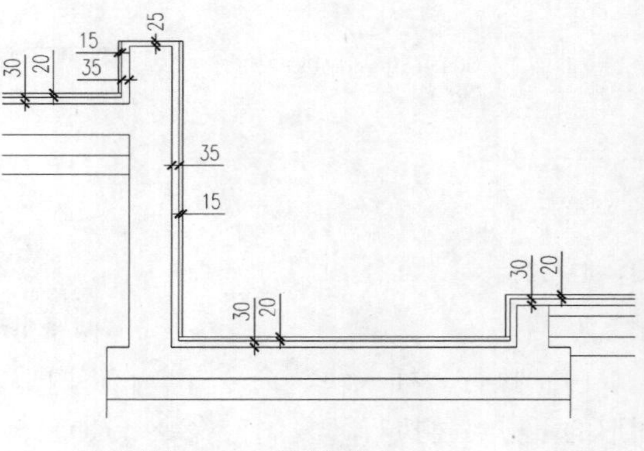

图 5-106　绘制面层

6）执行“矩形”命令（REC）和“直线”命令（L），在相应位置绘制出两个矩形以表示石板，然后在水池内绘制一些水平线，以表示水波，如图5-107所示。

7）执行“直线”命令（L），绘制相应轮廓与折断线，如图5-108所示。

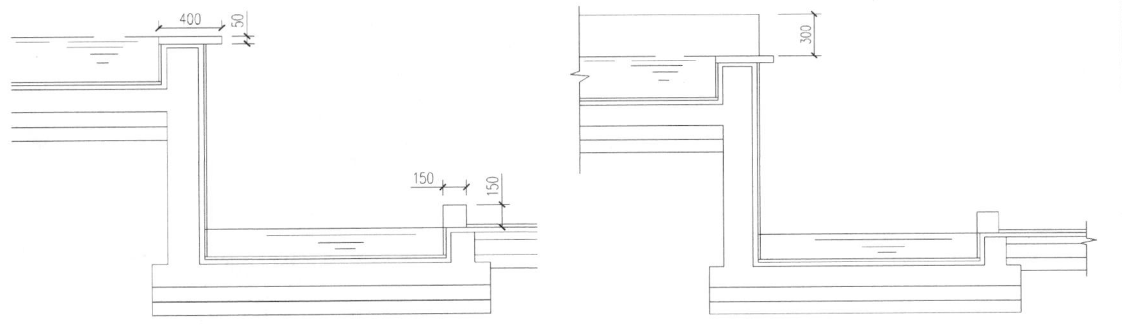

图5-107　绘制水面线及石板　　图5-108　绘制折断线

8）选择“填充线”图层为当前图层，执行“图案填充”命令（H），设置相应的图案、比例、角度，对相应位置进行填充，如图5-109所示。

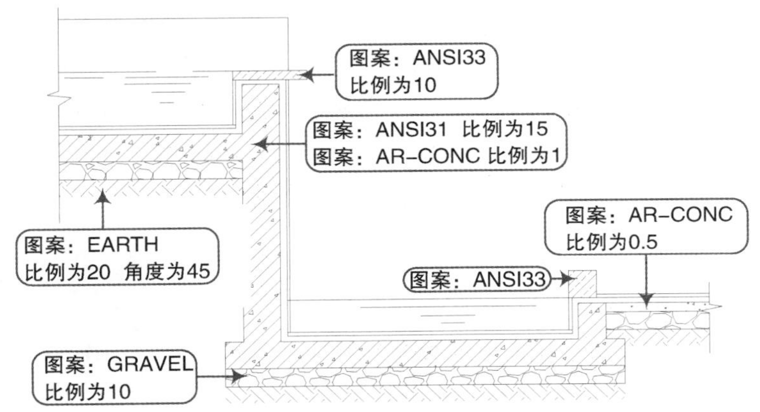

图5-109　图案填充操作

9）执行“复制”命令（CO），将前面的“立面花草”图形复制一份；再执行“缩放”命令（SC），将绘制的剖面图放大3.5倍。

10）选择“尺寸标注”图层为当前图层，选择“样式替代”为当前标注样式。

11）执行“线性标注”命令（DLI）和“连续标注”命令（DCO），对放大图形进行相应的尺寸标注；再执行“编辑标注”（ED）命令，将标注好的数字都除以3.5，以改回原尺寸，如图5-110所示。

12）执行“引线注释”命令（LE），选择“图内文字”样式，设置文字高度为“400”，对图形进行文字注释；然后执行“复制”命令（CO），将前面的“绝对标高”符号复制过来，并通过“移动”“缩放”等命令进行标高标注，最后将“花池剖面图”的图名复制过来，并进行相应修改，如图5-111所示。

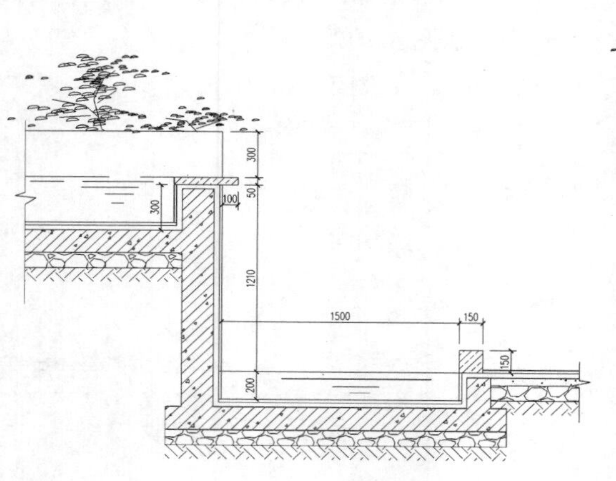

图 5-110　标注图形尺寸

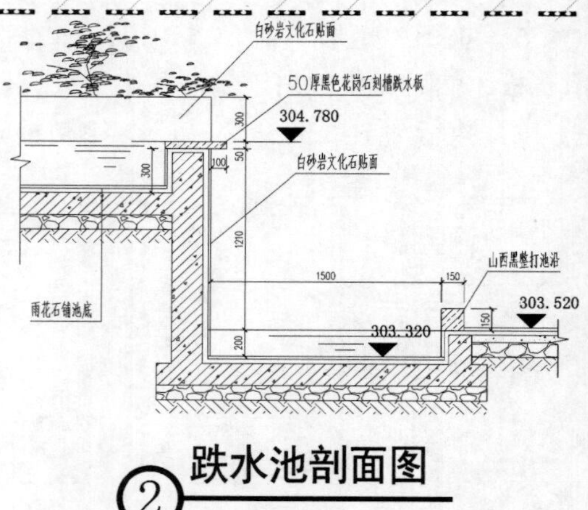

图 5-111　剖面图效果

5.2.6　玻璃水槽详图的绘制

1）在“图层控制”下拉列表，选择“剖面结构线”图层为当前图层。

2）执行“直线”命令（L），如图 5-112 所示绘制转折线段。

3）执行“偏移”命令（O）和“修剪”命令（TR），在中间绘制图 5-113 所示的图形。

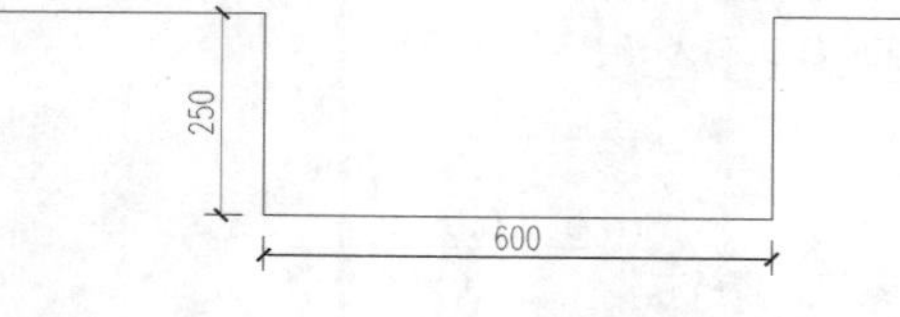

图 5-112　绘制线段

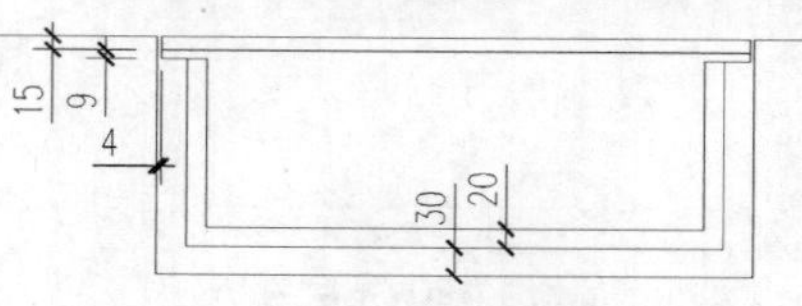

图 5-113　偏移修剪

4）再执行“偏移”命令（O）和“修剪”命令（TR），绘制出图 5-114 所示的轮廓。

5）执行“偏移”命令（O）和“直线”命令（L），在下方绘制基底层，如图 5-115 所示。

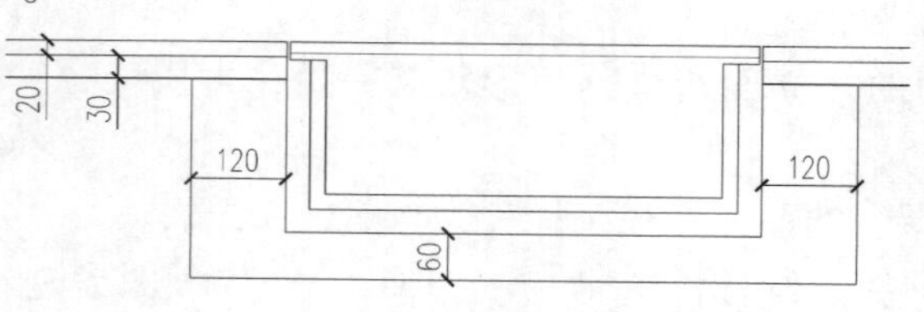

图 5-114　偏移修剪线段

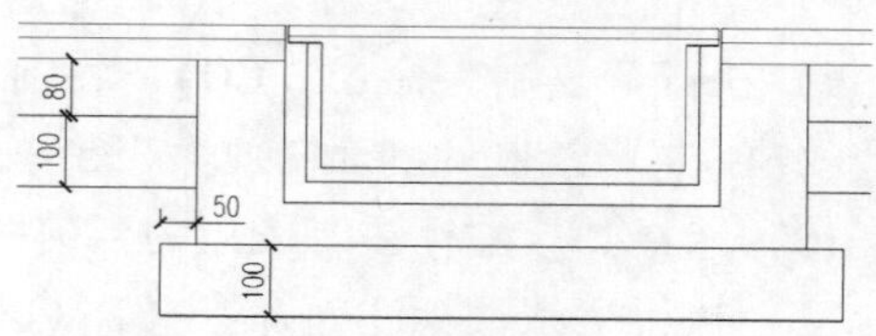

图 5-115　绘制基层效果

6）执行“直线”命令（L），在水槽内绘制水平线以表示水体；然后在两边绘制折断线，如图 5-116 所示。

7）执行“图案填充”命令（H），设置相应的图案、比例，在相应位置填充各基层材质效果，如图 5-117 所示。

8）执行“缩放”命令（SC），将绘制的剖面图放大 5 倍。

9）选择“尺寸标注”图层为当前图层，选择“样式替代”为当前标注样式。

10）执行“线性标注”命令（DLI）和“连续标注”命令（DCO），对放大图形进行相

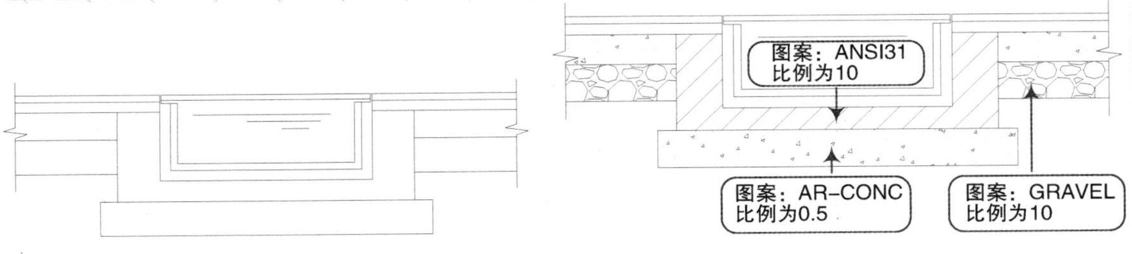

图 5-116　绘制水位线及折断线　　　　图 5-117　填充图案

应的尺寸标注；再执行“编辑标注”（ED）命令，将标注好的数字都除以 5，以改回原尺寸。

11）执行“复制”命令（CO），将前面的剖面图的图名复制过来，并进行相应修改，如图 5-118 所示。

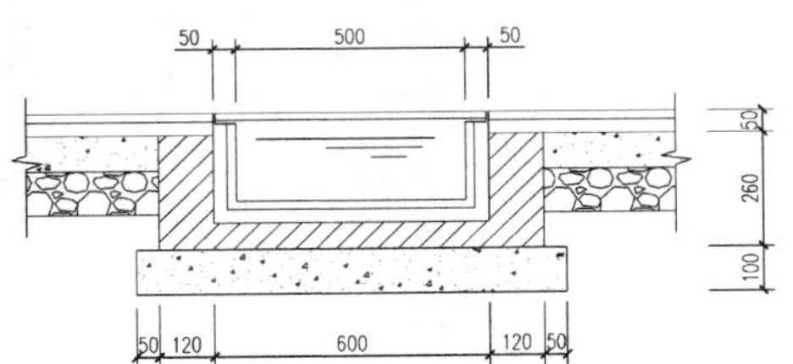

图 5-118　详图效果

12）至此，该图形已经绘制完成，按“Ctrl + S”组合键进行保存。

第 6 章　园林设施的绘制

在园林景观中，为满足游人观赏或者休憩等需要而设立的建筑、设备等称为园林设施。其中，最常见的有为满足游人健身、亲子游乐需要设立的游乐健身设施；为观赏、休憩需要设立的各式景观小品，还有种植需要的种植设施等。图 6-1 所示为各种种植设施的摄影图片。

图 6-1　绿化设施的摄影图片

本章主要讲解了花池、树池及花架施工图的绘制，其中包括平面图、立面图、剖面图、节点大样图等，通过对本章的学习可使读者掌握绿化设施施工图的绘制方法。

6.1　花池的绘制

接下来分别绘制了花池平面图、平面大样图、立面图、1-1 剖面图及节点详图，通过多个实例的讲解，使读者掌握花池施工图的绘制过程及技巧，绘制的花池图形最终效果如图 6-2 所示。

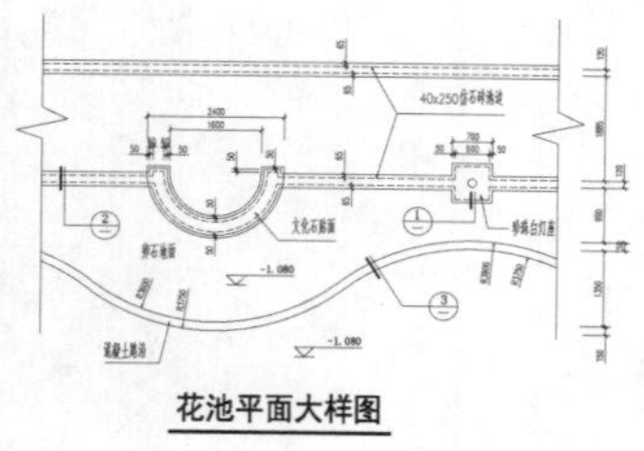

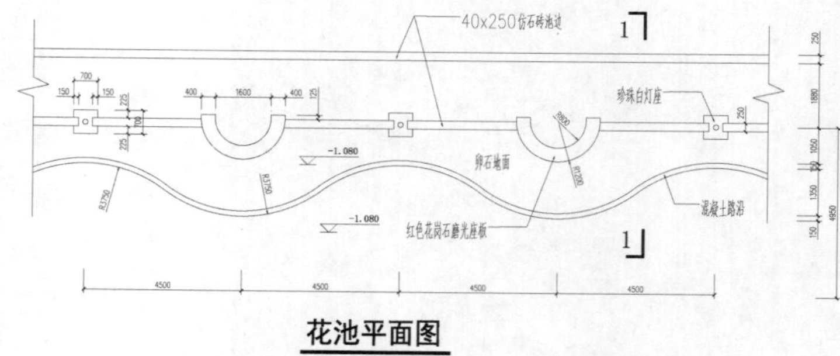

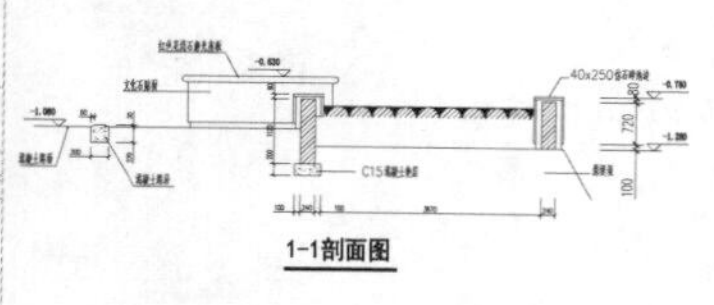

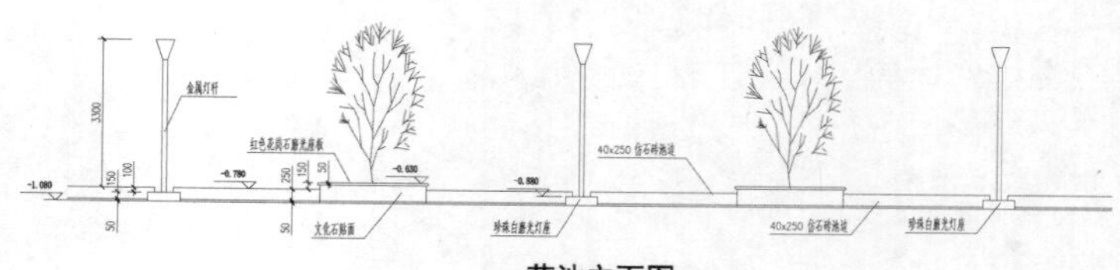

图 6-2　花池图形效果

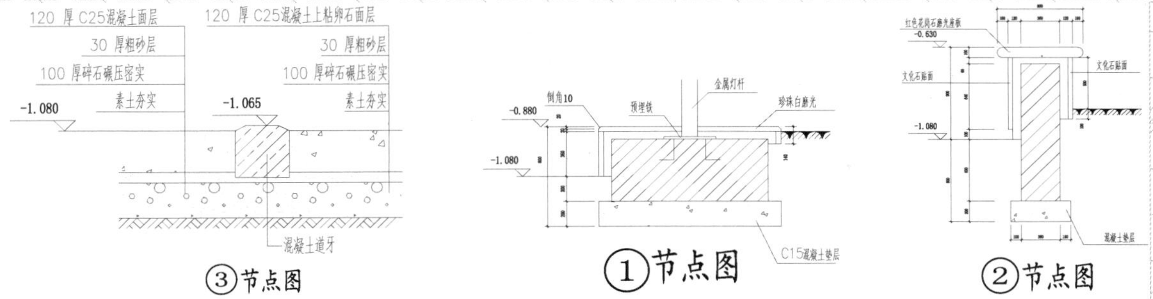

图 6-2　花池图形效果（续）

6.1.1　花池平面图的绘制

1）正常启动 AutoCAD 2015 应用程序，单击“打开”按钮，将前面创建的“案例\06\园林样板.dwt”文件打开；再单击“另存为”按钮，将该样板文件另存为“案例\06\花池.dwg”文件。

2）在“图层控制”下拉列表，选择“小品轮廓线”图层为当前图层。

3）执行“直线”命令（L），绘制长约为 21000mm 的水平线段，然后捕捉其中点向下绘制一条中线；再执行“偏移”命令（O），将线段按照图 6-3 所示的尺寸进行偏移，且转换中线线型为“CENTER”。

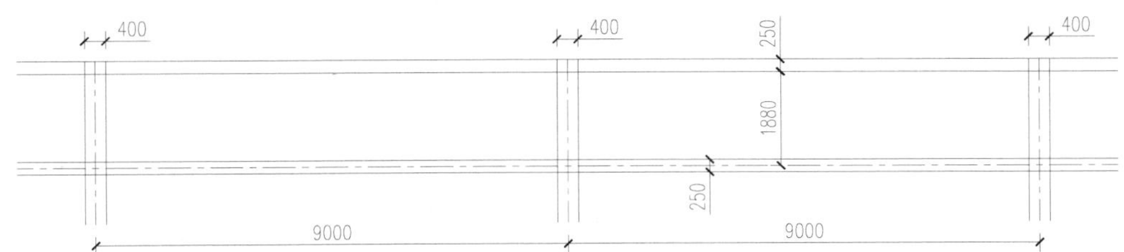

图 6-3　绘制偏移线段

4）执行“矩形”命令（REC）和“圆”命令（C），绘制边长为 700mm 的正方形，并在正方形中心绘制半径为 75mm 的圆作为“灯柱”。

5）执行“移动”命令（M）和“复制”命令（CO），将绘制的灯柱图形复制到前面中心交点处，如图 6-4 所示。

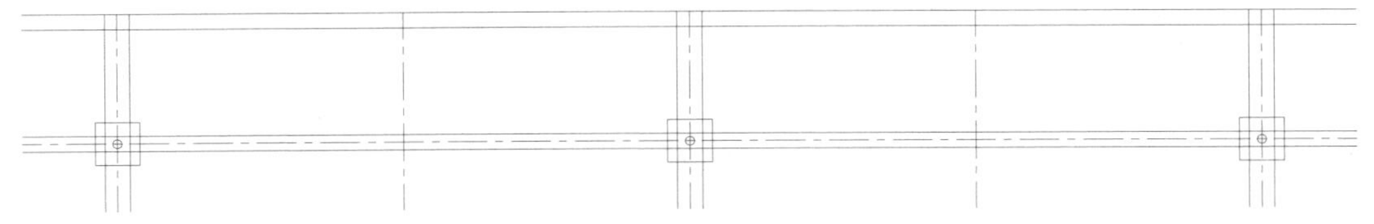

图 6-4　绘制灯柱

6）执行“修剪”命令（TR）和“删除”命令（E），修剪删除多余的线条，如图 6-5 所示。

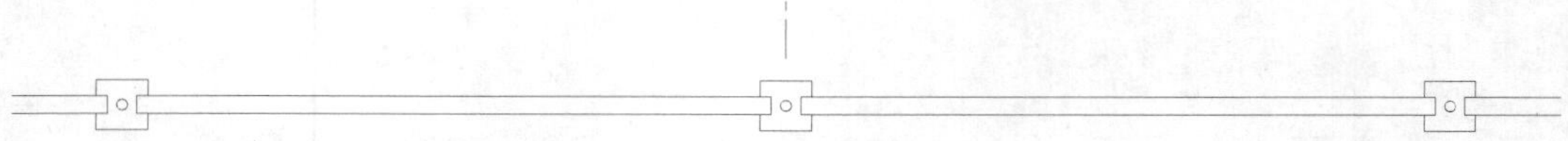

图 6-5　修剪删除效果

7）执行“偏移”命令（O），如图 6-6 所示偏移出中心线，然后执行“圆”命令（C），在以中心线交点绘制半径为 1200mm 和 800mm 的同心圆。

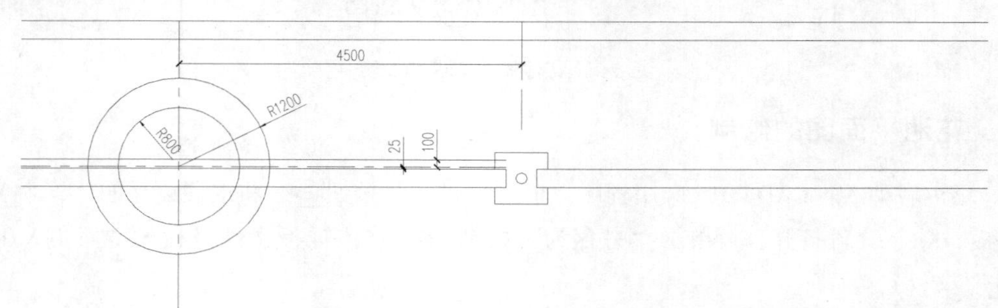

图 6-6　绘制同心圆

8）执行“修剪”命令（TR）和“删除”命令（E），修剪删除多余的线条；然后执行“镜像”命令（MI），将修剪好的图形进行左右镜像，并进行相应的调整，如图 6-7 所示。

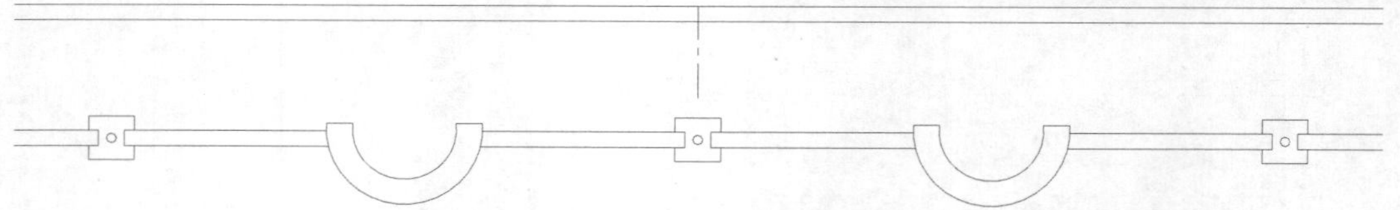

图 6-7　修剪、镜像复制

9）执行“偏移”命令（O），将下侧水平线向下偏移 4825 形成中心线；然后执行“圆”命令（C）和“复制”命令（CO），以中心交点绘制半径为 3900mm 的圆，并向左右各复制出 9000mm 的距离，如图 6-8 所示。

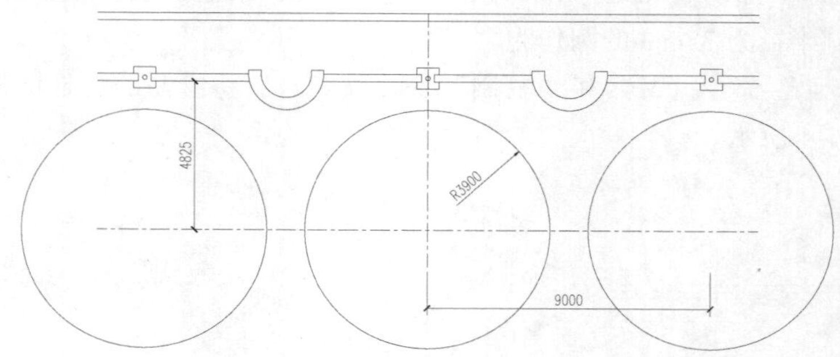

图 6-8　偏移线段、绘制圆

10）执行“圆角”命令（F），设置圆角半径为 3600mm，对相邻的两圆上侧进行圆角操作；然后执行“多段线”命令（PL），在两侧绘制折断线，如图 6-9 所示。

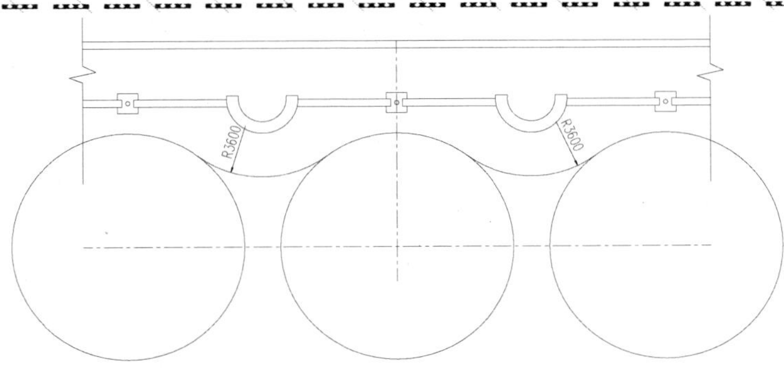

图 6-9　圆角处理

11）执行“修剪”命令（TR）和“删除”命令（E），修剪删除多余的线条，如图 6-10 所示。

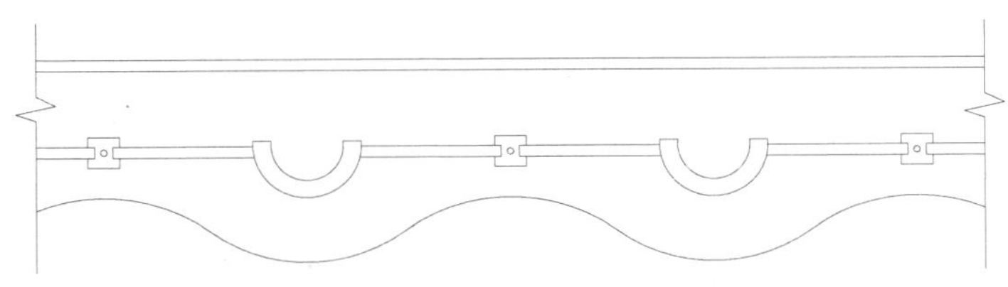

图 6-10　修剪删除

12）执行“偏移”命令（O），将修剪好的各圆弧边向下偏移 150，并进行相应的延伸操作，如图 6-11 所示。

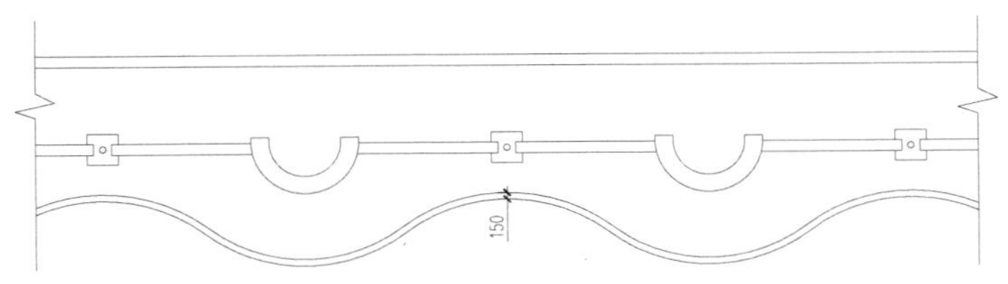

图 6-11　偏移圆弧边

13）选择“标记线”图层为当前图层，执行“插入块”命令（I），将内部图块“标高符号”和“剖切符号”按照 1∶80 的比例插入到图形中，对相应位置进行标高及剖切符号的标注，如图 6-12 所示。

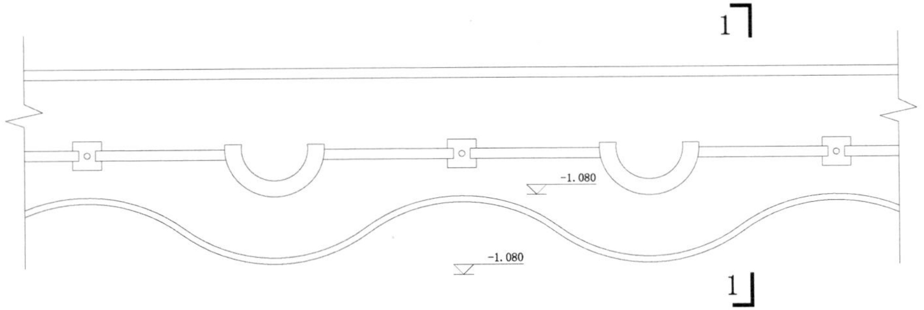

图 6-12　标高、剖切符号标注

14）在“图层控制”下拉列表中选择“尺寸标注”图层为当前图层；执行“标注样式”命令（D），选择“园林－100”标注样式为当前标注样式，然后单击“修改”按钮，修改标注全局比例为“60”，如图6-13所示。

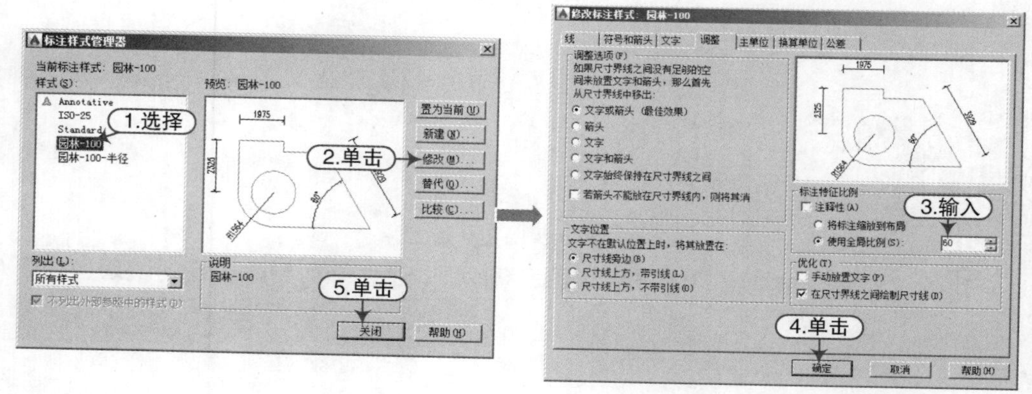

图6-13　修改标注比例

15）执行“线性标注”命令（DLI）、“连续标注”命令（DCO）和“半径标注”命令（DRA），对图形进行相应的尺寸标注。

16）再选择“文字标注”图层为当前图层，执行“引线注释”命令（LE）和“多行文字”命令（MT），首先选择“图内文字”样式，设置字高为“500”，在图形相应位置进行引线注释；再选择“图名”样式，设置字高为“600”，在下侧注写图名内容，最后执行“多段线”命令（PL），在图名下方绘制适当长度和宽度的多段线，如图6-14所示。

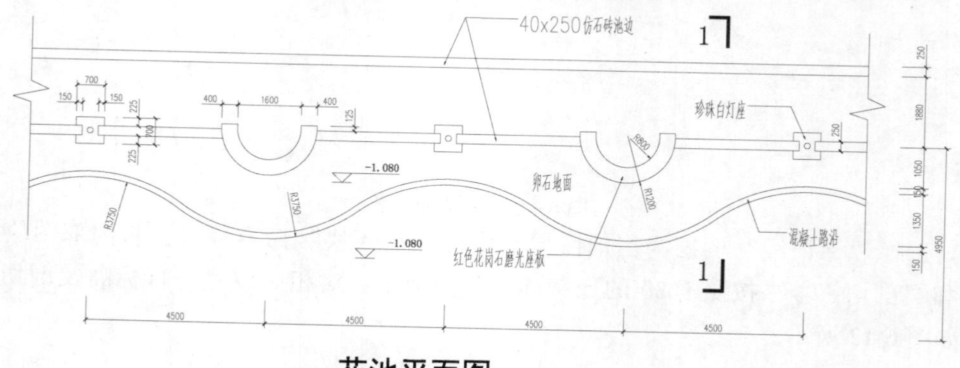

图6-14　尺寸、文字及图名标注

6.1.2　花池平面大样图的绘制

1）执行“复制”命令（CO），将前面绘制的花池平面图复制一份；然后通过“移动”“修剪”“删除”等命令，将不需要的图形删除掉，将图名改为“花池平面大样图”，保留图形效果如图6-15所示。

2）执行“偏移”命令（O），将池边线各向内偏移65，且将偏移线段转换为“内部轮廓线”图层，并设置虚线线型“DASH”，如图6-16所示。

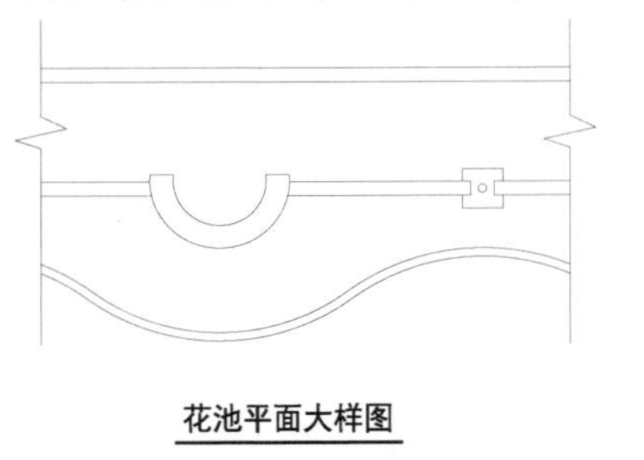

图 6-15　复制修改图形

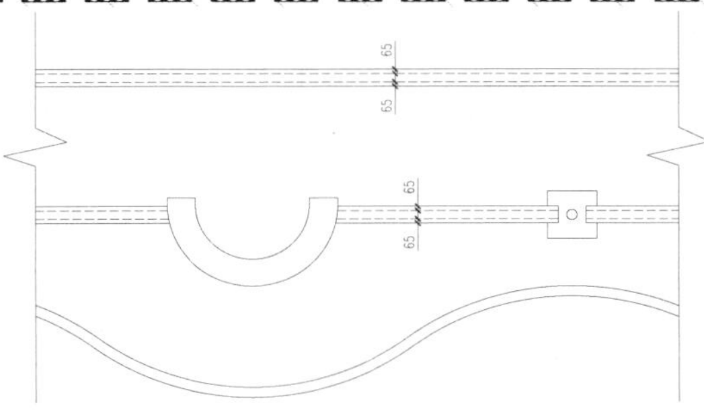

图 6-16　偏移出内轮廓

要点：步骤讲解

大样图的目的是为了表达图形的内部细节，在下面绘制过程中都是绘制的内部轮廓，因此下面所绘制的线条都属于“内部轮廓线”图层，后面将不再述说“将绘制的线转换为内部轮廓线，转换线型为‘DASH’线型”了。

3）执行“偏移”命令（O）和“修剪”命令（TR），在弧形花台内部绘制轮廓，如图 6-17 所示。

4）根据同样的方法，继续在其内部绘制内部虚线，如图 6-18 所示。

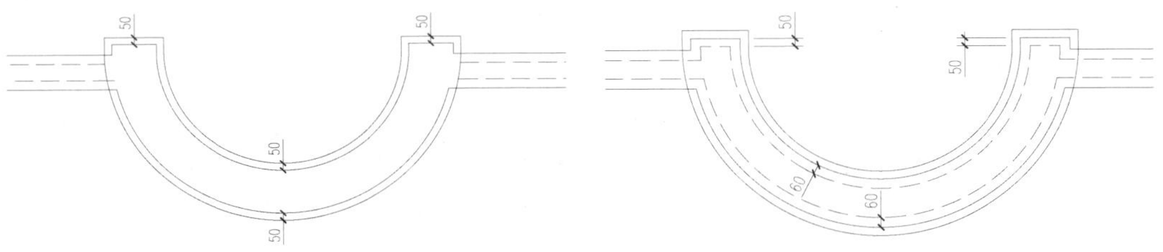

图 6-17　修剪出被遮挡的外部轮廓　　　　图 6-18　偏移修剪内部轮廓

5）同样的通过“偏移”和“修剪”等命令，绘制出灯柱内轮廓图案，如图 6-19 所示。

6）执行“复制”命令（CO），将前面平面图中的标高符号复制过来。

7）选择“标记线”图层为当前，执行“插入块”命令（I），将内部图块“索引剖切符号”按照 1∶50 的比例插入到图形中；然后通过“分解”“移动”“旋转”等命令完成剖切索引符号的标注，如图 6-20 所示。

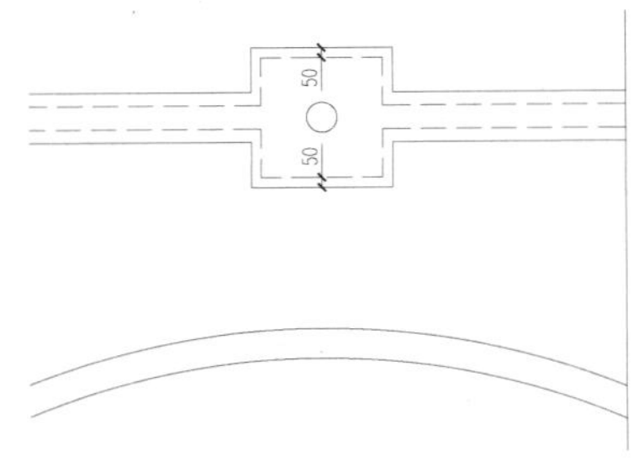

图 6-19　绘制灯柱内部轮廓

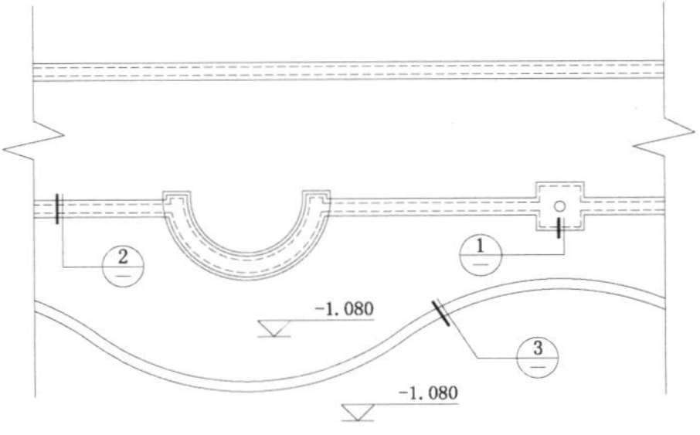

图 6-20　标注符号

8）选择“尺寸标注”图层为当前图层，执行“线性标注”命令（DLI）、“连续标注”

命令（DCO）和“半径标注”命令（DRA），对图形进行相应的尺寸标注。

9）再选择“文字标注”图层为当前图层，执行“引线注释”命令（LE），选择“图内文字”样式，设置字高为“300”，在图形相应位置进行引线注释，如图6-21所示。

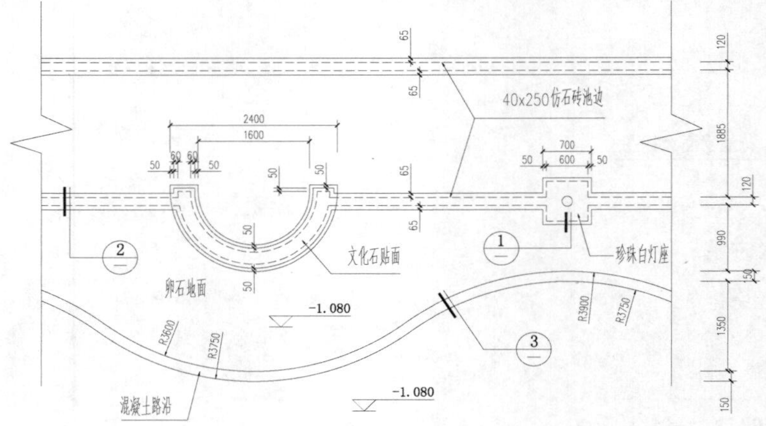

花池平面大样图

图6-21　大样图效果

要点：步骤讲解

在这里可执行“标注样式”命令（D），在“园林-100”标注样式的基础上创建一个“园林-50”的标注样式，设置标注比例为“50”，使大样图标注出来的尺寸有别于平面图（比例1:100）的尺寸。

也可以设置“园林-100”标注样式的“样式替代”，将替代样式的标注比例设置为“50”。

6.1.3　花池立面图的绘制

1）在“图层控制”下拉列表，选择“小品轮廓线”图层为当前图层；并将“尺寸标注”“文字标注”图层隐藏。

2）执行“直线”命令（L）和“偏移”命令（O），捕捉平面图相应轮廓向上绘制垂直的投影线；然后在投影线上绘制一条水平线，且将水平线向上依次偏移50、150、100和150，如图6-22所示。

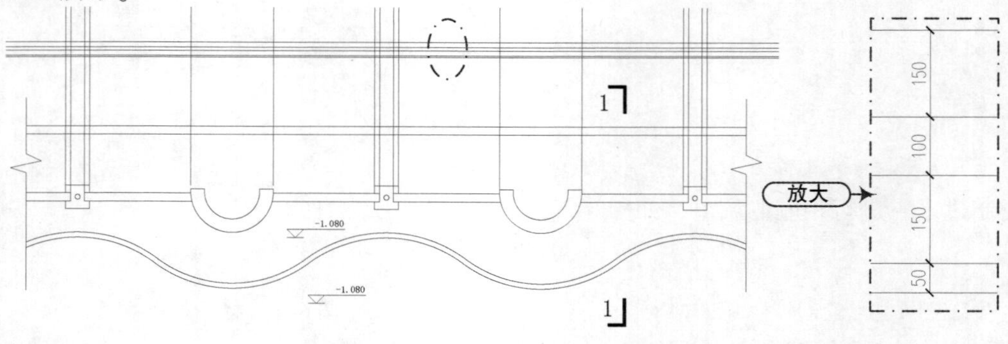

图6-22　绘制延伸线和水平线

3）执行“修剪”命令（TR），修剪掉多余的线条，如图6-23所示。

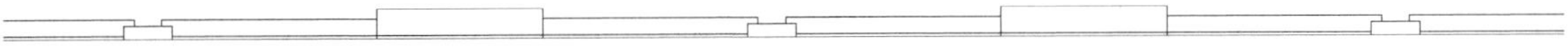

图6-23　修剪图形

4）执行“偏移”命令（O），将中间两个花台的线段按照图6-24所示的尺寸进行偏移。

5）再执行“修剪”命令（TR）和“圆角”命令（F），修剪掉多余的线条，如图6-25所示。

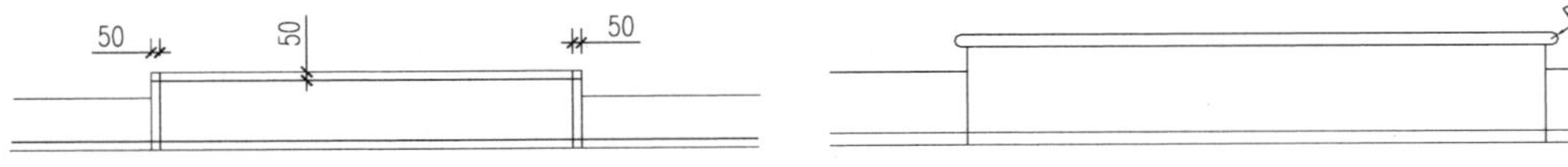

图6-24　偏移花台轮廓　　图6-25　绘制的花台

6）执行“矩形”命令（REC）和“直线”命令（L），在灯座位置绘制出灯柱，如图6-26所示。

7）执行“复制”命令（CO），将灯柱复制到各个相应的灯座位置，如图6-27所示。

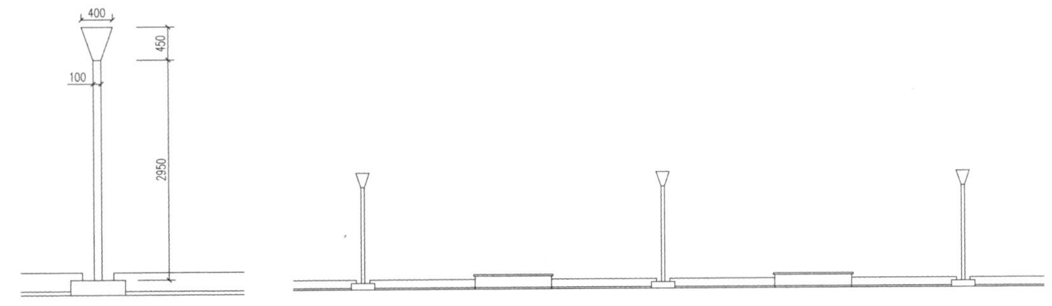

图6-26　绘制灯柱立面　　图6-27　复制灯柱

8）切换至“绿化配景线”图层，执行“插入块”命令（I），将“案例\06\立面树1.dwg”文件作为图块插入到立面图的相应位置，并进行复制操作，如图6-28所示。

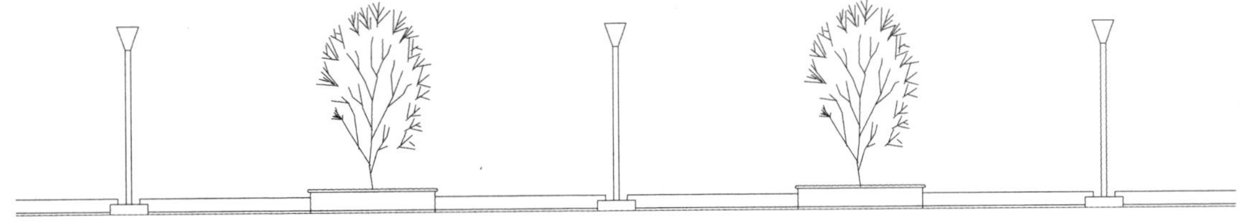

图6-28　插入植物

9）执行“复制”命令（CO），将前面的标高符号复制过来，对相应位置进行标高标注。

10）分别选择相应的图层，执行“线性标注”命令（DLI），对相应位置进行尺寸的标注；执行“引线注释”命令（LE），设置字高为“300”，对立面图进行引线注释；再将前面图名复制过来，进行相应的调整，如图6-29所示。

6.1.4　1-1剖面图的绘制

1）在“图层控制”下拉列表，选择“剖面结构线”图层为当前图层。

2）执行“矩形”命令（REC）、“分解”命令（X）、“偏移”命令（O）和“修剪”命

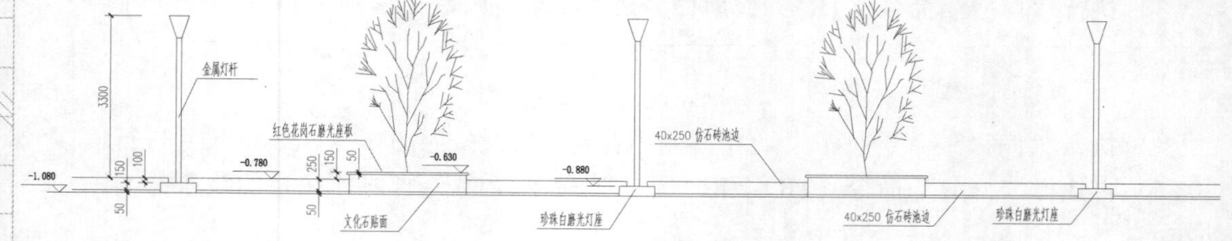

图 6-29　立面图效果

令（TR），绘制出图 6-30 所示的剖面结构。

3）执行“直线”命令（L），由上步图形左下角点向左绘制长为 1755mm 的水平线；再执行“偏移”命令（O），将其向上偏移 260 和 90，再由上步图形右下角点绘制一条斜线，如图 6-31 所示。

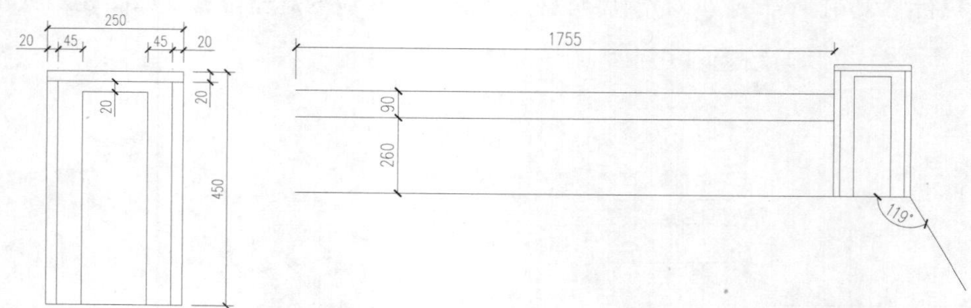

图 6-30　绘制剖切轮廓线

图 6-31　绘制线段

4）执行“镜像”命令（MI），将右侧剖面结构以水平线的中线向左侧进行镜像，如图 6-32 所示。

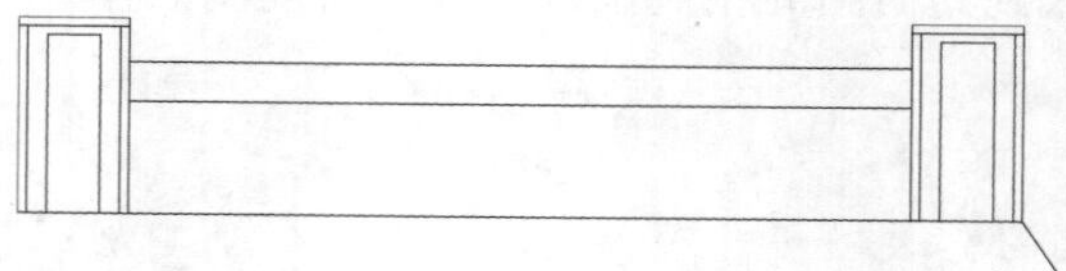

图 6-32　镜像剖面

5）执行“偏移”命令（O），在图 6-33 所示的相应位置绘制出线段。

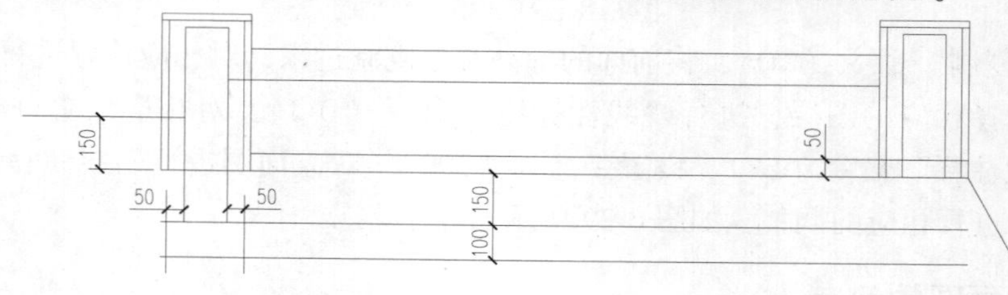

图 6-33　绘制线段

6）执行“修剪”命令（TR），修剪多余线条，如图 6-34 所示。

图 6-34　修剪图形

7）执行“多段线”命令（PL），在中间线条之间绘制出似圆弧的多段线；再执行“矩形”命令（REC），在左侧相应位置绘制边长均为 150mm 的矩形，如图 6-35 所示。

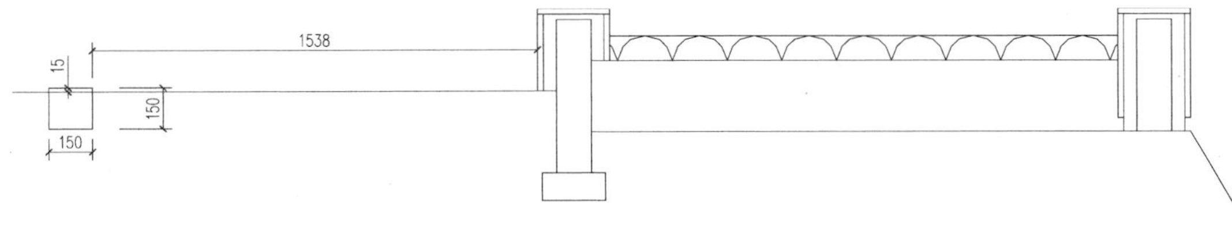

图 6-35　绘制多段线及矩形

8）执行“倒角”命令（CHA），根据命令提示选择“距离（D）”选项，设置第一个倒角距离为“30”，第二个倒角距离为“15”，对绘制的矩形进行倒角处理，并修剪掉中间的线条，如图 6-36 所示。

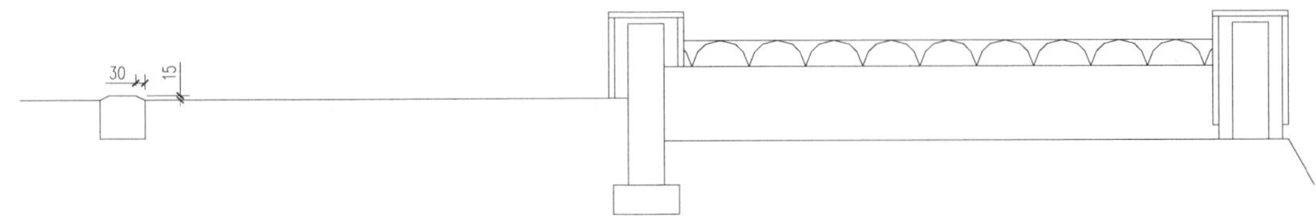

图 6-36　倒角操作

9）执行“图案填充”命令（H），选择相应的图案、比例对图形进行填充，且将填充好的图案全转换为“填充线”图层，如图 6-37 所示。

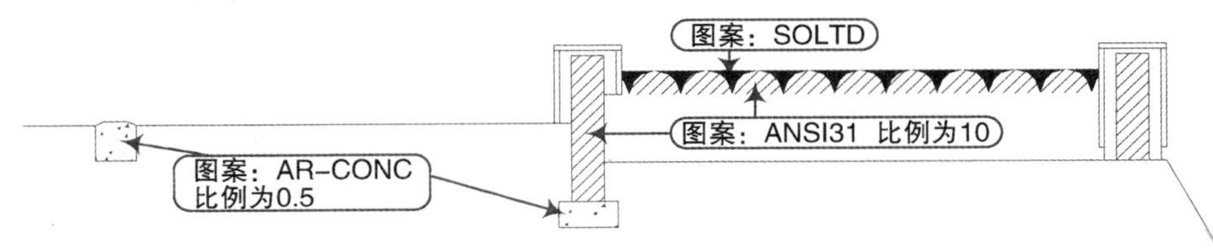

图 6-37　图案填充

10）选择“小品轮廓线”图层为当前图层，执行“矩形”命令（REC）、“移动”命令（M）和“圆角”命令（F），绘制出图 6-38 所示的“花台”侧面。

11）执行“移动”命令（M）和“修剪”命令（TR），将花台侧面图移动到图 6-39 所示的剖面图的相应位置，并进行相应的修剪。

12）执行“缩放”命令（SC），选择上步图形，输入比例因子为“2”，将图形放大 2 倍。

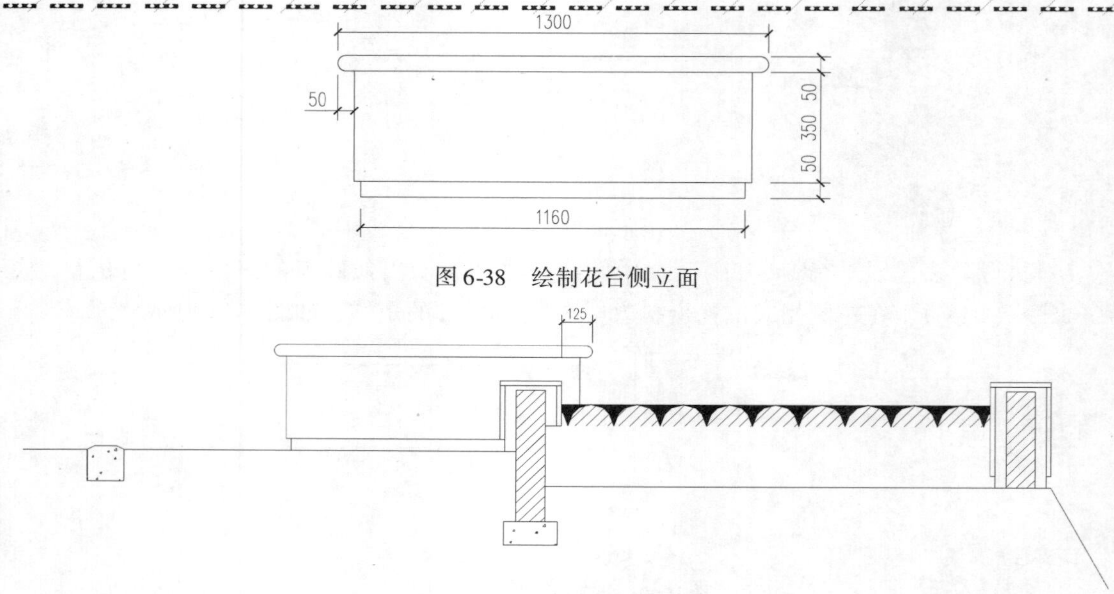

图 6-38　绘制花台侧立面

图 6-39　移动并修剪

13）选择“尺寸标注”图层为当前图层，执行“线性标注”命令（DLI）和“连续标注”命令（DCO），对图形进行尺寸的标注，然后执行“编辑标注”（ED）命令，将标注出的大小尺寸进行缩小。

14）执行“复制”命令（CO），将前面的标高符号复制过来，进行相应的标高标注。

15）选择“文字标注”图层为当前，执行“引线注释”命令（LE），设置字高为“200”，对图形进行引线注释；再将前面图形的图名复制过来，并进行相应的修改，如图 6-40 所示。

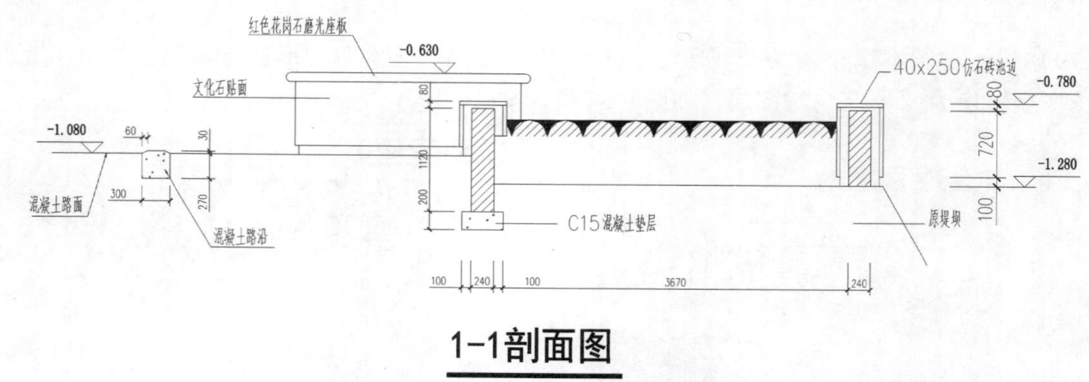

图 6-40　剖面图效果

6.1.5　各节点详图效果

通过前面“1-1 剖面图”实例的讲解和前面章节对详图的绘制，用户可参照“案例\06\花池.dwg”文件的最终效果，自行去练习花池的①、②、③号节点详图，如图 6-41 所示。

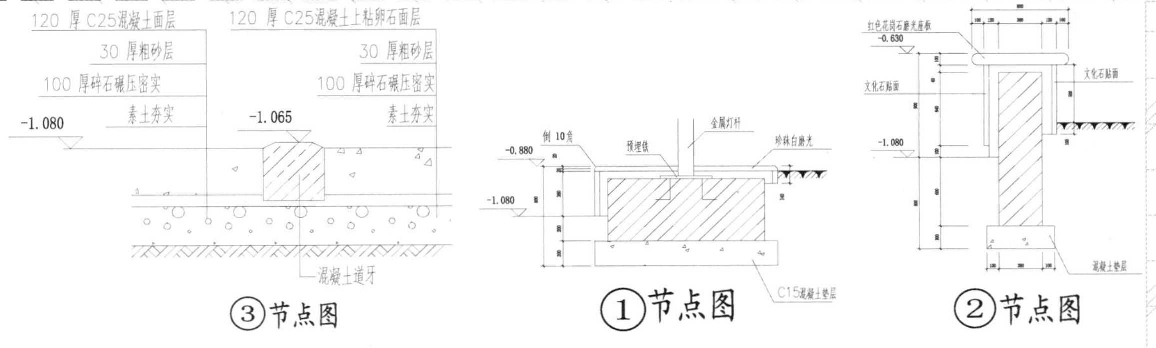

图 6-41　节点详图效果

6.2　树池的绘制

接下来分别绘制树池的平面图、立面图及 1-1 剖面图，通过多个实例的讲解，使读者掌握树池施工图的绘制过程及技巧，绘制的树池图形最终效果如图 6-42 所示。

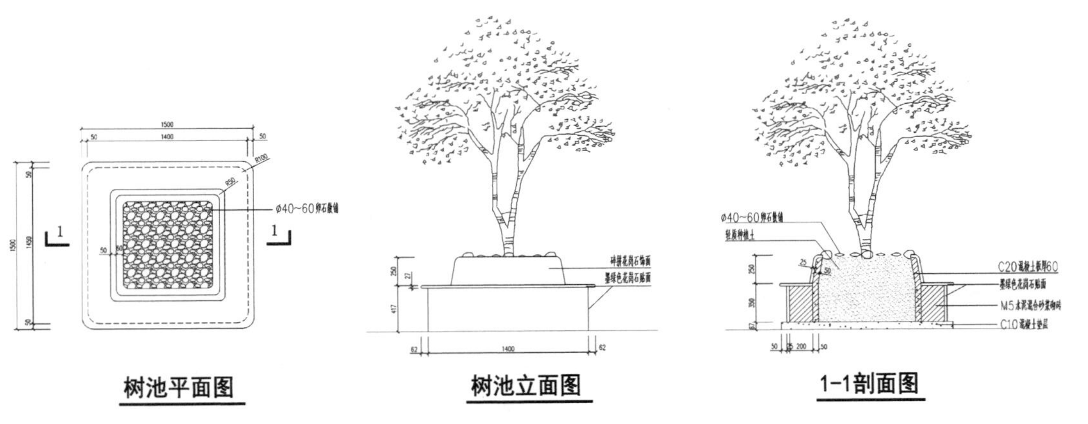

图 6-42　树池图形效果

6.2.1　树池平面图的绘制

1）正常启动 AutoCAD 2015 应用程序，单击“打开”按钮，将前面创建的“案例\06\园林样板.dwt”文件打开；再单击“另存为”按钮，将该样板文件另存为“案例\06\树池.dwg”文件。

2）在“图层控制”下拉列表，选择“小品轮廓线”图层为当前图层。

3）执行“矩形”命令（REC），绘制边长均为1500mm 的矩形；然后执行“圆角”命令（F），将矩形进行半径为 100mm 的圆角处理，如图 6-43 所示。

4）执行“分解”命令（X），将圆角矩形分解掉；再执行“偏移”命令（O），将矩形各边各向内依次偏移 50、200、50、60；然后执行“圆角”命令（F），设置圆角半径为“100”，对第二层轮廓进行圆角，并将第二层轮廓线型设置为“DASH”；再设置圆角半径为“50”，对内三层轮廓边进行圆角，如图 6-44 所示。

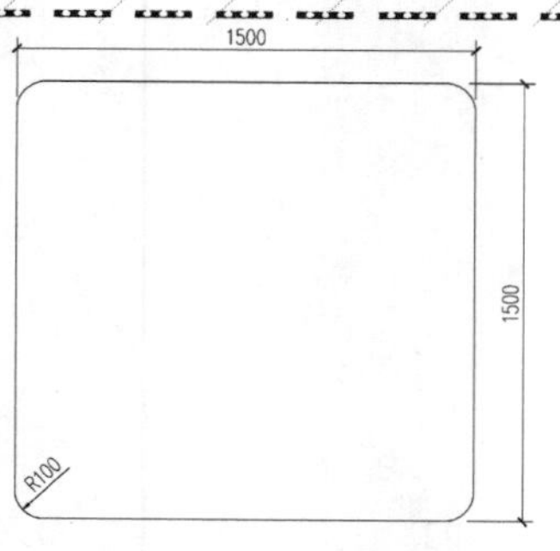

图 6-43　绘制圆角矩形

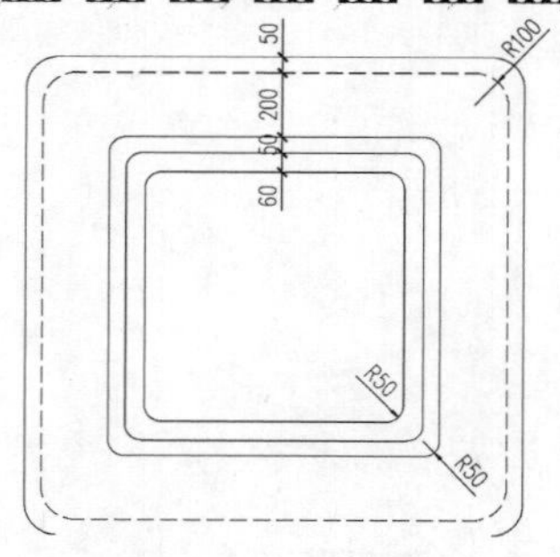

图 6-44　偏移、圆角

5）执行“图案填充”命令（H），设置图案为“GRAVEL”、比例为“5”，对内矩形进行填充“卵石”效果，且将填充的图案切换为“填充线”图层，如图 6-45 所示。

6）选择“标记线”图层为当前图层，执行“插入块”命令（I），将内部图块“标高符号”插入到图形中，并通过相应的调整，完成剖切符号的绘制，如图 6-46 所示。

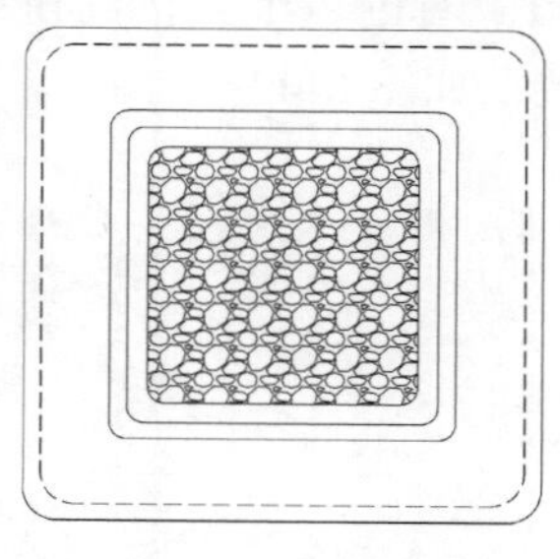

图 6-45　填充图案

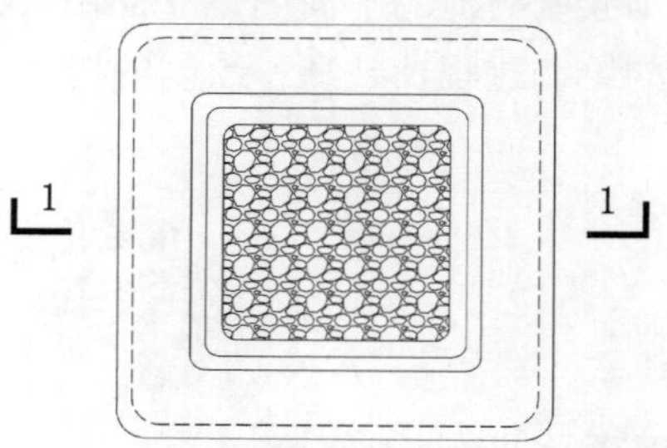

图 6-46　剖切符号标注

6.2.2　树池立面图的绘制

1）在“图层控制”下拉列表，选择“小品轮廓线”图层为当前图层。

2）执行“直线”命令（L）和“矩形”命令（REC），绘制出图 6-47 所示的图形，且将最底下水平线转换为“地坪线”图层。

3）执行“圆角”命令（F），对上矩形进行圆角处理，如图 6-48 所示。

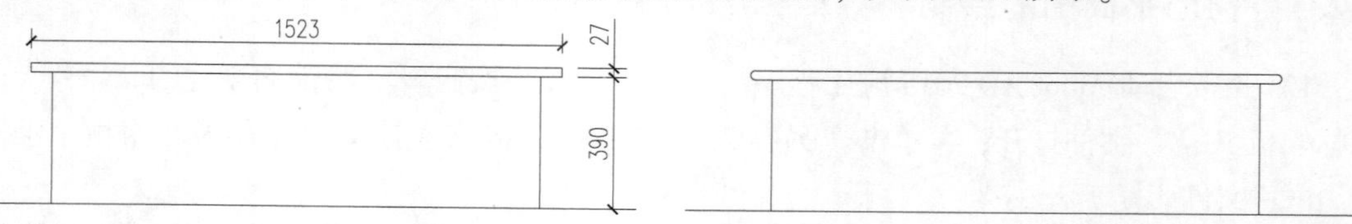

图 6-47　绘制直线和矩形

图 6-48　圆角操作

4）执行“矩形”命令（REC），在上方继续绘制一个边长为 1000mm × 250mm 的矩形；再执行“倒角”命令（CHA），选择“距离（D）”选项，设置第一个倒角距离为“250”，第二个倒角距离为“43”，然后依次选择垂直边、水平边，进行倒角处理，如图 6-49 所示。

5）执行“圆角”命令（F），设置圆角半径为“50”，对上面两个角进行圆角处理，如图 6-50 所示。

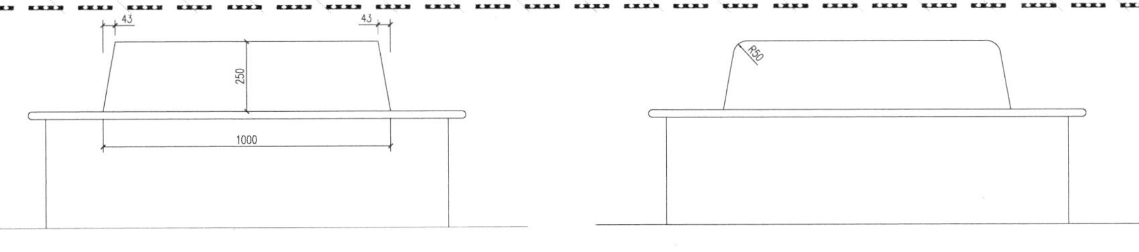

图 6-49　绘制矩形、且倒角

图 6-50　圆角处理

要点：不同距离的倒角

在“倒角”命令执行中，若设置倒角的两个距离不相同，依次选择线段的顺序不同，倒角的效果也会不同，如图 6-51 所示。因此在处理此类倒角时，应注意选择线段的顺序。

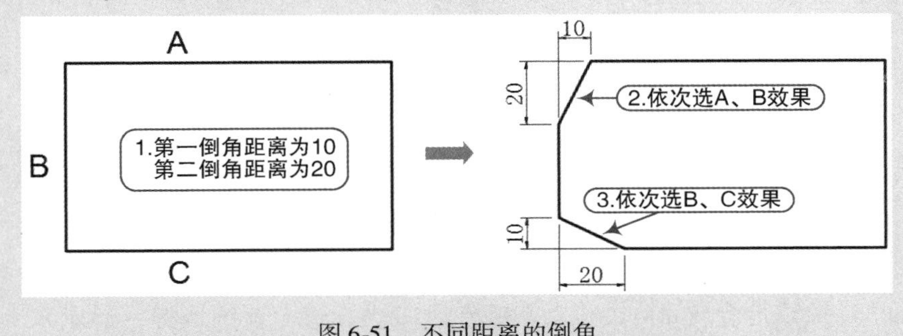

图 6-51　不同距离的倒角

6）执行“样条曲线”命令（SPL），在图形上方绘制一些弧线图形以表示卵石效果，如图 6-52 所示。

7）执行“插入块”命令（I），将“案例\06\立面树 2. dwg”插入到立面图，如图6-53 所示。

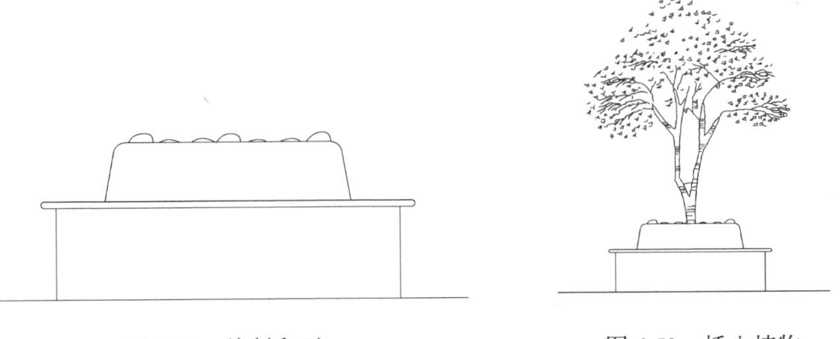

图 6-52　绘制卵石

图 6-53　插入植物

6. 2. 3　1-1 剖面图的绘制

1）执行“复制”命令（CO），将立面图复制一份。

2）在图形的下侧，执行“偏移”命令（O），将线段按照图 6-54 所示的尺寸进行偏移。

3）执行“修剪”命令（TR），修剪掉多余的线条，如图 6-55 所示。

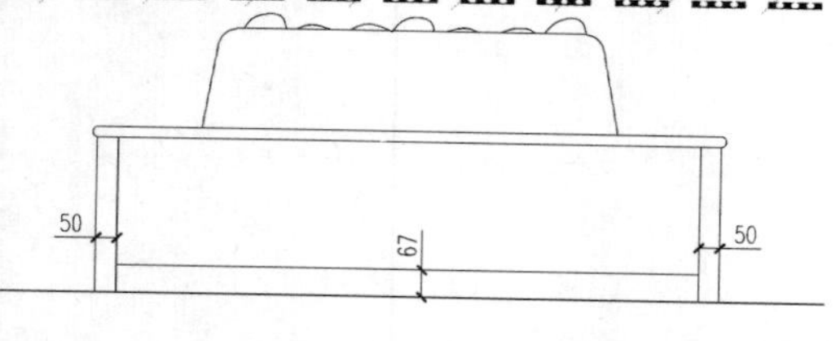

图6-54　偏移线段

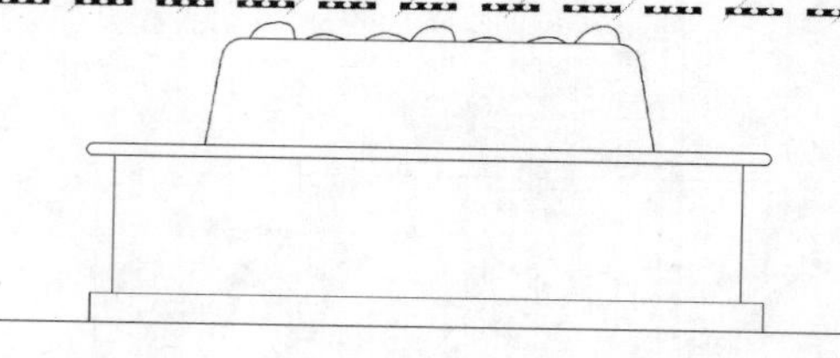

图6-55　修剪效果

4）执行“偏移”命令（O），将外轮廓线段各向内进行偏移，如图6-56所示。

5）执行“直线”命令（L）和“修剪”命令（TR），修剪出内部剖面轮廓，且将内部轮廓线转换为“剖面图结构线”图层，如图6-57所示。

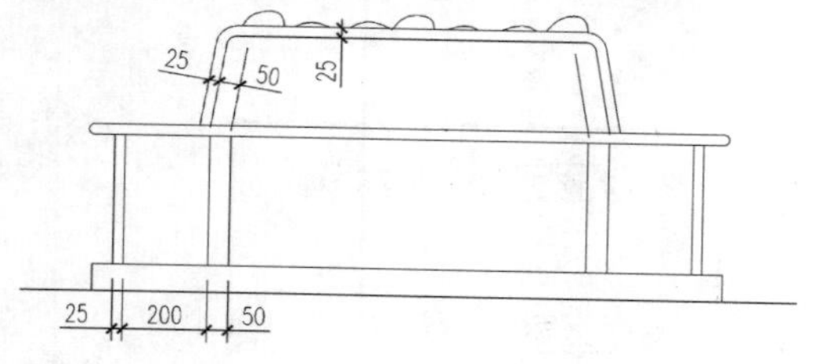

图6-56　偏移线段

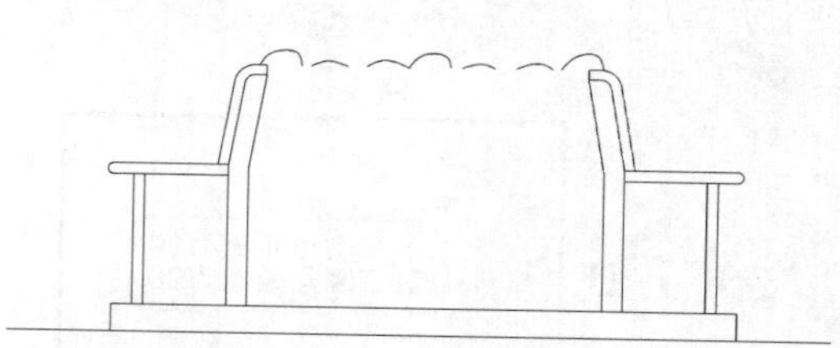

图6-57　修剪效果

6）执行“镜像”命令（MI），将上侧的样条曲线进行上下的镜像，形成整个卵石效果，如图6-58所示。

7）选择“填充线”图层为当前图层，执行“图案填充”命令（H），设置相应的图案与比例，对相应位置进行填充，如图6-59所示。

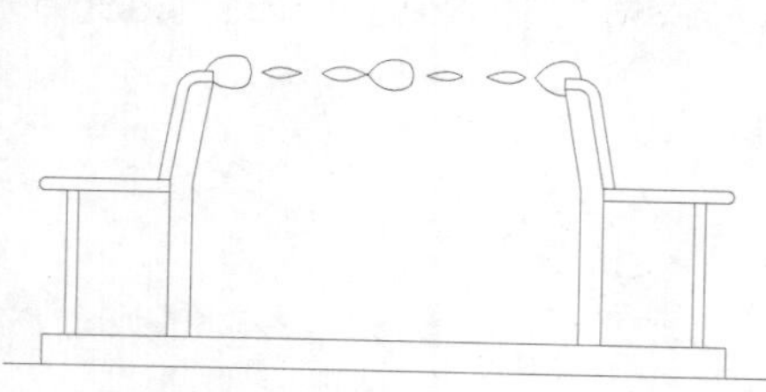

图6-58　镜像卵石

图6-59　图案填充

要点：未封闭区域的填充方法

在此步填充图案“AR-SAND”的过程中，由于上侧卵石中间有空隙，这样是填充不上的。可以通过执行“多段线”命令（PL），先围绕要填充的区域绘制出封闭该区域的线，然后再来进行填充，填充完成以后再将绘制的多段线删除掉。

6.2.4　树池图形的标注

1）在“图层控制”下拉列表，选择“尺寸标注”图层为当前图层；执行“标注样式”命令（D），选择“园林-100”标注样式为当前标注样式，然后单击“修改”按钮，修改标注全局比例为“15”，如图6-60所示。

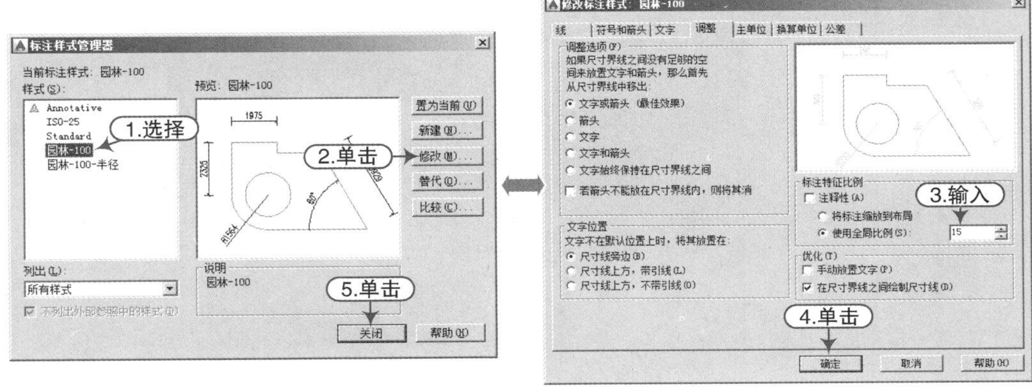

图 6-60　调整标注比例

2）执行“线性标注”命令（DLI）、“连续标注”命令（DCO）和“半径标注”命令（DRA），对图形进行相应的尺寸标注。

3）再选择“文字标注”图层为当前图层，执行“引线注释”命令（LE）和“多行文字”命令（MT），首先选择“图内文字”样式，设置字高为“100”，在图形相应位置进行引线注释；再选择“图名”样式，设置字高为“150”，在下侧注写图名内容，最后执行“多段线”命令（PL），在图名下方绘制适当长度和宽度的多段线，如图 6-61 所示。

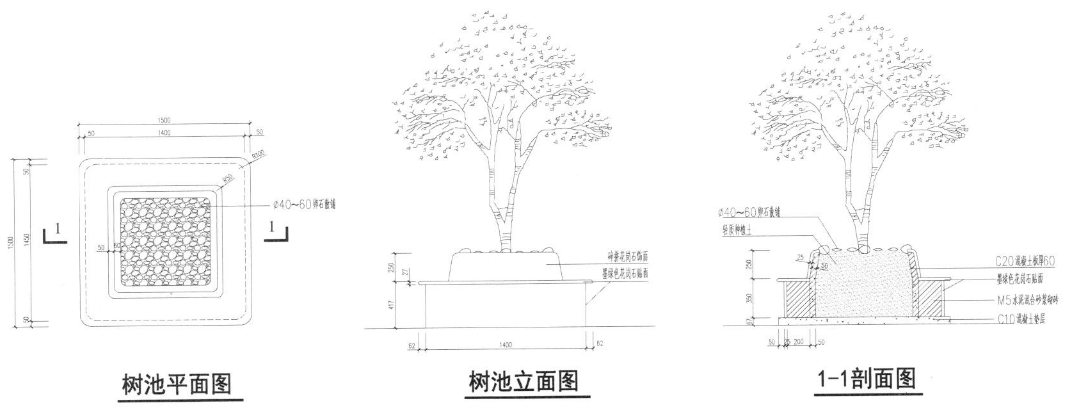

图 6-61　树池图形效果

4）至此，该图形已经绘制完成，按“Ctrl + S”组合键进行保存。

6.3　花架的绘制

接下来分别绘制花架平面图、立面图、侧立面图、1-1 剖面图、节点详图等，通过多个实例的讲解，使读者掌握花架施工图的绘制过程及技巧，绘制的花架图形最终效果如图 6-62 所示。

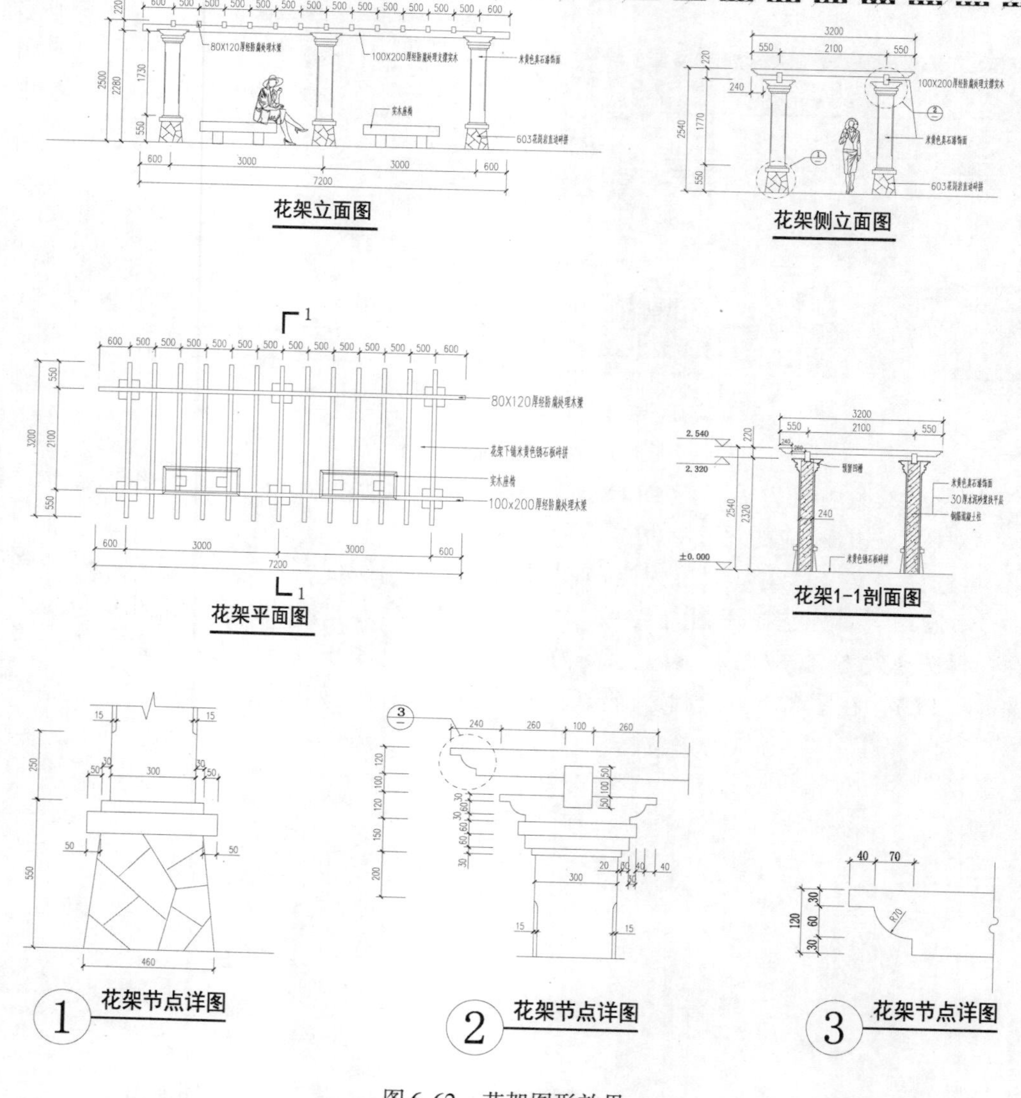

图 6-62　花架图形效果

6.3.1　花架平面图的绘制

1）正常启动 AutoCAD 2015 应用程序，单击“打开”按钮，将前面创建的“案例\06\园林样板.dwt”文件打开；再单击“另存为”按钮，将该样板文件另存为“案例\06\花架.dwg”文件。

2）在“图层控制”下拉列表，选择“小品轮廓线”图层为当前图层。

3）执行“矩形”命令（REC），绘制边长为 80mm × 3200mm 的矩形作为花架纵向的木梁。

4）执行“阵列”命令（AR），根据命令提示选择“矩形阵列”选项，然后在功能区上方自动跳转到“阵列创建”选项卡，在“列”面板中输入列数为“13”，列间距为“500”，创建阵列的图形如图 6-63 所示。

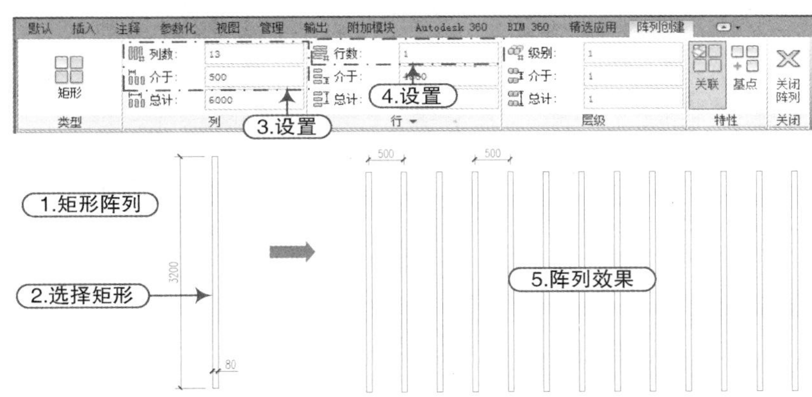

图 6-63　绘制矩形并阵列

5）执行“直线”命令（L）和“偏移”命令（O），如图 6-64 所示绘制辅助中心线。

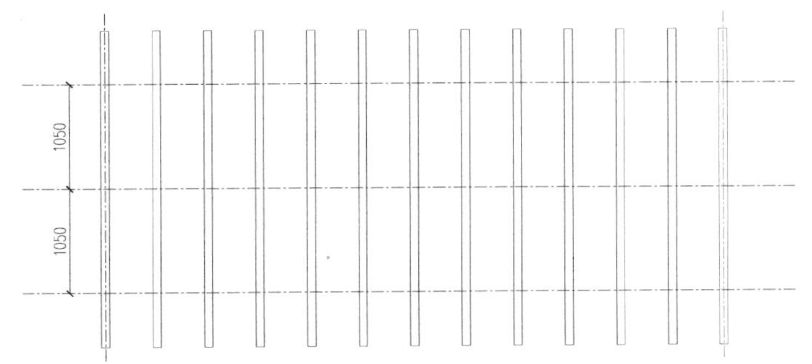

图 6-64　绘制辅助线

6）执行“偏移”命令（O），将中心线按照图 6-65 所示的尺寸进行偏移。

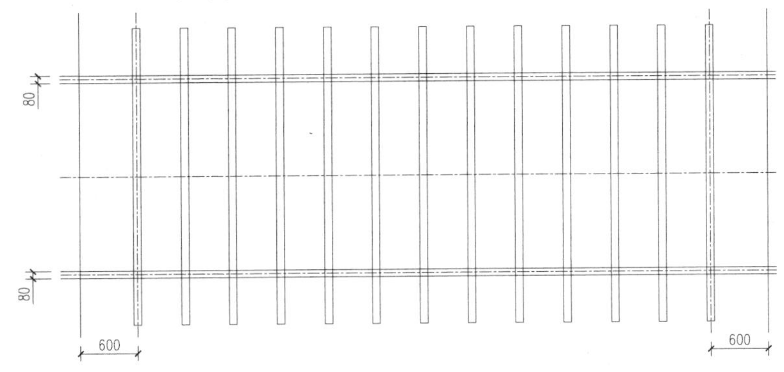

图 6-65　偏移中心线

7）执行“修剪”命令（TR）和“删除”命令（E），修剪删除多余的线条，横梁效果如图 6-66 所示。

8）执行“偏移”命令（O）、“修剪”命令（TR）和“复制”命令（CO），在相应位置

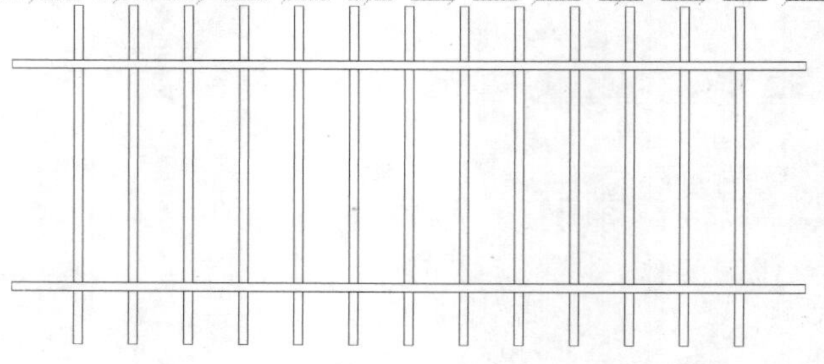

图 6-66　修剪效果

绘制出边长均为 400mm 的柱子，如图 6-67 所示。

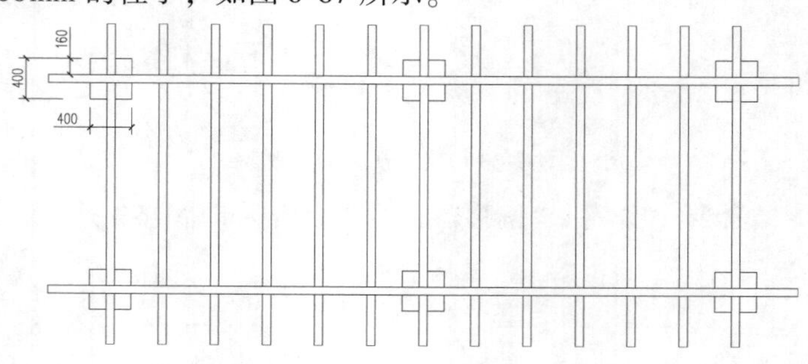

图 6-67　绘制柱子

9）绘制“坐凳”图形，执行“矩形”命令（REC），绘制边长为 1500mm × 575mm 的矩形；然后执行“偏移”命令（O）和“直线”命令（L），绘制内部线条，如图 6-68 所示。

10）执行“矩形”命令（REC），绘制边长均为 200mm 的矩形；再执行“移动”命令（M）和“复制”命令（CO），将小矩形放置到图形中间相应位置处，如图 6-69 所示。

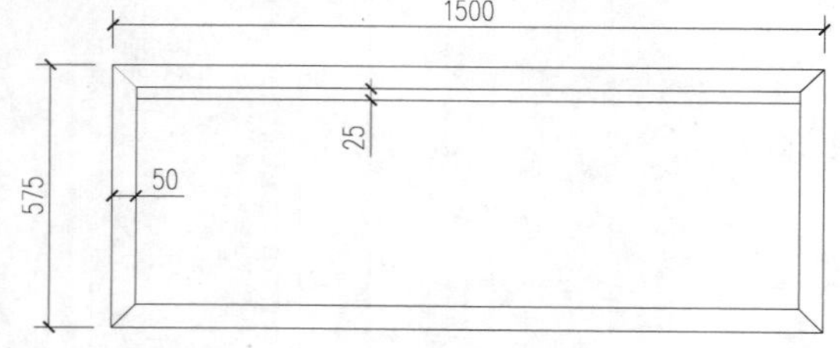

图 6-68　绘制坐凳 1

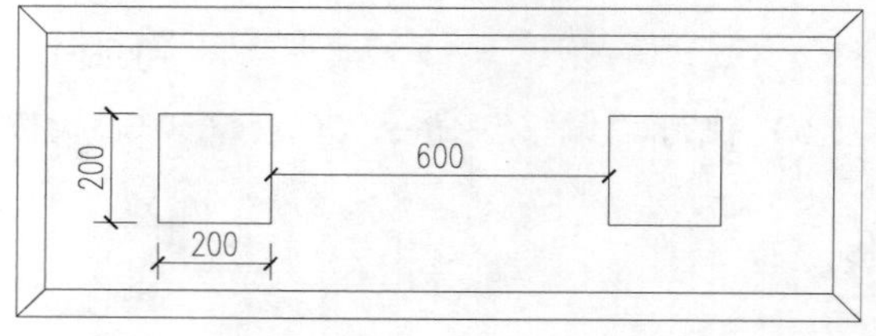

图 6-69　绘制坐凳 2

11）执行“编组”命令（G），将绘制好的整个坐凳图形编组成为一个整体。编组前后选择图形的对比效果如图 6-70 所示。

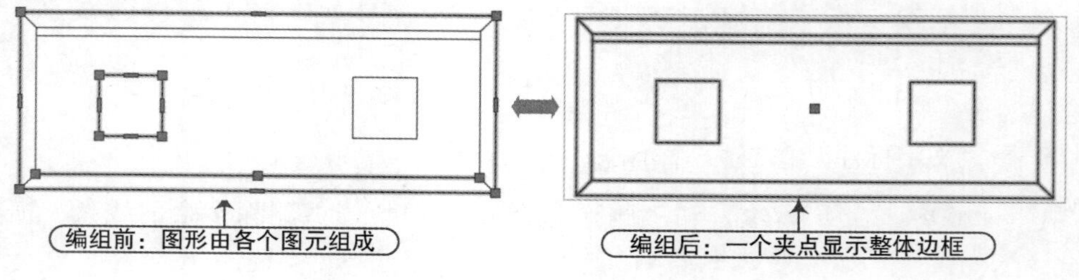

图 6-70　图形的编组

要点：“编组”命令讲解

在 AutoCAD 中，可以将多个图形对象进行编组以创建一种选择集，编组后选择图形时为一个整体，显示一个夹点和整体边框，从而使编辑对象操作变得更为方便、高效率。

12）执行“移动”命令（M）和“复制”命令（CO），将绘制的“坐凳”图形布置到花架的下方，如图 6-71 所示。

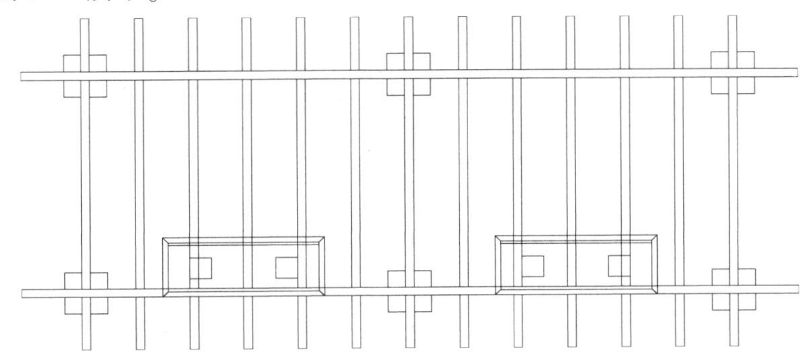

图 6-71　布置坐凳

13）在“图层控制”下拉列表，选择“尺寸标注”图层为当前图层；执行“标注样式”命令（D），选择“园林-100”标注样式为当前标注样式，然后单击“修改”按钮，修改标注全局比例为“50”，如图 6-72 所示。

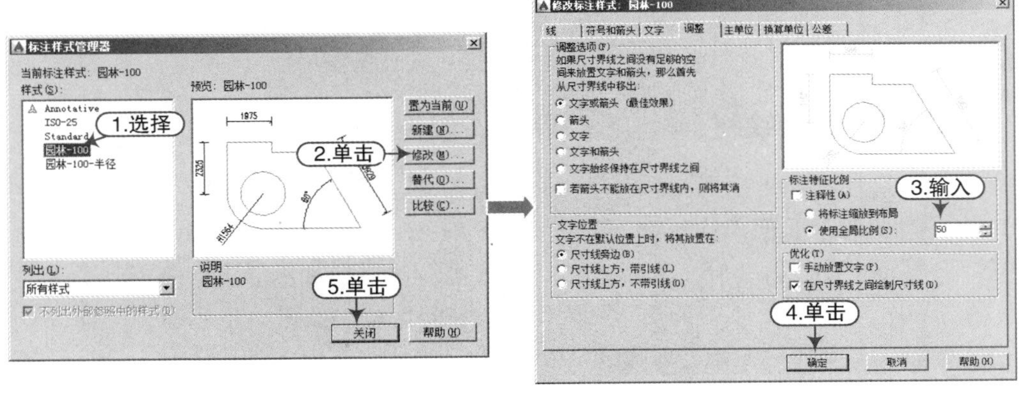

图 6-72　修改标注比例

14）执行“线性标注”命令（DLI）和“连续标注”命令（DCO），对图形进行尺寸的标注；再执行“插入块”命令（I），将内部图块“剖切符号”按照 1∶50 的比例插入到图形中，并通过“分解”“移动”等命令，完成效果如图 6-73 所示。

15）选择“文字标注”图层为当前图层，执行“引线注释”命令（LE）和“多行文字”命令（MT），首先选择“图内文字”样式，设置字高为“250”，在图形相应位置进行引线注释；再选择“图名”样式，设置字高为“300”，在下侧注写图名内容，最后执行“多段线”命令（PL），在图名下方绘制适当长度和宽度的多段线，如图 6-74 所示。

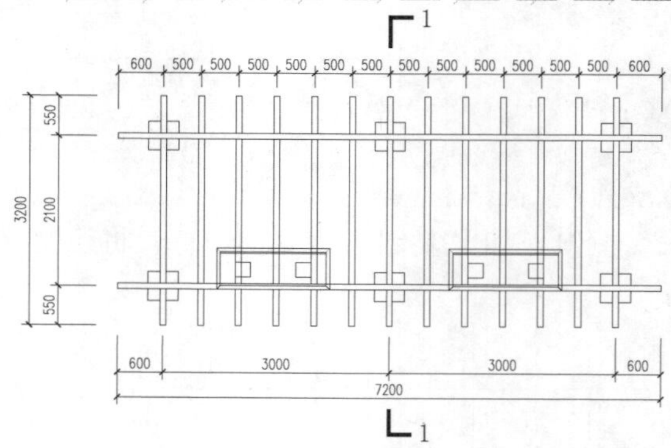

图 6-73　尺寸及符号标注

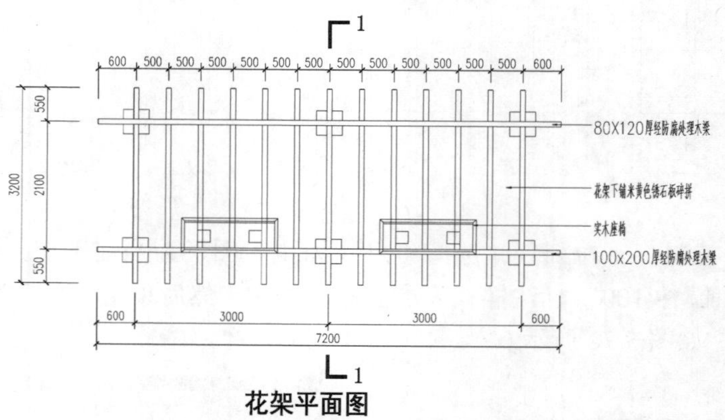

图 6-74　花架平面图效果

6.3.2　花架立面图的绘制

1）在“图层控制”下拉列表，选择“小品轮廓线”图层为当前图层。

2）绘制“花架”立面。执行“矩形”命令（REC），绘制边长为 80mm × 120mm 的矩形；再执行“阵列”命令（AR），选择“矩形阵列”选项，对矩形进行阵列列数为“13”、列间距为“500”、行数为“1”的矩形阵列，形成花架侧梁，如图 6-75 所示。

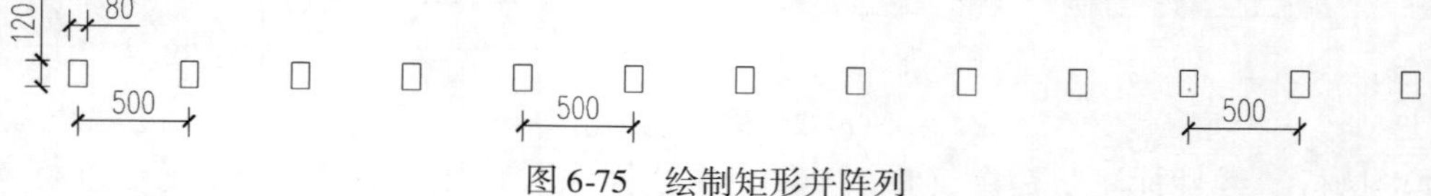

图 6-75　绘制矩形并阵列

3）执行“矩形”命令（REC）和“移动”命令（M），绘制边长为 7200mm × 220mm 的矩形，并与前面侧梁上中点对齐，然后执行“直线”命令（L），在离矩形上水平线 80mm 的位置绘制一条水平线，如图 6-76 所示。

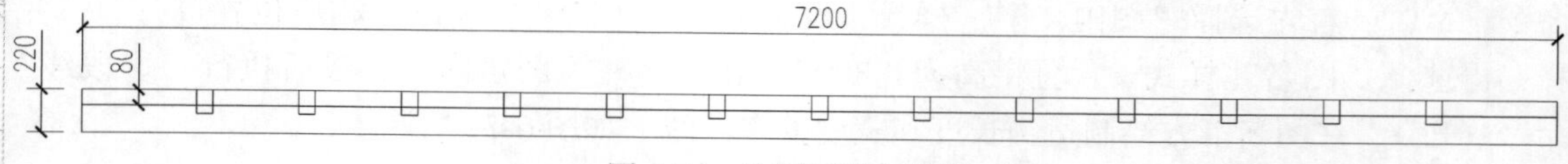

图 6-76　绘制矩形和线段

4）执行“修剪”命令（TR）和“删除”命令（E），完成图6-77所示的花架立面效果。

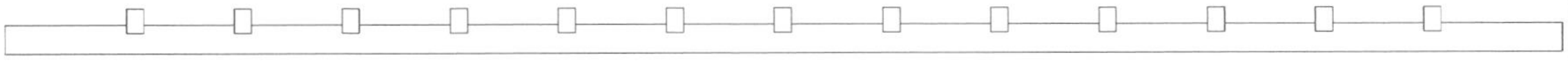

图6-77　修剪效果

5）绘制“柱子”立面。执行“矩形”命令（REC），如图6-78所示绘制多个对齐的矩形。

6）执行“圆”命令（C），通过“切点、切点、半径（T）”选项，在第二矩形处绘制相切圆，如图6-79所示。

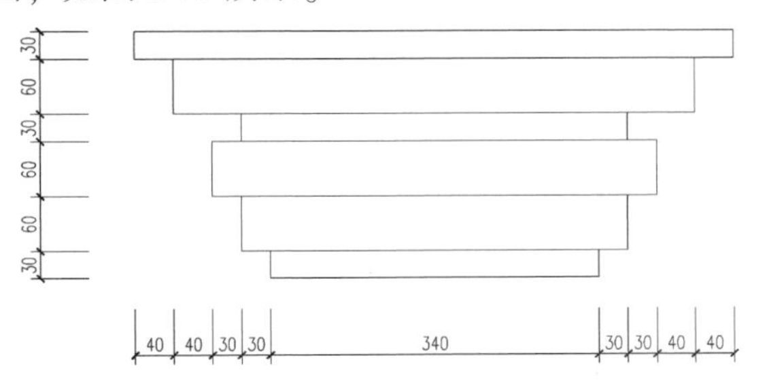

图6-78　绘制多个对齐矩形

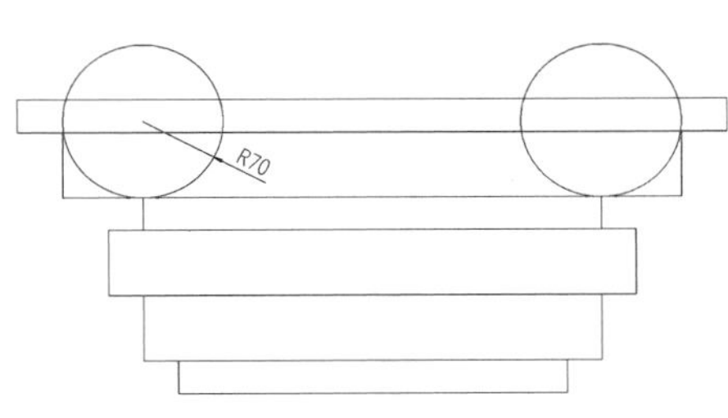

图6-79　绘制相切圆

7）执行“修剪”命令（TR），修剪多余的线条，如图6-80所示。

8）执行“直线”命令（L），过下侧水平中点向下绘制一条垂直中心线；再执行“偏移”命令（O），将相应线段按照图6-81所示的尺寸进行偏移。

9）执行“修剪”命令（TR），修剪多余的线条，如图6-82所示。

10）执行“圆角”命令（F），设置圆角半径为“15”，对中间四个直角进行圆角处理，如图6-83所示。

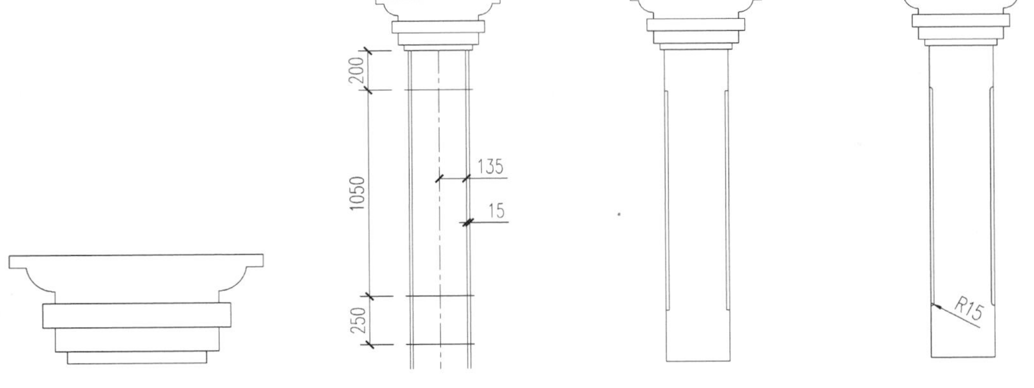

图6-80　修剪效果　　图6-81　绘制偏移线段　　图6-82　修剪效果　　图6-83　圆角处理

11）执行“矩形”命令（REC）、“偏移”命令（O）和“直线”命令（L），绘制出图6-84所示的柱子底座。

12）执行“修剪”命令（TR）和“删除”命令（E），如图6-85所示。

13）执行“直线”命令（L），在内部绘制一些线条，形成材质铺装，如图6-86所示。

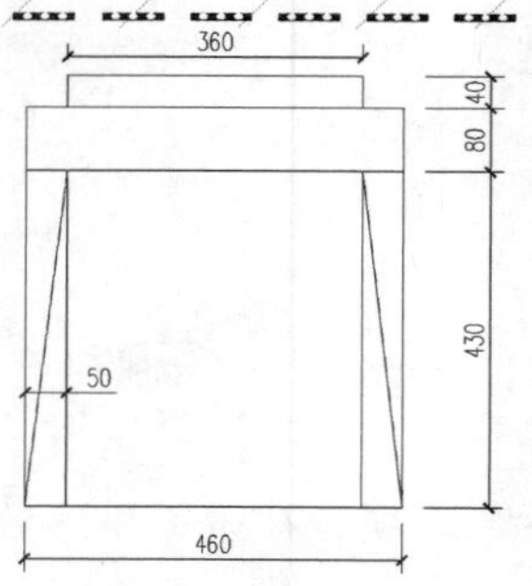

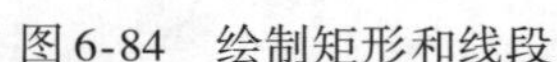

图6-84　绘制矩形和线段

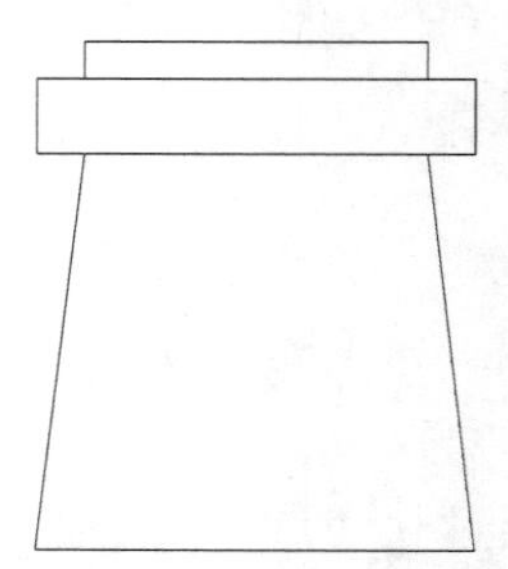

图6-85　修剪效果

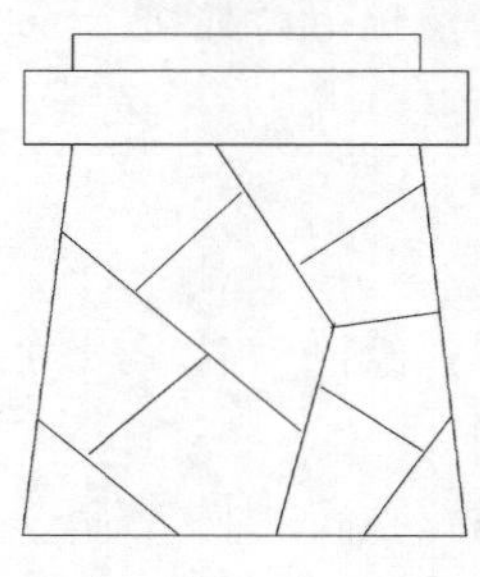

图6-86　绘制纹理

14）执行“移动”命令（M），将底座和柱子组合起来，如图6-87所示。

15）执行“直线”命令（L），绘制出图6-88所示的辅助中线和水平线，且将水平线转换为“地坪线”图层。

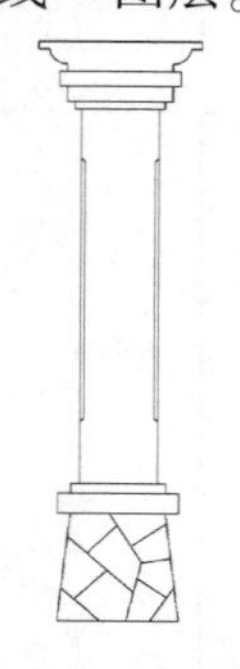

图6-87　柱子效果

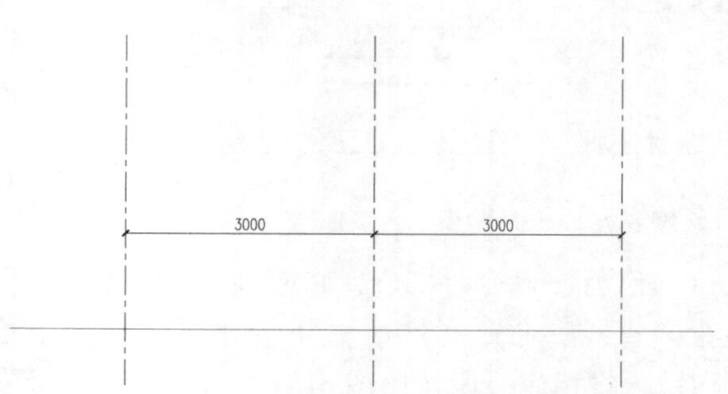

图6-88　绘制辅助线

16）执行“移动”命令（M）和“复制”命令（CO），将柱子复制到中线上，再执行“偏移”命令（O），在上方再绘制一条辅助中线，如图6-89所示。

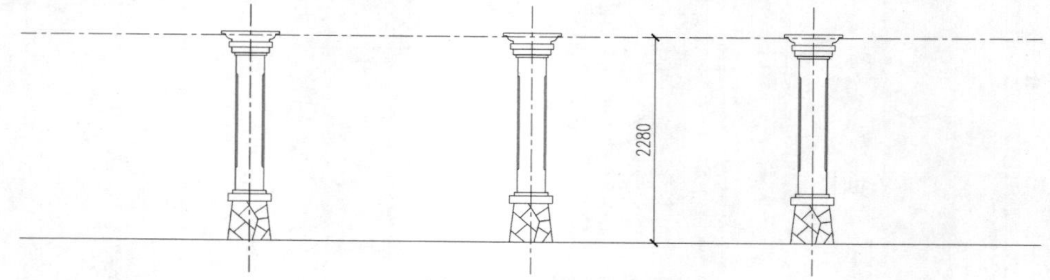

图6-89　布置柱子

17）执行“移动”命令（M），将前面绘制的花架以长横梁的下水平中点为基点移动到十字中心交点处，如图6-90所示。

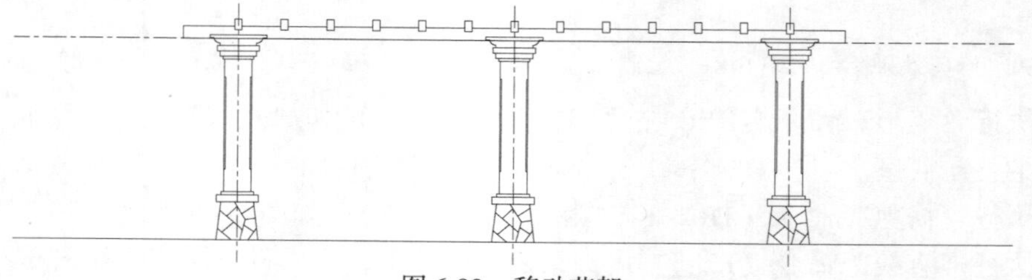

图6-90　移动花架

18）执行“修剪”命令（TR）和“删除”命令（E），修剪删除多余的线条，如图6-91所示。

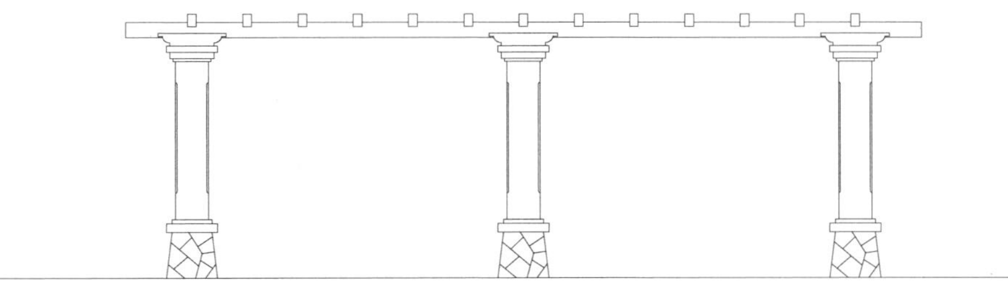

图6-91　修剪图形

19）绘制“坐凳”。执行“矩形”命令（REC）和“移动”命令（M），绘制出图6-92所示的坐凳图形。

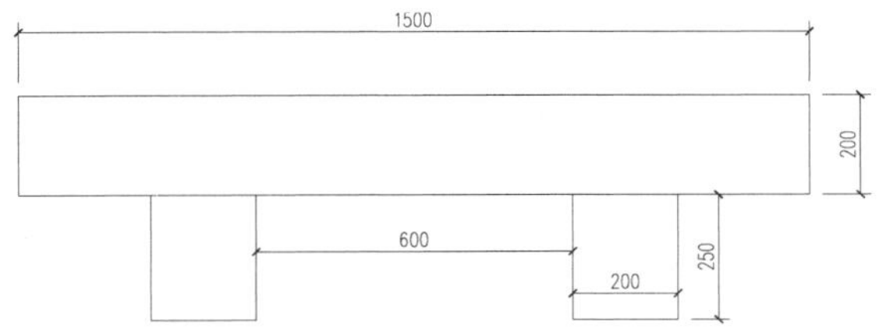

图6-92　绘制坐凳立面

20）执行“移动”命令（M）和“复制”命令（CO），将坐凳图形复制到柱子之间；再执行“插入块”命令（I），将“案例\06\侧面人物”插入到图形的相应位置，如图6-93所示。

图6-93　布置坐凳、插入人物

21）根据前面平面图的标注方法，对立面图进行尺寸、文字及图名的标注，如图6-94所示。

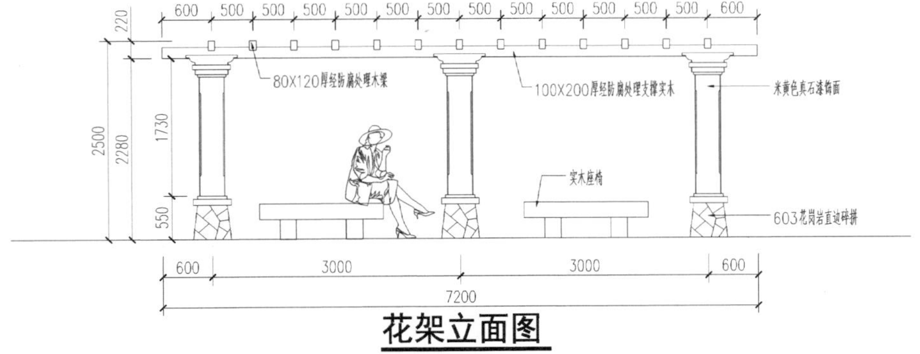

图6-94　立面图效果

6.3.3 花架侧立面图的绘制

1）执行“复制”命令（CO），将前面的花架立面图复制过来，将不需要的图形删除，只保留左侧的一个柱子，然后修改图名内容，如图6-95所示。

2）执行“复制”命令（CO），将柱子向右2100mm复制出副本，如图6-96所示。

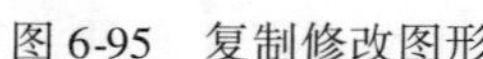

图6-95 复制修改图形

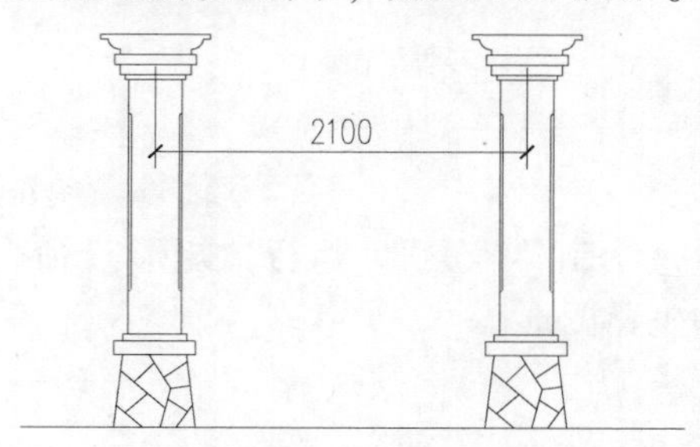

图6-96 复制柱子

3）执行“矩形”命令（REC）和“移动”命令（M），在上侧中点绘制两个边长为100mm×200mm的矩形，并使矩形下沉50mm，如图6-97所示。

4）执行“直线”命令（L），在图6-98所示的两侧相应位置绘制辅助线。

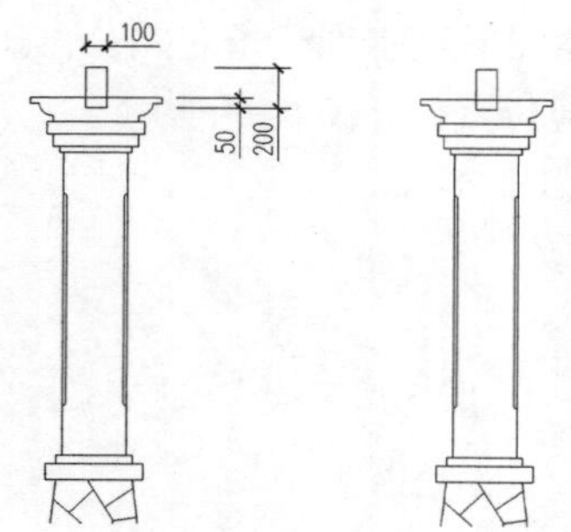

图6-97 绘制矩形

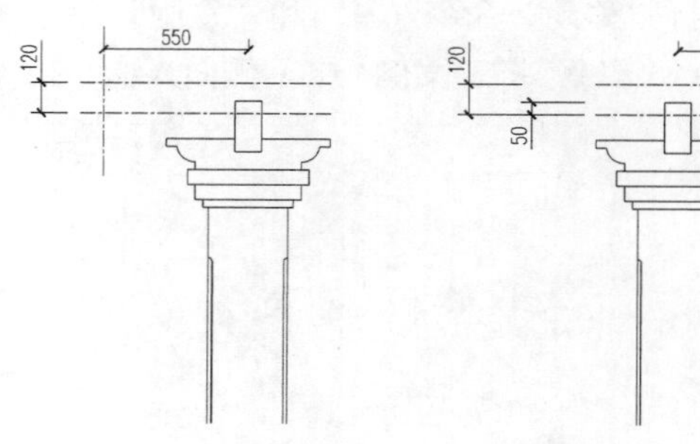

图6-98 绘制辅助线

5）执行“复制”命令（CO），将下侧柱子的弧形造型向上复制到辅助线内，如图6-99所示。

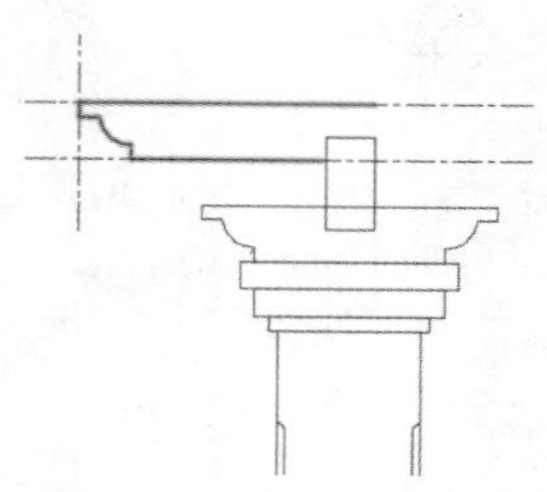

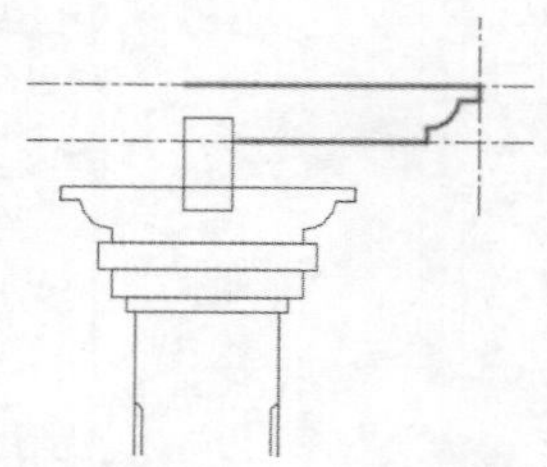

图6-99 复制弧形造型

6）执行“删除”命令（E），将辅助线删除；再通过“合并”命令（J）和“修剪”命令（TR），完成上侧部分，如图6-100所示。

图 6-100　合并并修剪

7）根据前面平面图标注的方法，对图形进行文字及尺寸的标注，如图 6-101 所示。

8）选择“索引线”图层为当前图层，执行“圆”命令（C），在相应位置绘制出虚线圆；再执行“插入块”命令（I），将内部图块“剖切索引符号”以 1∶30 的比例插入到图形中，然后通过“分解”“移动”和“引线”等命令，完成详图索引符号标注；再将“案例\06\正面人物 . dwg”插入到图形的相应位置，如图 6-102 所示。

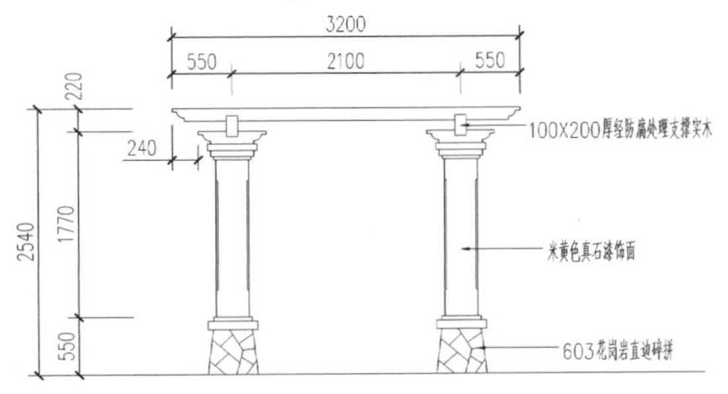

图 6-101　尺寸及文字标注

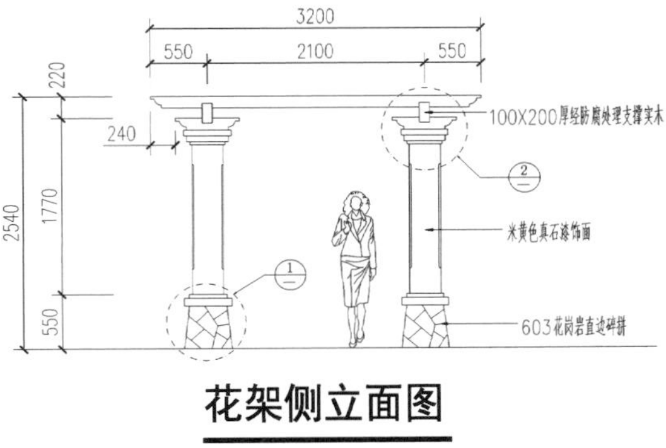

花架侧立面图

图 6-102　索引符号标注

6. 3. 4　花架 1-1 剖面图的绘制

1）执行“复制”命令（CO），将前面的“侧立面图”图形复制一份，然后将不需要的图形删除，并修改图名内容，如图 6-103 所示。

2）执行“删除”命令（E）和“修剪”命令（TR），将柱子轮廓内的线条给删除掉，如图 6-104 所示。

图 6-103　复制并修改图形

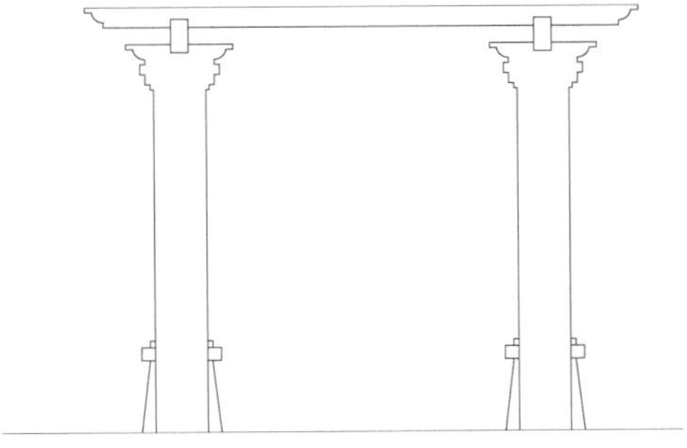

图 6-104　修剪删除效果

3）执行“合并”命令（J），将修剪后的柱子外部造型轮廓合并成为一条多段线；再执行“偏移”命令（O），将该造型向内偏移 6，如图 6-105 所示。

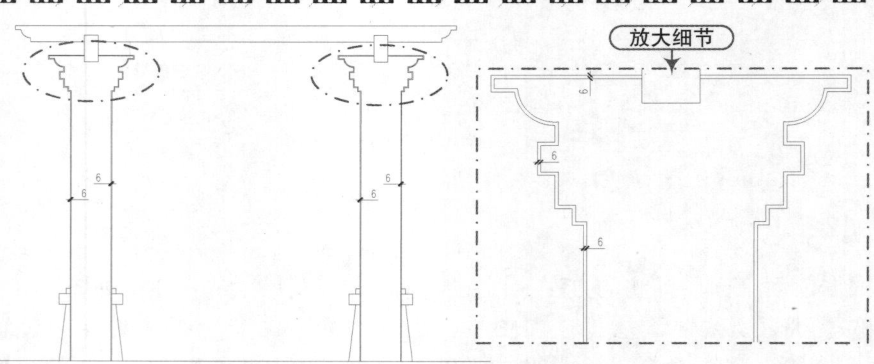

图 6-105　偏移轮廓

4）执行“直线”命令（L）、“偏移”命令（O）和“修剪”命令（TR），在柱子中间绘制宽度为240mm的线段，并将矩形轮廓向外偏移10，并进行相应的修剪，如图6-106所示。

5）选择“填充线”图层为当前，执行“图案填充”命令（H），设置图案为“ANSI31”、比例为“25”和图案为“AR-CONC”、比例为“1”的填充图案，对中间宽度为240mm的钢筋混凝土柱子进行填充，如图6-107所示。

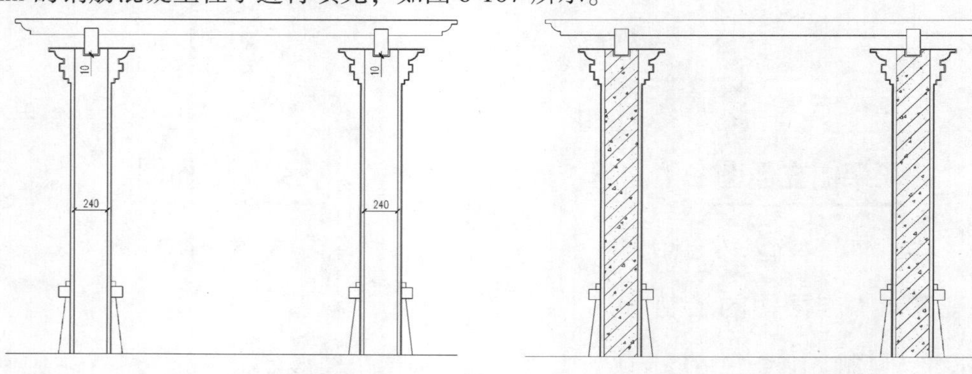

图 6-106　绘制线段　　　　图 6-107　填充图案

6）根据前面平面图标注的方法，对图形进行文字及尺寸的标注，如图6-108所示。

7）执行“插入块”命令（I），将内部图块“标高符号”按照图6-109所示的尺寸标注。

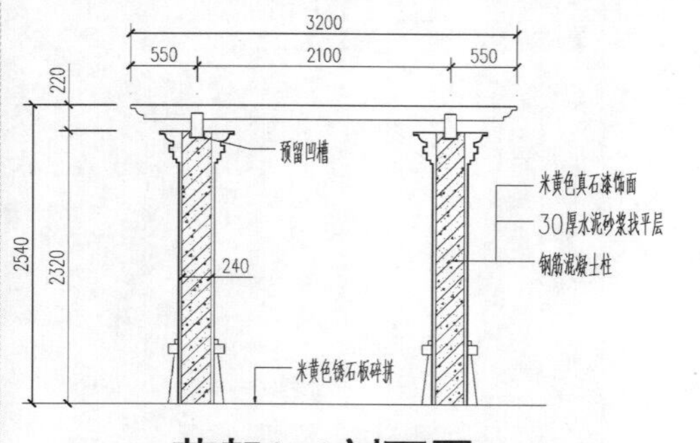

图 6-108　标注图形

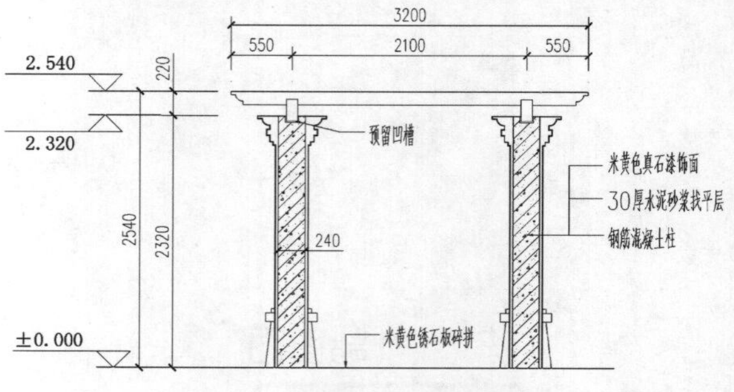

图 6-109　标高标注

6.3.5　1 号节点详图的绘制

1）根据花架“侧立面图”中索引符号的指引，执行“复制”命令（CO），将 1 号索引圈内的图形复制一份；再通过直线、修剪、缩放等命令，将修剪好的图形放大 3.5 倍，如图 6-110 所示。

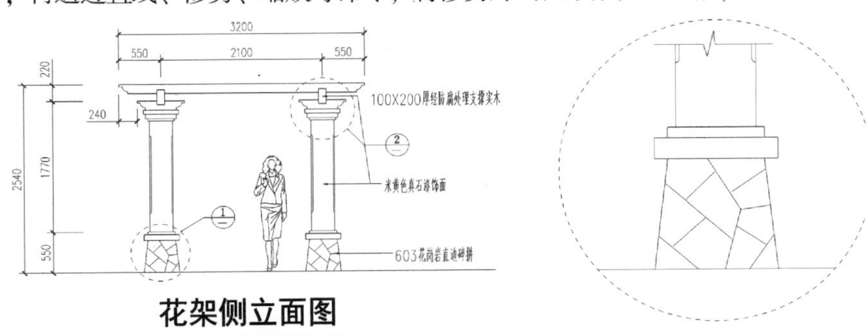

图 6-110　复制并放大索引图形

2）选择“尺寸标注”图层为当前图层，执行“线性标注”命令（DLI）和“连续标注”命令（DCO），对放大图进行尺寸的标注；然后执行“编辑标注”（ED）命令，将放大尺寸改回原尺寸，如图 6-111 所示。

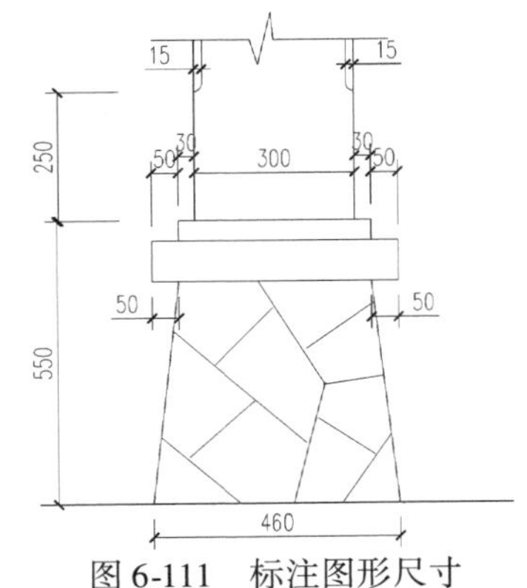

图 6-111　标注图形尺寸

3）执行“插入块”命令（I），将内部图块“本张索引详图”以 1∶50 的比例插入到图形中；再将前面图形的图名复制过来，作相应的修改，如图 6-112 所示。

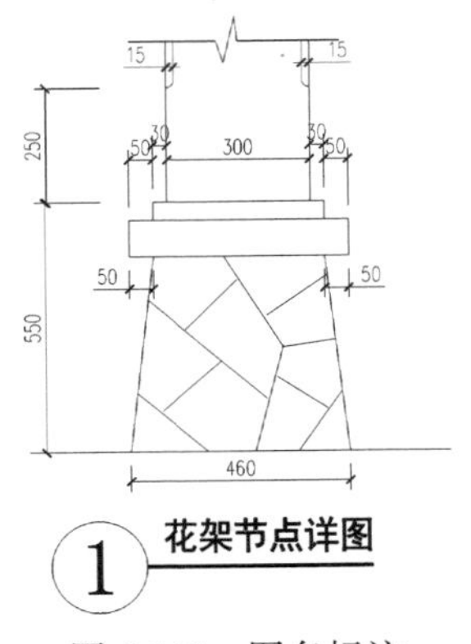

图 6-112　图名标注

6.3.6 2、3 号节点详图效果

通过对“1 号详图”的讲解，用户可自行去绘制 2、3 号详图，绘制方法与 1 号详图一样，首先将索引处的图形复制出来，然后放大图形，并标注出尺寸及图名，完成的效果如图 6-113 所示。

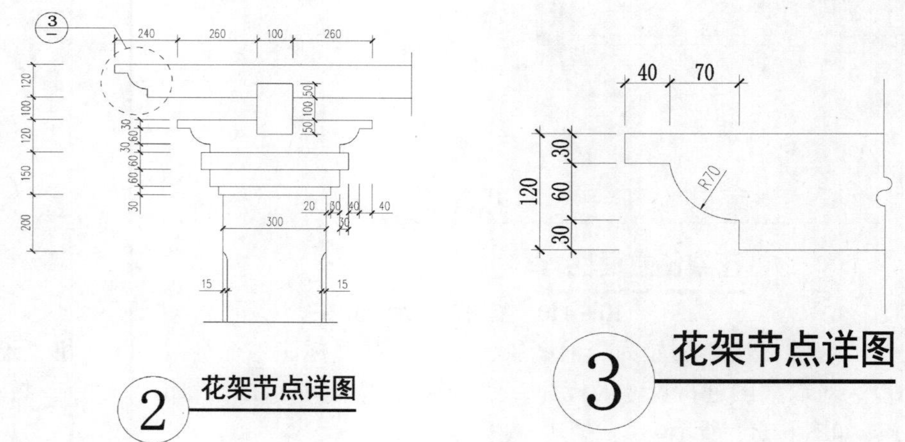

图 6-113 其他节点详图效果

第 7 章　道路铺装的绘制

园路指园林中的道路工程，包括园路布局、路面层结构和地面铺装等设计。园林道路是园林的组成部分，起着组织空间、引导游览、交通联系并提供休闲场所的作用。它像脉络一样，把园林的各个景区连成整体。园林道路蜿蜒起伏的曲线，丰富的寓意，精美的图案，都给人以美的享受。图 7-1 所示为各种类型的园林道路摄影图片。

图 7-1　园林道路的摄影图片

本章主要讲解了花岗岩步道、广场铺装图、车行道路景观图、停车场铺装图、入户处铺装图、人行道铺装图、林荫主园路铺装图、汀步等图形施工图的绘制，其中包括平面图、立面图、剖面图、节点大样图等，通过对本章的学习可使读者掌握道路铺装施工图的绘制方法。

7.1　花岗岩步道的绘制

接下来分别绘制了花岗岩步道平面图、及做法详图，通过多个实例的讲解，使读者掌握施工图的绘制过程及学习技巧，绘制的图形最终效果如图 7-2 所示。

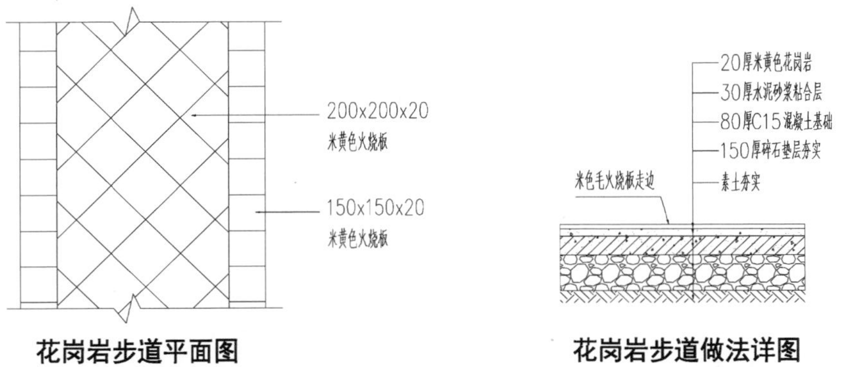

图 7-2　花岗岩图形效果

7.1.1　花岗岩步道平面图的绘制

1）正常启动 AutoCAD 2015 应用程序，单击“打开”按钮，将前面创建的“案例\07\

园林样板 . dwt” 文件打开；再单击“另存为”按钮，将该样板文件另存为“案例\07\花岗岩步道 . dwg” 文件。

2）在“图层控制”下拉列表，选择“铺装分隔线”图层为当前图层。

3）执行“直线”命令（L），在绘图区绘制一条垂直线段；再执行“偏移”命令（O），将其向右依次偏移150、700、150，如图7-3所示。

4）执行“多段线”命令（PL），在上下相应位置绘制相距1200mm的折断线，如图7-4所示。

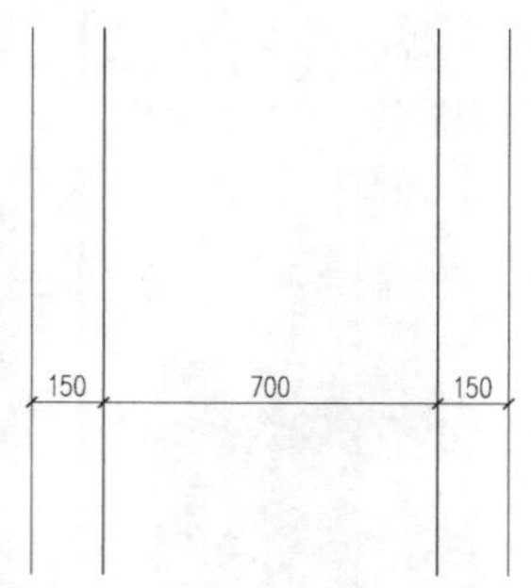

图7-3 绘制偏移线条

图7-4 绘制折断线

5）选择“填充线”图层为当前图层，执行“图案填充”命令（H），根据命令提示选择“设置（T）”选项，弹出“图案填充与渐变色”对话框，按照图7-5所示的步骤进行操作，对道路中间填充200mm×200mm的网格。

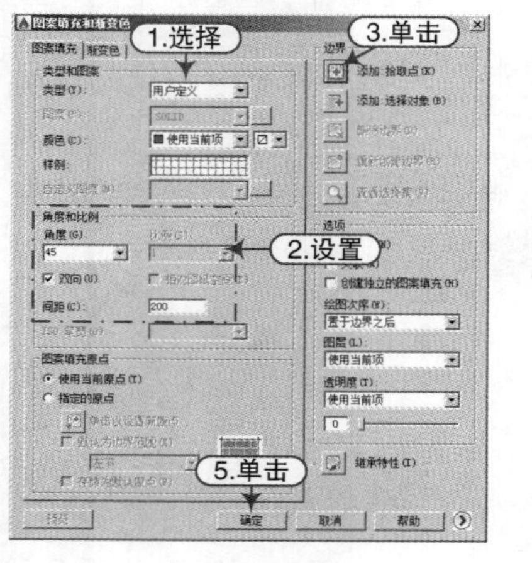

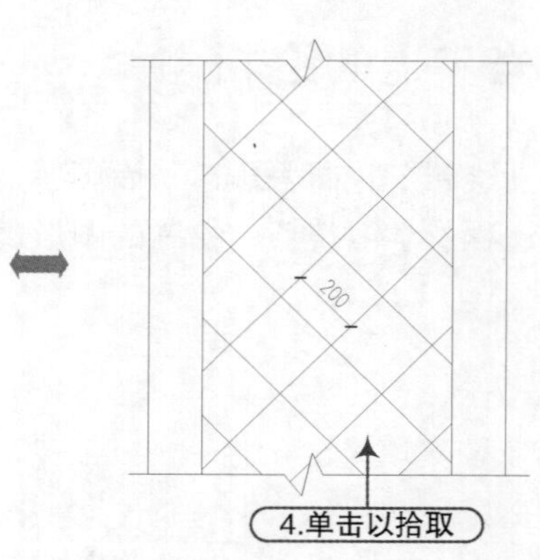

图7-5 填充地砖

6）重复“图案填充”命令（H），系统自动继承上一参数，取消“双向”，设置角度为“0”，间距为“150”，对网格两侧的边进行填充，如图7-6所示。

要点：图案填充的测量

使用“用户定义”填充的图案为：具有间距的单向或双向的线条图形。填充好线条图案后，若要进行测量，默认情况下是捕捉不到相应的特征点的，可执行“选项”命令（OP），弹出“选项”对话框，在“绘图”选项卡下的“对象捕捉选项”中，取消勾选“忽略图案填充对象”复选框，如图7-7所示。这样即可像上图那样去测量网格或线条之间的间距了。

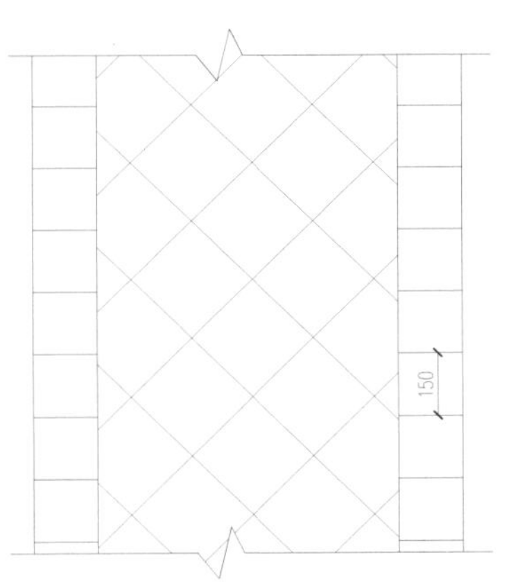

图 7-6　填充地砖

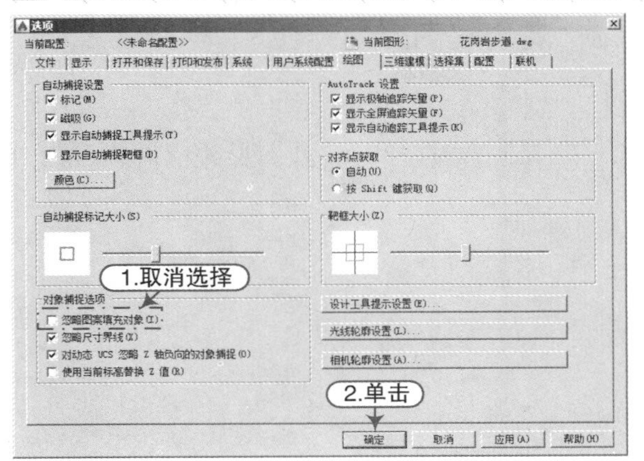

图 7-7　“选项”设置

7.1.2　花岗岩步道做法详图的绘制

1）选择“剖面结构线”图层为当前图层，执行“直线”命令（L），绘制长为 1000mm 的水平线，然后执行“偏移”命令（O），将其依次向下偏移 20、30、80、150、50，再封闭左右端点，如图 7-8 所示。

2）切换至“填充线”图层，执行“图案填充”命令（H），设置图案为“AR-CONC”、比例为“0.5”，对二、三层填充出“水泥砂浆”粘合层，再设置图案为“ANSI31”、比例为“10”，对第三层填充出混凝土效果，如图 7-9 所示。

图 7-8　绘制线条

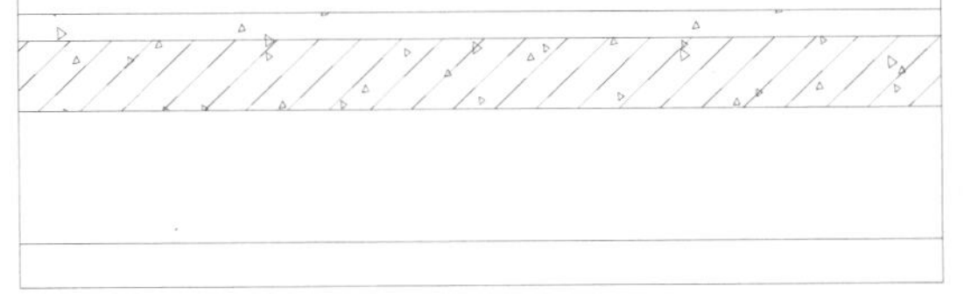
图 7-9　填充基层 1

3）执行“图案填充”命令（H），设置图案为“GRAVEL”、比例为“5”，对第四层位置填充出碎石效果，如图 7-10 所示。

4）同样设置图案为“EARTH”，比例为“10”，角度为“45”，对底层填充出素土效果，然后执行“删除”命令（E），将底层的线条删除掉，如图 7-11 所示。

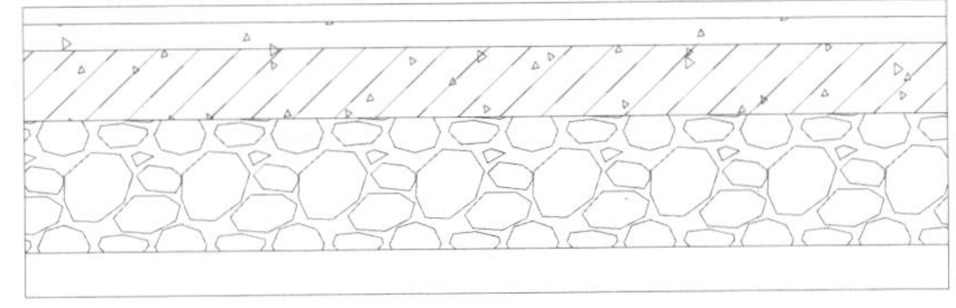
图 7-10　填充基层 2

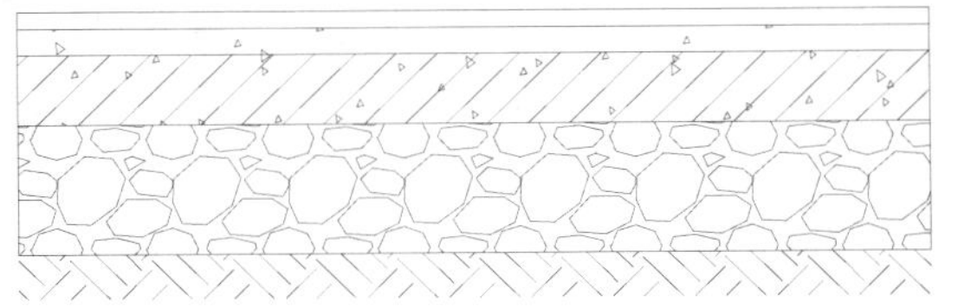
图 7-11　填充基层 3

7.1.3 花岗岩图形的标注

1）选择“文字标注”图层为当前，执行“引线注释”命令（LE），选择“图内文字”样式，设置字高为“80”，在图形相应位置进行引线注释，如图 7-12 所示。

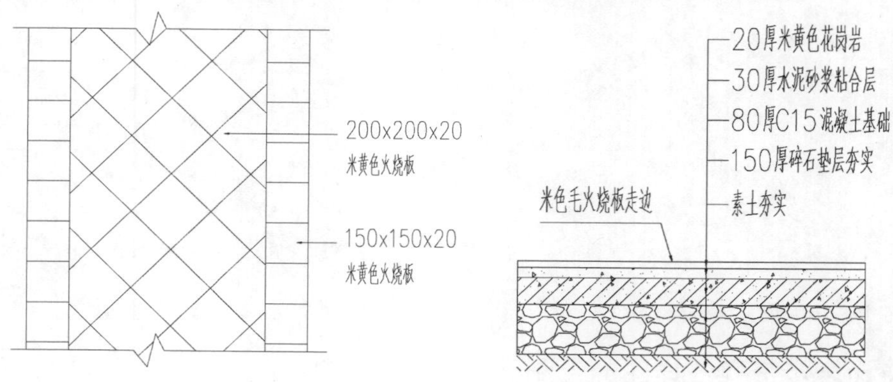

图 7-12 文字标注

2）执行“多行文字”命令（MT），选择“图名”样式，设置字高为“100”，在下侧注写图名内容，最后执行“多段线”命令（PL），在图名下方绘制适当长度和宽度的多段线，如图 7-2 所示。

3）至此，该图形已经绘制完成，按“Ctrl + S”组合键进行保存。

7.2 广场铺装的绘制

在城市的空间环境设计中，广场的地面铺装设计是非常重要的。城市广场是城市精华所在，被誉为城市的客厅。

广场地面精心设计的目的在于强化广场空间的特色魅力，突出广场的性格。广场地面铺装形式、各设计要素的确定应该以广场的功能性质为前提。城市广场的性质取决于它在城市中的位置与环境、相关主体建筑与主体标志物以及其功能等的性质。图 7-13 所示为各种类型的广场铺装摄影图片。

图 7-13 广场铺装的摄影图片

接下来讲解广场铺装平面图及铺装详图的绘制方法，使读者掌握施工图的绘制过程及学习技巧，绘制的图形最终效果如图 7-14 所示。

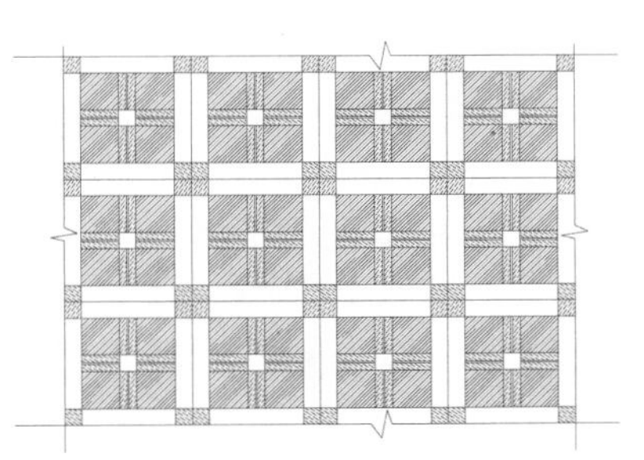

广场铺装平面图

铺装详图

1500
200 450 200 450 200
200x200火烧面青石板
550x200芝麻白嵌15宽防滑条
550x200芝麻白
450x450光面枫叶红

图 7-14　图形效果

1）正常启动 AutoCAD 2015 应用程序，单击“打开”按钮，将前面创建的“案例\07\园林样板.dwt”文件打开；再单击“另存为”按钮，将该样板文件另存为“案例\07\广场铺装.dwg”文件。

2）在“图层控制”下拉列表，选择“铺装分隔线”图层为当前图层。

3）执行“矩形”命令（REC），绘制边长均为 1500mm 的矩形；再执行“分解”命令（X）和“偏移”命令（O），将矩形各边各向内偏移 200，如图 7-15 所示。

4）执行“偏移”命令（O）和“修剪”命令（TR），继续将线段进行偏移并修剪出图 7-16 所示的效果。

5）执行“直线”命令（L）和“偏移”命令（O），在中间绘制宽度为 20mm 的线条，如图 7-17 所示。

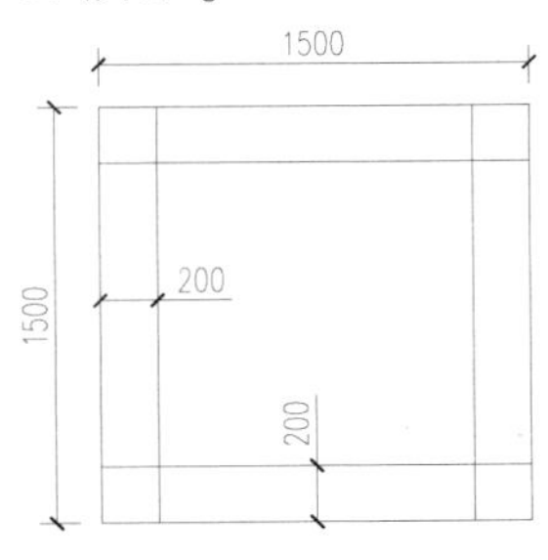

图 7-15　绘制矩形并偏移

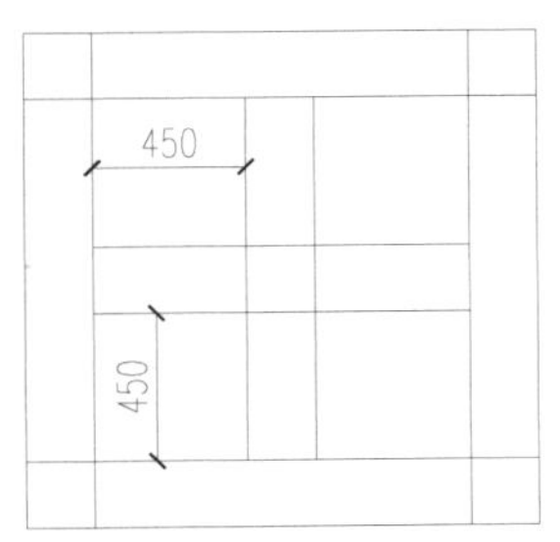

图 7-16　偏移修剪

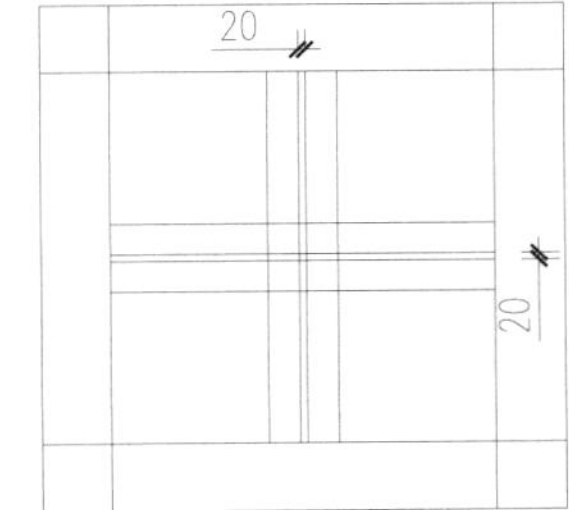

图 7-17　绘制线段

6）执行“修剪”命令（TR），修剪掉多余的线条，如图 7-18 所示。

7）选择“填充线”图层为当前图层，执行“图案填充”命令（H），设置图案为“ANSI36”、比例为“10”、角度为“10”，对相应位置进行填充，如图 7-19 所示。

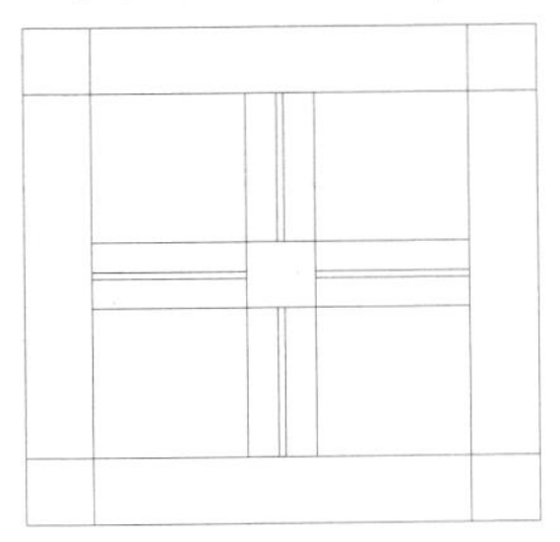

图 7-18　修剪效果

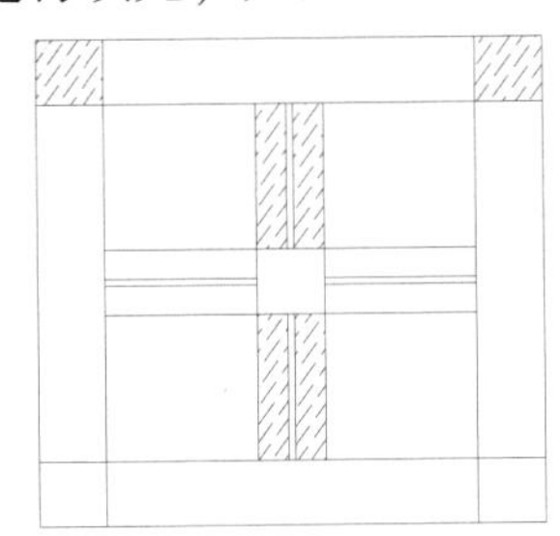

图 7-19　填充图案 1

8）按“空格键”重复命令，自动继承上一参数设置，修改角度为“280”，再对相应位置进行填充，如图 7-20 所示。

9）执行“图案填充”命令（H），设置图案为“ANSI31”、比例为“10”、角度为“0”，对相应位置填充，如图 7-21 所示。

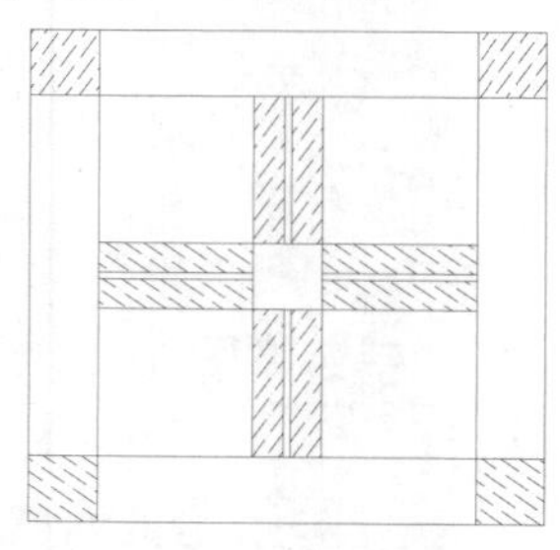

图 7-20　填充图案 2

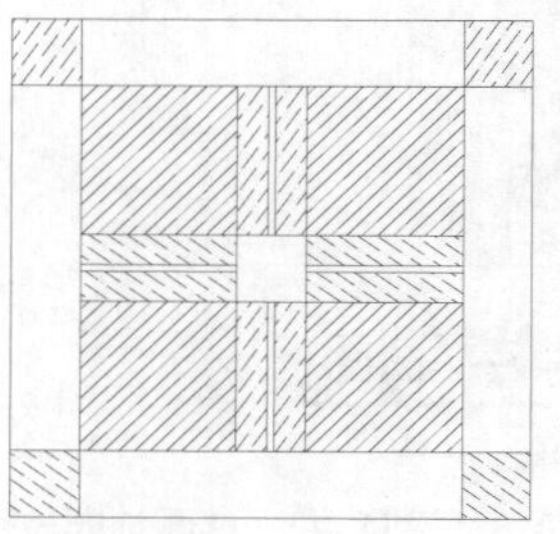

图 7-21　填充图案 3

10）执行“阵列”命令（AR），选择上步绘制的图形，再选择“矩形阵列”选项，进行 4 列 3 行、间距均为 1500mm 的矩形阵列，如图 7-22 所示。

11）执行“多段线”命令（PL）、“分解”命令（X）和“修剪”命令（TR），在四边绘制折断线，如图 7-23 所示。

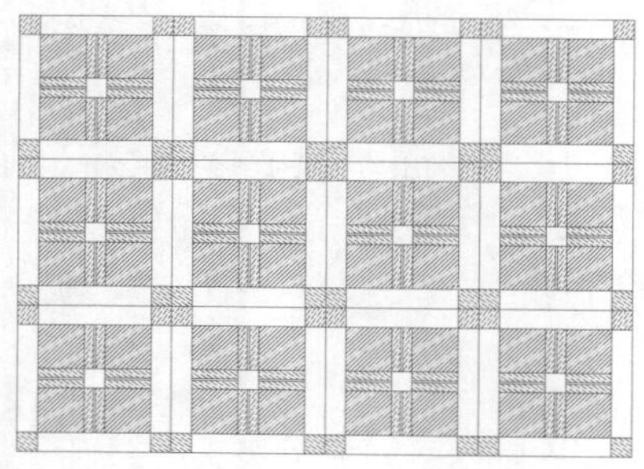

图 7-22　矩形阵列

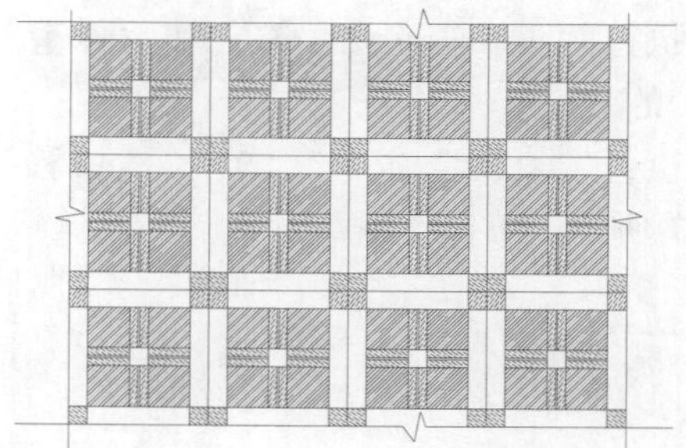

图 7-23　绘制折断线

12）执行“复制”命令（CO），将平面图中其中一个地拼复制出来，然后执行“缩放”命令（SC），将其放大 3 倍，如图 7-24 所示。

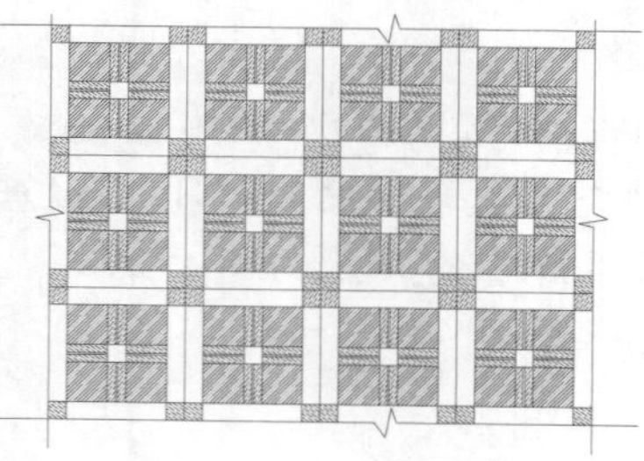

图 7-24　复制并放大其中一个图形

13）切换至“尺寸标注”图层，执行“标注样式”命令（D），选择“园林-100”标注样式为当前标注样式，然后单击“修改”按钮，修改标注全局比例为“50”，如图 7-25 所示。

14）执行“线性标注”命令（DLI）和“连续标注”命令（DCO），对放大图形进行尺寸的标注；再执行“编辑标注”（ED）命令，将标注的尺寸除以 3，以修改回原尺寸。

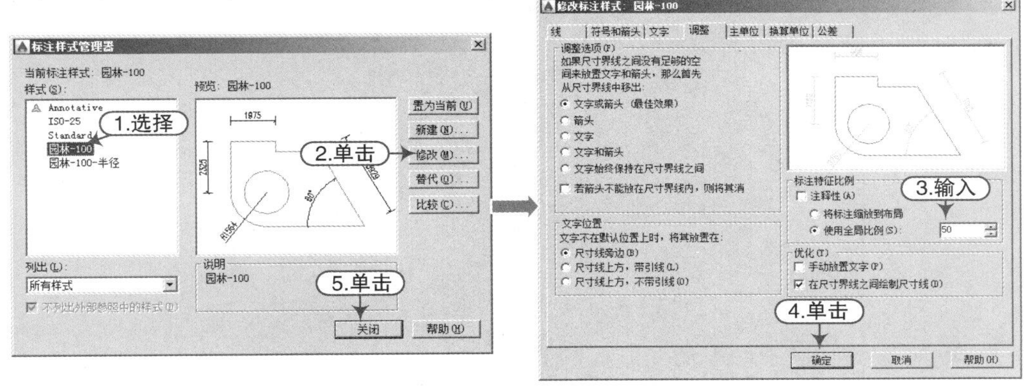

图 7-25　修改标注比例

15）选择“文字标注”图层为当前图层，执行“引线注释”命令（LE），选择“图内文字”样式，默认字高，在图形相应位置进行引线注释，如图 7-26 所示。

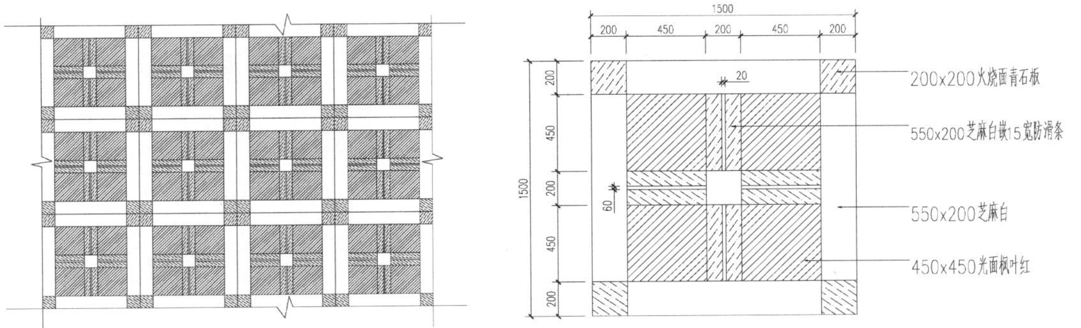

图 7-26　文字及尺寸标注

16）执行“多行文字”命令（MT），选择“图名”样式，设置字高为“400”，在下侧注写图名内容，最后执行“多段线”命令（PL），在图名下方绘制适当长度和宽度的多段线，如图 7-14 所示。

17）至此，该图形已经绘制完成，按“Ctrl + S”组合键进行保存。

7.3　车行道路景观图的绘制

车行道路，通达城市的各地区，供城市内交通运输及行人使用，便于居民生活、工作及文化娱乐活动。图 7-27 所示为城市道路的摄影图片。

图 7-27　道路的摄影图片

接下来讲解一段城市道路景观图的绘制方法，使读者掌握城市道路景观图的绘制过程及技巧，绘制的图形最终效果如图 7-28 所示。

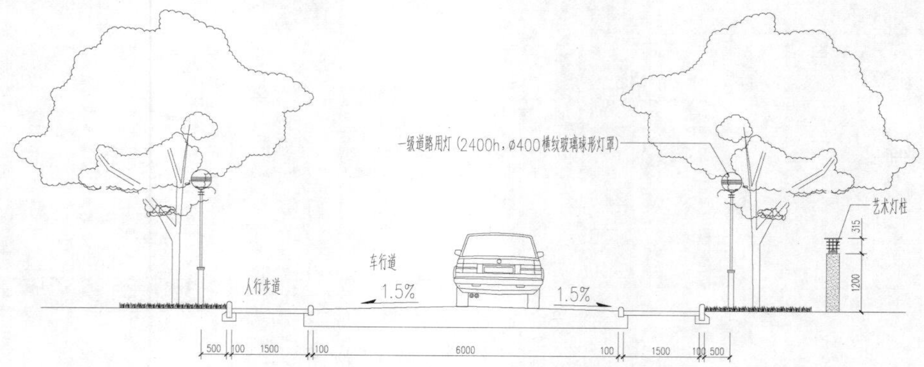

图 7-28　图形效果

1）正常启动 AutoCAD 2015 应用程序，单击“打开”按钮，将前面创建的“案例 \ 07 \ 园林样板 . dwt”文件打开；再单击“另存为”按钮，将该样板文件另存为“案例 \ 07 \ 车行道路 . dwg”文件。

2）在“图层控制”下拉列表，选择“道路中心线”图层为当前图层。

3）执行“直线”命令（L），在图形区绘制一条垂直的线段；再执行“偏移”命令（O），将其向左依次偏移 3000、100、84、1416，然后在垂直线上绘制一水平线，且按照图 7-29所示的尺寸进行偏移。

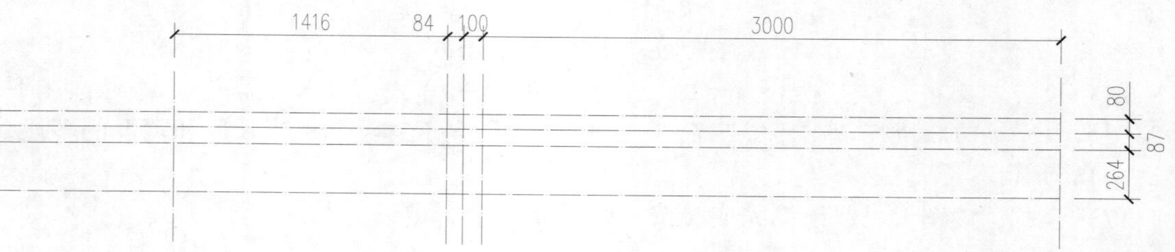

图 7-29　绘制中心线

4）切换至“道路线”图层，执行“直线”命令（L），捕捉相应交点绘制出道路线，如图 7-30 所示。

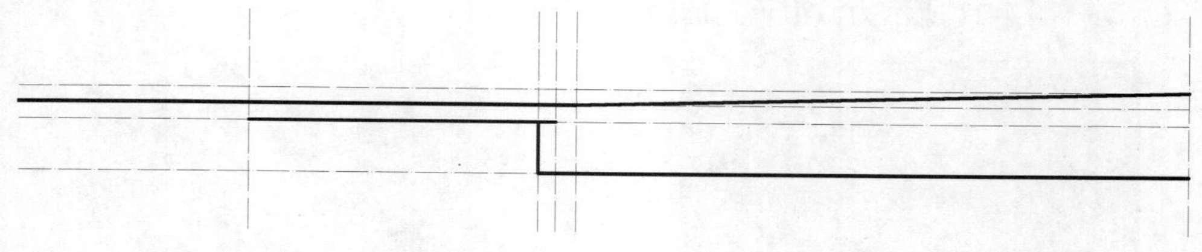

图 7-30　绘制道路线

5）执行“删除”命令（E），将不需要的中心线删除，如图 7-31 所示。

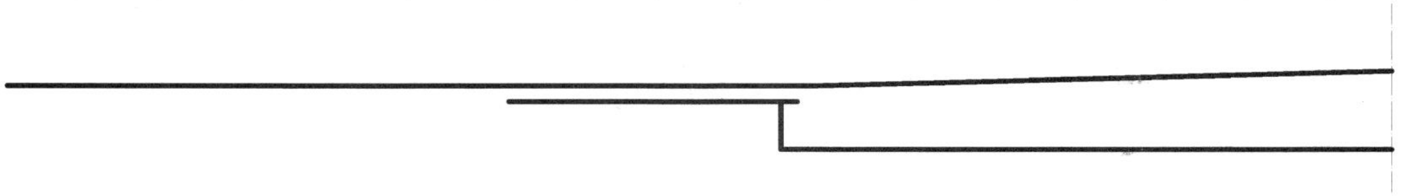

图 7-31　删除不需要图形

6）绘制路沿石，切换至“金属构件”图层，通过“矩形”命令（REC）、“直线”命令（L）和“圆角”命令（F）命令，绘制出两个路沿石，如图 7-32 所示。

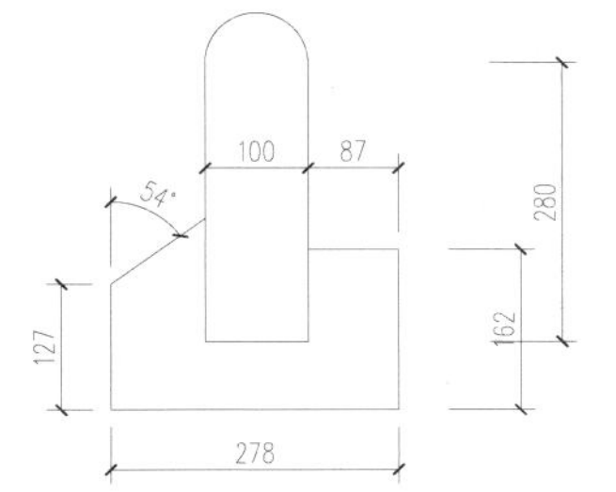

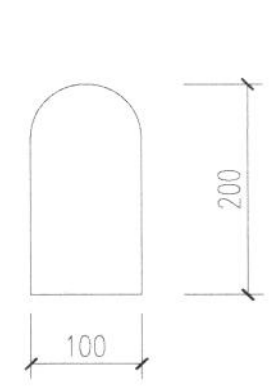

图 7-32　绘制路沿剖面

7）执行“移动”命令（M），将路沿石移动到道路中，如图 7-33 所示。

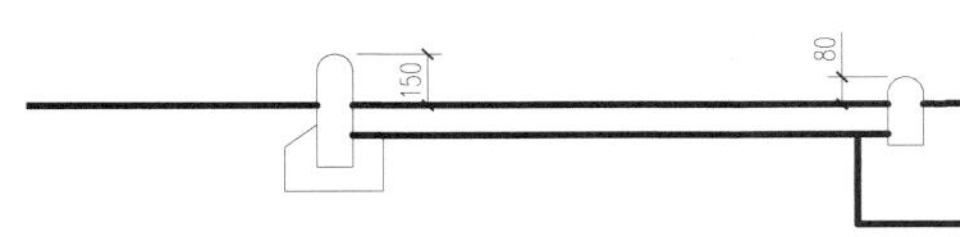

图 7-33　移动图形

8）选择“绿化配景线”图层为当前图层，执行“直线”命令（L）和“复制”命令（CO），在左侧水平道路上绘制一些不规则的线条以形成种植草效果，如图 7-34 所示。

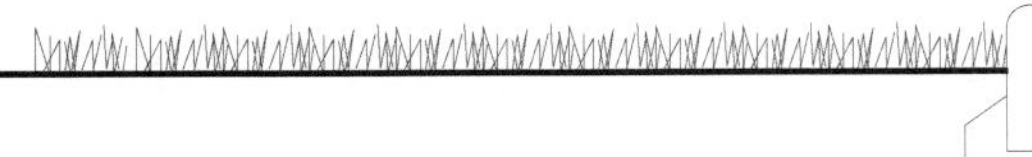

图 7-34　绘制种植草

9）执行“镜像”命令（MI），将道路中心线以左的图形以中心线进行左右镜像，如图 7-35 所示。

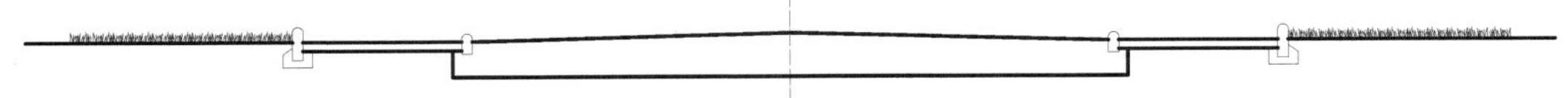

图 7-35　镜像图形

10）选择“其他配景线”图层，执行“插入块”命令（I），将“案例＼07”文件夹下面的“树木”“路灯”“汽车”和“艺术灯柱”等文件作为图块插入到图形中，并通过“移动”“镜像”等命令，完成图 7-36 所示的效果。

图 7-36　插入配景图形

要点：步骤讲解

由于“道路线”设置了粗线效果，不容易看清楚细节，在这里隐藏了线宽显示（在状态栏中单击线宽按钮 ）。

11）执行“多段线”命令（PL），设置全局宽度为“0”，顺着道路坡道绘制长约为 1000mm 的斜方向箭头；再执行“图案填充”命令（H），对箭头内部填充纯色“SOLTD”图案，如图 7-37 所示。

12）执行“多行文字”命令（MT），选择“图内文字”样式，以默认字高在箭头上标注出倾斜坡度值，如图 7-38 所示。

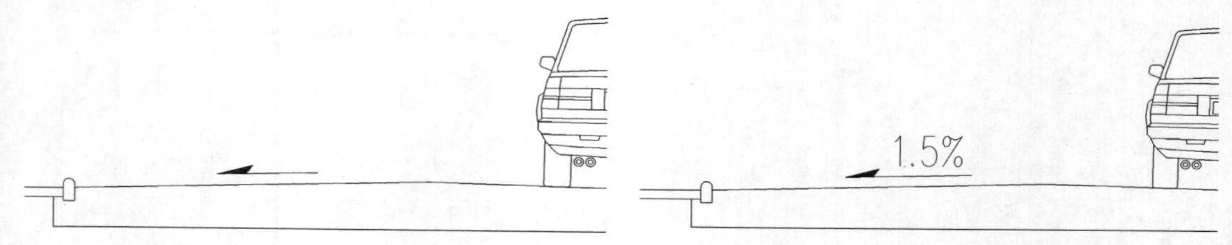

图 7-37　绘制坡度指引箭头

图 7-38　标注坡度值

13）执行“镜像”命令（MI），将绘制的坡度符号镜像复制一份，如图 7-39 所示。

图 7-39　镜像坡度符号

14）切换至“尺寸标注”图层，执行“标注样式”命令（D），选择“园林-100”标注样式为当前标注样式，然后单击“修改”按钮，修改标注全局比例为“50”，如图 7-40 所示。

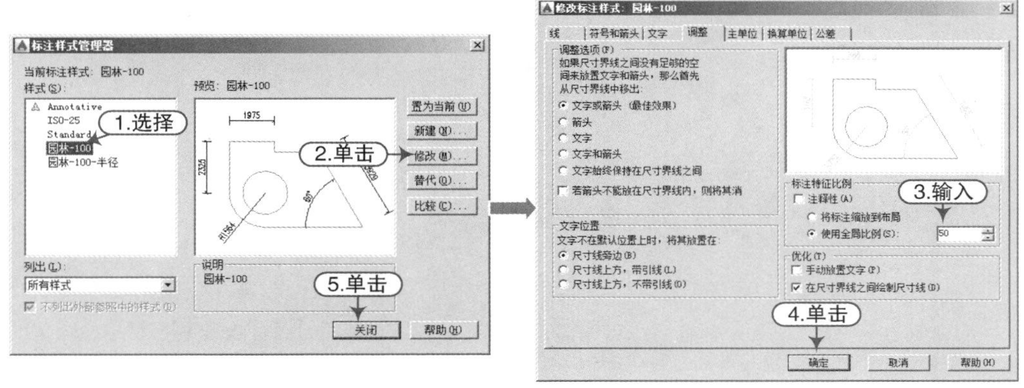

图 7-40　修改标注比例

15）执行“线性标注”命令（DLI）和“连续标注”命令（DCO），对图形进行尺寸的标注。

16）选择“文字标注”图层为当前图层，执行“引线注释”命令（LE）和“多行文字”命令（MT），选择“图内文字”样式，在图形相应位置进行文字注释，如图 7-41 所示。

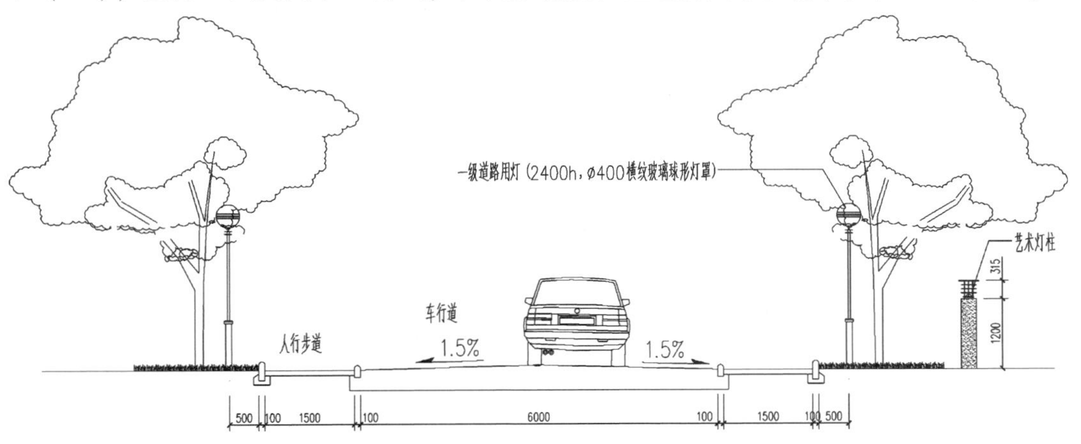

图 7-41　文字、尺寸标注

17）再选择“图名”样式，设置字高为“400”，在下侧注写图名内容，最后执行“多段线”命令（PL），在图名下方绘制适当长度和宽度的多段线，如图 7-28 所示。

18）至此，该图形已经绘制完成，按“Ctrl + S”组合键进行保存。

7.4　停车场铺装的绘制

接下来通过多个实例的讲解，使读者掌握施工图的绘制过程及学习技巧，绘制的图形最终效果如图 7-42 所示。

1）正常启动 AutoCAD 2015 应用程序，单击“打开”按钮，将前面创建的“案例\07\园路平面图 . dwg”文件打开，如图 7-43 所示。

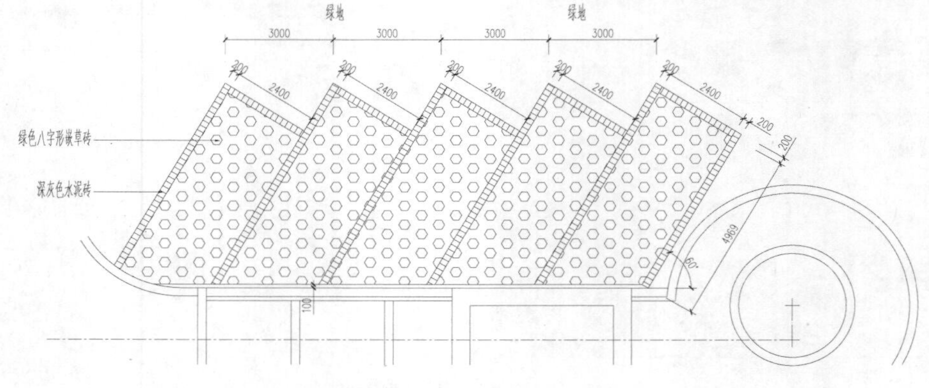

图 7-42　图形效果

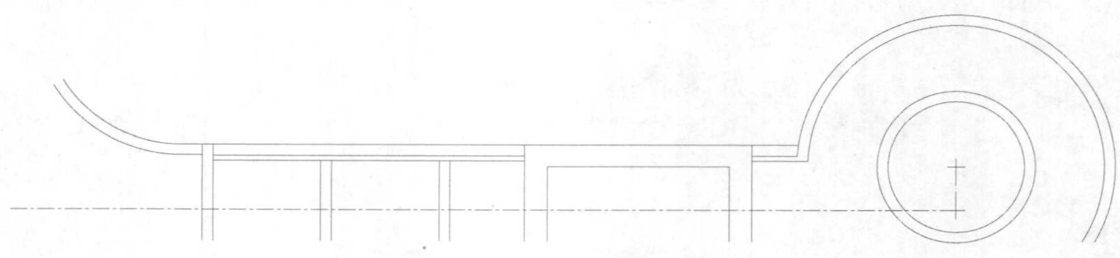

图 7-43　打开的平面图

2）再单击“另存为”按钮，将该样板文件另存为“案例 \ 07 \ 停车场铺装 . dwg”文件。

3）在“图层控制”下拉列表，选择“铺装分隔线”图层为当前图层。

4）执行“构造线”命令（XL），根据命令选择“角度（A）”选项，设置角度为“60”，然后单击圆弧与上侧水平线的交点为通过点，以绘制一条辅助线。

5）执行“偏移”命令（O），将绘制的辅助线向左上依次偏移 474、200、2400、200，如图 7-44 所示。

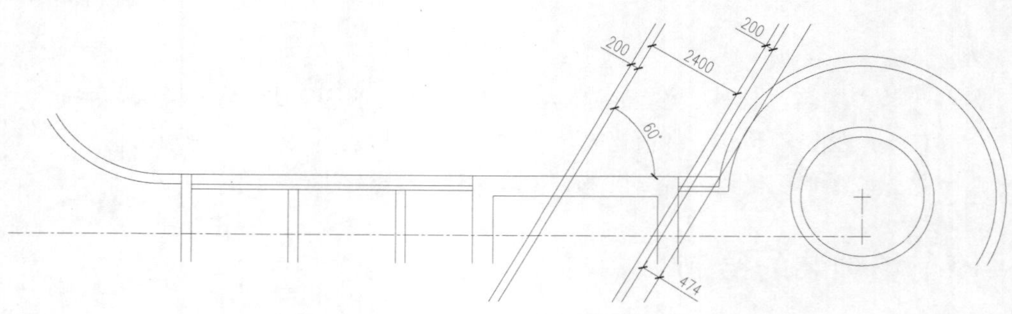

图 7-44　绘制偏移构造线

6）执行“偏移”命令（O），将水平线向上依次偏移 100、4377、1499；然后执行“直线”命令（L），捕捉交点绘制斜线；再将斜线向左下偏移 200，如图 7-45 所示。

7）执行“修剪”命令（TR），修剪多余的线条，如图 7-46 所示。

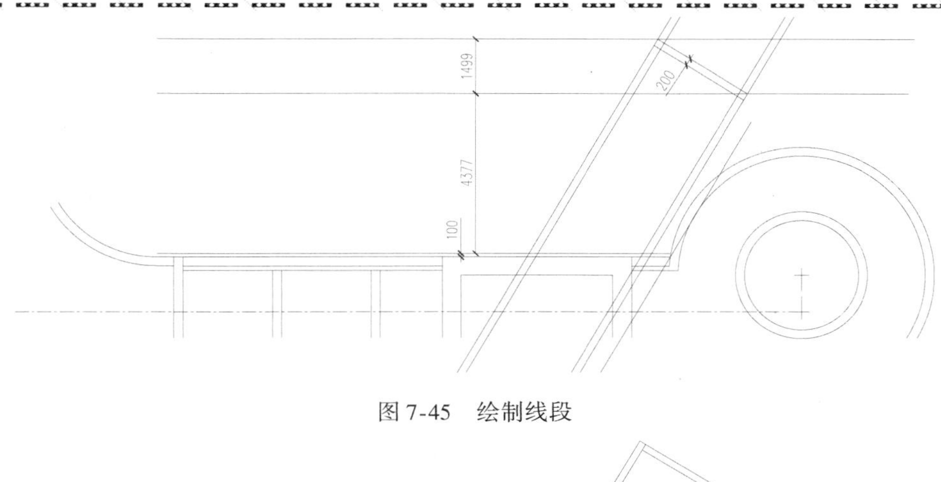

图 7-45　绘制线段

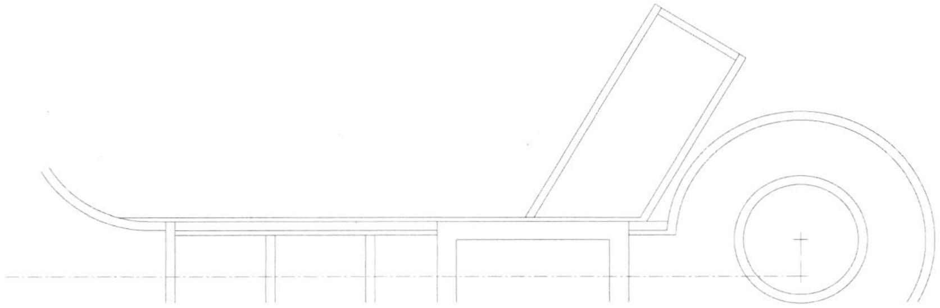

图 7-46　修剪图形

8）执行“复制”命令（CO），将相应图形按照 3000mm 的距离，水平复制出 4 份，如图 7-47 所示。

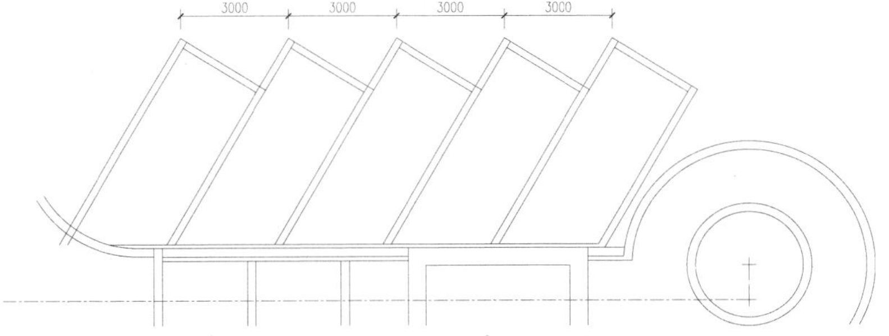

图 7-47　复制图形

9）执行“修剪”命令（TR），修剪掉相交部分，如图 7-48 所示。

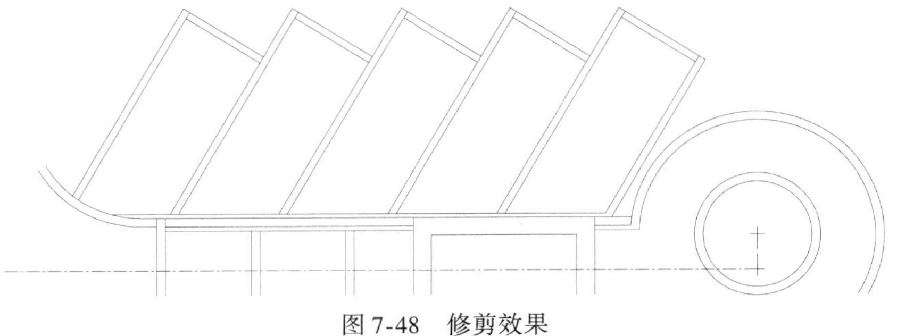

图 7-48　修剪效果

10）选择“填充线”图层为当前图层，执行“图案填充”命令（H），设置图案为“LINE”、比例为“50”、角度为“60”，对相应位置进行填充，如图 7-49 所示。

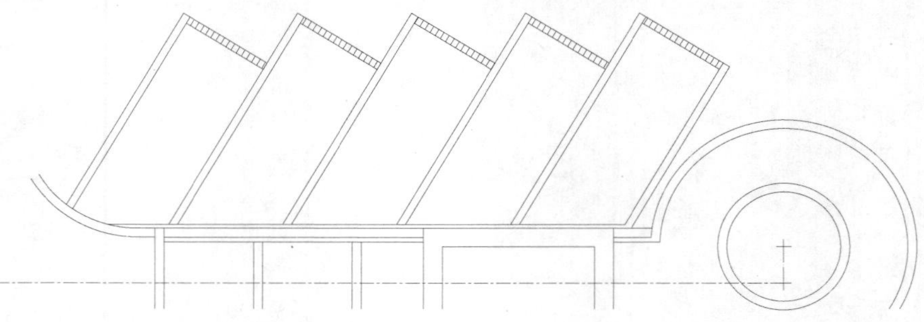

图 7-49　填充图案 1

11）按“空格键”重复命令，自动继承上一图案及参数，修改角度为“150”，对其他相应位置进行填充，如图 7-50 所示。

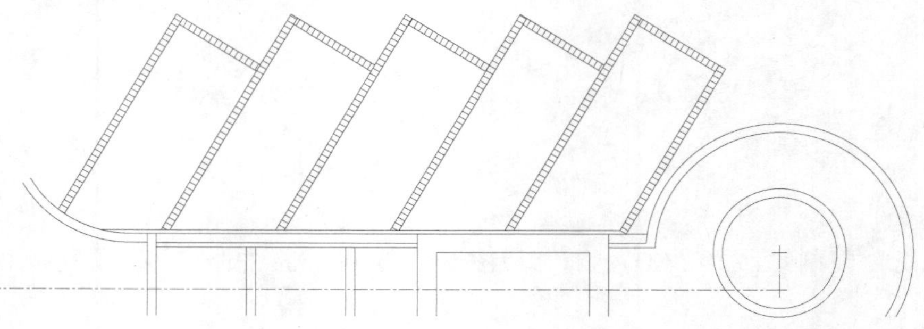

图 7-50　填充图案 2

12）再设置图案为“HEX”、比例为“50”，对中间位置进行填充，如图 7-51 所示。

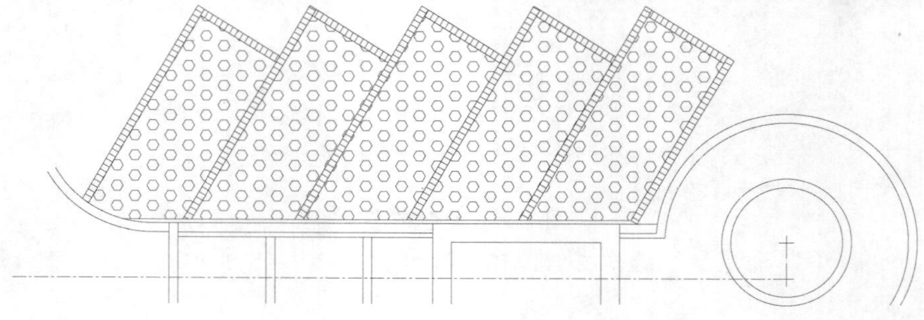

图 7-51　填充图案 3

13）切换至“尺寸标注”图层，执行“标注样式”命令（D），选择“园林-100”标注样式为当前标注样式，然后单击“修改”按钮，修改标注全局比例为“80”，如图 7-52 所示。

14）执行“对齐标注”命令（DAL）、“连续标注”命令（DCO）和“角度标注”命令（DAN），对图形进行尺寸的标注。

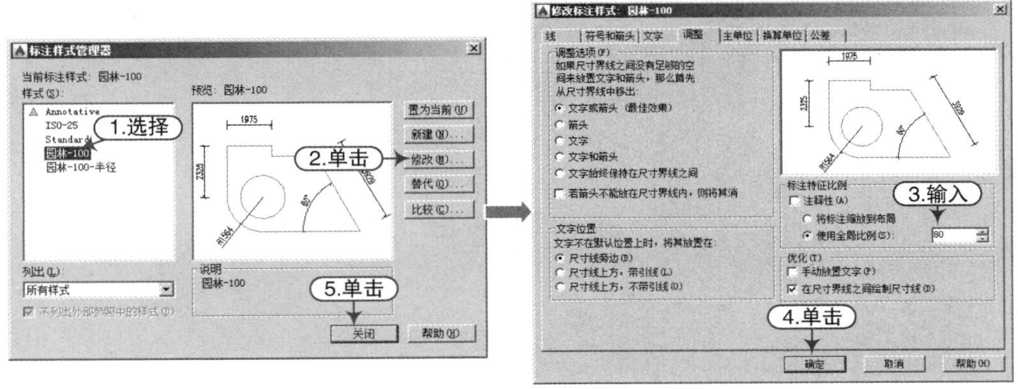

图 7-52　修改标注比例

15）再选择“文字标注”图层为当前图层，执行“引线注释”命令（LE）和“多行文字”命令（MT），选择“图内文字”样式，设置字高为“500”，在图形相应位置进行文字注释，如图 7-53 所示。

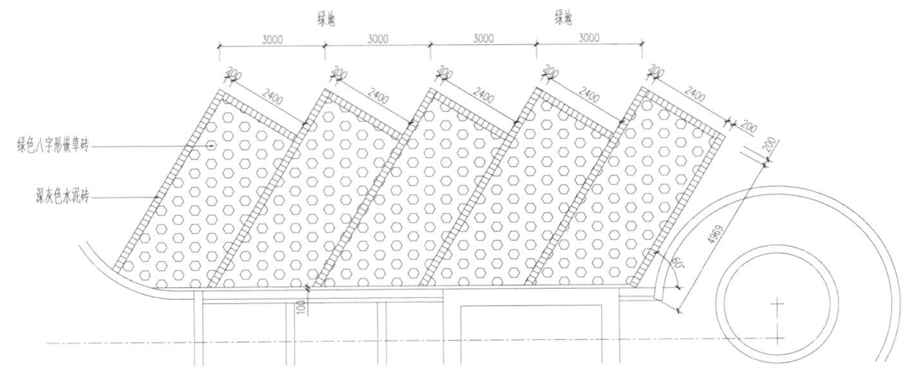

图 7-53　文字及尺寸标注

16）再选择“图名”样式，默认字高，在下侧注写图名内容，最后执行“多段线”命令（PL），在图名下方绘制适当长度和宽度的多段线，如图 7-42 所示。

7.5　入户处铺装图的绘制

接下来分别绘制了入户处平面图、铺装图等，通过多个实例的讲解，使读者掌握建筑入户处施工图的绘制过程及学习技巧，绘制的图形最终效果如图 7-54 所示。

7.5.1　入户处平面图的绘制

1）正常启动 AutoCAD 2015 应用程序，单击“打开”按钮，将前面创建的“案例\07\园林样板.dwt”文件打开；再单击“另存为”按钮，将该样板文件另存为“案例\07\入户处铺装图.dwg”文件。

2）在“图层控制”下拉列表，选择“轴线”图层为当前图层。

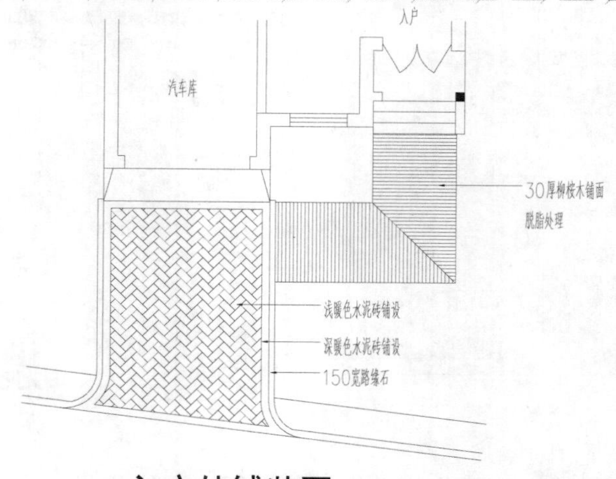

图 7-54　图形效果

3）执行“直线”命令（L）和“偏移”命令（O），在图形区绘制出图 7-55 所示的轴网。

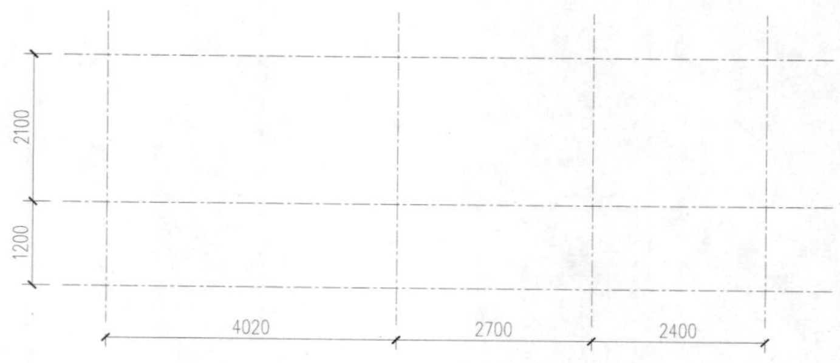

图 7-55　绘制轴网

4）执行“多线”命令（ML），根据如下命令提示，设置比例为“360”，对正方式为“无”，依次单击相应点以绘制出宽 360mm 的多线墙体，如图 7-56 所示。

```
命令:MLINE                                              \\多线命令
当前设置:对正 = 上,比例 = 20.00,样式 = STANDARD          \\当前模式
指定起点或[对正(J)/比例(S)/样式(ST)]:j                   \\选择“对正”项
输入对正类型[上(T)/无(Z)/下(B)]<上>:z                    \\选择“无”项
当前设置:对正 = 无,比例 = 20.00,样式 = STANDARD          \\修改后的模式
指定起点或[对正(J)/比例(S)/样式(ST)]:s                   \\继续选择“比例”项
输入多线比例<20.00>:360                                 \\输入新比例为 360
当前设置:对正 = 无,比例 = 360.00,样式 = STANDARD         \\设置好的模式
指定起点或[对正(J)/比例(S)/样式(ST)]:                    \\单击左垂直轴线上端点
指定下一点:                                             \\左下角十字交点
指定下一点或[放弃(U)]:                                   \\继续单击其他点
```

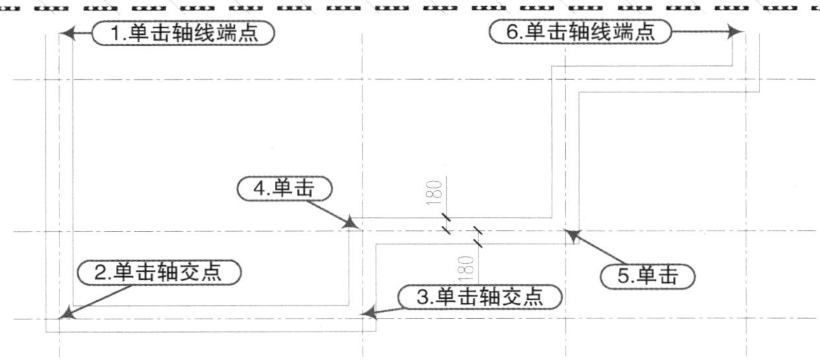

图 7-56　绘制多线墙体

要点：多线命令讲解

在 AutoCAD 中，“多线”命令（ML）主要用于绘制任意多条平行线的组合图形，一般用于电子线路图和建筑墙体的绘制等。

执行“多线”命令过程中，其命令行相应选项说明如下：

1）“对正（J）”：此项用于指定绘制多线时的对正方式，共有3种对正方式。其中“上（T）”是指在光标下方绘制多线，因此在指定点处将会出现具有最大正偏移值的直线；“无（Z）”是指将光标作为中点绘制多行；“下（B）”是指在光标下方绘制多线，因此在指定点处将出现具有最大负偏移值的直线，如图7-57 所示。

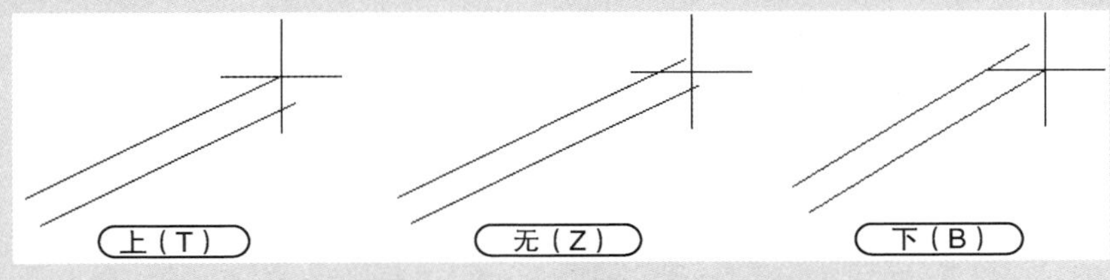

图 7-57　不同对正方式的多线

2）“比例（S）”：此项用于设置多线的平行线之间的距离，可输入0、正值或负值，输入0时两个平行线重合，输入负值时平行线的排列将倒置，如图7-58 所示。

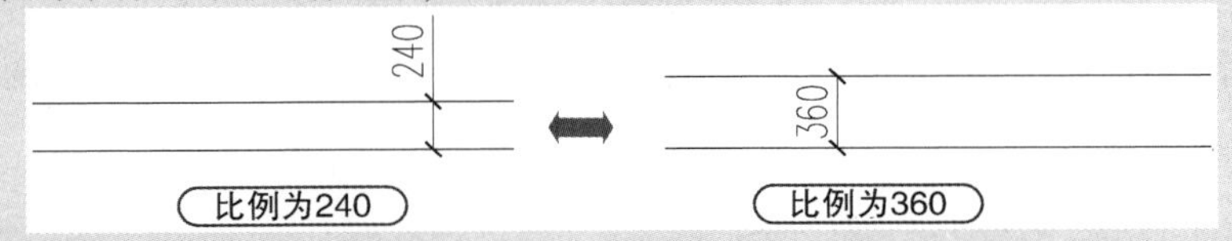

图 7-58　不同比例的多线

3）“样式（ST）”：此项用于设置多线的绘制样式。默认样式为标准型（STANDARD），用户可以根据提示输入所需多线样式名。

5）执行“偏移”命令（O），将左侧两根垂直轴线各向内偏移360，如图7-59 所示。

6）执行“修剪”命令（TR），以这两根轴线为修剪边界，修剪中间的多线墙体，以形成门洞口，且把修剪后的线段转换为“建筑线”图层，如图7-60 所示。

7）根据同样的方法，在其他墙体位置开启洞口，如图7-61 所示。

8）在“图层”列表中，将“轴线”图层隐藏，再执行“直线”命令（L）、“偏移”命

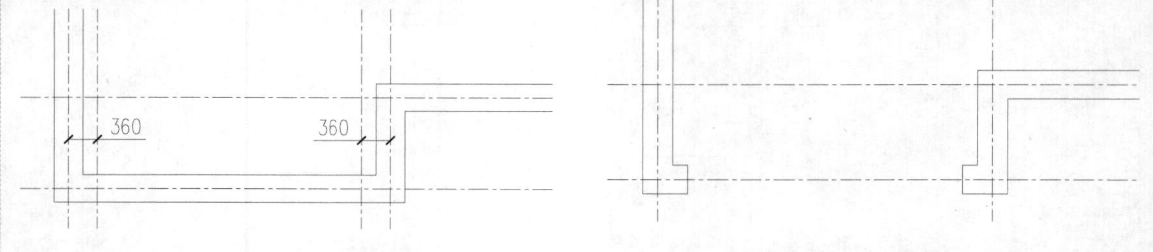

图 7-59　偏移轴线　　　　图 7-60　修剪出门洞

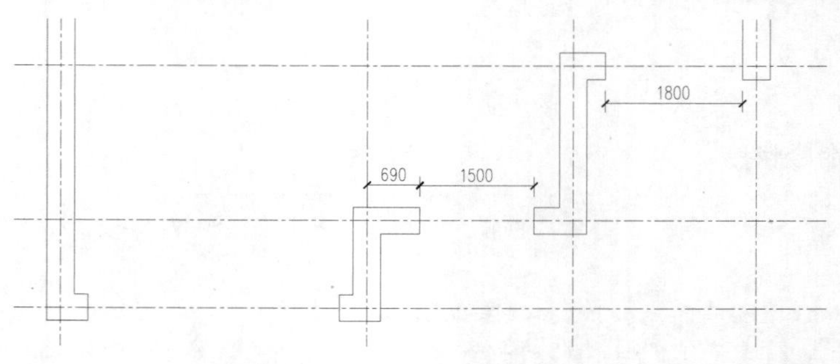

图 7-61　修剪其他洞口

令（O）和“修剪”命令（TR）命令，在相应位置绘制出宽度为 240mm 的墙体和边长为 240mm 的方形柱子，如图 7-62 所示。

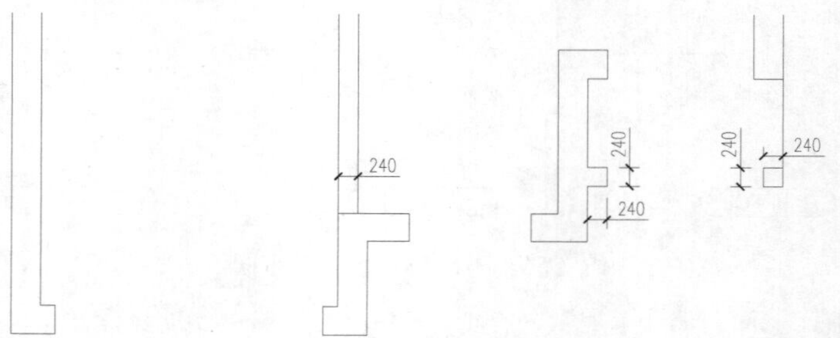

图 7-62　绘制墙体和方柱

9）执行“图案填充”命令（H），对方形柱子填充“SOLTD”图案，如图 7-63 所示。

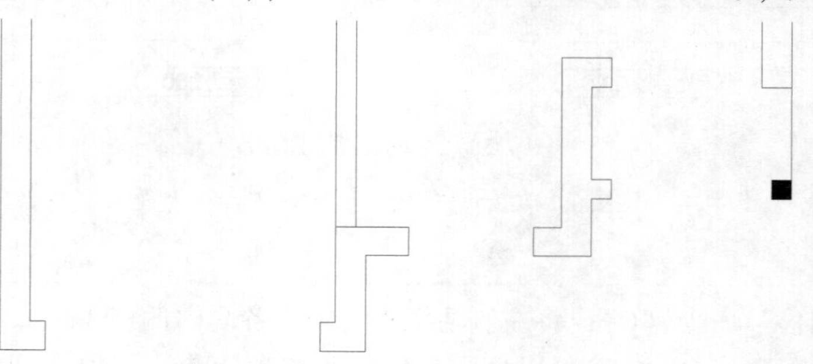

图 7-63　填充柱子

10）执行“直线”命令（L）和“偏移”命令（O），在相应位置绘制出门前坡道与四线窗体的轮廓线，如图 7-64 所示。

11）执行“直线”命令（L）和“偏移”命令（O），在右侧入户处绘制三层台阶，如图7-65所示。

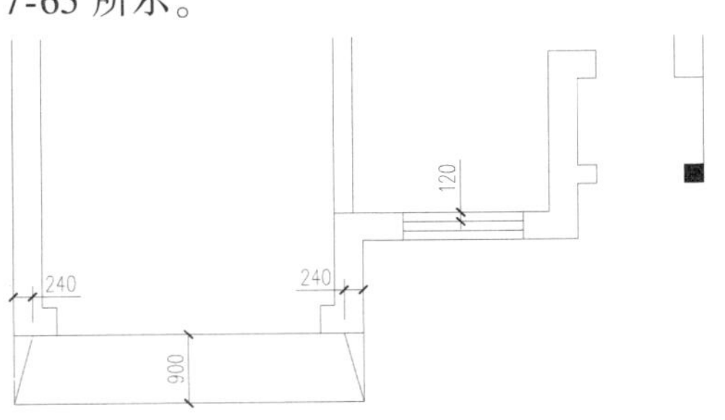

图7-64　绘制坡道与窗体

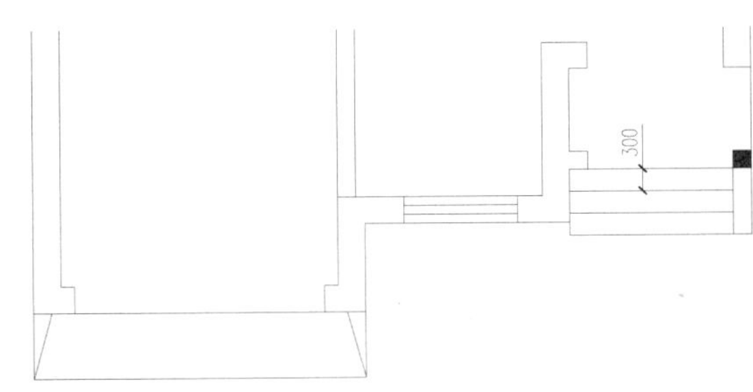

图7-65　绘制阶梯

12）执行“圆”命令（C）和“直线”命令（L），在入户处门洞垂直中点位置绘制圆和夹角线段，如图7-66所示。

13）执行“修剪”命令（TR）和“删除”命令（E），修剪删除多余的圆弧与线段；再执行“镜像”命令（MI），将保留的图形进行镜像，形成双开门效果，如图7-67所示。

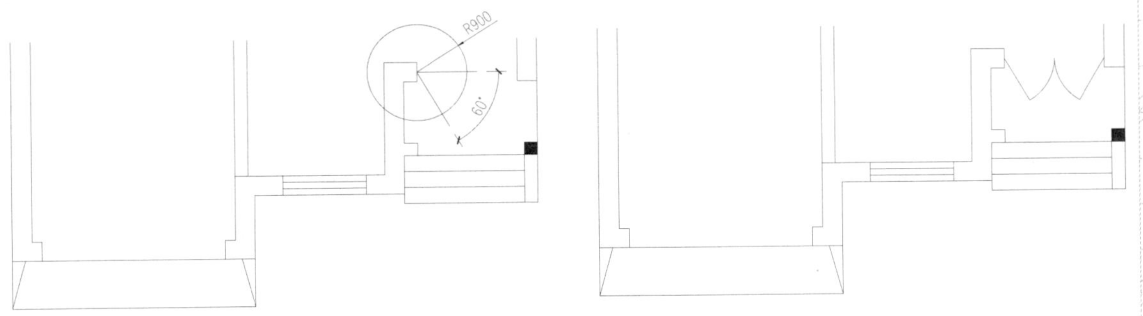

图7-66　绘制线段和圆

图7-67　绘制的双开门

14）执行“偏移”命令（O），将坡道线向下偏移6078，然后执行“构造线”命令（XL），通过偏移线段的中点绘制角度为“－7”的构造线；再执行“偏移”命令（O），将构造线向上偏移1000，如图7-68所示。

15）执行“删除”命令（E），将多余的线条删除，且将两条斜线转换为“道路线”图层，以完成建筑下方的休闲小径效果，如图7-69所示。

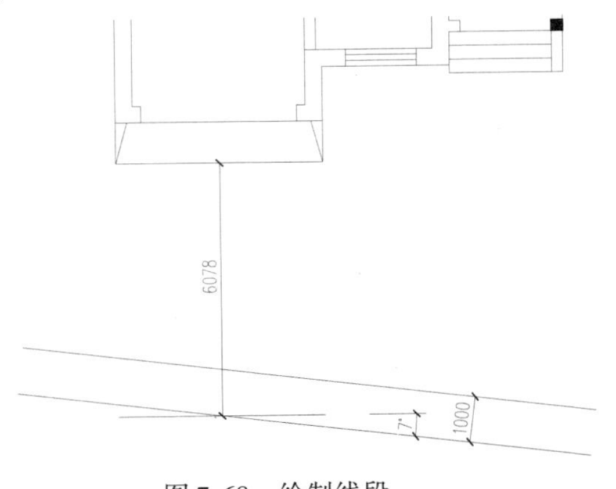

图7-68　绘制线段

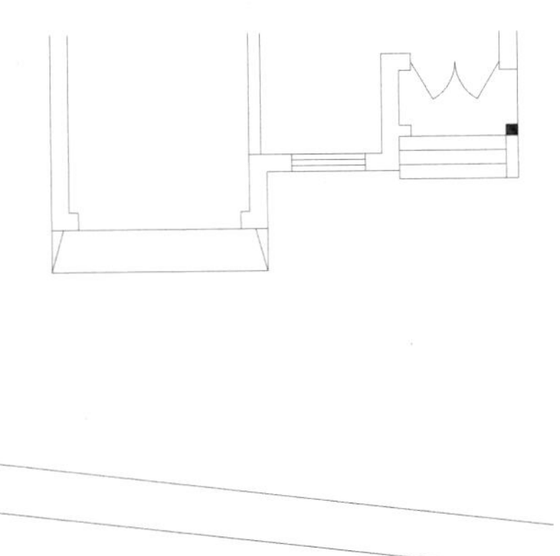

图7-69　完成的平面图

7.5.2 入户处铺装的绘制

1）执行“直线”命令（L），由建筑轮廓向下绘制两条垂直线段；执行“圆角”命令（F），设置圆角半径为“1000”，然后设置“不修剪”模式，创建图7-70所示的圆弧。

2）执行“修剪”命令（TR），修剪掉多余的线条，如图7-71所示。

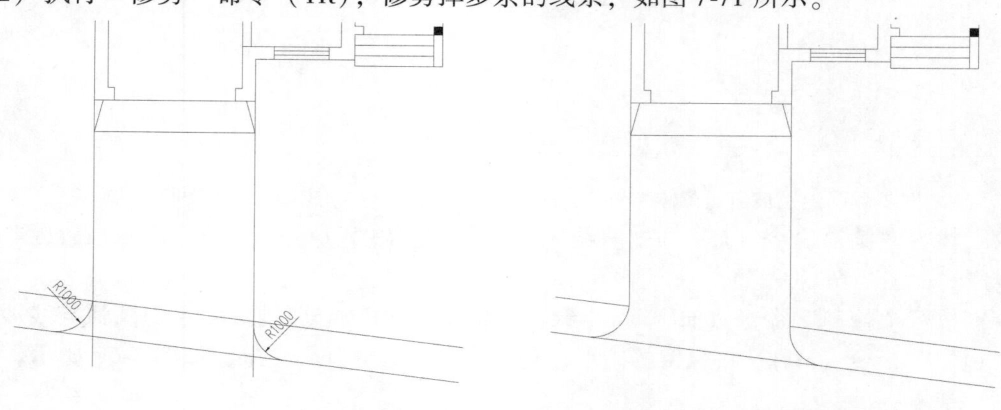

图7-70 绘制线段并圆角　　图7-71 修剪效果

3）执行“偏移”命令（O），将修剪好的轮廓各向内偏移200，然后再向外偏移150，如图7-72所示。

4）执行“修剪”命令（TR）和“直线”命令（L），完成效果如图7-73所示。

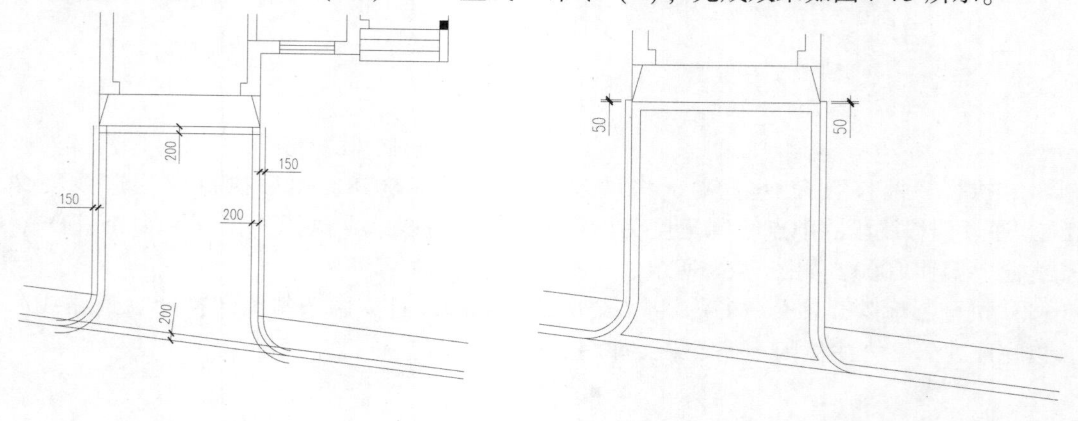

图7-72 偏移线段　　图7-73 修剪延伸效果

5）执行“多段线”命令（PL），捕捉相应轮廓绘制一条转折线；再执行“偏移”命令（O），将其向外偏移2200，并连接对角点，如图7-74所示。

6）选择“填充线”图层为当前，执行“图案填充”命令（H），设置图案为“AR-HBONE”、比例为“2”，对相应位置填充水泥砖铺装效果，如图7-75所示。

7）重复填充命令，根据命令提示选择“设置（T）”选项，在弹出的“图案填充与渐变色”对话框，选择“自定义”填充，设置间距为“100”，然后分别设置角度为“0”和“90”，对相应位置填充出间距为“100”的线条图形，如图7-76所示。

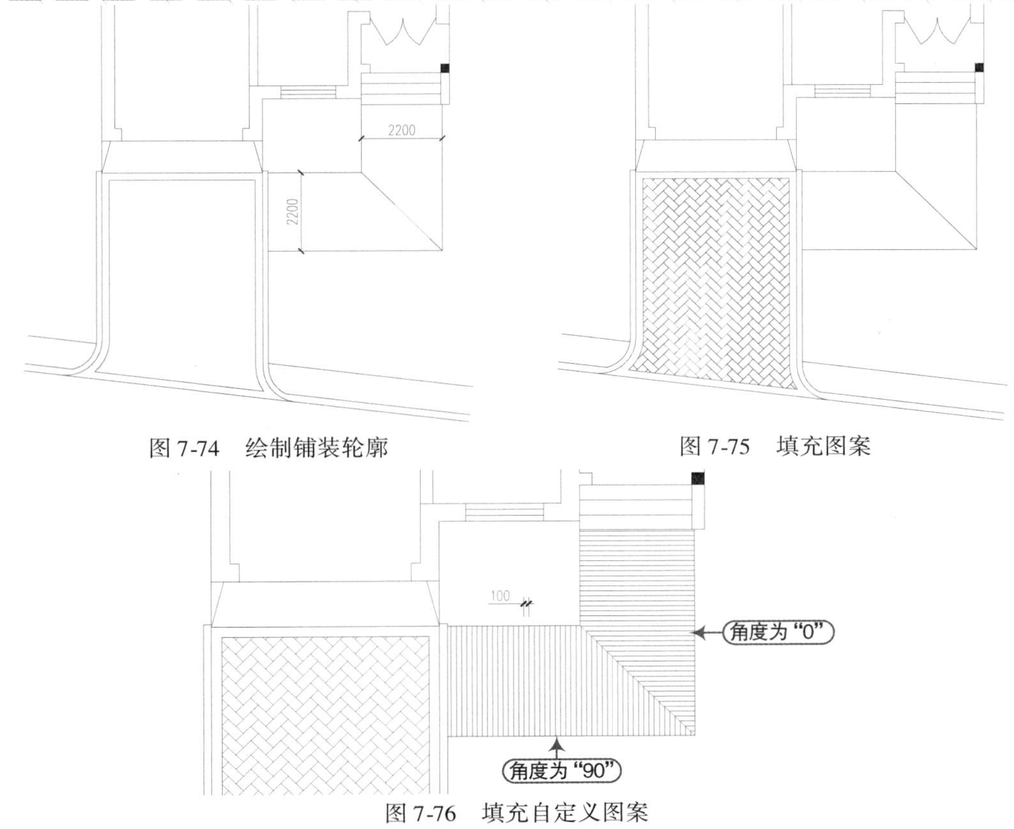

图 7-74　绘制铺装轮廓

图 7-75　填充图案

图 7-76　填充自定义图案

7.5.3　入户处铺装图的标注

1）选择“文字标注”图层为当前图层，执行“引线注释”命令（LE）和“多行文字”命令（MT），选择“图内文字”样式，设置字高为“500”，在图形相应位置进行文字的注释，如图 7-77 所示。

2）选择“图名”样式，在下侧注写图名内容，最后执行“多段线”命令（PL），在图名下方绘制适当长度和宽度的多段线，如图 7-78 所示。

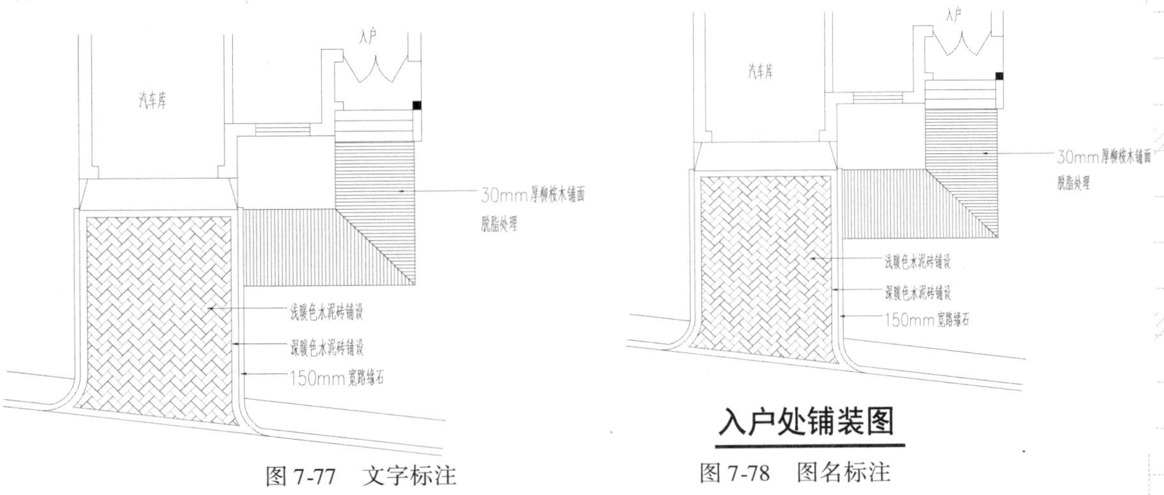

图 7-77　文字标注

图 7-78　图名标注

3）至此，该图形已经绘制完成，按“Ctrl + S”组合键进行保存。

7.6 人行道铺装图的绘制

人行道是城市道路工程的重要组成部分，彩砖人行道铺砌质量的好坏，不仅直接影响路容，也影响着道路的使用功能，图 7-79 所示为人行道铺装的摄影图片。

图 7-79 人行道铺装的摄影图片

接下来通过对人行道铺装图的讲解，使读者掌握人行道施工图的绘制过程及学习技巧，绘制的人行道铺装图形最终效果如图 7-80 所示。

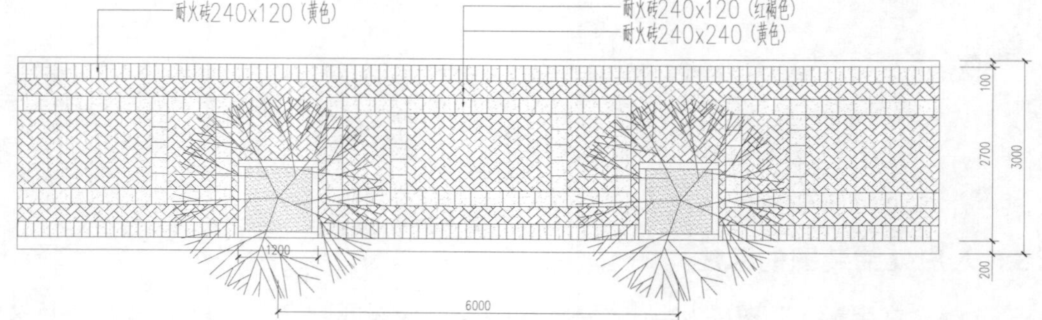

图 7-80 人行道铺装图形效果

1）正常启动 AutoCAD 2015 应用程序，单击“打开”按钮，将前面创建的“案例\07\园林样板.dwt”文件打开；再单击“另存为”按钮，将该样板文件另存为“案例\07\人行道铺装图.dwg”文件。

2）在“图层控制”下拉列表，选择“铺装分隔线”图层为当前图层。

3）执行“矩形”命令（REC）、“分解”命令（X）和“偏移”命令（O），绘制边长为 13800mm × 3000mm 的矩形，并将相应边按照图 7-81 所示的尺寸进行偏移。

图 7-81 绘制矩形并偏移

4）执行“直线”命令（L），绘制矩形的垂直中线，且按照图7-82所示的尺寸向两边偏移。

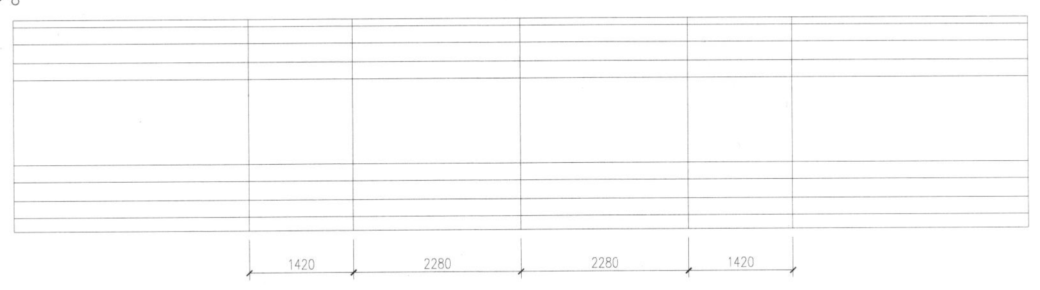

图7-82　绘制偏移线段

5）执行“修剪”命令（TR），修剪多余的线条，如图7-83所示。

图7-83　修剪效果

6）执行“偏移”命令（O）和“修剪”命令（TR），继续将线段进行偏移，且修剪出铺装轮廓，如图7-84所示。

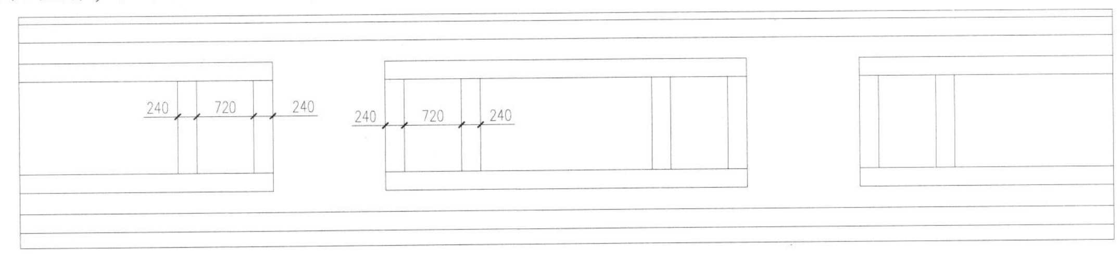

图7-84　绘制内部轮廓

7）执行“偏移”命令（O）和“修剪”命令（TR），在图形中间绘制出宽度为240mm×240mm的地砖铺设，如图7-85所示。

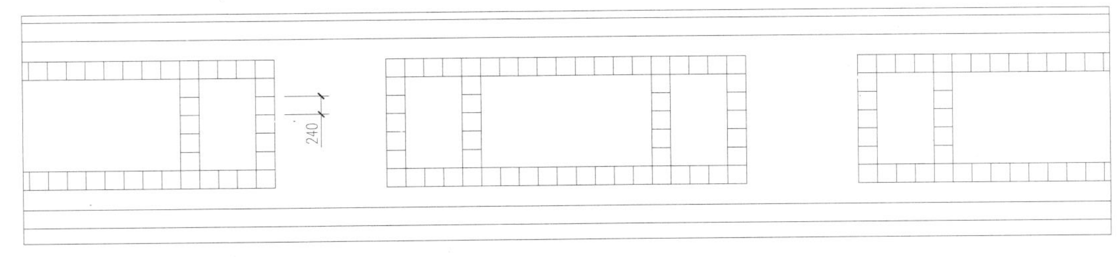

图7-85　绘制地砖

8）绘制树池。执行“矩形”命令（REC）、“分解”命令（X）、“偏移”命令（O）和“修剪”命令（TR），绘制出宽度为1200mm×1200mm的树池，如图7-86所示。

9）选择“填充线”图层为当前图层，执行“图案填充”命令（H），设置图案为“AR-SAND”，比例为“1”，对树池内填充沙子图案，如图7-87所示。

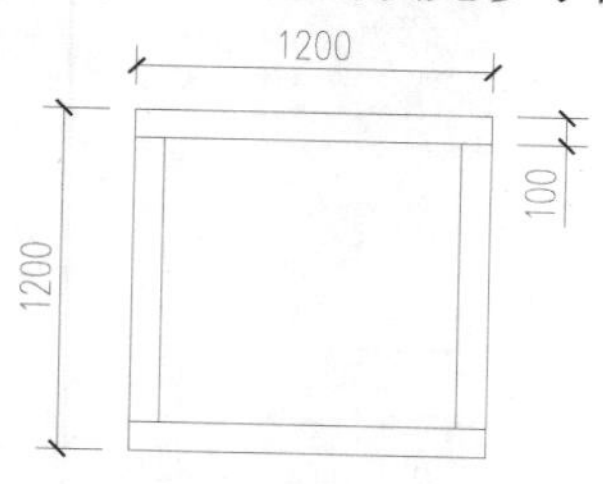

图7-86 绘制树池轮廓

图7-87 填充沙土

10）执行“移动”命令（M）和“复制”命令（CO），将树池图形放置到道路相应位置，且修剪多余的线条，如图7-88所示。

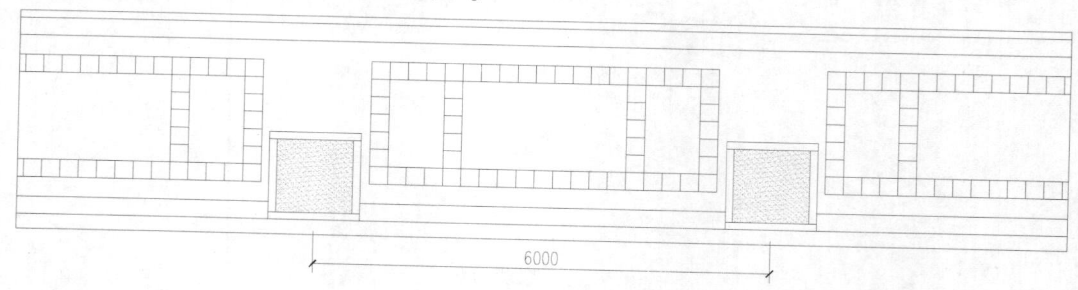

图7-88 放置树池

11）执行“图案填充”命令（H），设置图案为“AR-HBONE”、比例为“1”，对相应位置填充斜砖铺设效果，如图7-89所示。

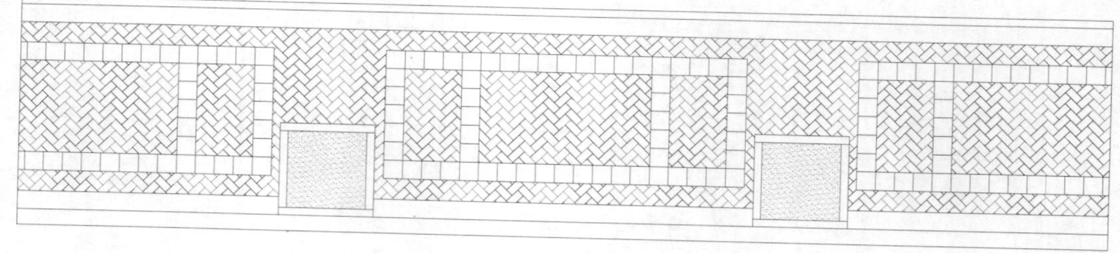

图7-89 填充斜砖

12）重复填充命令，选择类型为“自定义”，设置间距为“120”、角度为“90”，对相应边填充宽度为120mm×240mm的地砖铺设，如图7-90所示。

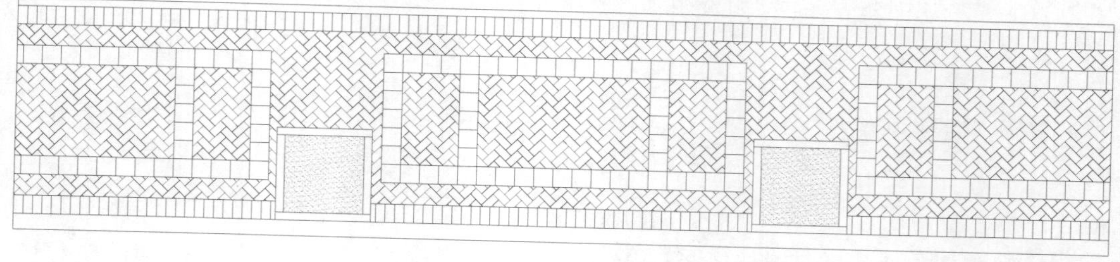

图7-90 填充地砖

13）执行“矩形”命令（REC），捕捉相应轮廓绘制出三个矩形，如图 7-91 所示。

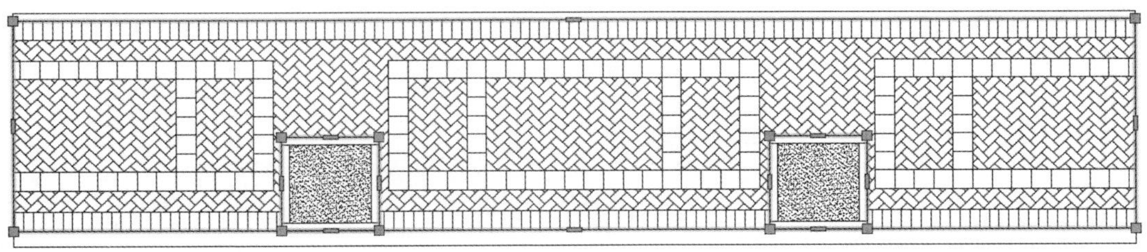

图 7-91　绘制三个矩形

14）执行“图案填充”命令（H），设置图案为“AR-SAND”、比例为“3”，如图 7-92 所示，首先选择大矩形，然后选择两个小矩形，以排除内部图形的方法，排除两个小矩形后进行填充。

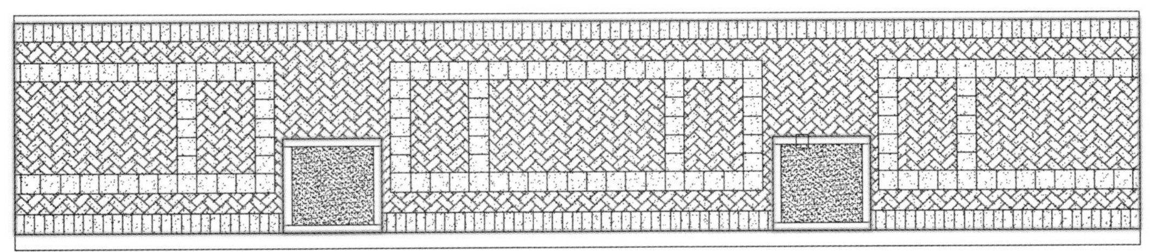

图 7-92　填充图案

15）选择“绿化配景线”图层为当前图层，执行“插入块”命令（I），将“案例\07\平面植物.dwg”文件作为图块插入到图形中，并通过复制操作，放置到树池里，如图 7-93 所示。

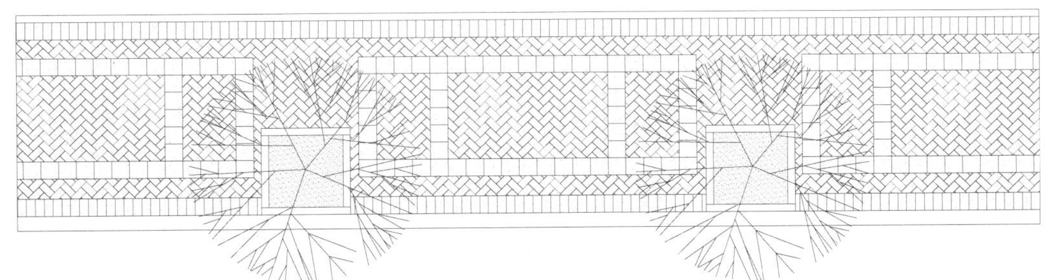

图 7-93　插入植物

16）在“图层控制”下拉列表，选择“尺寸标注”图层为当前图层；执行“标注样式”命令（D），选择“园林-100”标注样式为当前标注样式，然后单击“修改”按钮，修改标注全局比例为“50”，如图 7-94 所示。

17）执行“线性标注”命令（DLI）和“连续标注”命令（DCO），对图形进行相应的尺寸标注。

18）选择“文字标注”图层为当前图层，执行“引线注释”命令（LE），选择“图内文字”样式，在图形相应位置进行引线注释，如图 7-95 所示。

19）再执行“多行文字”命令（MT），再选择“图名”样式，设置字高为“600”，在

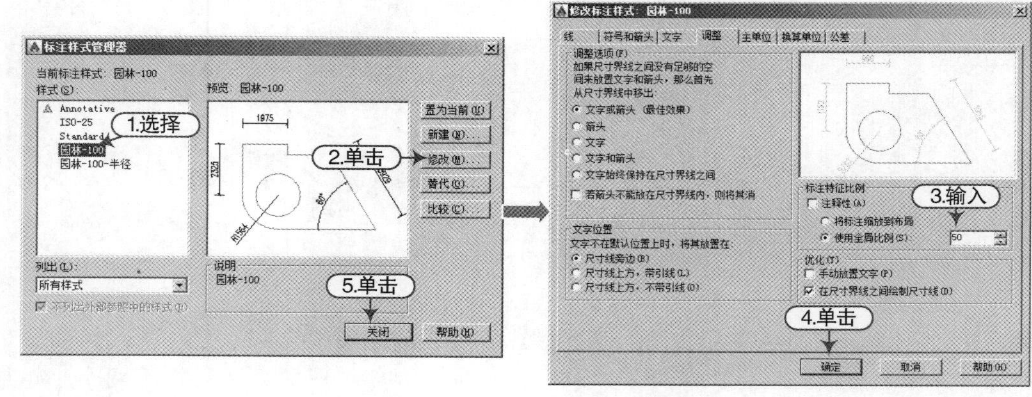

图 7-94　修改标注比例

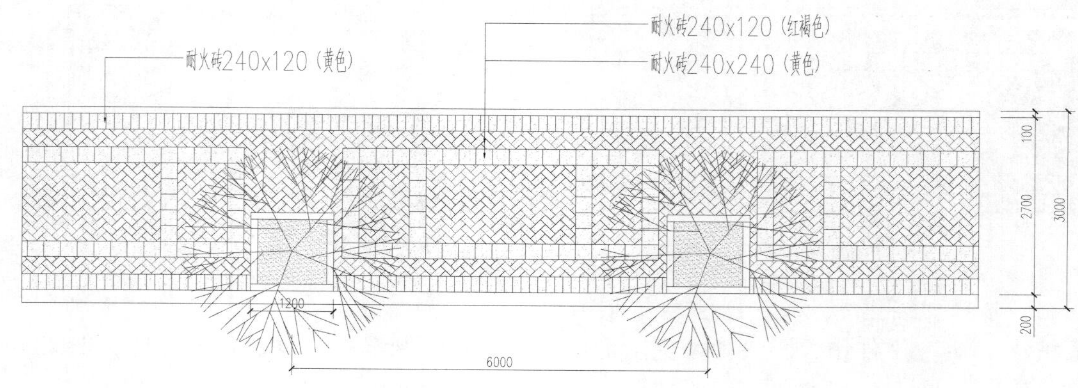

图 7-95　尺寸、文字标注

下侧注写图名内容，最后执行“多段线”命令（PL），在图名下方绘制适当长度和宽度的多段线，如图 7-80 所示。

7.7　林荫主园路铺装图的绘制

园路铺装是指在园林环境中运用自然或者人工的铺地材料，按照一定的方式铺设于地面形成的地表形式。图 7-96 所示为园路铺装的摄影图片。

图 7-96　园路铺装的摄影图片

接下来通过对林荫主园路铺装图的讲解，使读者掌握园路施工图的绘制过程及学习技巧，绘制的林荫主园路铺装图形最终效果如图 7-97 所示。

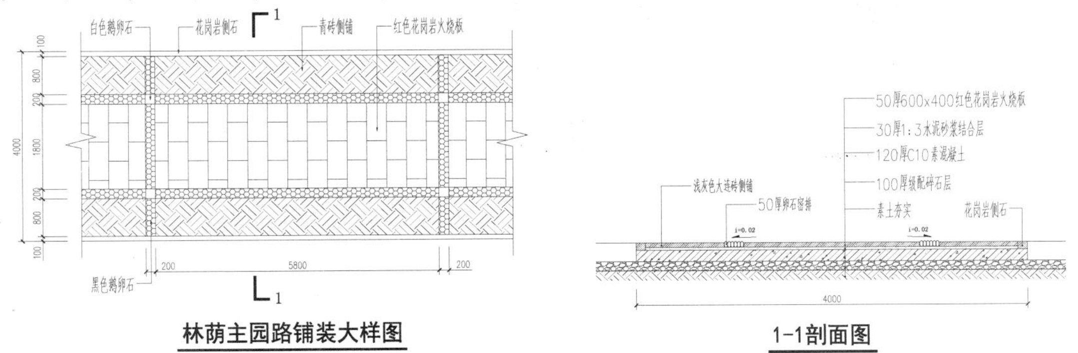

图 7-97　林荫主园路铺装图形效果

7.7.1　林荫主园路铺装的绘制

1）正常启动 AutoCAD 2015 应用程序，单击“打开”按钮，将前面创建的“案例\07\园林样板.dwt”文件打开；再单击“另存为”按钮，将该样板文件另存为“案例\07\林荫主园路铺装图.dwg”文件。

2）在“图层控制”下拉列表，选择“铺装分隔线”图层为当前图层。

3）执行“直线”命令（L）和“偏移”命令（O），绘制出图 7-98 所示的线段。

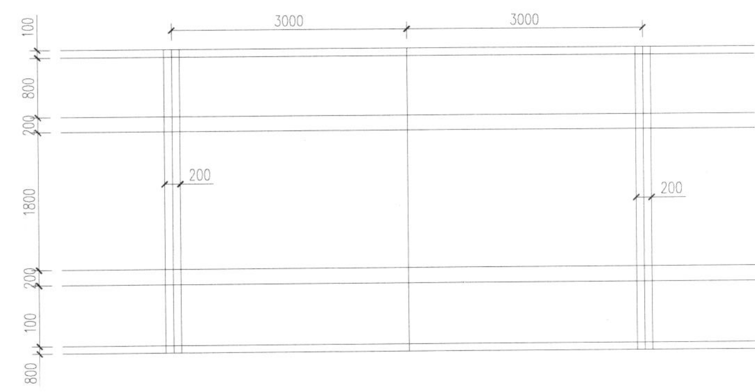

图 7-98　绘制偏移线段

4）执行“修剪”命令（TR）和“删除”命令（E），修剪删除多余图形；再执行“多段线”命令（PL），在两侧绘制折断线，如图 7-99 所示。

图 7-99　修剪线段并绘制折断线

5）选择“填充线”图层为当前图层，执行“图案填充”命令（H），设置图案为“HONEY”、比例为“20”，对相应位置进行填充，如图 7-100 所示。

图 7-100　填充图案 1

6）再设置图案为“EARTH”、比例为“50”、角度为“45”，对相应位置进行填充，如图 7-101 所示。

图 7-101　填充图案 2

7）最后再设置图案为“AR-B816”、比例为“2”、角度为“90”，对中间相应位置进行填充，如图 7-102 所示。

图 7-102　填充图案 3

8）在“图层控制”下拉列表，选择“尺寸标注”图层为当前图层；执行“标注样式”命令（D），选择“园林-100”标注样式为当前标注样式，然后单击“修改”按钮，修改标注全局比例为“50”，如图 7-103 所示。

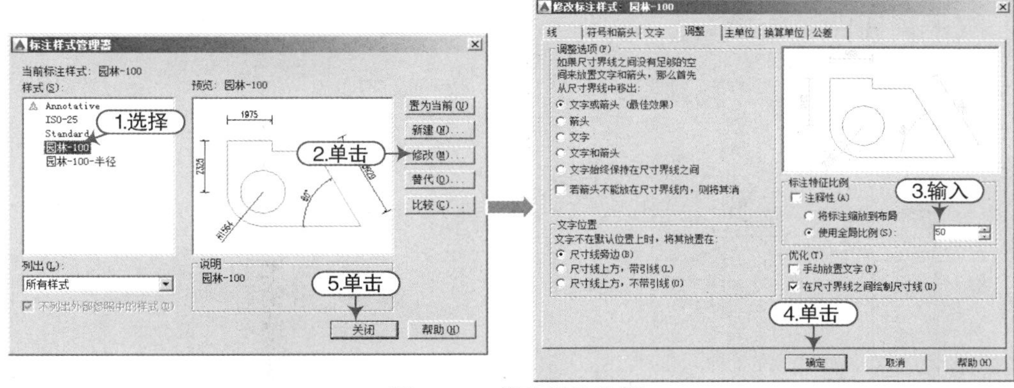

图 7-103　修改标注比例

9）执行“线性标注”命令（DLI）和“连续标注”命令（DCO），对图形进行相应的尺寸标注。

10）选择“文字标注”图层为当前图层，执行“引线注释”命令（LE），选择“图内文字”样式，在图形相应位置进行引线注释；再执行“多行文字”命令（MT），再选择“图名”样式，设置字高为“350”，在下侧注写图名内容，最后执行“多段线”命令（PL），在图名下方绘制适当长度和宽度的多段线，如图 7-104 所示。

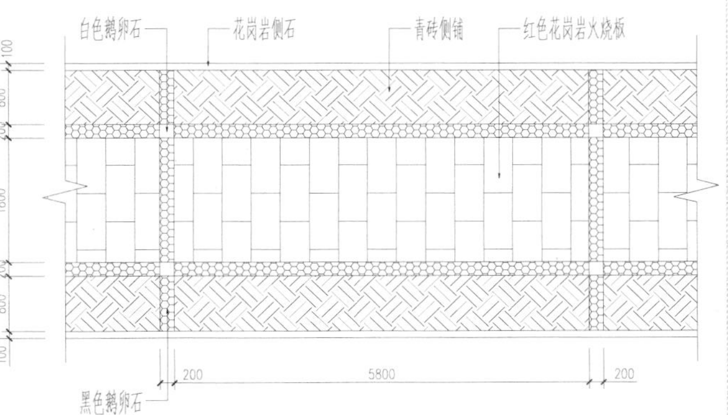

图 7-104　文字及尺寸的标注

11）执行“插入块”命令（I），将内部图块“剖切符号”以 1∶50 的比例插入到图形中，并通过“分解”“移动”等命令完成图 7-105 所示的效果。

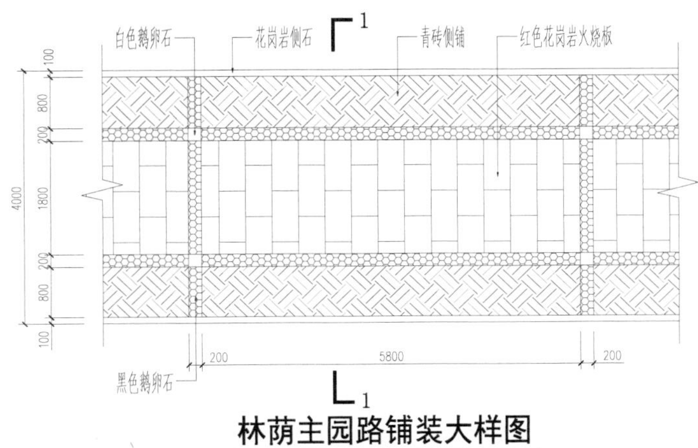

图 7-105　完成的铺装图效果

7.7.2 1-1 剖面图的绘制

1）选择“剖面图结构线”图层为当前图层，执行“直线”命令（L），过大样图右侧轮廓向右绘制水平投影线；然后在投影线上绘制一垂直线段，再执行“偏移”命令（O），将垂直线依次向右偏移 50、30、120、100、100，如图 7-106 所示。

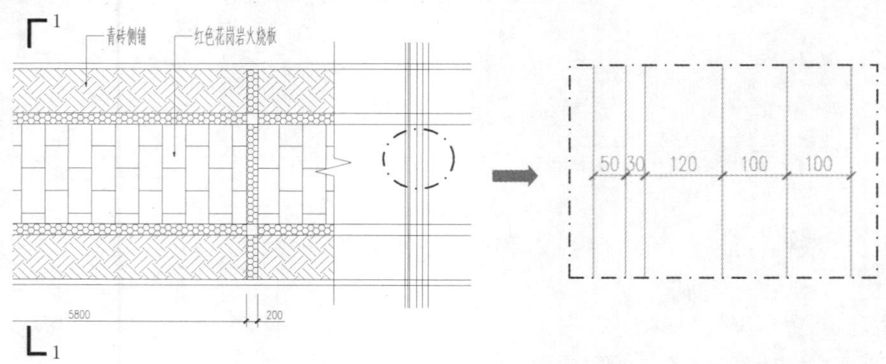

图 7-106　绘制投影线

2）执行“修剪”命令（TR），修剪多余的线条形成图 7-107 所示的效果。

3）执行“旋转”命令（RO），将剖面图旋转 –90°，如图 7-108 所示。

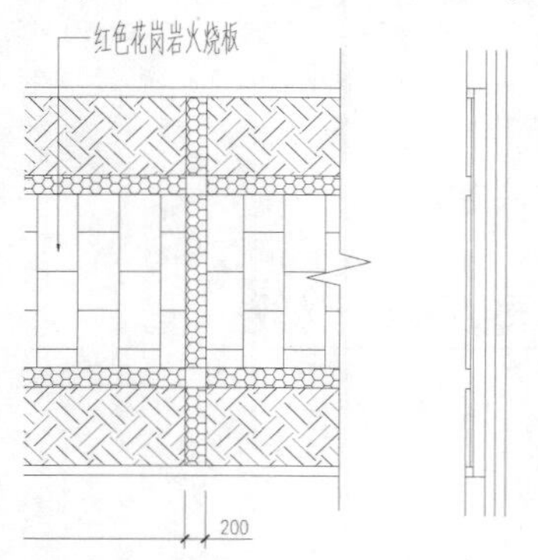

图 7-107　修剪图形

图 7-108　旋转图形

4）执行“椭圆”命令（EL），绘制长轴为“65”，短轴为“35”的椭圆，然后执行“移动”命令（M）和“复制”命令（CO），将椭圆复制到凹槽内，如图 7-109 所示。

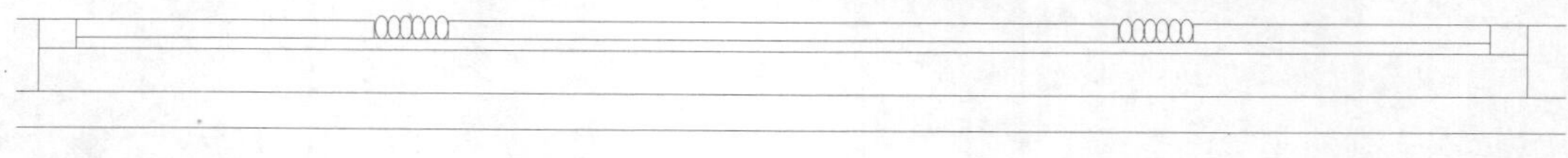

图 7-109　绘制卵石

5）选择“填充线”图层为当前图层，执行“图案填充”命令（H），设置图案为“ANSI33”、比例为“5”，对首层相应位置填充出石材图例；再设置图案为“AR-SAND”、比例为“0.5”，对第二层填充出砂浆层效果，如图 7-110 所示。

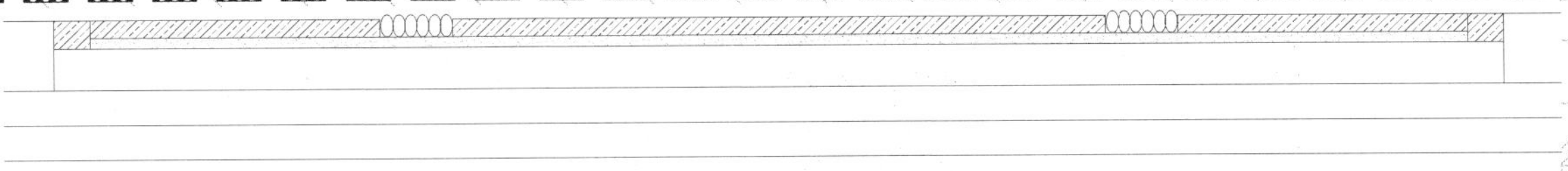

图 7-110　填充材质

6）重复填充命令，设置图案为“ANSI31”、比例为“15”，和图案为“AR-CONC”、比例为“1”的填充图案，对第三层相应位置填充出钢筋混凝土图例，如图 7-111 所示。

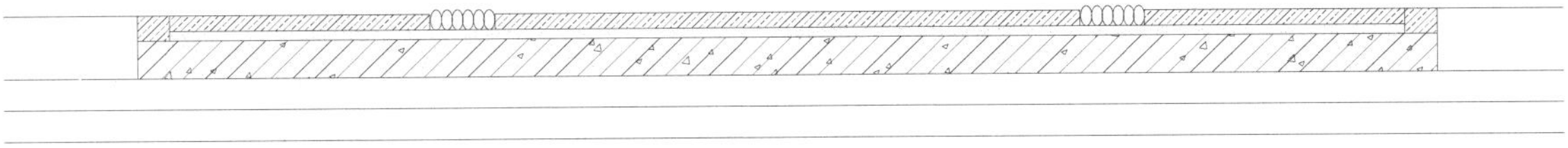

图 7-111　填充混凝土

7）执行“直线”命令（L），将两侧封闭起来；再执行“图案填充”命令（H），设置图案为“GRAVEL”、比例为“5”，对第四层相应位置填充出碎石效果；再设置图案为“EARTH”，比例为“20”，对最底层填充出素土夯实图例，如图 7-112 所示。

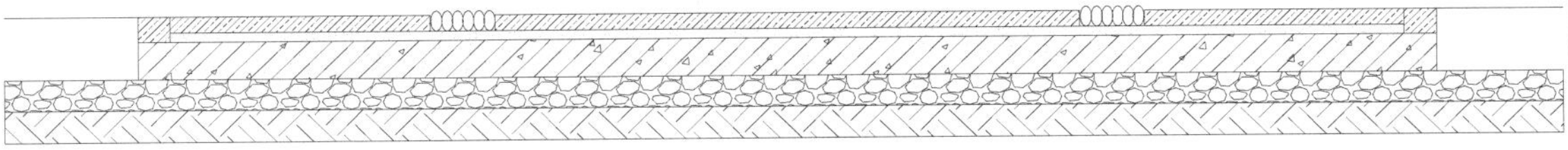

图 7-112　填充基层

8）执行“删除”命令（E），将不需要的线段删除；再执行“缩放”命令（SC），将图形放大 2 倍，如图 7-113 所示。

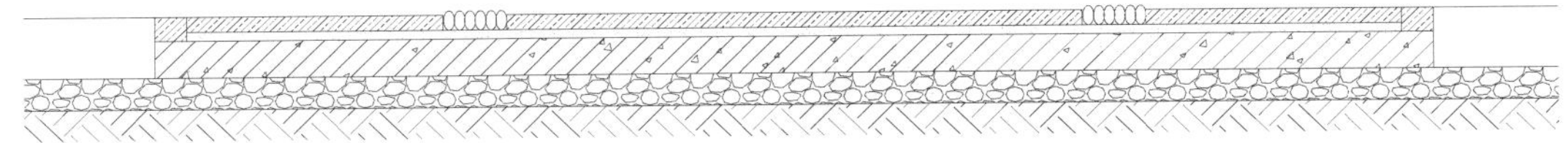

图 7-113　删除线段并放大图形

9）绘制“坡度符号”。执行“多段线”命令（PL），绘制长约为 400mm 的箭头斜线；执行“图案填充”命令（H），对其三角位置填充“SOLTD”图案，再执行“多行文字”命令（MT），设置字体为“Standard”，字高为“100”，在箭头上注写坡度值，效果如图 7-114 所示。

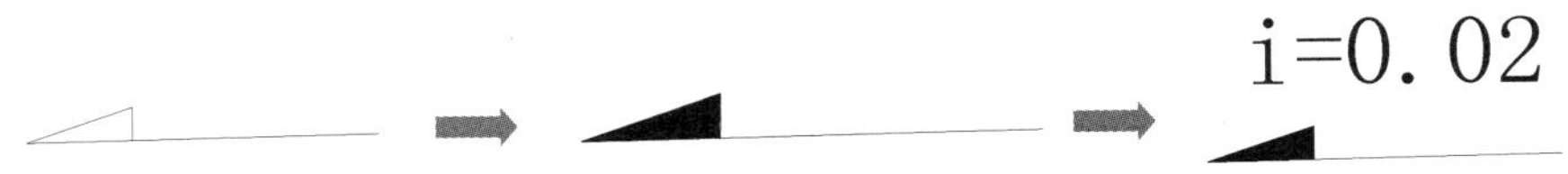

图 7-114　绘制坡度符号

10）执行“移动”命令（M）和“镜像”命令（MI），将坡度符号放置到图形相应位置处，如图 7-115 所示。

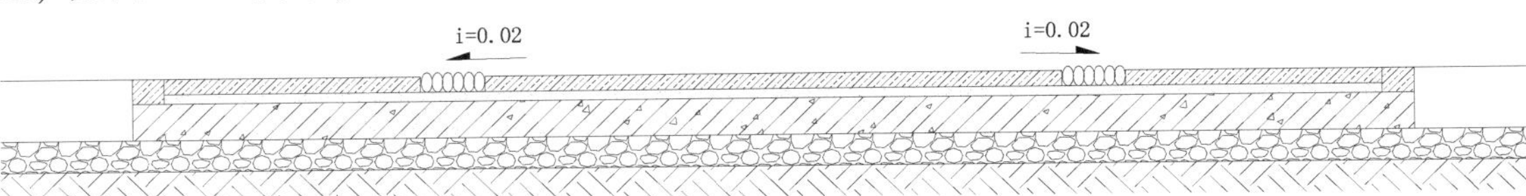

图 7-115　标注坡度效果

11）选择“尺寸标注”图层为当前图层，执行“线性标注”命令（DLI），对图形总长进行标注，且通过执行“编辑标注”（ED）命令，将放大2倍的尺寸改回原尺寸。

12）执行“引线注释”命令（LE），对相应位置进行文字标注；再执行“复制”命令（CO），将前面图名复制过来，并作相应的修改，如图7-116所示。

13）至此，该图形已经绘制完成，按“Ctrl + S”组合键进行保存。

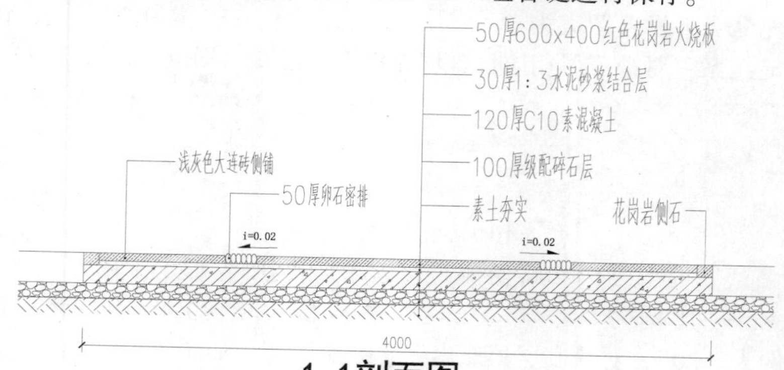

图7-116　剖面图效果

7.8　汀步图形的绘制

汀步又称步石、飞石，在浅水景观中按一定间距布设块石，使其微露水面或路面，便于游人跨步而过。在园林中运用这种古老的渡水设施，质朴自然，别有情趣。图7-117所示为园林汀步的摄影图片。

图7-117　汀步的摄影图片

接下来通过多个实例的讲解，使读者掌握施工图的绘制过程及学习技巧，绘制的图形最终效果如图7-118所示。

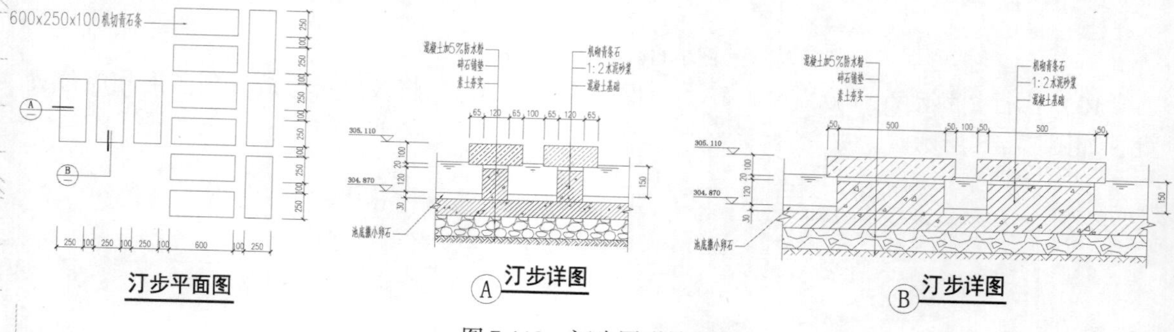

图7-118　汀步图形效果

7.8.1　汀步平面图的绘制

1）正常启动 AutoCAD 2015 应用程序，单击“打开”按钮，将前面创建的“案例\07\园林样板.dwt”文件打开；再单击“另存为”按钮，将该样板文件另存为“案例\07\汀步.dwg”文件。

2）在“图层控制”下拉列表，选择“道路线”图层为当前图层。

3）执行“矩形”命令（REC），绘制边长为 600mm×250mm 的矩形；再执行“复制”命令（CO），将矩形向上以 350mm 的距离复制出 5 份，如图 7-119 所示。

4）再执行“矩形”命令（REC）和“复制”命令（CO），在与右侧矩形角点相距 100mm 的位置绘制边长为 250mm×600mm 的矩形，并以 700mm 的距离向上复制两份，如图 7-120 所示。

5）根据同样的方法在左中侧绘制出多个矩形，如图 7-121 所示。

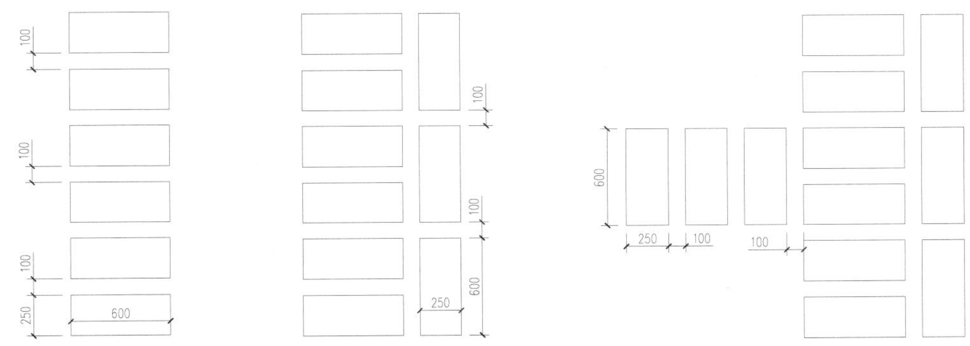

图 7-119　绘制矩形并复制　　图 7-120　绘制右侧矩形　　图 7-121　绘制左中侧矩形

6）执行“插入块”命令（I），将内部图块“索引剖切符号”以 1:20 的比例插入到图形中，并通过“分解”“移动”“旋转”“直线”“复制”等命令，完成本页剖切符号标注，如图 7-122 所示。

7）切换至“尺寸标注”图层，执行“标注样式”命令（D），选择“园林-100”标注样式为当前标注样式，然后单击“修改”按钮，修改标注全局比例为“20”，如图 7-123 所示。

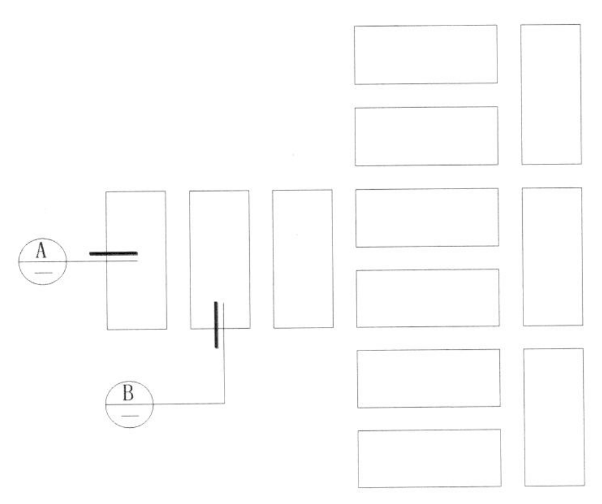

图 7-122　剖切符号标注

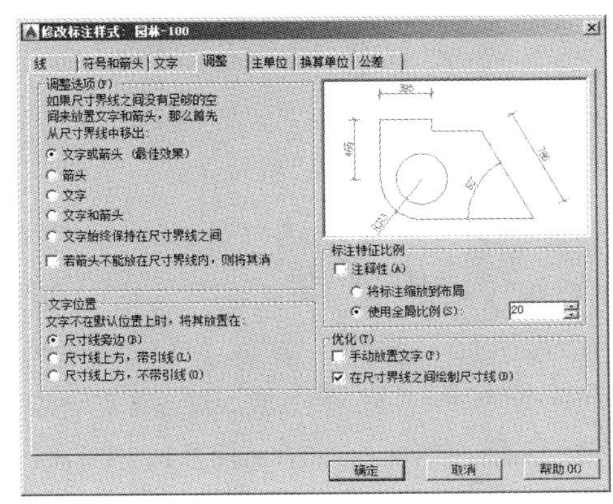

图 7-123　修改标注比例

8）执行“线性标注”命令（DLI）和“连续标注”命令（DCO），对放大图形进行尺寸的标注。

9）选择“文字标注”图层为当前图层，执行“引线注释”命令（LE），选择“图内文字”样式，字高为“150”，在图形相应位置进行引线注释，如图7-124所示。

10）执行“多行文字”命令（MT），选择“图名”样式，设置字高为“150”，在下侧注写图名内容，最后执行“多段线”命令（PL），在图名下方绘制适当长度和宽度的多段线，如图7-125所示。

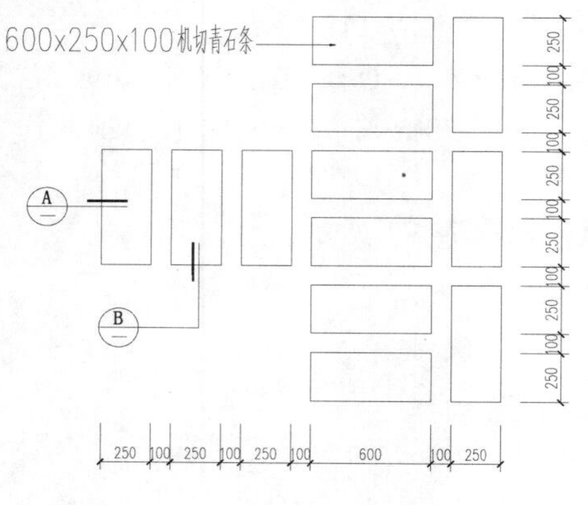

图7-124　文字、尺寸标注

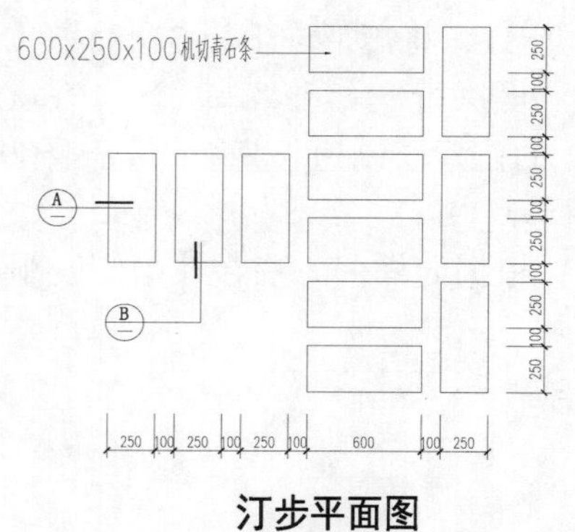

图7-125　汀步平面图效果

7.8.2　详图A的绘制

1）在“图层控制”下拉列表，选择“剖面图结构线”图层为当前图层。

2）执行“直线”命令（L），绘制长约为900mm的水平线；再执行“偏移”命令（O），将其向上依次偏移30、100、80、30、150，如图7-126所示。

3）执行“多段线”命令（PL），设置宽度为“0”，再两侧绘制折断线，如图7-127所示。

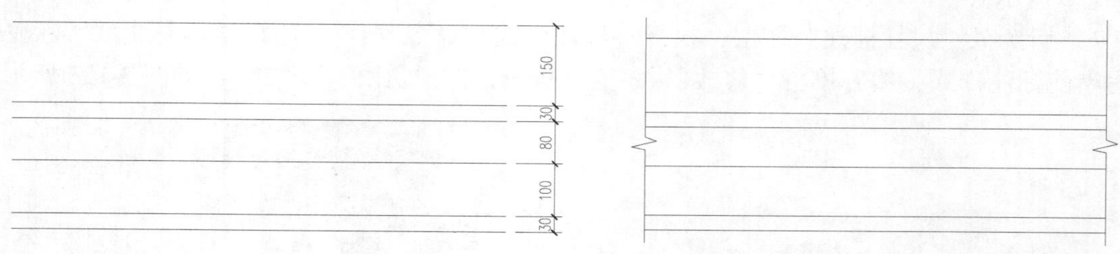

图7-126　绘制平行线

图7-127　绘制折断线

4）执行“直线”命令（L），在中间绘制一条垂直的线段，并转换为中心线线型“CENTER”；再执行“偏移”命令（O），将中心线向左依次偏移50、65、120、65，再将最上侧水平线向上偏移90，向下偏移10，如图7-128所示。

5）执行“修剪”命令（TR）和“删除”命令（E），修剪多余的线条，形成汀步剖面，如图7-129所示。

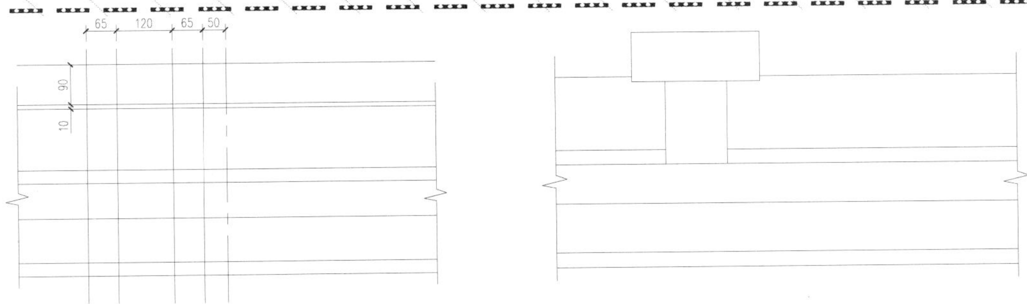

图 7-128 绘制偏移线段 图 7-129 修剪效果

6）执行“镜像”命令（MI），将汀步轮廓进行左右的镜像，并修剪掉多余的部分线条，如图 7-130 所示。

7）执行“偏移”命令（O）和“修剪”命令（TR），在汀步相应位置绘制水平线，如图 7-131 所示。

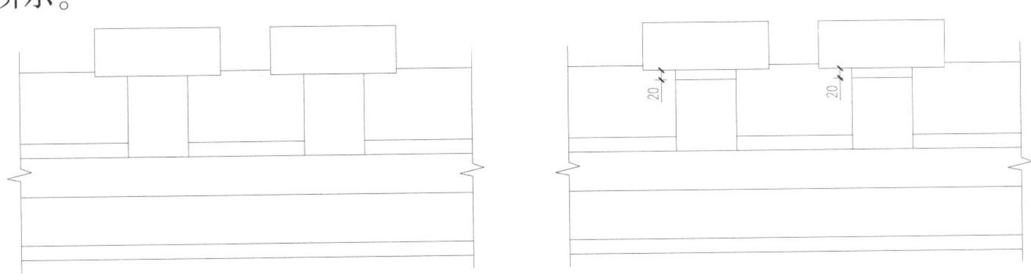

图 7-130 镜像图形 图 7-131 绘制线段

8）执行“直线”命令（L），在汀步外侧绘制一些水平线以表示水体效果，如图 7-132 所示。

9）选择“填充线”图层为当前图层，执行“图案填充”命令（H），设置图案为“ANSI33”，比例为“5”，对汀步石进行填充，如图 7-133 所示。

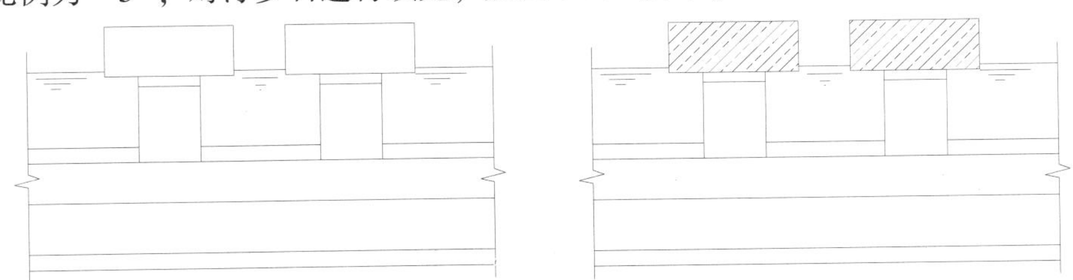

图 7-132 绘制水体线 图 7-133 填充石材材质

10）设置图案为“ANSI31”、比例为“5”和图案“AR-CONC”、比例为“0.5”的填充图案，对下侧相应填充出混凝土效果，如图 7-134 所示。

11）重复填充命令，设置图案为“GRAVEL”、比例为“5”，对倒数第二层填充碎石效果；再设置图案为“EARTH”、比例为“5”、角度为“45”，对底层填充出素土效果；然后将最下侧水平线删除，如图 7-135 所示。

12）为了使图形更易观看，执行“缩放”命令（SC），将剖面图放大 2 倍。

13）选择“尺寸标注”图层为当前图层，执行“线性标注”命令（DLI）和“连续标

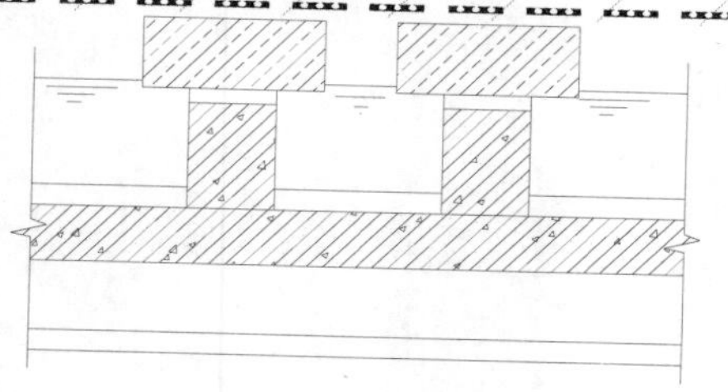

图 7-134　填充混凝土

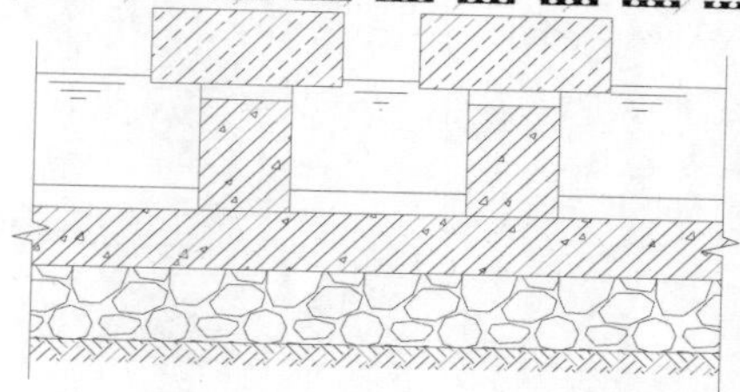

图 7-135　填充碎石和土壤

注”命令（DCO），对图形进行尺寸的标注，然后执行“编辑标注”（ED）命令，将标注的放大尺寸改回原尺寸，如图 7-136 所示。

14）执行“插入块”命令（I），将内部图块“标高符号”以 1∶20 的比例插入到图形中，并通过“镜像”“复制”“移动”等命令，进行标高标注，如图 7-137 所示。

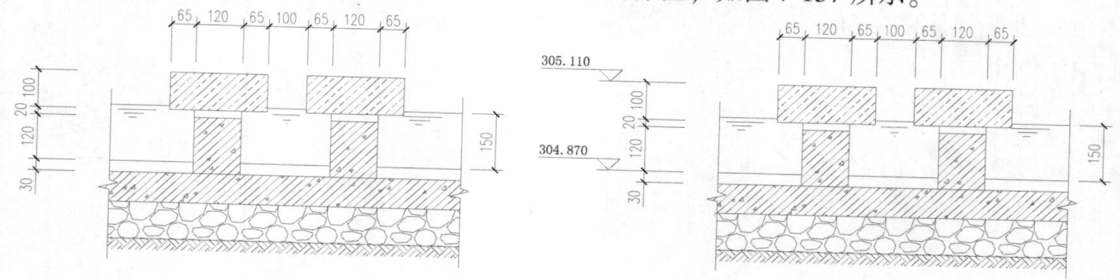

图 7-136　标注尺寸

图 7-137　标高标注

15）选择“文字标注”图层为当前图层，执行“引线注释”命令（LE），设置字高为“120”，对相应位置进行文字的注释，如图 7-138 所示。

16）执行“插入块”命令（I），将内部图块“本页详图符号”以 1∶20 的比例插入到图形的下方，并修改相应的属性值；然后将前面图名复制过来，作相应的修改，完成效果如图 7-139 所示。

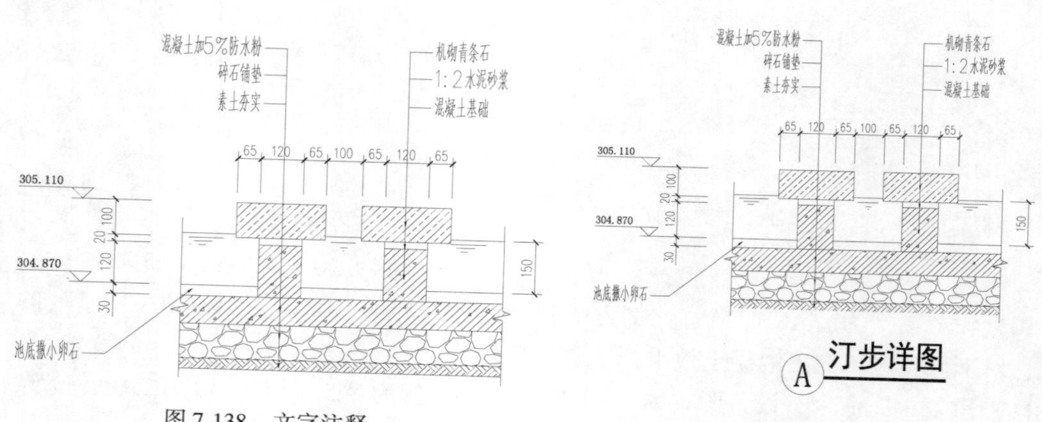

图 7-138　文字注释

图 7-139　详图效果

7.8.3　详图 B 的绘制

1）在“图层控制”下拉列表，选择“剖面图结构线”图层为当前图层。

2）执行“直线”命令（L）和“偏移”命令（O），绘制长约1700mm的水平线，并向上进行偏移；然后在两侧绘制折断线，如图7-140所示。

图7-140　线段线段

3）同前面绘制详图A方法相同，通过“直线”“偏移”“修剪”“镜像”等命令，绘制出汀步轮廓，如图7-141所示。

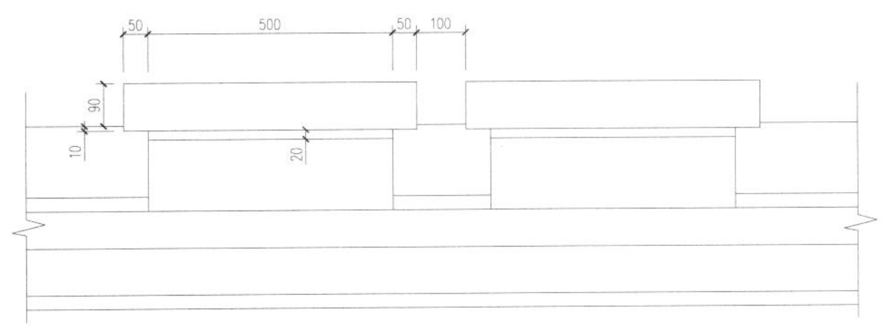

图7-141　绘制出汀步

4）执行“直线”命令（L），在相应位置绘制出水体线；再选择“填充线”图层为当前图层，根据前面详图对应层填充的图案与参数，对绘制的详图进行相应的填充，如图7-142所示。

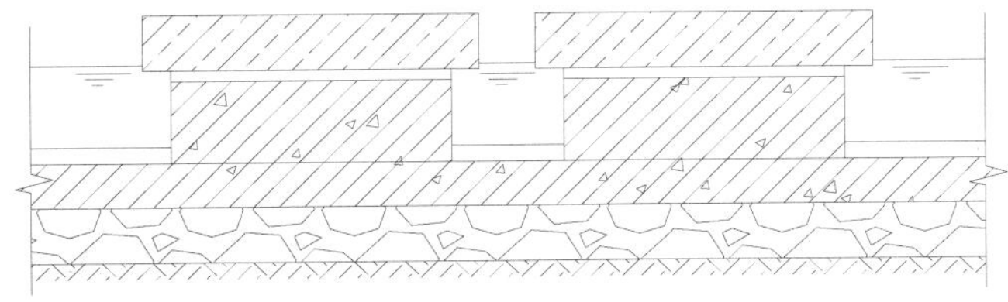

图7-142　绘制水体线，并填充各材质

5）执行“缩放”命令（SC），将详图放大2倍。

6）选择“尺寸标注”图层为当前图层，执行“线性标注”命令（DLI）和“连续标注”命令（DCO），对图形进行尺寸的标注，然后执行“编辑标注”（ED）命令，将标注的放大尺寸改回原尺寸，如图7-143所示。

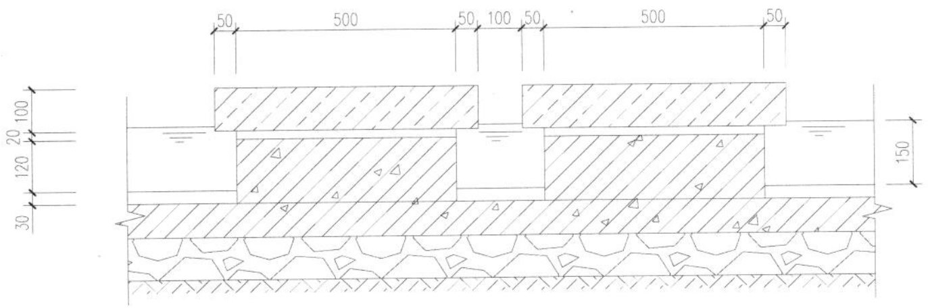

图7-143　尺寸标注

7）执行“复制”命令（CO），分别将详图 A 的标高符号、文字注释及图名复制到相应的位置，并修改图名效果，如图 7-144 所示。

8）至此，该图形已经绘制完成，按“Ctrl + S”组合键进行保存。

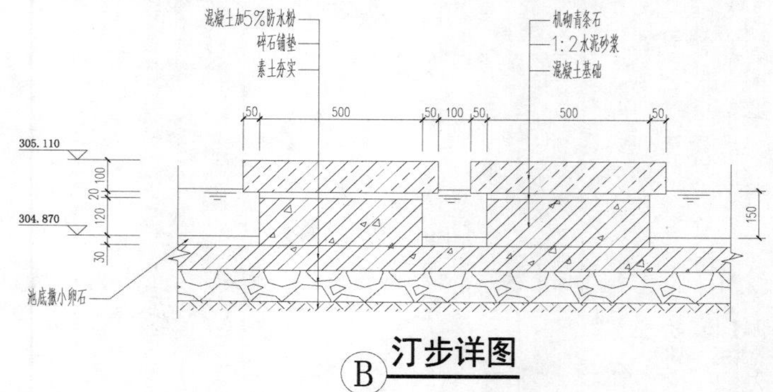

图 7-144　详图 B 效果

第 8 章　园林小品的绘制

园林小品是园林中供休息、装饰、照明、展示和为园林管理及方便游人之用的小型建筑设施。一般没有内部空间，体量小巧，造型别致。园林小品既能美化环境，丰富园趣，为游人提供文化休息和公共活动的方便，又能让游人从中获得美的感受和良好的教益。常见的园林小品有靠背园椅、凳、桌、花钵、雕塑、景墙、景窗、灯柱、灯头、标志牌、洗手池、公用电话亭和时钟塔等。图 8-1 所示为各种类型的园林小品摄影图片。

图 8-1　园林小品的摄影图片

本章主要讲解了栏杆、围墙、树池座椅、园凳、雕塑及风车等施工图的绘制，其中包括平面图、立面图、剖面图、节点大样图等，通过对本章的学习可使读者掌握景观小品施工图的绘制方法。

8.1　栏杆的绘制

栏杆古称阑干，也称勾阑，是桥梁和建筑上的安全设施。栏杆在使用中起分隔、导向的作用，使被分割区域边界明确清晰，同时具有装饰意义。建造栏杆的材料有木、石、混凝土、砖、瓦、竹、金属和塑料等。栏杆的高度主要取决于使用对象和场所，一般高度为 900mm。图 8-2 所示为栏杆的摄影图片。

图 8-2　栏杆的摄影图片

接下来分别绘制栏杆平面图、立面图，通过多个实例的讲解，使读者掌握栏杆施工图的绘制过程及技巧，绘制栏杆的图形最终效果如图 8-3 所示。

8.1.1　栏杆平面图的绘制

1）正常启动 AutoCAD 2015 应用程序，单击“打开”按钮，将前面创建的“案例\08\

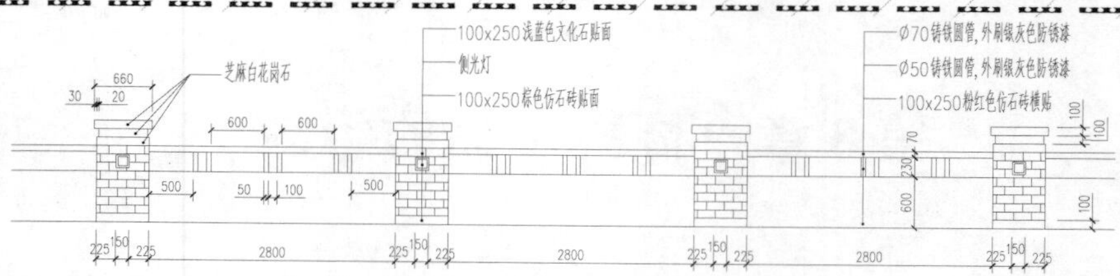

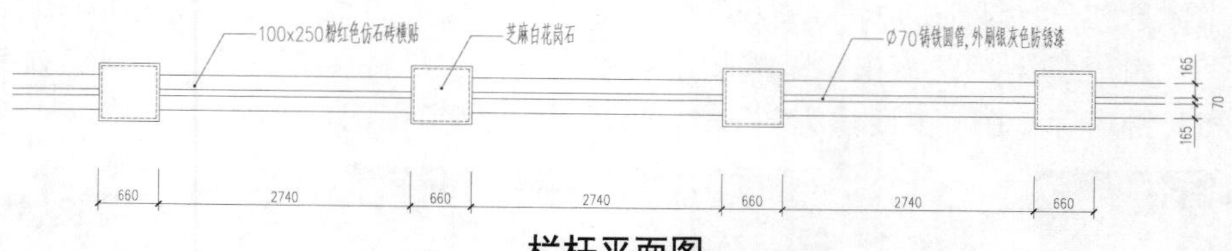

图 8-3　栏杆图形效果

园林样板 . dwt” 文件打开；再单击“另存为”按钮，将该样板文件另存为“案例 \ 08 \ 栏杆 . dwg” 文件。

2）在“图层控制”下拉列表，选择“小品轮廓线”图层为当前图层。

3）执行“矩形”命令（REC），绘制边长为 660mm × 660mm 的矩形；再执行“偏移”命令（O），将其向内偏移 30，然后将偏移的线段转换线型为“DASH”，如图 8-4 所示。

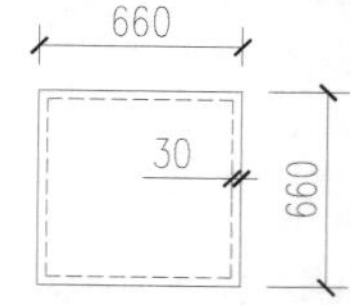

图 8-4　绘制矩形并偏移

4）执行“复制”命令（CO），将绘制的图形以 3400mm 的距离进行复制，如图 8-5 所示。

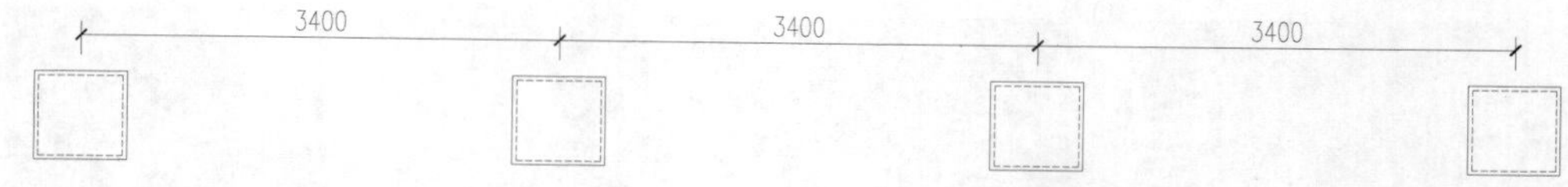

图 8-5　复制图形

5）执行“直线”命令（L），过矩形垂直边中点绘制一条水平的中心线，且转换线型为“CENTER”；然后执行“偏移”命令（O），将中心线各向上、下偏移 35 和 165，如图 8-6 所示。

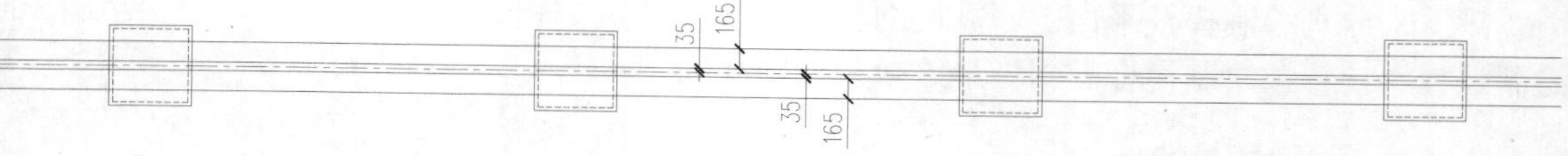

图 8-6　绘制偏移线段

6）执行“删除”命令（E）和“修剪”命令（TR），将中心线删除，然后修剪多余的线条，如图8-7所示。

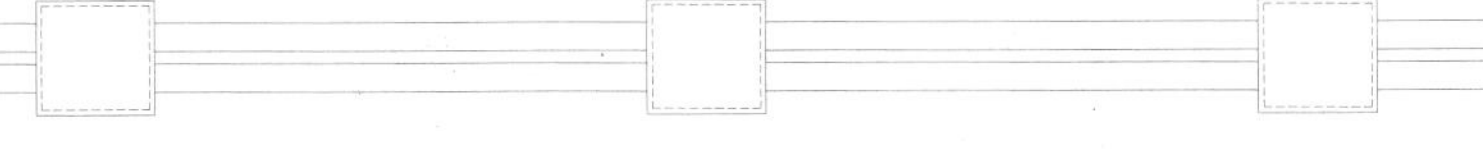

图8-7　修剪删除效果

7）切换至“尺寸标注”图层，执行“标注样式”命令（D），选择“园林-100”标注样式为当前标注样式，然后单击“修改”按钮，修改标注全局比例为“50”，如图8-8所示。

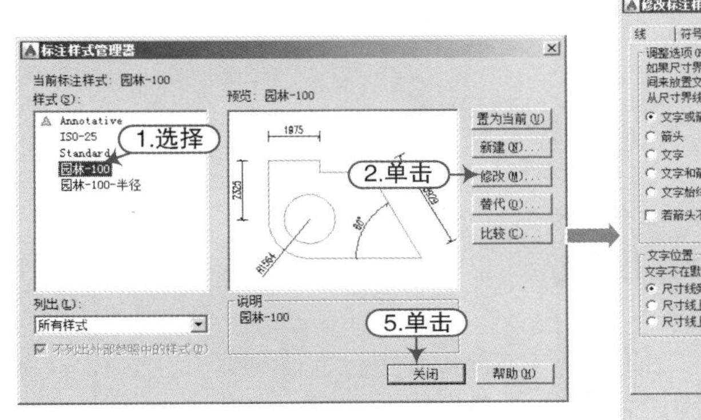

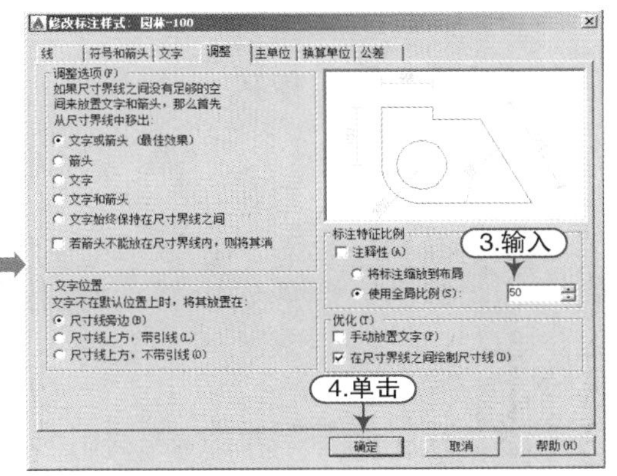

图8-8　修改标注比例

8）执行“线性标注”命令（DLI）和“连续标注”命令（DCO），对图形进行尺寸的标注，如图8-9所示。

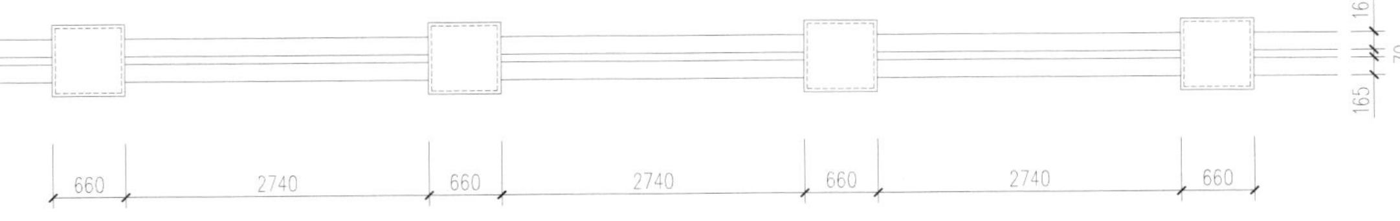

图8-9　尺寸标注

9）选择“文字标注”图层为当前图层，执行“引线注释”命令（LE），选择“图内文字”样式，设置字高为“250”，在图形相应位置进行引线注释，如图8-10所示。

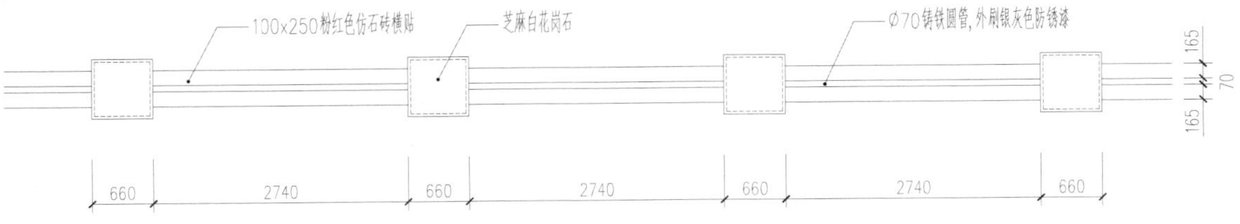

图8-10　文字标注

10）执行“多行文字”命令（MT），选择“图名”样式，设置字高为“300”，在下侧注写图名内容，最后执行“多段线”命令（PL），在图名下方绘制适当长度和宽度的多段线，如图8-11所示。

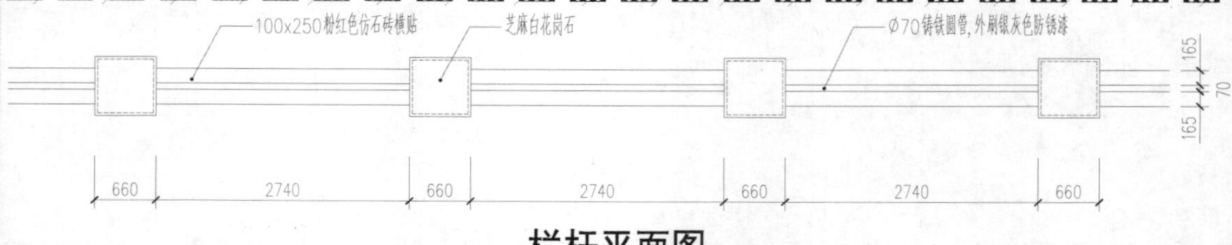

图 8-11　图名标注

8.1.2　栏杆立面图的绘制

1）执行“矩形”命令（REC），绘制 1200×660 的矩形；再执行“分解”命令（X）和“偏移”命令（O），将矩形各边按照图 8-12 所示的尺寸进行偏移。

2）执行“修剪”命令（TR），修剪多余的线条，如图 8-13 所示。

3）执行“矩形”命令（REC）、“偏移”命令（O）和“移动”命令（M），在图 8-14 所示的相应位置绘制出矩形框。

4）执行“图案填充”命令（H），设置图案为“AR-B816”、比例为“0.5”，对相应位置填充出文化石贴面效果，并将填充的图案转换为“填充线”图层，如图 8-15 所示。

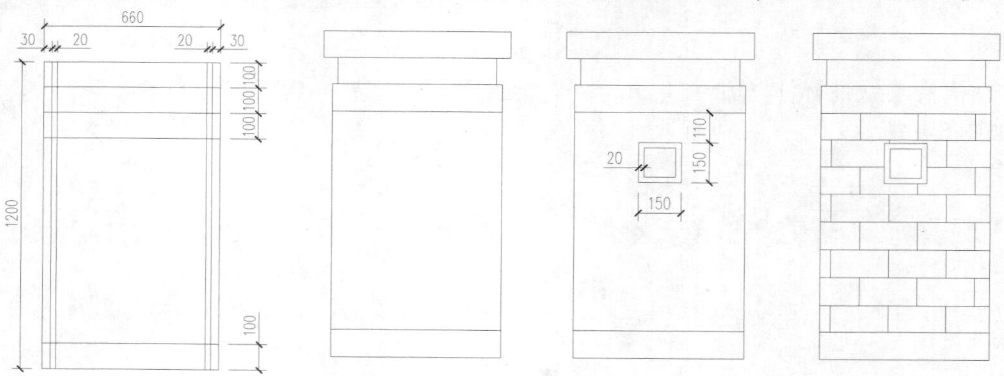

图 8-12　绘制矩形并偏移　　图 8-13　修剪效果　　图 8-14　绘制矩形　　图 8-15　填充图案

5）执行“复制”命令（CO），将绘制好的柱子按照 3400mm 的距离进行复制，如图8-16 所示。

图 8-16　复制图形

6）执行“直线”命令（L），由柱子底端绘制一条水平线；再执行“偏移”命令（O），将水平线向上依次偏移 600、230、70，并修剪掉中间相应的部分，如图 8-17 所示。

图 8-17　绘制水平线

7）执行“偏移”命令（O）和“修剪”命令（TR），在栏杆中间绘制出圆管五金，如图 8-18 所示。

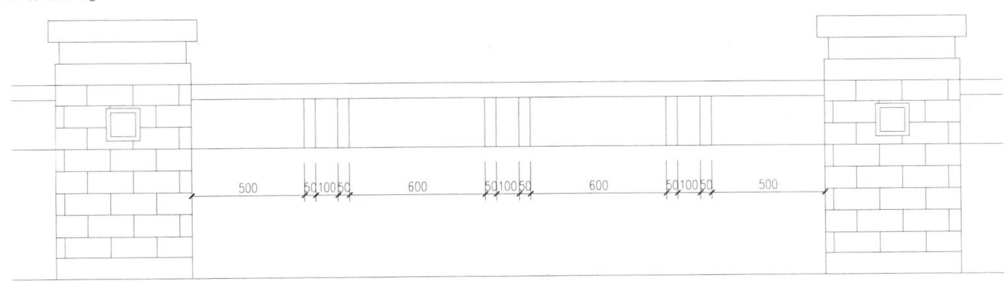

图 8-18　绘制栏杆

8）执行“复制”命令（CO），将绘制的五金栏杆复制到相应的位置，如图 8-19 所示。

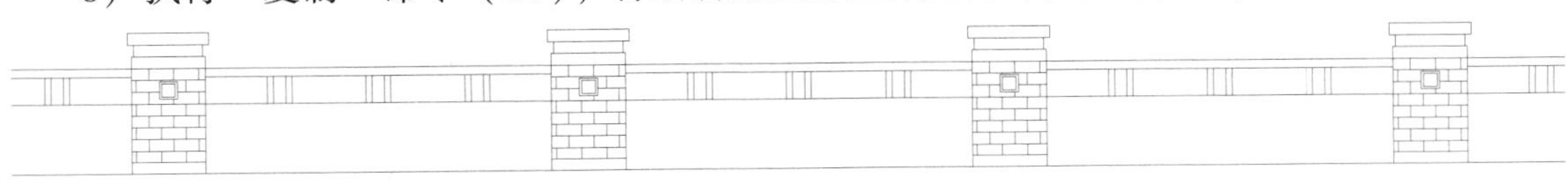

图 8-19　复制图形

9）选择“尺寸标注”图层，执行“线性标注”命令（DLI）和“连续标注”命令（DCO），对立面图进行尺寸的标注。

10）选择“文字标注”图层为当前图层，执行“引线注释”命令（LE），对图形进行文字的注释。

11）执行“复制”命令（CO），将前面的图名复制过来，并进行相应的修剪，如图 8-20 所示。

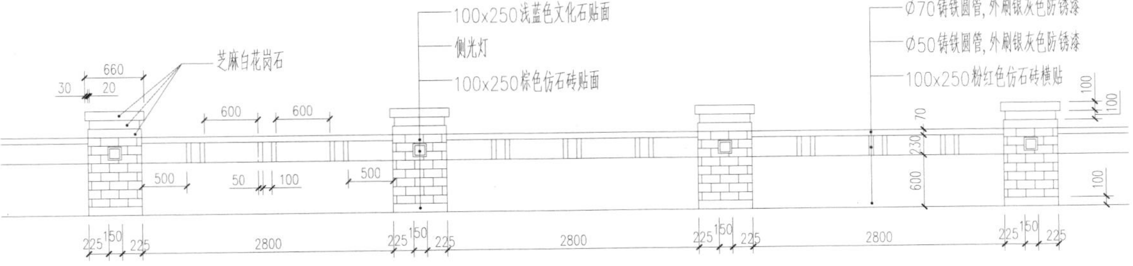

图 8-20　立面图效果

12）至此，该图形已经绘制完成，按“Ctrl + S”组合键进行保存。

8.2 围墙的绘制

围墙在建筑学上是指一种垂直方向的空间隔断结构，用来围合、分割或保护某一区域。几乎所有重要的建筑材料都可以成为建造围墙的材料：木材、石材、砖、混凝土、金属材料、高分子材料甚至玻璃。图 8-21 所示为围墙的摄影图片。

图 8-21　围墙的摄影图片

接下来讲解围墙图形的绘制，使读者掌握围墙施工图的绘制过程及技巧，绘制围墙的图形最终效果如图 8-22 所示。

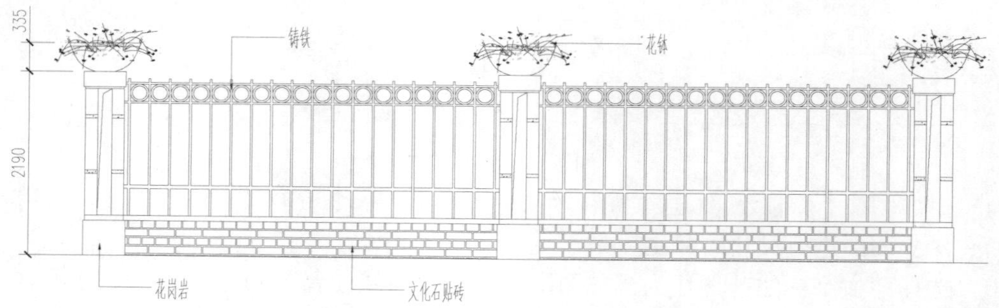

围墙立面图

图 8-22　围墙图形效果

1）正常启动 AutoCAD 2015 应用程序，单击“打开”按钮，将前面创建的“案例\08\园林样板.dwt”文件打开；再单击“另存为”按钮，将该样板文件另存为“案例\08\围墙.dwg”文件。

2）在“图层控制”下拉列表，选择“小品轮廓线”图层为当前图层。

3）执行“矩形”命令（REC），绘制边长为 478mm × 2190mm 的矩形；再执行“分解”命令（X）和“偏移”命令（O），将矩形分解并按照图 8-23 所示的尺寸进行偏移。

4）执行“修剪”命令（TR），修剪掉多余的线条，如图 8-24 所示。

5）执行“偏移”命令（O），将线段继续按照图 8-25 所示的尺寸进行偏移。

6）执行“修剪”命令（TR），修剪多余的线条，如图 8-26 所示。

7）再执行“直线”命令（L），在中间绘制斜线以表示镂空效果，如图 8-27 所示。

8）执行“图案填充”命令（H），设置图案为“AR-CONC”、比例为“0.5”，对相应位置进行填充，如图 8-28 所示。

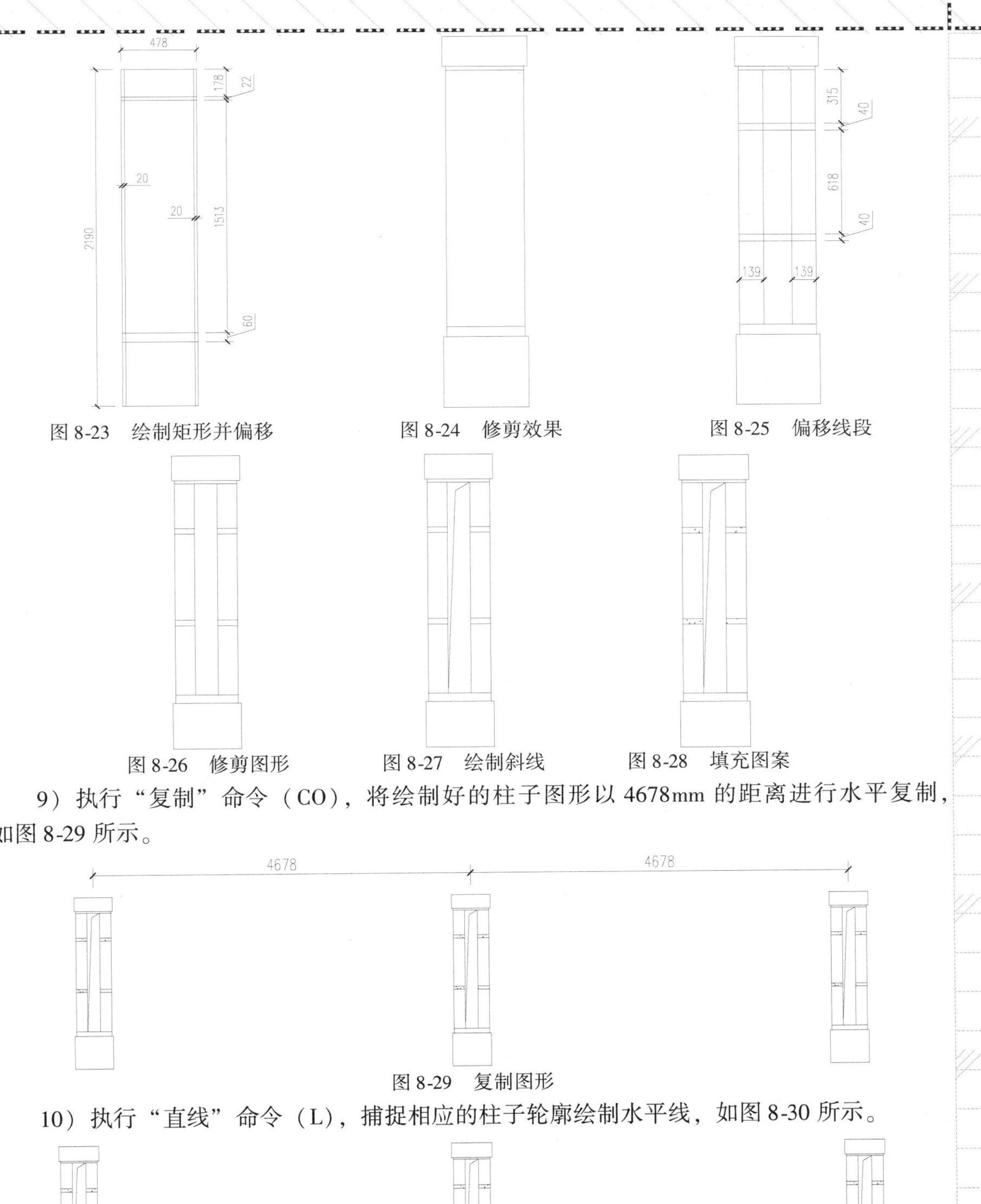

图 8-23　绘制矩形并偏移　　图 8-24　修剪效果　　图 8-25　偏移线段

图 8-26　修剪图形　　图 8-27　绘制斜线　　图 8-28　填充图案

9）执行“复制”命令（CO），将绘制好的柱子图形以 4678mm 的距离进行水平复制，如图 8-29 所示。

图 8-29　复制图形

10）执行“直线”命令（L），捕捉相应的柱子轮廓绘制水平线，如图 8-30 所示。

图 8-30　绘制连接线

11）执行“矩形”命令（REC），在两柱子中间绘制边长为23mm×1633mm的矩形；再执行“复制”命令（CO），将矩形以中间间距为206mm的距离进行复制，如图8-31所示。

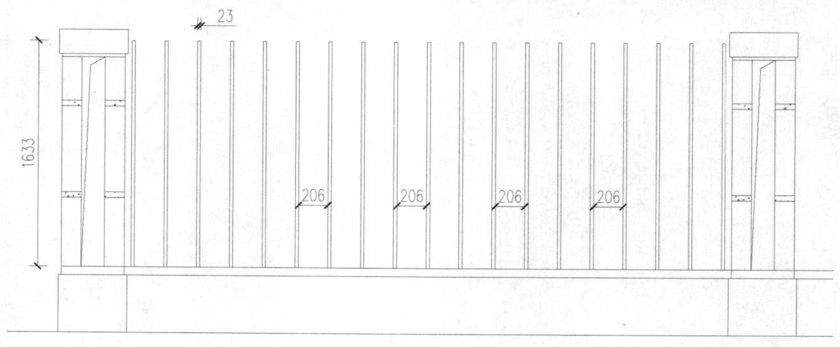

图8-31　绘制矩形并复制

12）执行“偏移”命令（O），将柱子之间的上水平线向上依次偏移327、38、976、22、206、22，如图8-32所示。

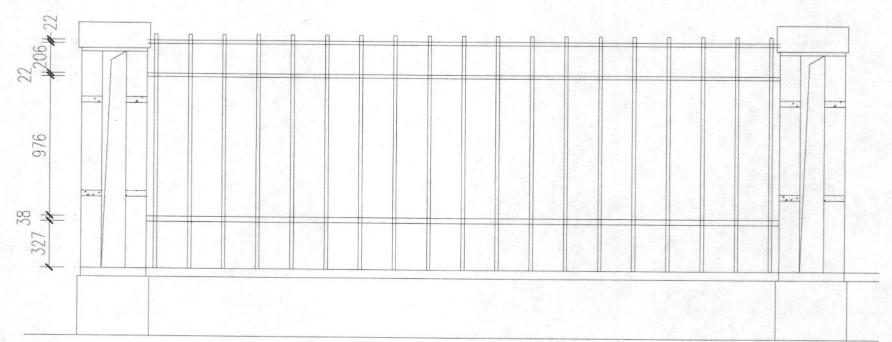

图8-32　偏移线段

13）执行“修剪”命令（TR），修剪出栏杆的效果，如图8-33所示。

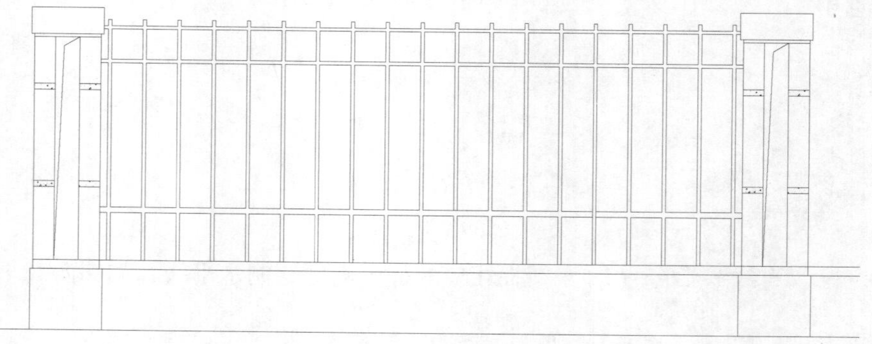

图8-33　修剪图形效果

14）执行“圆”命令（C），在上侧框内绘制与栏杆同宽的圆，再执行“偏移”命令（O），将圆向内偏移22，以形成圆环；再执行“复制”命令（CO），将圆环复制到各个相应的框内，如图8-34所示。

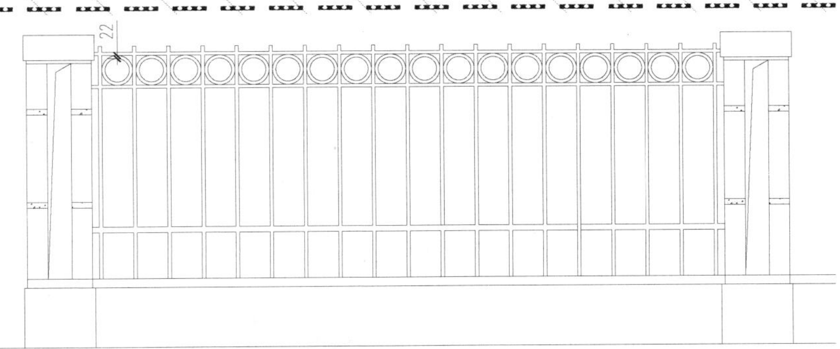

图 8-34　绘制圆环并复制

15）执行“复制”命令（CO），在绘制的栏杆图形复制到另两个柱子之间，如图 8-35 所示。

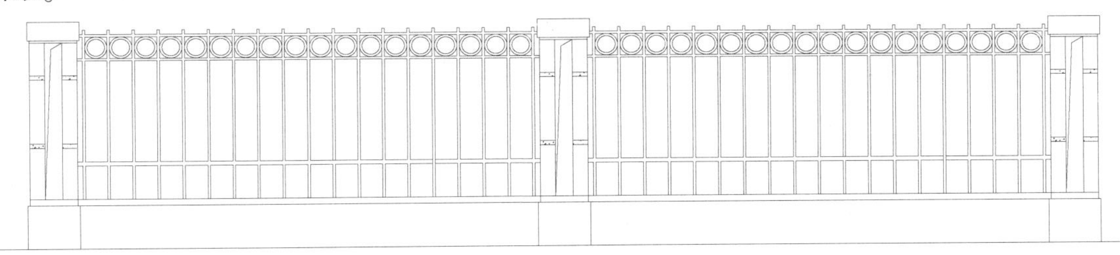

图 8-35　复制栏杆

16）选择“填充线”图层为当前图层，执行“图案填充”命令（H），设置图案为“AR-BRELM”、比例为“1.5”，对下侧相应位置填充出文化石贴砖效果，如图 8-36 所示。

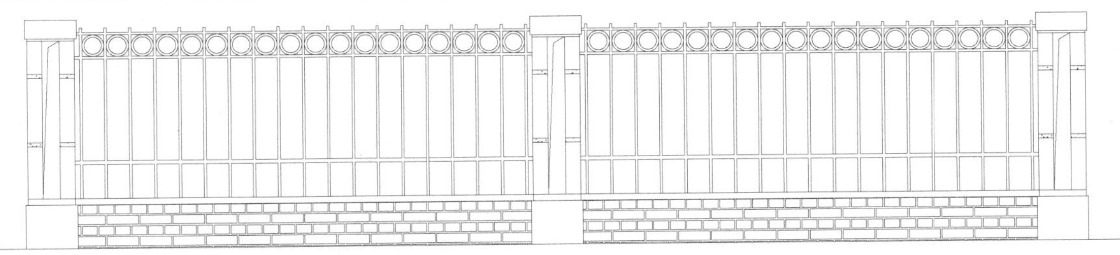

图 8-36　填充图案

17）执行“插入块”命令（I），将“案例 \ 08 \ 花钵 . dwg”文件插入到图形中，并通过“移动”“复制”等命令将其摆放到相应的位置，如图 8-37 所示。

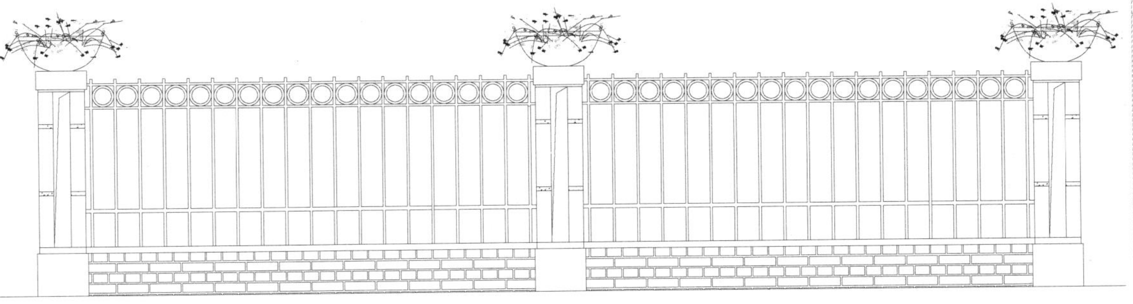

图 8-37　插入花钵

18）切换至“尺寸标注”图层，执行“标注样式”命令（D），选择“园林-100”标注样式为当前标注样式，然后单击“修改”按钮，修改标注全局比例为“50”，如图 8-38 所示。

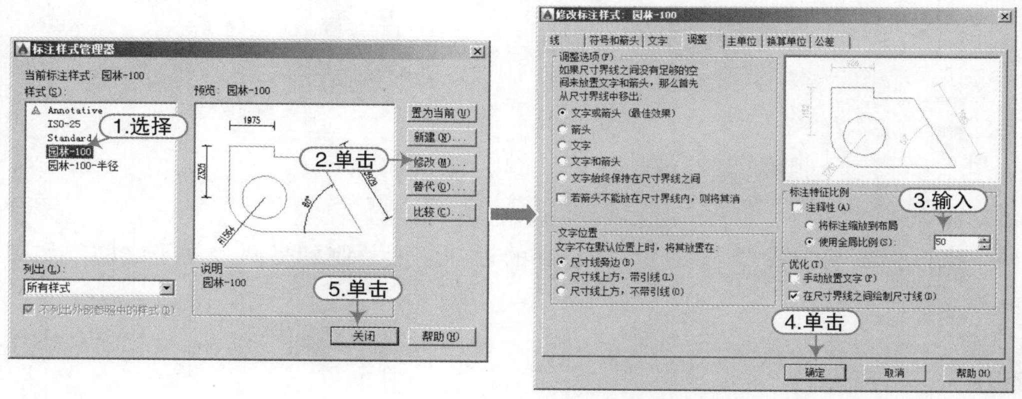

图 8-38　修改标注比例

19）执行“线性标注”命令（DLI）和“连续标注”命令（DCO），对图形进行尺寸的标注。

20）选择“文字标注”图层为当前图层，执行“引线注释”命令（LE），选择“图内文字”样式，设置字高为“250”，在图形相应位置进行引线注释，如图 8-39 所示。

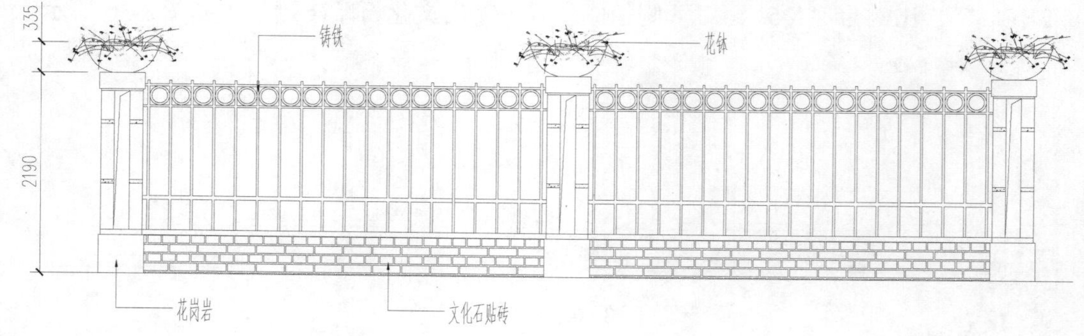

图 8-39　尺寸、文字标注

21）执行“多行文字”命令（MT），选择“图名”样式，设置字高为“300”，在下侧注写图名内容，最后执行“多段线”命令（PL），在图名下方绘制适当长度和宽度的多段线，如图 8-22 所示。

22）至此，该图形已经绘制完成，按“Ctrl + S”组合键进行保存。

8.3　树池座椅的绘制

树池座凳即在树池的周围安装一些供游人休息的座凳。图 8-40 所示为树池座凳的摄影图片。

图 8-40 树池座凳的摄影图片

接下来分别绘制了树池座凳平面图、立面图、1-1 剖面图和 2-2 剖面图，通过多个实例的讲解，使读者掌握树池座凳施工图的绘制过程及技巧，绘制的树池座凳图形最终效果如图 8-41所示。

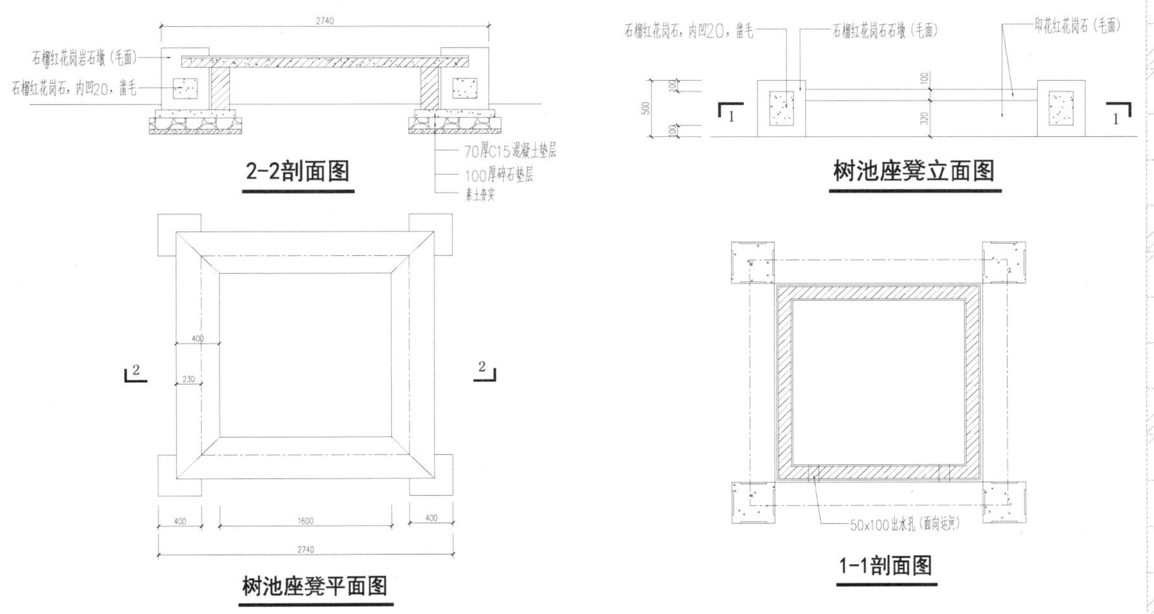

图 8-41 树池座凳图形效果

8.3.1 树池座凳立面图的绘制

1）正常启动 AutoCAD 2015 应用程序，单击“打开”按钮，将前面创建的“案例 \ 08 \ 园林样板 . dwt”文件打开；再单击“另存为”按钮，将该样板文件另存为“案例 \ 08 \ 树池座凳 . dwg”文件。

2）在“图层控制”下拉列表，选择“小品轮廓线”图层为当前图层。

3）执行“矩形”命令（REC），绘制边长为 400mm × 500mm 的矩形，再执行“偏移”命令（O），将其向内偏移 100，如图 8-42 所示。

4）执行“图案填充”命令（H），设置图案为“AR-CONC”、比例为“0. 5”，对中间矩形进行填充，如图 8-43 所示。

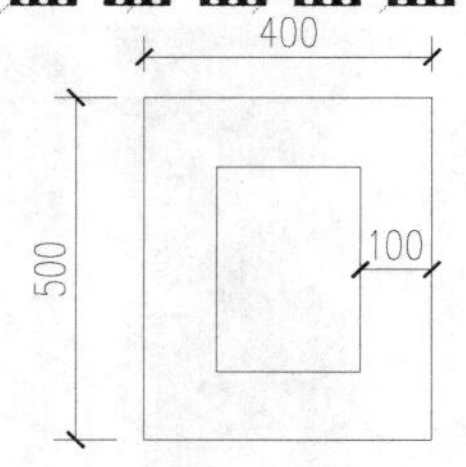

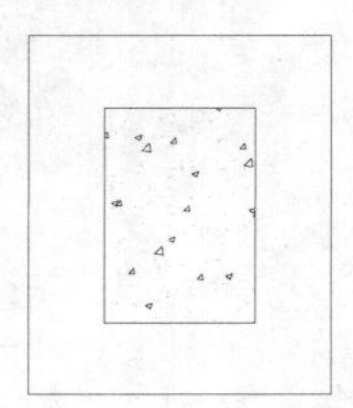

图 8-42　绘制偏移矩形　　　　　　图 8-43　填充图案

5）执行“复制”命令（CO），将上步绘制好的图形向右复制出 2340mm 的距离，如图 8-44 所示。

6）执行“直线”命令（L）和“偏移”命令（O），绘制出地坪线与座凳轮廓，如图 8-45所示。

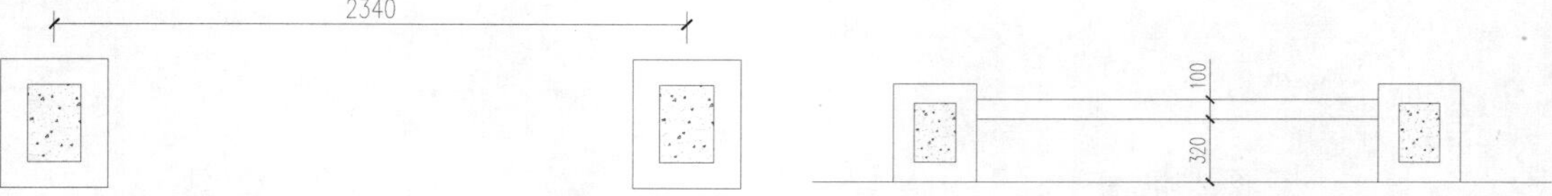

图 8-44　复制图形　　　　　　图 8-45　绘制线段

7）执行“插入块”命令（I），将内部图块“剖切符号”以 1∶20 的比例插入到图形中，并通过“分解”、“旋转”和“移动”命令进行剖切符号的标注，如图 8-46 所示。

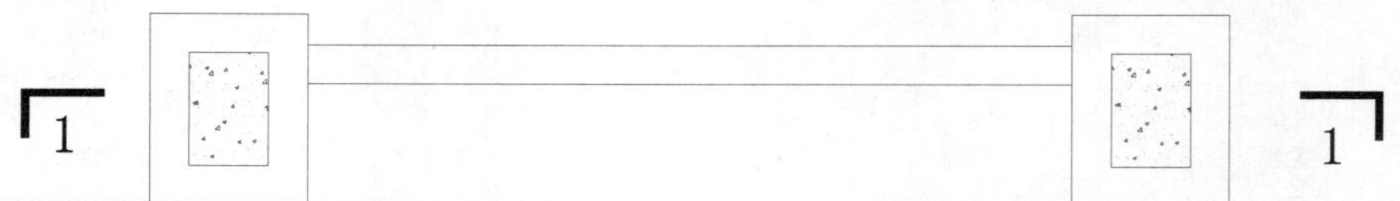

图 8-46　标注剖切符号

8）切换至“尺寸标注”图层，执行“标注样式”命令（D），选择“园林-100”标注样式为当前标注样式，然后单击“修改”按钮，修改标注全局比例为“20”，如图 8-47 所示。

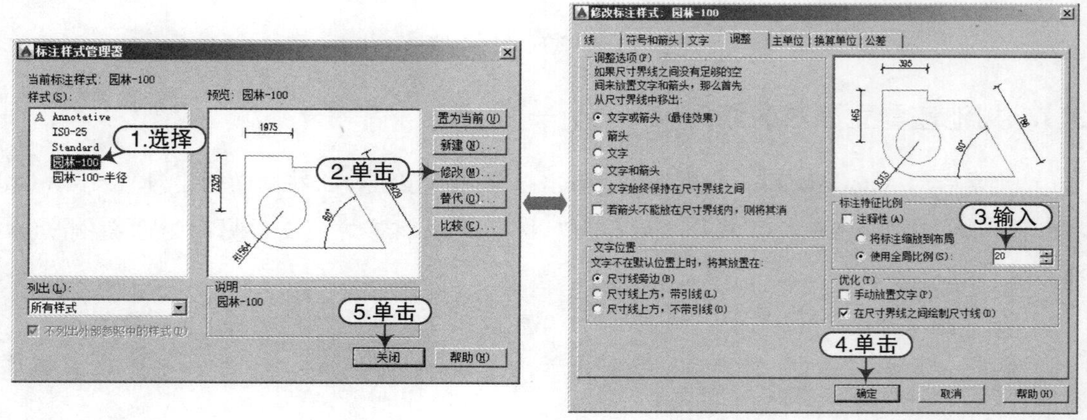

图 8-47　修改标注比例

9）执行“线性标注”命令（DLI）和“连续标注”命令（DCO），对图形进行尺寸的标注。

10）选择“文字标注”图层为当前图层，执行“引线注释”命令（LE），选择“图内文字”样式，设置字高为“150”，在图形相应位置进行引线注释，如图8-48所示。

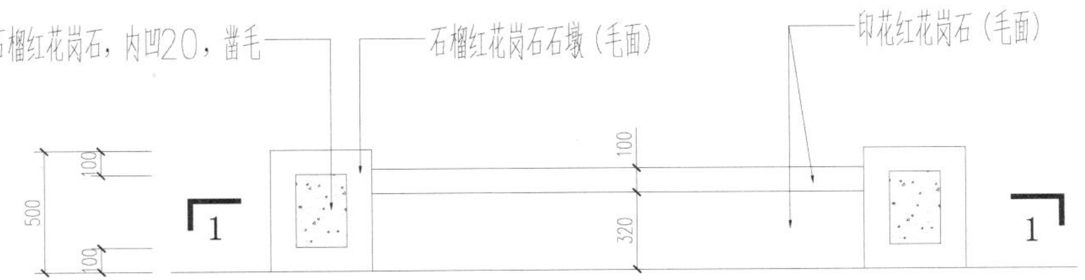

图8-48　尺寸、文字标注

11）执行“多行文字”命令（MT），选择“图名”样式，设置字高为“150”，在下侧注写图名内容，最后执行“多段线”命令（PL），在图名下方绘制适当长度和宽度的多段线，如图8-49所示。

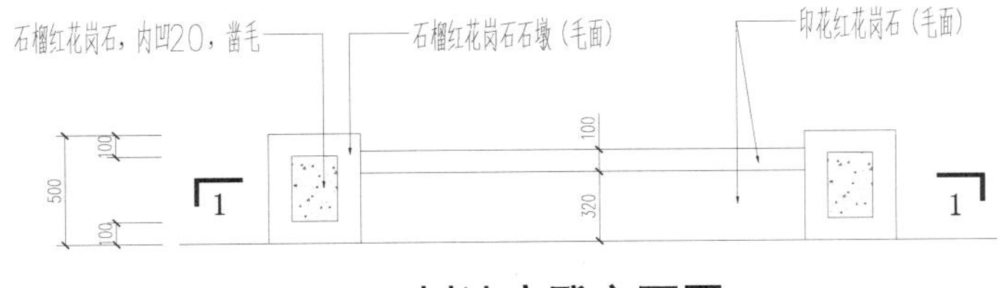

图8-49　图名标注

8.3.2　树池座凳平面图的绘制

1）在“图层控制”下拉列表选择“小品轮廓线”图层为当前图层。

2）执行“矩形”命令（REC），绘制边长均为2400mm的矩形；再执行“偏移”命令（O），将矩形向内依次偏移230和170，且将第二个矩形转换线型为“CENTER”，如图8-50所示。

3）执行“直线”命令（L），绘制矩形的对角连线，如图8-51所示。

4）执行“矩形”命令（REC），捕捉中间矩形的角点绘制边长均为400mm的矩形，再执行“镜像”命令（MI），将矩形进行相应的镜像复制操作，如图8-52所示。

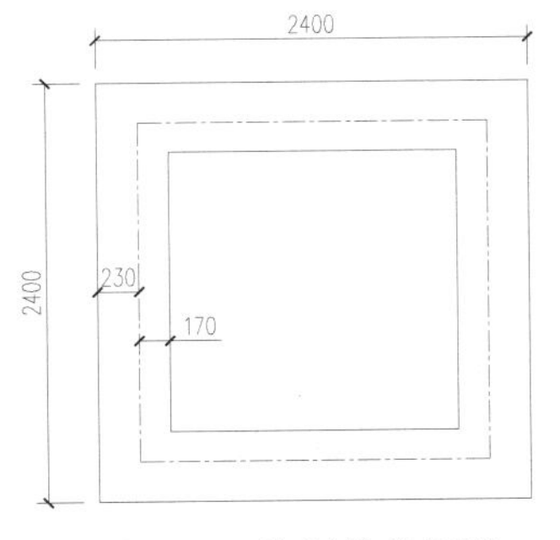

图8-50　绘制偏移矩形

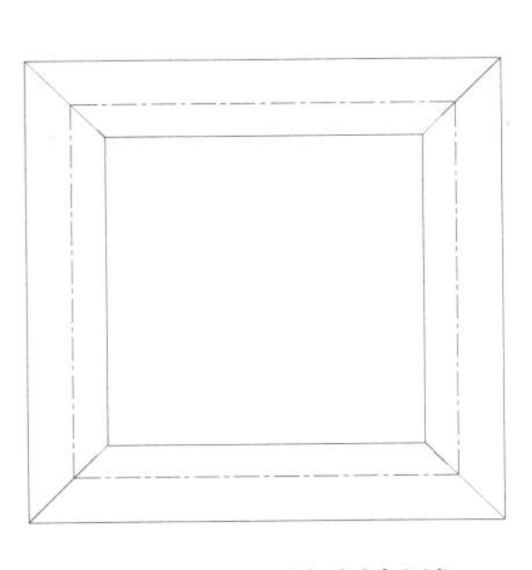

图8-51　绘制斜线

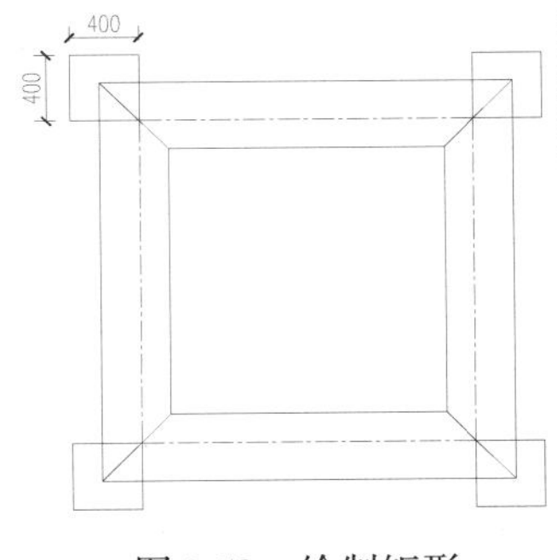

图8-52　绘制矩形

5）执行“修剪”命令（TR），修剪多余的线条，如图 8-53 所示。

6）执行“复制”命令（CO），将前面立面图中的剖切符号复制过来，并通过镜像命令，完成 2-2 剖切符号的标注，如图 8-54 所示。

7）选择“尺寸标注”图层为当前图层，执行“线性标注”命令（DLI），对图形进行尺寸的标注；再执行“复制”命令（CO），将前面立面图中的图名复制过来，并作相应的修改，如图 8-55 所示。

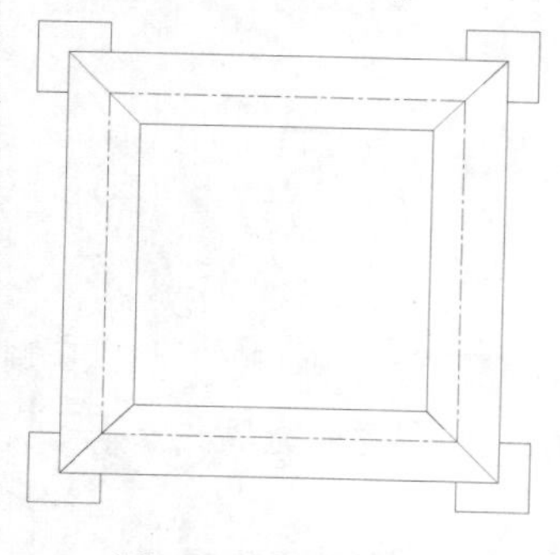

图 8-53　修剪效果

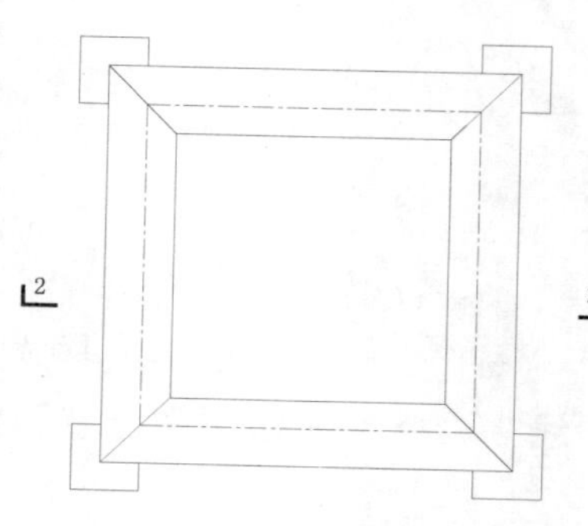

图 8-54　标注剖切符号

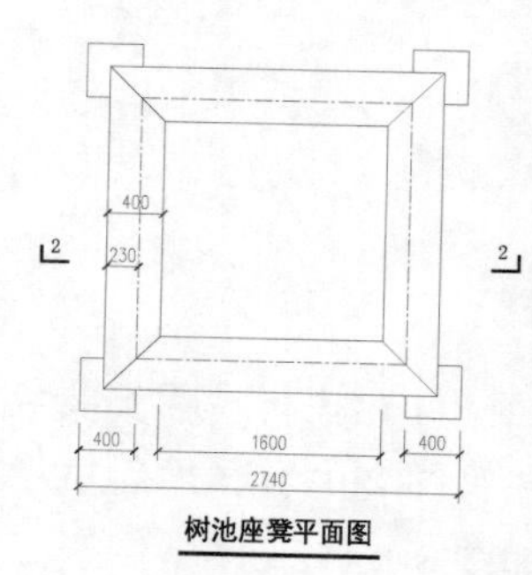

图 8-55　平面图效果

8.3.3　1-1 剖面图的绘制

1）在“图层控制”下拉列表，选择“剖面图结构线”图层为当前图层。

2）执行“矩形”命令（REC），绘制边长均为 2400mm 的矩形；再执行“偏移”命令（O），将矩形向内依次偏移 230 和 170，且将最外矩形转换线型为“CENTER”，如图 8-56 所示。

3）执行“偏移”命令（O），将第二矩形向下依次偏移 20 和 15，将最内矩形向上偏移 15，如图 8-57 所示。

4）执行“直线”命令（L）和“偏移”命令（O），在图 8-58 所示的位置绘制出 4 条垂直线段。

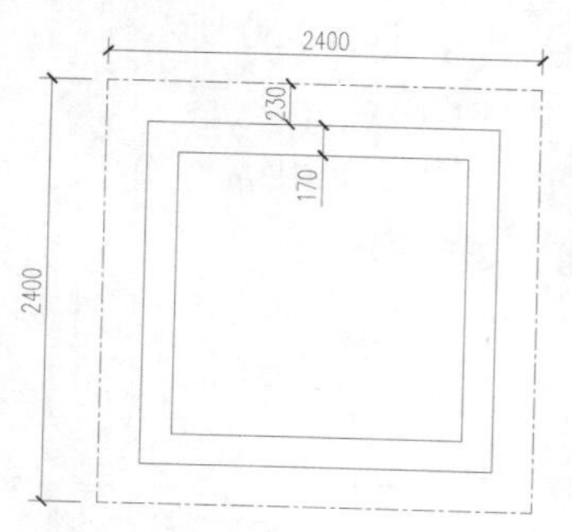

图 8-56　绘制矩形并偏移

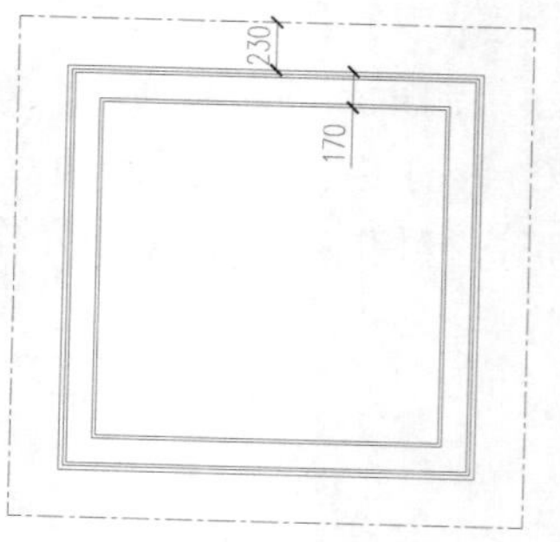

图 8-57　偏移矩形

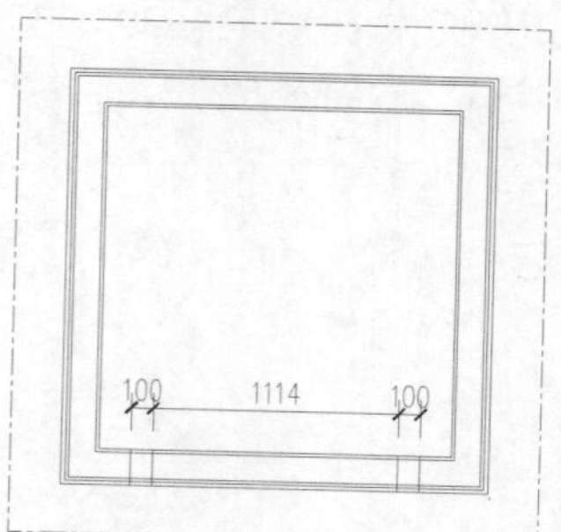

图 8-58　绘制线段

5）执行“矩形”命令（REC）、“移动”命令（M）、“旋转”命令（RO）和“镜像”命令（MI），首先绘制边长均为 400mm 的矩形；然后在内部绘制出边长为 240mm × 15mm 的 4 个矩形，如图 8-59 所示。

6）选择“填充线”图层为当前图层，执行“图案填充”命令（H），设置图案为“AR-

CONC”、比例为“1”，对内部相应位置进行填充，如图 8-60 所示。

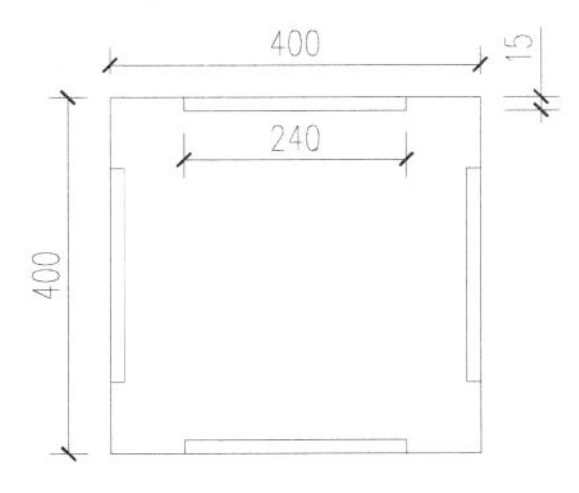

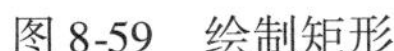
图 8-59　绘制矩形

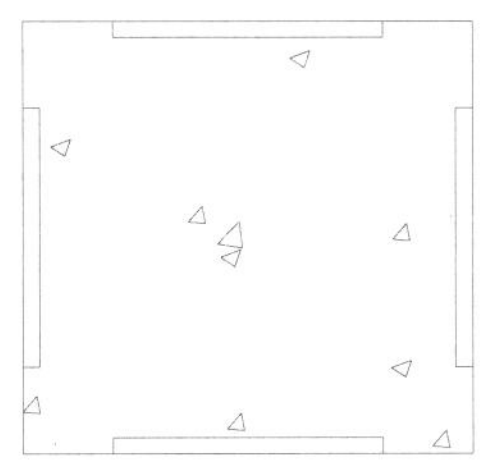
图 8-60　填充图案

7）执行“移动”命令（M）和“镜像”命令（MI），将上步的矩形放置到相应位置，如图 8-61 所示。

8）执行“图案填充”命令（H），设置图案为“ANSI31”，比例为“15”，对相应位置进行填充，如图 8-62 所示。

9）执行“引线注释”命令（LE），根据前面引线注释的方法，对剖面图进行文字的注释。

10）再执行“复制”命令（CO），将图名复制过来，并作相应的修改，如图 8-63 所示。

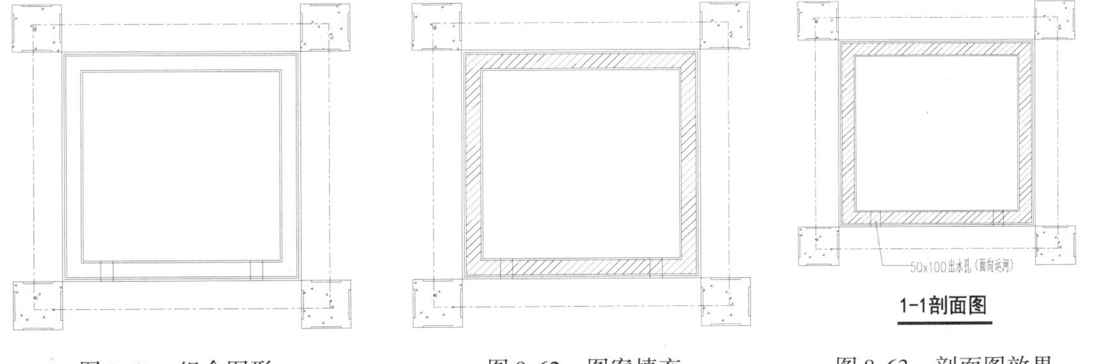

图 8-61　组合图形　　图 8-62　图案填充　　图 8-63　剖面图效果

8.3.4　2-2 剖面图的绘制

1）执行“复制”命令（CO），将前面立面图中相应的轮廓复制过来，如图 8-64 所示。

图 8-64　复制图形

2）通过“夹点编辑”功能，选择两个矩形，然后分别将其下水平边向下拉长 50mm，如图 8-65 所示。

图 8-65　拉长矩形

3）执行“偏移”命令（O），将两矩形内侧的边各向内偏移20和150，向外各偏移230，然后将地坪线向上依次偏移330、80和20，如图8-66所示。

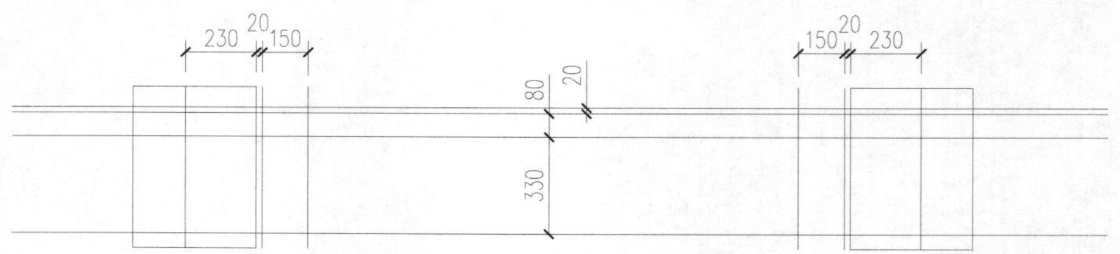

图8-66　偏移线段

4）执行“修剪”命令（TR），修剪多余的线条，然后将修剪后的图形都转换为“剖面图结构线”图层，如图8-67所示。

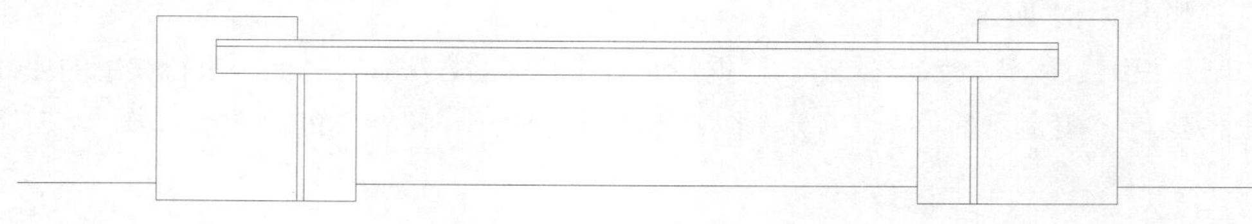

图8-67　修剪效果

5）执行“偏移”命令（O）和“修剪”命令（TR），在相应位置绘制出矩形，如图8-68所示。

图8-68　绘制小矩形

6）执行“偏移”命令（O）和“修剪”命令（TR），在下方绘制相应的图形，如图8-69所示。

图8-69　绘制基层

7）选择“填充线”图层为当前图层，执行“图案填充”命令（H），设置图案为“AR-CONC”、比例为“0.5”，对相应位置进行填充，如图8-70所示。

图 8-70　填充“AR-CONC”图案

8）设置图案为“ANSI31”、比例为“15”，对相应位置进行填充，如图 8-71 所示。

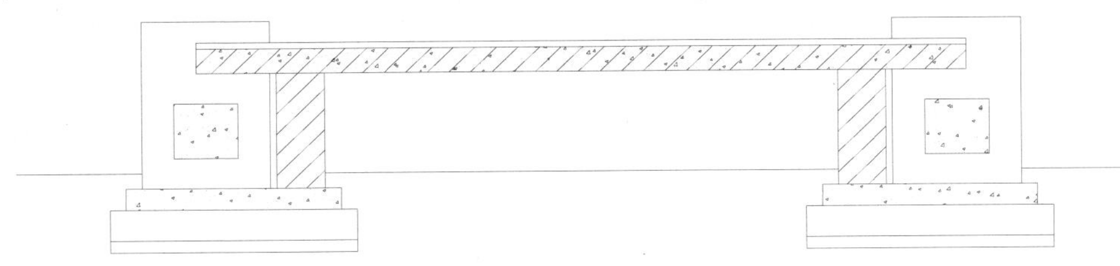

图 8-71　填充“ANSI31”图案

9）重复填充命令，设置图案为“GRAVEL”、比例为“10”，对相应位置填充出碎石效果；然后设置图案为“EARTH”、比例为“10”，对最底层填充出素土效果，最后将最下侧相应线段进行删除，如图 8-72 所示。

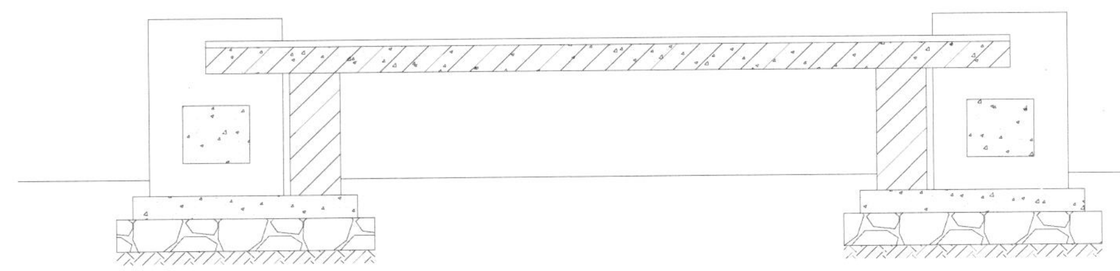

图 8-72　填充基层

10）根据前面的方法，切换至相应的图层，对图形进行尺寸、文字的注释；然后将图名复制过来，并作相应的修改，如图 8-73 所示。

11）至此，该图形已经绘制完成，按“Ctrl + S”组合键进行保存。

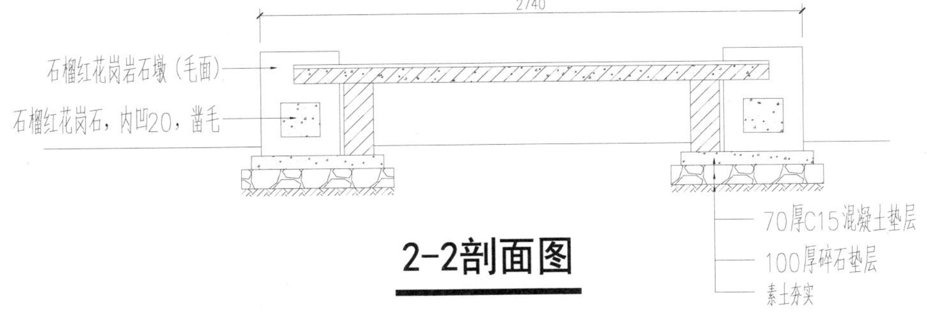

图 8-73　剖面图效果

8.4 园凳的绘制

园凳是户外和室内供人们休息的一种小品，多用于公园、小区、大型游乐场和购物广场等公共场合。图 8-74 所示为园凳的摄影图片。

图 8-74　园凳的摄影图片

接下来分别绘制了园凳平面图、正立面图、A-A 剖面图及 B-B 剖面图，通过多个实例的讲解，使读者掌握园凳施工图的绘制过程及技巧，绘制的园凳图形最终效果如图 8-75 所示。

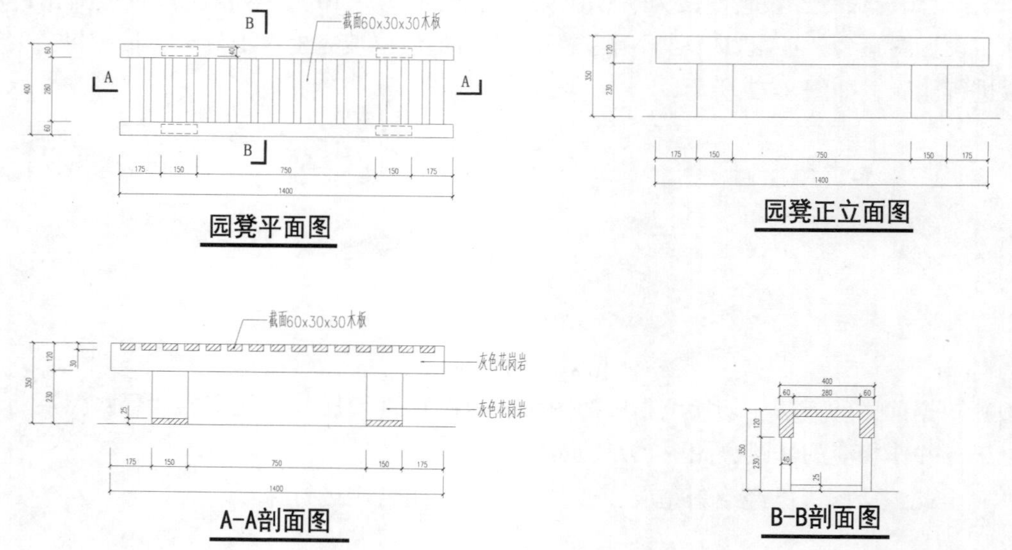

图 8-75　园凳图形效果

8.4.1　园凳平面图的绘制

1）正常启动 AutoCAD 2015 应用程序，单击“打开”按钮，将前面创建的“案例\08\园林样板.dwt”文件打开；再单击“另存为”按钮，将该样板文件另存为“案例\08\园凳.dwg”文件。

2）在“图层控制”下拉列表，选择“小品轮廓线”图层为当前图层。

3）执行“矩形”命令（REC），绘制边长为 1400mm × 60mm 的矩形；再执行“复制”命令（CO），将其向上偏移 340，如图 8-76 所示。

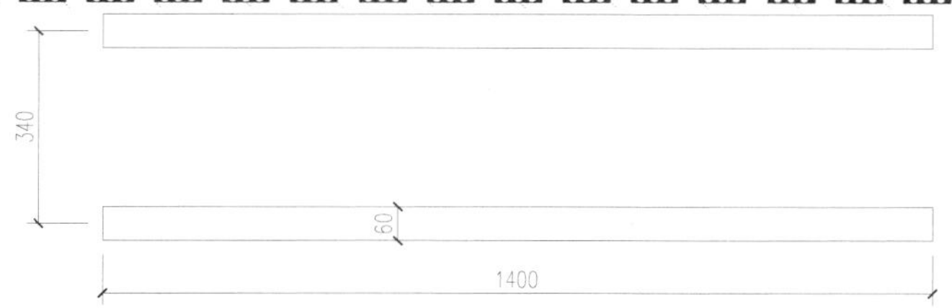

图 8-76　绘制矩形并复制

4）执行“直线”命令（L）和“偏移”命令（O），在两矩形中间绘制宽度为 60mm 的线条表示木板，木板之间间距为 30mm，如图 8-77 所示。

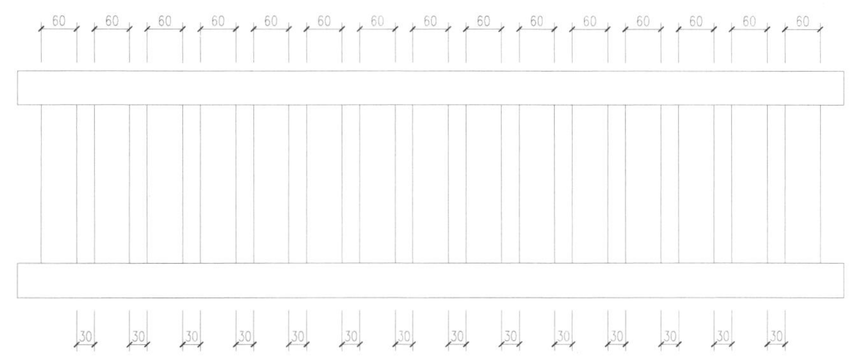

图 8-77　绘制木板

5）执行“矩形”命令（REC），在相应位置绘制边长为 150mm × 40mm 的矩形作为凳脚，且将矩形转换线型为“DASH”，如图 8-78 所示。

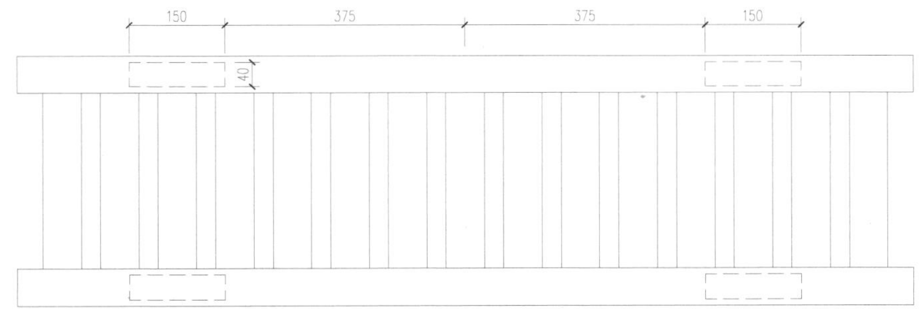

图 8-78　绘制凳脚

6）选择“标记线”图层为当前图层，执行“插入块”命令（I），将内部图块“剖切符号”以 1:10 的比例插入到图形中，然后通过“分解”“移动”“旋转”等命令，完成剖切符号标注，如图 8-79 所示。

7）切换至“尺寸标注”图层，执行“标注样式”命令（D），选择“园林-100”标注样式为当前标注样式，然后单击“修改”按钮，修改标注全局比例为“15”，如图 8-80 所示。

8）执行“线性标注”命令（DLI）和“连续标注”命令（DCO），对图形进行尺寸的标注。

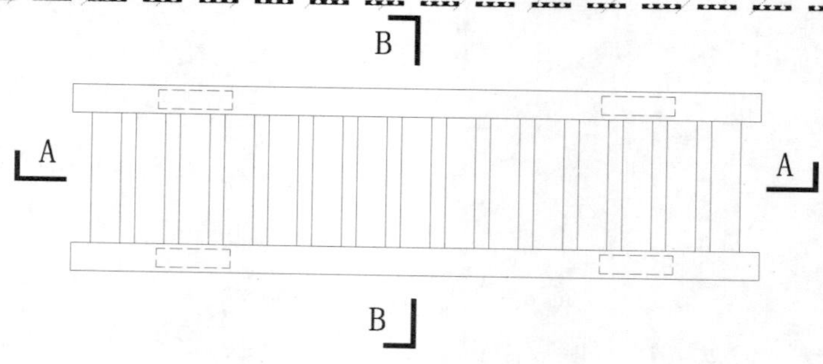

图 8-79 剖切符号标注

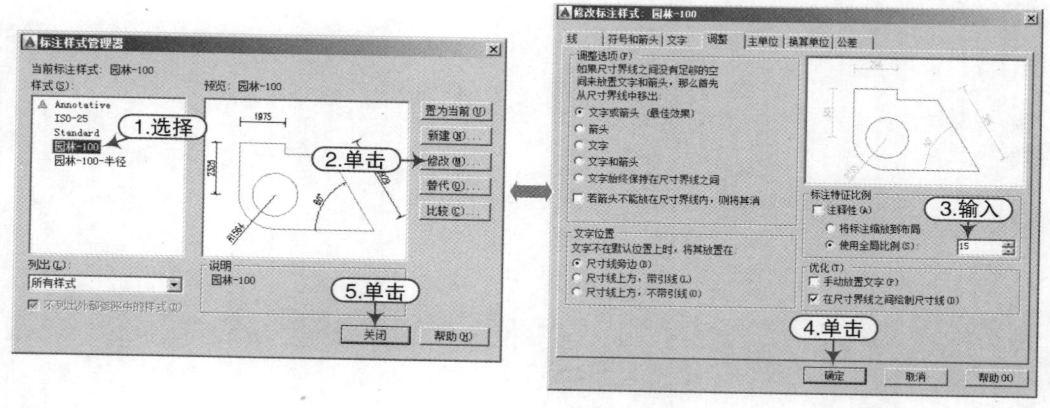

图 8-80 修改标注比例

9）选择“文字标注”图层为当前图层，执行“引线注释”命令（LE），选择“图内文字”样式，设置字高为“80”，在图形相应位置进行引线注释。

10）执行“多行文字”命令（MT），选择“图名”样式，设置字高为“100”，在下侧注写图名内容，最后执行“多段线”命令（PL），在图名下方绘制适当长度和宽度的多段线，如图 8-81 所示。

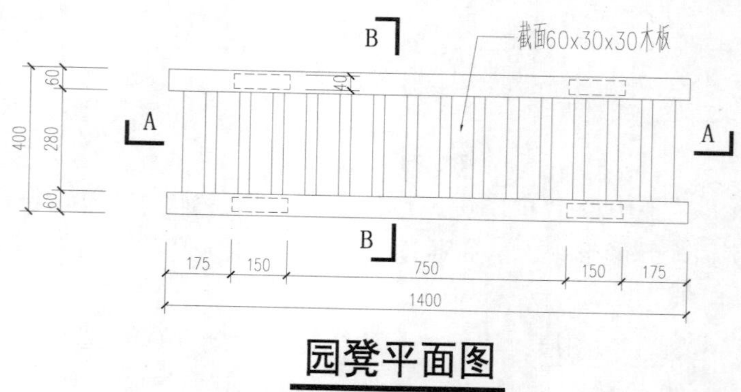

图 8-81 平面图效果

8.4.2　园凳正立面图的绘制

1）在“图层控制”下拉列表，选择“小品轮廓线”图层为当前图层。

2）执行“直线”命令（L），绘制一条水平线；再执行“矩形”命令（REC）和“复制”命令（CO），在水平线上绘制一个边长为150mm×230mm矩形，然后向右以900mm的距离复制一份，如图8-82所示。

图8-82　绘制矩形并复制

3）执行“矩形”命令（REC），绘制一个边长为1400mm×120mm的矩形；执行“移动”命令（M），将矩形移动到图形的上方相应位置，如图8-83所示。

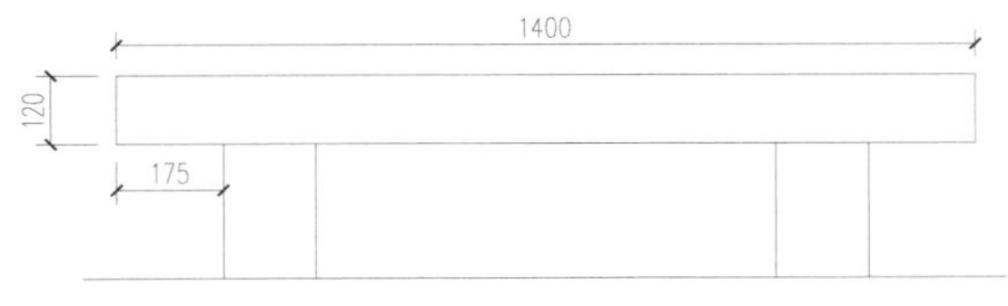

图8-83　绘制凳面

4）选择“尺寸标注”图层为当前图层，执行“线性标注”命令（DLI）和“连续标注”命令（DCO），对图形进行尺寸的标注；再执行“复制”命令（CO），将前面图形的图名复制过来，并作相应的修改，如图8-84所示。

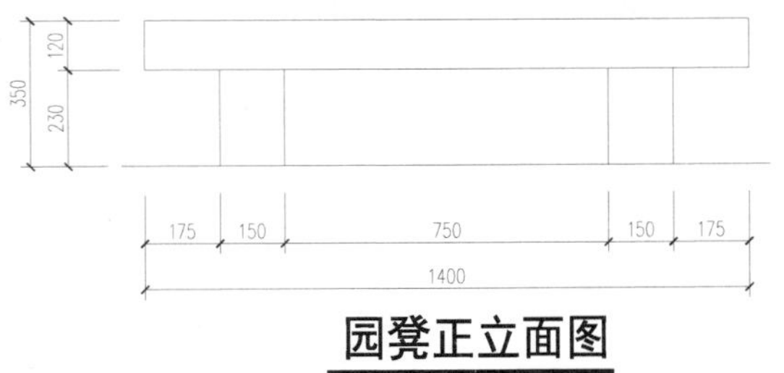

图8-84　立面图效果

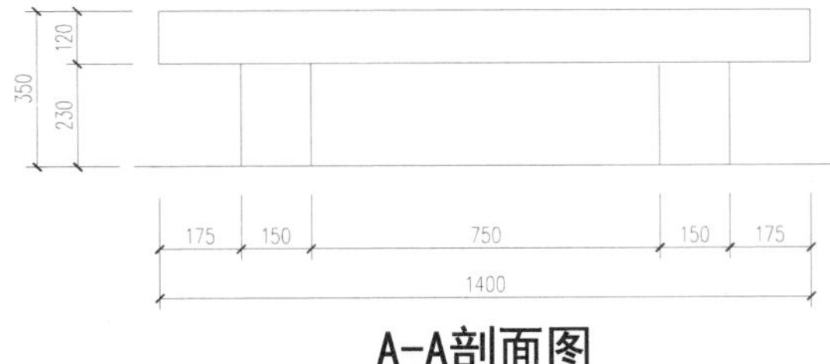

图8-85　复制并修改

8.4.3　A-A剖面图的绘制

1）执行“复制”命令（CO），将前面绘制的正立面图形复制出一份，且修改图名为“A-A剖面图”，如图8-85所示。

2）将复制过来的图形全部转换为“剖面结构线”图层，并将该图层置为当前图层。

3）执行“偏移”命令（O）和“修剪”命令（TR），将水平线向上偏移25，并进行修剪，如图8-86所示。

4）执行“矩形”命令（REC），在中间绘制一个边长为60mm×30mm的矩形作为剖切

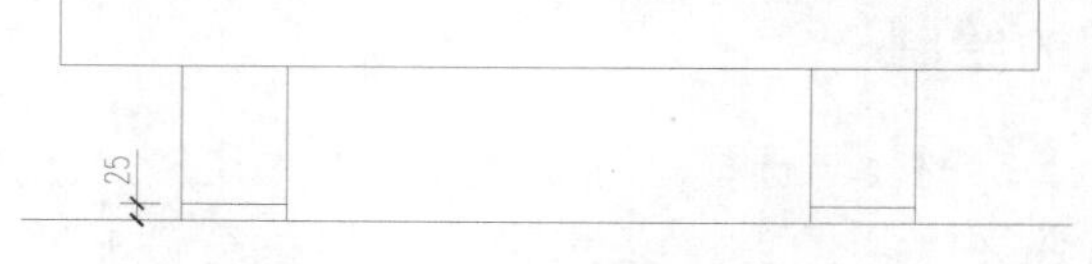

图 8-86　偏移修剪

到的木板；再执行“复制”命令（CO），将矩形以间距为 30mm 的距离进行复制，如图 8-87 所示。

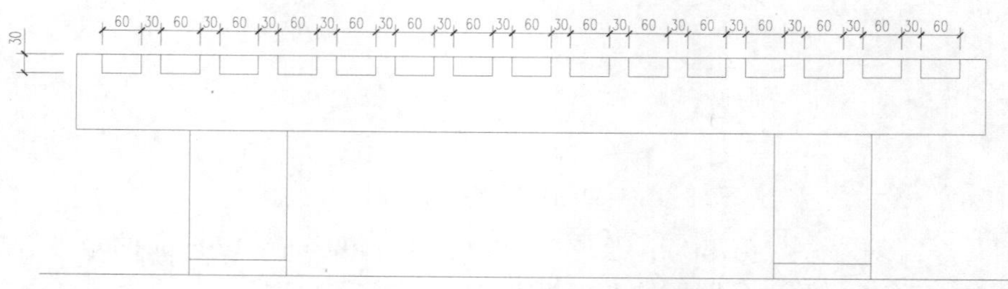

图 8-87　绘制木板截面

5）选择“填充线”图层为当前图层，执行“图案填充”命令（H），设置图案为“ANSI31”，比例为“5”，对剖切到的位置进行填充，如图 8-88 所示。

图 8-88　填充截面

6）选择“尺寸标注”图层为当前图层，执行“线性标注”命令（DLI），对相应位置进行尺寸的补充。

7）再选择“文字标注”图层为当前，执行“引线注释”命令（LE），根据前面的文字注释方法，对剖面图进行文字的标注，如图 8-89 所示。

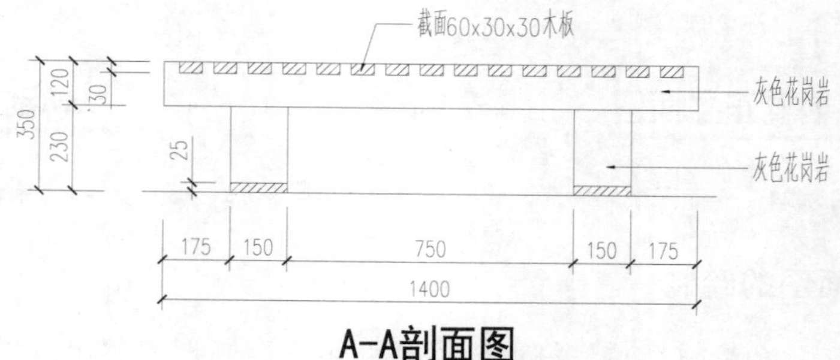

图 8-89　剖面图效果

8.4.4　B-B 剖面图的绘制

1）在“图层控制”下拉列表，选择“剖面图结构线”图层为当前图层。

2）执行“矩形”命令（REC），绘制边长为400mm×350mm的矩形；然后执行“分解”命令（X）和“偏移”命令（O），将线段按照图8-90所示的尺寸进行偏移。

3）执行“修剪”命令（TR），修剪多余的线条，完成凳脚效果如图8-91所示，并将下侧水平线拉长以形成地坪线效果。

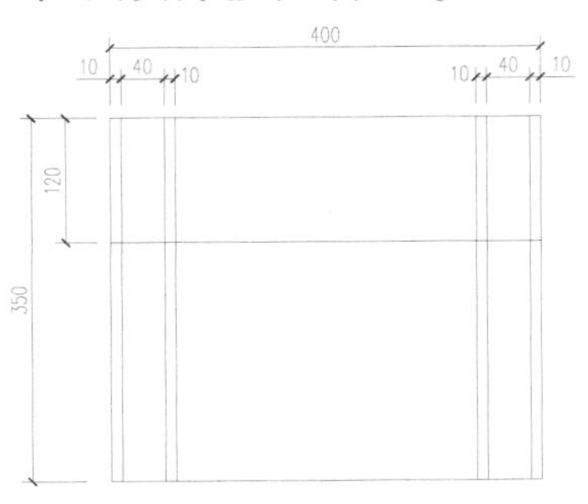

图8-90　绘制矩形并偏移

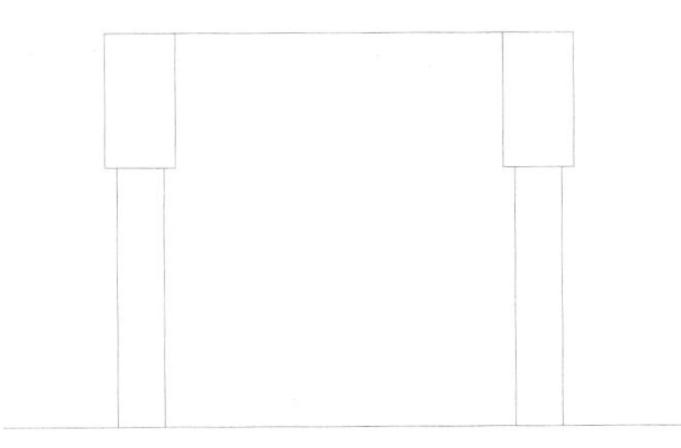

图8-91　修剪效果

4）执行“偏移”命令（O）和“修剪”命令（TR），绘制出园凳的横向支撑木方，如图8-92所示。

5）选择“填充线”图层为当前图层，执行“图案填充”命令（H），设置图案为“ANSI”、比例为“5”，对剖切位置进行填充，如图8-93所示。

6）选择“尺寸标注”图层为当前图层，执行“线性标注”命令（DLI）和“连续标注”命令（DCO），对图形进行尺寸的标注；然后执行“复制”命令（CO），将前面图形的图名复制过来，并作相应的修改，如图8-94所示。

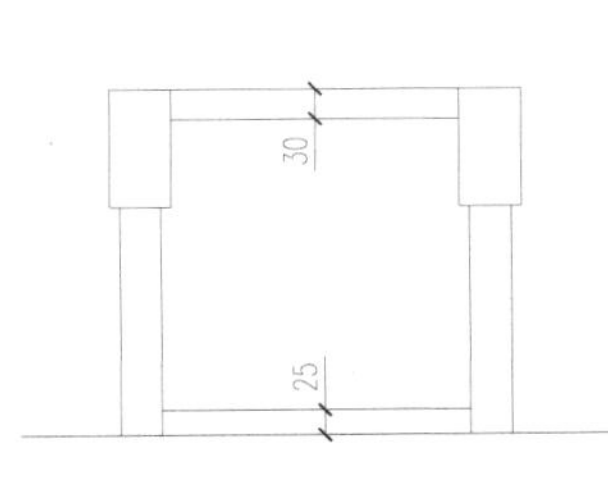

图8-92　绘制木方

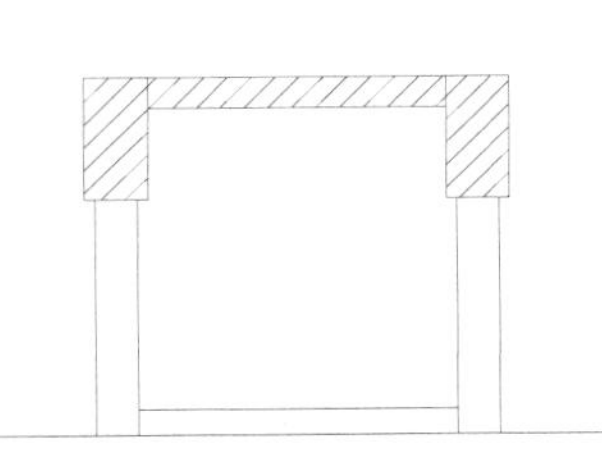

图8-93　填充截面

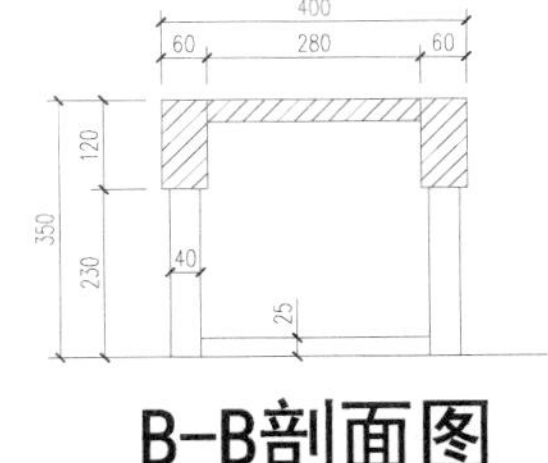

图8-94　剖面图效果

7）至此，该图形已经绘制完成，按“Ctrl+S”组合键进行保存。

8.5　雕塑的绘制

雕塑是为美化城市或用于纪念意义而雕刻塑造的具有一定寓意、象征或象形的观赏物和纪念物。雕塑也是造型艺术的一种。可用各种可塑材料（如石膏、树脂、黏土等）或可雕、可刻的硬质材料（如木材、石头、金属、玉块、玛瑙、铝、玻璃钢、砂岩、铜等），创造出具有一定空间的可视、可触的艺术形象，借以反映社会生活、表达艺术家的审美感受、审美情感和审美理想。图8-95所示为各种雕塑的摄影图片。

接下来分别绘制了雕塑立面图及剖面图，通过多个实例的讲解，使读者掌握雕塑施工图的绘制过程及技巧，绘制的雕塑图形最终效果如图8-96所示。

图 8-95　雕塑的摄影图片

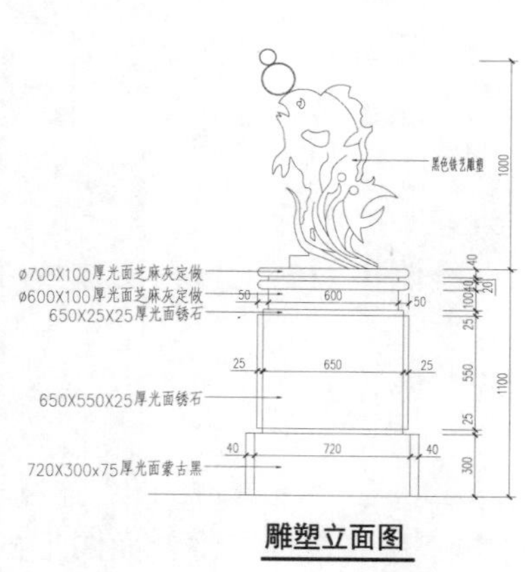

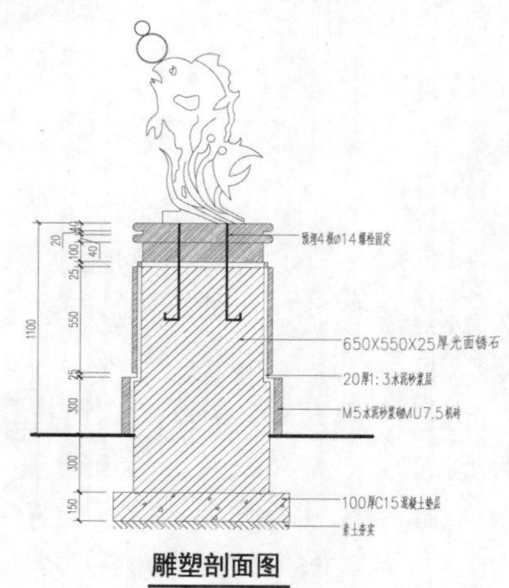

图 8-96　雕塑图形效果

8.5.1　雕塑立面图的绘制

1）正常启动 AutoCAD 2015 应用程序，单击“打开”按钮，将前面创建的“案例\08\园林样板.dwt”文件打开；再单击“另存为”按钮，将该样板文件另存为“案例\08\雕塑.dwg”文件。

2）在“图层控制”下拉列表，选择“小品轮廓线”图层为当前图层。

3）执行“直线”命令（L），绘制互相垂直的线条，且将垂直线的线型转换为“CENTER”，如图 8-97 所示。

4）执行“偏移”命令（O），将线段按照图 8-98 所示的尺寸进行偏移。

5）执行“修剪”命令（TR），修剪多余的线条，如图 8-99 所示。

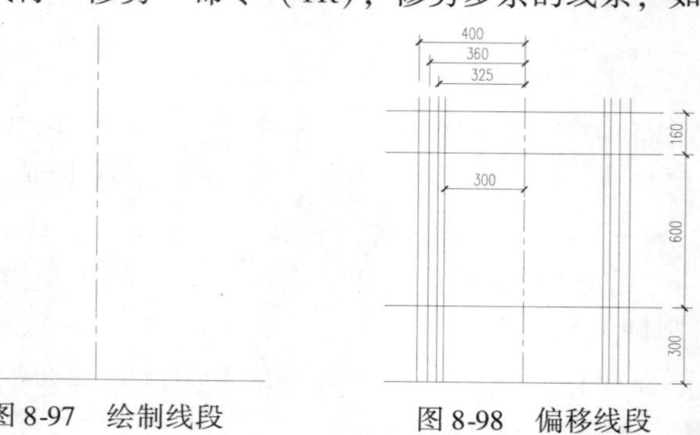

图 8-97　绘制线段　　图 8-98　偏移线段　　图 8-99　修剪效果

6）执行“偏移”命令（O），将中间的相应线条按照图 8-100 所示的尺寸偏移。

7）执行“修剪”命令（TR），修剪完成效果如图 8-101 所示。

8）执行“矩形”命令（REC），在最上侧绘制边长为 700mm × 40mm 的矩形；再执行“复制”命令（CO），将矩形向下复制出 60mm 的距离，如图 8-102 所示。

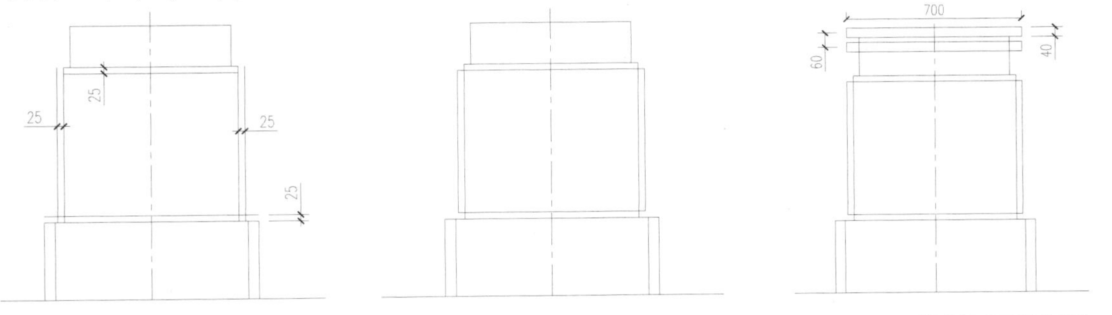

图 8-100　偏移线段　　图 8-101　修剪图形　　图 8-102　绘制矩形并复制

9）执行“圆角”命令（F），设置圆角半径为“20”，对高度为 40mm 的矩形进行圆角处理，然后将中心线删除，如图 8-103 所示。

10）执行“插入块”命令（I），将“案例 \ 08 \ 锂鱼雕塑 . dwg”文件插入到图形相应的位置，如图 8-104 所示。

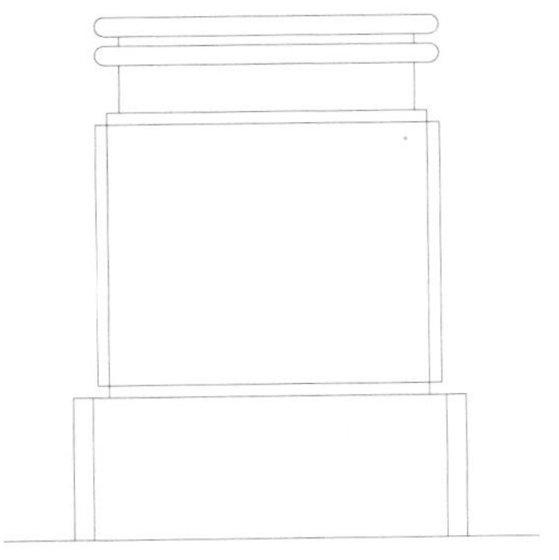

图 8-103　圆角操作

图 8-104　插入雕塑

11）切换至“尺寸标注”图层，执行“标注样式”命令（D），选择“园林-100”标注样式为当前标注样式，然后单击“修改”按钮，修改标注全局比例为“15”，如图 8-105 所示。

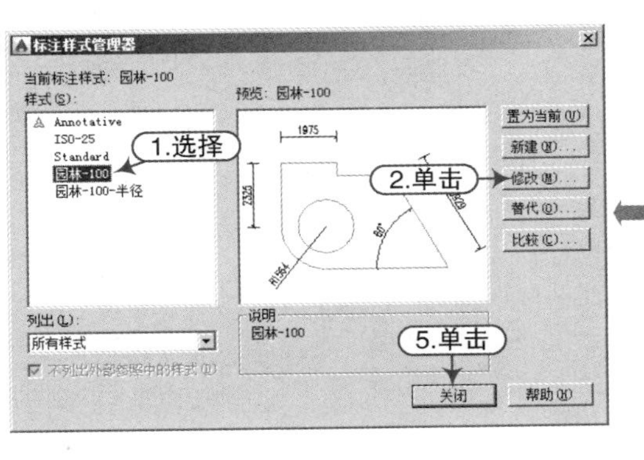

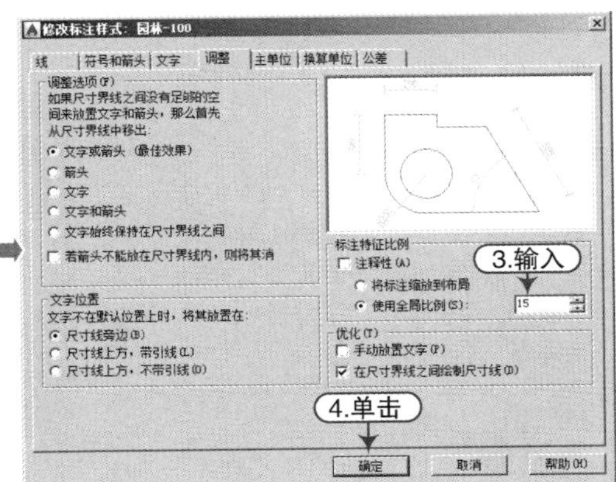

图 8-105　修改标注比例

12）执行“线性标注”命令（DLI）和“连续标注”命令（DCO），对图形进行尺寸的标注，如图 8-106 所示。

13）选择“文字标注”图层为当前图层，执行“引线注释”命令（LE），选择“图内文字”样式，设置字高为“80”，在图形相应位置进行引线注释。

14）执行“多行文字”命令（MT），选择“图名”样式，设置字高为“100”，在下侧注写图名内容，最后执行“多段线”命令（PL），在图名下方绘制适当长度和宽度的多段线，如图 8-107 所示。

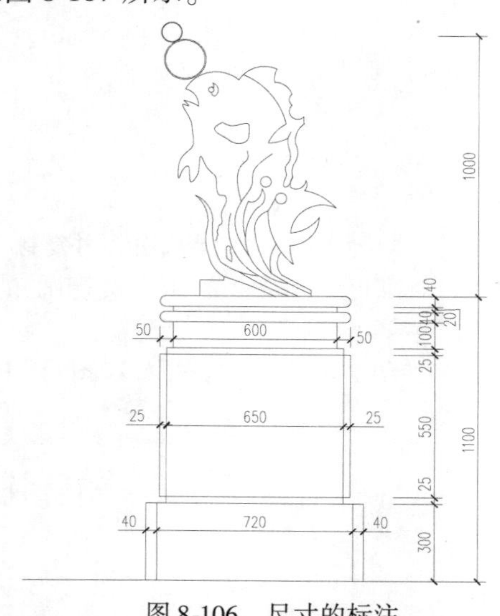

图 8-106　尺寸的标注

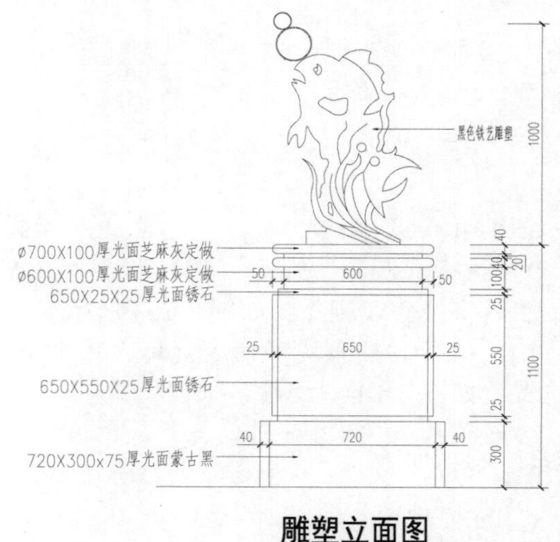

图 8-107　立面图效果

8.5.2　雕塑剖面图的绘制

1）执行“复制”命令（CO），将前面绘制的立面图复制出一份，然后将不需要的图形删除掉，且修改图名为“雕塑剖面图”，如图 8-108 所示。

2）将保留的图形均转换为“剖面图结构线”图层，且将该图层置为当前图层。

3）执行“修剪”命令（TR），将底座中相应的轮廓线修剪掉，如图 8-109 所示。

4）执行“偏移”命令（O）和“修剪”命令（TR），将内轮廓继续向内偏移 20，如图 8-110 所示。

图 8-108　复制修改图形

图 8-109　修剪内部线条

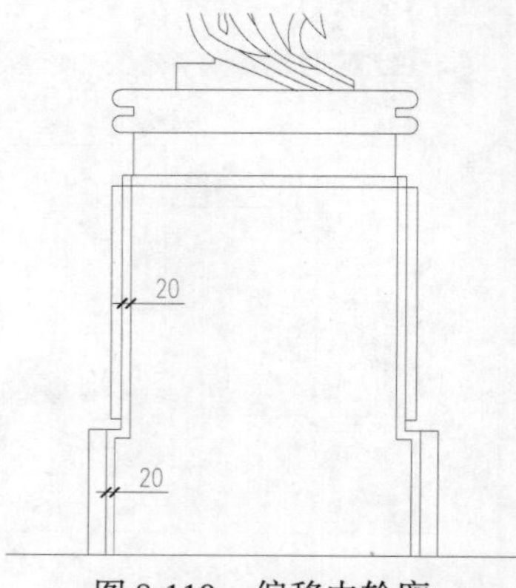

图 8-110　偏移内轮廓

5）执行“偏移”命令（O），将下侧水平线向下偏移300，并进行相应的延伸与修剪操作；然后将偏移的原水平线转换为“地坪线”图层，且在状态中单击显示“线宽”按钮 ，如图8-111所示。

6）在下侧通过执行“偏移”命令（O）和“修剪”命令（TR），绘制出图8-112所示的基底层轮廓。

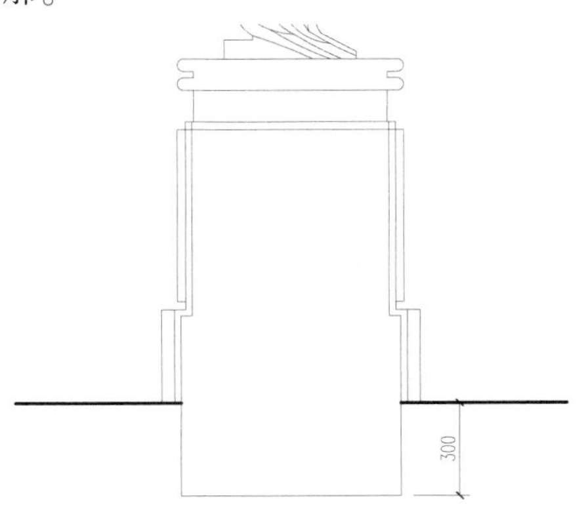

图8-111　偏移、延伸

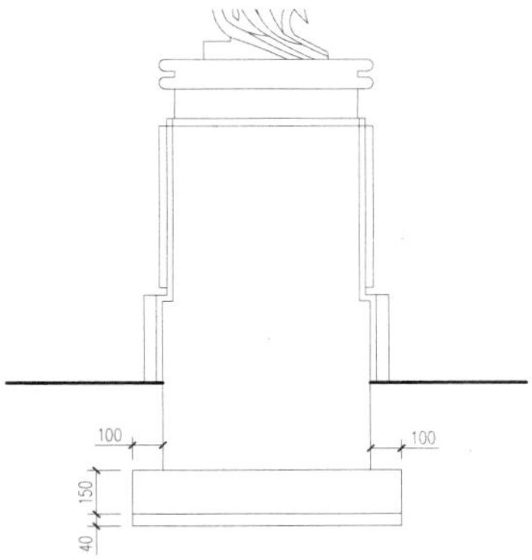

图8-112　绘制基底层

7）选择“填充线”图层为当前图层，执行“图案填充”命令（H），设置图案为“ANSI33”、比例为“3”，对相应位置填充出石材材质效果，如图8-113所示。

8）设置图案为“ANSI31”、比例为“15”，对中间位置进行填充，如图8-114所示。

9）设置图案为“AR-CONC”、比例为“1”，对倒数第二层进行填充，形成混凝土图例；再设置图案为“EARTH”、比例为“10”、角度为“45”，对底层进行填充，并删除底层的线条，如图8-115所示。

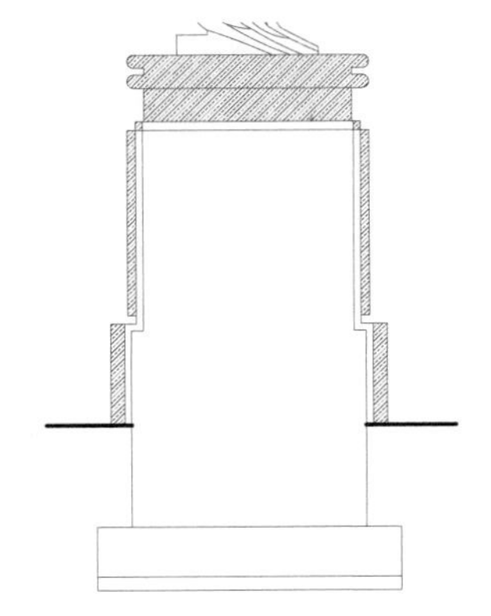

图8-113　填充表面图例

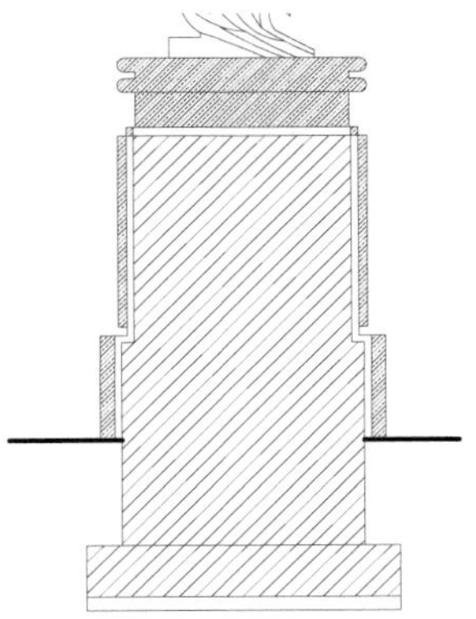

图8-114　填充内部图例

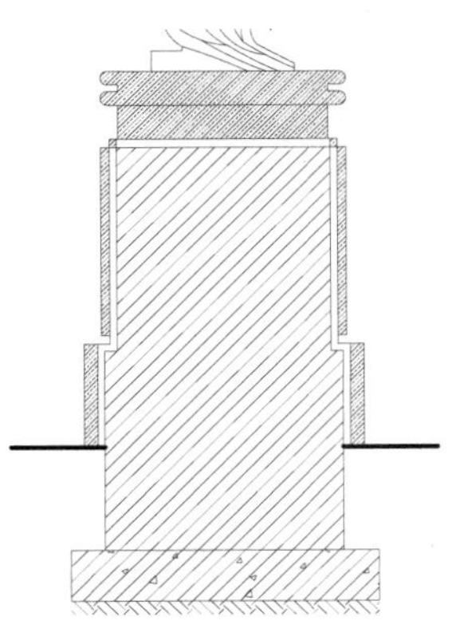

图8-115　填充基层图例

10）执行“多段线”命令（PL），设置全局宽度为“10”，在相应位置绘制出两条转折多段线，以表示钢筋效果，如图8-116所示。

11）选择“尺寸标注”图层，执行“线性标注”命令（DLI）和“连续标注”命令（DCO），对图形进行尺寸的标注。

12）选择“文字标注”图层为当前图层，执行“引线注释”命令（LE），在相应的位置进行文字的注释，如图8-117所示。

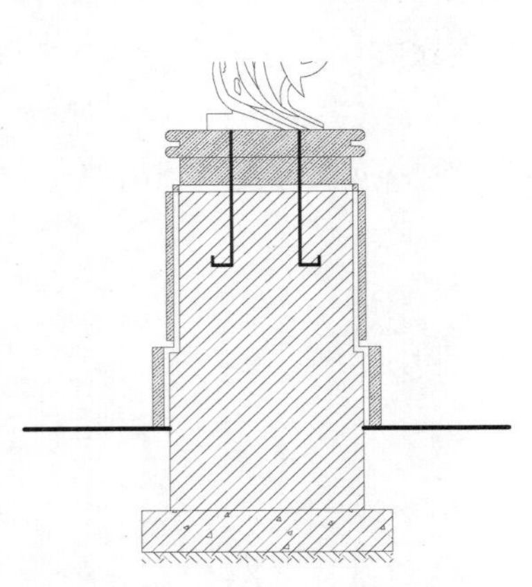

图 8-116　绘制钢筋

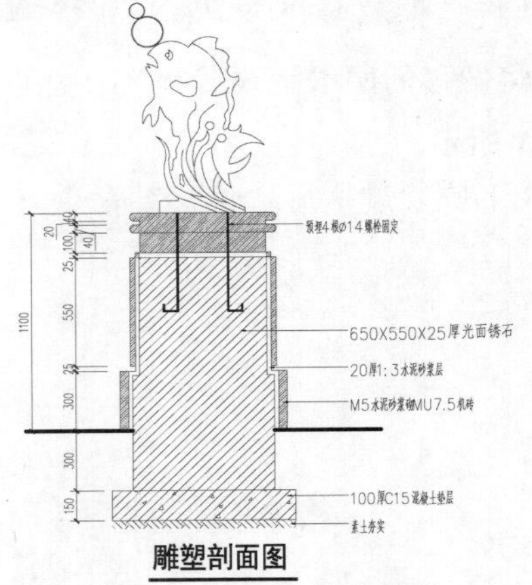

图 8-117　剖面图效果

13）至此，该图形已经绘制完成，按“Ctrl + S”组合键进行保存。

8.6　风车的绘制

风车也叫风力机，是一种不需燃料、以风作为能源的动力机械。2000 多年前，我国就已利用古老的风车提水灌溉、碾磨谷物。12 世纪以后，风车在欧洲迅速发展，通过风车（风力发动机）利用风能提水、供暖、制冷、航运、发电等。图 8-118 所示为风车的摄影图片。

图 8-118　风车的摄影图片

接下来讲解风车立面图的绘制，使读者掌握风车施工图的绘制过程及技巧，绘制的风车图形最终效果如图 8-119 所示。

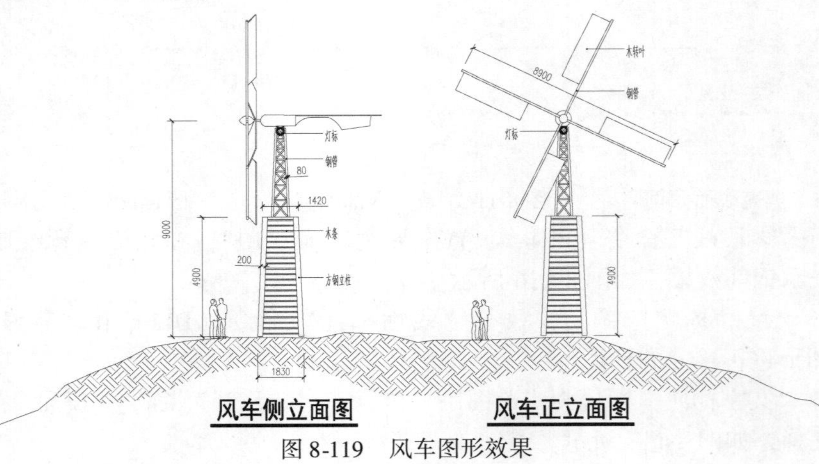

图 8-119　风车图形效果

1）正常启动 AutoCAD 2015 应用程序，单击“打开”按钮，将前面创建的“案例\08\园林样板.dwt”文件打开；再单击“另存为”按钮，将该样板文件另存为“案例\08\风车.dwg”文件。

2）在“图层控制”下拉列表，选择“小品轮廓线”图层为当前图层。

3）执行“矩形”命令（REC），绘制边长为1830mm×4900mm的矩形；然后执行“分解”命令（X）和“偏移”命令（O），将矩形边向内偏移205，如图8-120所示。

4）执行“直线”命令（L），捕捉端点绘制斜线，如图8-121所示。

5）执行“修剪”命令（TR）和“删除”命令（E），修剪删除多余线条，如图8-122所示。

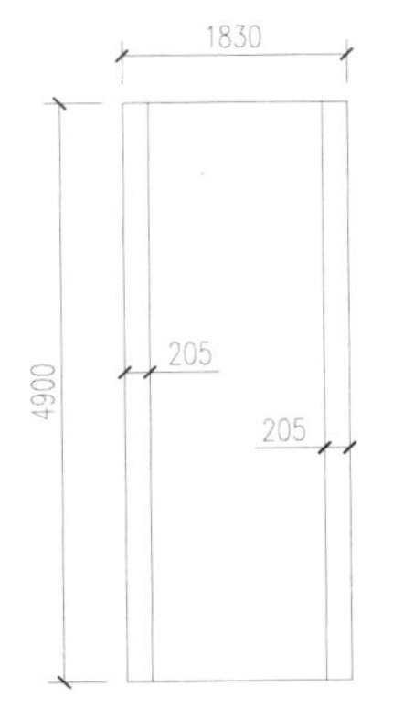

图8-120　绘制矩形并偏移

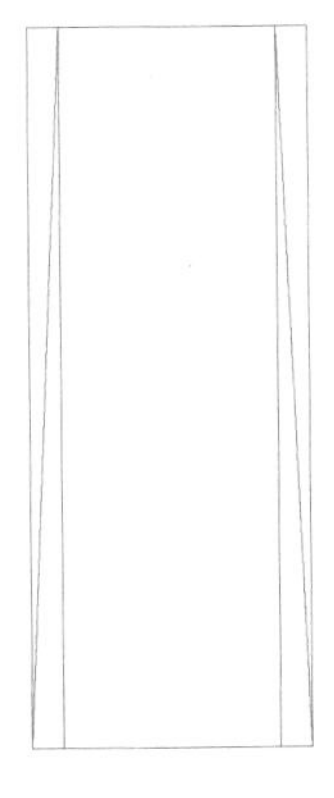
图8-121　绘制斜线

图8-122　修剪效果

6）执行“偏移”命令（O），将斜线向内偏移200，并作相应的修剪和延伸操作，如图8-123所示。

7）执行“图案填充”命令（H），设置图案为“PLAST”、比例为“35”，在中间进行填充；然后修剪掉下侧水平线段，如图8-124所示。

8）在上步图形的上方中间位置绘制边长为726mm×3610mm的矩形，并通过“分解”“偏移”和“直线”等命令，绘制图8-125所示的线段。

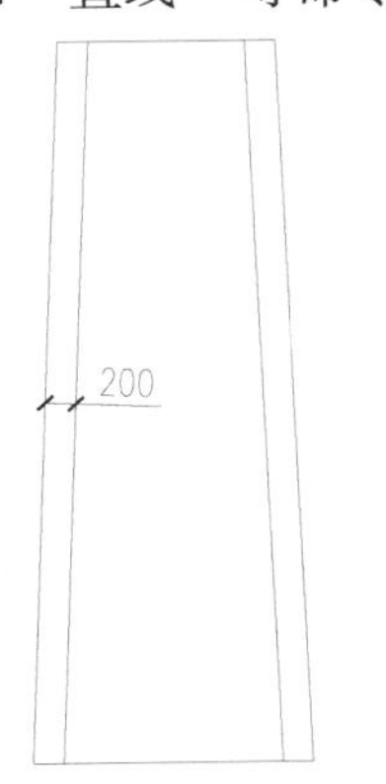

图8-123　偏移斜线

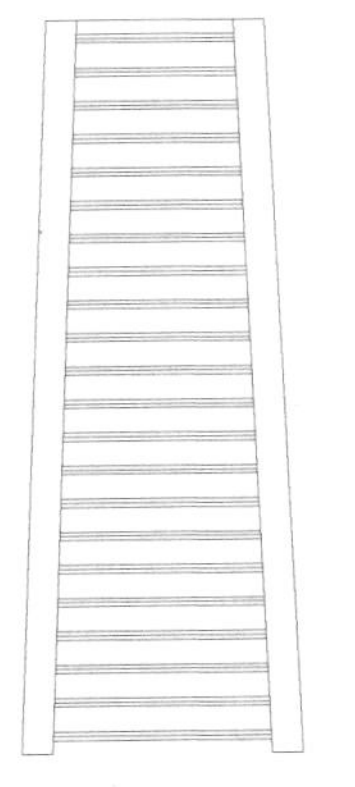
图8-124　填充木方

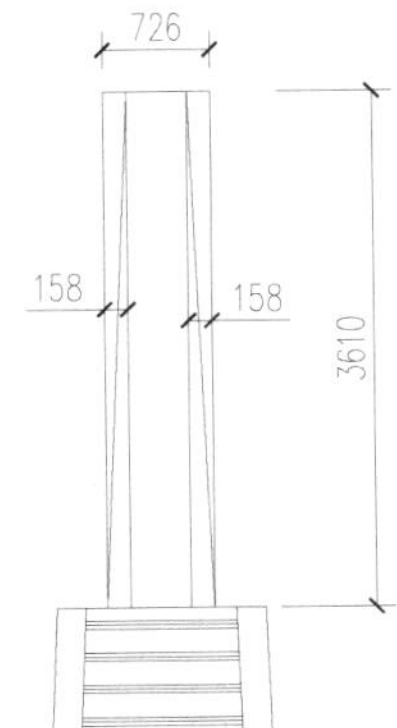

图8-125　绘制矩形和线段

9）执行“删除”命令（E）和“修剪”命令（TR），将多余的线条删除；再执行“偏移”命令（O），将保留的斜线各向内偏移80，如图8-126所示。

10）执行“偏移”命令（O），将图8-127所示的水平线向上依次进行偏移，然后再将偏移出的每根线条各向下偏移50。

11）执行“修剪”命令（TR），修剪掉两边多余的线条，如图8-128所示。

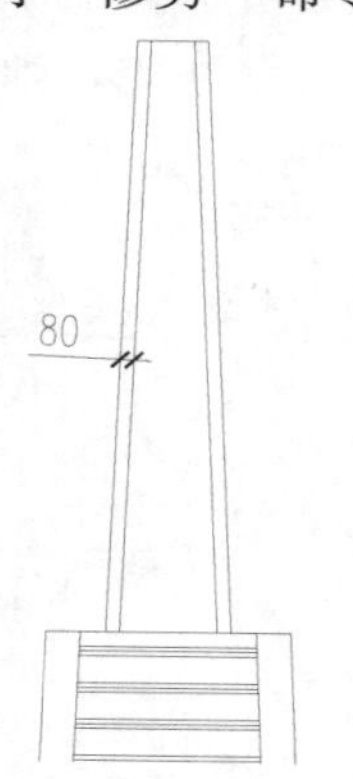

图8-126　修剪偏移斜线

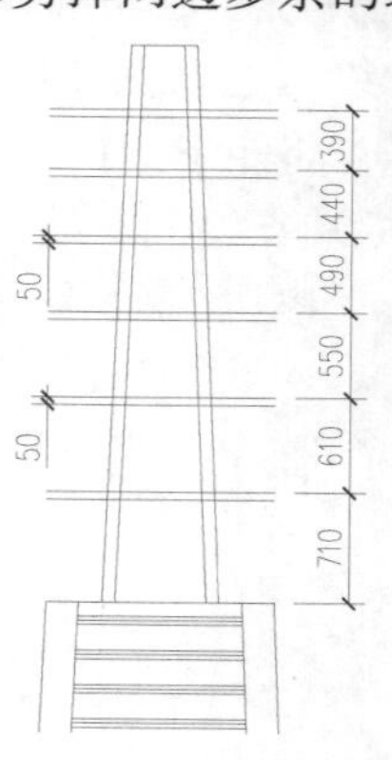

图8-127　偏移线段

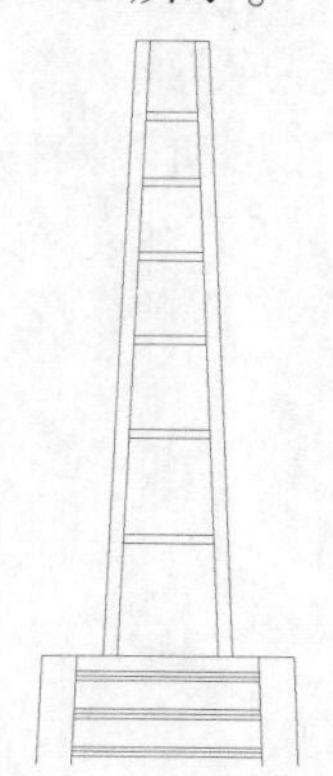

图8-128　修剪效果

12）执行“直线”命令（L），在各框内绘制对角线；然后执行“偏移”命令（O），将对角线各向两边偏移25，如图8-129所示。

13）执行“删除”命令（E）和“修剪”命令（TR），修剪删除多余的线条，如图8-130所示。

14）执行“圆”命令（C），在上侧中间位置绘制半径为136mm的圆，并转换圆的线宽为“0.30mm”；然后执行“修剪”命令（TR），修剪掉多余的部分，如图8-131所示。

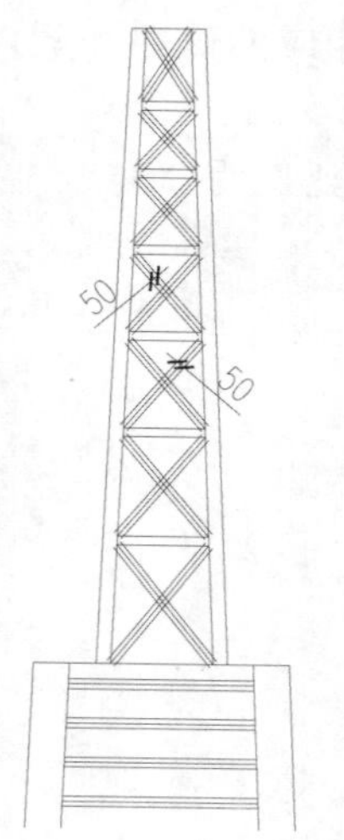

图8-129　绘制对角线并偏移

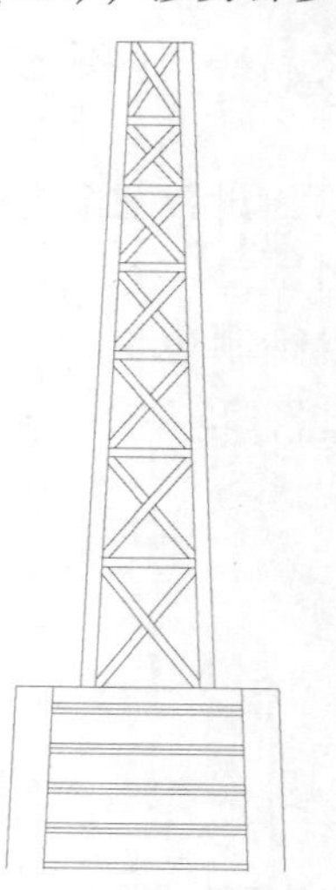

图8-130　修剪删除效果

图8-131　绘制圆

15）执行“圆”命令（C），在上侧相应位置绘制半径分别为172mm和319mm的同心圆，并由圆向下绘制一些线条，如图8-132所示。

16）执行“构造线”命令（XL），过圆心分别绘制角度为“64”和“-26”的两条构造线；再执行“偏移”命令（O），将两条构造线各向两边偏移4450，如图8-133所示。

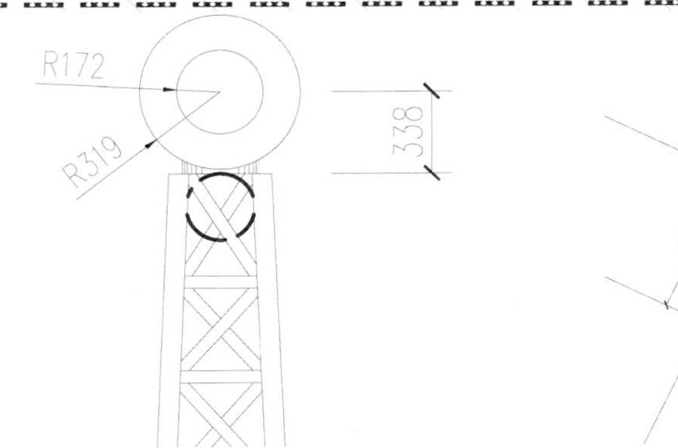

图 8-132　绘制同心圆及线条

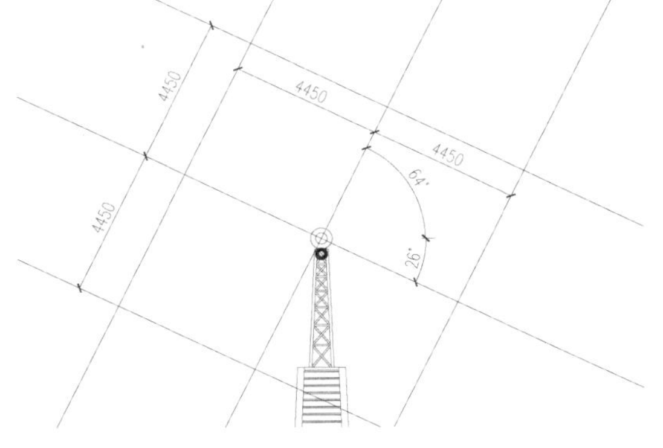

图 8-133　绘制构造线且偏移

17）执行“修剪”命令（TR），修剪掉边界的线段；再执行“偏移”命令（O），将中间两条构造线各向两边偏移 40，如图 8-134 所示。

18）执行“删除”命令（E）和“修剪”命令（TR），修剪删除多余的线条，如图8-135 所示。

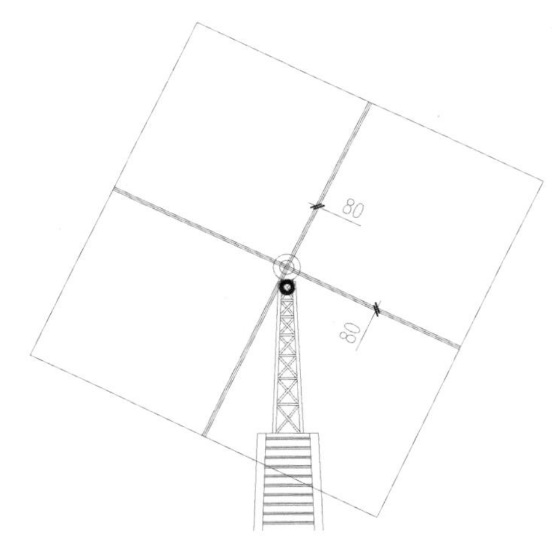

图 8-134　修剪并偏移

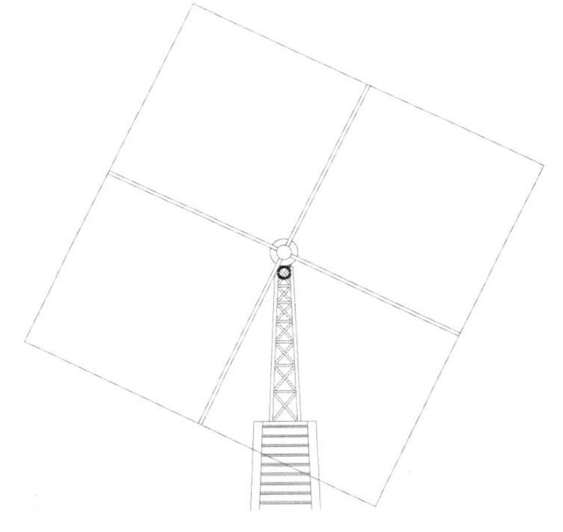

图 8-135　修剪效果

19）执行“偏移”命令（O），将 4 条边界线按照图 8-136 所示的尺寸各向内依次偏移 116、2813、713。

20）执行“修剪”命令（TR）和“删除”命令（E），修剪掉多余的线条，如图 8-137 所示。

21）执行“复制”命令（CO），将上步绘制好的正立面图中的风车支架图形复制过来；并通过“延伸”、“修剪”、“合并”等命令，将修剪掉的部分进行恢复，如图 8-138 所示。

22）执行“插入块”命令（I），将“案例 \ 08 \ 成品风车 . dwg”文件插入到支架上方相应位置，如图 8-139 所示。

23）执行“样条曲线”命令（SPL），在图形的下方绘制图 8-140 所示的样条曲线。

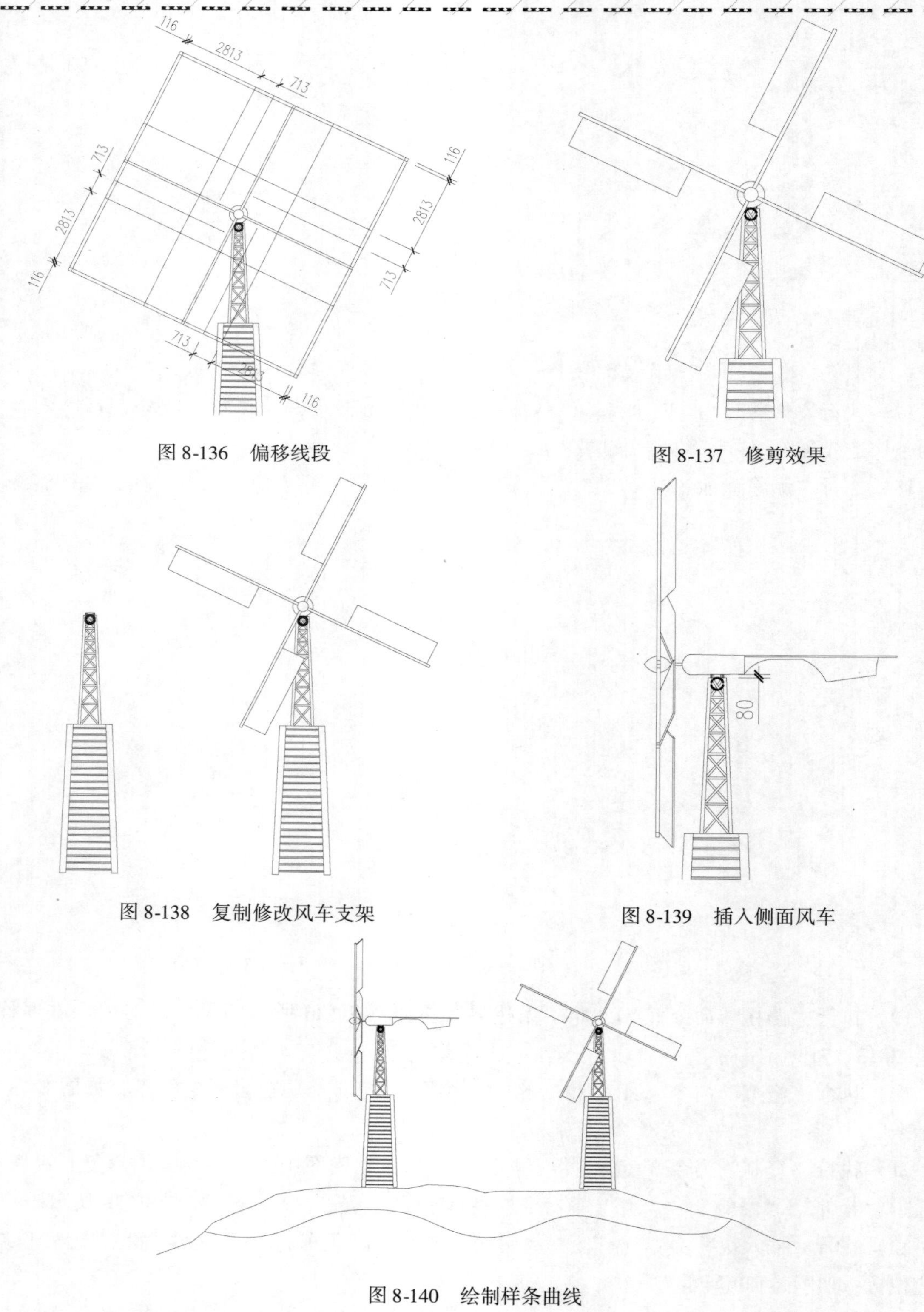

图 8-136　偏移线段

图 8-137　修剪效果

图 8-138　复制修改风车支架

图 8-139　插入侧面风车

图 8-140　绘制样条曲线

24）选择“填充线”图层为当前图层，执行“图案填充”命令（H），设置图案为“EARTH”、比例为“80”、角度为“45”，对样条曲线内部填充出素土效果，然后执行“删除”命令（E），将下侧曲线删除，如图 8-141 所示。

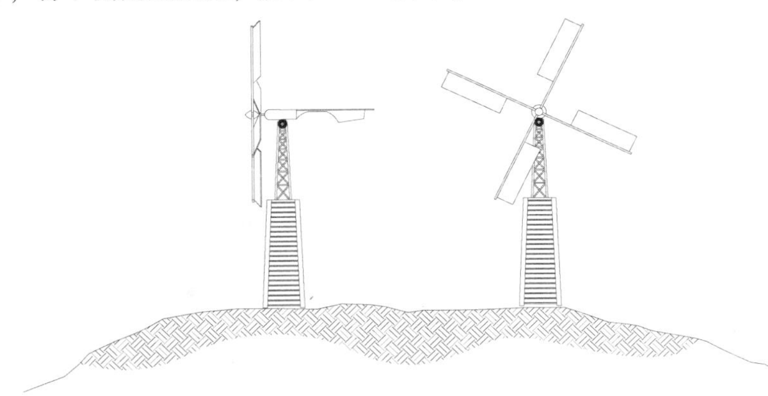

图 8-141　填充图案并删除下侧边

25）选择“人物配景线”图层为当前图层，执行“插入块”命令（I），将“案例 \ 08 \ 人物 . dwg”文件插入到图形中，并通过“移动”“复制”等命令摆放到相应的位置，如图 8-142所示。

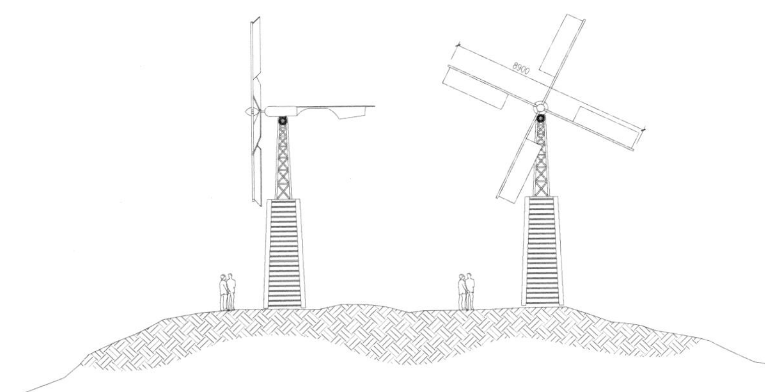

图 8-142　插入人物

26）切换至“尺寸标注”图层，执行“标注样式”命令（D），选择“园林-100”标注样式为当前标注样式。

27）执行“线性标注”命令（DLI）和“对齐标注”命令（DAL），对图形进行尺寸的标注。

28）选择“文字标注”图层为当前图层，执行“引线注释”命令（LE），选择“图内文字”样式，设置字高为“500”，在图形相应位置进行引线注释，如图 8-143 所示。

29）执行“多行文字”命令（MT），选择“图名”样式，设置字高为“400”，在下侧注写图名内容，最后执行“多段线”命令（PL），在图名下方绘制适当长度和宽度的多段线，如图 8-119 所示。

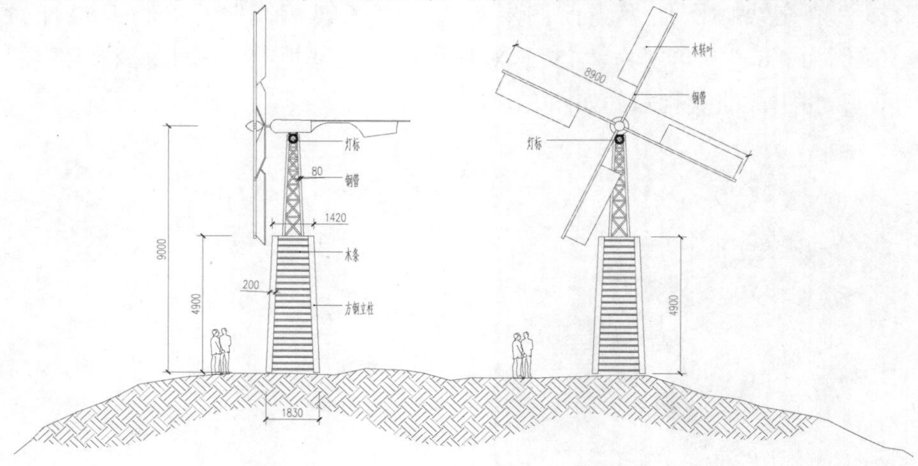

图 8-143 文字及尺寸标注

30）至此，该图形已经绘制完成，按“Ctrl + S”组合键进行保存。

第 9 章　园桥的绘制

园林中的桥，是各个景点的交通联系枢纽，有组织游览线路，变换观赏视线，点缀水景，增加水面层次，并兼有交通和艺术欣赏的双重作用。园桥在造园艺术上的价值，往往超过交通功能。图 9-1 所示为各种类型的园桥摄影图片。

图 9-1　园桥的摄影图片

本章主要讲解了钢架桥、木桥、拱桥和廊桥施工图的绘制，其中包括平面图、立面图、剖面图、节点大样图等，通过对本章的学习可使读者掌握园桥施工图的绘制方法。

9.1　钢架桥的绘制

接下来分别绘制了钢架桥平面图、立面图及 1-1 剖面图，通过多个实例的讲解，使读者掌握钢架桥施工图的绘制过程及学习技巧，绘制的钢架桥图形最终效果如图 9-2 所示。

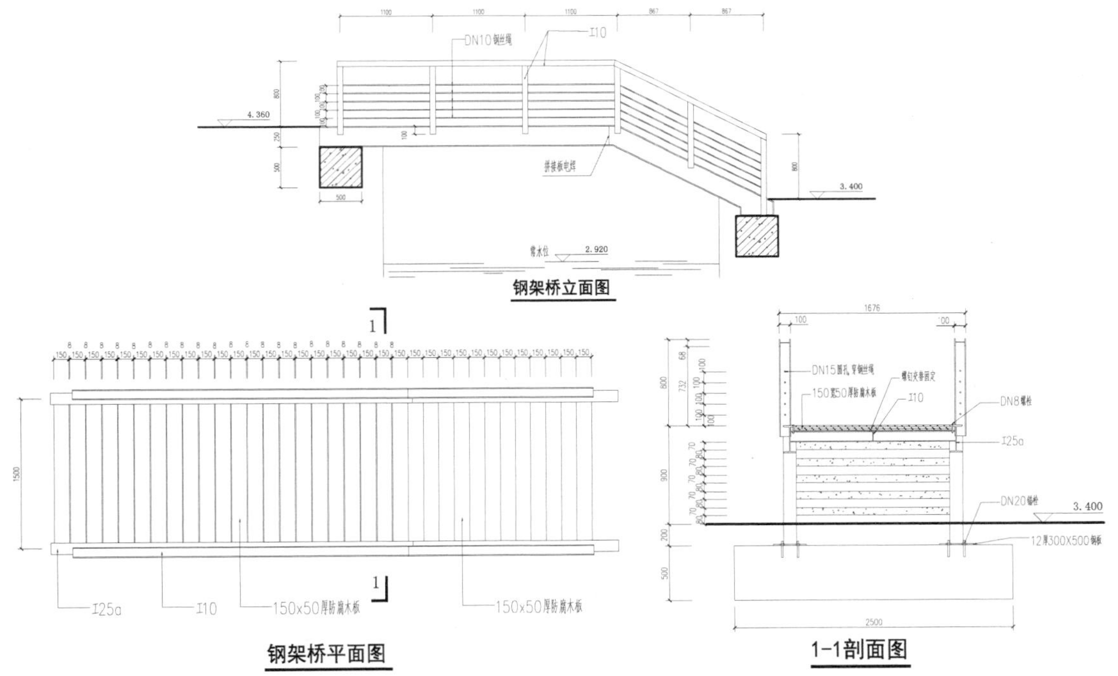

图 9-2　钢架桥图形效果

9.1.1 钢架桥平面图的绘制

1）正常启动 AutoCAD 2015 应用程序，单击“打开”按钮，将前面创建的“案例\09\园林样板.dwt”文件打开；再单击“另存为”按钮，将该样板文件另存为“案例\09\钢架桥.dwg”文件。

2）在“图层控制”下拉列表，选择“小品轮廓线”图层为当前图层。

3）执行“矩形”命令（REC），绘制边长为 5559mm×116mm 的矩形；然后执行“分解”命令（X）和“偏移”命令（O），将左侧边向右偏移 3548，如图 9-3 所示。

图 9-3　绘制矩形 1 且偏移

4）另外执行“矩形”命令（REC），再绘制一个边长为 5102mm×100mm 的矩形，并通过“分解”、“偏移”命令，将矩形两条水平边各向内偏移 8，将左垂直边向右偏移 3289，如图 9-4 所示。

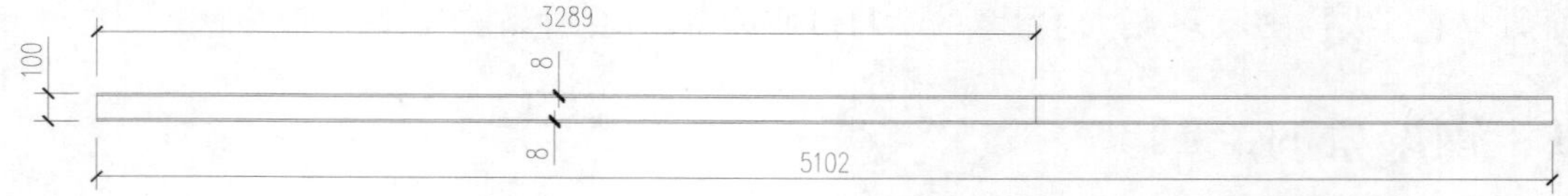

图 9-4　绘制矩形 2 且偏移

5）执行“移动”命令（M），将上面绘制的两个图形进行组合；然后通过“修剪”命令（TR），修剪掉内部多余的线条，如图 9-5 所示。

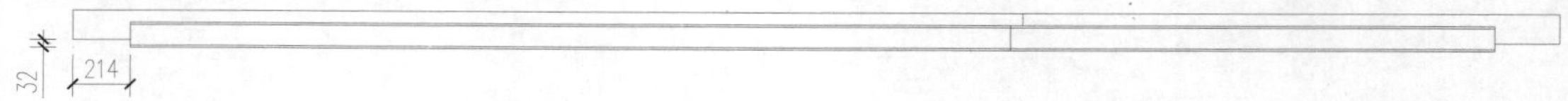

图 9-5　组合图形

6）执行“直线”命令（L），在右上侧相应位置绘制出高度为 1384mm 的垂直线；然后执行“镜像”命令（MI），将矩形以垂直线中点及延长线进行上下的镜像，如图 9-6 所示。

图 9-6　绘制线段并镜像

7）执行“偏移”命令（O），将垂直线以 150mm 的距离向左偏移 13 次，以形成上、下踏步效果，如图 9-7 所示。

图 9-7　偏移出上下踏步

8）再执行“偏移”命令（O），将左侧的踏步线继续向左偏移，偏移出 150mm 宽的踏步，踏步的间距为 8mm，如图 9-8 所示形成平行踏步与嵌缝效果。

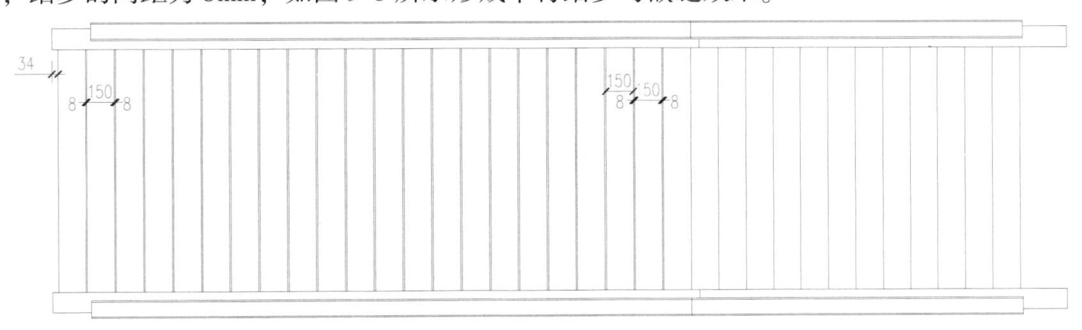

图 9-8　偏移出平踏步

9）切换至“尺寸标注”图层，执行“标注样式”命令（D），选择“园林-100”标注样式为当前标注样式，然后单击“修改”按钮，修改标注全局比例为“25”，如图 9-9 所示。

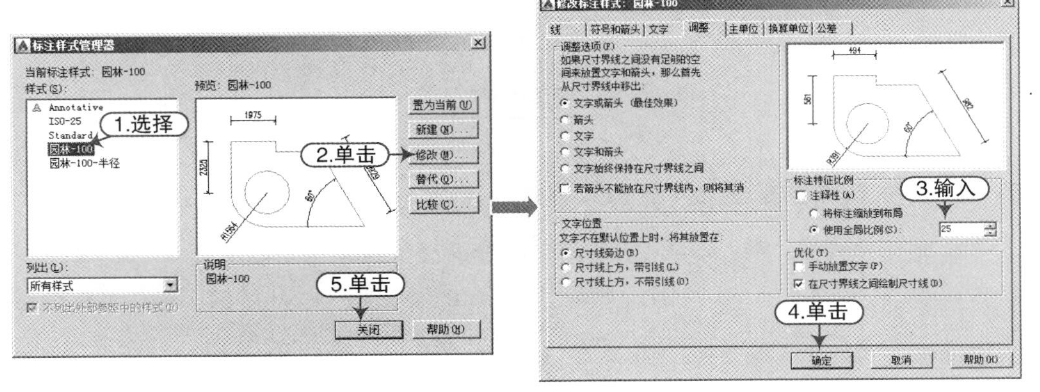

图 9-9　修改标注比例

10）执行“线性标注”命令（DLI）和“连续标注”命令（DCO），对放大图形进行尺寸的标注。

11）选择“文字标注”图层为当前图层，执行“引线注释”命令（LE），选择“图内文字”样式，字高为“150”，在图形相应位置进行引线注释，如图 9-10 所示。

12）执行“插入块”命令（I），将内部图块“剖切符号”以 1∶25 的比例插入到图形中，

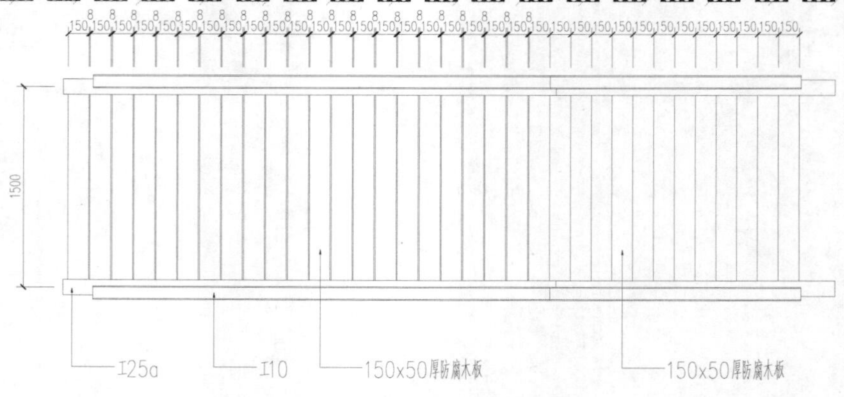

图 9-10　文字及尺寸标注

并通过“分解”、“移动”等命令完成剖切符号标注。

13）再执行“多行文字”命令（MT），选择“图名”样式，设置字高为“400”，在下侧注写图名内容，最后执行“多段线”命令（PL），在图名下方绘制适当长度和宽度的多段线，如图 9-11 所示。

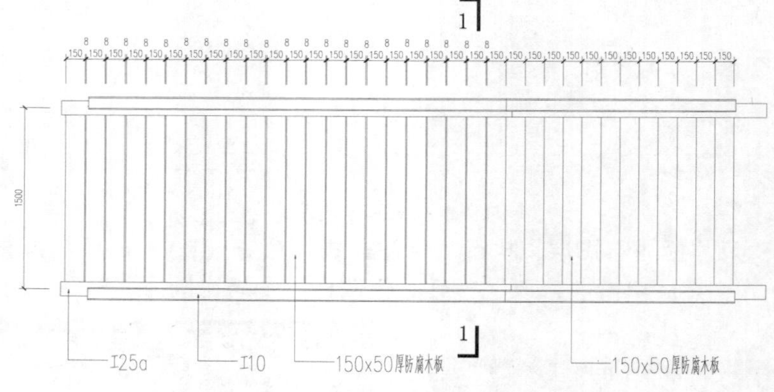

图 9-11　平面图效果

9.1.2　钢架桥立面图的绘制

1）在“图层控制”下拉列表，选择“小品轮廓线”图层为当前图层。

2）执行“直线”命令（L）和“偏移”命令（O），按照图 9-12 所示的尺寸绘制线段。

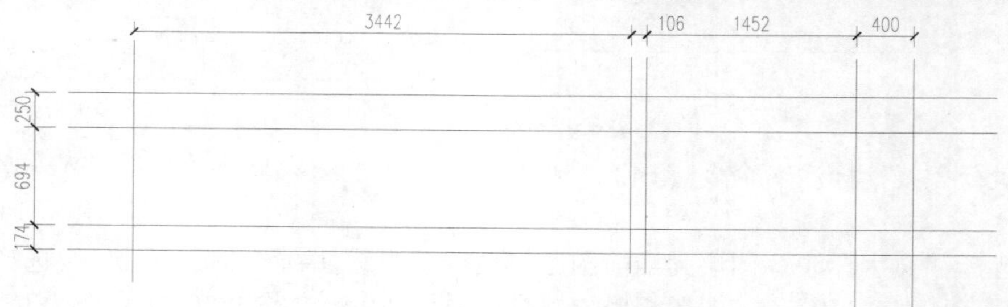

图 9-12　绘制线段

3）执行“直线”命令（L），捕捉相应点绘制斜线；然后执行“偏移”命令（O），将斜线向左下偏移250，如图9-13所示。

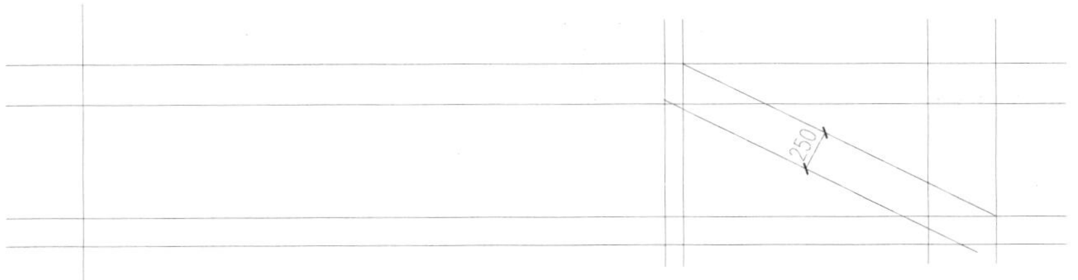

图9-13　绘制斜线并偏移

4）执行“修剪”命令（TR），修剪掉多余的线条以形成桥梁效果，如图9-14所示。

图9-14　绘制的桥梁

5）执行“偏移”命令（O）和“修剪”命令（TR），将桥梁轮廓线各向内偏移13，并进行修剪，如图9-15所示。

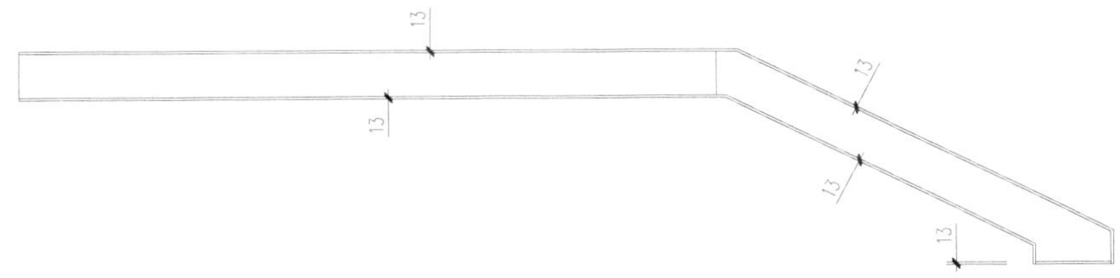

图9-15　偏移轮廓

6）绘制“桥墩”，执行“矩形”命令（REC），绘制边长均为500mm的矩形；再执行“图案填充”命令（H），设置图案为“ANSI31”、比例为“20”和图案“AR-CONC”、比例为“1”的填充图案，对矩形进行填充；然后将绘制的整个桥墩图形转换为“剖面图结构线”图层。

7）执行“移动”命令（M）和“复制”命令（CO），将绘制的桥墩图形放置到桥梁的下方相应位置，如图9-16所示。

图9-16　绘制桥墩

8）执行“直线”命令（L），在离桥墩相应位置绘制两条垂直线，划分出河流位置，然后在河流内绘制一些水平线以表示水体轮廓，如图9-17所示。

图 9-17 绘制河流

9）执行“偏移”命令（O）、“修剪”命令（TR）和“直线”命令（L），在上方绘制出图 9-18 所示的栏杆扶手效果。

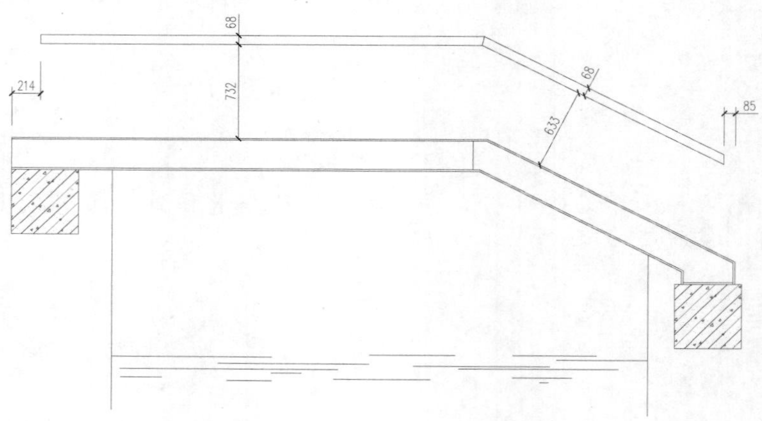

图 9-18 绘制扶手

10）执行“矩形”命令（REC），绘制边长为 68mm × 832mm 的矩形作为栏杆上的柱子；然后执行“偏移”命令（O）、“移动”命令（M）和“复制”命令（CO），先偏移斜线以形成辅助线，然后将柱子复制到相应位置，如图 9-19 所示。

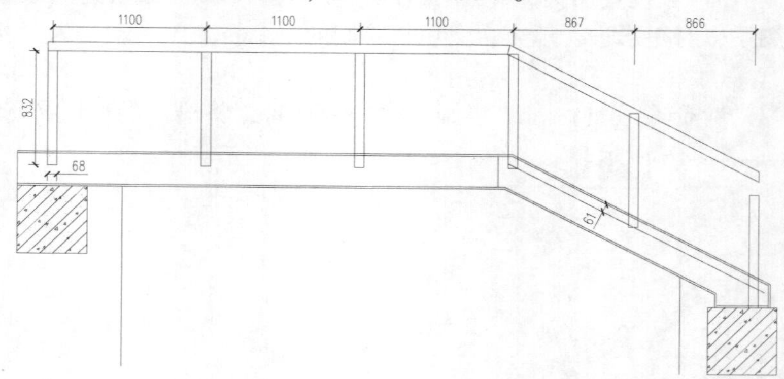

图 9-19 绘制柱子

11）执行“修剪”命令（TR）和“删除”命令（E），修剪删除掉多余的线条，如图 9-20所示。

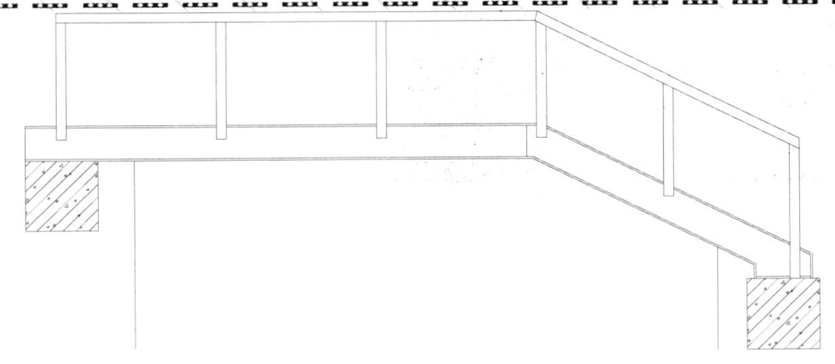

图 9-20　修剪效果

12）执行“偏移”命令（O）和“修剪”命令（TR），将桥梁上表面的线按照图 9-21 所示的尺寸向上进行偏移，并进行相应的延伸和修剪操作，完成栏杆中的“钢丝绳”的绘制。

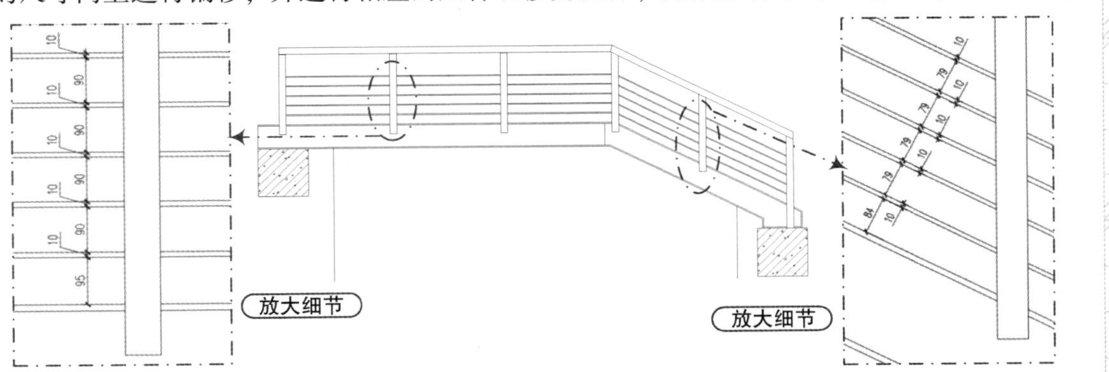

图 9-21　绘制钢丝绳

13）选择“道路线”图层为当前图层，并单击状态栏中的“线宽”按钮 ，以开启线宽显示。

14）执行“直线”命令（L），在两侧相应位置绘制出水平线以表示道路线；然后执行“插入块”命令（I），将内部图块“标高符号”以 1∶30 的比例插入并复制到相应位置，进行标高标注，如图 9-22 所示。

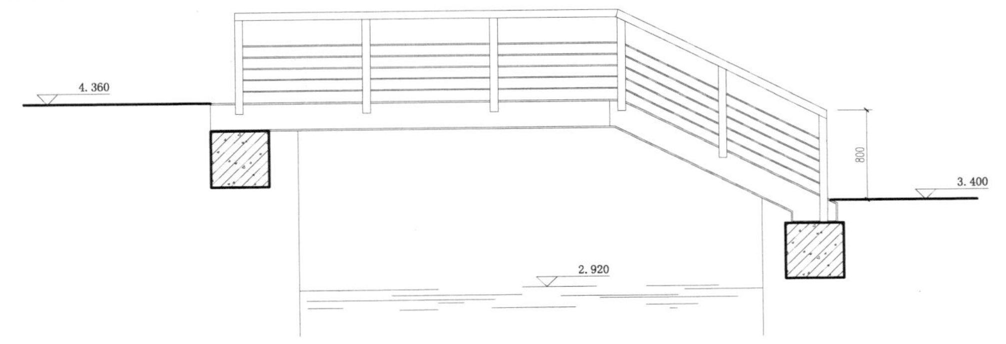

图 9-22　绘制道路线，并标高标注

15）根据前面标注的方法，分别选择相应的图层，进行尺寸及文字的注释；再执行“复制”命令（CO），将前面的图名复制过来，并作相应的修改，如图 9-23 所示。

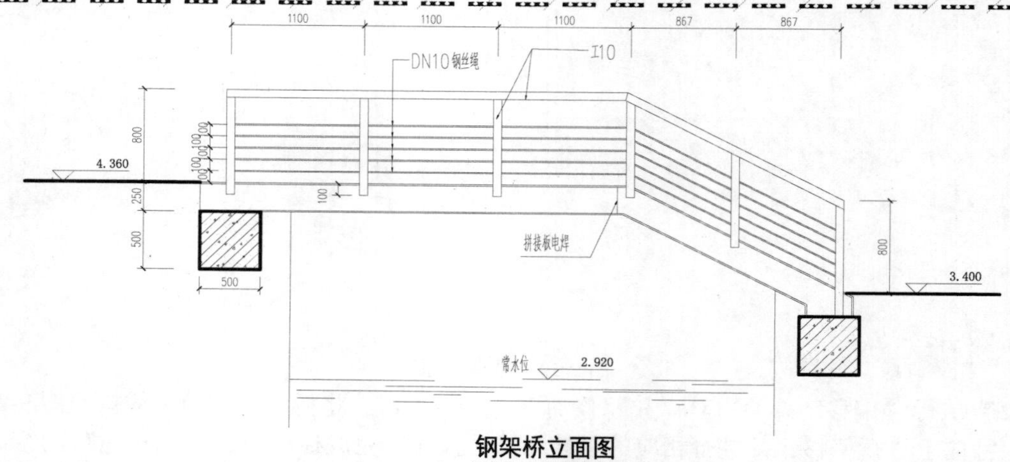

图 9-23　立面图效果

9.1.3　1-1 剖面图的绘制

1）在“图层控制”下拉列表，选择“剖面图结构线”图层为当前图层。

2）执行“直线”命令（L），绘制互相垂直的水平和垂直线段，且将垂直线段转换线型为“CENTER”线型；然后执行“偏移”命令（O），将线段按照图 9-24 所示的尺寸进行偏移。

3）执行“修剪”命令（TR），修剪多余的线条，然后将相应的水平线段转换为“道路线”图层，如图 9-25 所示。

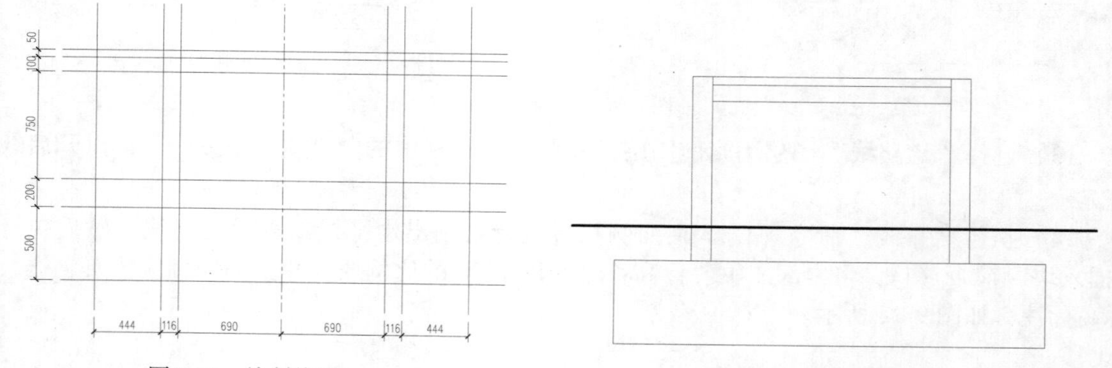

图 9-24　绘制线段

图 9-25　修剪效果

4）执行“偏移”命令（O），在上侧将相应的线段各向内偏移 8，如图 9-26 所示。

5）再执行“偏移”命令（O），将线段按照图 9-27 所示的尺寸偏移出台阶的踏步。

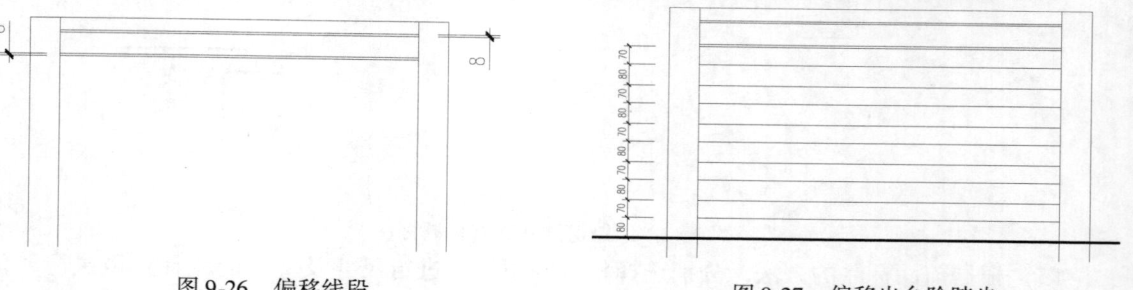

图 9-26　偏移线段

图 9-27　偏移出台阶踏步

6）绘制“栏杆”，执行“矩形”命令（REC）、“分解”命令（X）和“偏移”命令（O），在空白处绘制边长为100mm×900mm的矩形，并将两垂直边各向内偏移8，如图9-28所示。

7）执行“偏移”命令（O），在上方将线段进行偏移；再执行“圆角”命令（F），设置圆角半径为“7”，设置“不修剪”模式，对相应的线段进行圆角处理，如图9-29所示。

8）执行“修剪”命令（TR），修剪掉多余的线条，如图9-30所示。

9）执行“圆”命令（C）和“复制”命令（CO），在相应位置绘制半径为7mm的圆，并进行相应的复制操作，如图9-31所示。

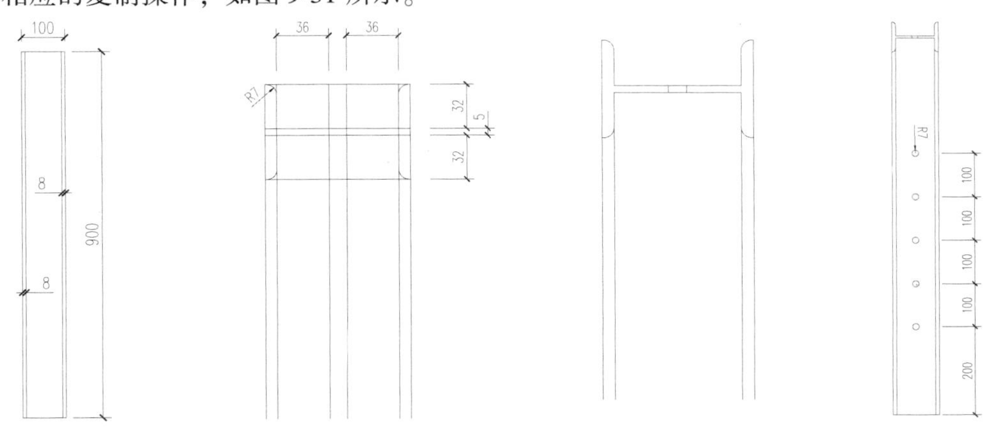

图9-28　绘制矩形和线段　　图9-29　偏移、圆角　　图9-30　修剪效果　　图9-31　绘制圆

10）执行“移动”命令（M），将绘制的侧面栏杆图形移动到前面的平台上相应位置；再执行“镜像”命令（MI），将图形进行左右的镜像，并修剪多余的线条，如图9-32所示。

11）绘制“25工字钢”，执行“矩形”命令（REC），绘制边长为116mm×250mm的矩形；然后通过“分解”和“偏移”命令，将矩形边按照图9-33所示的尺寸进行偏移。

12）执行“圆角”命令（F），分别设置圆角半径为“12”和“5”，对相应线段进行不修剪圆角操作，如图9-34所示。

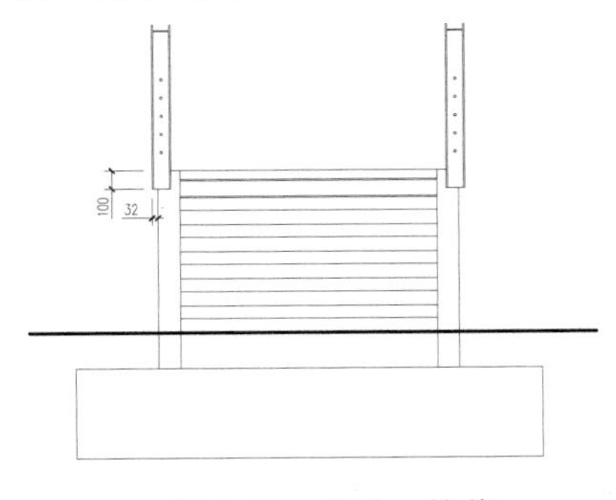

图9-32　移动、镜像

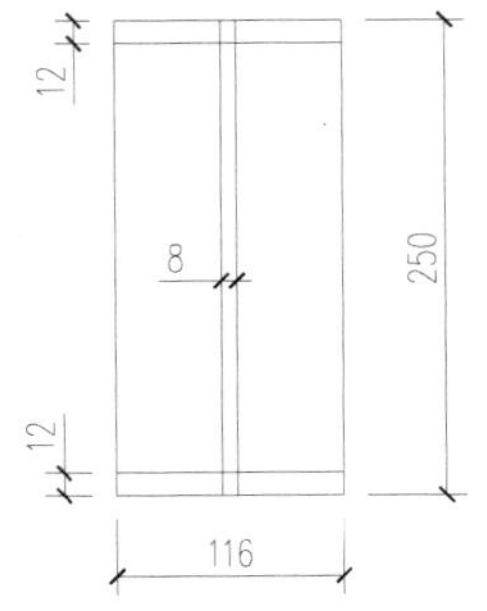

图9-33　绘制矩形和线段

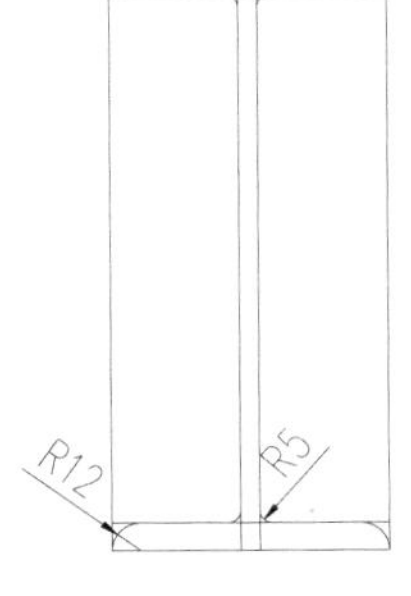

图9-34　圆角处理

13）执行“修剪”命令（TR），修剪多余的线条，如图9-35所示。

14）执行“移动”命令（M）和“复制”命令（CO），将绘制的“工字钢”移动到栏杆与平台交接处相应位置，并通过执行“延伸”命令（EX），对中间相应线段进行延伸操作，如图9-36所示。

图 9-35　修剪效果　　　　图 9-36　移动并复制

15）绘制螺栓，执行“矩形”命令（REC）和“分解”命令（X），在空白位置绘制边长为 8mm×73mm 和边长为 17mm×8mm 的两个矩形，并进行上下的对齐，如图 9-37 所示。

16）执行“偏移”命令（O），将小矩形垂直边各向内偏移 4；然后执行“倒角”命令（CHA），设置倒角距离均为“1”，对上侧两个直角进行“修剪”倒角处理，如图 9-38 所示。

17）执行“镜像”命令（MI）、“移动”命令（M）和“修剪”命令（TR），绘制出图 9-39 所示的螺栓效果。

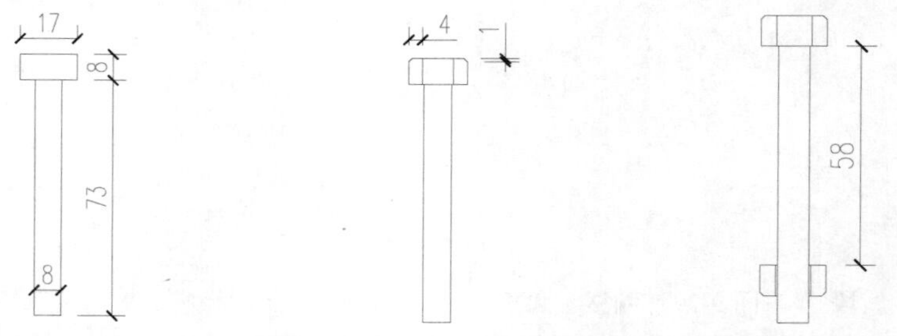

图 9-37　绘制矩形　　　　图 9-38　偏移、倒角　　　　图 9-39　绘制的螺栓

18）执行“移动”命令（M）、“镜像”命令（MI）和“修剪”命令（TR），将绘制的螺栓图形移动到相应位置，并修剪掉多余的线条，如图 9-40 所示。

图 9-40　移动并复制螺栓

19）绘制 10 工字钢，根据前面的绘制方法，通过“移动”、“分解”、“偏移”、“圆角”等命令绘制出如图 9-41 所示图形。

20）执行“修剪”命令（TR），修剪多余的线条，如图 9-42 所示。

21）绘制钢钉，通过“矩形”、“直线”、“修剪”等命令绘制出图 9-43 所示的图形。

22）执行“移动”命令（M），将两个图形进行组合，并修剪掉中间多余的线条，如图 9-44 所示。

23）执行“移动”命令（M），将上步绘制好的图形移动到平台中间相应的位置处，如图 9-45 所示。

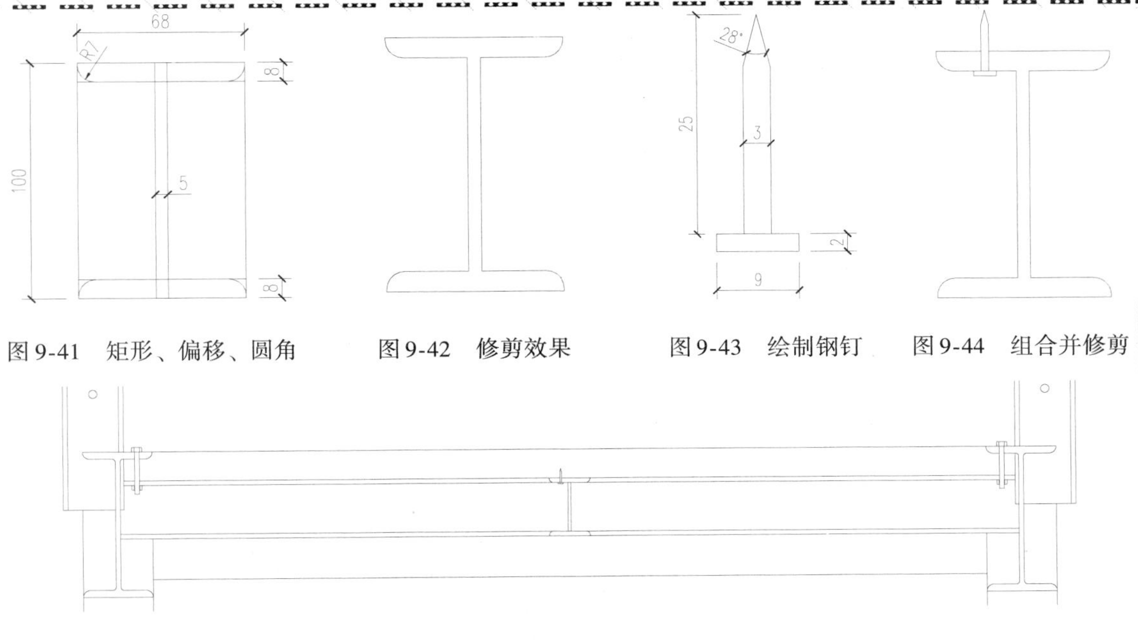

图9-41　矩形、偏移、圆角　　图9-42　修剪效果　　图9-43　绘制钢钉　　图9-44　组合并修剪

图9-45　移动图形

24）绘制锚栓，执行“矩形”命令（REC）、“移动”命令（M）、“镜像”命令（MI）和“修剪”命令（TR），绘制出图9-46所示的矩形，并进行相应的组合。

图9-46　绘制对齐的矩形

25）执行“分解”命令（X）和“偏移”命令（O），将中间两矩形的垂直边各向内偏移9；然后执行“倒角”命令（CHA），对矩形上侧的直角进行距离为3mm的倒角操作，如图9-47所示。

图9-47　倒角、偏移命令

26）执行“矩形”命令（REC）和“移动”命令（M），在两小矩形中间相应位置绘制出边长为16mm×150mm的矩形，如图9-48所示。

27）执行“移动”命令（M）和执行“复制”命令（CO），将上步绘制好的锚栓图形移动并复制到桥墩与桥梁的连接处，如图9-49所示。

28）选择“填充线”图层为当前图层，执行“图案填充”命令（H），设置图案为

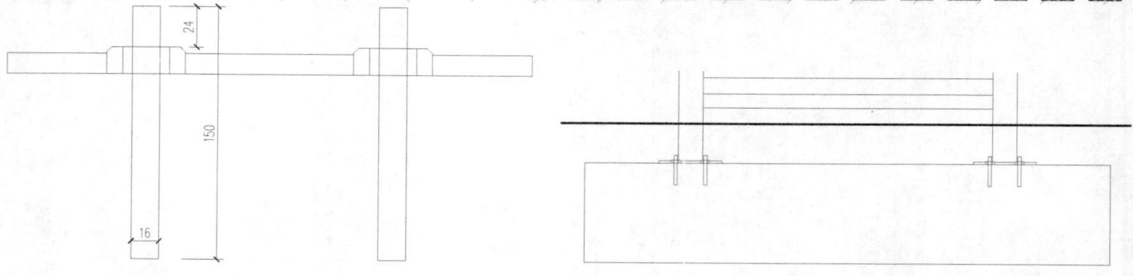

图 9-48　绘制的锚栓　　　　图 9-49　移动锚栓

“CORK”、比例为“5”，对平台顶层填充木材图案；再设置图案为“AR-CONC”、比例为“0.5”，对剖切到的踏步位置进行填充，如图 9-50 所示。

29）选择“尺寸标注”图层为当前图层，执行“线性标注”命令（DLI）和“连续标注”命令（DCO），对图形进行尺寸的标注。

30）执行“复制”命令（CO），将前面的标高符号复制到剖面图中相应的位置。

31）再选择“文字标注”图层为当前，执行“引线注释”命令（LE），设置字高为“100”，对剖面图进行文字的注释。再执行“复制”命令（CO），将前面的图名复制过来并作相应的修改，如图 9-51 所示。

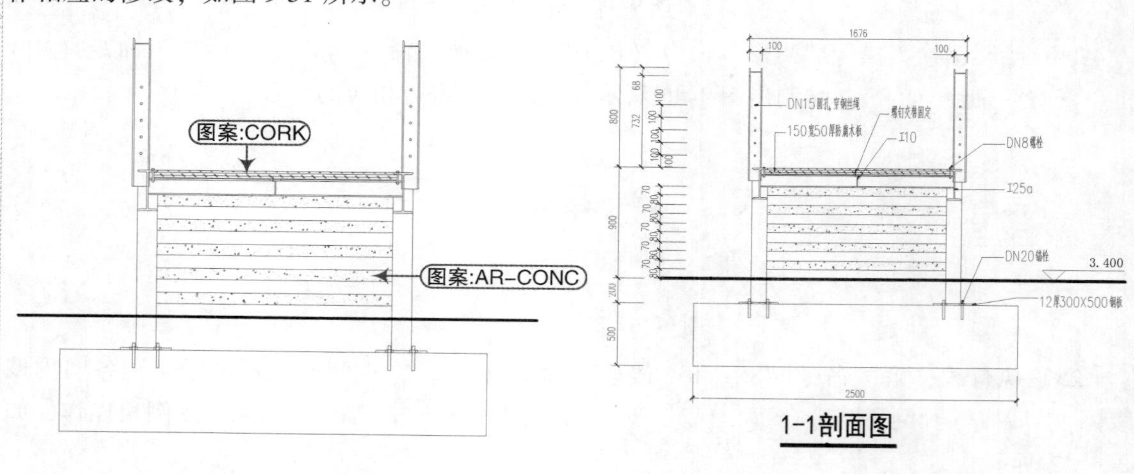

图 9-50　填充图案　　　　图 9-51　剖面图效果

9.2　木桥的绘制

接下来分别绘制了木桥平面图、1-1 剖面图、2-2 剖面图及木板铺地剖面图，通过多个实例的讲解，使读者掌握木桥施工图的绘制过程及技巧，绘制的木桥图形最终效果如图 9-52 所示。

9.2.1　木桥平面图的绘制

1）正常启动 AutoCAD 2015 应用程序，单击“打开”按钮，将前面创建的“案例\09\

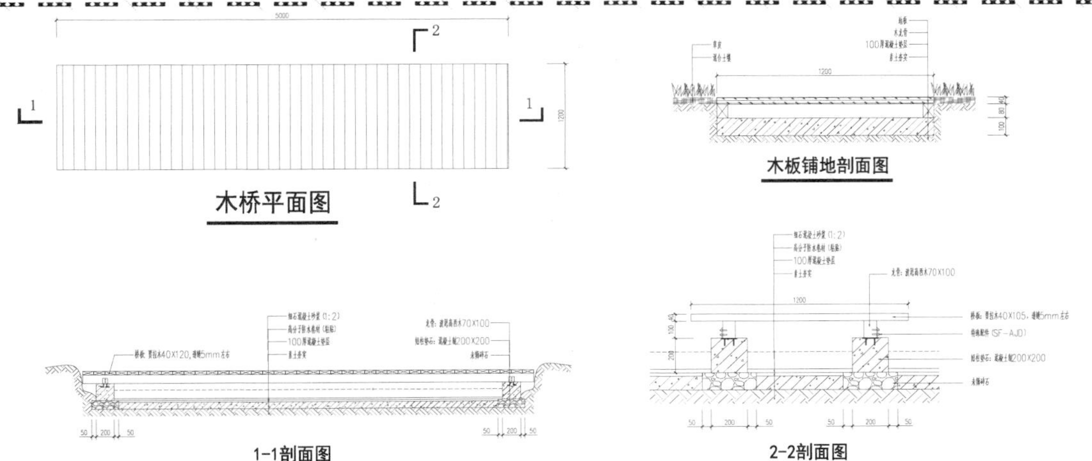

图 9-52　木桥图形效果

园林样板 . dwt” 文件打开；再单击“另存为”按钮，将该样板文件另存为“案例 \ 09 \ 木桥 . dwg”文件。

2）在“图层控制”下拉列表，选择“小品轮廓线”图层为当前图层。

3）执行“矩形”命令（REC），绘制边长为 5000mm×1200mm 的矩形。

4）再选择“填充线”图层为当前，执行“图案填充”命令（H），选择类型为“预定义”，设置间距为“120”，角度为“90”，对矩形填充出木板效果，如图 9-53 所示。

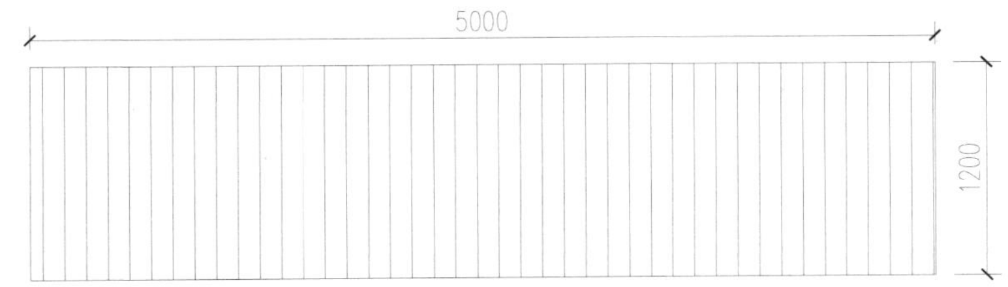

图 9-53　绘制矩形且填充

5）执行“插入块”命令（I），将内部图块“剖切符号”以 1∶25 的比例插入到图形中，并通过“分解”、“移动”、“旋转”等命令完成剖切符号的标注，如图 9-54 所示。

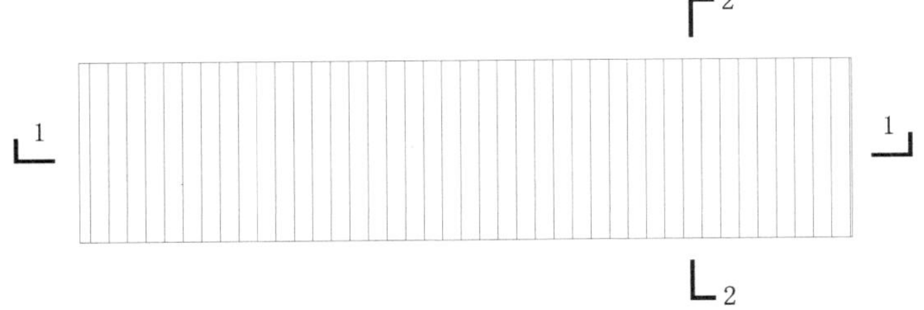

图 9-54　剖切符号标注

6）切换至“尺寸标注”图层，执行“标注样式”命令（D），选择“园林-100”标注样式为当前标注样式，然后单击“修改”按钮，修改标注全局比例为 25，如图 9-55 所示。

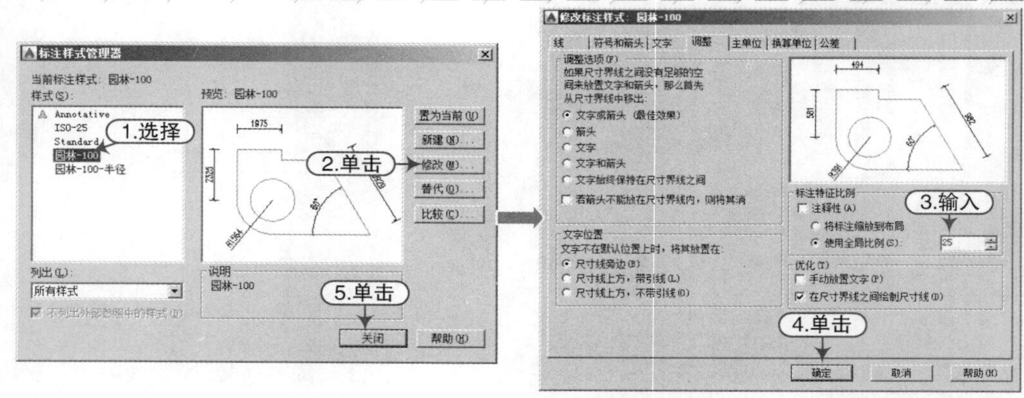

图 9-55　修改标注比例

7）执行“线性标注”命令（DLI）和“连续标注”命令（DCO），对图形进行尺寸的标注。

8）执行“多行文字”命令（MT），选择“图名”样式，设置字高为“200”，在下侧注写图名内容，最后执行“多段线”命令（PL），在图名下方绘制适当长度和宽度的多段线，如图 9-56 所示。

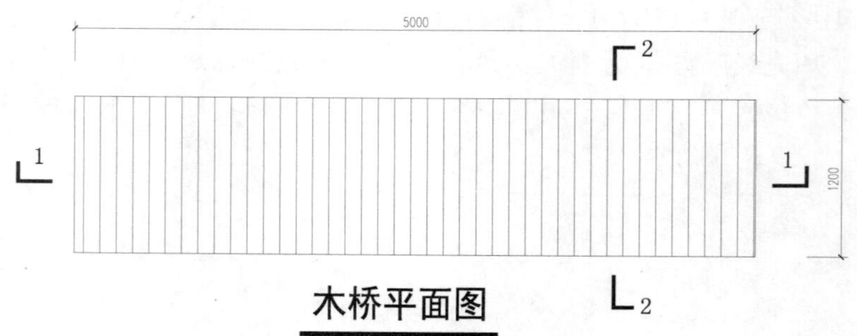

图 9-56　平面图效果

9.2.2　木板铺地剖面图的绘制

1）选择“剖面图结构线”图层为当前图层，执行“直线”命令（L），绘制长度为 1200mm 的水平线；再执行“偏移”命令（O），将其向下依次偏移 40、80、100，如图 9-57 所示。

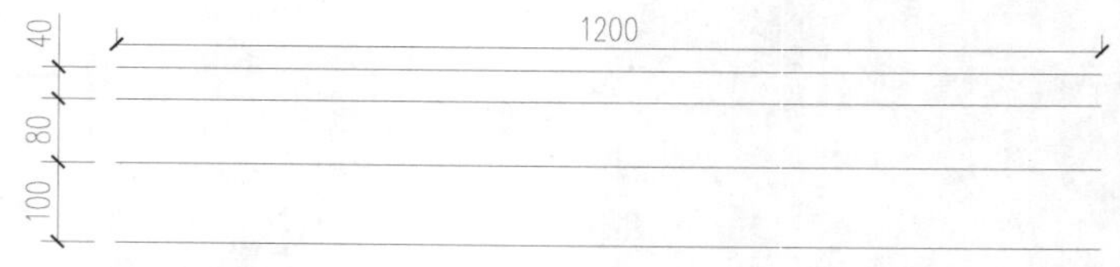

图 9-57　绘制平行线

2）执行“直线”命令（L）和“偏移”命令（O），在平行线外侧绘制图 9-58 所示的线段。

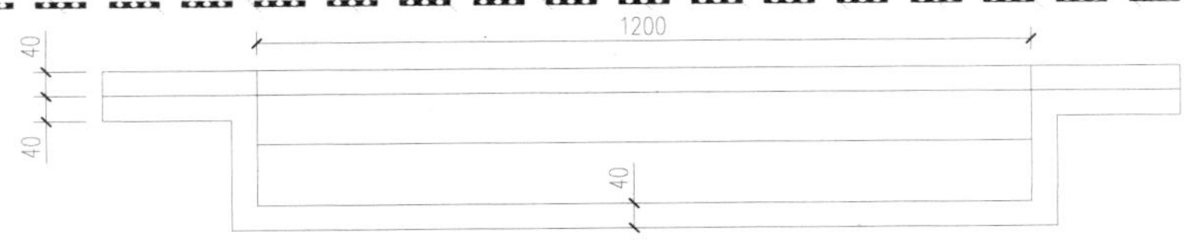

图 9-58 绘制线段

3）执行“矩形”命令（REC）和“直线”命令（L），绘制边长为 60mm × 80mm 的矩形，并复制到对角线，形成木龙骨效果，如图 9-59 所示。

图 9-59 绘制木龙骨

4）选择“填充线”图层为当前图层，执行“图案填充”命令（H），选择相应的图案、比例和角度，对各层填充相应的材质；然后将两侧相应线段删除，如图 9-60 所示。

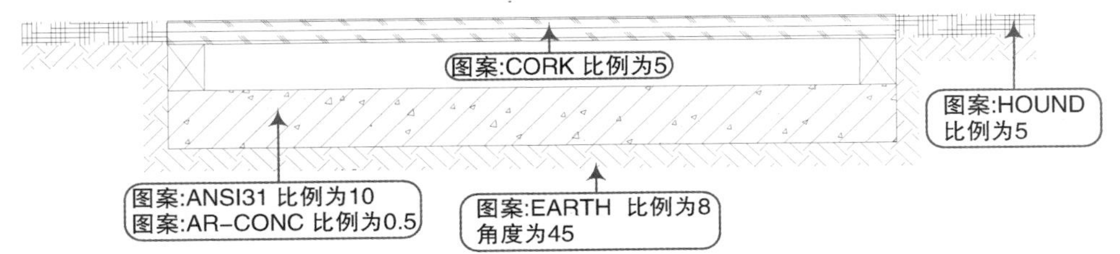

图 9-60 填充图案

5）选择“绿化配景线”图层为当前图层，执行“直线”命令（L）和“复制”命令（CO），在两侧相应位置绘制一些线条图形以表示植草效果，如图 9-61 所示。

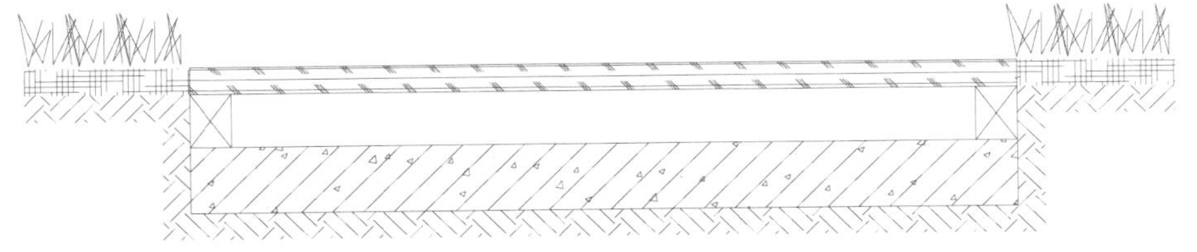

图 9-61 绘制植草

6）执行“缩放”命令（SC），将绘制的剖面图放大 2 倍；再选择“尺寸标注”图层为当前图层，执行“线性标注”命令（DLI）和“连续标注”命令（DCO），对图形进行相应的尺寸标注；然后执行“编辑标注”（ED）命令，将标注放大图的尺寸改回原尺寸，如图 9-62所示。

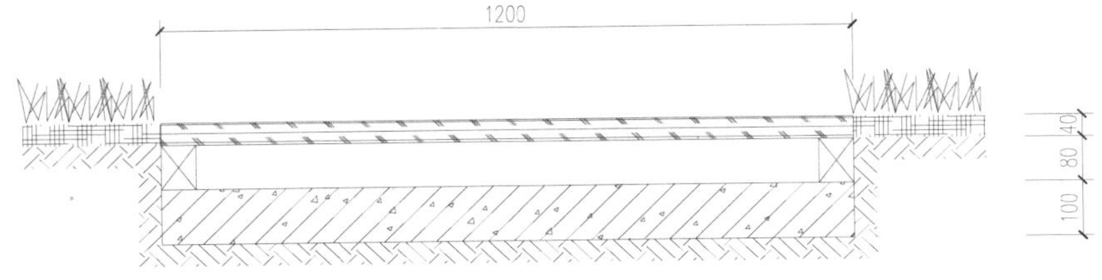

图 9-62 尺寸标注

7）选择“文字标注”图层为当前图层，执行“引线注释”命令（LE），设置文字高度为“100”，对图形进行相应的文字注释；再执行“复制”命令（CO），将前面图形的图名复制过来并作修改，如图9-63所示。

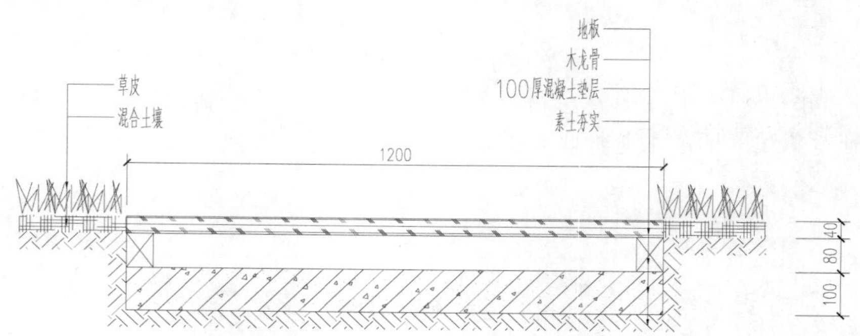

图9-63　剖面图效果

9.2.3　1-1剖面图的绘制

1）在“图层控制”下拉列表，选择“剖面图结构线”图层为当前图层。

2）执行“矩形”命令（REC），绘制边长为5000mm×140mm的矩形；再执行“分解”命令（X）和“偏移”命令（O），将上水平线向下偏移40，如图9-64所示。

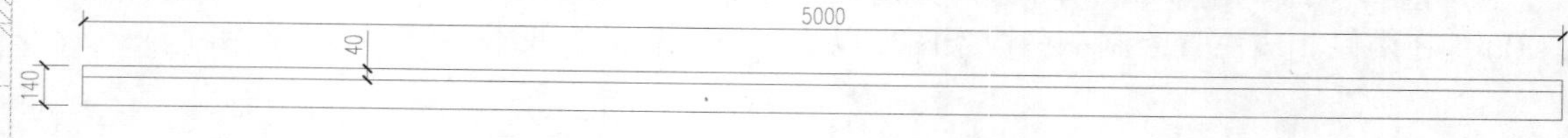

图9-64　绘制矩形并偏移

3）执行“直线”命令（L）和“偏移”命令（O），在面层绘制出宽度为120mm的木板剖切面，如图9-65所示。

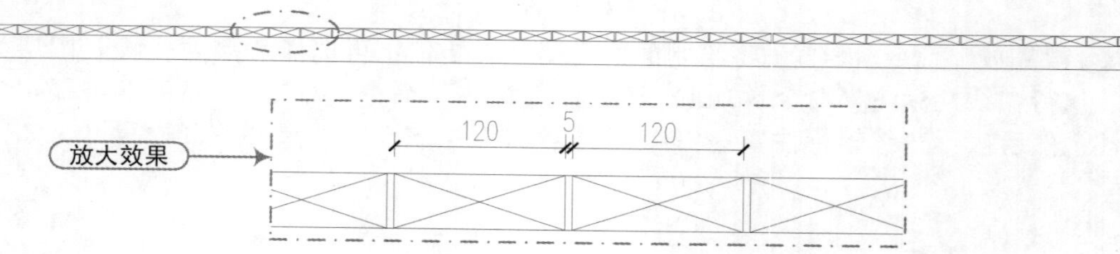

图9-65　绘制剖切到的木板

4）执行“矩形”命令（REC）和“移动”命令（M），在木桥下方相应位置绘制图9-66所示的矩形以表示桥墩。

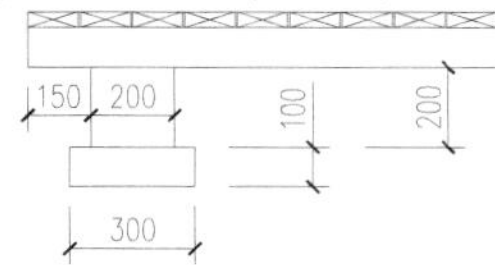

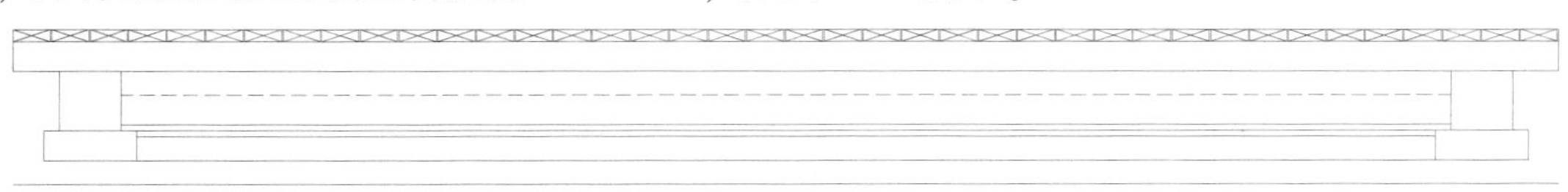

图 9-66　绘制桥墩

5）执行“偏移”命令（O），将木桥下侧水平线向下依次偏移 80、100、20、20、80 和 80，并将相应线段的线型转换为“DASH”，如图 9-67 所示。

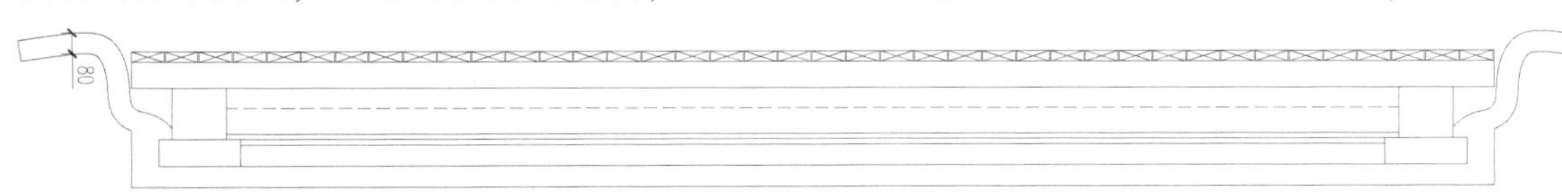

图 9-67　偏移线段

6）执行“样条曲线”命令（SPL）、“偏移”命令（O）和“直线”命令（L），在两侧绘制出样条曲线，且进行相应的连接，如图 9-68 所示。

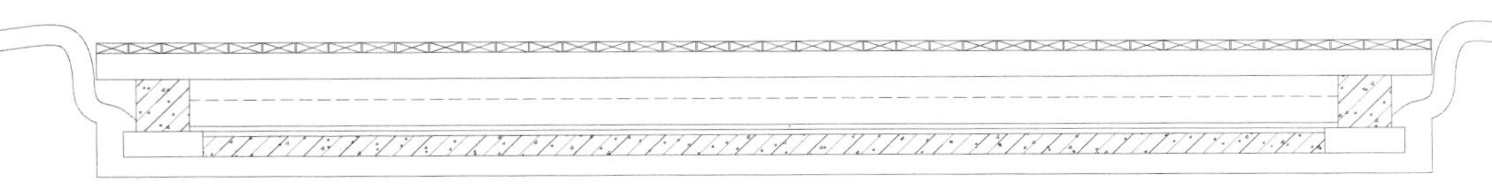

图 9-68　绘制样条曲线

7）执行“图案填充”命令（H），选择图案为“ANSI31”、比例为“15”和图案“AR-CONC”、比例为“0.5”的填充图案，对混凝土层进行填充，如图 9-69 所示。

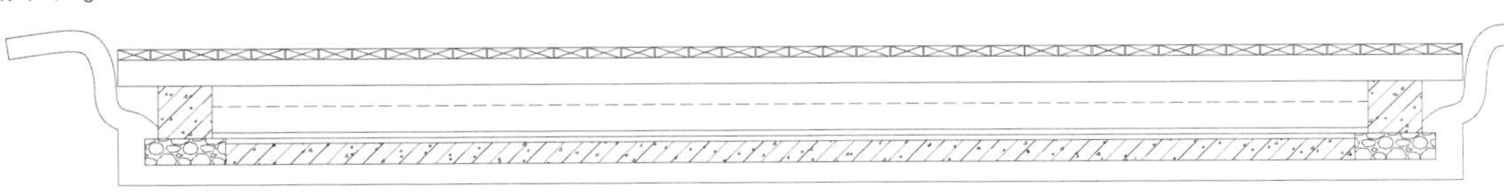

图 9-69　填充混凝土

8）再选择图案为“GRAVEL”、比例为“5”的填充图案，对碎石层进行填充，如图9-70 所示。

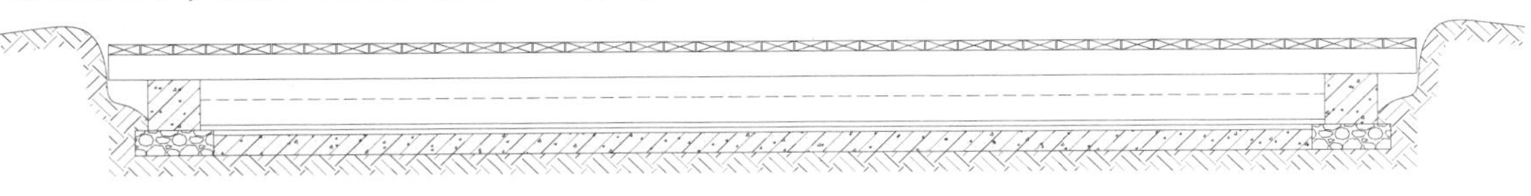

图 9-70　填充碎石

9）选择图案为“EARTH”、比例为“15”、角度为“45”的填充图案，在最底层进行填充土壤效果；然后将相应线段进行删除，如图 9-71 所示。

图 9-71　填充土壤

10）绘制固定角码，执行“矩形”命令（REC），绘制边长均为60mm的矩形；再执行“多边形”命令，绘制内接于圆半径为6mm的正六边形；然后通过“移动”和“复制”命令，将多边形放置到矩形的中间位置，如图9-72所示。

11）执行“移动”命令（M），将上步绘制的图形移动到桥墩上方；再执行“多段线”命令（PL），设置全局宽度为“5”，在矩形的下方绘制相应的线段，形成钢筋效果，如图9-73所示。

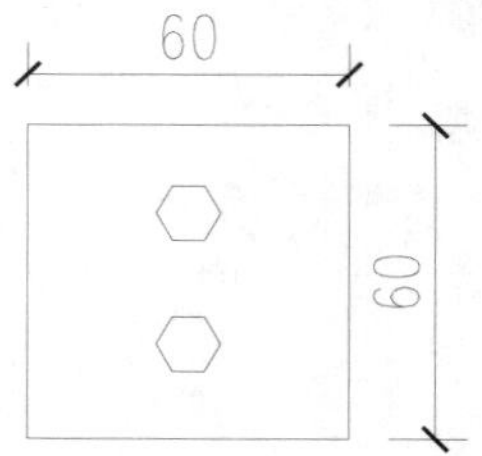

图9-72　绘制矩形和多边形

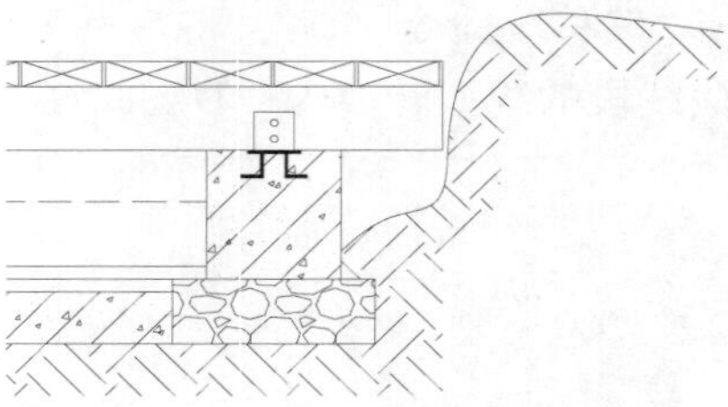

图9-73　绘制的角码效果

12）执行“镜像”命令（MI），将绘制的固定角码镜像到图形的另一侧，如图9-74所示。

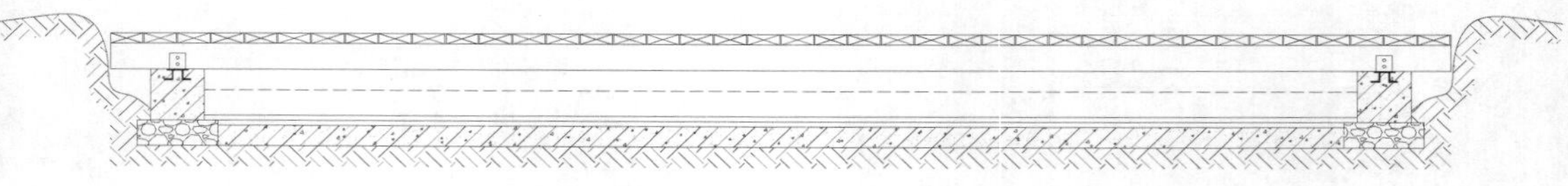

图9-74　镜像角码

13）选择“尺寸标注”图层为当前图层，执行“线性标注”命令（DLI）和“连续标注”命令（DCO），对图形进行相应的尺寸标注。

14）再选择“文字标注”图层为当前图层，执行“引线注释”命令（LE），设置文字高度为“100”，对图形进行相应的文字注释；再执行“复制”命令（CO），将前面图形的图名复制过来并作修改，如图9-75所示。

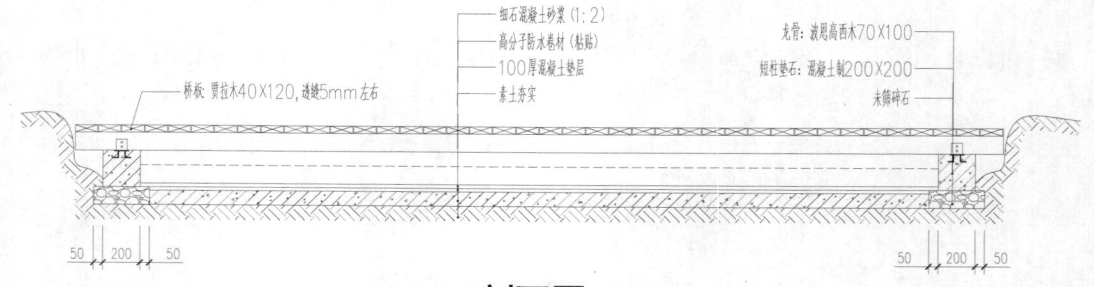

1-1剖面图

图9-75　剖面图效果

9.2.4　2-2剖面图的绘制

1）在“图层控制”下拉列表，选择“剖面图结构线”图层为当前图层。

2）执行“矩形”命令（REC）和“移动”命令（M），绘制出图9-76所示的位置对齐的矩形。

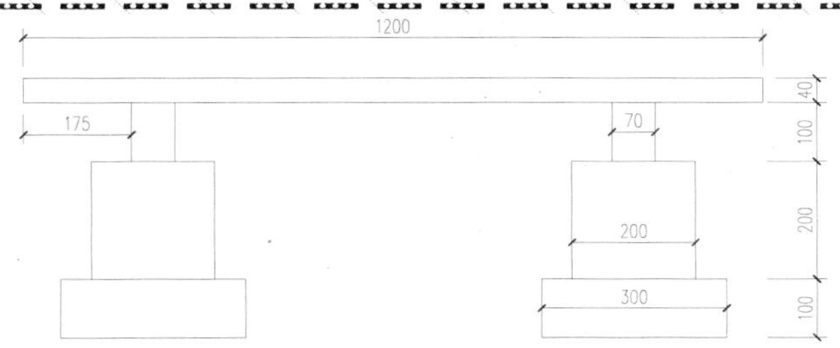

图 9-76　绘制多个对齐矩形

3）执行“直线”命令（L），捕捉下侧矩形的水平边绘制水平线；然后执行“偏移”命令（O），将线段按照图 9-77 所示的尺寸进行偏移，且将偏移后的上侧线段转换线型为“DASH”，形成水面线效果。

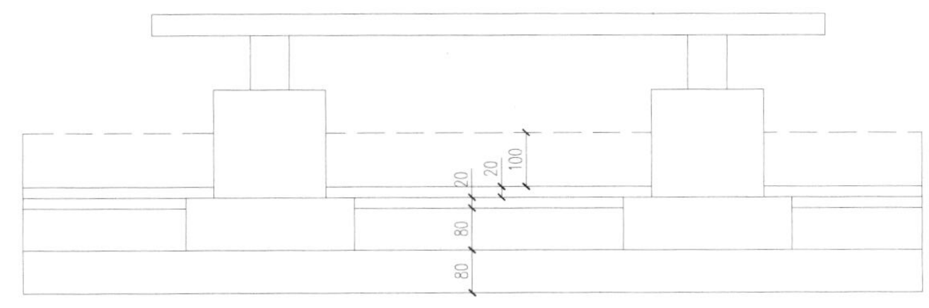

图 9-77　绘制线段

4）切换至“填充线”图层，根据前面 1-1 剖面图相应的图案、比例和角度，对该图形进行填充；再执行“删除”命令（E），将不需要的线段删除，如图 9-78 所示。

5）绘制固定螺栓，执行“矩形”命令（REC）和“移动”命令（M），如图 9-79 所示绘制出螺栓图形。

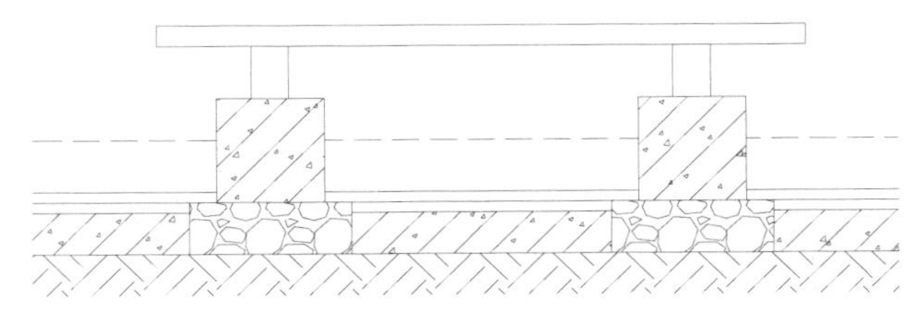

图 9-78　填充图案

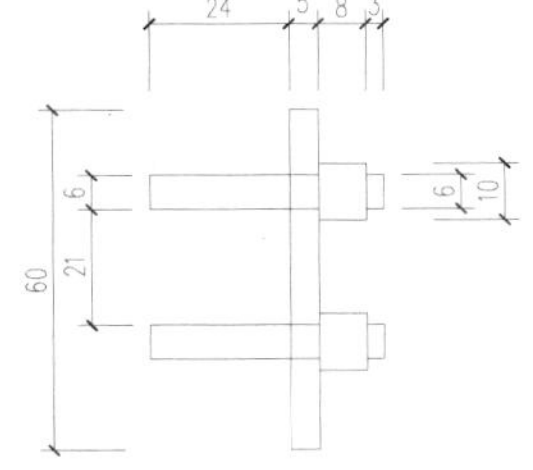

图 9-79　绘制螺栓

6）执行“移动”命令（M）和“镜像”命令（MI），将绘制的螺栓图形放置到桥墩相应的位置，如图 9-80 所示。

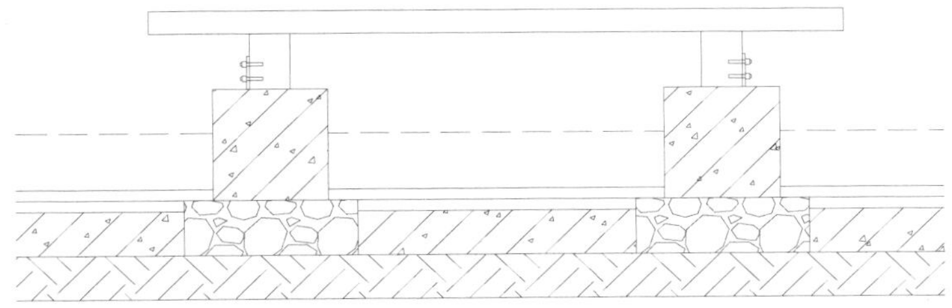

图 9-80　移动螺栓到相应位置

7）执行“多段线”命令（PL），设置全局宽度为“5”，在桥墩接合处绘制出“钢筋”效果，如图 9-81 所示。

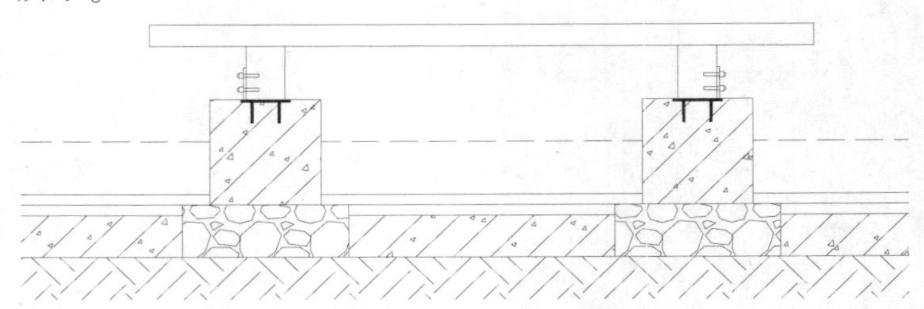

图 9-81 绘制钢筋

8）执行“缩放”命令（SC），将绘制的剖面图放大 2 倍；再选择“尺寸标注”图层为当前图层，执行“线性标注”命令（DLI）和“连续标注”命令（DCO），对图形进行相应的尺寸标注；然后执行“编辑标注”（ED）命令，将标注放大图的尺寸改回原尺寸。

9）选择“文字标注”图层为当前图层，执行“引线注释”命令（LE），设置文字高度为“100”，对图形进行相应的文字注释；再执行“复制”命令（CO），将前面图形的图名复制过来并作修改，如图 9-82 所示。

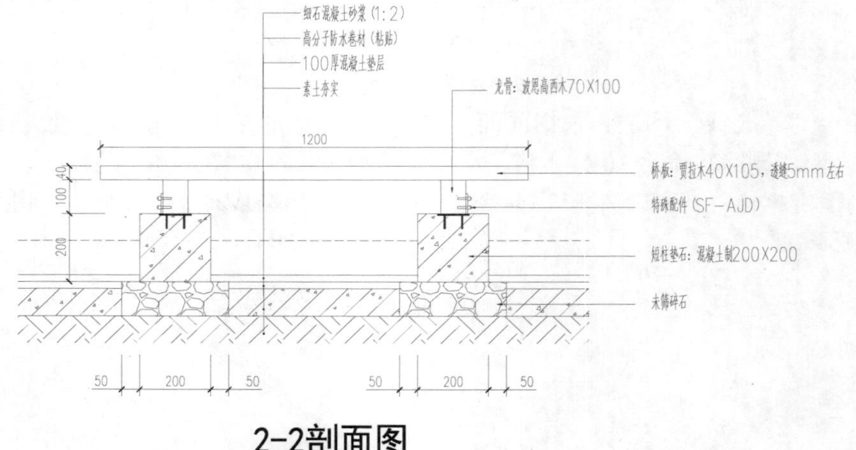

图 9-82 剖面图效果

9.3 拱桥的绘制

拱桥指的是在垂直平面内以拱作为结构主要承重构件的桥梁。图 9-83 所示为拱桥的摄影图片。

接下来分别绘制了拱桥平面图、立面图及节点大样图，通过多个实例的讲解，使读者掌握拱桥施工图的绘制过程及学习技巧，绘制的拱桥图形最终效果如图 9-84 所示。

9.3.1 拱桥平面图的绘制

1）正常启动 AutoCAD 2015 应用程序，单击“打开”按钮，将前面创建的“案例\09\

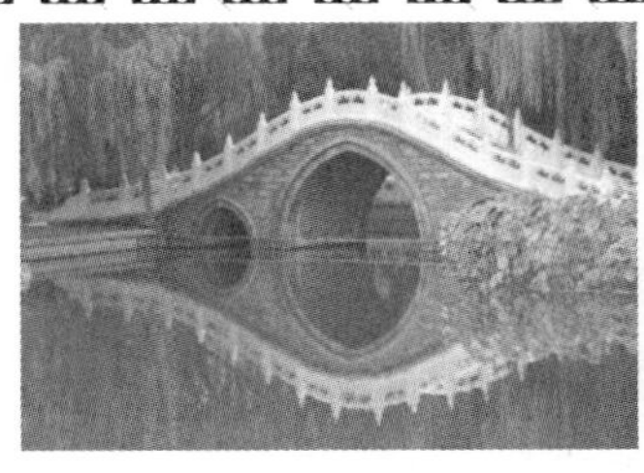

图 9-83　拱桥的摄影图片

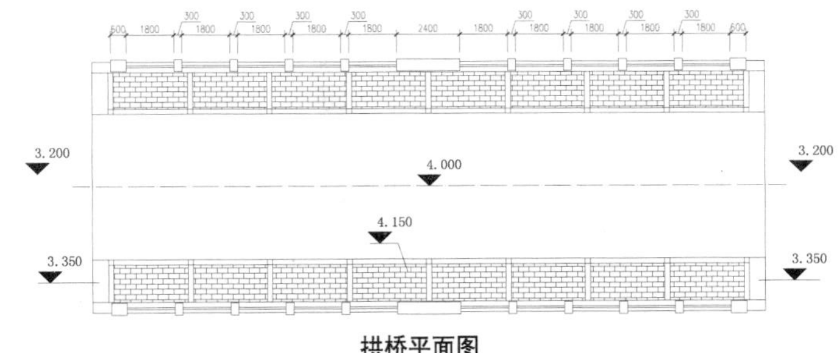

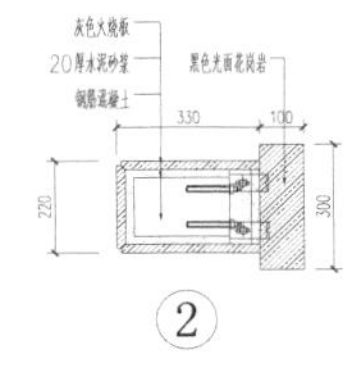

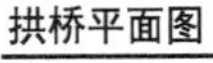

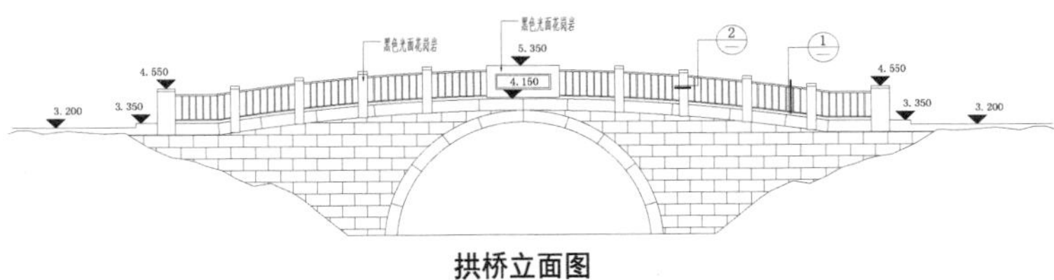

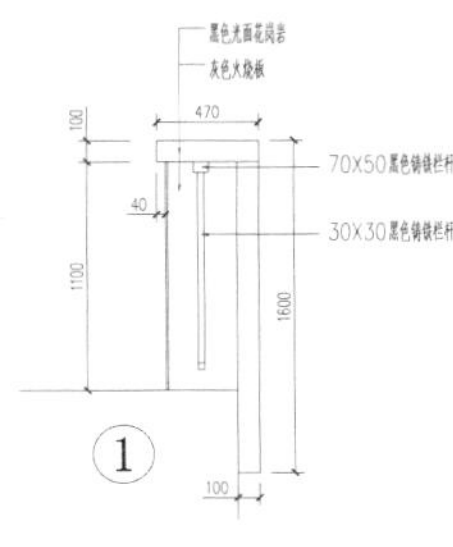

图 9-84　拱桥图形效果

园林样板 . dwt”文件打开；再单击“另存为”按钮，将该样板文件另存为“案例 \ 09 \ 拱桥 . dwg”文件。

2）在“图层控制”下拉列表，选择“道路线”图层为当前图层。

3）执行“矩形”命令（REC），绘制边长为 25400mm × 9800mm 的矩形作为桥梁道路；然后执行“直线”命令（L），过垂直边中点绘制一条水平的中线，且将中线转换为“道路中心线”图层，如图 9-85 所示。

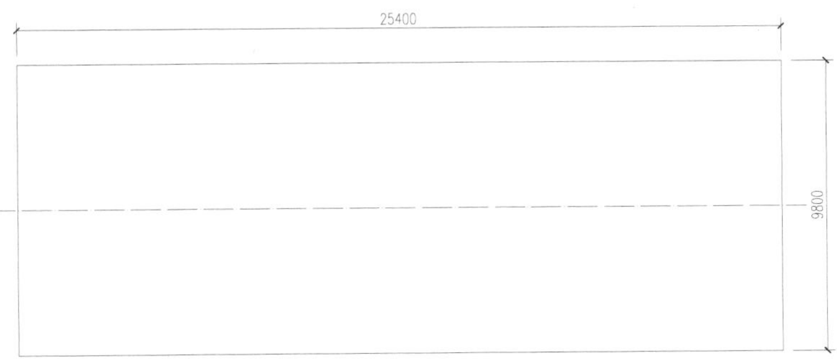

图 9-85　绘制矩形和线段

要点：步骤讲解

> 由于“道路线”设置了线宽为“0.30mm”，为了更方便地绘图，在这里没有将线宽显示出来。

4）执行“偏移”命令（O），将道路线向内进行偏移，以划分出人行道，如图9-86所示。

图9-86 偏移出人行道

5）选择“铺装分隔线”图层为当前图层，执行“直线”命令（L）、“偏移”命令（O）和“修剪”命令（TR），在相应位置绘制出人行道铺装轮廓线，如图9-87所示。

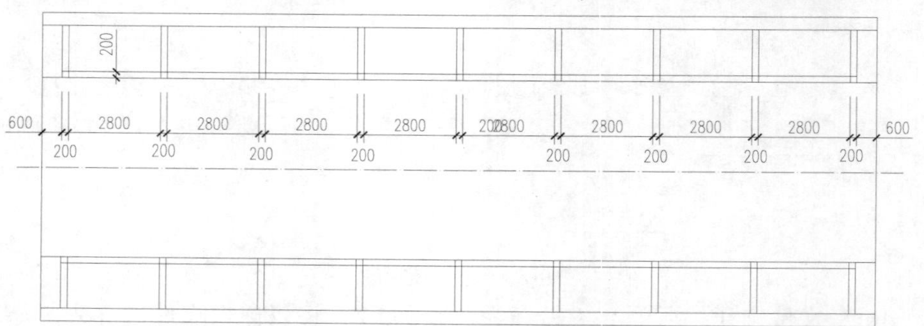

图9-87 绘制人行道铺装线

6）执行“图案填充”命令（H），设置图案为“AR-B816”、比例为“1”，对人行道相应位置填充铺砖效果，如图9-88所示。

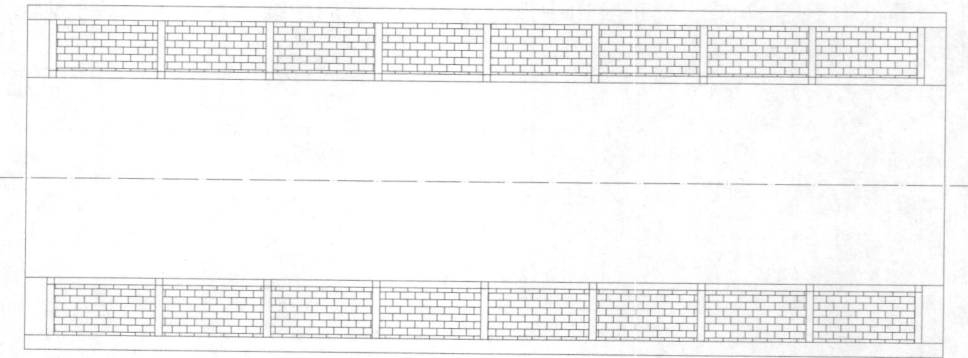

图9-88 填充人行道

7）选择“小品轮廓线”图层为当前图层，执行“矩形”命令（REC）、“移动”命令

（M）、“复制”命令（CO）和“修剪”命令（TR），在上侧人行道上方绘制出柱子效果，如图 9-89 所示。

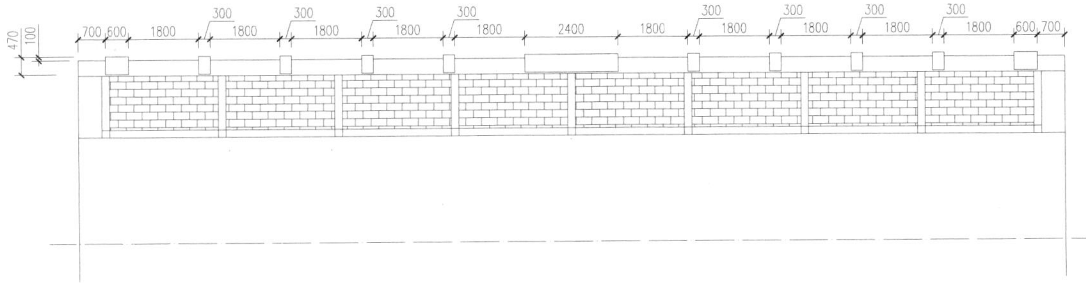

图 9-89 绘制柱子

8）然后执行“偏移”命令（O），将线段进行偏移，以形成扶手栏杆效果，如图 9-90 所示。

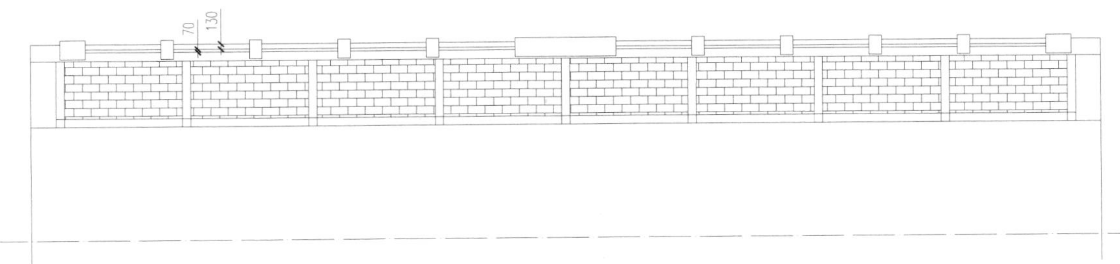

图 9-90 绘制栏杆

9）执行“镜像”命令（MI），将绘制的柱子和栏杆向下进行镜像，然后删除多余的线条，如图 9-91 所示。

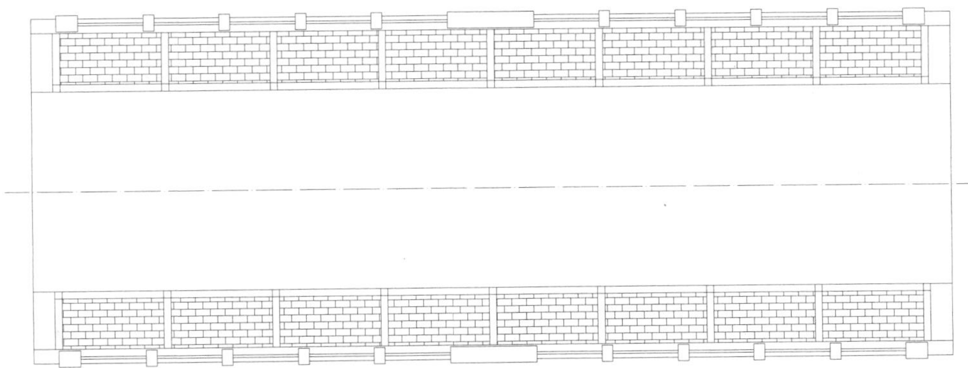

图 9-91 完成两侧的柱子与栏杆

10）执行“插入块”命令（I），将“案例\09\绝对标高.dwg”文件插入到图形中，并通过“移动”、“复制”等命令进行标高标注，如图 9-92 所示。

11）选择“尺寸标注”图层为当前图层，在“标注样式”列表选择“园林-100”标注样式为当前标注样式，执行“线性标注”命令（DLI）和“连续标注”命令（DCO），对图形进行相应的尺寸标注。

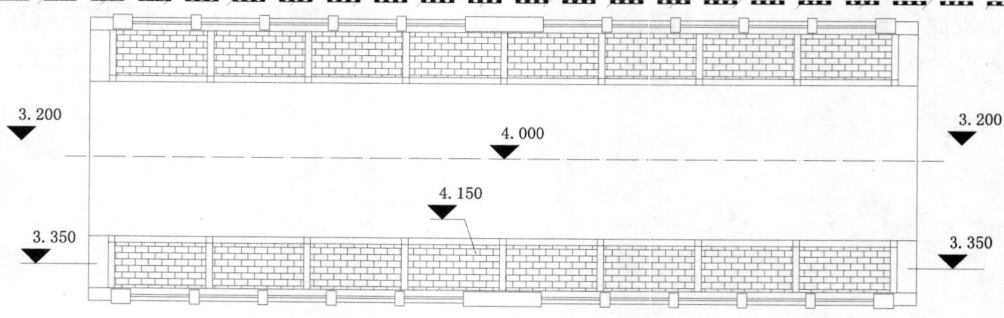

图 9-92 绝对标高标注

12）再选择“文字标注”图层为当前图层，执行“多行文字”命令（MT），选择“图名”文字样式，默认字高，在图形下侧进行图名的标注；然后执行“多段线”命令（PL），在下侧绘制适当长度和宽度的多段线，如图 9-93 所示。

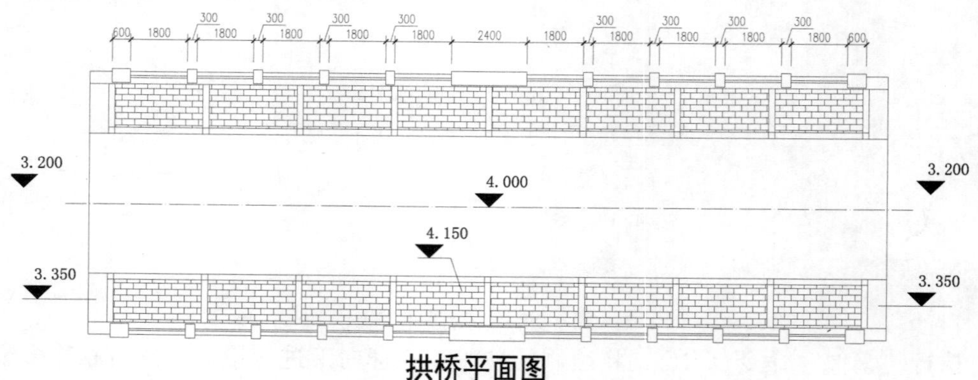

图 9-93 平面图效果

9.3.2 拱桥立面图的绘制

1）在“图层控制”下拉列表，选择“小品轮廓线”图层为当前图层，将“尺寸标注”和“文字标注”图层隐藏。

2）执行“直线”命令（L），过平面图下侧的柱子绘制投影线；然后在投影线上绘制水平线，并将其向下依次偏移 1600、3477、290，如图 9-94 所示。

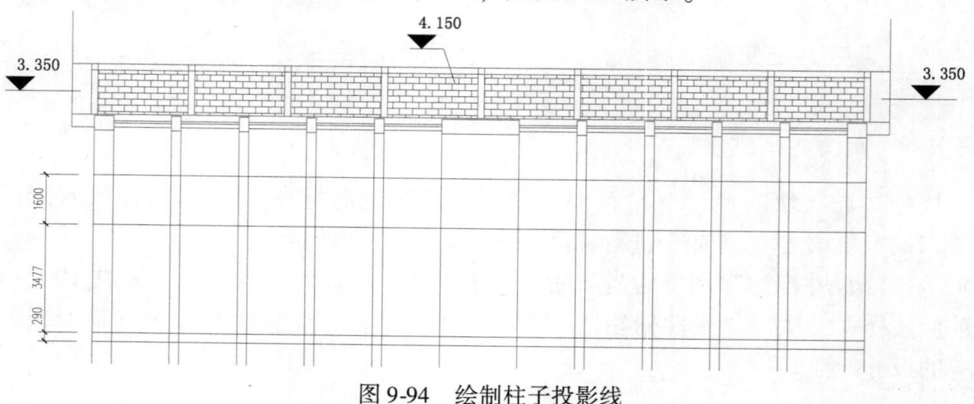

图 9-94 绘制柱子投影线

3）执行“圆”命令（C），在最下侧水平线中点绘制半径为“4167”和“4567”的同心圆，然后再绘制半径为“62497”的圆，并与同心圆上方象限点对齐，如图 9-95 所示。

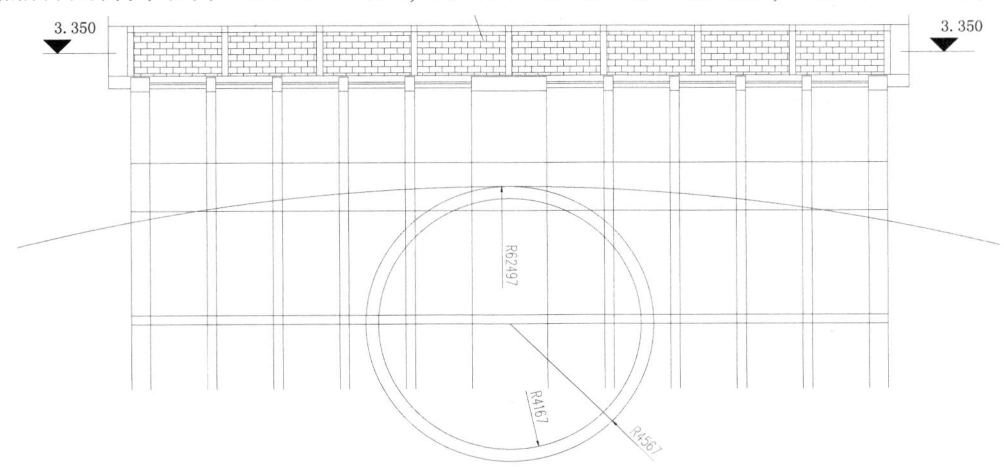

图 9-95　绘制圆

4）执行“修剪”命令（TR），修剪掉多余的线条，如图 9-96 所示。

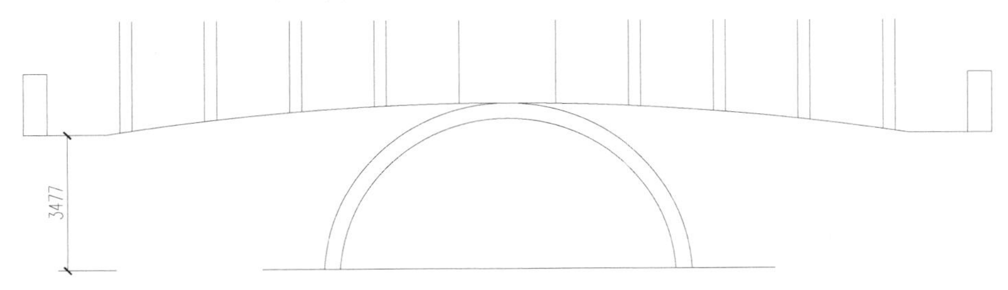

图 9-96　修剪效果

5）执行“偏移”命令（O）和“修剪”命令（TR），将第一个柱子的上水平线向上按照图 9-97 所示的尺寸进行偏移，然后修剪出中间柱子效果，最后将每个柱子上水平线向下偏移 100。

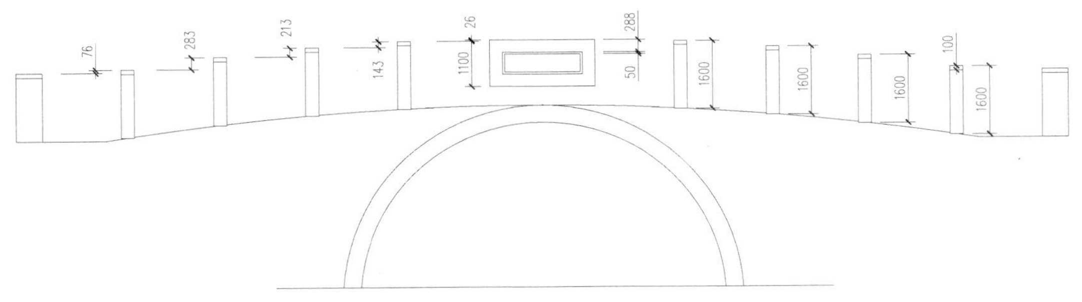

图 9-97　绘制出中间的柱子

6）通过“偏移”命令（O）和“修剪”命令（TR），将柱子下侧的圆弧和线段依次向上偏移 400、100、30、820 和 50，然后通过“修剪”和“延伸”命令，完成图 9-98 所示的横向栏杆效果。

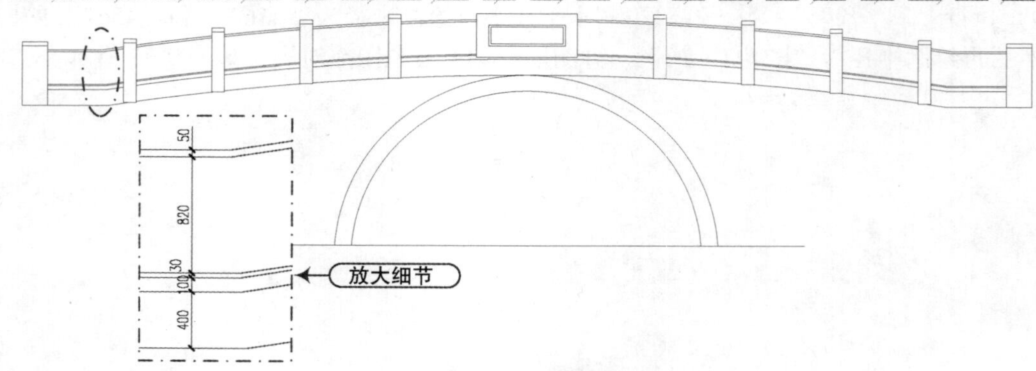

图 9-98　绘制栏杆

7）执行“直线”命令（L），以“最近点”和与其的“垂足点”，如图 9-99 所示绘制一些线条以表示转折位置。

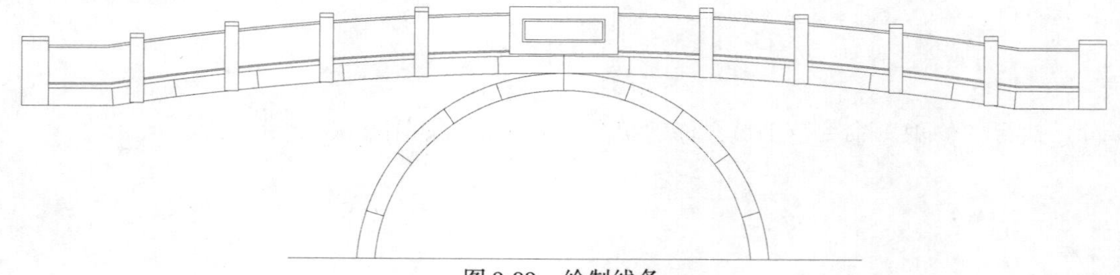

图 9-99　绘制线条

8）通过“定数等分”命令（DIV）、“直线”命令（L）和“偏移”命令（O），在栏杆中间绘制出纵向宽为 30mm 的栏杆，如图 9-100 所示。

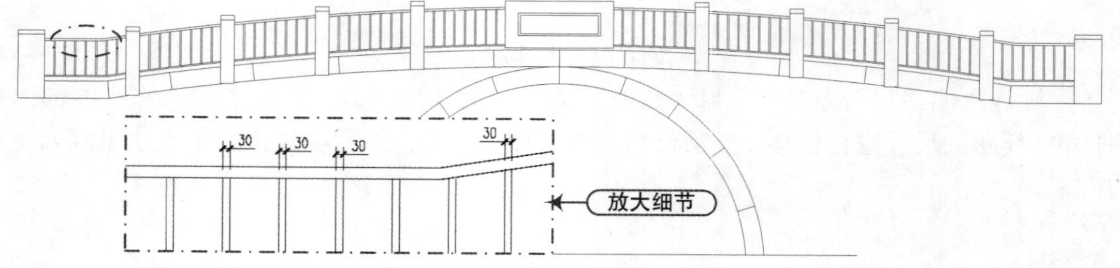

图 9-100　绘制纵向栏杆

9）执行“多段线”命令（PL），在两侧相应位置绘制出台阶与图 9-101 所示的多段线。

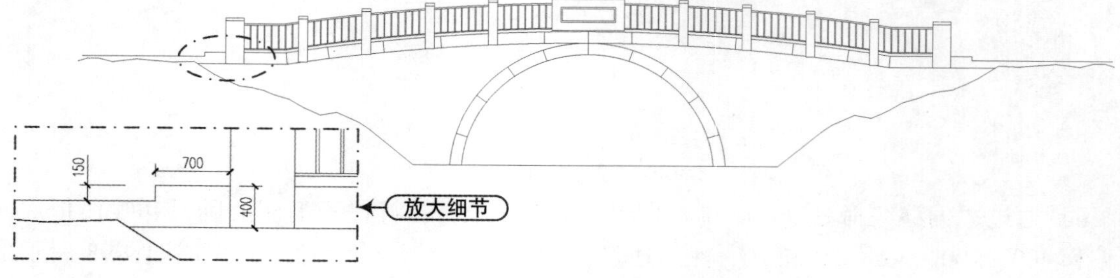

图 9-101　绘制多段线

10）选择“填充线”图层为当前图层，执行“图案填充”命令（H），设置图案为“AR-B816”、比例为“2”，对相应位置填充出贴砖效果，如图 9-102 所示。

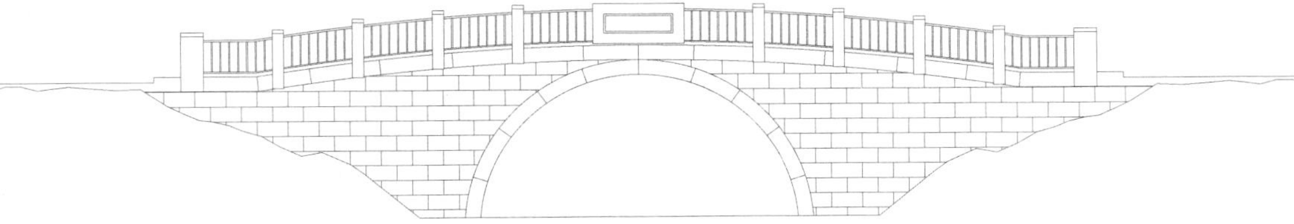

图 9-102　填充图案

11）执行“插入块”命令（I），将内部图块“剖切索引符号”以 1∶100 的比例插入到图形中；并通过“分解”、“直线”、“移动”、“旋转”等命令，完成剖切符号的标注，如图 9-103所示。

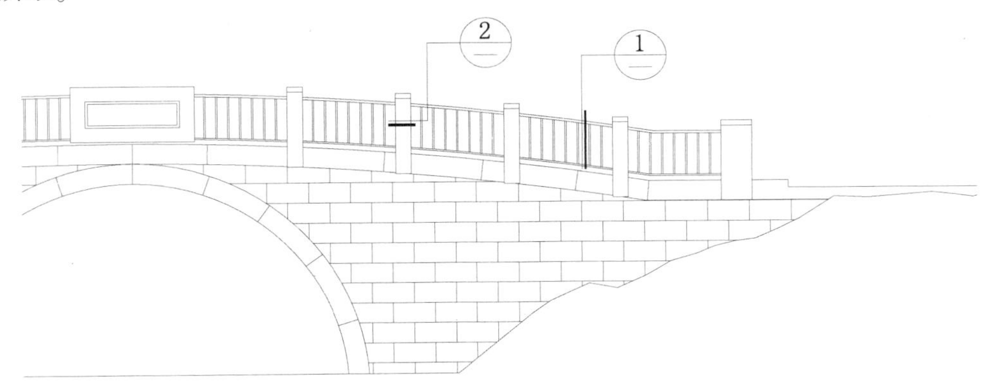

图 9-103　剖切符号标注

12）执行“复制”命令（CO），将前面平面图中的“绝对标高符号”复制过来，并通过“缩放”、“移动”和“复制”等命令，完成标高标注，如图 9-104 所示。

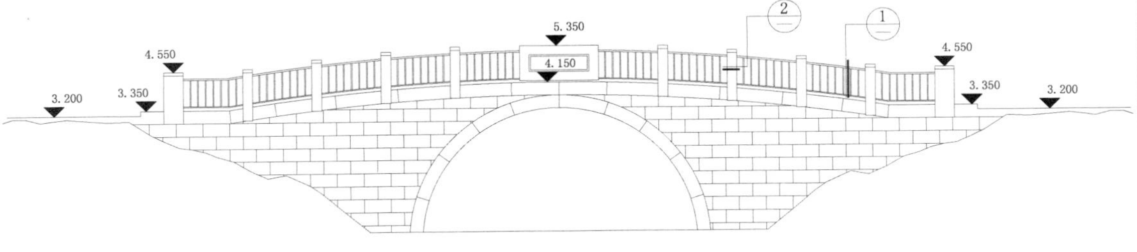

图 9-104　标高标注

13）在“图层控制”下拉列表，将隐藏的图层显示出来；并选择“文字标注”图层为当前图层。

14）执行“引线注释”命令（LE），选择“图内文字”样式，设置字高为“500”，在相应位置进行文字的注释；再执行“复制”命令（CO），将前面图形的图名复制过来并作相应的修改，如图 9-105 所示。

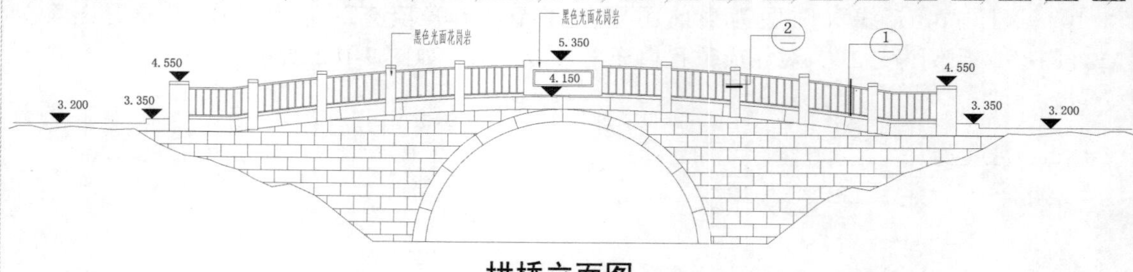

图 9-105　立面图效果

9.3.3　大样图 1 的绘制

1）在“图层控制”下拉列表，选择“剖面图结构线”图层为当前图层。

2）执行“矩形”命令（REC），绘制边长为 470mm × 1600mm 的矩形；并通过“分解”和“偏移”命令，将各边按照图 9-106 所示的尺寸进行偏移。

3）执行“修剪”命令（TR），修剪掉多余的线条，且将相应线段拉长，如图 9-107 所示。

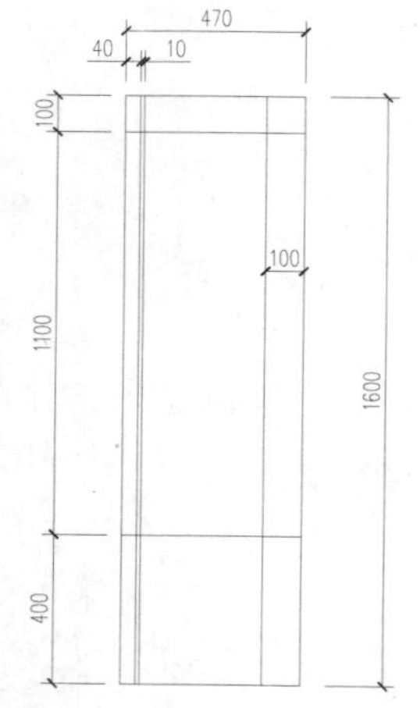

图 9-106　绘制矩形并偏移

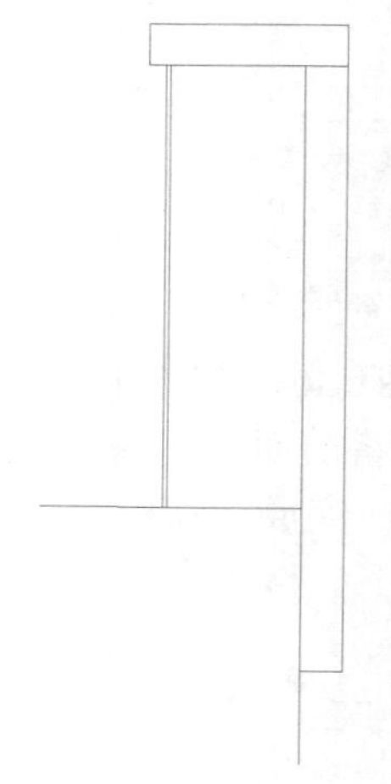

图 9-107　修剪效果

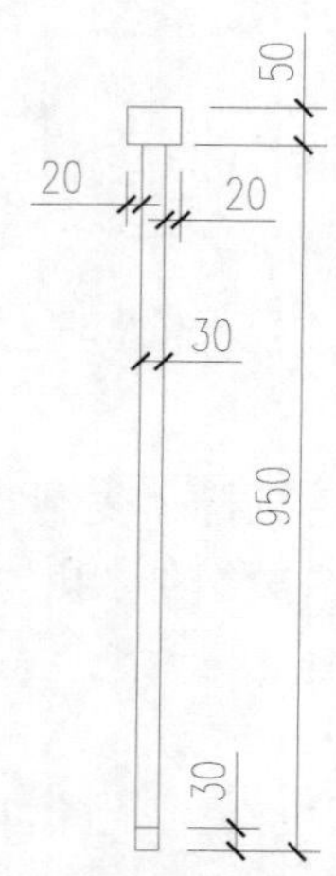

图 9-108　绘制栏杆

4）再执行“矩形”命令（REC）和“移动”命令（M），在空白位置绘制出图 9-108 所示的矩形表示剖切到的栏杆。

5）执行“移动”命令（M），将栏杆图形移动到柱子相应的位置，如图 9-109 所示。

6）执行“缩放”命令（SC），将大样图放大 5 倍；然后选择“尺寸标注”图层为当前图层，执行“线性标注”命令（DLI）和“连续标注”命令（DCO），对图形进行相应的尺寸标注；然后执行“编辑标注”（ED）命令，将标注放大的尺寸改回原尺寸，如图 9-110 所示。

7）选择“文字标注”图层为当前图层，执行“引线注释”命令（LE），选择“图内文字”样式，设置字高为“500”，对大样图进行文字的注释。

8）再执行“插入块”命令（I），将内部图块“本张详图符号”以 1∶100 的比例插入到大样图左下侧位置，如图 9-111 所示。

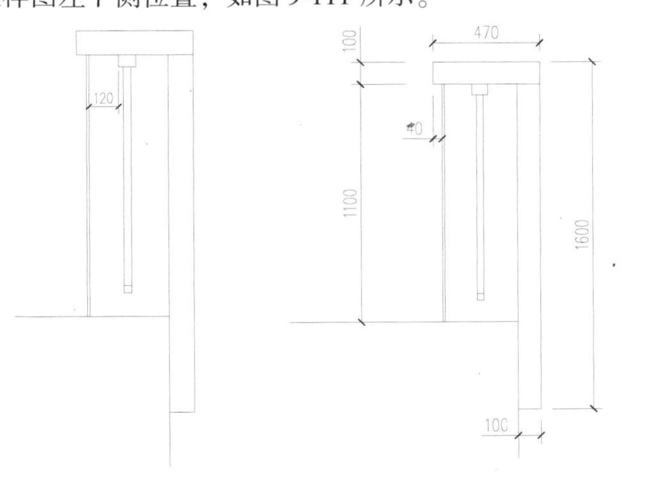

图 9-109　移动图形　　图 9-110　标注尺寸

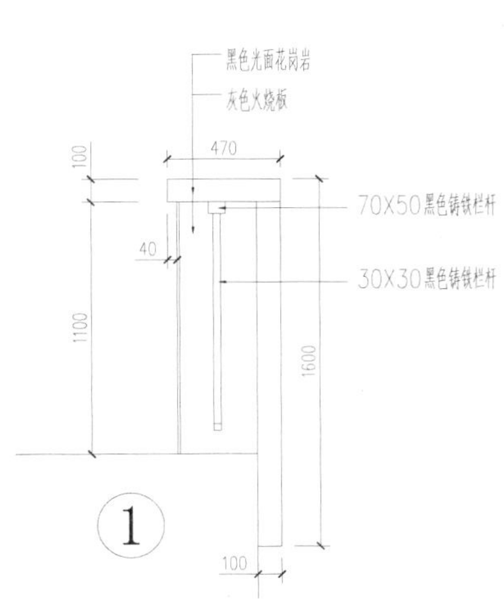

图 9-111　大样图效果

9.3.4　大样图 2 的绘制

1）在“图层控制”下拉列表，选择“剖面图结构线”图层为当前图层。

2）执行“矩形”命令（REC），绘制边长为 430mm × 300mm 的矩形；然后通过“分解”和“偏移”等命令，将相应边进行偏移，如图 9-112 所示。

3）执行“修剪”命令（TR），修剪掉多余的线条，如图 9-113 所示。

4）再执行“偏移”命令（O），将线段继续进行偏移，如图 9-114 所示。

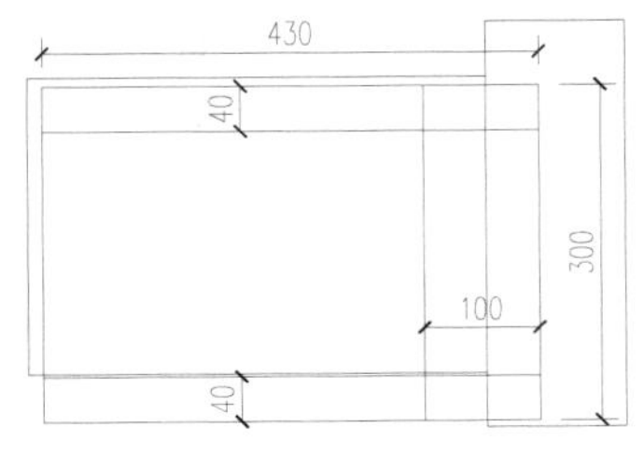

图 9-112　绘制矩形且偏移　　图 9-113　修剪效果

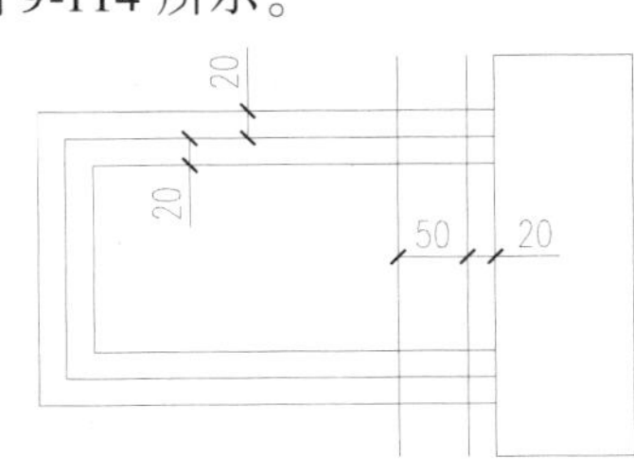

图 9-114　偏移线段

5）执行“修剪”命令（TR），修剪多余线条，如图 9-115 所示。

6）执行“偏移”命令（O），将左侧相应边各向内偏移 10，如图 9-116 所示。

7）执行“修剪”命令（TR），修剪掉多余的线条；再执行“直线”命令（L），过对角点绘制连接线，如图 9-117 所示。

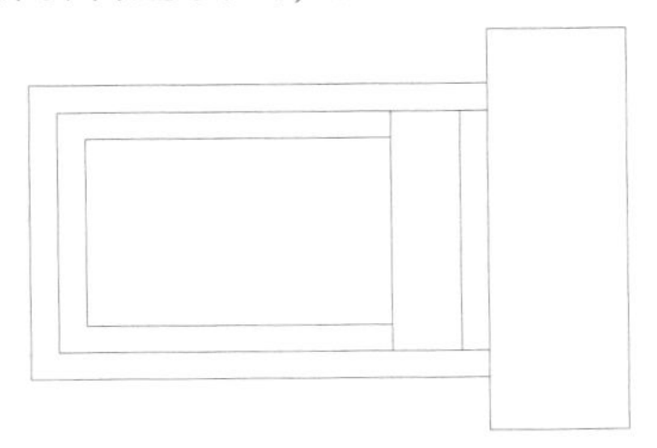

图 9-115　修剪效果

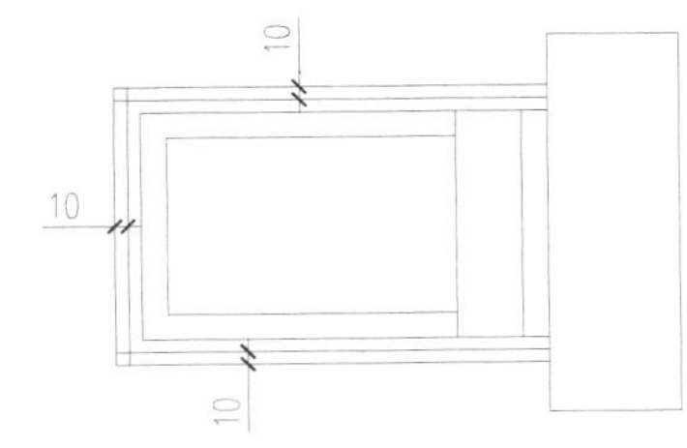

图 9-116　偏移线段

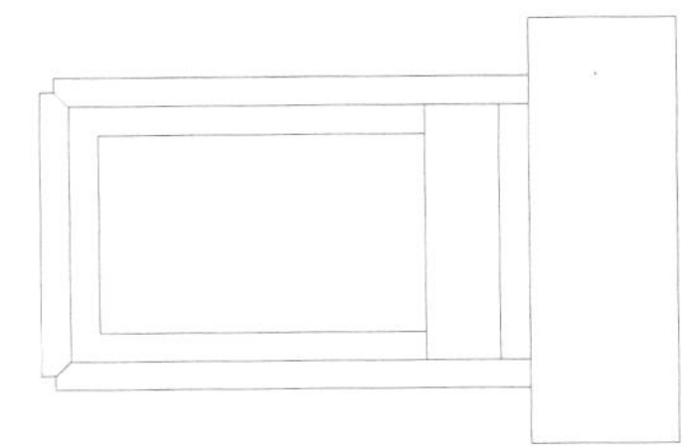

图 9-117　修剪并绘制线段

8）选择“填充线”图层为当前图层，执行“图案填充”命令（H），设置图案为“ANSI33”、比例为“3”，对表面层填充出石材的图例；再设置图案为“AR-SAND”、比例为“0.5”，对相应位置填充出水泥砂浆效果，如图9-118所示。

9）选择“金属构件”图层为当前图层，执行“插入块”命令（I），将“案例\09\”文件夹下面的固定件和螺栓图形分别插入到图形中相应位置，并通过“移动”、“镜像”等命令摆放到相应的位置，如图9-119所示。

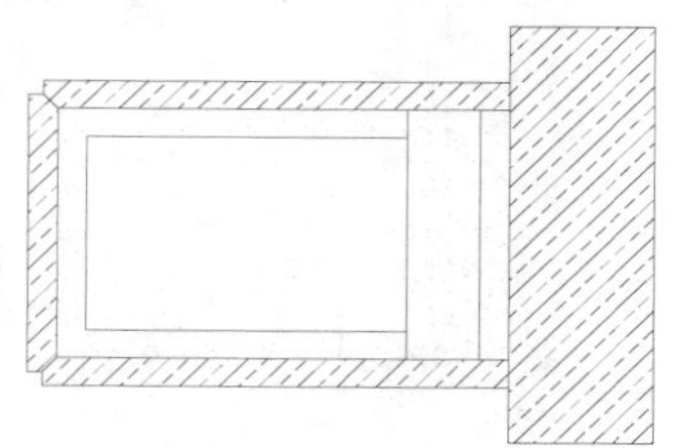

图9-118　填充图案

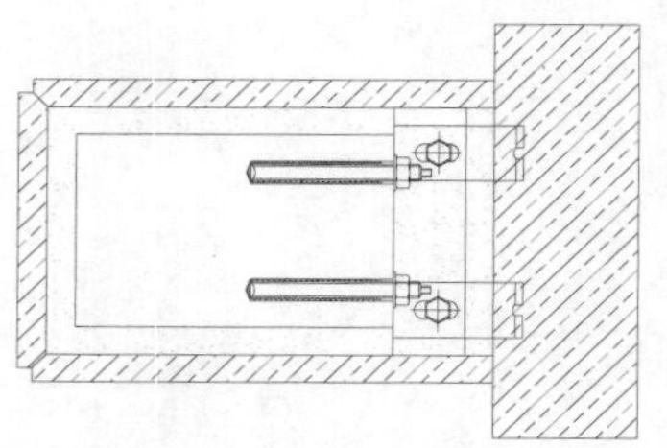

图9-119　插入构件

10）为了使图形更易观看，执行“缩放”命令（SC），将图形放大10倍。

11）选择“尺寸标注”图层为当前图层，执行“线性标注”命令（DLI），对图形进行相应的尺寸标注；然后执行“编辑标注”（ED）命令，将标注放大的尺寸改回原尺寸，如图9-120所示。

12）选择“文字标注”图层为当前图层，执行“引线注释”命令（LE），选择“图内文字”样式，设置字高为“500”，对大样图进行文字的注释；再执行“复制”命令（CO），将大样图1的图名复制过来并作相应的调整，如图9-121所示。

13）至此，该图形已经绘制完成，按“Ctrl+S”组合键进行保存。

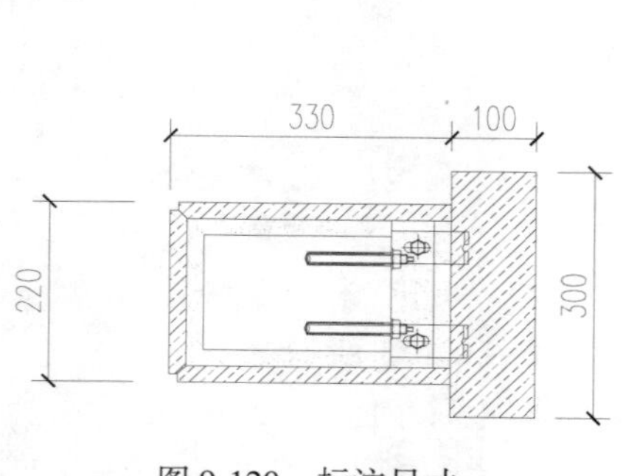

图9-120　标注尺寸

灰色火烧板
20厚水泥砂浆
钢筋混凝土
黑色光面花岗岩
330
100
220
300
2

图9-121　大样图效果

9.4　廊桥的绘制

加建亭廊的桥，称为亭桥或廊桥，供游人遮阳避雨的同时，又增加了桥的形体变化。图9-122所示为廊桥的摄影图片。

接下来分别绘制了廊桥的平面图、立面图及1-1剖面图，通过多个实例的讲解，使读者掌握廊桥施工图的绘制过程及学习技巧，绘制的廊桥图形最终效果如图9-123所示。

图 9-122　廊桥的摄影图片

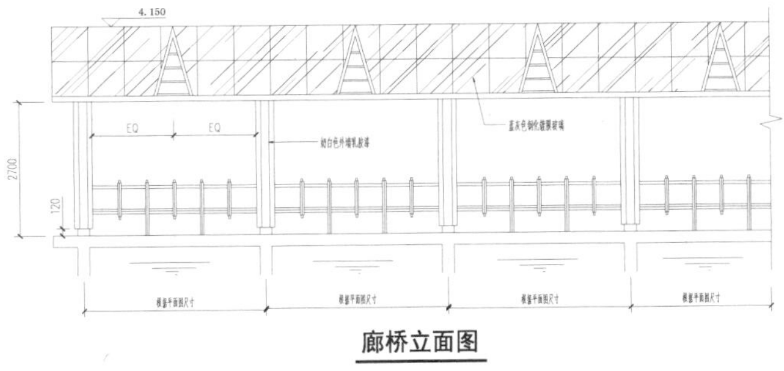

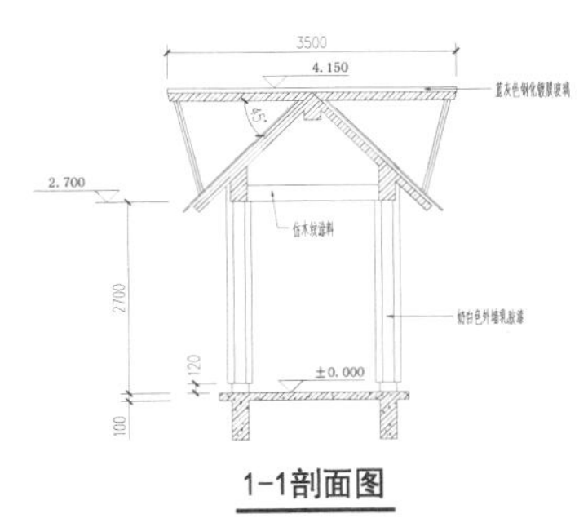

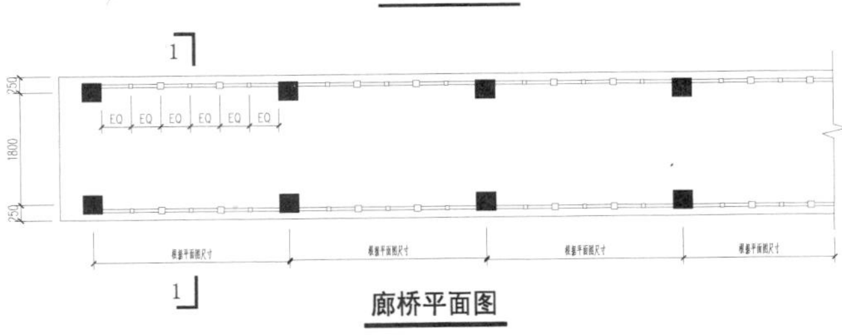

图 9-123　廊桥图形效果

9.4.1　廊桥平面图的绘制

1）正常启动 AutoCAD 2015 应用程序，单击“打开”按钮，将前面创建的“案例\09\园林样板.dwt”文件打开；再单击“另存为”按钮，将该样板文件另存为“案例\09\廊桥.dwg”文件。

2）在“图层控制”下拉列表，选择“小品轮廓线”图层为当前图层。

3）执行“矩形”命令（REC），绘制边长均为 300mm 的矩形；再执行“图案填充”命令（H），选择图案为“SOLTD”，对矩形进行填充以形成柱子效果。

4）执行“复制”命令（CO），将柱子以 3000mm 的距离进行复制，如图 9-124 所示。

图 9-124　绘制并复制柱子

5）通过执行“直线”命令（L）和“偏移”命令（O），在相应位置绘制出长廊的地面轮廓，并在右侧绘制出断开线，如图 9-125 所示。

图 9-125　绘制地面轮廓

6）执行“偏移”命令（O）和“修剪”命令（TR），如图 9-126 所示绘制出栏杆效果。

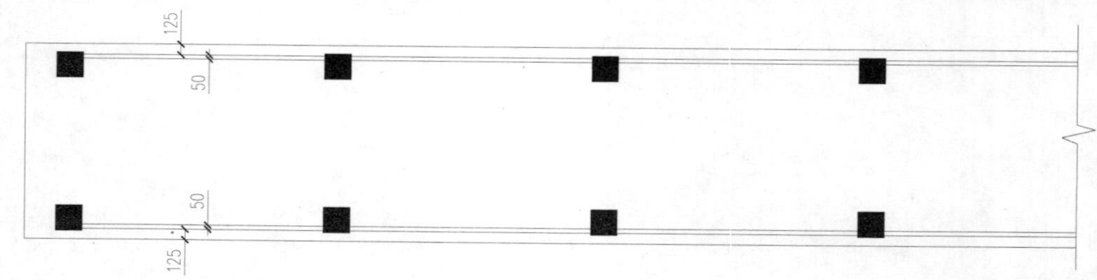

图 9-126　绘制栏杆

7）执行“矩形”命令（REC），绘制边长均为 60mm 和边长均为 100mm 的矩形作为栏杆立柱；再通过“移动”、“复制”和“修剪”命令，将绘制的矩形分别放置到栏杆上并修剪成柱子效果，如图 9-127 所示。

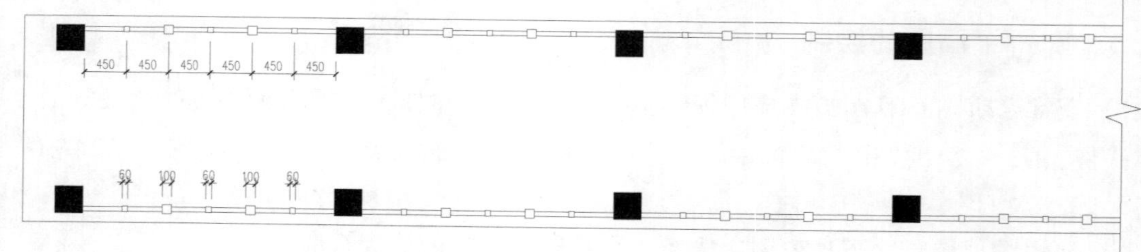

图 9-127　绘制柱子

8）切换至“尺寸标注”图层，执行“标注样式”命令（D），选择“园林-100”标注样式为当前标注样式，然后单击“修改”按钮，修改标注全局比例为“50”，如图 9-128 所示。

9）执行“线性标注”命令（DLI）和“连续标注”命令（DCO），对图形进行相应的尺寸标注；然后执行“编辑标注”（ED）命令，将相应尺寸的文字进行修改，如图 9-129 所示。

要点：“EQ”的意思

EQ 是施工图里常用的，就是等分的意思，如一面 5m 的墙，贴大理石，施工图就可以标注每块大理石的长度是 EQ。

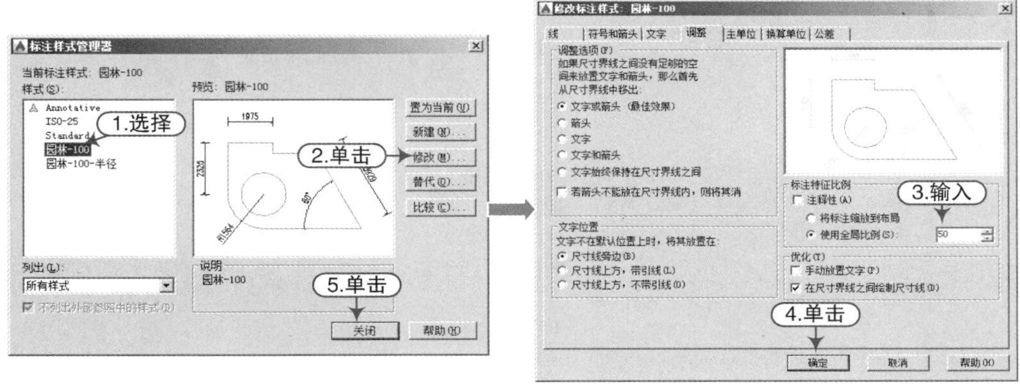

图 9-128　修改标注比例

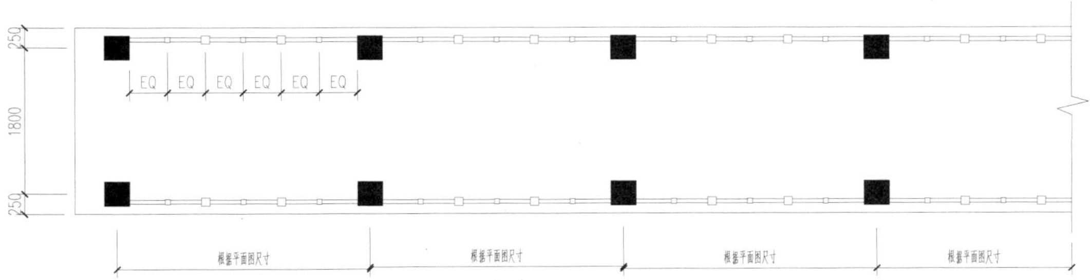

图 9-129　尺寸标注效果

10）选择“标记线”图层为当前图层，执行“插入块”命令（I），将内部图块“剖切符号”以1:50的比例插入到图形中，并通过“分解”、“移动”等命令，完成剖切符号标注，如图9-130所示。

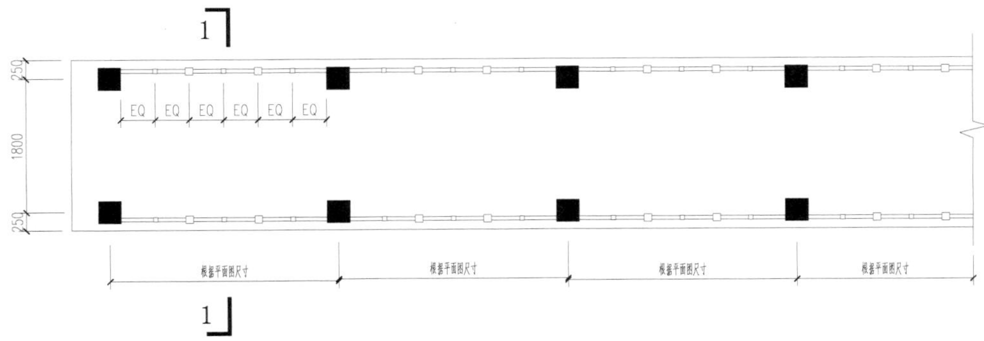

图 9-130　剖切符号标注

11）选择“文字标注”图层为当前图层，执行“多行文字”命令（MT），选择“图名”样式，设置字高为100，在图形下方标注出图名。

12）再执行“多段线”命令（PL），设置全局宽度为“50”，在图名下方绘制等长的水平多段线，如图9-131所示。

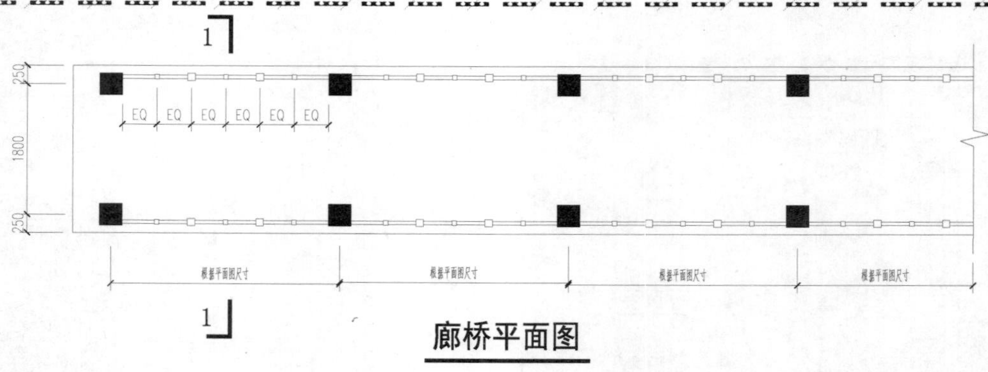

图 9-131　平面图效果

9.4.2　廊桥立面图的绘制

1）接上例，在“图层控制”下拉列表，选择“小品轮廓线”图层为当前图层，并将“尺寸标注”和“文字标注”图层隐藏。

2）执行“直线”命令（L），捕捉平面图对应的轮廓绘制延伸投影线及折断线；然后在投影线上绘制一条水平线段；再执行“偏移”命令（O），将水平线向上依次偏移 200、2300、100、1200，如图 9-132 所示。

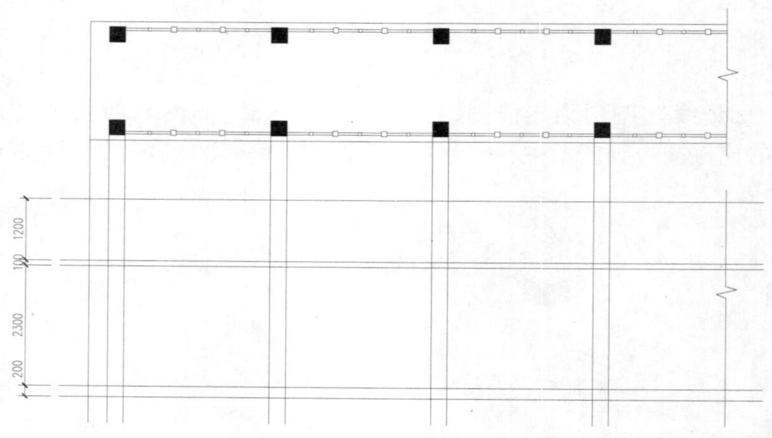

图 9-132　绘制投影线

3）执行“修剪”命令（TR），修剪掉下侧图形多余的线条，如图 9-133 所示。

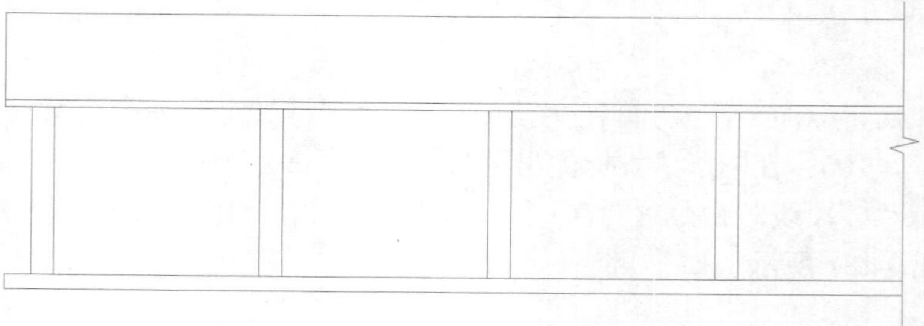

图 9-133　修剪图形效果

4）执行“偏移”命令（O）和“修剪”命令（TR），绘制出图9-134所示的桥梁效果。

图9-134　绘制出柱底与桥底

5）执行“直线”命令（L），在桥梁下绘制一些线条图形，以表示水面效果，如图9-135所示。

图9-135　绘制水面线

6）执行“偏移”命令（O），将地面线向上依次偏移370、40、40、350、50；再执行“修剪”命令（TR），在柱子中间修剪出栏杆靠背效果，如图9-136所示。

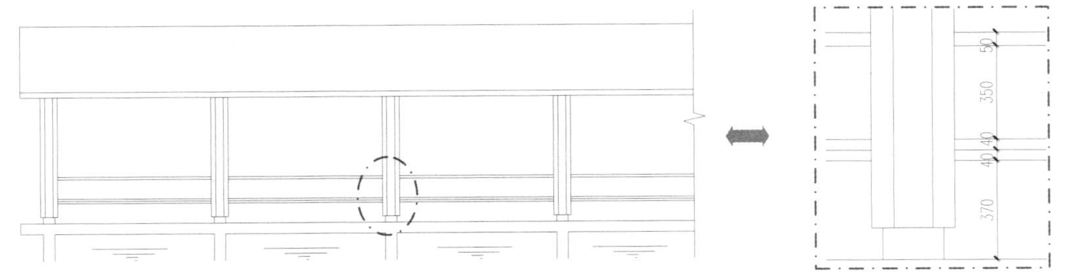

图9-136　绘制出栏杆靠背

7）执行“矩形”命令（REC）和“直线”命令（L），如图9-137所示绘制栏杆立柱。

8）执行“移动”命令（M）和“复制”命令（CO），将上步绘制的立柱放置到栏杆上；然后通过“修剪”、“删除”和“延伸”命令，完成图9-138所示的效果。

9）绘制“屋顶造型”，执行“直线”命令（L）和“偏移”命令（O），绘制图9-139所示的图形。

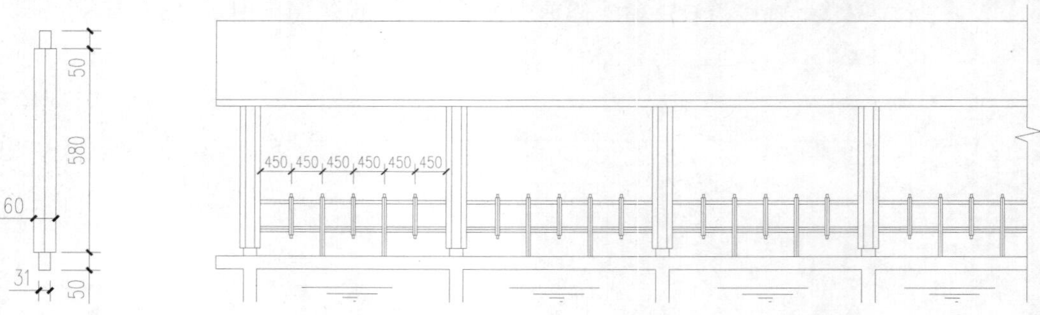

图 9-137 绘制立柱

图 9-138 完成立柱效果

10）执行“偏移”命令（O），将斜线各向内偏移50，将水平线按照图9-140所示的尺寸向上依次偏移。

11）执行“修剪”命令（TR）和“删除”命令（E），将不需要的图形修剪删除，如图9-141所示。

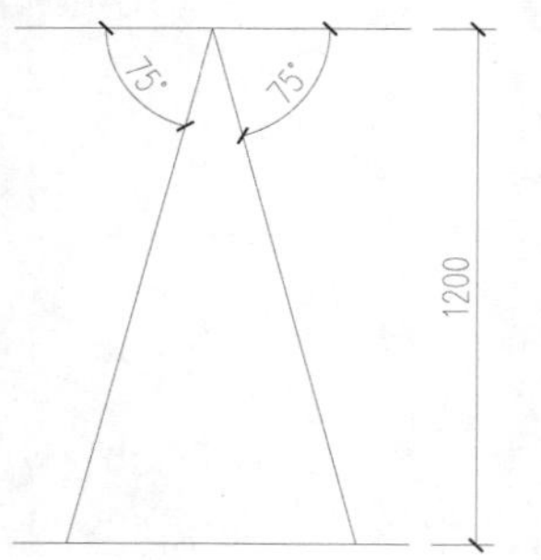

图 9-139 绘制线段

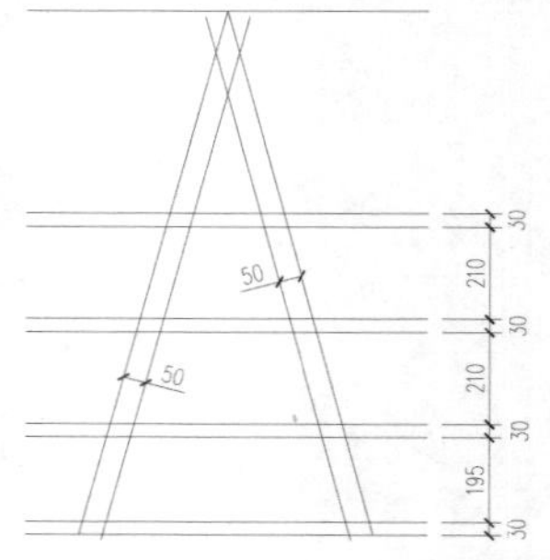

图 9-140 偏移线段

图 9-141 修剪出轮廓

12）执行“移动”命令（M）和“复制”命令（CO），将绘制好的造型放置到屋顶相应位置，如图9-142所示。

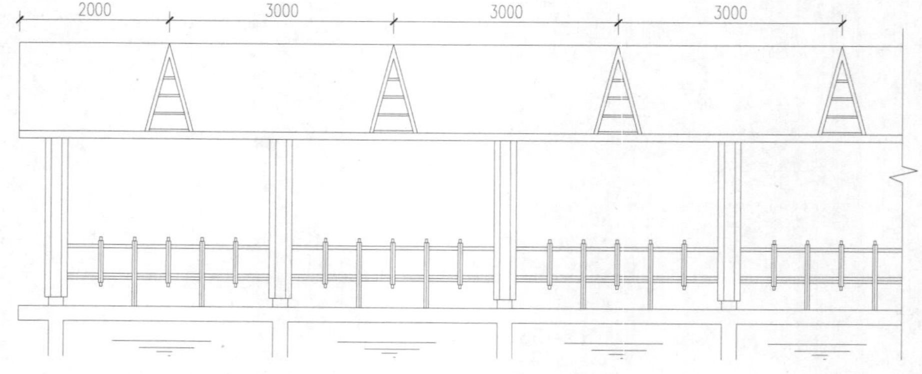

图 9-142 绘制的屋顶造型

13）选择“填充线”图层为当前图层，执行“图案填充”命令（H），设置图案为“AR-RROOF”、比例为“25”、角度为“45”，对屋顶填充出玻璃效果，如图9-143所示。

14）执行“偏移”命令（O）和“修剪”命令（TR），在屋顶绘制出边长均为600mm的

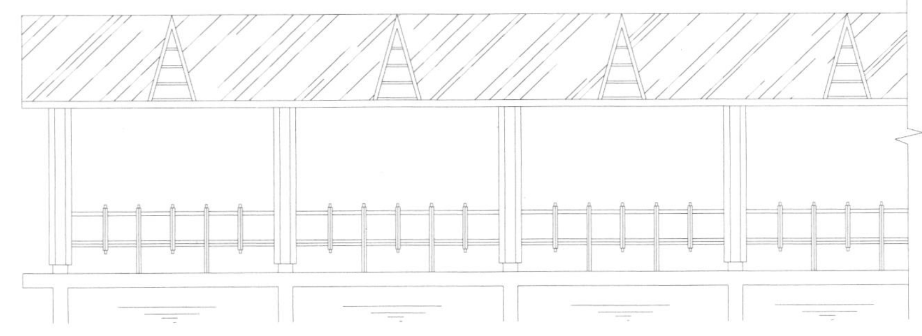

图 9-143 填充图例

方格，以表示玻璃板，如图 9-144 所示。

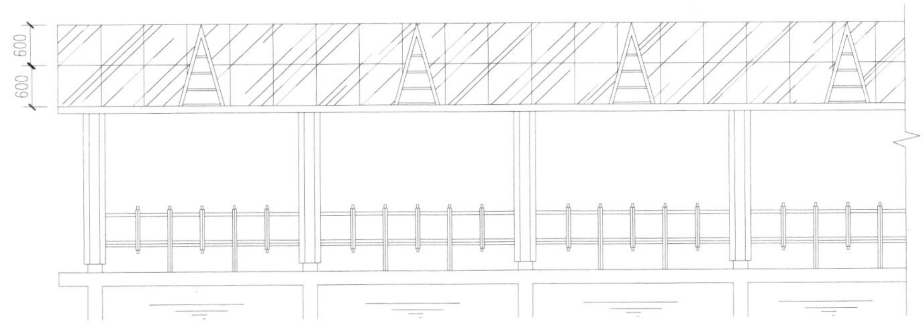

图 9-144 绘制出方格

15）执行“插入块”命令（I），将内部图块“标高符号”以 1∶50 的比例插入到屋顶，并修改标高值。

16）在“图层控制”下拉列表，将隐藏的图层显示出来，将“尺寸标注”图层置为当前图层。

17）执行“线性标注”命令（DLI）和“连续标注”命令（DCO），对图形进行相应的尺寸标注；再执行“编辑标注”（ED）命令，对标注的尺寸进行修改，如图 9-145 所示。

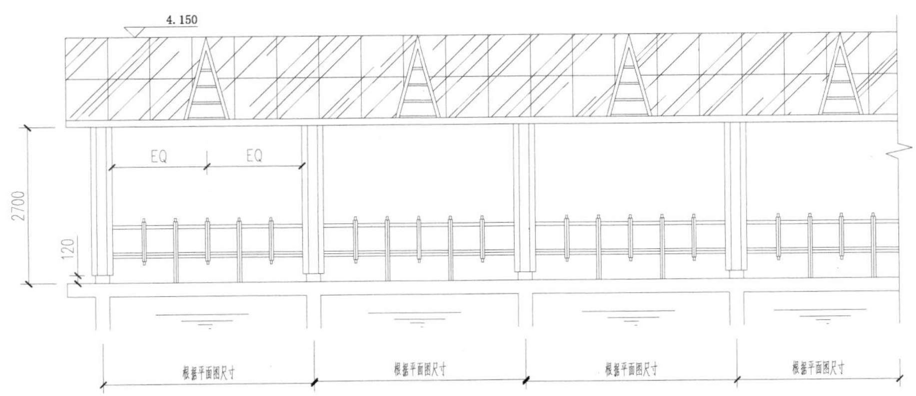

图 9-145 标高、尺寸的标注

18）选择“文字标注”图层为当前图层，执行“引线注释”命令（LE），选择“图内文字”样式，设置字高为“250”，在相应位置进行文字的注释；然后执行“复制”命令（CO），将前面平面图的图名复制过来并作相应的修改，如图9-146所示。

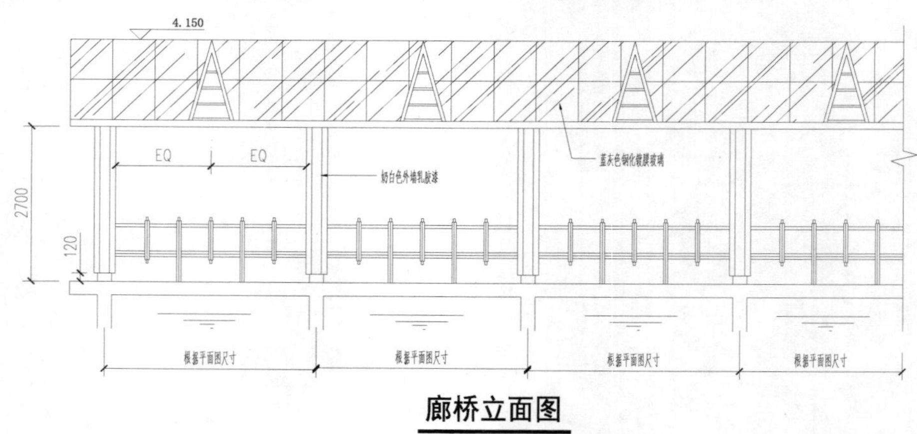

图9-146　立面图效果

9.4.3　1-1剖面图的绘制

1）在“图层控制”下拉列表，选择“剖面图结构线”图层为当前图层。

2）执行“直线”命令（L），在空白位置绘制互相垂直的线段；且将垂直线段转换线型为“CENTER”；再执行“偏移”命令（O），将线段按照图9-147所示的尺寸进行偏移。

3）执行“修剪”命令（TR），修剪掉多余的线条，如图9-148所示。

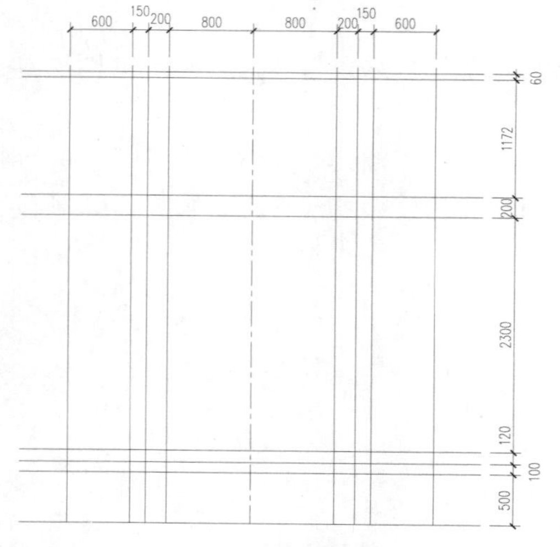

图9-147　绘制偏移线段

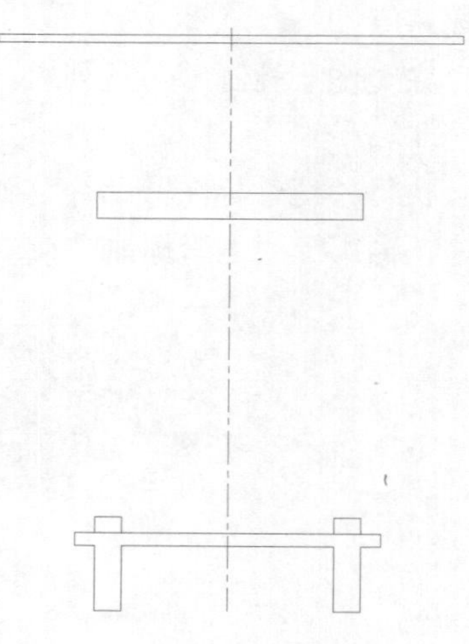

图9-148　修剪效果

4）执行“偏移”命令（O），将中线各向两边偏移750、80、140、80，如图9-149所示。

5）通过执行“修剪”命令（TR）和“延伸”命令（EX），完成柱子效果如图9-150所示。

6）执行“直线”命令（L），由第二水平线与中线的交点分别向两边绘制夹角为45°的两条斜线；再执行“偏移”命令（O），将斜线分别向上依次偏移40和20；向下偏移90，如图9-151所示。

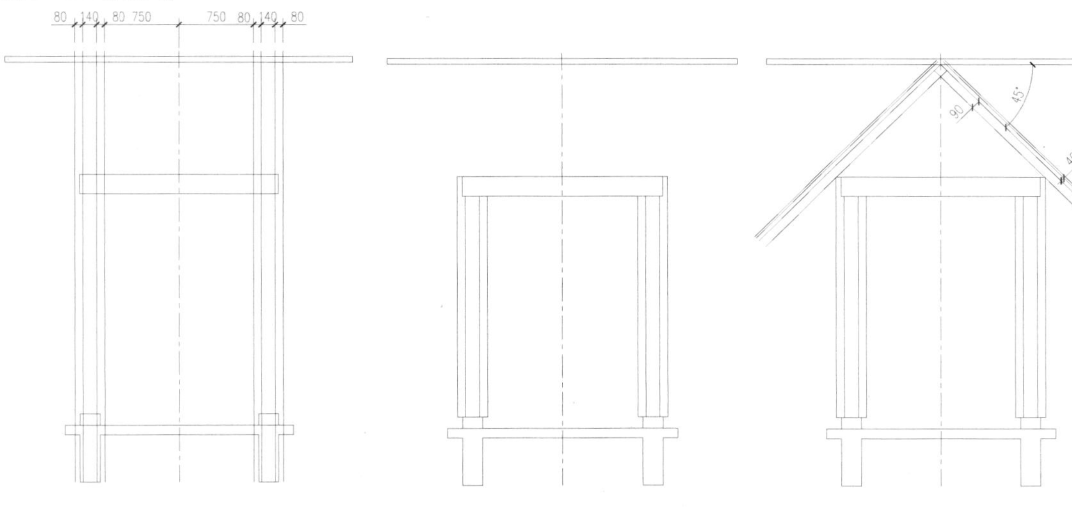

图9-149　偏移线段　　图9-150　修剪效果　　图9-151　绘制斜线

7）执行“偏移”命令（O），将各相应线段按照图9-152所示的尺寸进行偏移，且转换相应的线型。

8）然后执行“修剪”命令（TR），修剪掉多余的部分线条，如图9-153所示。

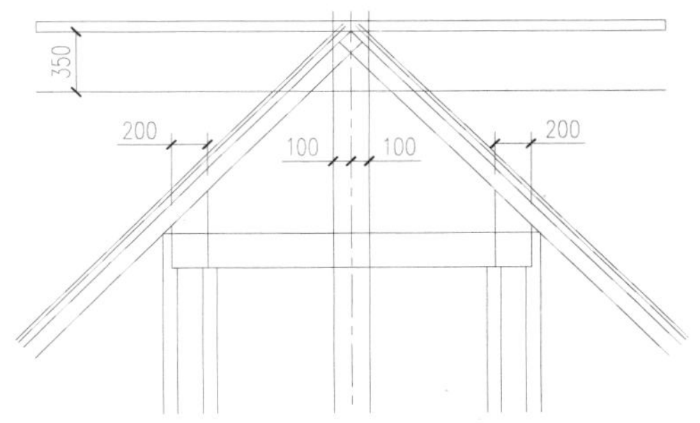

图9-152　偏移线段

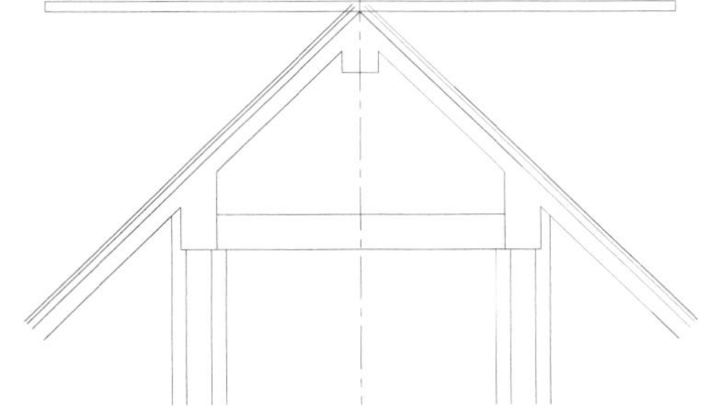

图9-153　修剪效果

9）执行“偏移”命令（O），将第二水平线向下偏移1508，然后捕捉交点绘制和斜线相垂直的线，如图9-154所示。

10）执行“修剪”命令（TR），修剪多余的线条，如图9-155所示。

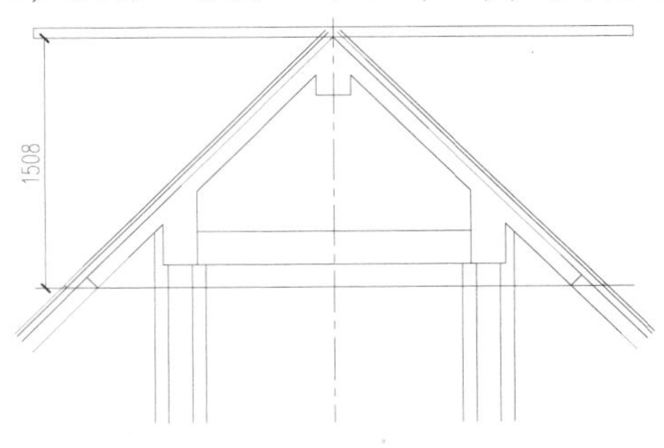

图9-154　偏移并绘制线段

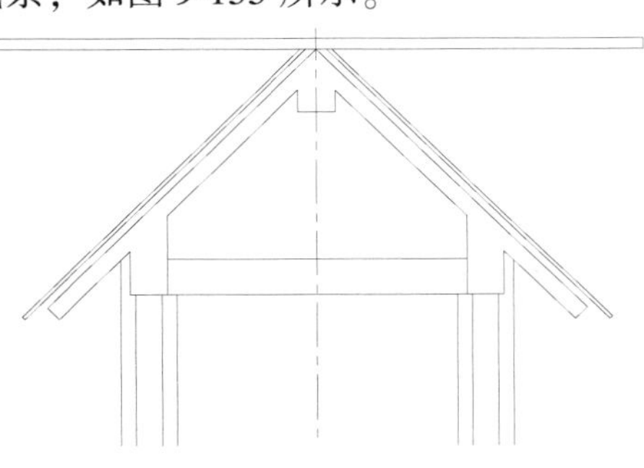

图9-155　修剪图形效果

11）执行“偏移”命令（O），将第二水平线向下偏移100；然后执行“直线”命令（L），由该水平线端点绘制夹角为76°的斜线；再执行“偏移”命令（O），将斜线向内依次48、32、32；最后执行“镜像”命令（MI），将斜线进行左右镜像，如图9-156所示。

12）执行“修剪”命令（TR），修剪多余的线条，形成效果如图9-157所示。

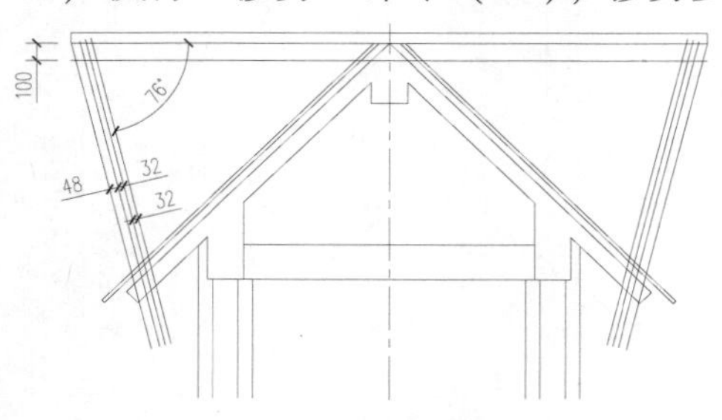

图9-156　绘制斜线

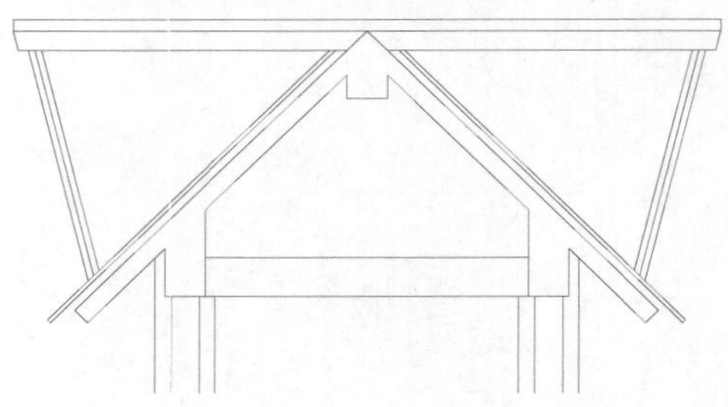

图9-157　修剪效果

13）选择“填充线”图层为当前图层，执行“图案填充”命令（H），设置图案为“ANSI31”、比例为“15”，在相应位置进行填充，如图9-158所示。

14）重复填充命令，设置图案为“DOTS”、比例为“50”，在屋顶三角处进行填充；再设置图案为“AR-CONC”、比例为“1”，在下侧基础位置进行填充，如图9-159所示。

15）选择“尺寸标注”图层，执行“线性标注”命令（DLI）和“连续标注”命令（DCO），对图形进行相应的尺寸标注；再执行“编辑标注”（ED）命令，对标注的尺寸进行修改。

16）执行“复制”命令（CO），将前面图形中的标高符号复制过来，进行相应的标高标注。

17）再执行“引线注释”命令（LE），根据前面的方法对相应位置进行材料的注释；再执行“复制”命令（CO），将图名复制过来并作相应的修改，如图9-160所示。

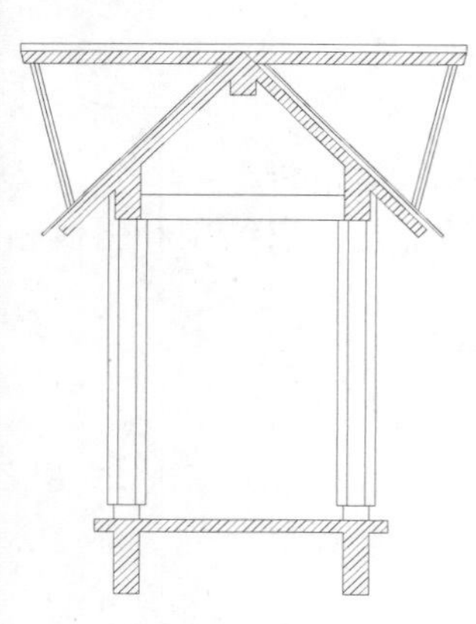

图9-158　填充图例1

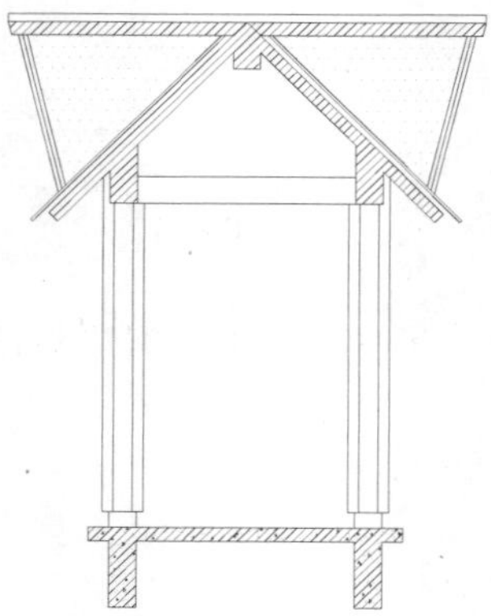

图9-159　填充图例2

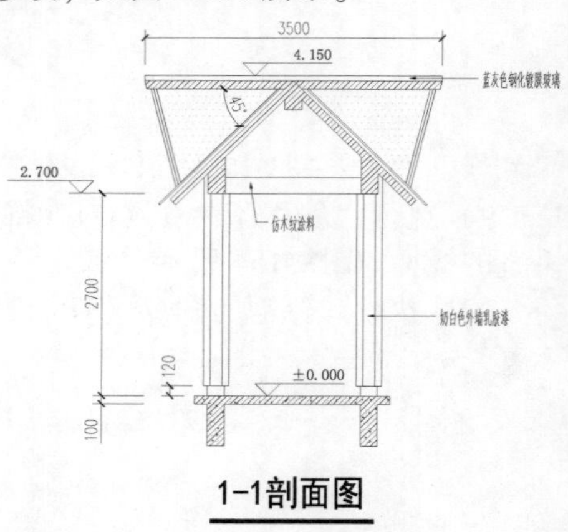

图9-160　剖面图效果

18）至此，该图形已经绘制完成，按“Ctrl + S”组合键进行保存。

第 10 章　办公楼绿化景观施工图的绘制

本章以某办公楼园林景观设计为例，详细讲解了道路、建筑物、地形、景观小品、铺装、植物等的绘制方法与技巧，绘制完成的办公楼景观设计总平面图效果如图 10-1 所示。

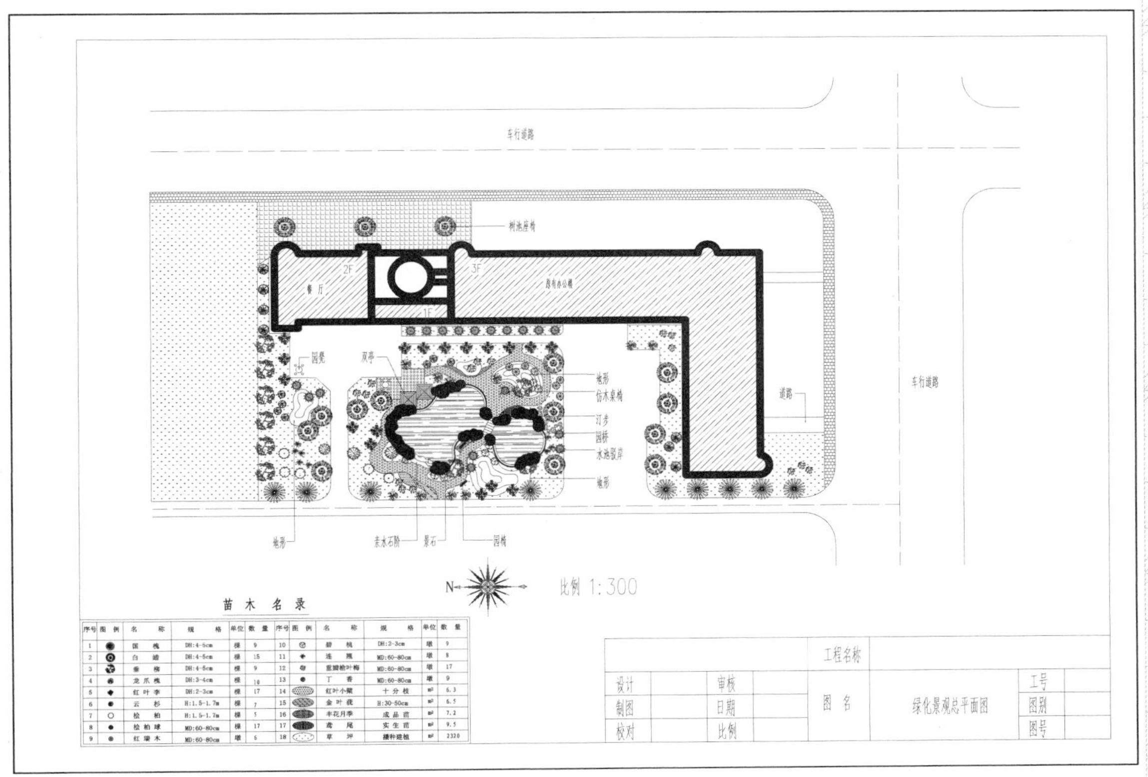

图 10-1　办公楼景观总平面图效果

10.1　样板文件的调用

1）正常启动 AutoCAD 2015 应用程序，单击“打开”按钮，将前面创建的“案例\ 10\ 园林样板 . dwt” 文件打开。

2）再单击“另存为” 按钮，将该样板文件另存为“案例\ 10\ 办公楼景观施工图 . dwg” 文件。

3）由于该图形的范围比较大，应调整线型比例。执行“格式丨线型”菜单命令，弹出“线型管理器”对话框，单击“显示细节”按钮，此时该按钮变成“隐藏细节”，并在下方显示“详细信息”栏，在全局比例因子中，输入新值为“1000”，然后单击“确定”按钮，如

图 10-2 所示。

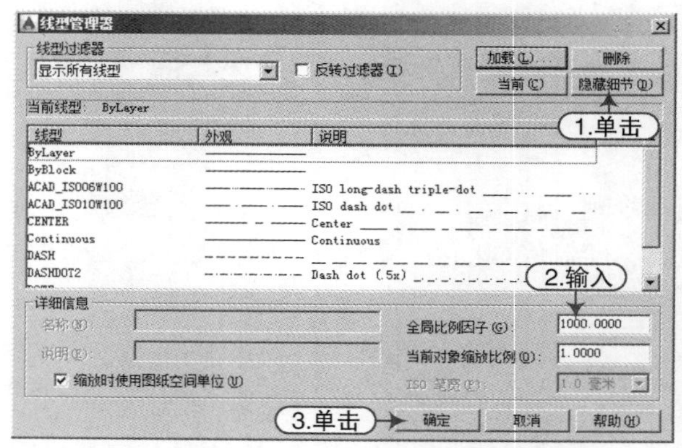

图 10-2　调整线型比例

10.2　办公楼外围道路的绘制

1）在“图层控制”下拉列表，选择“道路中心线”图层为当前图层。

2）执行“直线”命令（L），在绘图区绘制十字中心线；然后执行“偏移”命令（O），将中心线按照图 10-3 所示的尺寸进行偏移，且将相应线段转换为“道路线”图层。

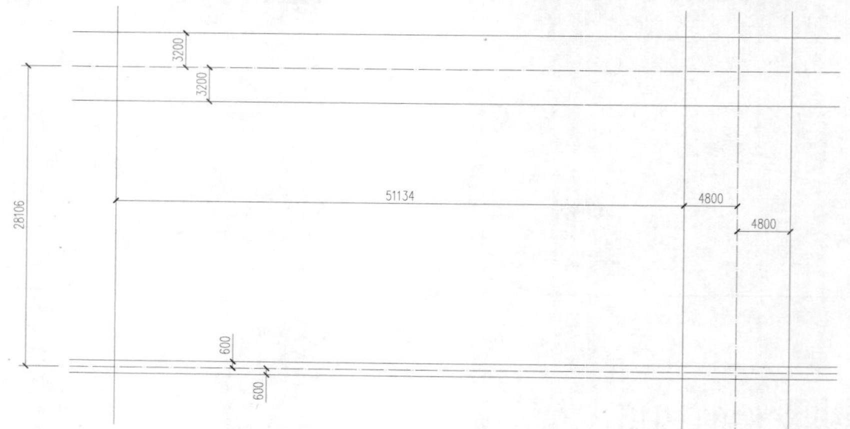

图 10-3　绘制道路线

要点：步骤讲解

“道路线”设置了粗线线宽（0.30mm），为了使读者能够更清楚地观看图形，这里将“线宽”设置成了“默认”。

3）执行“修剪”命令（TR）和“圆角”命令（F），设置圆角半径为“2400”，对相应道路线进行圆角处理，如图 10-4 所示。

图 10-4　对道路进行圆角

10.3　原有办公楼的绘制

1）在“图层控制”下拉列表，选择“建筑”图层为当前图层。

2）执行“直线”命令（L），根据图 10-5 所示的尺寸绘制出办公楼基本轮廓。

3）执行“直线”命令（L）、“偏移”命令（O）、“圆”命令（C）和“移动”命令（M），在相应位置绘制出圆，如图 10-6 所示。

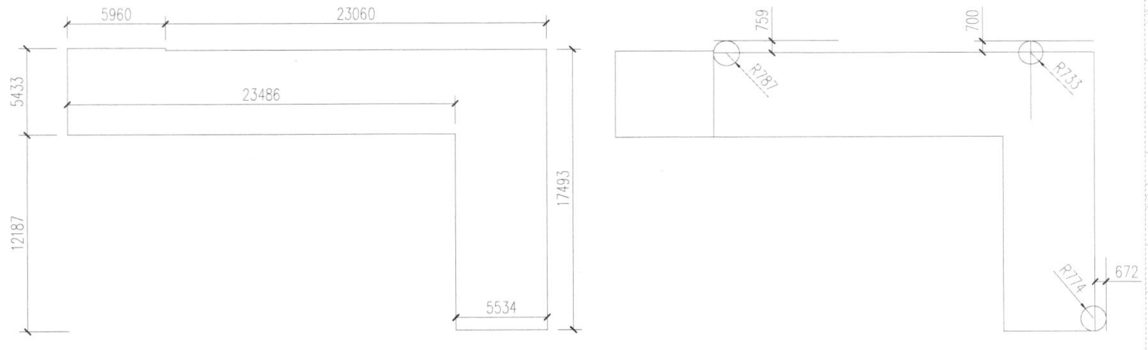

图 10-5　绘制办公楼轮廓　　　　图 10-6　绘制线段和圆

4）执行“删除”命令（E）和“修剪”命令（TR），修剪删除相应图形效果，如图10-7所示。

5）执行“偏移”命令（O）、“修剪”命令（TR）和“圆”命令（C），在左侧相应位置绘制出圆和线段，如图 10-8 所示。

图 10-7　修剪图形效果

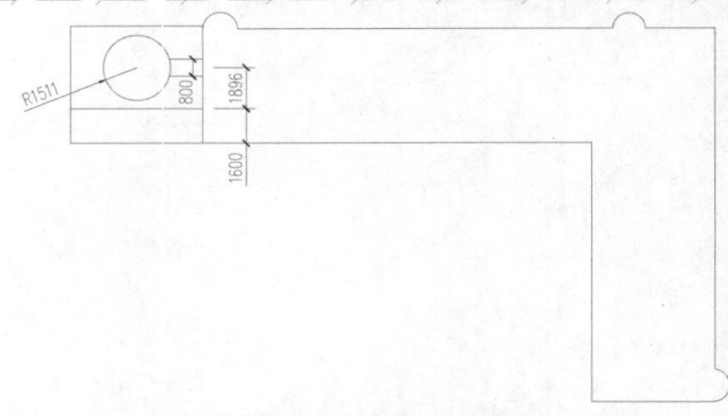

图 10-8　绘制线段和圆

10.4　餐厅的绘制

1）执行“直线”命令（L），根据图 10-9 所示的尺寸和方向绘制出基本轮廓。

2）执行“偏移”命令（O）、“圆”命令（C）、“移动”命令（M）和“修剪”命令（TR），在如图 10-10 所示相应位置绘制出圆弧。

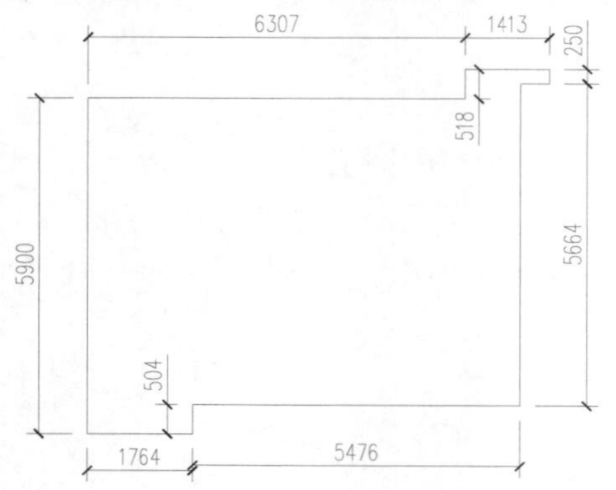

图 10-9　绘制餐厅基本轮廓

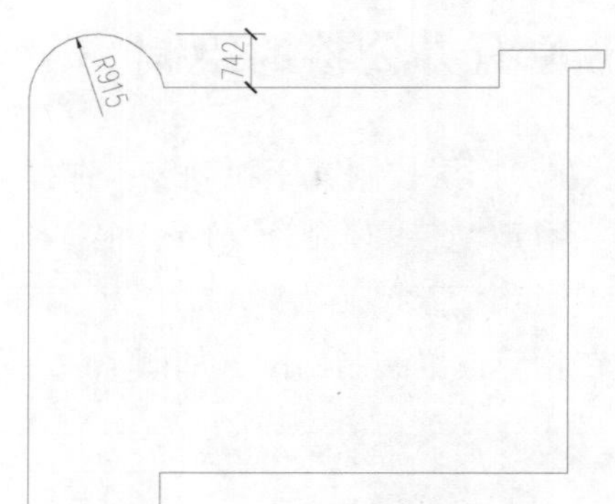

图 10-10　绘制的圆弧

3）执行“移动”命令（M），将绘制的“餐厅”和“办公楼”图形分别移动到道路内相应的位置；然后将“线宽”显示出来，如图 10-11 所示。

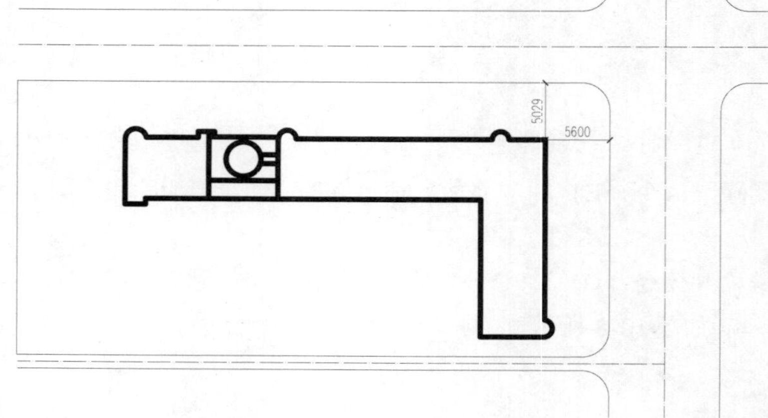

图 10-11　将建筑物进行移动

4）选择“文字标注”图层，执行“多行文字”命令（MT），选择“图内说明”文字，设置字高为“800”，对建筑进行名称的标注。

5）选择“填充线”图层为当前图层，执行“图案填充”命令（H），设置图案为“ANSI31”、比例为“100”，对建筑物相应位置进行填充，如图10-12所示。

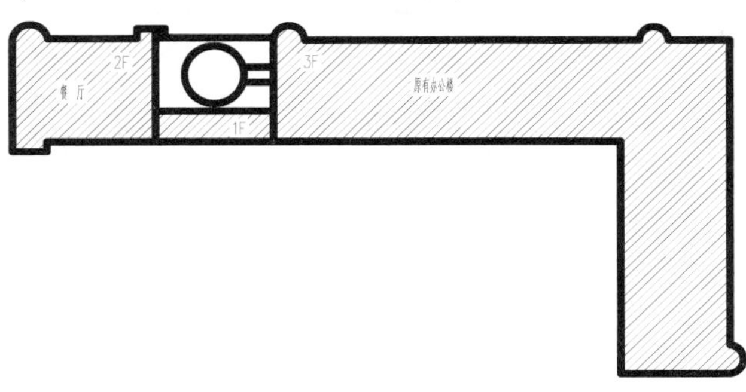

图10-12　标注名称并填充

要点：孤岛的填充

在执行“填充”命令的过程中，根据提示选择“设置”选项，则会打开“图案填充与渐变色”对话框，这和图案填充时，自动弹出的“图案填充创建”选项卡中的内容是一样的，用户可根据自己的习惯来进行设置。

在填充图案时，封闭区域内若有文字，则系统默认该文字为块，并作为孤岛将其排除在填充范围内，如上图所示的文字。

10.5　办公楼内部区域的划分

1）执行“偏移”命令（O），将道路线按照图10-13所示的尺寸进行偏移，且调整相应的长度以进行区分。

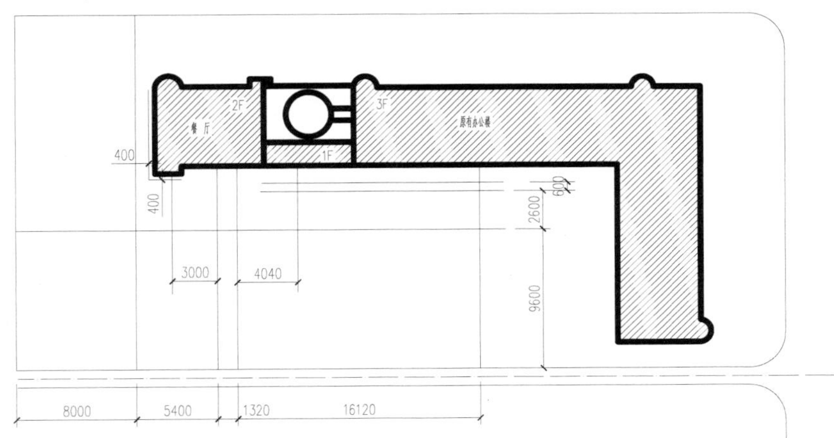

图10-13　偏移线段

2）执行“修剪”命令（TR）、“圆角”命令（F）和“直线”命令（L），修剪多余的线条并对相应位置进行圆角处理，然后由餐厅圆弧处绘制一条斜线，如图10-14所示。

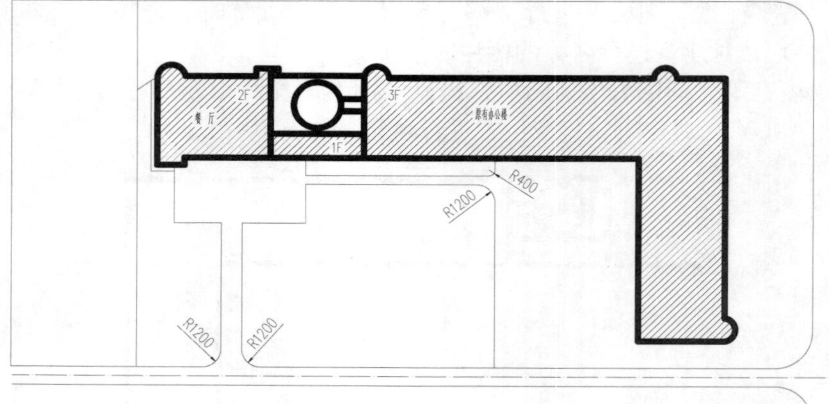

图 10-14　修剪和圆角处理

3）执行“倒角”命令（CHA），对相应直角进行距离均为 1040mm 的倒角处理，如图 10-15 所示。

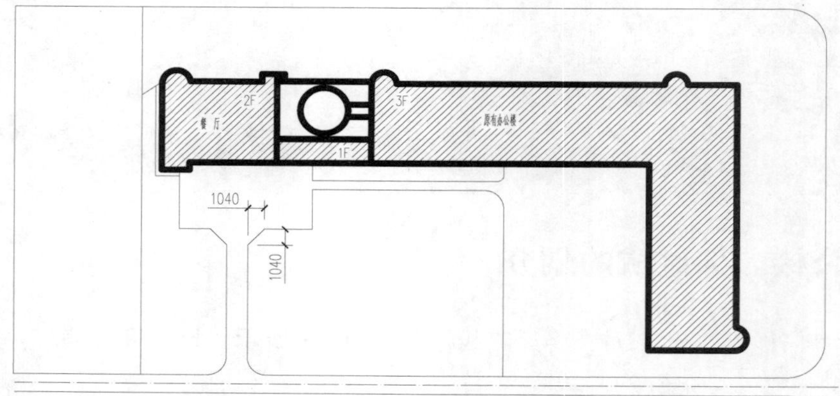

图 10-15　倒角操作

4）执行“偏移”命令（O），如图 10-16 所示偏移出右侧的道路线。

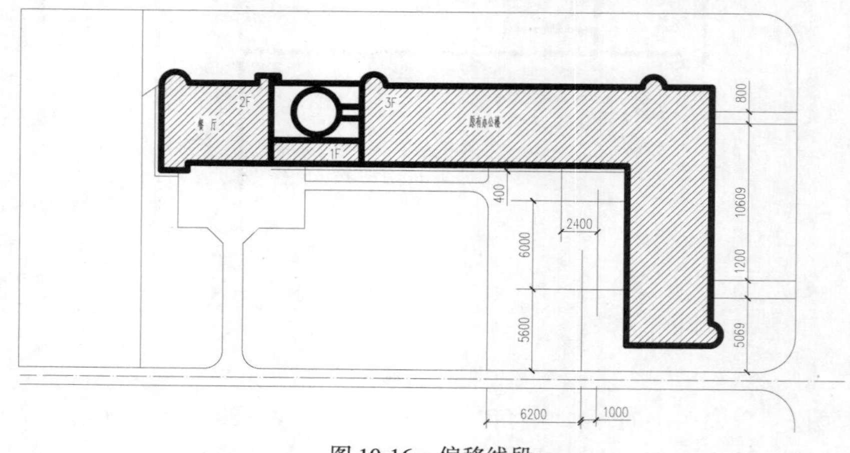

图 10-16　偏移线段

5）执行“修剪”命令（TR）和“圆角”命令（F），对线段进行相应的修剪与圆角处理，如图10-17所示。

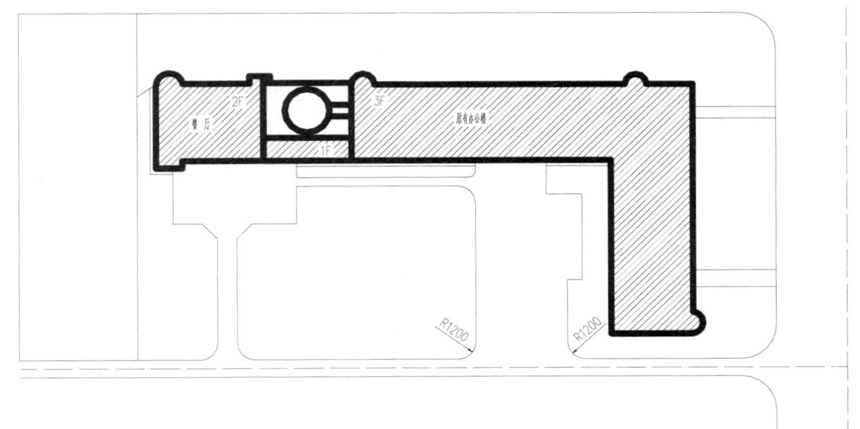

图10-17　修剪和圆角

6）执行“偏移”命令（O）和“修剪”命令（TR），将办公楼外围道路线进行偏移，并通过“延伸”和“修剪”命令，完成如图10-18所示的效果。

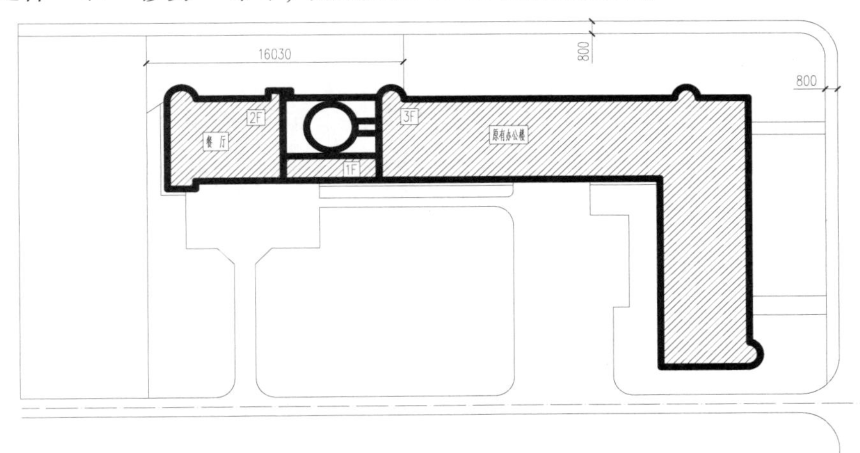

图10-18　偏移线段

10.6　地形的绘制

园林绿地设计中惯称的“地形”是指测量学中地形的一部分地貌，包括山地、丘陵、平原，也包括河流、湖泊。下面来绘制该园林中的地形。

1）执行“图层管理”命令（LA），如图10-19所示新建“地形”图层，并置为当前图层。

地形　251　Continuous　——默认　0

图10-19　新建图层

2）执行“样条曲线”命令（SPL），在相应的图形区域内绘制出地形效果，如图 10-20 所示。

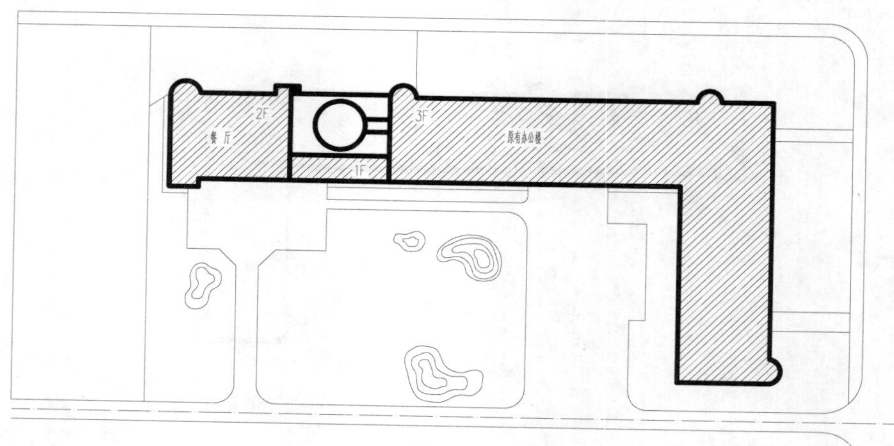

图 10-20　绘制地形

要点：地形地貌的作用

地形地貌的处理是园林绿地建设的基本工作之一。它们在园林中有如下作用：
1）满足园林功能要求：利用不同的地形地貌，设计出不同功能的场所、景观。
2）改善种植和建筑物条件：利用和改造地形，创造有利于植物生长和建筑的条件。
3）解决排水问题。

10.7　园林景观的绘制

接下来通过多个实例的讲解，学习一些园林景观及小品的绘制方法，包括驳岸、平桥、园林道路、景观亭、园凳、园椅、仿木桌椅、汀步石、景石和树池座椅等。

10.7.1　驳岸、平桥、亲水石阶的绘制

保护河岸（阻止河岸崩塌或冲刷）的构筑物为驳岸（护坡）。下面来绘制该园林中的驳岸及水体。

1）在“图层控制”下拉列表，选择“小品轮廓线”图层为当前图层。

2）执行“样条曲线”命令（SPL），在图 10-21 所示的区域绘制出样条曲线；再执行“偏移”命令（O），将该样条曲线向外偏移 160。

3）双击外侧的样条曲线，则弹出快捷菜单，选择“转换为多段线”选项，并按“空格键”确定，如图 10-22 所示。

4）然后再次双击该多段线，在弹出的快捷菜单中，选择“宽度（W）”选项，设置其宽度为“70”，如图 10-23 所示。

5）绘制“平桥”，执行“矩形”命令（REC），绘制边长为 1600mm × 600mm 的矩形；

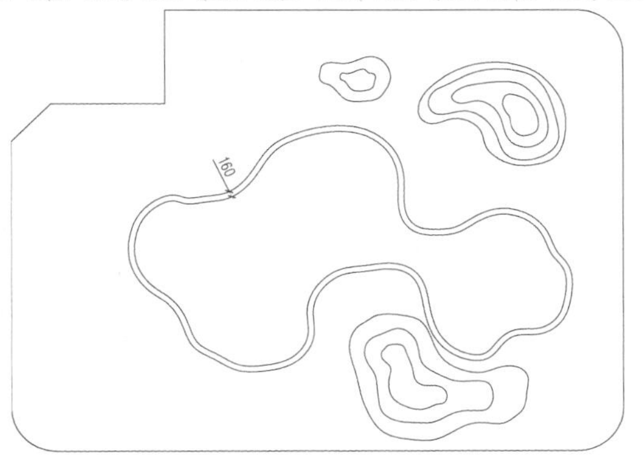

图 10-21　绘制偏移样条曲线

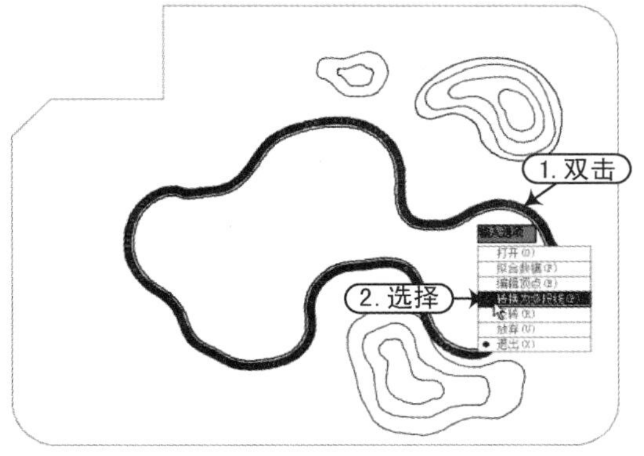

图 10-22　转换为多段线

再执行“分解”命令（X）和“偏移”命令（O），将矩形垂直边以200mm的距离进行偏移，如图10-24所示。

6）执行“旋转”命令（RO），将绘制好的平桥旋转，如图10-25所示。

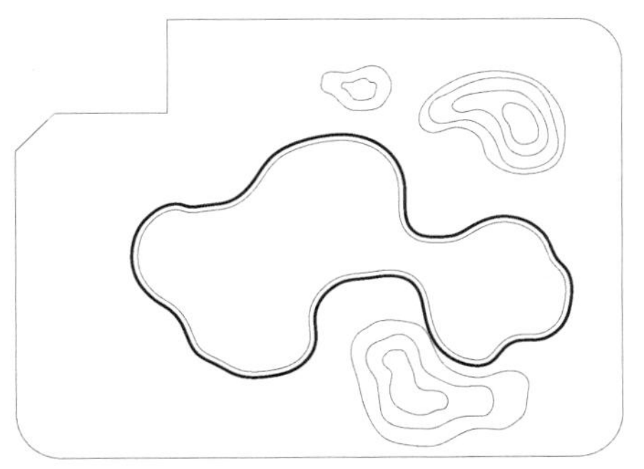

图 10-23　设置宽度效果

图 10-24　绘制平桥

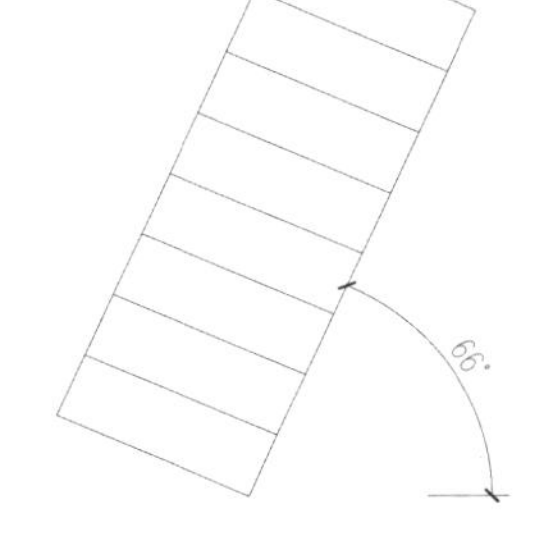

图 10-25　旋转平桥

7）执行“移动”命令（M），将“平桥”移动到驳岸之上，并通过“修剪”命令（TR），修剪掉平桥中间的样条曲线，如图10-26所示。

8）执行“多段线”命令（PL），在驳岸的左下侧相应弧线位置绘制出图10-27所示的石板图形，以表示亲水石阶效果。

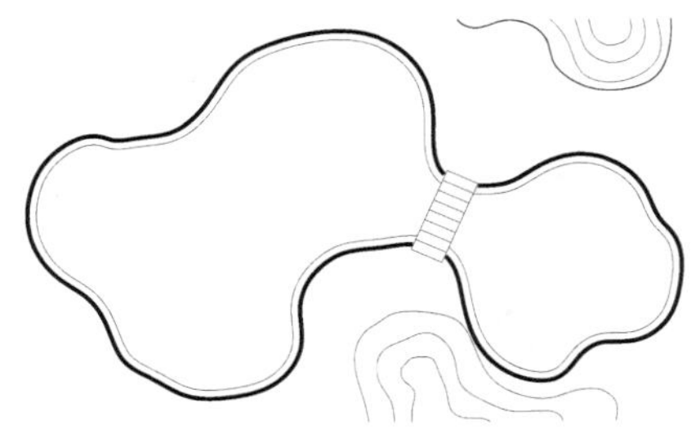

图 10-26　移动平桥并修剪

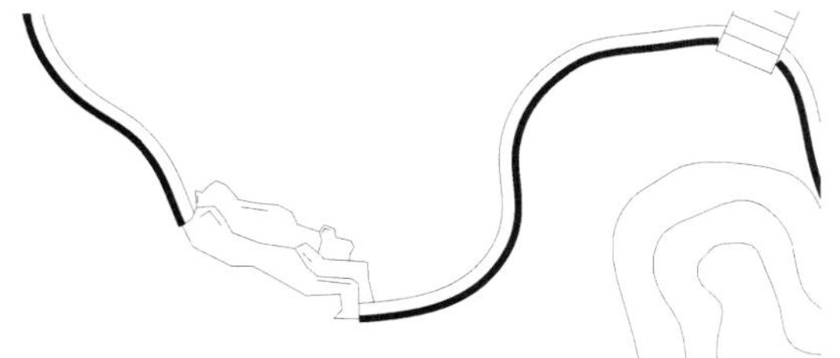

图 10-27　绘制亲水石阶

9）执行“图案填充”命令（H），设置图案为“AR-RROOF”、比例为“20”，在样条曲线内部填充出水体效果，且将填充的图案转换为“水体轮廓线”图层，线宽设置为“默认”，如图10-28所示。

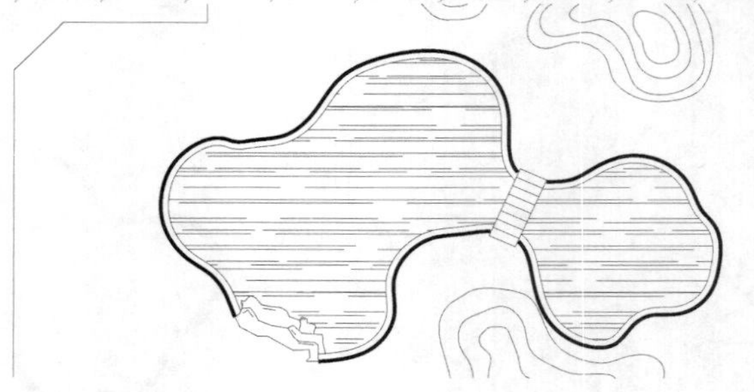

图 10-28　填充水体

10.7.2　园林道路的绘制

1）在“图层控制”下拉列表，选择“铺装分隔线”图层为当前图层。

2）执行“直线”命令（L），在图 10-29 所示的驳岸左上方位置绘制出铺装轮廓线。

3）执行“样条曲线”命令（SPL），围绕水池着水池绘制出图 10-30 所示的样条曲线，以表示园路。

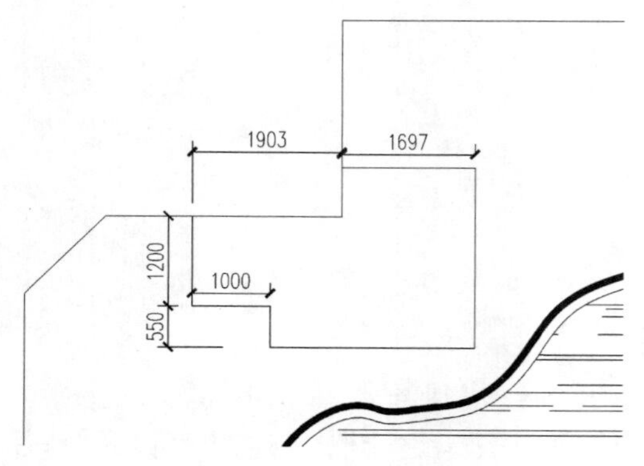

图 10-29　绘制铺装轮廓

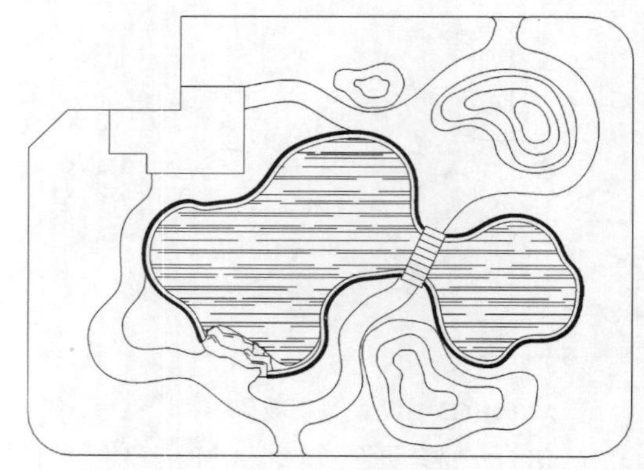

图 10-30　绘制园林小径

4）重复执行“样条曲线”命令（SPL）和“直线”命令（L），在前面园路的周围再绘制一些图形以划分出种植区，如图 10-31 所示。

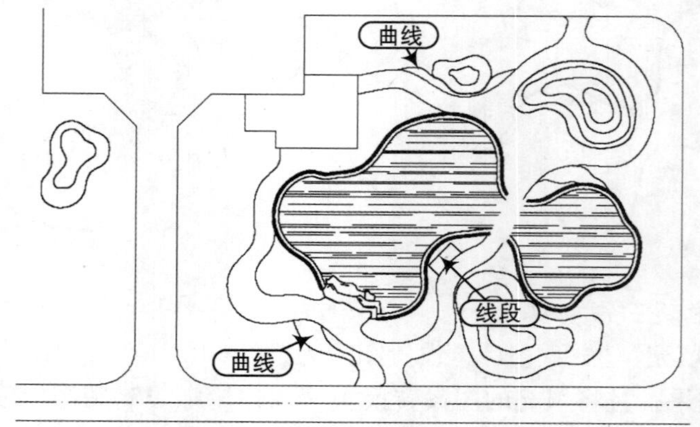

图 10-31　划分种植区

10.7.3　园林小品的绘制

1. 绘制景观亭

1）在“图层控制”下拉列表，选择“小品轮廓线”图层为当前图层。

2）执行“矩形”命令（REC），绘制边长均为1200mm的矩形；然后执行“复制”命令（CO），将矩形进行相应的复制，如图10-32所示。

3）执行“直线”命令（L），连接矩形对角线绘制出斜线，如图10-33所示。

4）执行“图案填充”命令（H），设置图案为“ANSI31”、比例为“24”、角度分别为“45”和“135”，对三角进行填充，如图10-34所示。

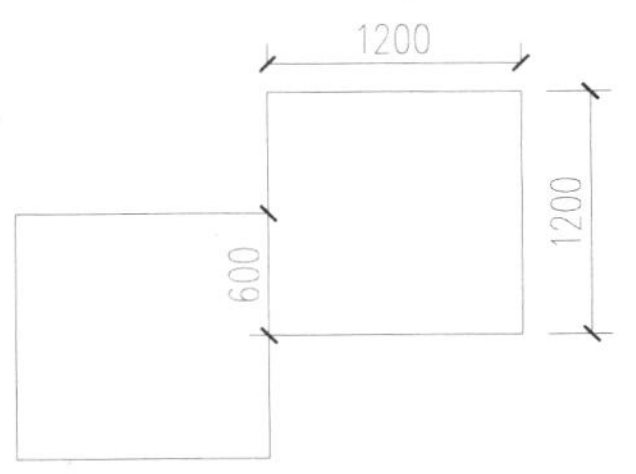

图10-32　绘制矩形并复制

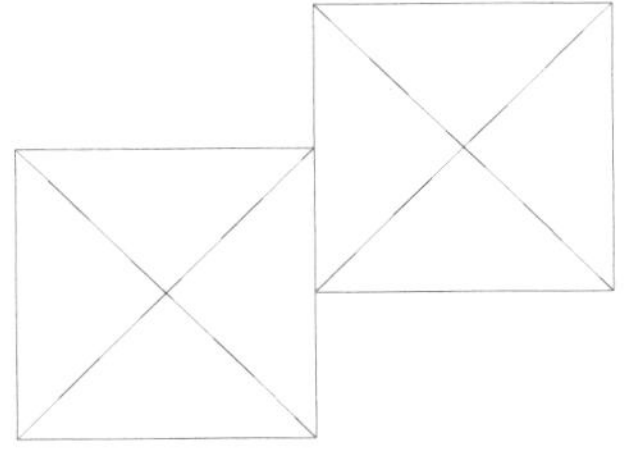
图10-33　绘制对角线

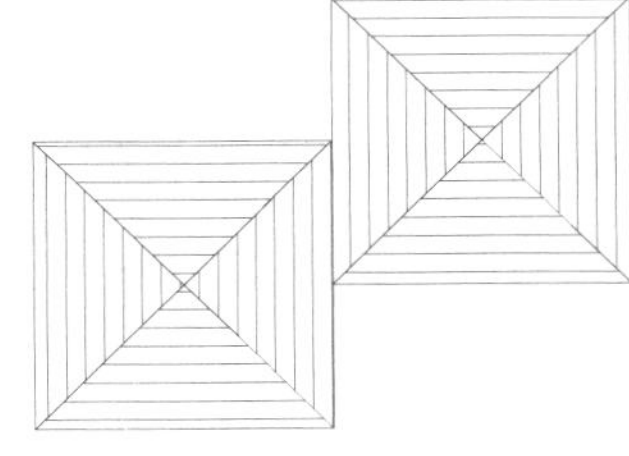
图10-34　填充图案

5）执行“移动”命令（M），将绘制好的景观亭移动到相应位置，并进行相应的修剪操作，如图10-35所示。

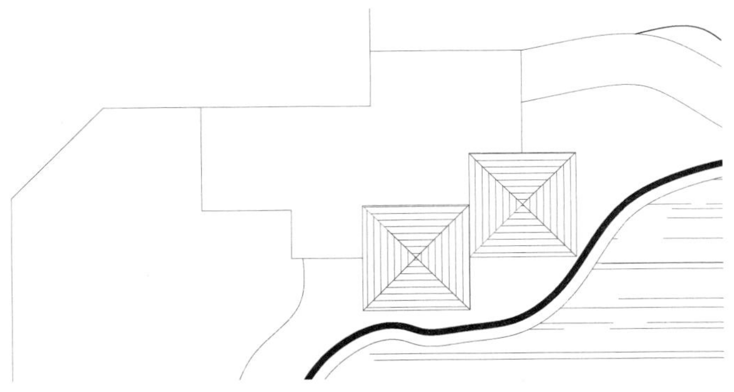
图10-35　移动景观亭并修剪多余线条

2. 绘制园凳

1）执行“圆”命令（C），绘制半径为240mm的圆作为圆桌，然后再外侧绘制4个半径为80mm的圆作为凳子，如图10-36所示。

2）执行“移动”命令（M）和“复制”命令（CO），将绘制的园凳复制到图10-37所示的位置。

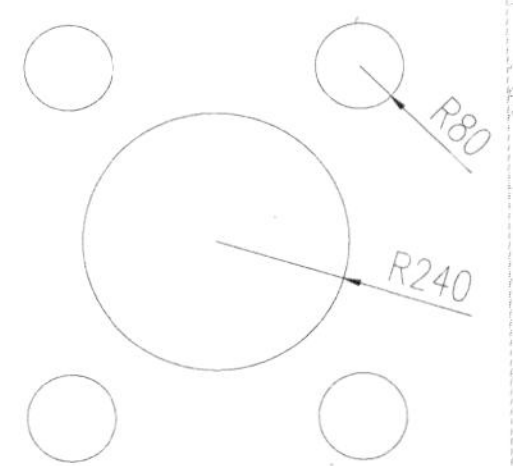

图10-36　绘制园凳

3. 绘制园椅

1）执行“矩形”命令（REC），绘制边长为640mm×160mm的矩形作为园椅；然后执行“图案填充”命令（H），设置图案为“ANSI31”、比例为“5”，对矩形进行填充，如图10-38所示。

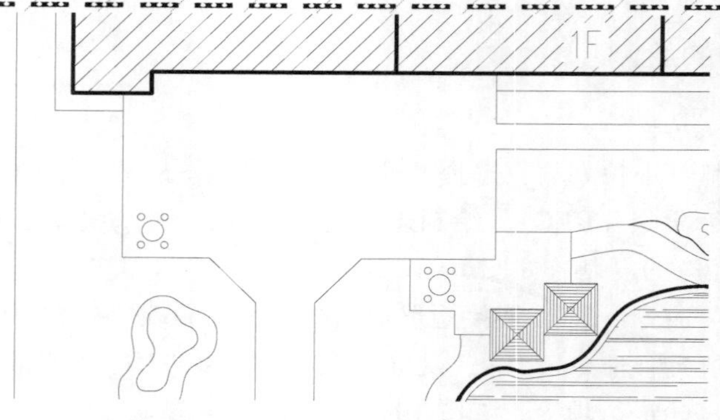

图 10-37　移动并复制

2）通过执行“旋转”命令（RO）、“复制”命令（CO）和“移动”命令（M），将园椅布置到相应位置，如图 10-39 所示。

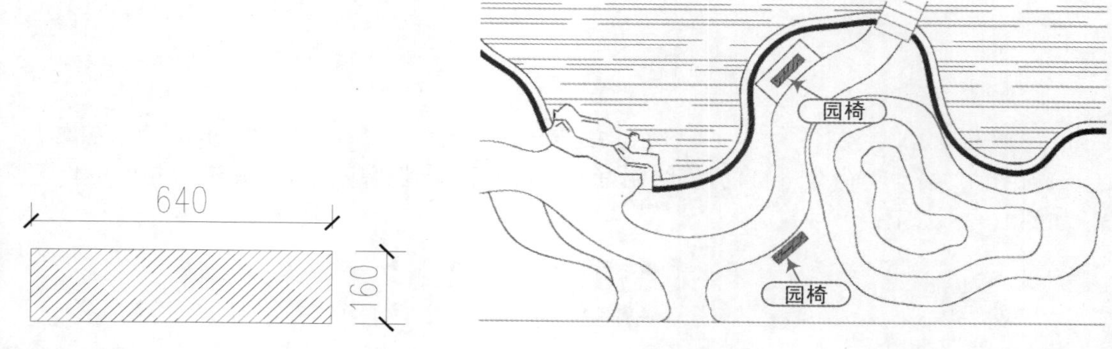

图 10-38　绘制园椅

图 10-39　放置园椅

4. 绘制仿木桌椅

1）执行“矩形”命令（REC）和“多段线”命令（PL），在边长为 760mm × 670mm 的矩形范围内绘制不规则多段线，如图 10-40 所示。

2）执行“样条曲线”命令（SPL），在多段线内绘制出多层样条曲线；且将最外侧样条曲线转换为多段线，设置线宽为“20”，如图 10-41 所示。

3）执行“圆”命令（C），在外侧绘制 3 个半径为 100mm 的圆作为凳子，如图 10-42 所示。

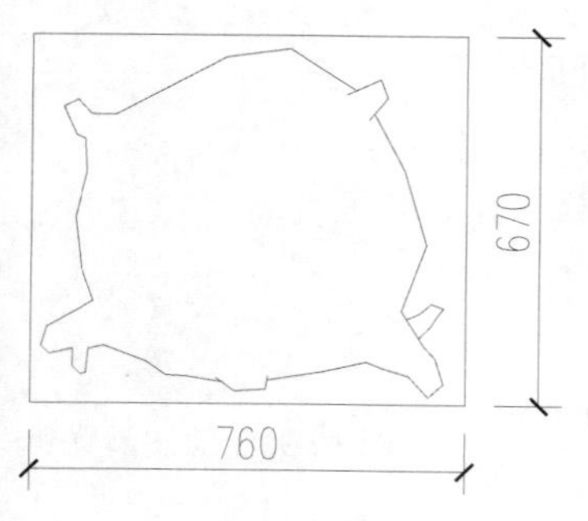

图 10-40　绘制外轮廓

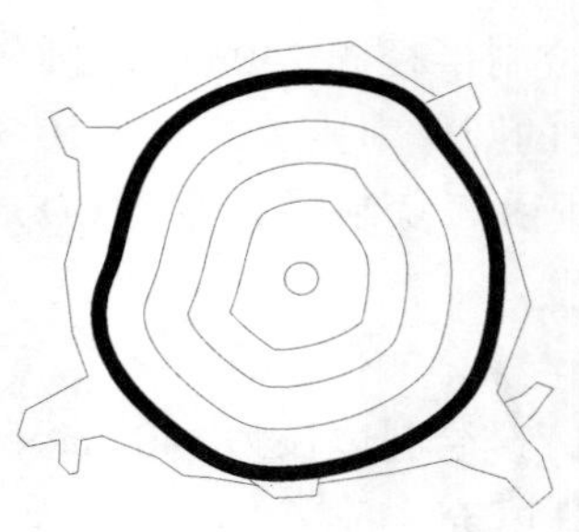

图 10-41　绘制内部轮廓

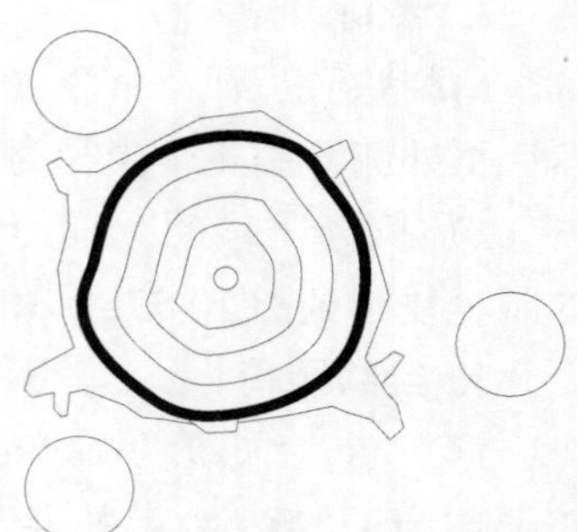

图 10-42　绘制园凳

4）执行“移动”命令（M），将仿木桌椅移动到图 10-43 所示的位置。

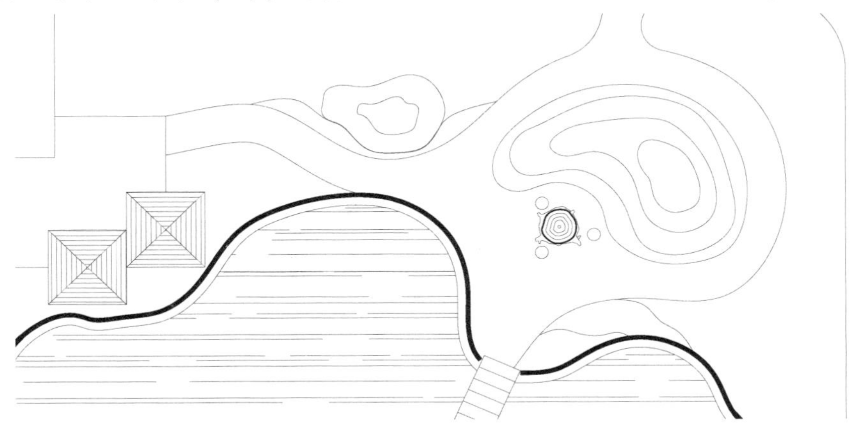

图 10-43　移动图形

5. 绘制汀步

1）执行“圆”命令（C）和“复制”命令（CO），在图 10-44 所示的位置绘制出多个圆作为汀步石。

2）执行“图案填充”命令（H），设置图案为“AR-HBONE”、比例为“1.2”，对圆进行填充，如图 10-45 所示。

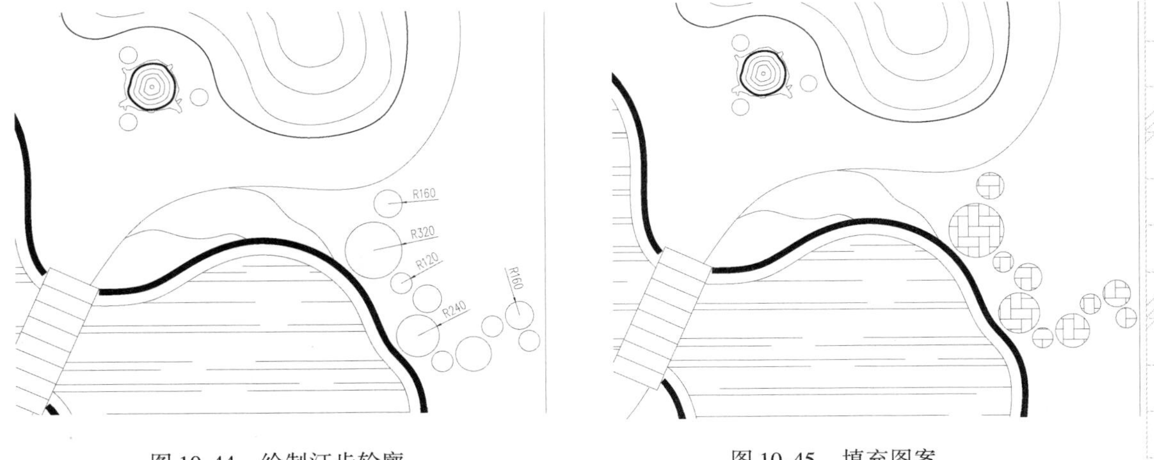

图 10-44　绘制汀步轮廓　　图 10-45　填充图案

6. 绘制景石

1）执行“多段线”命令（PL），设置全局宽度为“20”，绘制一些不同大小似多边形类的图形以表示石块，如图 10-46 所示。

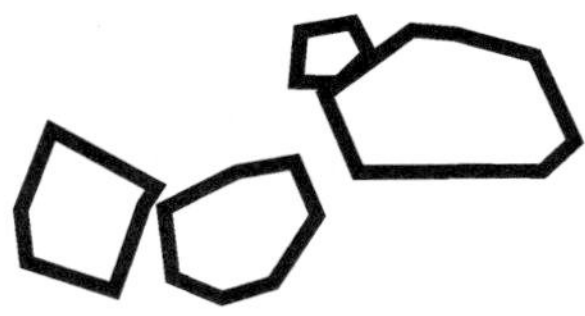

图 10-46　绘制景石

2）根据同样的方法，通过“多段线”、“复制”和“修剪”等命令，在水池周围绘制出石群，如图 10-47 所示。

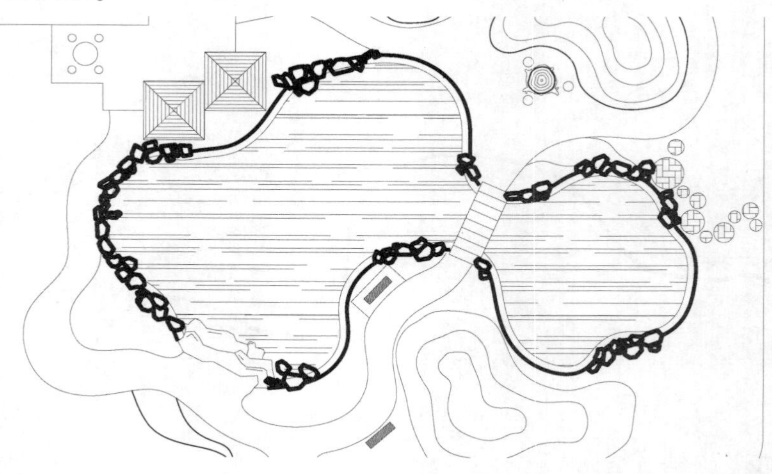

图 10-47 沿驳岸布置景石

7. 绘制树池座椅

1）执行“矩形”命令（REC）和“偏移”命令（O），绘制边长均为 920mm 的矩形，然后向内偏移 160，形成树池座椅图形，如图 10-48 所示。

2）执行“移动”命令（M）和“复制”命令（CO），将树池座椅布置到图 10-49 所示的建筑物上方的相应位置。

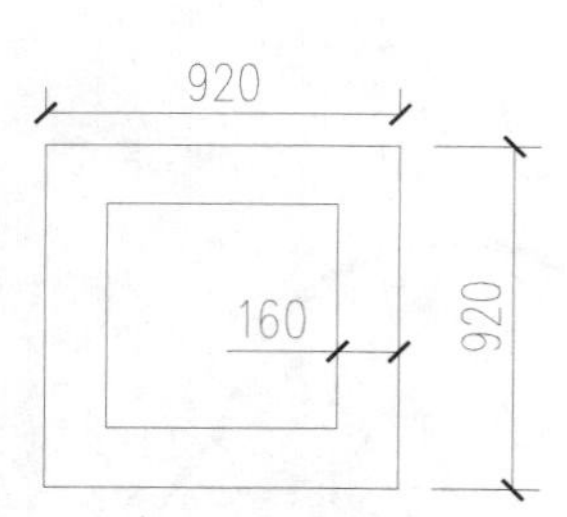

图 10-48 绘制树池座椅

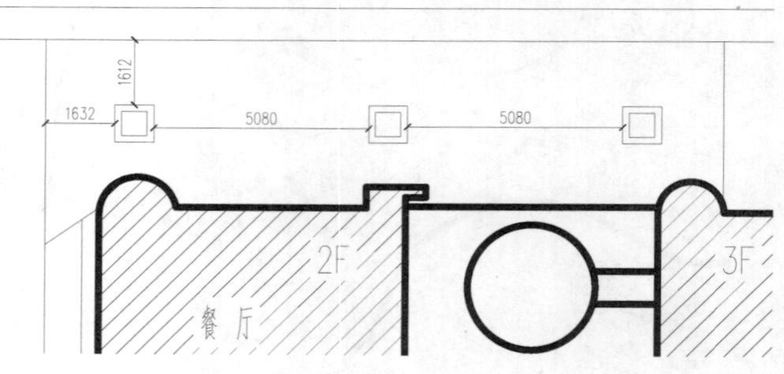

图 10-49 布置树池座椅

10.8 园林铺装的绘制

1）在“图层控制”下拉列表，选择“铺装分隔线”图层为当前图层。

2）执行“图案填充”命令（H），设置图案为“AR-B88”、比例为“1.2”，对外围人行道进行填充；再设置图案为“ANGLE”、比例为“50”，对树池周围地面进行填充，如图 10-50所示。

3）重复填充命令，设置图案为“AQUARE”、比例为“40”，对景观亭处的地面进行填充；再设置图案为“HEX”、比例为“20”，对园林道路填充出卵石步道效果，如图 10-51 所示。

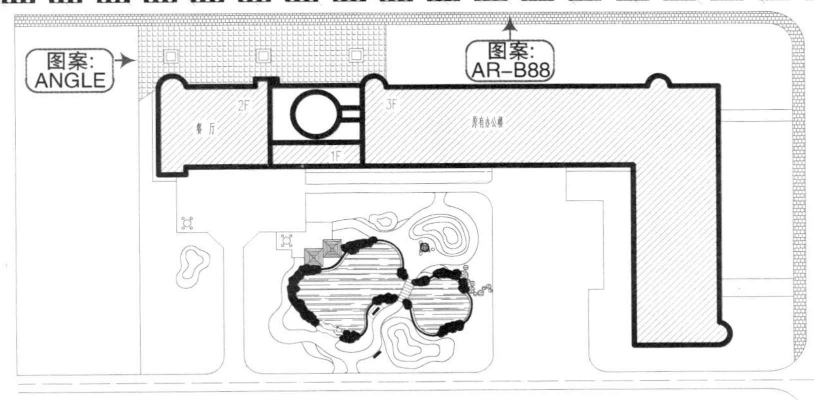

图 10-50　填充人行道和休闲广场

4）再设置图案为“AR-HBONE”、比例为“0.8”，角度为“45”，对园椅处的地面进行填充，如图 10-52 所示。

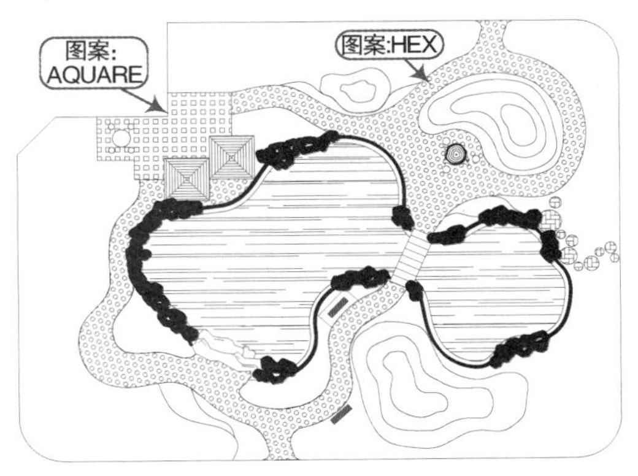

图 10-51　填充地台

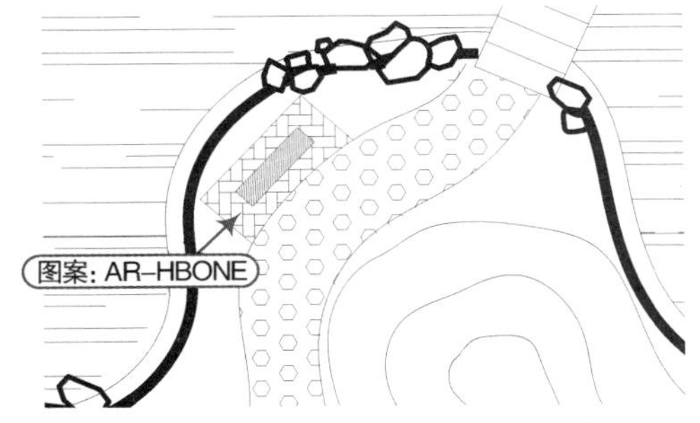

图 10-52　填充园椅地面

要点：步骤讲解

由于图形图元比较多，填充范围比较大，填充图案时不仅花费大量的时间去计算内部的数据，还可能会出现未封闭区域而填充不上，造成死机等困扰。此时用户可先通过“多段线”命令，围绕填充的区域绘制封闭的轮廓线，然后通过选择该多段线对象进行填充，这样就能方便快捷地填充出图案，最后再将辅助的多段线删除即可。

10.9　园林植物的绘制

1）在“图层控制”下拉列表，选择“绿化配景线”图层为当前图层。

2）执行“图案填充”命令（H），设置相应的图案和比例，对种植区填充出各种种植图例效果，如图 10-53 所示。

3）设置图案为“GRASS”、比例为“16”，对其他相应位置填充出草地效果，如图 10-54 所示。

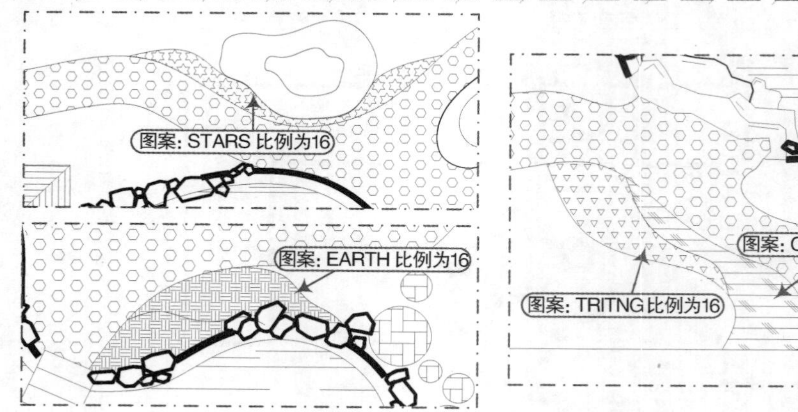

图 10-53　填充种植图例

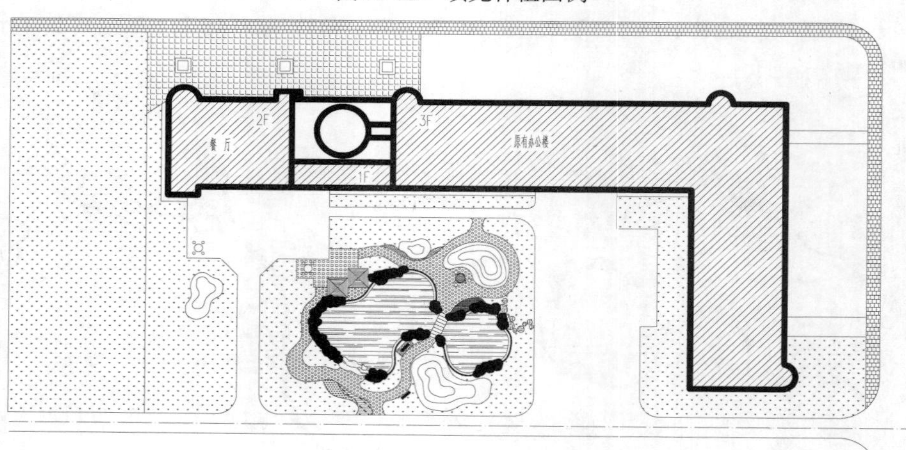

图 10-54　填充草地

4）执行“插入块”命令（I），将“案例\ 10\ 苗木名录 . dwg”文件插入到图形中，如图 10-55 所示。

苗　木　名　录

序号	图例	名称	规格	单位	数量	序号	图例	名称	规格	单位	数量
1		国　槐	DH:4-5cm	棵	9	10		碧　桃	DH:2-3cm	墩	9
2		白　蜡	DH:4-5cm	棵	15	11		连　翘	MD:60-80cm	墩	8
3		垂　柳	DH:4-5cm	棵	9	12		重瓣榆叶梅	MD:60-80cm	墩	17
4		龙爪槐	DH:3-4cm	棵	10	13		丁　香	MD:60-80cm	墩	9
5		红叶李	DH:2-3cm	棵	17	14		红叶小檗	十分枝	m²	6.3
6		云　杉	H:1.5-1.7m	棵	7	15		金叶莸	H:30-50cm	m²	6.5
7		桧　柏	H:1.5-1.7m	棵	5	16		丰花月季	成品苗	m²	7.2
8		桧柏球	MD:60-80cm	棵	17	17		鸢　尾	实生苗	m²	9.5
9		红瑞木	MD:60-80cm	墩	6	18		草　坪	播种建植	m²	2320

图 10-55　插入植物列表

要点：苗木表解析

这里插入的苗木表，已经列出了该园林中使用到的各种植物，通过该苗木表，可知各种植物的树干直径、高度、种植数量、面积等参数。这样我们就不必在花费时间去做植物统计的表格了。

5）结合“移动”、“复制”、“缩放”等命令，根据本办公楼园林景观设计中植物种植数量需要，将植物表中各种植物布置到办公楼四周的相应位置，并根据需要对植物的大小进行缩放，布置后的效果如图 10-56 所示。

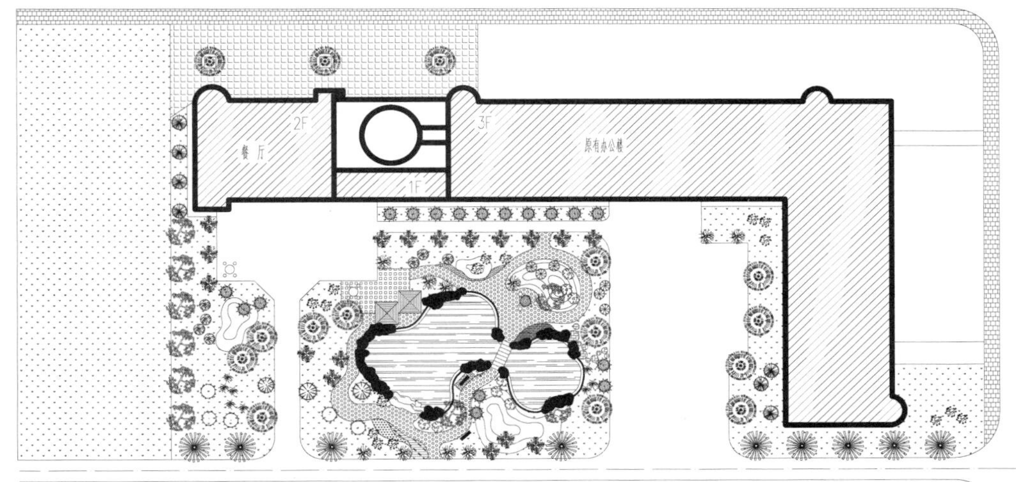

图 10-56　布置植物

10.10　景观图文字的标注

1）在“图层”下拉列表中，选择“文字标注”图层为当前图层。

2）执行“多行文字”命令（MT）和“引线”命令（LE），选择“图内说明”文字样式，设置字高为“1000”，在图形的相应位置进行文字的标注，如图 10-57 所示。

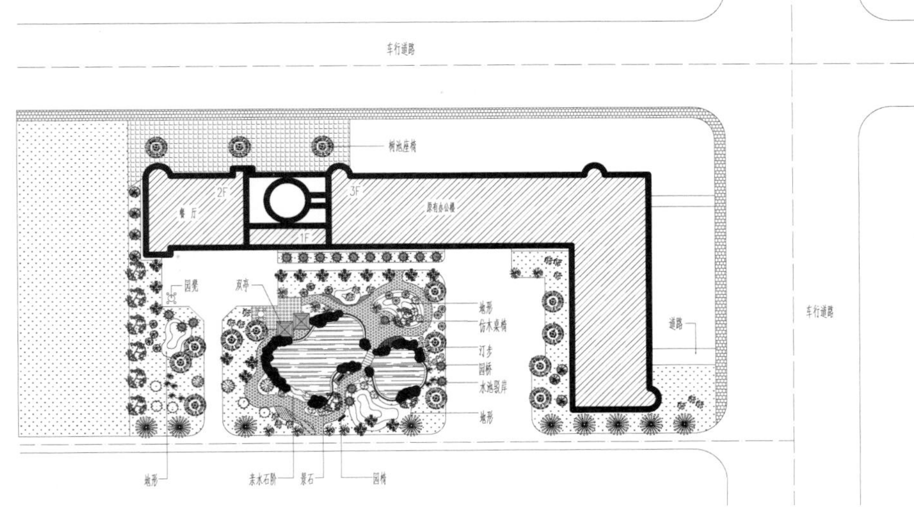

图 10-57　文字注释效果

10.11 绘制 A3 图框

1）执行“图层特性管理”命令（LA），新建如图 10-58 所示的“图框”图层，并设置为当前图层。

图框	💡	☼	🔓	■ 青	Continuous	—— 默认	0

图 10-58 新建图层

2）执行“矩形”命令（REC），绘制一个边长为 420mm×297mm 的矩形，作为 A3 图框的外轮廓，如图 10-59 所示。

3）执行“分解”命令（X），将矩形分解打散操作；再执行“偏移”命令（O），将矩形左侧垂直边向内偏移，再将矩形其他 3 条边分别向内偏移 10；最后执行“修剪”命令（TR），修剪掉多余的线条，如图 10-60 所示。

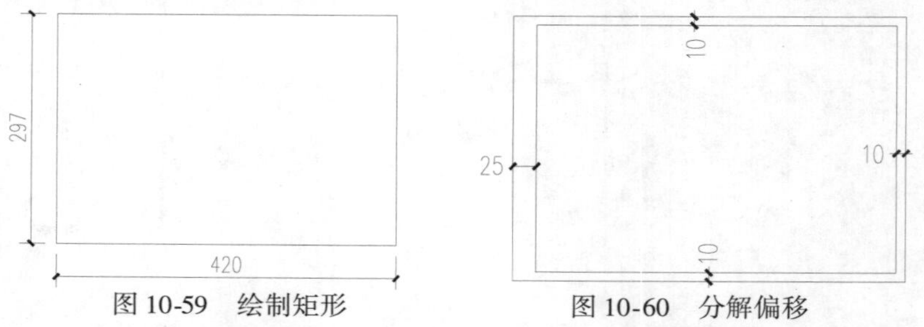

图 10-59 绘制矩形 图 10-60 分解偏移

4）执行“矩形”命令（REC），在右下侧绘制一个边长为 189mm×41mm 的矩形作为“标题栏”外轮廓，如图 10-61 所示。

5）执行“分解”命令（X），将矩形分解掉；再执行“偏移”命令（O）和“修剪”命令（TR），绘制出图 10-62 所示的表格。

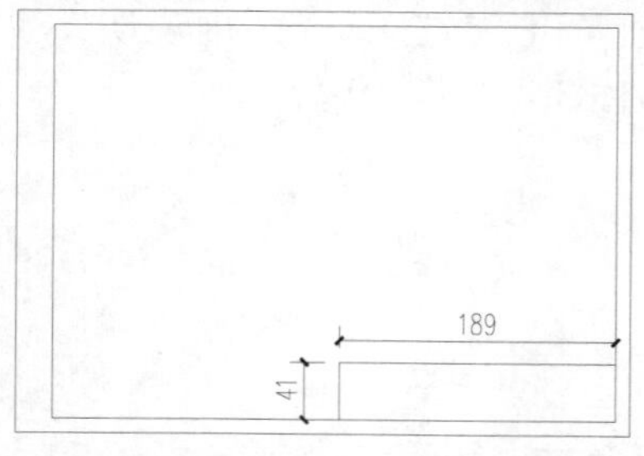

图 10-61 绘制标题栏轮廓

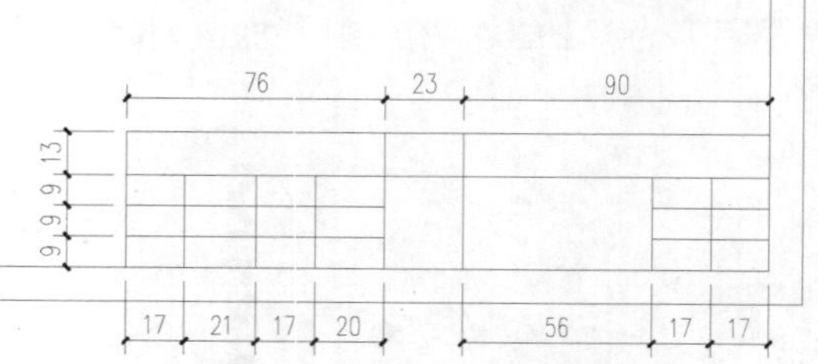

图 10-62 绘制出单元格

6）执行“多行文字”命令（MT），选择“图内说明”文字样式，设置字高为“7”，在表格中输入相关文字内容，如图 10-63 所示。

				工程名称			
设计		审核		图 名	绿化景观总平面图	工号	
制图		日期				图别	
校对		比例				图号	

图 10-63 完成标题栏内容

7）执行“写块”命令（W），将绘制的A3标准图框按照图10-64所示保存为“案例\10\A3图框.dwg”外部文件。

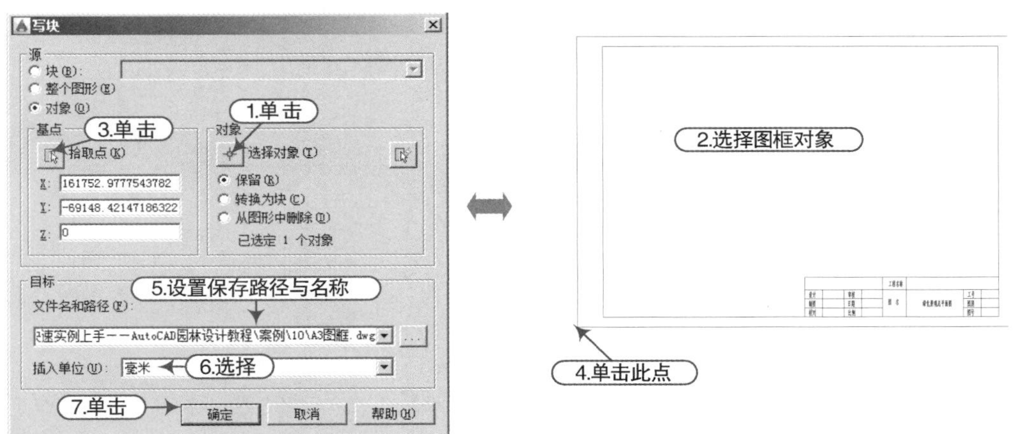

图10-64　保存外部图块

8）执行“缩放”命令（SC），将图框对象放大200倍；再执行“移动”命令（M），将前面绘制的总平面图及相关图形移动到图框适当的位置。

9）然后执行“插入块”命令（I），将“案例\10\指北针.dwg”文件插入到图形左下角位置。

10）再执行“复制”命令（CO），将前面的多行文字复制到指针右侧，双击该文字，修改文字高度为“1500”，标注出图形的比例，完成效果如图10-65所示。

11）至此，办公楼景观设计总平面图已经绘制完成，按“Ctrl + S”组合键进行保存。

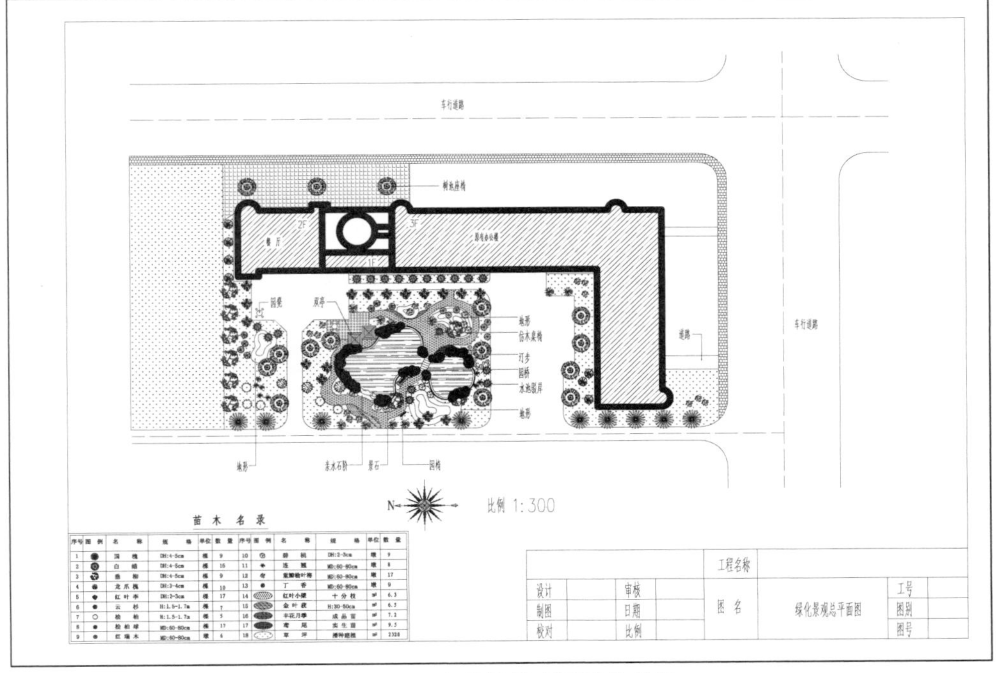

图10-65　办公楼景观图最终效果